中国国家标准汇编

2008年修订-90

中国标准出版社　编

中国标准出版社
北　京

图书在版编目（CIP）数据

中国国家标准汇编：2008 年修订 .90/中国标准出版社编 .—北京：中国标准出版社，2009

ISBN 978-7-5066-5579-8

Ⅰ.中…　Ⅱ.中…　Ⅲ.国家标准-汇编-中国-2008　Ⅳ.T-652.1

中国版本图书馆 CIP 数据核字（2009）第 203908 号

中国标准出版社出版发行
北京复兴门外三里河北街 16 号
邮政编码：100045
网址 www.spc.net.cn
电话：68523946　68517548
中国标准出版社秦皇岛印刷厂印刷
各地新华书店经销

*

开本 880×1230　1/16　印张 32.75　字数 1 204 千字
2009 年 12 月第一版　2009 年 12 月第一次印刷

*

定价 200.00 元

ISBN 978-7-5066-5579-8

出 版 说 明

1.《中国国家标准汇编》是一部大型综合性国家标准全集。自1983年起,按国家标准顺序号以精装本、平装本两种装帧形式陆续分册汇编出版。它在一定程度上反映了我国建国以来标准化事业发展的基本情况和主要成就,是各级标准化管理机构,工矿企事业单位,农林牧副渔系统,科研、设计、教学等部门必不可少的工具书。

2.《中国国家标准汇编》收入我国每年正式发布的全部国家标准,分为"制定"卷和"修订"卷两种编辑版本。

"制定"卷收入上年度我国发布的、新制定的国家标准,顺延前年度标准编号分成若干分册,封面和书脊上注明"20××年制定"字样及分册号,分册号一直连续。各分册中的标准是按照标准编号顺序连续排列的,如有标准顺序号缺号的,除特殊情况注明外,暂为空号。

"修订"卷收入上年度我国发布的、被修订的国家标准,视篇幅分设若干分册,但与"制定"卷分册号无关联,仅在封面和书脊上注明"20××年修订-1,-2,-3,……"字样。"修订"卷各分册中的标准,仍按标准编号顺序排列(但不连续);如有遗漏的,均在当年最后一分册中补齐。需提请读者注意的是,个别非顺延前年度标准编号的新制定的国家标准没有收入在"制定"卷中,而是收入在"修订"卷中。

读者配套购买《中国国家标准汇编》"制定"卷和"修订"卷则可收齐上一年度我国制定和修订的全部国家标准。

3. 由于读者需求的变化,自1996年起,《中国国家标准汇编》仅出版精装本。

4. 2008年制修订国家标准共5946项。本分册为"2008年修订-90",收入新制修订的国家标准16项。

中国标准出版社

2009年10月

目　　录

ICS 27.040
K 58

中华人民共和国国家标准

GB/T 16637—2008
代替 GB/T 16637—1996

轻型燃气轮机电气设备通用技术要求

General requirements for gas turbine electrical equipment

2008-04-09 发布 2008-10-01 实施

中华人民共和国国家质量监督检验检疫总局
中国国家标准化管理委员会 发布

前言

本标准代替GB/T 16637—1996《轻型燃气轮机电气设备通用技术要求》。

本标准与GB/T 16637—1996相比主要变化如下：

——增加了规范性引用文件(本版的第2章)；

——补充了母线连接性能要求(本版的4.5)；

——删除了已淘汰的油断路器产品相关要求(1996年版的4.5、4.9.2)；

——删除了镉镍蓄电池产品相关要求(1996年版的6、6.1、6.3)；

——修改了爆炸性气体环境危险区内电气设备的接地要求(本版的5.4)。

本标准由中国航空工业第一集团公司提出。

本标准由中国航空工业第一集团公司归口。

本标准起草单位：中国航空综合技术研究所、中国航空工业规划设计研究院。

本标准主要起草人：陈仲达、张华、韩莉、吴岚。

本标准所代替标准的历次版本发布情况为：

——GB/T 16637—1996。

轻型燃气轮机电气设备通用技术要求

1 范围

本标准规定了轻型燃气轮机成套设备(以下简称燃机设备)配套采用的电气设备应满足的技术要求,为电气设备的采购选型提供原则指导和基本准则。

本标准适用于发电用燃机设备。机械驱动用燃机设备也可参照本标准,但不适用于直接驱动运输工具(车辆和船舶等)动力用的燃机设备。

2 规范性引用文件

下列文件中的条款通过本标准的引用而成为本标准的条款。凡是注日期的引用文件,其随后所有的修改单(不包括勘误的内容)或修订版均不适用于本标准,然而,鼓励根据本标准达成协议的各方研究是否可使用这些文件的最新版本。凡是不注日期的引用文件,其最新版本适用于本标准。

GB 755—2000 旋转电机 定额和性能

GB 1094.1 电力变压器 第一部分 总则

GB 1094.2 电力变压器 第二部分 温升

GB 1094.3 电力变压器 第3部分:绝缘水平、绝缘试验和外绝缘空气间隙

GB/T 1094.4 电力变压器 第4部分:电力变压器和电抗器的雷电冲击和操作冲击试验导则

GB 1094.5 电力变压器 第5部分:承受短路的能力

GB 1207 电磁式电压互感器

GB 1208 电流互感器

GB 1984 交流高压断路器

GB 1985 高压交流隔离开关和接地开关

GB/T 2900 电工名词术语

GB 3804 3.6 kV～40.5 kV 高压交流负荷开关

GB 3906 3.6 kV～40.5 kV 交流金属封闭开关设备和控制设备

GB 6450 干式电力变压器

GB 7251.1 低压成套开关设备和控制设备 第1部分:型式试验和部分型式试验成套设备

GB 7251.2 低压成套开关设备和控制设备 第2部分:对母线干线系统(母线槽)的特殊要求

GB 7251.3 低压成套开关设备和控制设备 第3部分:对非专业人员可进入场地的低压成套开关设备和控制设备——配电板的特殊要求

GB 7251.4 低压成套开关设备和控制设备 第4部分:对建筑工地用成套设备(ACS)的特殊要求

GB 7251.5 低压成套开关设备和控制设备 第五部分:对户外公共场所的成套设备-动力配电网用电缆分线箱(CDC3)的特殊要求

GB 7251.8 低压成套开关设备和控制设备 智能型成套设备通用技术要求

GB/T 10489 轻型燃气轮机通用技术要求

GB/T 10491 轻型燃气轮机成套设备噪声值及测量方法

GB/T 14411 轻型燃气轮机控制和保护系统

GB 50058—1992 爆炸和火灾危险环境电力装置设计规范

GB 50062—1992 电力装置的继电保护和自动装置设计规范

GB 50169—1992　电气装置安装工程接地装置施工及验收规范

GBJ 64—1983　工业与民用电力装置的过电压保护设计规范

GBJ 65—1983　工业与民用电力装置的接地设计规范

JB/T 7074　燃气轮发电机通用技术条件

JB/T 5777.4—2000　电力系统直流电源设备通用技术条件及安全要求

3　术语和定义

GB/T 2900 中确立的术语和定义适用于本标准。

4　主电源系统

4.1　系统构成

主电源系统包括从发电机中性点接地连接处起到主电源变压器或母线之间的全部电气设备，但不包括主电源变压器或 35 kV 及以上的母线。

4.2　发电机

4.2.1　概述

与燃气轮机驱动轴连接的发电机应符合 GB 755—2000 和 JB/T 7074 中提出的各项要求。为某一特殊应用目的所需的专用特性及附件应包括在该发电机的型号规范内。

4.2.2　设计

4.2.2.1　燃机设备中的发电机根据用途、使用方式及工作现场的大气条件宜采用开启式的通风形式或闭式循环的通风形式。

4.2.2.2　为了保证发电机长期稳定地运行并减少日常维护工作量，宜采用无刷励磁系统或其他励磁方式。

4.2.2.3　发电机的运行方式应符合 GB/T 10489 中的规定。

4.2.2.4　在额定功率因数下，发电机的输出功率除以发电机效率所得数值应不小于在基本型负荷和尖峰型负荷工作情况下和规定的外界大气温度范围内工作的燃气轮机的输出功率。

4.2.2.5　发电机定子和转子的设计应考虑发电用燃机设备调峰负荷运行的周期性质。要求由于多次热循环而产生的线槽内绕组移动所引起的绝缘磨损和热疲劳效应为最小。调峰型负荷运行与基本型负荷运行有很大的不同，后者起动次数较少而在额定负荷下的运行时间却很长。

4.2.3　空气冷却要求

空气冷却应至少满足以下要求：

a）发电机室外使用时，应配置专用的耐风雨的隔声罩，并有隔板同燃气轮机隔声罩隔断；

b）开启式通风形式的大型发电机冷却及散热所需的空气进气口处应设置进气过滤装置和过滤器压差指示器，以便判断何时需要进行过滤器的清洗或更换工作。冷却空气的进、排气口的噪声级应不高于 GB/T 10491 规定的限制值；

c）应为发电机提供在停机期间使用的防凝露加热装置；

d）低温条件下使用可要求提供加热空气；高温条件下使用可要求提供冷却空气。由发电机制造厂 给出低温和高温条件的使用边界。

4.2.4　温度与振动的监视

为监控定子绕组、轴承润滑和冷却空气的温度，应设置温度传感器。对大功率发电机还应设置测定旋转件振动量级的传感器。

4.3　励磁系统

4.3.1　励磁机

励磁机包括转动式和静止式两种类型。在发电机的整个运行范围内它应与发电机励磁要求相匹配。励磁机的输出是否可逆,取决于动力(或电力)系统的要求。

4.3.2 调节器

4.3.2.1 励磁系统应有两种方法控制发电机的输出电压。其一是采用连续作用式调节器;其二是采用手动控制器或辅助调节器。任何一种控制发电机输出电压的方式都应与 GB/T 14411 中所述的各种起动方式相适应。

4.3.2.2 稳态负荷调节精度应不超过±0.5%,同时在整个环境温度范围内的漂移幅值应不大于±0.75%。对于特定的用途,调节精度可更严格或放宽。在与电力系统要求最低和最高工作电压相适配的范围内,可调节发电机的电压。

4.3.2.3 对于某些用途的发电用燃机设备的励磁系统不以控制发电机的输出电压作为主要控制变量,而采用控制功率因数或发电机无功功率输出。此时,除主要控制变量改变外,所有励磁系统应满足 4.3.2.2 的要求。

4.3.3 限制器、信号校正器和补偿器

4.3.3.1 限制器

凡因运行或保护所需之处,可配置过励磁和欠励磁限制装置。使用时,应与电站工作和励磁系统其他功能相适配。限制器可以感受发电机磁场或电力系统的参数,以便完成所希望的保护功能,如磁场过热、发电机欠励磁定子过热及欠励磁时保护电力系统等。

4.3.3.2 信号校正器

为了改善电力系统的性能,可以设置信号校正器。用它来影响励磁系统主电压调节功能。包括一个电力系统稳定器或电压/频率调节器并加上其他一些信号校正器。这些措施在实际使用中能使整个励磁系统性能改善。

4.3.3.3 补偿器

如果发电机到并联点的阻抗小于6%,补偿器的设置能使发电机间无功电流的差值通常保持在±5%范围内。为了补偿线路压降到较好值,如未在发电机出线端调节电压,可采用补偿器来调节电压。任何情况下,使用补偿器时,由于补偿器的作用修正了励磁系统调节器感受的信号,此时允许被调发电机出线端电压的变化超出规定的范围。

4.3.4 系统响应

4.3.4.1 除非电力系统要求较高的值或需要一个高起始反应励磁系统,标准规定励磁系统电压反应比的最小值是1.0。

4.3.4.2 如果励磁系统的顶值电压已规定,就应与系统反应一致,而且对于具有1.0反应比的系统,其顶值电压不应小于励磁机额定输出电压的160%。

4.3.5 发电机磁场电源的切断

励磁系统应具有当保护系统动作时能快速切断发电机磁场电源的手段。该手段可以是带放电电阻(仅限直流)的交流或直流电路切断装置,或用固态器件控制来产生所需动作。

4.3.6 故障电流维持

发电机发生外部故障时,励磁系统应具有向发电机提供故障电流的手段。应有足够的时间以保证故障保护系统得以动作。

4.4 发电机的工作方式和并网装置

由燃气轮机驱动的发电机可有下面三种工作方式:

a) 和地区电力系统并网运行;

b) 两台及两台以上发电机并联独立运行;

c) 单台发电机独立运行。

在发电机控制屏上应设置发电机工作方式选择开关及自动和(或)手动并网装置。还应装设自动准同期装置和带相位闭锁的手动准同期装置。

4.5 母线连接

主电源系统母线连接是从发电机出线端到发电机出口断路器、主电源变压器或电站母线之间的连接。它们可以是电缆或汇流条结构、架空或埋地、罩盖或裸露，但应具备以下性能：

a) 主母线和导电体应能连续承受最大负荷及事故时的短路电流，其温升不应超过规定值；

b) 应特别注意用螺栓紧固的板条连接。防止因镀层或其他表面处理不善而产生局部过热，要确保良好的连接；

c) 绝缘子和支架应安装牢固，防止应力事故的位移而发生短路；

d) 出线端头应留有足够的空间，以便安装母线罩壳。对发电机主输出线的电缆头也应提供适当的空间。在有振动、膨胀和不同沉降处应采用柔性连接。

4.6 断路器

4.6.1 发电机并网断路器既可接到发电机的输出端，也可接到发电机-变压器组的高压绕组侧。

4.6.2 断路器应符合 GB 1984 中规定的技术要求。

4.6.3 对用于调峰型燃机设备的断路器，应考虑其频繁分合闸操作的特点。

4.6.4 对于依据环境温度改变输出功率的电站，断路器连续电流额定值应根据规定环境温度和当地海拔高度下的发电机预期最大输出电流来确定。其他环境温度下断路器的承载能力应等于或大于全部指定环境温度范围内发电机预期最大输出电流。可用环境温度 40℃以上时断路器承载能力来限定断路器连续电流额定值。

4.6.5 应规定额定开断电流或提供电力系统短路特性，以便选择适合于该用途的高开断容量的断路器。

4.6.6 断路器应具有在事故状态下发电机或系统所提供的非对称开断直流分量的能力。

4.6.7 断路器应适用于同期操作，并能承受操作时断开触头间的相角差电压。

4.6.8 断路器绝缘系统的机械性能和物理特性应能足以承受断路器工作时所施加的载荷，包括由导线连接和环境温度变化所引起的应变。应注意绝缘系统中材料的选择，不能助燃、产生有毒气体或吸收湿气。

4.6.9 宜采用真空断路器或六氟化硫断路器。在高海拔地区（＞1 000 m）应选用高原型（GY）真空断路器。

4.6.10 操作机构和有关控制装置在规定的控制电压范围内应保证断路器能够正常工作。

4.7 电涌保护

4.7.1 概述

4.7.1.1 发电机电涌保护由连接在发电机每一出线端子和电站接地网之间的电容器及每相电容器并联连接的避雷器组成，并应符合 GBJ 64—1983 中有关规定。

4.7.1.2 避雷器和电容器皆应安装在发电机出线端，以减低电涌上升速率。凡需将避雷器和电容器分开之处，电容器的安装应靠近发电机。

4.7.1.3 发电机机座（两处）、中性点阻抗器件的接地端及电涌保护器件与接地体或电站接地网的连接应采用单独的接地线。应符合 GB 50169—1992 的规定。

4.7.2 发电机-变压器组

4.7.2.1 在一台或多台发电机通过升压变压器与电力系统连接的情况下，电涌保护应安装在发电机出线端。某些发电机-变压器组联接方式中，如果发电机电涌阻抗很低，则可不需要电涌保护，但应确保发电机和变压器的特性能够将电涌波前沿限制到某个量值及一定时间内，不致引起发电机和变压器损坏。

4.7.2.2 除绕组为星-星联结的变压器外，发电机皆不需要中性点电涌保护。使用绕组为星-星联结的变压器时，应按照中性点不接地的要求提供中性点电涌保护。

4.7.3 发电机直接与架空线连接

4.7.3.1 发电机直接与架空线连接的连接方式包括通过阻抗器连接或利用一种金属导体将发电机与

架空线相连接。

4.7.3.2 在发电机中性点不接地和大多数电抗接地的情况下，发电机中性点需要电涌保护。这类保护应采用电站型或旋转电机用避雷器，其额定值能在最大过电压情况下对发电机绕组进行保护。此时应考虑发电机额定电压和接线方式。

4.8 中性点接地

4.8.1 概述

在发电机中性点接地方式中考虑下列主要因素：

a) 继电保护

利用发电机中性点的接地器件将相线对地故障的量值控制到一定的程度。通过母线连接在一起的几台发电机需要具有选择性继电保护时，应具有较低的接地阻抗。如几台发电机不用母线连接在一起，按照所需继电保护的类型，允许其接地阻抗有一定的变化范围。

b) 机械应力

在星形连接的发电机中，接地应符合对绕组应力的限制。

c) 瞬时过电压限制

中性点接地系统的设计应能使瞬时过电压的量值低于避雷器的击穿(放电)电压。

d) 故障点损坏限制

在接地故障期间，可通过限制中性点电流使故障造成的损坏减到最小程度。

4.8.2 接地类型

发电机中性点通常通过电抗器、电阻器或接地(配电)变压器接地。对于某一特定的发电装置选择中性点接地方式时，主要考虑的是允许流过的接地故障的电流量。大接地故障电流通常与中性点通过电抗器接地相关联，小接地故障电流通常与经过接地(配电)变压器接地相关联。当单相接地电流低于3 A时，发电机中性点可不接地。但在中性点处应装设电压为额定相电压的避雷器。

4.9 测量互感器

4.9.1 概述

应为继电保护系统和仪表测量系统配备足够的电压互感器和电流互感器，并应满足一次回路的额定电压、最大负荷电流及短路时的动、热稳定电流的要求。

4.9.2 电压互感器

4.9.2.1 燃机设备配套使用的电压互感器应符合 GB 1207 中的有关技术要求。

4.9.2.2 应根据其用途合理选择互感器的容量和准确级。

4.9.2.3 互感器的绝缘等级应与它所接入的系统的绝缘等级相一致。

4.9.2.4 二次回路应装设熔断器保护设备，以便二次回路出现故障时，在一次回路中不致产生过大电流。运行中的电压互感器其二次回路不应短路。

4.9.2.5 在发电机应用中，若调节器和仪表的复合负荷产生的比值差大于0.5%或调节器负荷波动引起电压互感器的二次电压变化量大于0.5%时，宜使用两套电压互感器。

4.9.2.6 在同期用断路器的两侧都应设置电压互感器：

a) 发电机侧

用于计量、仪表、继电保护、同期的电压互感器和用于发电机电压调节器的电压互感器。

b) 电网侧

用于仪表、同期和可能有的继电保护或计量的电压互感器以及用于反映母线接地的电压互感器。

4.9.2.7 电压互感器的一次回路应采用具有必要的熔断定额的限流熔断器来保护。

4.9.2.8 为进行辅助性计量可要求另外配置若干套电压互感器。

4.9.3 电流互感器

4.9.3.1 燃机设备配套使用的电流互感器应符合 GB 1208 中的有关技术要求。

4.9.3.2 应根据其用途合理选择互感器的容量和准确级。

4.9.3.3 互感器的绝缘等级应与它接入的系统的绝缘等级相一致。

4.9.3.4 互感器应满足在一次回路短路时的动、热稳定电流的要求。

4.9.3.5 在发电机应用中，发电机中性点侧应配置下列三相电流互感器组：

a) 一组电流互感器专门作为发电机差动保护继电器使用；

b) 一组电流互感器作为主要变压器差动保护继电器使用，此时应将发电机的所有电流互感器覆盖进去，给发电机提供后备差动保护；

c) 如果可以安装则应为计量、仪表和差动保护以外的继电保护提供第三组电流互感器。如果继电器保护与计量、仪器仪表分开，则应提供第四组电流互感器。

4.9.3.6 在发电机出线(电网)侧或发电机开关柜内应配置下列三相电流互感器组：

a) 一组电流互感器为发电机差动保护继电器使用；

b) 一组或多组电流互感器为发电机电压调节器使用；

c) 若没有可能在发电机中性点侧安装第三组或第四组供计量、仪表和继电器保护用的电流互感器，则此种用途的电流互感器可安装在发电机出线侧。

4.9.3.7 对于下列应用场所可提供所需的规定准确级、负荷能力、交流比和电压等级的电流互感器：

a) 发电机差动继电器辅助(厂用电)母线分接头；

b) 发电机辅助(厂用电)母线过负荷；

c) 星形联结辅助(厂用电)变压器和大功率电动机用变压器的中性点；

d) 辅助(厂用电)变压器和大功率电动机用变压器的过负荷；

e) 辅助(厂用电)电源系统计量。

4.9.3.8 电流互感器的带电状态其二次回路不应开路。试验时可通过试验开关或试验插孔令其二次回路短路。

4.10 隔离开关和负荷开关

4.10.1 概述

隔离开关可用来隔离发电机断路器，负荷开关用来切断辅助设备馈电线。隔离开关应符合 GB 1985中的技术要求。负荷开关应符合 GB 3804 中的技术要求。

4.10.2 额定值

4.10.2.1 用于隔离断路器的开关应根据系统和被隔离断路器对最高电压连续电流和瞬态电流的要求来确定额定值。切断辅助馈电线的负荷开关应根据系统电压最大时瞬态电流和辅助(厂用电)变压器额定值来确定其额定值。

4.10.2.2 隔离开关和负荷开关能在规定的环境温度范围内和现场海拔高度条件下以规定的额定值工作。

4.10.3 设计

4.10.3.1 操动机构的设计应保证开关能安全闭合并闩锁，或安全打开而不需要过大的力(如需用延长手柄或额外的操作人员等)。

4.10.3.2 如果不会产生铁磁谐振，辅助馈电线使用的户外式隔离开关可用操动勾棒操作。罩壳开关可成组操作，并用必要的联锁机构以防止不正常操作。

4.10.3.3 除需要远控的特殊情况外，不应采用动力式操动机构(电动机传动装置、液压传动装置、气动装置等)。如采用动力式操动机构则应包括必要的限位开关、位置指示器、联锁装置和手力式操动机构。

4.11 继电保护和控制系统

4.11.1 继电保护应符合 GB 50062—1992 中的技术要求。

4.11.2 本条所述的继电保护仅限于主电源系统，燃气轮机的内部保护未予包括，该部分内容可按GB/T 14411中的有关规定执行。

4.11.3 设备继电保护的目的在于当主电源系统出现故障对设备产生影响时，能按要求使设备自动与电网脱离。如果该故障尚允许设备继续运行则只进行报警。

4.11.4 当出现下列情况时，保护继电器应动作：

a) 发电机差动；
b) 发电机定子、转子绕组及励磁回路接地；
c) 发电机欠/过电压；
d) 发电机欠/过频率；
e) 发电机负序；
f) 发电机逆功率；
g) 发电机过负荷；
h) 发电机失励磁。

4.11.5 某些机组可能要加装其他继电保护装置。即使没有主变压器，也应考虑安装主变压器继电保护装置的可能性。

4.11.6 当机组再起动或再励磁发生危险的情况下，应装设带手动复位的闭锁继电器。该继电器在故障出现时能够跳闸。为保证闭锁继电器正确工作，应对其线圈的通断给予监视。

4.11.7 对发电机故障应采用后备保护。对于某些器件发生故障，如机组仍在工作可能使机组面临损坏的事故，也应考虑有后备保护。保护系统宜采用微机综合保护装置。

4.11.8 应为继电器电流回路、电压回路、跳闸回路的隔离和试验提供试验开关或试验插孔。

4.11.9 必要时应为保护继电器设置工作指示灯或提供报警。

4.11.10 控制系统宜采用数字控制系统，应符合GB/T 14411的规定。

5 辅助设备电源系统及电动机

5.1 变压器

5.1.1 给燃机设备的辅助设备提供电源的变压器，应符合GB 1094.1～1094.5和GB 6450中的技术要求。

5.1.2 根据变压器安装场所的特点，宜选用干式变压器或全密闭变压器。

5.1.3 变压器的额定容量和额定电压由该变压器供电的用电设备的计算负荷为依据而确定，并考虑电动机起动时变压器产生的电压降。应选用低损耗节能型变压器。宜选用绕组为三角形/星形联结的变压器。

5.1.4 当采用油浸式变压器时，为满足特殊要求，可增配下列附件：

a) 温度继电器；
b) 内部过压力保护装置；
c) 气体(瓦斯)继电器；
d) 为增加输出功率而加装的外部冷却风扇及控制器；
e) 安装在高压侧的套管式避雷器。

5.1.5 为燃气轮机起动装置用电动机供电的变压器需要特殊考虑，其额定容量和额定电压应根据燃气轮机的起动特性来确定；应由燃气轮机制造厂提出建议。

5.2 低压成套开关设备

5.2.1 低压成套开关设备通常为燃机设备的电动机和电压为380 V及以下的用电设备提供保护和控制。其应符合GB 7251.1、GB 7251.2、GB 7251.3、GB 7251.4、GB 7251.5和GB 7251.8中的技术要求。

5.2.2 低压成套开关设备应能承受三相短路达到规定的短路容量而不产生热损坏和机械损伤。

5.2.3 低压成套开关设备设计成封闭式,并留有足够的空间以便于各类电气设备的接线和维修。必要时,应备有照明、插座、接线端子安装位置和母线维修通道等辅助设施。

5.2.4 每个断路器或起动器应安装在单独的间隔(抽屉)内。在进(出)线处应考虑装设网板、隔板,防止小动物进入而引起电气设备故障。

5.2.5 断路器、熔断器应有足够的断流容量或极限分断能力。故障时能确保安全断开。

5.2.6 应考虑设置防止单相运行的保护措施。

5.2.7 不宜采用开启式双面或单面维修操作的低压配电设备。

5.3 开关柜

5.3.1 开关柜由断路器、母线及附件组成。这些器件经电气连接后,安装在金属框架上并包封在金属板做的壳体内。根据不同电压等级,应分别符合 GB 3906 或 GB 7251.1～7251.5、GB 7251.8 中的技术要求。

5.3.2 开关柜可用于所有电压高于 380 V 的电动机和电站负荷或任何电压等级的可靠的用电设备,也可用来安装发电机出口断路器和附件。

5.3.3 主电流承载零件、绝缘子、支架和外壳应有足够的强度,能经受三相短路、两相短路和单相短路所引起的瞬时冲击电流和全电流最大有效值而不致损坏。

5.3.4 开关柜内可安装保护继电器、仪表测量互感器、电涌保护装置、中性线接地和与母线及馈电线有关的设备。

5.3.5 在采用高压支柱绝缘子和穿墙套管的场合,应为引线端提供足够的空间。

5.4 接地

5.4.1 对燃机设备正常情况下不带电的导电体应按 GBJ 65—1983 的技术要求和接地网相连接,以保证该地区人员免遭电击。另外,接地回路的导电体应能承受所流过的最大接地故障电流,不致产生火灾、爆炸事故从而损坏燃机设备和其他设施。

5.4.2 燃气轮机的燃料为易燃易爆气体时,按照 GB 50058—1992 的规定应划为爆炸性气体环境危险区域 2 区,在该区内的所有电气设备,应采用专门的接地线。该接地线若与相线敷设在同一保护管内时,应具有与相线相等的绝缘。此时爆炸性气体环境的金属管线、电缆的金属包皮等,只能作为辅助接地线。其他要求应符合 GB 50058—1992 中爆炸性气体环境接地设计要求。

5.4.3 当确定燃机设备(或电站)接地网的工频接地电阻值时,应保证在流过最大接地故障电流时不致产生危及人身生命安全的电压及防止对仪器、仪表的干扰。

5.4.4 燃机设备和接地网之间应有多处连接,当一处接地连接损坏时不致产生危险情况。

5.5 电动机

5.5.1 燃机设备配套使用的电动机应符合 GB 755—2000 中的技术要求。

5.5.2 电动机铭牌额定值应满足被驱动设备能力最大时的负荷要求。电动机应有足够的使用寿命,在燃气轮机寿命期内不应更换。起动用电动机可在短期内以高于铭牌规定的额定值运行。

5.5.3 对所有室外使用的电动机,其绕组应能经受周围大气中可能存在的热、湿气、油和可能的化学物质的侵蚀,绕组的绝缘层应进行浸渍。

5.5.4 电动机的轴和轴承座的构造应使润滑剂不会沿轴漏出或溅到绕组中去。

5.5.5 在电动机的四周应有足够的维修空间。

5.6 配线

5.6.1 燃气轮机发电装置的配线仅包括屏间、组件间和分开安装的设备之间的连线。宜采用铜导线。如有可能,应全部采用阻燃型电缆或电线。对在高温区或涡轮部件附近的导线敷设应特别小心。线束和穿线导管等应安装在无振动地区。电压互感器二次回路和控制线应采用截面不小于1.5 mm^2 的铜芯导线;电流互感器二次回路应采用截面不小于2.5 mm^2 的铜芯导线,并需满足载流量和电压降的要求,其绝缘耐压不应低于500 V。测量用导线如热电偶、热电阻和各类传感器、变送器等的敷线及线型选择应按照使用要求及敷线场所的环境条件而定。

5.6.2 电缆、导线可敷设在钢管、阻燃PVC硬质塑料电线管、软管、电缆桥架及线槽中;也可直接敷设在地下或电缆沟中。

5.6.3 可用带插接件的多芯电缆或通过接线座来进行设备和组件之间的电气连接。插接件的选型应在预期的振动条件下不松动且便于安装。其额定电压要和线路电压相适合。接线座应留有一定数量的备用量。通常一个接线座只连接一根导线,必要时可连接两根导线;当需要连接两根以上导线时,应采取措施以确保连接牢靠。不同电压不同用途的接线座应分开排列,以利安全和维护。两个电器元件之间的连接导线不应有绞接点或焊接点。

5.6.4 应按电压高低分类敷线,以使电噪声和危险减小到最低程度。屏蔽线和双芯绞合线应按需要提供。

6 直流电源

6.1 蓄电池

6.1.1 蓄电池应跨接在一个可调节的恒压充电器上。蓄电池的负荷应包括控制电路、应急照明、应急辅助设备(如直流备用滑油泵电动机)和其他必需的直流负荷。

6.1.2 蓄电池应有足够的容量,以便在充电器不工作或无法得到交流辅助电源的情况下,保证安全停机而不发生事故所必需的全部直流辅助设备能够运行。另外,在规定的不成功起动次数后,蓄电池应有足够的容量保证安全地停机。

6.1.3 蓄电池容量的确定应考虑外形大小,所接负荷的顺序,对负荷供电的持续时间及工作温度引起的降载系数。在使用中,如蓄电池充电后的容量低于额定值的80%,则应予以更换。

6.1.4 蓄电池选型应以能长期提供满意的特性和长寿命为原则。宜选用铅酸密封式免维护蓄电池。

6.1.5 蓄电池应在浮充电制度下工作,并定期进行均衡充电。提供给现场使用的蓄电池通常应进行初充电。蓄电池组的输出电压应满足使用要求,宜采用24 V,110 V(125 V)或220 V。

6.1.6 蓄电池应安装在就地控制室中或其他建筑物内。蓄电池应放置在专用的框架中或基座上。

6.2 蓄电池充电器

6.2.1 蓄电池充电器应能使与其相连的蓄电池保持充电状态并对直流系统负荷供电。

6.2.2 充电器能为已放电的蓄电池提供电流,使其在合理的时间内恢复到充满电的状态。

6.2.3 不论蓄电池是否连接于直流系统,充电器在其额定值范围内都能给直流系统的正常负荷供电。

6.2.4 充电器浮充电电压和均衡充电电压额定值应根据所选用蓄电池的类型和数量的要求而定。

6.2.5 在充电器从零到极限电流以及输入电压的变化未超过电站的预期值时,它应能保持蓄电池电压稳定在规定的限制值内。

6.2.6 “浮充电”和“均衡充电”电压应能连续(无级)地调节,调节范围至少为额定值的±4%。

6.2.7 充电器一般应设计成非接地状态运行。在蓄电池电路发生接地故障时,接地检测系统应发出报警信号。

6.2.8 充电器应采用自动电流极限控制。充电器应是安全自保护的,而且能够连续承载到规定的电流极限值而不发生损坏。

6.2.9 充电器在与蓄电池组连接时,其输出波纹和电压尖峰值应按需要加以限制,以便使能引起设备误动作或损坏的电噪声电平减到最小。

6.2.10 充电器应配置一个交流输入电路切断装置，一个直流输出电路切断装置及直流输出电流表和电压表。

6.3 蓄电池直流系统电源屏(柜)

蓄电池直流系统电源屏(柜)应符合JB/T 5777.4—2000中的有关技术要求。它将蓄电池(组)和充电器组装成一体。并具有足够数量和容量的直流馈出线，是一种较紧凑的直流电源。

ICS 49.020
V 04

中华人民共和国国家标准

GB/T 16638.1—2008
代替 GB/T 16638.1—1996

空气动力学　概念、量和符号
第1部分：空气动力学常用术语

Aerodynamics—Concepts，quantities and symbols—
Part 1：Aerodynamic terms in common use

2008-07-18 发布　　　　2009-01-01 实施

中华人民共和国国家质量监督检验检疫总局
中国国家标准化管理委员会　发布

前　言

GB/T 16638《空气动力学　概念、量和符号》分为四个部分：

——第1部分：空气动力学常用术语；

——第2部分：坐标轴系和飞机运动状态量；

——第3部分：飞机几何特性；

——第4部分：飞机的空气动力、力矩及其系数和导数。

本部分为GB/T 16638的第1部分。

本部分对我国多年使用的空气动力学常用术语进行了归集与筛选，并尽可能与国际上大多数国家的使用习惯相一致，本部分的飞机空气动力学部分术语和符号与国家标准GB/T 14410—2008《飞行力学　概念、量和符号》相协调。

本部分代替GB/T 16638.1—1996《空气动力学　概念、量和符号　第1部分：空气动力学常用术语》。

本部分与GB/T 16638.1—1996相比主要变化如下：

a) 增加了增压风洞、片光流动显示技术、激光多普勒测速技术、拟序结构等定义；

b) 删除了总静压受感器、废阻等定义；

c) 修改了涡、迹线、湍流、总压受感器等定义。

本部分由中国航空工业第一集团公司提出。

本部分由中国航空工业第一集团公司归口。

本部分起草单位：北京航空航天大学、中国航空综合技术研究所、中国航空工业空气动力研究院、中国航空工业发展研究中心。

本部分主要起草人：刘沛清、邵箭、李周复、陈玉、王志川、郝卫东、焦志强、陈晏清、范洁川、姚民斐、陈炳永、冯亚南、陈永魁、张克军。

本部分所代替标准的历次版本发布情况为：

——GB/T 16638.1—1996。

空气动力学　概念、量和符号
第1部分：空气动力学常用术语

1　范围

本部分规定了常用的空气动力学术语、定义或说明及符号。

本部分适用于空气动力学研究和应用领域。

2　规范性引用文件

下列文件中的条款通过本部分的引用而成为本部分的条款。凡是注日期的引用文件，其随后所有的修改单(不包括勘误的内容)或修订版均不适用于本部分，然而，鼓励根据本部分达成协议的各方研究是否可使用这些文件的最新版本。凡是不注日期的引用文件，其最新版本适用于本部分。

GB/T 16638.4—2008　空气动力学　概念、量和符号　第4部分：飞机的空气动力、力矩及其系数和导数

3　术语、定义和符号

下列术语、定义和符号适用于本部分。

3.1　空气动力学基础　aerodynamics basis

编号	术　语	定义或说明	符号和单位
3.1.1	空气动力学 aerodynamics	研究空气运动以及它们与物体相对运动时相互作用规律的学科。	
3.1.2	标准大气 standard atmosphere	根据大量的实际测量资料，由权威机构按中纬地区的平均气象条件制定并颁布的大气温度、压力、密度等物理参数随高度的变化规律。	
3.1.3	空气压力(压强) air pressure	空气垂直作用在空气微团表面或物体表面单位面积上的力。	p 单位为帕(Pa)
3.1.4	空气温度 air temperature	表征空气冷热程度的一个物理量。	T 常用单位为摄氏度(℃)
3.1.5	空气密度 air density	单位体积空气的质量。	ρ 单位为千克/米^3(kg/m^3)

编号	术 语	定义或说明	符号和单位
3.1.6	空气[动力]黏度 air viscosity	旧称黏性系数。表征空气黏性的一个物理量。是分子自由层碰撞抵制剪切变形的能力。在纯剪切流中,切应力 τ 可表示为 $$\tau = \mu \frac{dv_x}{dy}$$ 式中: μ 为空气[动力]黏度;$\frac{dv_x}{dy}$ 为切向速度的法向梯度。	μ 单位为牛·秒/米^2 (N·s/m^2)
3.1.7	运动黏度 kinematic viscosity	流体的[动力]黏度与密度之比,即 $$\nu = \frac{\mu}{\rho}$$	ν 单位为米^2/秒 (m^2/s)
3.1.8	气体常数 gas constant	表征气体性质的一个常数。对完全气体,它为气体压力 p 除以密度 ρ 和热力学温度 T 的乘积,即 $$R = \frac{p}{\rho T}$$	R
3.1.9	空气比热[容]比 ratio of the air specific heat capacities	空气比定压热容 c_p 与比定容热容 c_V 之比,即 $$\gamma = \frac{c_p}{c_V}$$ 完全气体的空气比热比是 1.4。	γ
3.1.10	空气压缩性 compressibility of air	空气因压力或温度变化而改变其体积或密度的特性。	
3.1.11	马赫数 Mach number	流场中某点的速度 V 与当地声速 c 之比,即 $$Ma = \frac{V}{c}$$ 马赫数是衡量压缩性对空气流动影响的最重要参数。	Ma
3.1.12	临界声速 critical sound speed	流场中某点的流速等于当地声速时的速度。	c_{cr} 单位为米/秒 (m/s)
3.1.13	速度系数 speed coefficient	流场中某点的流速 V 与当地临界声速 c_{cr} 之比,即 $$\lambda = \frac{V}{c_{cr}}$$	λ

编号	术　语	定义或说明	符号和单位
3.1.14	自由流 free stream	飞机前未经扰动的来流。一般用下标“∞”表示。	
3.1.15	低速流 low speed flow	可以忽略流体密度变化影响的流动。一般指 $Ma_{\infty}<0.3$ 的流动。	
3.1.16	亚声速流 subsonic flow	流场中各点处的流速都低于当地声速的流动。一般指 $0.3 \leqslant Ma_{\infty}<0.8$ 的流动。	
3.1.17	跨声速流 transonic flow	流场中流体的速度接近声速的流动。一般指 $0.8 \leqslant Ma_{\infty}<1.4$ 的流动。	
3.1.18	超声速流 supersonic flow	流场中各点处的流速都大于当地声速的流动。一般指 $1.4 \leqslant Ma_{\infty}<5$ 的流动。	
3.1.19	高超声速流 hypersonic flow	流场中各点处的流速都远大于当地声速的流动。一般指 $Ma_{\infty} \geqslant 5$ 的流动。	
3.1.20	可压缩流 compressible flow	不能忽略流体密度变化影响的流动。通常将 $Ma_{\infty} \geqslant 0.3$ 的流动认为是可压缩流。	
3.1.21	不可压缩流 imcompressible flow	可以忽略流体密度变化影响的流动。通常将 $Ma<0.3$ 的流动认为是不可压缩流。	
3.1.22	定常流 steady flow	流场中任一点的流动参数(如速度、压力、密度等)不随时间变化的流动。	
3.1.23	非定常流 unsteady flow	流场中任一点的流动参数(如速度、压力、密度等)随时间变化的流动。	
3.1.24	黏流 viscous flow	具有黏性的流体流动。	
3.1.25	无黏流 inviscid flow	不考虑黏性影响的流动。	
3.1.26	位流 potential flow	又称势流或无旋流。流场中涡矢量等于零的流动。涡矢量定义见3.1.59。	
3.1.27	临界马赫数 critical Mach number	物体表面上最大流速达到当地声速时所对应的自由流马赫数。	Ma_{cr}
3.1.28	马赫波 Mach wave	超声速流中微扰动传播形成的波阵面。	

编号	术 语	定义或说明	符号和单位
3.1.29	膨胀波 expansion wave	超声速气流通过波阵面后，压力、密度和温度下降，流速上升的波阵面。	
3.1.30	压缩波 compression wave	超声速气流通过波阵面后，压力、密度和温度上升，流速下降的波阵面。	
3.1.31	激波 shock wave	超声速气流中压力、密度和温度在波阵面上发生突跃变化的强压缩波。	
3.1.32	激波[斜]角 shock wave angle	超声速流中的激波面与自由流方向的夹角。	β 单位为度(°)
3.1.33	雷诺数 Reynolds number	表征流体惯性力和黏性力相对大小的一个无量纲相似参数，即 $Re=\frac{\rho Vl}{\mu}=\frac{Vl}{\nu}$ 式中： ρ为流体的密度；V为流场中的特征速度；l为特征长度；μ为流体的[动力]黏度；ν为流体的运动黏度。	Re
3.1.34	临界雷诺数 critical Reynolds number	标志流动从层流开始失稳的雷诺数。	Re_{cr}
3.1.35	雷诺应力 Reynolds stress	由湍流掺混引起的湍流应力。	τ 单位为牛/米^2 (N/m^2)
3.1.36	流动稳定性 flow stability	是研究加给流动的扰动，看在时间或在空间上都是衰减的或是扰动是增大的理论，前者为流动是稳定的，后者为流动是不稳定的。	
3.1.37	拟序结构 coherent structure	又称相干结构。在切变湍流场中，不规则的触发的一种序列运动，它的起始时刻和位置是不确定的，但一经触发，它就以某种确定的次序发展特定的运动状态。	
3.1.38	猝发现象 burst	边界层内外区之间强烈地相互作用时，边界层在空间某个位置上会突然发生局部破裂的现象。即从条带结构到速度剖面的扭曲，再到流场振荡和展向涡旋的产生，最后到条带结构的破碎。	

编号	术　语	定义或说明	符号和单位
3.1.39	卷吸效应 entrainment effect	自由切变层平均速度剖面的位移厚度沿流向增长的现象。这表明自由切变层中流向的平均流量在不断增长。	
3.1.40	普朗特数 Prandtl number	表征流体流动中动量交换与热交换相对重要性的一个无量纲相似参数，即 $$Pr = \frac{\mu c_p}{\lambda}$$ 式中： μ 为流体的[动力]黏度；c_p 为流体的比定压热容；λ 为热导率。	Pr
3.1.41	斯特劳哈尔数 Strouhal number	表征非定常惯性力与迁移惯性力相对大小的一个无量纲相似参数，同时也是表征流体流动中周期性影响的一个无量纲相似参数，即 $$Sr = \frac{fl}{V}$$ 式中： f 为频率；l 为特征长度；V 为自由流速度。	Sr
3.1.42	弗劳德数 Froude number	表征流体流动中流体惯性力与重力相对大小的一个无量纲相似参数，即 $$Fr = \frac{V}{\sqrt{lg}}$$ 式中： V 为物体运动速度；g 为重力加速度；l 为特征长度。	Fr
3.1.43	努塞尔数 Nusselt number	表征流体流动中与传热有关的一个无量纲相似参数，即 $$Nu = \frac{Kl}{\lambda}$$ 式中： K 为传热系数；l 为特征长度；λ 为热导率。	Nu

编号	术 语	定义或说明	符号和单位
3.1.44	克努森数 Knudsen number	表示气体分子的平均自由程 λ 与流场中物体的特征长度 l 的比值。 $$Kn=\frac{\lambda}{l}$$ 一般认为，当 $Kn<0.01$ 时，气体流动属于连续介质范畴。	Kn
3.1.45	源(点源) source	流体自流场中某一点以均一的速率沿所有射线方向向外流出的一种假想流动。	
3.1.46	汇(点汇) sink	是一种与正源流向相反的向心流动，即流体以均一的速率沿所有射线方向流入流场中某一点的假想流动。	
3.1.47	偶极子 doublet	等强度的一个点源和一个点汇，令其无限接近并保持强度和距离的乘积为常数的一种极限流动。	
3.1.48	旋涡 vortex	流体团的旋转运动。	
3.1.49	点涡 point vortex	二维位流场中，流线为一组同心圆的假想流动。	
3.1.50	线涡 vortex filament	又称涡丝。空间流场中强度为有限值，截面近于零的涡管元。	
3.1.51	面涡 vortex sheet	在流场中聚集在无限薄曲面上并形成速度切向间断的涡量层。	
3.1.52	马蹄涡 horse-shoe vortex	一条等强度，其两端伸向无限远的“Π”形线涡。	
3.1.53	环量 circulation	流体速度沿一封闭曲线的线积分。	Γ
3.1.54	涡线 vortex line	流场中处处与涡矢量相切的曲线。	

编号	术 语	定义或说明	符号和单位
3.1.55	流线 streamline	用来描述流场各点流动方向的曲线，即某一瞬时流场中每点都与速度矢量相切的曲线。 注：定常流中流线形状不随时间改变，且与迹线重合。	
3.1.56	迹线 pathline	流体质点的轨迹曲线，它是流场中标定的运动流体质点在一段时间内所经过的所有空间点的集合。	
3.1.57	脉线 pulseline	在一段时间内，将相继经过某一空间固定点的流体质点，在某一瞬时连成的曲线。 如果该空间固定点是施放染色的源，则在某一瞬时即可观察到一条染色线。	
3.1.58	时间线 timeline	又称流体线。某时刻 t_0 在流场中任意取的一条线，该线上的每个流体质点在 t 时刻运动到新的位置上的连线。	
3.1.59	涡矢量 vorticity	表征流体微团旋转角速度的物理量，其大小为流体速度的旋度 $\boldsymbol{rot}V$，记作 $\boldsymbol{\omega}$，即 $$\boldsymbol{\omega} = \boldsymbol{rot}\,\mathrm{V}$$ 在流场某一区域中若 $\boldsymbol{\omega}\neq 0$，称在这区域中流动是有旋的或称为涡旋运动，否则就称为无旋的。 对于平面问题，涡量大小为流场中任何一点微团角速度的两倍，即 $2\omega_z$，方向与转动轴线重合。	$\mathbf{V}$，$\boldsymbol{\omega}$
3.1.60	涡面 surface of vorticity	涡矢量场中 $\boldsymbol{\Omega}$ 在某曲面单位法线矢量 $\boldsymbol{n}$ 上投影 $\Omega_n=0$ 时的曲面。	
3.1.61	驻点 stagnation point	又称滞止点。通常指物面上气流相对速度滞止到零的点。	
3.1.62	静压 static pressure	运动气体的当地压力。	p 单位为帕(Pa)
3.1.63	动压 dynamic pressure	旧称速压。运动气体当地密度 ρ 和速度 V 平方乘积之半，即 $$q=\frac{1}{2}\rho V^2$$	q 单位为帕(Pa)

编号	术　语	定义或说明	符号和单位
3.1.64	总压 total pressure	又称驻点压力。气流速度等熵滞止到零时的压力。	p_t 单位为帕(Pa)
3.1.65	静温 static temperature	运动气体的当地温度。	T 单位为摄氏度(℃)
3.1.66	总温 total temperature	又称驻点温度。气流速度绝热滞止到零的温度。	T_t 单位为摄氏度(℃)
3.1.67	流函数 stream function	二维流中沿流线为常数的标量函数。	Ψ
3.1.68	位函数 potential function	又称势函数或速度位。表示位流速度矢量场 **V** 的一个标量函数。	φ
3.1.69	层流 laminar flow	黏性流体质点互不掺混、层次分明的流动。	
3.1.70	湍流 turbulent flow	旧称紊流。流体质点互相掺混，其局部压力、速度等在时间和空间上有复杂的、无规则的随机脉动的非定常流动。	
3.1.71	湍流度 turbulence level	度量气流速度脉动程度的一种标准，通常用脉动速度均方和与时均速度之比来表示脉动的大小，即 $\varepsilon = \frac{\sqrt{\frac{1}{3}(\bar{V}'^2_x + \bar{V}'^2_y + \bar{V}'^2_z)}}{\bar{V}}$ 式中： $\bar{V}'_x, \bar{V}'_y, \bar{V}'_z$ 分别为沿 x, y, z 方向的脉动速度分量，$\bar{V}$ 为时均速度，即 $\bar{V} = \sqrt{\bar{v}_x^2 + \bar{v}_y^2 + \bar{v}_z^2}$ 。	ε
3.1.72	转捩 transition	层流到湍流的过渡。	

编号	术　语	定义或说明	符号和单位
3.1.73	分离流 separated flow	流体黏性阻滞使层内近壁流体沿流动方向不断减速，在一定逆压梯度(即压强沿流动方向增大)下，外部流动仍继续保持原来方向，但近壁流体则逐渐减速到零，进一步形成倒流，使流动脱离壁面。	
3.1.74	边界层 boundary layer	旧称附面层。流体绕固体流动时在壁面附近形成的黏性流体薄层。在两股速度不同平行流流体交界面区将形成一层黏性流动的薄层，称为混合层。	
3.1.75	层流边界层 laminar boundary layer	边界层内的流动状态呈层流的边界层。	
3.1.76	湍流边界层 turbulent boundary layer	边界层内的流动状态呈湍流的边界层。	
3.1.77	温度边界层 temperature boundary layer	高速气流绕物体流动时，壁面附近气体黏性阻滞把大量气流动能转化为热能，形成紧贴壁面的温度分布不均匀的薄气体层。气体的普朗特数(3.1.40)接近于1，因而温度边界层的厚度近似地等于速度边界层的厚度。	
3.1.78	边界层厚度 boundary layer thickness	包括位移厚度，动量厚度和能量厚度，分别见3.1.79,3.1.80和3.1.81。	δ 单位为毫米(mm)
3.1.79	位移厚度 displacement thickness	由于边界层的存在而使自由流线向外推移的距离。 $\delta_d=\int_0^h(1-\frac{\rho u}{\rho_e u_e})dy$	δ_d
3.1.80	动量厚度 momentum thickness	又称动量亏损厚度。由于边界层的存在而引起的动量流率的亏损。 $\delta_m=\int_0^h\frac{\rho u}{\rho_e u_e}(1-\frac{u}{u_e})dy$	δ_m
3.1.81	能量厚度 energy thickness	又称能量耗散厚度。由于边界层的存在而引起的能量的亏损。 $\delta_{en}=\int_0^h\frac{\rho u}{\rho_e u_e}(1-\frac{u^2}{u_e^{\ 2}})dy$	δ_{en}

3.2　实验空气动力学　experimental aerodynamics

编号	术　语	定义或说明	符号和单位
3.2.1	实验空气动力学 experimental aerodynamics	空气动力学的一个分支。用实验的方法研究气体的流动特性和气体绕物体流动时的相互作用规律的一门学科。	
3.2.2	相对性原理 relativity principle	两个惯性运动的物体之间，其相互作用取决于它们之间的相对速度和相对位置。	
3.2.3	相似准则 similarity criterion	流动现象的各参数所组成的描述流动特性的无量纲量，即判定两个流动现象相似必须遵守的原则。	
3.2.4	风洞 wind tunnel	在一个按一定要求设计的管道内，产生可控制流动参数的人工气流，供空气动力试验使用的设备。	
3.2.5	二维风洞 two-dimension wind tunnel	旧称二元风洞。试验段内的气流为二维流动的风洞，主要用于翼型试验。有直流式和回流式两类。	
3.2.6	增压风洞 air-boost wind tunnel	又称压力风洞或变密度风洞。为了提高风洞试验的雷诺数，通过提高压力从而提高密度。	
3.2.7	低速风洞 low speed wind tunnel	试验段气流马赫数小于0.3的风洞。	
3.2.8	亚跨声速风洞 subsonic and transonic wind tunnel	试验段气流马赫数在0.3～1.4的风洞。	
3.2.9	超声速风洞 supersonic wind tunnel	试验段气流马赫数在1.4～5.0的风洞。	
3.2.10	高超声速风洞 hypersonic wind tunnel	试验段气流马赫数大于5的风洞。	
3.2.11	尾旋风洞 spin wind tunnel	研究飞机尾旋的发展和改出的特种(多为立式)风洞。	
3.2.12	结冰风洞 icing wind tunnel	简称冰风洞。研究飞机在飞行中其机体和部件迎风面以及外露部分结冰规律及预防方法和结冰对飞机气动特性影响的特种风洞。	

编号	术　语	定义或说明	符号和单位
3.2.13	高雷诺数风洞 high Reynolds number wind tunnel	用增加气流总压，降低气流总温或采用重气体或增大模型尺寸等方法，使试验雷诺数接近于飞机实际飞行雷诺数的风洞。	
3.2.14	全尺寸风洞 full scale wind tunnel	一种可以进行与真实飞机或部件相同尺寸的模型(或实物)试验的风洞。	
3.2.15	水洞 water tunnel	在一个按一定要求设计的管道内，产生可控制流动参数的人工水流，供水动力试验使用的设备。	
3.2.16	试验段 test section	风洞中可安置模型进行试验的部位。	
3.2.17	通气壁 ventilating wall	风洞试验段的四壁或上下壁呈开孔或开槽状态，使部分气流可流进或流出，主要是用以减少洞壁干扰的试验段壁。	
3.2.18	开闭比 porosity	风洞试验段通气壁板的通气面积 S_p 与壁板面积 S_w 之比，即 $$\tau=\frac{S_p}{S_w}$$ 开闭比可分为平均开闭比和局部开闭比。平均开闭比为通气壁板的通气总面积与壁板总面积之比；局部开闭比为通气壁板局部面积与其对应的局部壁板面积之比。	τ
3.2.19	自适应壁 adapting wall	使绕模型的流动与自由流绕模型的流动特性相吻合的可调节调壁。	
3.2.20	风洞能量比 energy ratio of wind tunnel	稳定运行的连续式风洞，当未装模型时，单位时间内流过试验段的气流动能与风洞动力装置所输入的功率之比，即 $$\mathrm{ER}=\frac{(qSV)_t}{N}$$ 式中： q,S,V 分别为试验段的动压、横截面积和风速；N 为风洞动力装置所输入的功率。它有以下三种取法：风扇输给气流的功率，电动机输到风扇的功率以及外电源输给风洞电机的功率。故对能量比也有三种算法。	ER

编号	术　语	定义或说明	符号和单位
3.2.21	风洞流场品质 flow quality of wind tunnel	风洞试验段中模型区流场优劣的程度。	
3.2.22	空速管 pitot tube	又称风速管或皮托管。一种同时测量气流的总压强和静压强，并由此得到气流速度的测量装置。	
3.2.23	多孔探头 multiple-hole probe	一种测量气流总压、静压、动压和流向的测量装置。	
3.2.24	空气动力天平 aerodynamic balance	又称风洞天平。风洞中用以测量气流作用在模型上的空气动力和力矩的测量设备。	
3.2.25	烟流法 smoking flow method	又称烟迹法。在风洞试验段模型前向气流中加入烟雾以显示绕模型流动的空间流态的方法。	
3.2.26	丝线法 tuft method	将一轻而软的纤维(如丝线)的一端规则地粘在模型表面或网格节点上，另一端使其自由，当气流流过模型或网格时，以观察丝线在气流中的形态，判断绕流或空间流动特性的方法。	
3.2.27	油流法 oil flow method	将具有一定黏度的机油与显示剂混合后涂于模型表面，当气流与其相互作用时，显示近物面处流动特性的方法。	
3.2.28	气泡流动显示 bubble flow visualization	用气泡作为示踪粒子显示流态的方法。所用的气泡主要有氦气泡(用于低速风洞)和氢气泡(用于水洞)。	
3.2.29	激光蒸汽屏流动显示 laser vapour screen flow visualization	在气流中用人工方法形成一定浓度的水蒸气，配以激光片光照射，显示绕模型流动特性的方法。	
3.2.30	染色线法 colouring line method	在流体中注入有色剂，利用带色流体显示流态的方法。	
3.2.31	升华法 sublimation method	依靠物面各处的气流条件不同，造成涂于物面的升华材料不同程度地升华，由此显示物面流态的方法。	

编号	术　　语	定义或说明	符号和单位
3.2.32	液晶法 liquid crystals method	涂于物体表面的薄层液晶散射白光，液晶涂层感受物体表面流动的剪切应力使一定波长的光向一定的方向散射，在不同剪切应力状态呈现不同的颜色，以确定表面流态的方法。	
3.2.33	阴影法 shadowgraph method	利用光的折射原理显示流动特性的方法。	
3.2.34	纹影法 schlieren method	从聚焦处消除部分折射光从而显示流动特性的方法。	
3.2.35	干涉法 Interferometry	利用光的干涉效应显示流动特性的方法。	
3.2.36	全息摄影术 hologram interferometry	把激光术分成对准目标的光束和参考光束，目标光束通过流体并与参考光束在底片上结合，当底片冲洗和用参考光束照射时，包含在目标中的信息再现。	
3.2.37	全息干涉术 holographic interferometry	通过实时法、双脉冲法等记录极短时间内流动的变化，以显示三维流动。	
3.2.38	片光流动显示 light-sheet flow visualization	一种用高亮度的片光照射流场显示断面流动特性的方法。常用于风洞和水洞试验中。目前多使用激光器作为光源。	
3.2.39	彩色图像流动显示 colour graphic flow visualization	一种以探头在流场中扫描，并将其信号转换为彩色图形，定量给出流动参数数值的方法。	
3.2.40	压力敏感涂料技术（发光压力传感技术） pressure sensitive paint technique (luminescence pressure sensor technique)	利用光学特性测量物体表面的压力和温度分布，即将一种特殊的压力敏感涂料覆盖在模型表面上，利用一定波长的光照射后，涂料能够发射荧光，测定发射光强度场和温度场，可计算出相应的压力分布。	
3.2.41	激光多普勒测速 laser Doppler velocimeter	利用激光多普勒效应来测量流体的流动速度的方法。	
3.2.42	粒子图像测速 particle image velocimeter	一种以片光为光源，用照相记录不同瞬时示踪粒子的位置从而测量流体速度的方法。	

编号	术 语	定义或说明	符号和单位
3.2.43	热线测量 hot-wire velocimetry	利用热线风速仪测定流体介质的流速，还可以用来测量介质的温度以及测定流体介质成分等的测量方法。	
3.2.44	激光诱导荧光流动显示测量 laser induced fluorescence flow insualization and velocimetry	利用激光诱发荧光显示流动特性和测量流体速度的技术。	
3.2.45	风洞试验 wind tunnel test	利用在风洞试验段中的气流绕模型流动,获得模型空气动力特性和绕流特性的试验。	
3.2.46	模型 model	按相似理论将飞机或部件几何外形缩小或放大,或按质量、刚度等分布要求制成的用以进行飞机空气动力性能试验的物体。	
3.2.47	测力试验 force test	测量气流作用在模型上的空气动力的试验。	
3.2.48	测压试验 pressure test	测量气流绕模型流动时模型表面压力的试验。	
3.2.49	半模型试验 half-model test	在风洞中使用被对称平面所平分的半个模型进行的试验。	
3.2.50	二维模型试验 two-dimensional model test	利用二维模型,在风洞中测量模型(如翼型)空气动力特性的试验。	
3.2.51	进气道试验 air intake test	利用进气道模型,在风洞中测量进气道内流总压恢复系数、流动畸变、内外阻力和喘振边界等空气动力特性的试验。	
3.2.52	动力模拟试验 engine simulation test	又称飞行带动力试验。在风洞中模拟发动机进、排气和(或)螺旋桨滑流对飞机空气动力特性影响的试验。	
3.2.53	动导数试验 dynamic derivative test	在风洞中测量作用在模型上的空气动力和力矩对运动参数时间变化率的试验。	

编号	术　语	定义或说明	符号和单位
3.2.54	颤振试验 flutter test	利用飞机颤振试验模型，测量不同动压气流流过模型的颤振临界速度、颤振频率和颤振模态等颤振特性的试验。	
3.2.55	抖振试验 buffeting test	在风洞中测量飞机模型的抖振边界和抖振载荷的试验。	
3.2.56	旋转天平试验 rotary balance test	在风洞中使飞机模型绕某一轴作旋转运动，测量气流流过旋转模型时其所受的空气动力的试验，是研究飞机失速/尾旋特性的试验之一。	
3.2.57	地面效应试验 ground effect test	在风洞中模拟地面，测量其对飞机空气动力特性影响的试验。	
3.2.58	浮力修正量 buoyance correction	修正由于风洞试验段的气流沿轴向存在静压梯度，会使模型产生附加阻力的修正量。 $\Delta D_b = -KV\frac{dp}{dl}$ 式中： $\frac{dp}{dl}$为轴向静压梯度；V 为模型的体积；K 为模型形状系数。	ΔD_b 单位为牛(N)
3.2.59	阻塞度 percentage of blockage	风洞试验模型的最大迎风面积 A_m 与试验段横截面积 A_t 之比，即 $\varepsilon_m = \frac{A_m}{A_t}$	ε_m
3.2.60	洞壁干扰 wind tunnel wall interference	由于风洞洞壁的存在引起的对测量模型空气动力的影响。	
3.2.61	支架干扰 support interference	由于支架的存在引起的对测量模型空气动力的影响。	
3.2.62	湍流度因子 turbulence factor	同一模型在大气条件下的临界雷诺数 Re_{cr} 与在风洞气流中的临界雷诺数 Re_{crw} 之比，即 $\mathrm{TF} = \frac{Re_{cr}}{Re_{crw}}$	TF

编号	术　语	定义或说明	符号和单位
3.2.63	有效雷诺数 effective Reynolds number	风洞试验段气流湍流度因子 TF 与模型试验雷诺数 Re_{m} 的乘积，即 $Re_{eff} = TF \times Re_{m}$	Re_{eff}
3.2.64	模型自由飞试验 free flight test of model	飞机模型在实际大气或风洞中进行的飞行试验。	
3.2.65	模型旋转中心 center of model turning	在风洞试验段中模型改变姿态角转动时所绕之点。	
3.2.66	飞行试验 flight test	飞机在实际大气条件下所进行的试验。	

3.3 计算空气动力学 computing aerodynamics

编号	术　语	定义或说明	符号和单位
3.3.1	计算空气动力学 computational aerodynamics	空气动力学的一个分支。用数值方法，借助于电子计算机求满足初、边值条件的空气动力学基本方程组的数值解，即对空气流动的流场进行数值模拟的学科。	
3.3.2	欧拉方程 Euler equation	理想流体的运动方程组。	
3.3.3	纳维-斯托克斯方程 Navier-Stokes equation	简称 N-S 方程。黏性流体的运动方程组。	
3.3.4	时均值 time average	瞬时物理量在长时间段的平均值。	
3.3.5	雷诺平均方程 Reynolds equation	描述湍流统计量的演化的系综平均N-S方程。	
3.3.6	湍流模型 turbulence model	常以雷诺平均方程与脉动运动方程为基础，依靠理论与经验的结合，引进一系列模型假设，建立一组描写湍流平均量的封闭方程组的理论计算方法。	
3.3.7	数值方法 numerical method	用数值离散的方法求解自然科学和工程应用中各类物理问题的一种方法。与理论分析、实验研究构成了科学研究三种基本方法。	

编号	术　语	定义或说明	符号和单位
3.3.8	守恒型方程 conservative equation	以散度形式表示的满足物理守恒定律的方程。	
3.3.9	非守恒型方程 nonconservative equation	以非散度形式表示的满足物理守恒定律的方程。	
3.3.10	定解条件 condition of well-posed solution	描述运动一般规律的方程当附加某些条件(如初始条件或边界条件)后就能完全确定具体运动状态的那些附加条件。	
3.3.11	数值离散 numerical discretization	将无限自由度的连续变量问题化为有限自由度的离散问题,以进行数值模拟和分析的一种方法。	
3.3.12	网格 grid	将连续区域按问题的需要所划分的有限个网点的集合。	
3.3.13	计算格式 computational scheme	求解物理方程中,数值运算所依据的离散化方法。它依赖于物理方程的类型及离散化近似方法。	
3.3.14	迭代格式 iterative scheme	数值求解方程的一种有效方法。从初始近似值出发,采用不同方法逐步逼近精确解的一个重复过程。	
3.3.15	时间推进格式 time marching scheme	对时间变量为双曲型或抛物型方程离散化后以时间变量为推进式的计算格式。	
3.3.16	时间相关法 time-dependent method	用非定常方程求解定常问题的一种常用方法。根据给定的初始条件及随时间改变的约束条件,当时间足够长后,未知函数逐步与时间无关而渐近趋于定常解。	
3.3.17	有限基本解法 method of finite fundamental solution	用有限个满足方程的基本解(如源、汇、偶极子等)的叠加,使其满足边界条件从而把解微分方程问题变为求解代数方程组的问题。	
3.3.18	面元法 panel method	将物面划分为若干小块(称面元),在每个小面元上布置满足方程而强度由边界条件确定的奇点(如源、涡、偶极子及其组合),从而可把微分方程的求解问题化为代数方程组的求解。	

编号	术　语	定义或说明	符号和单位
3.3.19	涡格法 vortex lattice method	在物面划分的小面元上布置离散的马蹄涡，使其在控制点上满足边界条件，从而求解代数方程组而得到数值解的方法。	
3.3.20	有限差分法 finite difference method	微分方程定解问题的一种常用的数值方法。将方程和边界条件进行空间和时间的离散，用差商代替微商，求解差分方程作为原微分方程的近似解。	
3.3.21	分步法 method of fractional steps	把复杂的求解问题的每个时间步分解成若干个中间步，然后用差分解这些比较简单的中间步，最后得到原始问题的近似解。预估—校正二步法、分裂法、互交方向隐式法皆属分步法。	
3.3.22	有限体积法 finite volume method	将求解域划分成若干个有限体积的小单元，在每一小单元内，保证积分形式的守恒关系成立而得到的一组离散方程组，求解此方程组作为原方程的近似解。	
3.3.23	有限元素法 finite element method	简称有限元。以变分原理为基础的一种数值解法。把计算域划分为有限个单元，用适当的插值函数代替未知函数，根据变分原理将微分方程化为代数方程组进行数值求解。	
3.3.24	变分法 variational method	以变分学和变分原理为基础的一种近似计算方法。研究定义在某一函数集上的某种积分的极值问题。	
3.3.25	加权残差法 method of weighted residuals	一种直接从微(积)分方程求近似解的数学方法。根据实际问题选取权函数进行加权平均，消除试函数的近似解与原方程精确解之残差，从而求得原方程的近似解。	
3.3.26	边界元素法 boundary element method	在经典的积分方程法和有限元素法的基础上发展起来的一种数值计算方法。将域内的积分方程化为边界积分方程，通过数值求解边界积分方程得到域内和边界上的函数值。	
3.3.27	特征线法 method of characteristics	以偏微分方程的特征理论为基础运用特征线及特征方程，求双曲偏微分方程定解问题的一种近似计算方法。	

编号	术　语	定义或说明	符号和单位
3.3.28	谱方法 spectral method	偏微分方程的一种数值求解方法。把解近似地展开成光滑函数的有限级数展开式(即解的近似谱展开式),求出展开式系数以获得数值解。	
3.3.29	胞中粒子法 method of partical in-cell	一种计算非定常流的欧拉-拉格朗日的混合方法。它特别适用于求解多介质和大变形流动的问题。	
3.3.30	离散涡元法 method of discrete vortex element	利用随时间变化所形成的离散型涡元求解非定常或定常流的方法。	
3.3.31	数值分析 numerical analysis	对用数学形式表示的数学、物理问题的数值方法的分析、研究,包括数值解的存在性、唯一性,求解的近似理论,数值稳定性、收敛性及误差分析等。	
3.3.32	收敛性 convergence	用近似方程代替微分方程的数值解中,当表征其近似程度的参数(如网格大小,最大有限元直径等)趋于零时,近似解趋于精确解,称此数值解具有收敛性。	
3.3.33	稳定性 stability	在数值求解过程中,如果其计算结果对初始数值的误差或计算舍入误差不敏感或呈稳定衰减(或不增)状态,称此种算法具有稳定性。	
3.3.34	跳跃条件 jump condition	流体流动出现内部间断(如激波)时,此处微分方程失去意义,需要用间断面两侧各力学量之间物理上存在的关系,即Rankine-Hugoniot条件作为特殊的边界条件,称为跳跃条件。它作为流动的内边界条件并保证解的唯一性所必需。	
3.3.35	熵条件 entropy condition	对满足初始条件的双曲型偏微分方程柯西问题的弱解,为保证其解是唯一的(称为物理解),在间断面上必须满足的熵增的跃变条件。	
3.3.36	激波装配法 shock fitting method	双曲型方程数值解法中处理激波的一种方法。即在间断面两侧区域分别满足方程,激波两边作为边界条件,其物理量由激波的 Hugoniot 关系相关联,且将激波作为待定的运动边界。	

编号	术　语	定义或说明	符号和单位
3.3.37	激波捕捉法 shock capturing method	双曲型方程数值解法中处理激波的一种方法。对激波不需作任何特殊处理，而在计算公式中直接或间接地引进“黏性效应”项，以便自动算出激波的位置和强度，来捕捉激波。	
3.3.38	人工耗散[黏性] artificial dissipation	数值求解双曲型方程时，人为地或由于格式自动地引入扩散项，起黏性耗散作用，产生平滑效果。	
3.3.39	黏性/无黏干扰模拟 viscous/inviscid interaction simulation	大雷诺数的实际流动，流场可划分为无黏流区和贴近物面及近尾迹区内的黏性薄层区，分别求解无黏流区和黏性流区并耦合两部分的解，从而得到整个流场解。	
3.3.40	网格生成技术 grid generation technique	生成数值计算的空间网络的方法。将物理空间点转换为计算空间网格点的方法通常有保角变换法、代数生成法和微分方程法。	
3.3.41	多重网格技术 multiple grid technique	在数值计算过程中，联合运用间距不同的多重网格求解差分方程，以达到消除不同波长的误差分量，提高数值解的精度和效率的方法。	
3.3.42	自适应网格技术 adaptive grid technique	在数值计算过程中，根据解的变化和需要，计算网格能自动进行调整，以提高数值计算效率和精度。	
3.3.43	高分辨率格式 high resolution scheme	求解具有间断解的微分方程中构造的一种无振荡或基本无振荡的，且对激波解具有高分辨率的差分格式。	
3.3.44	区域分解方法 domain decomposition method	将计算域分解为若干子域，分别求解再进行综合的一种数值计算方法。此种方法便于在各子域中运用适应其特点的数学模型、计算方法和格式，使总体解更符合实际，并有利于采用并行算法，加快运算速度。	

编号	术　语	定义或说明	符号和单位
3.3.45	反问题方法 inverse method	根据给定的目标函数，例如压力或速度分布，求得对应的几何外形的方法。	
3.3.46	并行处理 parallel processing	研究计算机中发生的各类同时性技术，即能同时执行多个任务或多条指令或同时对多个数据项进行处理，达到大幅度提高运行速度和解题能力的一种技术。	
3.3.47	前置处理 pre-processing	用数值方法求解主控方程前期工作进行的预先处理，如网格的构造、计算条件的选择等。	
3.3.48	后置处理 post-processing	对数值计算结果进行的数据处理，如可视化技术显示、表格、曲线、文档等的处理。	

3.4 飞机空气动力学 aircraft aerodynamics

编号	术　语	定义或说明	符号和单位
3.4.1	升力线斜率 slop of lift curve	升力系数 C_L 对迎角 α 的导数 $\partial C_L/\partial\alpha$。($C_L$ 见 GB/T 16638.4—2008 中3.1.2.2)	$C_{L\alpha}$
3.4.2	最大升力系数 maximum lift coefficient	C_L 对迎角 α 变化曲线中的 C_L 最大值。	$C_{L\max}$
3.4.3	配平升力系数 trim lift coefficient	飞机在飞行中保持全机俯仰力矩为零时的升力系数。	$C_{L\mathrm{tri}}$
3.4.4	翼身组合体升力 wing-body combination lift	机翼与机身组合时的升力，即 $L_{\mathrm{WB}} = L_{\mathrm{W(B)}} + \Delta L_{\mathrm{B(W)}} + L_{\mathrm{B}}$	L_{WB} 单位为牛(N)
3.4.5	外露翼升力 exposed wing lift	翼身组合体中孤立外露机翼(不包括机身覆盖部分)所产生的升力。	L_{Wexp} 单位为牛(N)

编号	术 语	定义或说明	符号和单位
3.4.6	毛机翼升力 gross wing lift	翼身组合体中包括机身覆盖部分的机翼所产生的升力。	L_W 单位为牛(N)
3.4.7	机身干扰下外露翼升力 exposed wing lift involved body interaction	有机身干扰影响下的外露翼升力。	$L_{W(B)}$ 单位为牛(N)
3.4.8	翼对身干扰升力 body lift due to wing interaction	机翼对机身干扰引起的升力。	$\Delta L_{B(W)}$ 单位为牛(N)
3.4.9	单独机身升力 isolated body lift	单独存在的机身的升力。	L_B 单位为牛(N)
3.4.10	升力干扰因子 lift interference factor	翼身组合体的升力与升力的比值。 $K = K_{B(W)} + K_{W(B)}$ $K_{B(W)} = \Delta L_{B(W)} / L_{W\ exp}$ $K_{W(B)} = L_{W(B)} / L_{W\ exp}$	K $K_{B(W)}$ $K_{W(B)}$
3.4.11	翼身尾组合体升力 wing-body-tail combination lift	机翼、机身、尾翼组合体的升力。	L_{WBT} 单位为牛(N)
3.4.12	临界迎角 critical angle of attack	升力系数为最大值时所对应的迎角。	α_{cr} 单位为度(°)
3.4.13	零升迎角 zero-lift angle of attack	升力系数为零时所对应的迎角。	α_0 单位为度(°)
3.4.14	最大许用迎角 maximum permissible angle of attack	保证飞行安全所允许的最大使用迎角。	α_{max} 单位为度(°)
3.4.15	升阻比 lift-drag ratio	升力系数 C_L 与阻力系数 C_D 之比值，即 $K = C_L / C_D$ (C_D 见 GB/T 16638.4—2008 中 3.1.2.4)	K

编号	术　语	定义或说明	符号和单位
3.4.16	极曲线 polar	升力系数相对阻力系数的变化曲线。	
3.4.17	配平极曲线 trim polar	飞机保持平衡(即绕重心俯仰力矩为零)时的升力系数相对阻力系数的曲线。	
3.4.18	巡航升阻比 cruising lift-drag ratio	飞机作巡航飞行时所对应的升阻比。	K_{cru}
3.4.19	最大升阻比 maximum lift-drag ratio	升阻比 K 的最大值。	K_{max}
3.4.20	失速 stall	当飞机发生非指令性俯仰、滚转或偏航,或出现不可忍受的抖动或结构振动,或升力系数随迎角增加开始下降等三种情况之一的异常现象。其机理在于大迎角(或激波诱导)机翼边界层分离。	
3.4.21	深失速 deep stall	失速后的飞机不能利用操纵舵面脱离失速的现象。	
3.4.22	失速迎角 stall angle	发生失速现象时所对应的迎角。	α_S 单位为度(°)
3.4.23	过失速区 post-stall range	一般指大于临界迎角 α_{cr} 的飞行迎角范围。	
3.4.24	零升阻力 zero-lift drag	升力为零时所对应的阻力。	D_0 单位为牛(N)
3.4.25	升致阻力 drag due to lift	由于升力而产生的阻力。	D_l 单位为牛(N)
3.4.26	摩擦阻力 friction drag	简称摩阻。黏性气流与飞机表面摩擦而产生的阻力。	D_f 单位为牛(N)
3.4.27	诱导阻力 induced drag	简称诱阻。机翼尾涡诱生的阻力。	D_i 单位为牛(N)

编号	术　语	定义或说明	符号和单位
3.4.28	激波阻力 wave drag	简称波阻。超声速气流中因激波而引起的阻力。	D_w 单位为牛(N)
3.4.29	压差阻力 pressure drag	简称压阻。物面压力所引起的阻力。	D_p 单位为牛(N)
3.4.30	黏性压差阻力 viscous pressure drag	因气流黏性作用引起物面压力分布变化所形成的阻力。	D_{vp} 单位为牛(N)
3.4.31	底部阻力 base drag	飞机机体尾部因截尾而引起气流分离所形成的阻力。	D_b 单位为牛(N)
3.4.32	动态失速 dynamic stall	翼型、机翼和飞机等在进行大迎角非定常运动时因绕流分离引起失速发生动态延缓或迟滞这一复杂的非定常气动力现象。	
3.4.33	最小阻力系数 minimum drag coefficient	在极曲线上阻力系数的最小值。	$C_{D\min}$
3.4.34	零升阻力系数 zero-lift drag coefficient	飞机或其部件升力为零时所对应的阻力系数。	C_{D0}
3.4.35	升致阻力系数 drag coefficient due to lift	因产生升力系数而诱致的阻力系数。	C_{Dl}
3.4.36	阻力发散 drag divergence	飞机跨声速飞行时因产生局部激波而引起的阻力急剧增加的现象。	
3.4.37	阻力发散马赫数 drag divergence Mach number	阻力系数 C_D 随自由流马赫数 Ma_∞ 变化时 $\partial C_D/\partial Ma_\infty = 0.1$ 所对应的马赫数。	Ma_D
3.4.38	前缘吸力 leading-edge suction	机翼前缘低压区引起的沿前缘外法向的力。	F 单位为牛(N)

编号	术　语	定义或说明	符号和单位
3.4.39	前缘吸力系数 leading-edge suction coefficient	前缘吸力 F 与 $q_\infty S$ 之比，即 $$C_F = F/(q_\infty S)$$ 式中： q_∞ 为自由流动压；S 为参考面积。	C_F
3.4.40	前缘推力系数 leading-edge thrust coefficient	前缘吸力系数在推力方向的分量，即 $$C_T = C_F \cos\Lambda$$ 式中： Λ 为机翼前缘后掠角。	C_T
3.4.41	配平阻力系数 trim drag coefficient	为平衡飞机在飞行中绕重心的俯仰力矩和操纵力所需的空气动力引起的阻力系数。	$C_{D\mathrm{tri}}$
3.4.42	零升俯仰力矩系数 zero-lift pitching moment coefficient	对应于升力系数为零的俯仰力矩系数。	C_{m0}
3.4.43	零迎角俯仰力矩系数 zero-angle of attack pitching moment coefficient	迎角为零时作用于飞机或其部件的俯仰力矩系数。(俯仰力矩系数见 GB/T 16638.4—2008中 3.1.3.8)	C'_{m0}
3.4.44	空气动力中心 aerodynamic center	又称焦点，简称气动中心。飞机或其部件因迎角变化引起的升力增量的作用点。	F
3.4.45	气动中心位置 position of aerodynamic center	又称焦点位置。气动中心距机翼平均气动弦前缘沿弦向的无量纲距离。对于飞机通常以机翼平均气动弦长的百分数计量。	$\bar{x}_\mathrm{F}$
3.4.46	压力中心 pressure center	飞机或其部件的空气动力合力作用点。	CP
3.4.47	尾迹区 wake range	飞机或其部件的尾部受其前面边界层的影响拖下来的低于自由流速度充满涡流的流动区域。	
3.4.48	尾迹区速度阻滞系数 speed deceleration coefficient in wake	尾迹区内的动压与自由流动压的比值。	k_q
3.4.49	配平升降舵(全动平尾)偏角 trim elevator (movable horizontal tail) deflection angle	维持飞机平衡(即 $C_m=0$)所需升降舵(全动平尾)的偏转角	δ_{triH} 单位为度(°)

编号	术　语	定义或说明	符号和单位
3.4.50	下洗角 downwash angle	气流受到升力面作用而向下(或向上)偏斜的角度,向下偏为正。	ε 单位为度(°)
3.4.51	下洗角导数 downwash angle derivative	$\varepsilon_\alpha = \partial\varepsilon/\partial\alpha$ 式中: α 为迎角。	ε_α
3.4.52	侧洗角 sidewash angle	气流受到升力面作用向侧向偏斜的角度。向右偏为正。	σ 单位为度(°)
3.4.53	侧洗角导数 sidewash angle derivative	$\sigma_\beta = \partial\sigma/\partial\beta$ 式中: β 为侧滑角。	σ_β
3.4.54	缝隙系数 gap coefficient	操纵面与相邻部件之间的缝隙对操纵效率影响的系数。	ζ
3.4.55	诱导阻力因子 induced drag factor	$A_i = C_{Di}/C_L^2$	A_i

中 文 索 引

英 文 索 引

O

P

R

S

T

ICS 49.020
V 04

中华人民共和国国家标准

GB/T 16638.2—2008
代替 GB/T 16638.2—1996

空气动力学 概念、量和符号 第2部分：坐标轴系和飞机运动状态量

Aerodynamics—Concepts, quantities and symbols—
Part 2: Axis systems and aircraft motion state quantities

2008-07-18 发布　　2009-01-01 实施

中华人民共和国国家质量监督检验检疫总局
中国国家标准化管理委员会　发布

前　言

GB/T 16638《空气动力学　概念、量和符号》分为四个部分：

——第1部分：空气动力学常用术语；

——第2部分：坐标轴系和飞机运动状态量；

——第3部分：飞机几何特性；

——第4部分：飞机的空气动力、力矩及其系数和导数。

本部分为GB/T 16638的第2部分。

本部分对我国多年使用的空气动力学常用术语进行了归集与筛选，并尽可能与国际上大多数国家的使用习惯相一致，本部分坐标轴系和飞机运动状态量的部分术语、定义和符号与GB/T 14410—2008《飞行力学　概念、量和符号》相协调。

本部分代替GB/T 16638.2—1996《空气动力学　概念、量和符号　第2部分：坐标轴系和飞机运动状态量》。

本部分与GB/T 16638.2—1996相比主要变化如下：

a)　增加了地面固定坐标轴系、纵轴、横轴和竖轴等定义；

b)　增加了量纲的单位，并在符号栏注明；

c)　修改了气流偏航(方向)角、气流俯仰角、气流倾侧角等定义；

d)　将空速的定义归入飞行速度中。

本部分由中国航空工业第一集团公司提出。

本部分由中国航空工业第一集团公司归口。

本部分起草单位：北京航空航天大学、中国航空综合技术研究所、中国航空工业空气动力研究院、中国航空工业发展研究中心。

本部分主要起草人：刘沛清、焦志强、李周复、陈玉、王志川、郝卫东、邵箭、陈晏清、肖业伦、范洁川、张克军。

本部分所代替标准的历次版本发布情况为：

——GB/T 16638.2—1996。

空气动力学　概念、量和符号
第 2 部分：坐标轴系和飞机运动状态量

1　范围

本部分规定了描述飞机运动的坐标轴系和基本的运动状态量。

本部分适用于固定翼飞机，其他飞行器可参照使用。

本部分中将飞机视为刚体，将大地视为平面。

2　规范性引用文件

下列文件中的条款通过本部分的引用而成为本部分的条款。凡是注日期的引用文件，其随后所有的修改单(不包括勘误的内容)或修订版均不适用于本部分，然而，鼓励根据本部分达成协议的各方研究是否可使用这些文件的最新版本。凡是不注日期的引用文件，其最新版本适用于本部分。

GB/T 14410.1—2008　飞行力学　概念、量和符号　第 1 部分：坐标轴系和运动状态变量

GB/T 14410.6—2008　飞行力学　概念、量和符号　第 6 部分：飞机几何形状

3　术语、定义和符号

下列术语、定义和符号适用于本部分。

3.1　坐标轴系　axis systems

编号	术　　语	定义或说明	符号和单位
3.1.1	地面固定坐标轴系 earth-fixed axis system	原点和三个坐标轴均相对于地面固定不动的坐标轴系。	$Ox_0y_0z_0$， 简称 S_0
3.1.2	铅垂地面固定坐标轴系 normal earth-fixed axis system	简称地轴系。地面固定坐标轴系(3.1.1)之一，其 z_g'轴铅垂向下。	$Ox_g'y_g'z_g'$， 简称 S_g'
3.1.3	飞机牵连铅垂地面坐标轴系 aircraft-carried normal earth axis system	简称牵连地轴系。原点通常固定于飞机重心、每个坐标轴的方向均与 x_g'，y_g'，z_g' 相同的坐标轴系。 注：在不引起混淆的条件下可以简称为铅垂地面坐标轴系。	$Ox_gy_gz_g$， 简称 S_g
3.1.4	机体坐标轴系 body axis system	简称体轴系。固定在飞机上的坐标轴系，其原点通常位于飞机的重心，三个坐标轴由 2.1.4.1～2.1.4.3 的定义。	$Oxyz$， 简称 S_b
3.1.4.1	纵轴 longitudinal axis	位于飞机参考面(GB/T 14410.6—2008 中 3.1.1)内指向前方的坐标轴。 注：通常规定纵轴平行于机身轴线或翼根弦线。	x

编号	术　语	定义或说明	符号和单位
3.1.4.2	横轴 transverse axis	垂直于飞机参考面(GB/T 14410.6—2008 中 3.1.1),指向右方的坐标轴。	y
3.1.4.3	竖轴 normal axis	在飞机参考面(GB/T 14410.6—2008 中 3.1.1)内垂直于纵轴(2.1.4.1)指向下方的坐标轴。	z
3.1.5	气流坐标轴系 air-path axis system	原点通常固定于飞机的重心,其 x_a 轴沿飞行速度的方向,z_a 轴在飞机参考面(GB/T 14410.6—2008 中 3.1.1)内垂直于 x_a 轴指向下方,y_a 轴垂直于 x_a 轴和 z_a 轴,指向右方(参看图 1)。	$Ox_ay_az_a$, 简称 S_a
3.1.6	半机体坐标轴系 intermediate axis system	原点通常固定于飞机的重心,其 x_i 轴沿飞行速度在飞机参考面(GB/T 14410.6—2008 中 3.1.1)上的投影,y_i 轴垂直于参考面指向右方,z_i 轴在参考面内垂直于 x_i 轴指向下方(参看图 1)。	$Ox_iy_iz_i$, 简称 S_i
3.1.7	稳定性坐标轴系 stability axis system	在受扰运动中固连在飞机上的一种机体坐标轴系(2.1.4),其原点通常位于飞机的重心,x_s 轴沿未受扰运动飞机速度在飞机参考面(GB/T 14410.6—2008 中 3.1.1)上的投影,y_s 轴垂直于参考面指向右方,z_s 轴在参考面内,垂直于 x_s 轴,指向下方。	$Ox_sy_sz_s$, 简称 S_s
3.1.8	计算坐标轴系 computational axis system	在计算空气动力学中使用的坐标轴系,其原点 O 通常位于机身顶点,轴 x_c 沿机身轴线,指向后方;轴 y_c 垂直于飞机纵对称平面,指向右方;轴 z_c 在飞机纵对称平面内,垂直于轴 x_c,指向上方。	$Ox_cy_cz_c$, 简称 S_c
3.1.9	风洞坐标轴系 wind-tunnel axis system	在风洞试验中使用的坐标轴系,其原点 O 在风洞试验段纵轴上的某点,轴 x_w 沿风洞试验段纵轴,逆气流方向;轴 z_w 在实验段纵对称平面内,垂直于纵轴;轴 y_w 垂直于试验段纵对称平面,沿逆气流方向看去指向右方。	$Ox_wy_wz_w$, 简称 S_w
注:本部分定义的坐标轴系都是右手直角坐标系。			

3.2 坐标轴系之间的角度 angles between axis systems

3.2.1 气流坐标轴系与机体坐标轴系之间的角度 angles between air-path axis system and body axis system(参看图 1)

编号	术 语	定义或说明	符号和单位
3.2.1.1	侧滑角 angle of sideslip	飞行速度(3.4.1.1)与飞机参考面(GB/T 14410.6—2008 中 3.1.1)的夹角。当飞行速度沿横轴(3.1.4.2)的分量为正时侧滑角为正。 按习惯,β 的范围为:$-\pi/2\leqslant\beta\leqslant\pi/2$。	β 单位为度(°)
3.2.1.2	迎角 angle of attack	飞行速度在飞机参考面(GB/T 14410.6—2008 中 3.1.1)上的投影与纵轴(3.1.4.1)的夹角。当飞行速度沿竖轴(3.1.4.3)的分量为正时迎角为正。 按习惯,α 的范围为:$-\pi\leqslant\alpha\leqslant\pi$。	α 单位为度(°)
注:3.2 中各坐标轴系之间的角度关系汇总在图 4 中。			

3.2.2 机体坐标轴系与飞机牵连铅垂地面坐标轴系之间的角度 angles between body axis system and aircraft-carried normal earth axis system(参看图 2)

编号	术 语	定义或说明	符号和单位
3.2.2.1	偏航角(方向角) yaw angle(azimuth angle)	x_g 轴和 y_g 轴绕 z_a 轴转动,使 x_g 轴与机体纵轴(3.1.4.1)在过原点的水平面上的投影相重合所转过的角度。 或者,机体纵轴在水平面上的投影与 x_g 轴的夹角。当纵轴正半轴的投影线位于 x_g 轴的右侧时 ψ 为正。按习惯,ψ 的范围为:$-\pi\leqslant\psi\leqslant\pi$。	ψ 单位为度(°)
3.2.2.2	俯仰角 pitch angle	按 x_g 轴转过 ψ 角度后,在铅垂平面内再绕转过 ψ 角度后的 y_g 轴转到与机体纵轴(3.1.4.1)相重合所转过的角度。 或者,机体纵轴与水平面的夹角。当纵轴的正半轴位于过原点的水平面之上时,θ 为正。按习惯,θ 的范围为:$-\pi/2\leqslant\theta\leqslant\pi/2$。	θ 单位为度(°)
3.2.2.3	滚转角(倾斜角) roll angle(bank angle)	按 3.2.2.1 和 3.2.2.2 作了 ψ 和 θ 两次转动之后,再绕纵轴(3.1.4.1)转动,使已转过 ψ 角度后的 y_g 轴与机体横轴(3.1.4.2)相重合所转过的角度。 或者,机体竖轴与过纵轴的铅垂平面的夹角。当竖轴的正半轴位于该铅垂平面之左时,ϕ 为正。按习惯,ϕ 的范围为:$-\pi\leqslant\phi\leqslant\pi$。	ϕ 单位为度(°)

3.2.3 气流坐标轴系与飞机牵连铅垂地面坐标轴系之间的角度 angles between air-path axis system and aircraft-carried normal earth axis system(参看图3)

编号	术语	定义或说明	符号和单位
3.2.3.1	气流偏航(方向)角 air-path azimuth angle	x_g 轴和 y_g 轴绕 z_g 轴转动,使 x_g 轴与 x_a 轴在过原点的水平面上的投影相重合所转过的角度。 或者,x_a 轴在水平面上的投影与 x_g 轴的夹角。当 x_a 轴正半轴的投影线位于 x_g 轴之右时,χ_a 为正。按习惯,χ_a 的范围为:$-\pi \leqslant \chi_a \leqslant \pi$。	χ_a 或 ψ_a 单位为度(°)
3.2.3.2	气流俯仰角 air-path pitch angle	x_g 轴按3.2.3.1转过 χ_a 角度后,在铅垂平面内再绕转过 χ_a 角度后的 y_g 轴转到与 x_a 轴相重合所转过的角度。 或者,x_a 轴与水平面的夹角。当 x_a 轴的正半轴位于过原点的水平面之上时,γ_a 为正。 按习惯,γ_a 的范围为 $-\pi/2 \leqslant \gamma_a \leqslant \pi/2$。	γ_a 或 θ_a 单位为度(°)
3.2.3.3	气流倾侧角 air-path bank angle	按3.2.3.1和3.2.3.2作了 χ_a 和 γ_a 两次转动之后,再绕 x_a 轴转动,使已转过 χ_a 角度后的 y_g 轴与 y_a 轴相重合所转过的角度。即在GB/T 14410.1—2008图7中由 S_g 到 S_a 的三次转动所确定的第三次转动的角。	μ_a 或 ϕ_a 单位为度(°)

3.2.4 稳定性坐标系与机体坐标系之间的角度 angles between stability axis system and body axis system

编号	术语	定义或说明	符号和单位
3.2.4.1	基准状态迎角 angle of attack in datum state	在飞机未受扰动的基准状态下的迎角。	α_e 单位为度(°)

3.3 坐标轴系之间的关系——坐标变换矩阵

3.3.1 坐标变换矩阵的一般表示法

设矢量 $\boldsymbol{v}$ 在坐标轴系 S_a 和 S_b 中的分量列阵为式(1):

$$(v)_a = (v_{xa} v_{ya} v_{za})^T$$
$$(v)_b = (v_{xb} v_{yb} v_{zb})^T \quad \cdots\cdots(1)$$

它们可以通过一个矩阵 L_{ba} 联系起来,见式(2):

$$\begin{bmatrix} v_{xb} \\ v_{yb} \\ v_{zb} \end{bmatrix} = L_{ba} \begin{bmatrix} v_{xa} \\ v_{ya} \\ v_{za} \end{bmatrix} \quad 或$$
$$(v)_b = L_{ba}(v)_a \quad \cdots\cdots(2)$$

L_{ba} 称为从坐标轴系 S_a 到 S_b 的坐标变换矩阵。它取决于 S_b 和 S_a 的相对角位置。

变换矩阵的逆向性质为式(3)：

$$L_{ab} = (L_{ba})^{-1} = (L_{ba})^{T} \qquad (3)$$

绕一个轴转动而形成的矩阵称为基元变换矩阵。与 $R_x(\alpha)$ 相对应，绕轴 x 转过角 α 形成的基元变换矩阵为式(4)：

$$L_x(\alpha) = \begin{bmatrix} 1 & 0 & 0 \\ 0 & \cos\alpha & \sin\alpha \\ 0 & -\sin\alpha & \cos\alpha \end{bmatrix} \qquad (4)$$

与 $R_y(\beta)$ 相对应，绕轴 y 转过角 β 形成的基元变换矩阵为式(5)：

$$L_y(\beta) = \begin{bmatrix} \cos\beta & 0 & -\sin\beta \\ 0 & 1 & 0 \\ \sin\beta & 0 & \cos\beta \end{bmatrix} \qquad (5)$$

与 $R_z(\gamma)$ 相对应，绕轴 z 转过角 γ 形成的基元变换矩阵为式(6)：

$$L_z(\gamma) = \begin{bmatrix} \cos\gamma & \sin\gamma & 0 \\ -\sin\gamma & \cos\gamma & 0 \\ 0 & 0 & 1 \end{bmatrix} \qquad (6)$$

3.3.2　飞机牵连铅垂地面坐标轴系与机体坐标轴系之间的变换(式(7))

$$L_{bg} = L_x(\phi)L_y(\theta)L_z(\psi) = \begin{bmatrix} \cos\theta\cos\psi & \cos\theta\sin\psi & -\sin\theta \\ \sin\phi\sin\theta\cos\psi - \cos\phi\sin\psi & \sin\phi\sin\theta\sin\psi + \cos\phi\cos\psi & \sin\phi\cos\theta \\ \cos\phi\sin\theta\cos\psi + \sin\phi\sin\psi & \cos\phi\sin\theta\sin\psi - \sin\phi\cos\psi & \cos\phi\cos\theta \end{bmatrix} \qquad (7)$$

3.3.3　机体坐标轴系与气流坐标轴系之间的变换(式(8))

$$L_{ab} = L_z(\beta)L_y(-\alpha) = \begin{bmatrix} \cos\alpha\cos\beta & \sin\beta & \sin\alpha\cos\beta \\ -\cos\alpha\sin\beta & \cos\beta & -\sin\alpha\sin\beta \\ -\sin\alpha & 0 & \cos\alpha \end{bmatrix} \qquad (8)$$

3.3.4　机体坐标轴系与半机体坐标轴系之间的变换(式(9))

$$L_{ib} = L_y(-\alpha) = \begin{bmatrix} \cos\alpha & 0 & \sin\alpha \\ 0 & 1 & 0 \\ -\sin\alpha & 0 & \cos\alpha \end{bmatrix} \qquad (9)$$

3.3.5　半机体坐标轴系与气流坐标轴系之间的变换(式(10))

$$L_{ai} = L_z(\beta) = \begin{bmatrix} \cos\beta & \sin\beta & 0 \\ -\sin\beta & \cos\beta & 0 \\ 0 & 0 & 1 \end{bmatrix} \qquad (10)$$

3.3.6　飞机牵连铅垂地面坐标轴系与气流坐标轴系之间的变换(式(11))

$$L_{ag} = L_x(\mu_a)L_y(\gamma_a)L_z(\chi_a) = \begin{bmatrix} \cos\gamma_a\cos\chi_a & \cos\gamma_a\sin\chi_a & -\sin\gamma_a \\ \sin\mu_a\sin\gamma_a\cos\chi_a - \cos\mu_a\sin\chi_a & \sin\mu_a\sin\gamma_a\sin\chi_a + \cos\mu_a\cos\chi_a & \sin\mu_a\cos\gamma_a \\ \cos\mu_a\sin\gamma_a\cos\chi_a + \sin\mu_a\sin\chi_a & \cos\mu_a\sin\gamma_a\sin\chi_a - \sin\mu_a\cos\chi_a & \cos\mu_a\cos\gamma_a \end{bmatrix} \qquad (11)$$

3.3.7 稳定性坐标轴系与机体坐标轴系之间的变换(式(12))

$$L_{bg}=L_y(\alpha_e)=\begin{bmatrix}\cos\alpha_e & 0 & -\sin\alpha_e\\ 0 & 1 & 0\\ \sin\alpha_e & 0 & \cos\alpha_e\end{bmatrix} \quad\cdots\cdots(12)$$

3.4 速度和角速度 velocity and angular velocity

3.4.1 速度 velocity

编号	术语	定义或说明	符号和单位
3.4.1.1	飞行速度(空速) flight velocity (airspeed)	气流坐标轴系(3.1.5)的原点相对于未受飞机流场影响的空气的速度。	$\mathbf{V}(\vec{V})$ 单位为米/秒 (m/s)
3.4.1.2	飞行速度分量 components of flight velocity	飞行速度在各坐标轴系中的分量。 在飞机牵连铅垂地面坐标轴系(3.1.3)中： 沿 x_g 轴的分量 沿 y_g 轴的分量 沿 z_g 轴的分量 在机体坐标轴系(3.1.4)中： 沿纵轴的分量 沿横轴的分量 沿竖轴的分量 注：在气流坐标轴系中，沿 x_a 轴的分量等于空速，即 $u_a=V$。	 u_g v_g w_g u v w 单位为米/秒 (m/s)

3.4.2 角速度 angular velocity

编号	术语	定义或说明	符号和单位
3.4.2.1	飞机角速度 aircraft angular velocity	机体坐标轴系(3.1.4)相对于地面惯性系的角速度。	Ω 单位为弧度/秒 (rad/s)
3.4.2.2	飞机角速度分量 components of aircraft angular velocity 滚转角速度 rate of roll 俯仰角速度 rate of pitch 偏航角速度 rate of yaw	飞机角速度在各坐标轴系中的分量。 在飞机牵连铅垂地面坐标轴系(3.1.3)中： 绕 x_g 的分量 绕 y_g 的分量 绕 z_g 的分量 在机体坐标轴系(3.1.4)中： 绕纵轴的分量 绕横轴的分量 绕竖轴的分量	 p_g q_g r_g p q r 单位为弧度/秒 (rad/s)

3.5 操纵面偏转角 deflection angle of the control surface

编号	术 语	定义或说明	符号和单位
3.5.1	升降舵偏角 elevator deflection	升降舵绕其铰链轴偏转的角度，以后缘向下为正。 注：升降舵的正向偏转(即 $\delta_e>0$)产生负的俯仰力矩。	δ_e 单位为度(°)
3.5.2	全动平尾偏角 deflection of movable stabilizer	全动平尾绕其铰链轴偏转的角度，以后缘向下为正。 注：全动平尾的正向偏转(即 $\phi>0$)产生负的俯仰力矩。	φ 单位为度(°)
3.5.3	方向舵偏角 rudder deflection	方向舵绕其铰链轴偏转的角度，以后缘向左为正。 注：方向舵的正向偏转(即 $\delta_r>0$)产生负的偏航力矩。	δ_r 单位为度(°)
3.5.4	左副翼偏角 deflection of left aileron	左副翼绕其铰链轴偏转的角度，以后缘向下为正。 注：左副翼的正向偏转(即 $\delta_{al}>0$)产生正的滚转力矩。	δ_{al} 单位为度(°)
3.5.5	右副翼偏角 deflection of right aileron	右副翼绕其铰链轴偏转的角度，以后缘向下为正。 注：右副翼的正向偏转(即 $\delta_{ar}>0$)产生负的滚转力矩。	δ_{ar} 单位为度(°)
3.5.6	副翼偏角 aileron deflection	由左副翼偏角(3.5.4)和右副翼偏角(3.5.5)决定的综合量： $\delta_a=(\delta_{ar}-\delta_{al})/2$ 左副翼和右副翼总是反向偏转的。	δ_a 单位为度(°)
3.5.7	升降舵调整片偏角 deflection of elevator trimmer	升降舵调整片绕其铰链轴偏转的角度，以后缘向下为正。	δ_{te} 单位为度(°)
3.5.8	方向舵调整片偏角 deflection of rudder trimmer	方向舵调整片绕其铰链轴偏转的角度，以后缘向左为正。	δ_{tr} 单位为度(°)
3.5.9	副翼调整片偏角 deflection of aileron trimmer	副翼调整片绕其铰链轴偏转的角度，以后缘向下为正。	δ_{ta} 单位为度(°)
3.5.10	襟翼偏角 flap deflection	襟翼相对于收起位置偏转的角度。对于后缘襟翼，以襟翼后缘向下为正；对于前缘襟翼，以襟翼前缘向下为正。	δ_f 单位为度(°)
3.5.11	鸭翼(前翼)偏角 canard (fore wing) deflection	鸭翼绕其铰链轴偏转的角度，以后缘向下为正。 注：鸭翼的正向偏转($\delta_c>0$)产生正的俯仰力矩。	δ_c 单位为度(°)

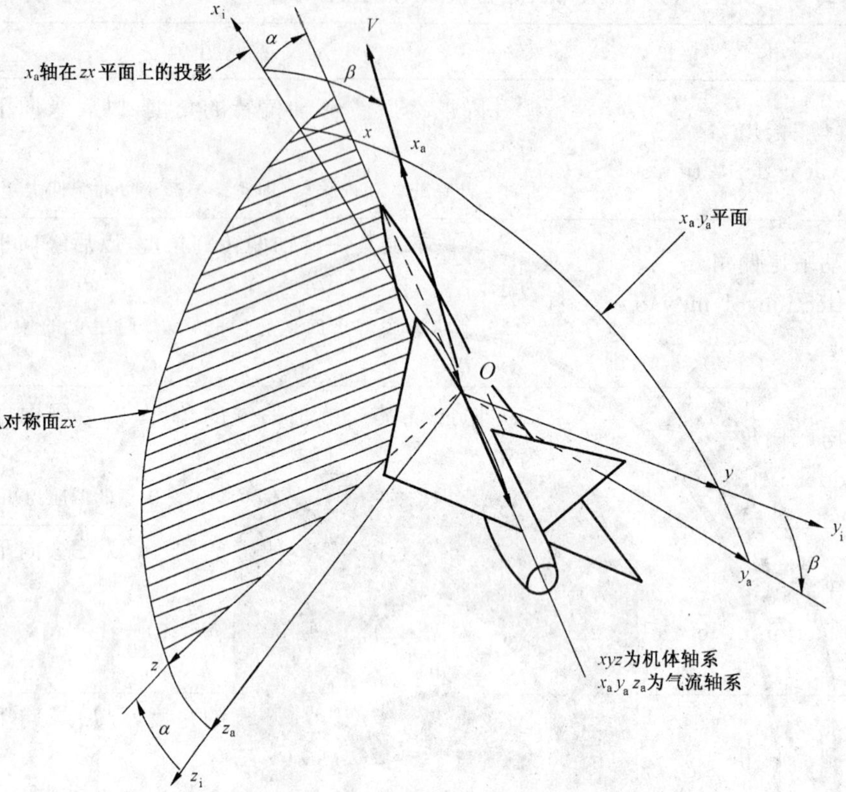

图 1　气流轴系、半机体轴系与机体轴系的关系

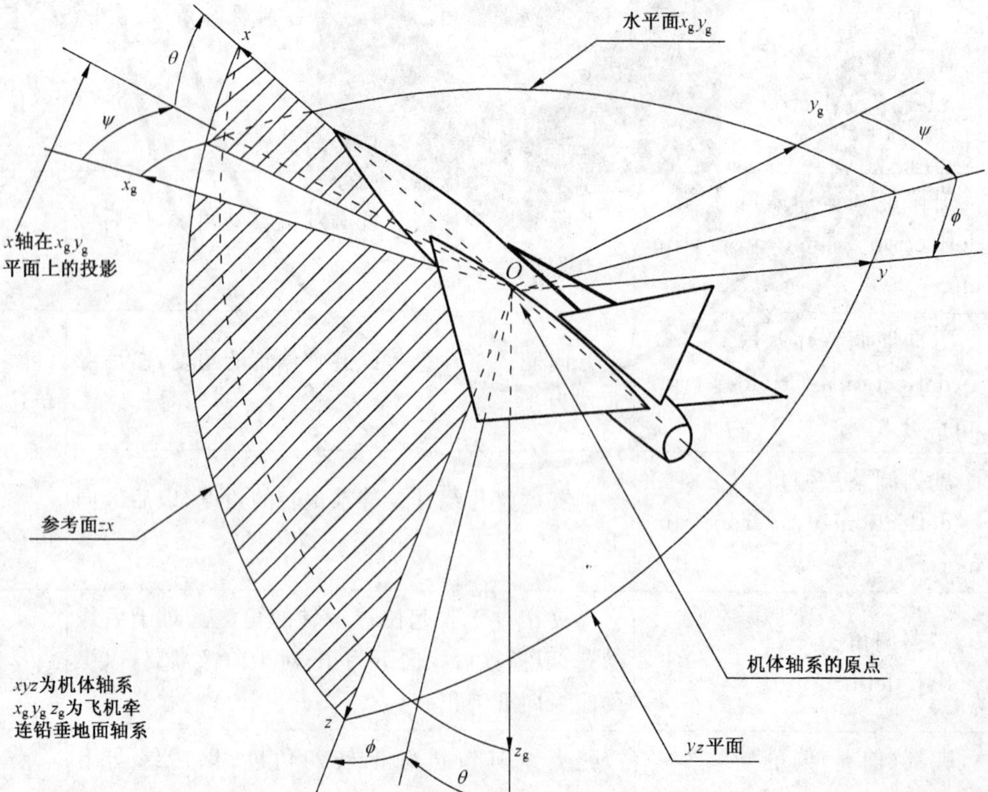

图 2　机体轴系与铅垂地面轴系的关系

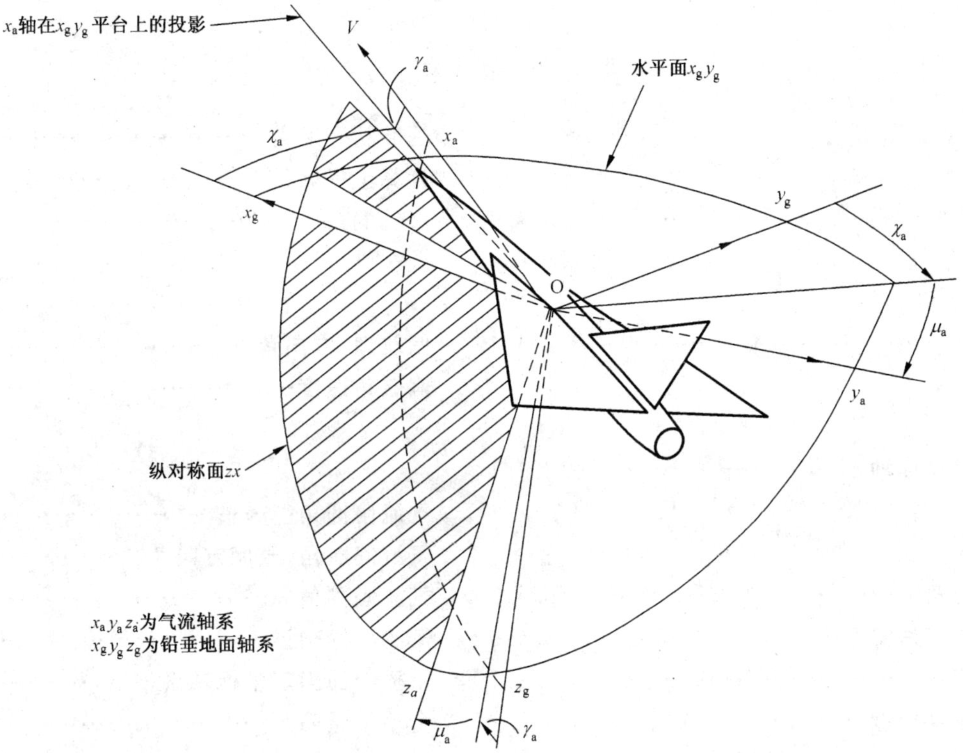

图 3　气流轴系与铅垂地面轴系的关系

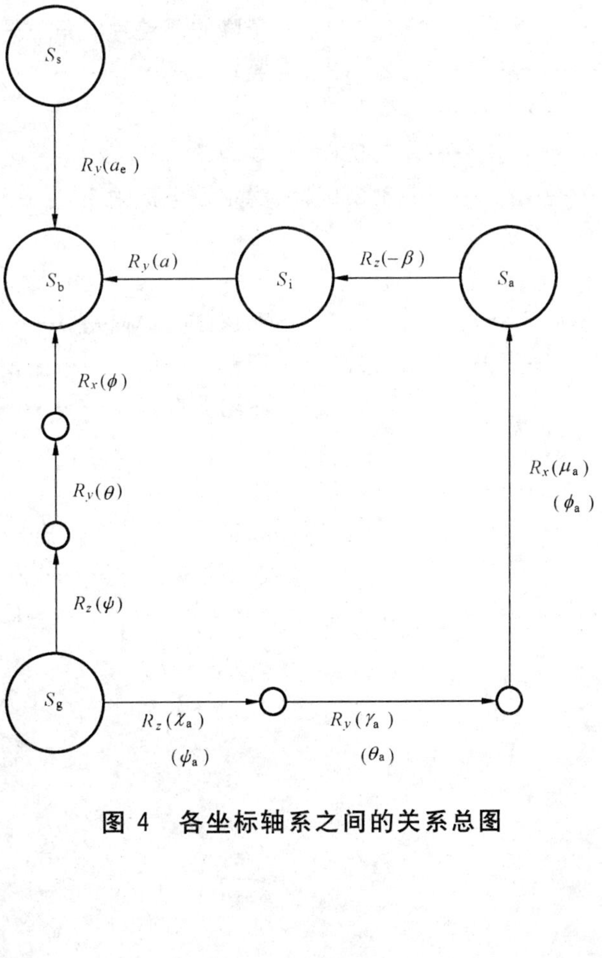

图 4　各坐标轴系之间的关系总图

中 文 索 引

英 文 索 引

ICS 49.020
V 04

中华人民共和国国家标准

GB/T 16638.3—2008
代替 GB/T 16638.3—1996

空气动力学　概念、量和符号
第3部分：飞机几何特性

Aerodynamics—Concepts, quantities and symbols—
Part 3: Aircraft geometry

2008-07-18 发布　　2009-01-01 实施

中华人民共和国国家质量监督检验检疫总局
中国国家标准化管理委员会　发布

前　言

GB/T 16638《空气动力学　概念、量和符号》分为四个部分：

——第1部分：空气动力学常用术语；

——第2部分：坐标轴系和飞机运动状态量；

——第3部分：飞机几何特性；

——第4部分：飞机的空气动力、力矩及其系数和导数。

本部分为GB/T 16638的第3部分。

本部分对我国多年使用的空气动力学常用术语进行了归集与筛选，并尽可能与国际上大多数国家的使用习惯相一致，本部分的飞机空气动力学部分术语和符号与国家标准GB/T 14410—2008《飞行力学　概念、量和符号》相协调。

本部分代替GB/T 16638.3—1996《空气动力学　概念、量和符号　第3部分：飞机几何特性》。

本部分与GB/T 16638.3—1996相比主要变化如下：

a)　增加了前翼、边条翼、翼梢小翼、全动平尾、扰流片、调整片等定义；

b)　修改了翼型中弧线的定义。

本部分由中国航空工业第一集团公司提出。

本部分由中国航空工业第一集团公司归口。

本部分起草单位：北京航空航天大学、中国航空综合技术研究所、中国航空工业空气动力研究院、中国航空工业发展研究中心。

本部分主要起草人：陈晏清、李周复、陈玉、王志川、郝卫东、焦志强、邵箭、刘沛清、张锡金、范洁川、张克军。

本部分所代替标准的历次版本发布情况为：

——GB/T 16638.3—1996。

空气动力学　概念、量和符号
第3部分：飞机几何特性

1　范围

本部分规定了与空气动力学有关的、用以描述飞机几何特性的最基本的概念、术语和符号。

本部分适用于固定翼飞机，其他飞行器可参照使用。

2　规范性引用文件

下列文件中的条款通过本部分的引用而成为本部分的条款。凡是注日期的引用文件，其随后所有的修改单（不包括勘误的内容）或修订版均不适用于本部分，然而，鼓励根据本部分达成协议的各方研究是否可使用这些文件的最新版本。凡是不注日期的引用文件，其最新版本适用于本部分。

GB/T 16638.2—2008　空气动力学　概念、量和符号　第2部分：坐标轴系和飞机运动状态量

3　术语、定义和符号

下列术语、定义和符号适用于本部分。

3.1　一般特性　general characteristics

编号	术　　语	定义或说明	符号和单位
3.1.1	飞机参考面 aircraft reference plane	又称飞机对称面。飞机的主要部件相对于此面是左右对称布置的。	$z_R x_R$
3.1.2	飞机参考点 aircraft reference point	固定于飞机参考面内适当选择的一个点。可取重心（质心）或前端点。	O_R
3.1.3	飞机参考线 aircraft reference line	固定于飞机参考面内通过飞机参考点的一条直线。一般为飞机的构造基准线。	
3.1.4	飞机参考轴系 aircraft reference axis system	固定于飞机上的一个右手正交坐标轴系，其原点为参考点O，纵轴x_R与参考线平行，方向向前；横轴y_R垂直于参考面，指向右；竖轴z_R位于参考面内，垂直x_R指向下。	$Ox_R y_R z_R$
3.1.5	飞机参考面积 aircraft reference area	定义飞机气动力系数和各种无量纲量时使用的面积。在一份给定的文件中，应规定一个唯一的值。通常取机翼面积作为参考面积。	S 单位为米^2（m^2）
3.1.6	飞机参考长度 aircraft reference length	定义飞机气动力矩系数和各种无量纲量时使用的长度。对于一份给定文件中的同一类量，应选取统一的值。通常，对纵向运动的量取机翼平均气动弦长；对横向运动的量取机翼翼展。	l 单位为米（m）

3.2　飞机总体尺寸　**overall size of the aircraft**

编号	术　语	定义或说明	符号和单位
3.2.1	总长度(机长) overall length	在飞机外刚好接触其表面，且垂直于 x_R 轴的两个平面之间的距离。通常不包括空速管。	l_R 单位为米(m)
3.2.2	总宽度(机宽) overall width	在飞机外刚好接触其表面，且平行于参考面的两个平面之间的距离。	b_R 单位为米(m)
3.2.3	总高度(机高) overall height	在飞机外刚好接触其表面，且垂直于 z_R 的两个平面之间的距离。	h_R 单位为米(m)

3.3　机身　**fuselage**

编号	术　语	定义或说明	符号和单位
3.3.1	机身参考面 fuselage reference plane	又称机身对称面。机身的主要外形轮廓线相对于此面是左右对称的。	$z_F x_F$
3.3.2	机身参考点 fuselage reference point	固定在机身参考面内适当选择的一个点。通常在机身前端点。	O_F
3.3.3	机身参考线 fuselage reference line	固定在机身参考面内通过机身参考点的一条直线。通常是机身的构造水平线。	
3.3.4	机身轴系 fuselage axis system	固定在机身上的一个坐标轴系。其原点 O 为机身参考点，纵轴 x_F 与参考线平行，方向向前；横轴 y_F 垂直于参考面指向右；竖轴 z_F 位于参考面内，且垂直于 x_F 指向下。	$Ox_F y_F z_F$
3.3.5	机身位置 fuselage setting	机身轴系(3.3.4)相对于飞机参考轴系(3.1.4)的位置。以原点的三个坐标值和轴线的三个方位角来确定。 注：大多数情况下，机身轴线与飞机参考轴线一致，此六个量均为零。	
3.3.6	机身长度 fuselage length	机身之外刚好接触其表面，且垂直于机身纵轴 x_F 的两个平面间的距离。通常不包括空速管。	l_F 单位为米(m)
3.3.7	机身最大横截面积 fuselage maximum cross-sectional area	以垂直于机身纵轴 x_F 的平面切割机身(含进气道)所得到的最大机身截面面积。	S_F 单位为米^2(m^2)
3.3.8	机身当量直径 fuselage equivalent diameter	面积等于机身最大横截面积的圆之直径。 $d_F=\sqrt{4S_F/\pi}$	d_F 单位为米(m)
3.3.9	机身长细比 fuselage fineness ratio	机身长度与机身当量直径之比。 $\lambda_F=l_F/d_F$	λ_F

编号	术　　语	定义或说明	符号和单位
3.3.10	机身底部面积 base area of the fuselage	机身尾端面的面积在机身轴系 $y_F z_F$ 平面上的投影。	$S_{F,B}$ 单位为米²(m²)
3.3.11	机身后体尾翘角 aft-body upsweep angle of the fuselage	机身参考线与后锥体中心线之间的夹角。	β_F 单位为度(°)
注：上述定义之间关系参见图 1。			

3.4　**翼型　aerofoil**

编号	术　　语	定义或说明	符号和单位
3.4.1	前缘 leading-edge	翼型最前点。	
3.4.2	后缘 trailing-edge	翼型最后点。	
3.4.3	弦线 chord line	连接前缘与后缘的直线。	
3.4.4	中弧线 mean line	翼型上下表面之间垂直于弦线的线段的中点的连线(从前缘到后缘)。	
3.4.5	弦长 chord length	弦线的长度。	c 单位为米(m)
3.4.6	上弧线 upper line	从前缘到后缘，翼型的上部轮廓曲线。	
3.4.7	下弧线 lower line	从翼型的下部轮廓曲线前缘到后缘。	
3.4.8	厚度 thickness	垂直于翼型中弧线测得的上下弧线间的距离。一般指最大厚度，即翼型的最大内切圆的直径。 注：有时被定义为上下表面之间垂直于弦线的最大线段长度。	t 单位为米(m)
3.4.9	相对厚度 thickness/chord ratio	最大厚度与弦长之比。 t/c	$\bar{t}$
3.4.10	最大厚度位置 maximum thickness position	从翼型前缘至最大内切圆中心在弦线上的投影之距离。	x_t 单位为米(m)
3.4.11	最大厚度相对位置 maximum thickness position/chord ratio	最大厚度位置与弦长之比。 x_t/c	$\bar{x}_t$
3.4.12	弯度 camber	中弧线与弦线之间垂直于弦线的线段长度。一般指最大弯度，即最大线段长度。	f 单位为米(m)

编号	术　语	定义或说明	符号和单位
3.4.13	相对弯度 camber/chord ratio	最大弯度与弦长之比。 f/c	$\bar{f}$
3.4.14	最大弯度位置 camber position	从翼型前缘至中弧线与弦线之间垂直于弦线的最大线段这一点的距离。	x_f 单位为米(m)
3.4.15	最大弯度相对位置 camber position/chord ratio	最大弯度位置与弦长之比。	$\bar{x}_f$
3.4.16	前缘半径 leading-edge radius	翼型前部最小内切圆的半径。	r 单位为米(m)
3.4.17	前缘相对半径 leading-edge radius/chord ratio	前缘半径与弦长之比。 r/c	$\bar{r}$
3.4.18	后缘角 trailing-edge angle	翼型后缘处上下两弧线切线的夹角。	τ 单位为度(°)
注：上述定义之间关系参见图2。			

3.5 机翼 wing

编号	术　语	定义或说明	符号和单位
3.5.1	机翼参考面 wing reference plane (plane of symmetry of the wing)	又称机翼对称面。机翼部件相对于该面是左右对称配置的。通常与飞机参考面一致。	$x_W z_W$
3.5.2	机翼参考线 wing reference line(wing central line)	中央翼弦线，即位于机翼对称面内的机翼剖面的弦线。	
3.5.2.1	机翼参考线长 wing reference line length (wing central line length)	机翼参考线长度或中央翼弦线长度。	x_W 单位为米(m)
3.5.3	机翼参考点 wing reference point	中央翼弦线的前缘点。	O_W
3.5.4	机翼基本平面 basic plane of the wing	包含中央翼弦线且垂直于飞机参考面的平面。	$x_W y_W$
3.5.5	机翼基本轴系 basic axis system of the wing	固定于机翼的一个右手正交坐标轴系，其原点O在中央翼弦线的最前点；x_W轴包含中央翼弦线指向前；y_W轴位于机翼基本平面(3.5.4)内，且垂直于x_W轴指向右；z_W轴垂直于基本平面指向下。	$Ox_W y_W z_W$
3.5.6	机翼位置 wing setting	机翼基本轴系(3.5.5)相对于飞机参考轴系(3.1.4)的位置。	

编号	术　　语	定义或说明	符号和单位
3.5.7	机翼平面形状 wing plane shape	机翼外形轮廓线在机翼基本平面(3.5.4)上的投影。	
3.5.8	机翼展长 wing span	简称翼展。在机翼外刚好与机翼轮廓线接触，且平行于机翼对称面(3.5.1)的两个平面之间的距离。	b 单位为米(m)
3.5.9	机翼当地弦长 wing local chord	简称翼弦。在机翼展向给定位置，平行于飞机参考面的平面内的翼剖面的弦长。	c 单位为米(m)
3.5.10	弦面 chord surface	由沿翼展方向各当地弦线组成的面。	
3.5.11	翼根弦长 wing root chord	简称根弦。在机翼展向翼根位置，平行于飞机参考面的平面内之翼剖面的弦长。	c_r 单位为米(m)
3.5.12	翼梢弦长 wing tip chord	简称梢弦。在机翼展向翼梢位置，平行于飞机参考面的平面内之翼剖面的弦长。	c_t 单位为米(m)
3.5.13	平均几何弦长 geometric mean chord length	机翼弦长的几何平均值。 $c_G = S_W/b$ 式中：S_W 为机翼面积(3.5.16)。	c_G 单位为米(m)
3.5.14	平均气动弦长 aerodynamic mean chord length	代表整个机翼的空气动力特性的一个特征弦长。 $c_A = \frac{2}{S_W}\int_0^{b/2}[c'(y)]^2 dy$ 式中：$c'(y)$ 为当地弦在基本平面的投影，y 是当地弦线沿基本轴系的 y_W 轴坐标。	c_A 单位为米(m)
3.5.15	机翼面积 wing area	基本机翼在机翼基本平面上的投影面积。 $S_W = 2\int_0^{b/2} c'(y) dy$	S_W 单位为米^2(m^2)
3.5.16	机翼展弦比 wing aspect ratio	机翼展长与平均几何弦长之比。 $A = b/c_G = b^2/S_W$	A
3.5.17	机翼梢根比 wing taper ratio	又称梯形比。机翼翼梢弦长与翼根弦长之比。 $\lambda = c_t/c_r$	λ
3.5.18	机翼基本当地后掠角 basic local sweep angle of the wing	在机翼的给定点 P，作其等百分比弦点之连线的切线，该切线在机翼基本轴系的 $x_W y_W$ 平面中的投影与 $y_W z_W$ 平面间的夹角(见图4)。若过 P 点的切线与 $z_W x_W$ 平面的交点在 P 点之前，则该角为正。	Λ_b 单位为度(°)
3.5.19	机翼后掠角 wing sweep angle	机翼等百分比弦点之连线在飞机参考轴系的 $x_R y_R$ 平面中的投影与 $y_R z_R$ 平面间的夹角。通常以1/4弦线来代表机翼的后掠特性，称“1/4弦线后掠角”(1/4 chord line sweep angle)；或是“前缘后掠角”(leading edge sweep angle)。	Λ_W 单位为度(°)

编号	术　语	定义或说明	符号和单位
3.5.20	机翼基本当地上反角 basic local dihedral angle of the wing	在机翼给定点 P,作其等百分比弦点之联线的切线,该切线在机翼基本轴系 $y_W z_W$ 平面中的投影与 $x_W y_W$ 平面间的夹角(见图5)。若过 P 点的切线与 $z_W x_W$ 平面的交点在 P 点之下,则该角为正。	Γ_b 单位为度(°)
3.5.21	机翼上反角 wing dihedral angle	对于半翼展的弦平面在一个平面内的机翼,其等百分比弦点之联线在飞机参考轴系的 $y_R z_R$ 平面中的投影与 $x_R y_R$ 平面间的夹角。通常以1/4弦线来代表机翼的上反特性,称谓"1/4弦线上反角"(1/4 chord line dihedral angle);或是"前缘上反角"(leading edge dihedral angle)。	Γ_W 单位为度(°)
3.5.22	机翼当地几何扭转角 local geometric twist angle of the wing	当地弦线与其在机翼基本轴系 $x_W y_W$ 平面之间的夹角(见图6)。以基本平面 $x_W y_W$ 为准,当前缘点高于后缘点时,该角为正。	τ_c 单位为度(°)
3.5.23	机翼几何扭转角 wing geometric twist angle	翼梢弦线与其在机翼基本轴系 $x_W y_W$ 平面之间的夹角。以基本平面 $x_W y_W$ 为准,当前缘点高于后缘点时,该角为正。	τ_W 单位为度(°)
3.5.24	机翼安装角 wing setting angle(wing incidence angle)	机翼中央翼弦线与飞机参考轴 x_R 之间的夹角。以参考轴 x_R 为准,当中央翼弦前缘点高于后缘点时,该角为正。	ϕ 单位为度(°)
3.5.25	翼梢小翼 winglet	安置在机翼梢部的一组直立的小翼面,用以减小机翼的诱导阻力。	
3.5.26	边条翼 strake wing	机翼根部前缘向前延伸的狭长翼片,用以改善机翼大迎角时的气动特性,特别是升力特性。	

注1:机翼是一个飞机的主要升力面,它包括布置在机翼上的某些辅助部件,例如:边条、填角、翼刀、锯齿、翼梢小翼等。

注2:一个完整的机翼外形包括其穿越机身的部分(见图3),这部分通常是由左右机翼的前缘和后缘的延长线所构成;在某些情况下,也可以是由左右外露机翼根弦的前缘点连线和后缘点连线构成。

注3:包括穿越机身部分与某些辅助部件的机翼,称为"毛机翼"(gross wing);包括穿越机身部分但不包括辅助部件的机翼,称为"基本机翼"(basic wing);不包括穿越机身部分但包括辅助部件的机翼,称为"外露机翼"(exposed wing),它由左右两块外露机翼拼合而成;不包括穿越机身部分也不包括辅助部件的机翼,可以称"外露基本机翼"(exposed basic wing),但一般不常用。

注4:对于有多个机翼的飞机,则每个机翼应分别定义,例如:上机翼(upper wing)和下机翼(lower wing);前机翼(fore wing)、主翼(main wing)和后机翼(aft wing)。

注5:本部分定义的机翼几何特性是对"基本机翼"而言的,用下标"W"表示,在不可能混淆的情况下,可以省略下标;对于毛机翼的几何特性,须加下标"g";对于外露机翼的几何特性,须加下标"exp"。

3.6 水平尾翼(简称平尾) horizontal tail

编号	术语	定义或说明	符号和单位
3.6.1	水平尾翼基本轴系 basic axis system of the horizontal tail	固定于水平尾翼的一个右手正交坐标轴系。其原点 O 在外露水平尾翼根弦的最前点,x_H 轴包括根弦线指向前;y_H 轴在平尾基本平面(3.6.2)内,且垂直于 x_H 轴指向右;z_H 轴垂直于平尾基本平面指向下。	$Ox_H y_H z_H$
3.6.2	水平尾翼基本平面 basic plane of the horizontal tail	包括水平尾翼根弦线,且垂直于飞机参考面的平面。	$x_H y_H$
3.6.3	水平尾翼位置 setting of the horizontal tail	水平尾翼基本轴系(3.6.1)相对于飞机参考轴系(3.1.4)的位置。	
3.6.4	水平尾翼根弦长 root chord of the horizontal tail	在水平尾翼展向根部位置,且平行于飞机参考平面的平面内之翼剖面弦长。	c_{rH} 单位为米(m)
3.6.5	水平尾翼展长 span of the horizontal tail	在水平尾翼外刚好与水平尾翼轮廓线接触,且平行于飞机参考面(3.1.1)的两个平面之间的距离(见图7)。	b_H 单位为米(m)
3.6.6	水平尾翼的外露翼展长 span of the exposed horizontal tail	除去水平尾翼所在处机身宽度的水平尾翼展长度。	b_{Hexp} 单位为米(m)
3.6.7	水平尾翼面积 area of the horizontal tail	水平尾翼在水平尾翼基本平面(3.6.2)中的投影面积。	S_H 单位为米^2(m^2)
3.6.8	水平尾翼展弦比 aspect ratio of the horizontal tail	水平尾翼展长与水平尾翼平均几何弦长之比。 $A_H=b_H^2/S_H$	A_H
3.6.9	水平尾翼尾臂 arm of the horizontal tail	飞机重心至水平尾翼平均气动弦的1/4弦点的距离在飞机参考轴系 $x_R y_R$ 平面上的投影。	l_H 单位为米(m)
3.6.10	水平尾翼尾容量 volume ratio of the horizontal tail	水平尾翼面积(3.6.7)和尾臂(3.6.9)的乘积与机翼面积(3.5.15)和平均气动弦长(3.5.14)的乘积之比。 $V_H=S_H l_H/S_W c_A$	V_H

编号	术 语	定义或说明	符号和单位
3.6.11	全动平尾 all-moving horizontal tail (all-flying horizontal tail)	整个水平尾翼可以绕给定轴上下偏转，用于飞机纵向操纵，当它不偏转时，起水平安定面的作用。	
3.6.12	鸭翼(前翼) canard (fore)wing	安置在机翼前面的纵向安定面，它有固定和全动两类。	
注1：对于有曲线形机身尾段的飞机，一般以当量的平尾面积来折算水平外露尾翼的几何特性(见图7，取直线，$\Delta S_1 = \Delta S_2$)； 注2：本条定义水平尾翼的几何特性，其术语、符号可类似机翼来确定，并加下标“H”； 注3：本部分仅规定了必须明确的少量几何特性。			

3.7 垂直尾翼(简称垂尾) vertical tail

编号	术 语	定义或说明	符号和单位
3.7.1	垂直尾翼基本平面 basic plane of the vertical tail	包括垂直尾翼根弦线且平行于飞机参考面的平面。对于单垂尾的飞机，垂尾的基本平面与飞机的参考面重合。	$x_V z_V$
3.7.2	垂直尾翼基本轴系 basic axis system of the vertical tail	固定于垂直尾翼的一个右手正交坐标轴系，其原点 O 在垂尾根弦的最前点，x_V 轴包括其根弦线指向前；y_V 轴垂直于垂尾基本平面(3.7.1)指向右；z_V 轴在垂直基本平面内指向下。	$Ox_V y_V z_V$
3.7.3	垂直尾翼位置 setting of the vertical tail	垂直尾翼基本轴系(3.7.2)相对飞机参考轴系(3.1.4)的位置。	
3.7.4	垂直尾翼根弦长 root chord of the vertical tail	在垂直尾翼根部位置，且在平行于飞机参考轴系(3.1.4)的 $x_R y_R$ 平面的平面内之翼剖面弦长。	c_{rV} 单位为米(m)
3.7.5	垂直尾翼高度 height of the vertical tail	在分别包括垂直尾翼根弦和垂直尾翼顶点(或尖弦)的两个平行于飞机参考轴系(3.1.4)的 $x_R y_R$ 平面的平面间的距离(见图8)。	h_V 单位为米(m)
3.7.6	垂直尾翼面积 area of the vertical tail	垂直尾翼在垂尾基本平面(3.7.2)内的投影面积。	S_V 单位为米²(m²)
3.7.7	垂直尾翼展弦比 aspect ratio of the vertical tail	两倍垂直尾翼高度(3.7.5)与垂直尾翼平均几何弦长之比。 $A_V = 2h_V / c_{GV}$	A_V

编号	术　　语	定义或说明	符号和单位
3.7.8	垂直尾翼尾臂 arm of the vertical tail	飞机重心至垂直尾翼平均气动弦的 1/4 弦点的距离在飞机参考轴系的 $x_R y_R$ 平面上的投影。	l_V 单位为米(m)
3.7.9	垂直尾翼尾容量 volume ratio of the vertical tail	垂直尾翼面积(3.7.6)和尾臂(3.7.8)的乘积与机翼面积(3.5.15)和机翼展长(3.5.8)的乘积之比。 $V_V = S_V l_V / S_W b$	V_V
注 1：垂直尾翼是一个飞机的航向安定面，通常它被布置在飞机后段的上部； 注 2：垂直尾翼包括固定面(垂直安定面)和活动面(例如方向舵和调整片)； 注 3：对于有曲线形机身尾段的飞机，一般以当量垂尾面积来折算其几何特性(见图 8，取直线，$\Delta S_1 = \Delta S_2$)； 注 4：本条主要考虑单垂尾的飞机，对于双垂尾或多垂尾的飞机可以依此类推； 注 5：垂直尾翼的术语、符号可类似于机翼来确定，并加下标“V”。			

3.8　**操纵面　control surface**

编号	术　　语	定义或说明	符号和单位
3.8.1	升降舵 elevator	铰接于水平尾翼后部，用于飞机纵向操纵的可动翼面。	
3.8.2	升降舵相对弦长 elevator chord ratio	升降舵弦长与水平尾翼弦长之比。 c_e / c_H	$\bar{c}_e$
3.8.3	升降舵相对展长 elevator span ratio	升降舵展长与水平尾翼展长之比。 b_e / b_H	$\bar{b}_e$
3.8.4	升降舵相对面积 elevator area ratio	升降舵面积与水平尾翼面积之比。 S_e / S_H	$\bar{S}_e$
3.8.5	升降舵偏角 elevator deflection	见 GB/T 16638.2—2008 中 3.5.1。	δ_e 单位为度(°)
3.8.6	升降舵调整片相对面积 trim area ratio of the elevator	升降舵调整片的面积与升降舵面积之比。 $S_{t,e} / S_e$	$\bar{S}_{t,e}$
3.8.7	方向舵 rudder	铰接于垂直尾翼后部，用于飞机航向操纵的可动翼面。	
3.8.8	方向舵偏角 rudder deflection	见 GB/T 16638.2—2008 中 3.5.3。	δ_r 单位为度(°)
3.8.9	副翼 aileron	铰接于机翼，用于飞机横向操纵的可动翼面。	
3.8.10	副翼偏角 aileron deflection	见 GB/T 16638.2—2008 中 3.5.6。	δ_a 单位为度(°)
3.8.11	襟翼 flap	铰接于机翼，用作飞机增升操纵的活动翼面。	

编号	术　语	定义或说明	符号和单位
3.8.12	襟翼偏角 flap deflection	见 GB/T 16638.2—2008 中 3.5.10。	δ_f 单位为度(°)
3.8.13	扰流片(阻力板) spoiler	铰接于机翼,一般位于襟翼前面或机身两侧,用作飞机增阻操纵的活动平面。	
3.8.14	扰流片(阻力板)偏角 spoiler deflection	扰流片(阻力板)相对于收起位置偏转的角度。	δ_{sp} 单位为度(°)
3.8.15	调整片 tab	铰接于操纵面后缘,用作飞机减小杆力的活动面。	
3.8.16	调整片偏角 tab deflection	调整片相对于收起位置偏转的角度。	δ_t 单位为度(°)

注1:操纵面均铰接于其固定翼面前后,调整片均铰接于其操纵面之后,它们的弦长、展长和面积的定义与其所在固定翼面及操纵面相同,且都为不偏转时之值;

注2:全动平尾是升降舵的一种形式,其几何特性已在水平尾翼中定义,前缘襟翼或前缘缝翼的几何特性,可按照(后缘)襟翼来定义;

注3:操纵面的相对弦长、相对展长、相对面积,均分别是相对于其所在固定翼的全弦长、全展长、全面积;调整片的相对弦长、相对展长、相对面积,均分别是相对于其所在的操纵面的全弦长、全展长、全面积;

注4:为了减少篇幅,本条以升降舵为例,列出其几何特性。方向舵、副翼和襟翼的几何特性不予重复,使用时分别加下标 r,a,f,依此类推。

3.9　下标　Subscript

为了扩充本部分的使用范围,给出下标表如表1所示。

表1　下标表

下　标	飞机部件名称
W	机翼
F(或 B)	机身(或弹体)
H	水平尾翼
V	垂直尾翼
WB	翼身组合体
T	尾翼
WBT	翼身尾组合体
n	发动机短舱
e	升降舵
r	方向舵
a	副翼
f	襟翼
c(fo)	鸭翼(前翼)
vf	腹鳍
t	调整片
sp	扰流片,阻力板

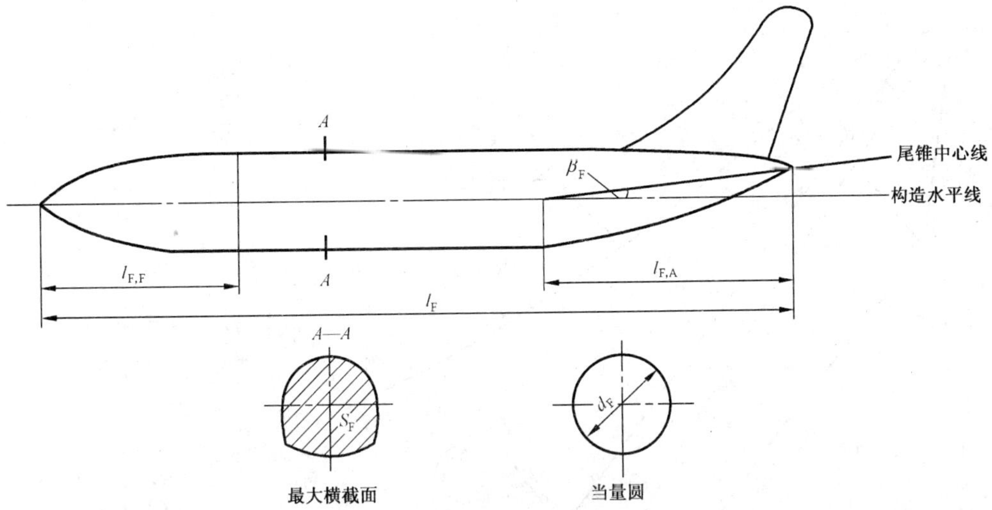

图 1　机身几何特性

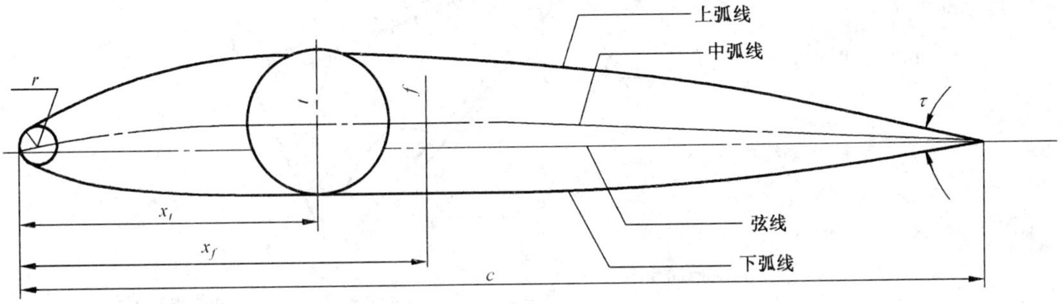

图 2　翼型几何特性

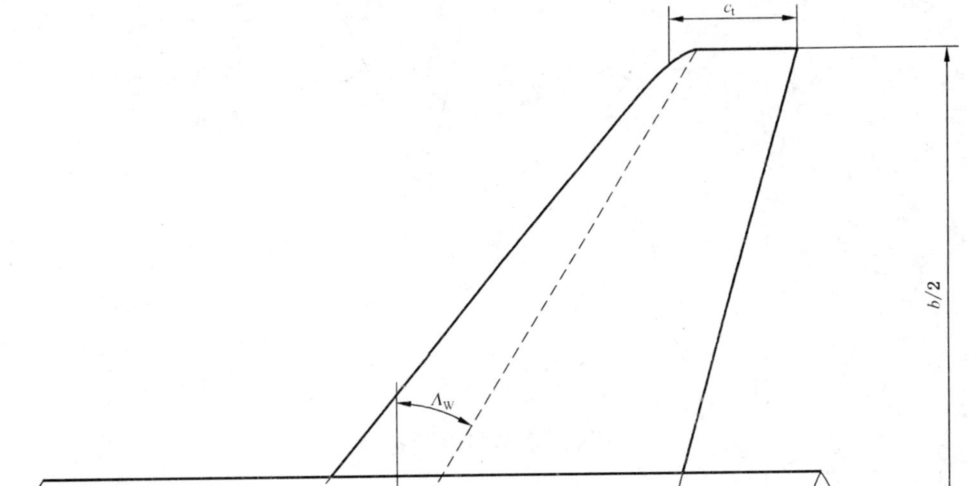

图 3　机翼的几何特性

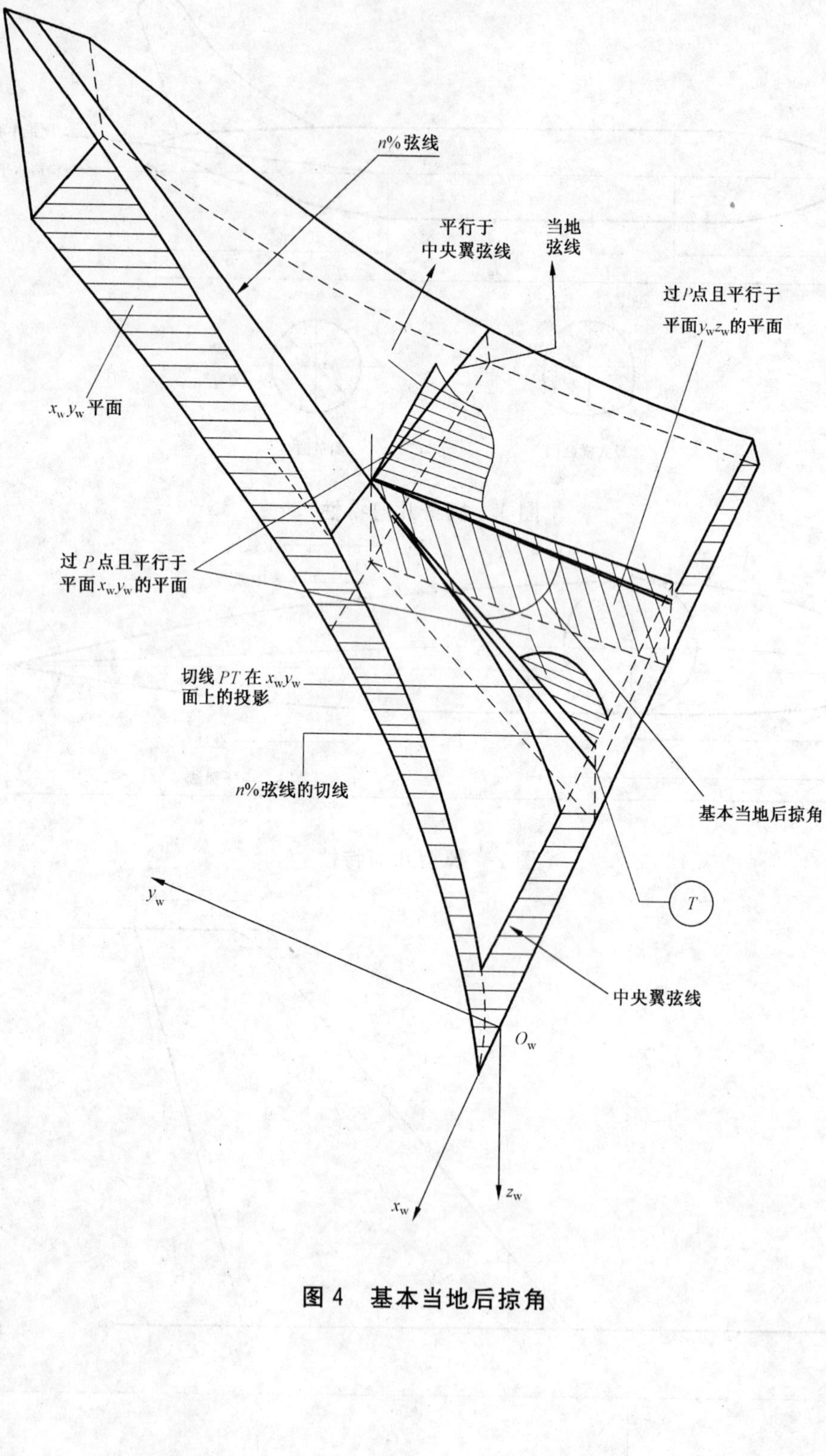
n%弦线
平行于
中央翼弦线
当地
弦线
过P点且平行于
平面$y_w z_w$的平面
$x_w y_w$平面
过P点且平行于
平面$x_w y_w$的平面
切线PT在$x_w y_w$
面上的投影
n%弦线的切线
基本当地后掠角
T
y_w
中央翼弦线
O_w
x_w
z_w

图4 基本当地后掠角

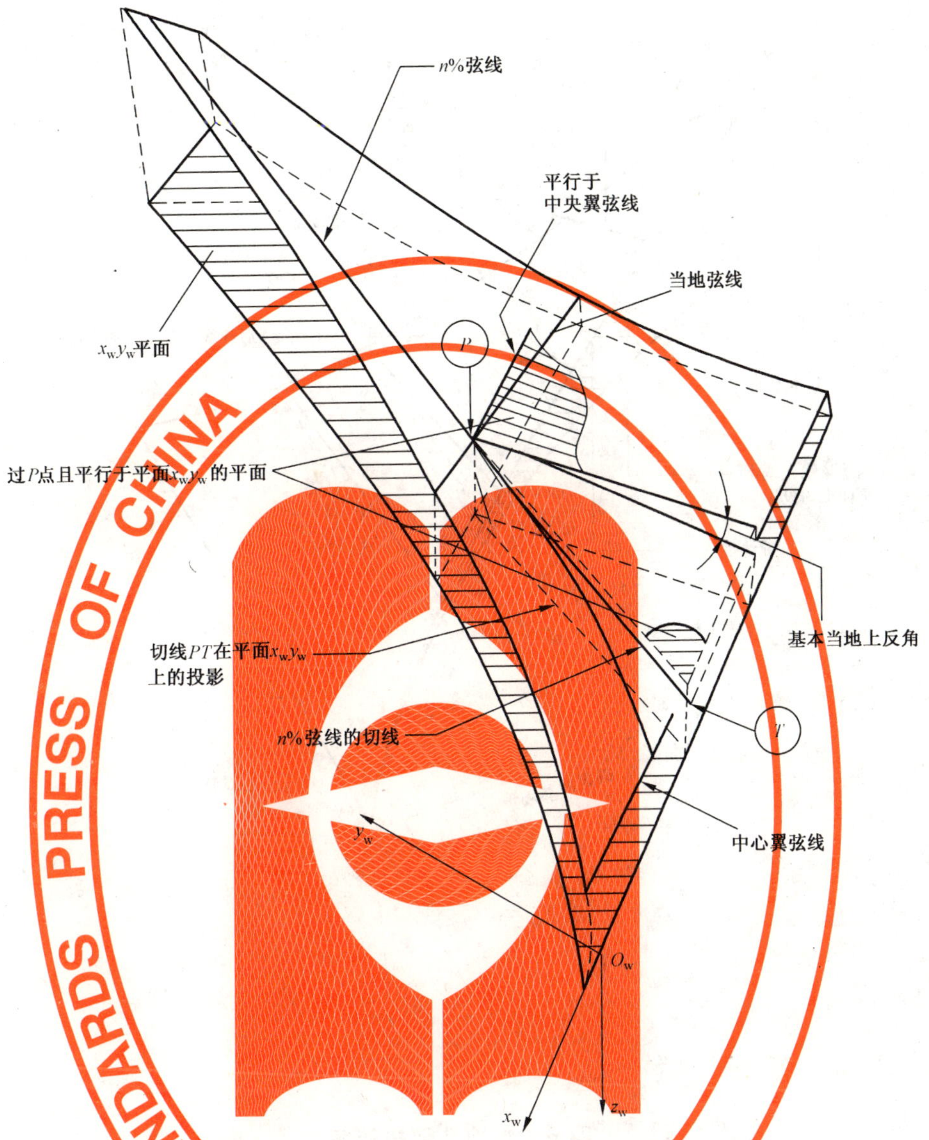

n%弦线
平行于
中央翼弦线
当地弦线
$x_w y_w$平面
P
过P点且平行于平面$x_w y_w$的平面
基本当地上反角
切线PT在平面$x_w y_w$
上的投影
T
n%弦线的切线
中心翼弦线
y_w
O_w
x_w
z_w

图5　基本当地上反角

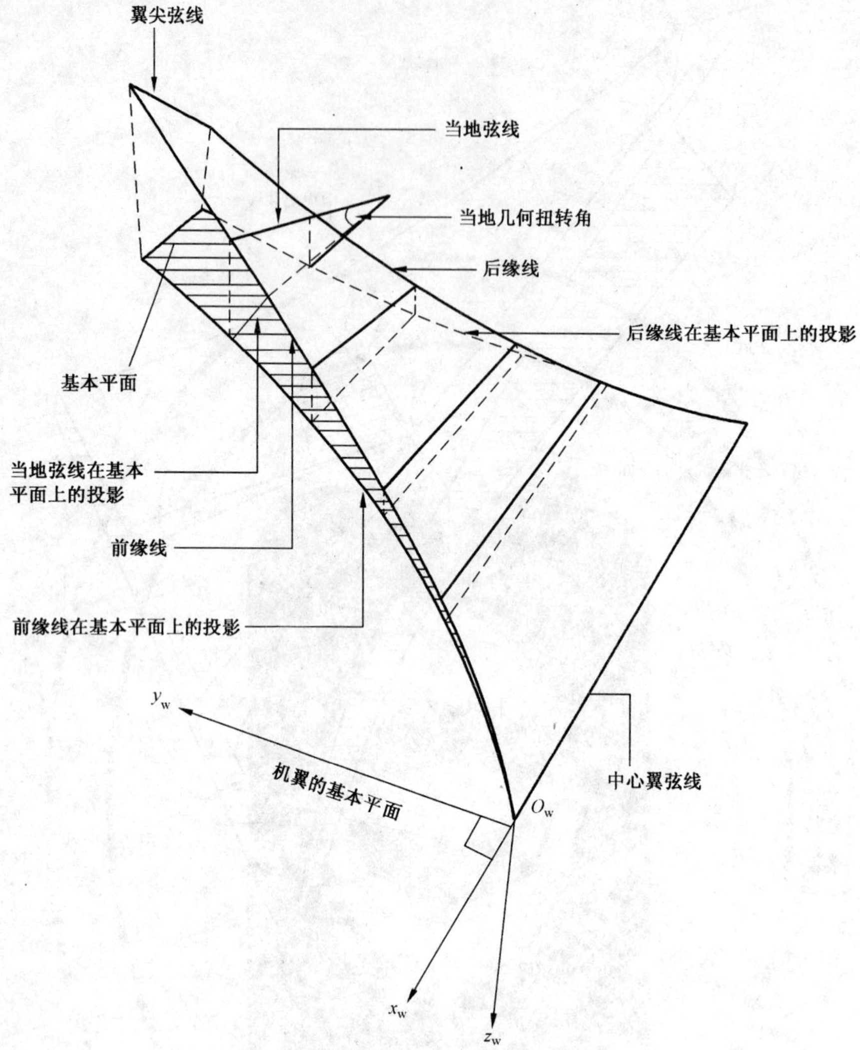
翼尖弦线
当地弦线
当地几何扭转角
后缘线
后缘线在基本平面上的投影
基本平面
当地弦线在基本平面上的投影
前缘线
前缘线在基本平面上的投影
y_w
机翼的基本平面
中心翼弦线
O_w
x_w
z_w

图6　当地几何扭转角

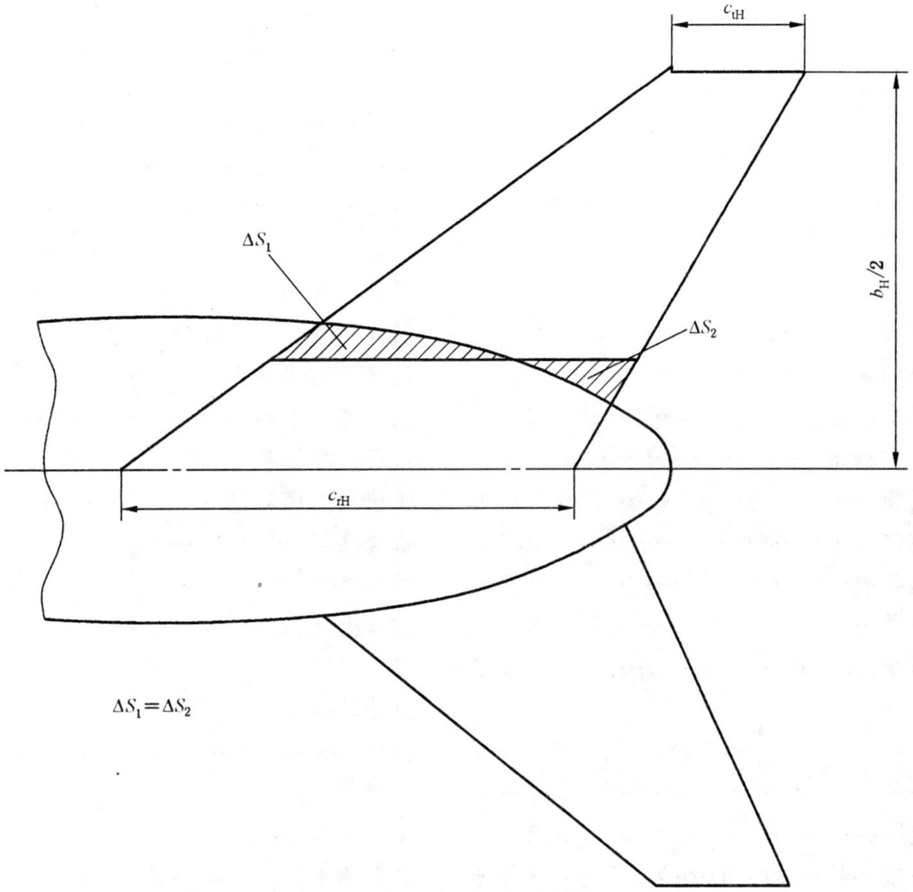

图 7　水平尾翼几何特性

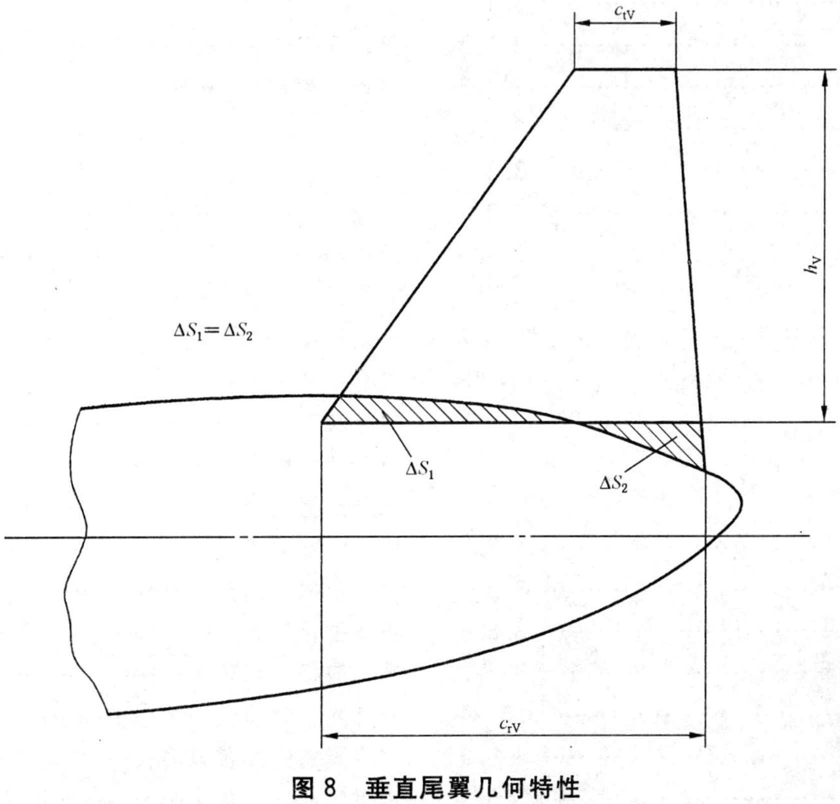

图 8　垂直尾翼几何特性

中 文 索 引

英 文 索 引

ICS 49.020
V 04

中华人民共和国国家标准

GB/T 16638.4—2008
代替 GB/T 16638.4—1996

空气动力学 概念、量和符号 第4部分：飞机的空气动力、力矩及其系数和导数

Aerodynamics—Concepts, quantities and symbols—Part 4: Aerodynamic forces, moments, their coefficients and derivatives of aircraft

2008-07-18 发布　　　　2009-01-01 实施

中华人民共和国国家质量监督检验检疫总局
中国国家标准化管理委员会　发布

前　言

GB/T 16638《空气动力学　概念、量和符号》分为四个部分：

——第1部分：空气动力学常用术语；

——第2部分：坐标轴系和飞机运动状态量；

——第3部分：飞机几何特性；

——第4部分：飞机的空气动力、力矩及其系数和导数。

本部分为GB/T 16638的第4部分。

本部分对我国多年使用的空气动力学常用术语进行了归集与筛选，并尽可能与国际上大多数国家的使用习惯相一致，本部分的飞机空气动力学部分术语和符号与国家标准GB/T 14410—2008《飞行力学　概念、量和符号》相协调。

本部分代替GB/T 16638.4—1996《空气动力学　概念、量和符号　第4部分：飞机的空气动力、力矩及其系数和导数》。

本部分与GB/T 16638.4—1996相比主要变化如下：

a）增加了扰流片铰链力矩、调整片铰链力矩，横向力系数的导数等定义；

b）增加了铰链力矩导数等定义。

本部分由中国航空工业第一集团公司提出。

本部分由中国航空工业第一集团公司归口。

本部分起草单位：北京航空航天大学、中国航空综合技术研究所、中国航空工业空气动力研究院、中国航空工业发展研究中心。

本部分主要起草人：陈晏清、邵箭、焦志强、刘沛清、李周复、陈玉、王志川、郝卫东、冯亚南、范洁川、张克军。

本部分所代替标准的历次版本发布情况为：

——GB/T 16638.4—1996。

空气动力学　概念、量和符号
第4部分：飞机的空气动力、力矩及其系数和导数

1　范围

本部分规定了飞机的空气动力、力矩及其系数和导数的术语和符号。

本部分适用于固定翼飞机，其他飞行器可参照使用。

本部分将飞机视为刚体。

2　规范性引用文件

下列文件中的条款通过本部分的引用而成为本部分的条款。凡是注日期的引用文件，其随后所有的修改单(不包括勘误的内容)或修订版均不适用于本部分，然而，鼓励根据本部分达成协议的各方研究是否可使用这些文件的最新版本。凡是不注日期的引用文件，其最新版本适用于本部分。

GB/T 16638.2—2008　空气动力学　概念、量和符号　第2部分：坐标轴系和飞机运动状态量

3　术语、定义和符号

下列术语、定义和符号适用于本部分。

3.1　空气动力、力矩及其系数　aerodynamic forces, moments and their coefficients

3.1.1　空气动力合力、合力矩　aerodynamic resultant force, resultant moment

编号	术　语	定义或说明	符号和单位
3.1.1.1	空气动力合力 aerodynamic resultant force	作用于飞机或其部件的空气动力的合力矢量。	$\boldsymbol{R}^{A}(\vec{R}^{A})$ 单位为牛(N)
3.1.1.2	空气动力合力矩 aerodynamic resultant moment	合力矢量对力矩参考点的力矩。	单位为牛·米 (N·m)

3.1.2　气流坐标轴系的空气动力、力矩及其系数　aerodynamic forces, moments and their coefficients in air-path axis system

编号	术　语	定义或说明	符号和单位
3.1.2.1	升力 lift	$\boldsymbol{R}^{A}$ 在气流坐标轴系 z_a 轴负方向的分量。气流坐标轴系定义见GB/T 16638.2—2008中3.1.4。	L 单位为牛(N)
3.1.2.2	升力系数 lift coefficient	$L\Big/\left(\frac{1}{2}\rho V^2 S\right)$ 式中：ρ 为自由流密度，V 为自由流速度，S 为参考面积，通常取机翼面积或机身最大横截面积。	C_L

编号	术　语	定义或说明	符号和单位
3.1.2.3	阻力 drag	$\boldsymbol{R}^{\mathrm{A}}$ 在气流坐标轴系 x_a 轴负方向的分量。	D 单位为牛(N)
3.1.2.4	阻力系数 drag coefficient	$D\Big/\left(\frac{1}{2}\rho V^2 S\right)$ 式中:ρ,V,S 的含义同 3.1.2.2。	C_D
3.1.2.5	侧力 cross-stream force	$\boldsymbol{R}^{\mathrm{A}}$ 在气流坐标轴系 y_a 轴的分量。	C 或 Y_a 单位为牛(N)
3.1.2.6	侧力系数 cross-stream force coefficient	$C\Big/\left(\frac{1}{2}\rho V^2 S\right)$ 式中:ρ,V,S 的含义同 3.1.2.2。	C_C
3.1.2.7	气流轴俯仰力矩 pitching moment in air-path axis system	气动力合力矩在气流坐标轴系内绕 y_a 轴的分量。	M_a 单位为牛·米(N·m)
3.1.2.8	气流轴俯仰力矩系数 pitching moment coefficient in air-path axis system	$M_a\Big/\left(\frac{1}{2}\rho V^2 S c_{\mathrm{A}}\right)$ 式中:ρ,V,S 的含义同 3.1.2.2;c_{A} 为机翼平均气动弦长。	C_{ma}
3.1.2.9	气流轴偏航(方向)力矩 yawing moment in air-path axis system	气动力合力矩在气流坐标轴系内绕 z_a 轴的分量。	N_a 单位为牛·米(N·m)
3.1.2.10	气流轴偏航(方向)力矩系数 yawing moment coefficient in air-path axis system	$N_a\Big/\left(\frac{1}{2}\rho V^2 S b\right)$ 式中:ρ,V,S 的含义同 3.1.2.2;b 为机翼展长。	C_{na}
3.1.2.11	气流轴滚转力矩 rolling moment in air-path axis system	气动力合力矩在气流坐标轴系内绕 x_a 轴的分量。	L_a 单位为牛·米(N·m)
3.1.2.12	气流轴滚转力矩系数 rolling moment coefficient in air-path axis system	$L_a\Big/\left(\frac{1}{2}\rho V^2 S b\right)$ 式中:ρ,V,S,b 的含义同 3.1.2.10。	C_{la}

3.1.3　机体坐标轴系的空气动力、力矩及其系数　aerodynamic forces, moments and their coefficients in body axis system

编号	术　语	定义或说明	符号和单位
3.1.3.1	法向力 normal force	$\boldsymbol{R}^{\mathrm{A}}$ 沿机体坐标轴系竖轴 z 负方向的分量。机体坐标轴系定义见 GB/T 16638.2—2008 中 3.1.3。	N 单位为牛(N)

编号	术　　语	定义或说明	符号和单位
3.1.3.2	法向力系数 normal force coefficient	$N\Big/\left(\frac{1}{2}\rho V^2 S\right)$ 式中：ρ,V,S 的含义同 3.1.2.2。	C_N
3.1.3.3	轴向力 axial force	$\boldsymbol{R}^A$ 沿机体坐标轴系纵轴 x 负方向的分量。	A 单位为牛(N)
3.1.3.4	轴向力系数 axial force coefficient	$A\Big/\left(\frac{1}{2}\rho V^2 S\right)$ 式中：ρ,V,S 的含义同 3.1.2.2。	C_A
3.1.3.5	横向力 transverse force, side force	R^A 沿机体坐标轴系横轴 y 的分量。	Y 单位为牛(N)
3.1.3.6	横向力系数 transverse force coefficient, side force coefficient	$Y\Big/\left(\frac{1}{2}\rho V^2 S\right)$ 式中：ρ,V,S 的含义同 3.1.2.2。	C_Y
3.1.3.7	俯仰力矩 pitching moment	气动力合力矩在机体坐标轴系中绕 y 轴的分量。	M 单位牛顿·米 (N·m)
3.1.3.8	俯仰力矩系数 pitching moment coefficient	$M\Big/\left(\frac{1}{2}\rho V^2 S c_A\right)$ 式中：ρ,V,S,c_A 的含义同 3.1.2.8。	C_m
3.1.3.9	偏航(方向)力矩 yawing moment	气动力合力矩在机体坐标轴系中绕 z 轴的分量。	N_b 单位为牛·米 (N·m)
3.1.3.10	偏航(方向)力矩系数 yawing moment coefficient	$N\Big/\left(\frac{1}{2}\rho V^2 Sb\right)$ 式中：ρ,V,S,b 的含义同 3.1.2.10。	C_{nb}
3.1.3.11	滚转力矩 rolling moment	气动力合力矩在机体坐标轴系中绕 x 轴的分量。	L 单位为牛·米 (N·m)
3.1.3.12	滚转力矩系数 rolling moment coefficient	$L\Big/\left(\frac{1}{2}\rho V^2 Sb\right)$ 式中：ρ,V,S,b 的含义同 3.1.2.10。	C_l

3.1.4 半机体坐标轴系的空气动力、力矩及其系数 **aerodynamic forces, moments and their coefficients in intermediate axis system**

编号	术语	定义或说明	符号和单位
3.1.4.1	半机体轴升力 lift in intermediate axis system	$\boldsymbol{R}^A$ 沿半机体坐标轴系 z_i 轴(即 z_a 轴)负方向的分量。 半机体坐标轴系定义见 GB/T 16638.2—2008 中 3.1.5。	$L_i(=L)$ 单位为牛(N)
3.1.4.2	半机体轴升力系数 lift coefficient in intermediate axis system	$L\Big/\left(\frac{1}{2}\rho V^2 S\right)$ 式中:ρ,V,S 的含义同 3.1.2.2。	C_L
3.1.4.3	半机体轴阻力 drag in intermediate axis system	$\boldsymbol{R}^A$ 沿半机体坐标轴系 x_i 轴负方向的分量。	D_i 单位为牛(N)
3.1.4.4	半机体轴阻力系数 drag coefficient in intermediate axis system	$D_i\Big/\left(\frac{1}{2}\rho V^2 S\right)$ 式中:ρ,V,S 的含义同 3.1.2.2。	C_{D_i}
3.1.4.5	半机体轴横向力 transverse force, side force in intermediate axis system	$\boldsymbol{R}^A$ 沿半机体坐标轴 y_i 方向(即机体轴系 y 方向)的分量。	Y_i 单位为牛(N)
3.1.4.6	半机体轴横向力系数 transverse force coefficient, side force coefficient in intermediate axis system	$Y\Big/\left(\frac{1}{2}\rho V^2 S\right)$ 式中:ρ,V,S 的含义同 3.1.2.2。	C_Y
3.1.4.7	半机体轴俯仰力矩 pitching moment in intermediate axis system	气动力合力矩在半机体坐标轴系中绕 y_i 轴(即 y 轴)的分量。	$M_i(=M)$ 单位为牛·米(N·m)
3.1.4.8	半机体轴俯仰力矩系数 pitching moment coefficient in intermediate axis system	$M\Big/\left(\frac{1}{2}\rho V^2 S c_A\right)$ 式中:ρ,V,S,c_A 的含义同 3.1.2.8。	C_m
3.1.4.9	半机体轴偏航(方向)力矩 yawing moment in intermediate axis system	气动力合力矩在半机体坐标轴中绕 z_i 轴(即 z_a 轴)的分量。	$N_i(=N_a)$ 单位为牛·米(N·m)
3.1.4.10	半机体轴偏航(方向)力矩系数 yawing moment coefficient in intermediate axis system	$N_i\Big/\left(\frac{1}{2}\rho V^2 S b\right)$ 式中:ρ,V,S,b 的含义同 3.1.2.10。	$C_{n_i}(=C_{n_a})$
3.1.4.11	半机体轴滚转力矩 rolling moment in intermediate axis system	气动力合力矩在半机体坐标轴中绕 x_i 轴的分量。	L_i 单位为牛·米(N·m)
3.1.4.12	半机体轴滚转力矩系数 rolling moment coefficient in intermediate axis system	$L_i\Big/\left(\frac{1}{2}\rho V^2 S b\right)$ 式中:ρ,V,S,b 的含义同 3.1.2.12。	C_{l_i}

3.1.5 作用在操纵面上的力、力矩及其系数 **the forces, moments and their coefficients acting on the control surface**

编号	术语	定义或说明	符号和单位
3.1.5.1	气动铰链力矩 aerodynamic hinge moment	作用在飞机操纵面上的气动力绕其铰链轴的力矩。使操纵面产生正向偏转的力矩为正。	M_h 单位为牛·米 (N·m)
3.1.5.2	气动铰链力矩系数 aerodynamic hinge moment coefficient	$M_h\Big/\left(\frac{1}{2}\rho V^2 Sl\right)$ 式中:ρ 为自由流密度,V 为自由流速度,S 为参考面积,l 为参考长度。	C_h
3.1.5.3	升降舵气动铰链力矩 aerodynamic hinge moment of elevator	作用在飞机升降舵上的气动力绕其铰链轴的力矩。	M_{he} 单位为牛·米 (N·m)
3.1.5.4	升降舵气动铰链力矩系数 aerodynamic hinge moment coefficient of elevator	$M_{he}\Big/\left(\frac{1}{2}\rho V^2 Sl\right)$	C_{he}
3.1.5.5	方向舵气动铰链力矩 aerodynamic hinge moment of rudder	作用在方向舵舵面上的气动力绕其铰链轴的力矩。	M_{hr} 单位为牛·米 (N·m)
3.1.5.6	方向舵气动铰链力矩系数 aerodynamic hinge moment coefficient of rudder	$M_{hr}\Big/\left(\frac{1}{2}\rho V^2 Sl\right)$	C_{hr}
3.1.5.7	副翼气动铰链力矩 aerodynamic hinge moment of aileron	作用在飞机副翼上的气动力绕其铰链轴的力矩。	M_{ha} 单位为牛·米 (N·m)
3.1.5.8	副翼气动力铰链力矩系数 aerodynamic hinge moment coefficient of aileron	$M_{ha}\Big/\left(\frac{1}{2}\rho V^2 Sl\right)$	C_{ha}
3.1.5.9	扰流片(阻力板)气动铰链力矩 aerodynamic hinge moment of spoiler	作用在扰流片(阻力板)上的气动力绕铰链轴的力矩。	M_{hs} 单位为牛·米 (N·m)
3.1.5.10	扰流片(阻力板)气动铰链力矩系数 aerodynamic hinge moment coefficient of spoiler	$M_{hs}\Big/\left(\frac{1}{2}\rho V^2 Sl\right)$	C_{ha}
3.1.5.11	调整片气动铰链力矩 aerodynamic hinge moment of tab	作用在调整片上的气动力绕铰链轴的力矩。	M_{ht} 单位为牛·米 (N·m)
3.1.5.12	调整片气动铰链力矩系数 aerodynamic hinge moment coefficient of tab	$M_{ht}\Big/\left(\frac{1}{2}\rho V^2 Sl\right)$	C_{ht}

3.2 空气动力导数 derivative of aerodynamic force

3.2.1 空气动力静导数 static derivative of aerodynamic force

编号	术语	定义或说明	符号和单位
3.2.1.1	升力系数对迎角的导数(升力线斜率) derivative of lift coefficient with respect to angle of attack (slop of lift curve)	$\partial C_L/\partial \alpha$	$C_{L\alpha}$ 单位为1/度或1/弧度(1/(°),1/rad)
3.2.1.2	阻力系数对迎角的导数 derivative of drag coefficient with respect to angle of attack	$\partial C_D/\partial \alpha$	$C_{D\alpha}$ 单位为1/度或1/弧度(1/(°),1/rad)
3.2.1.3	法向力系数对迎角的导数 derivative of normal force coefficient with respect to angle of attack	$\partial C_N/\partial \alpha$	$C_{N\alpha}$ 单位为1/度或1/弧度(1/(°),1/rad)
3.2.1.4	轴向力系数对迎角的导数 derivative of axial force coefficient with respect to angle of attack	$\partial C_A/\partial \alpha$	$C_{A\alpha}$ 单位为1/度或1/弧度(1/(°),1/rad)
3.2.1.5	横向力系数对侧滑角的导数 derivative of side force coefficient with respect to angle of sideslip	$\partial C_Y/\partial \beta$	$C_{Y\beta}$ 单位为1/度或1/弧度(1/(°),1/rad)
3.2.1.6	侧力系数对侧滑角的导数 derivative of cross-stream force coefficient with respect to angle of sideslip	$\partial C_C/\partial \beta$	$C_{C\beta}$ 单位为1/度或1/弧度(1/(°),1/rad)
3.2.1.7	偏航(方向)力矩系数对侧滑角的导数 derivative of yawing moment coefficient with respect to angle of sideslip	$\partial C_n/\partial \beta$	$C_{n\beta}$
3.2.1.8	滚转力矩系数对侧滑角的导数 derivative of rolling moment coefficient with respect to angle of sideslip	$\partial C_l/\partial \beta$	$C_{l\beta}$ 单位为1/度或1/弧度(1/(°),1/rad)
3.2.1.9	升力系数对马赫数的导数 derivative of lift coefficient with respect to Mach number	$\partial C_L/\partial Ma$	C_{LMa}

编号	术　　语	定义或说明	符号和单位
3.2.1.10	阻力系数对马赫数的导数 derivative of drag coefficient with respect to Mach number	$\partial C_D/\partial Ma$	C_{DMa}
3.2.1.11	俯仰力矩系数对马赫数的导数 derivative of pitching moment coefficient with respect to Mach number	$\partial C_m/\partial Ma$	C_{mMa}
3.2.1.12	俯仰力矩系数对升力系数的导数 derivative of pitching moment coefficient with respect to lift coefficient	$\partial C_m/\partial C_L$ （当 δ_e＝常数） δ_e 为升降舵偏角。	C_{mC_L}
3.2.1.13	俯仰静稳定裕量 pitching static margin	$-\partial C_m/\partial C_L$ （当 δ_e＝常数）	$-C_{mC_L}$
3.2.1.14	纵向机动性裕量 longitudinal maneuver margin	$C_{mC_L}+C_{mq}/\mu_1$ 式中：C_{mq} 见 3.2.2.10； $\mu_1=2m/\rho Sc_A$。 式中：m 为飞机质量，ρ 为自由流密度，S 为机翼参考面积，c_A 为机翼平均气动弦长。	
3.2.1.15	纵向静稳定导数 longitudinal static stability derivatives	$C_{m\alpha}$，C_{mC_L}	
3.2.1.16	航向(方向)静稳定导数 directional static stability derivative	$\partial C_n/\partial\beta$	$C_{n\beta}$
3.2.1.17	横向静稳定导数 lateral static stability derivative	$\partial C_l/\partial\beta$	$C_{l\beta}$

3.2.2　空气动力动导数　dynamic derivative of aerodynamic force

编号	术　　语	定义或说明	符号和单位
3.2.2.1	升力系数对无量纲迎角变化率的导数 derivative of lift coefficient with respect to the normalized rate of change of angle of attack	$\partial C_L/\partial\bar{\dot{\alpha}}$ 式中：$\bar{\dot{\alpha}}=(\mathrm{d}\alpha/\mathrm{d}t)(c_A/(2V))$，$c_A$ 为机翼平均气动弦长，V 为自由流速度。	$C_{L\dot{\alpha}}$

编号	术　　语	定义或说明	符号和单位
3.2.2.2	阻力系数对无量纲迎角变化率的导数 derivative of drag coefficient with respect to the normalized rate of change of angle of attack	$\partial C_D/\partial\dot{\bar{\alpha}}$ 式中：$\dot{\bar{\alpha}}=(\mathrm{d}\alpha/\mathrm{d}t)(c_A/(2V))$。	$C_{D\dot{\alpha}}$
3.2.2.3	俯仰力矩系数对无量纲迎角变化率的导数 derivative of pitching moment coefficient with respect to the normalized rate of change of angle of attack	$\partial C_m/\partial\dot{\bar{\alpha}}$ 式中：$\dot{\bar{\alpha}}=(\mathrm{d}\alpha/\mathrm{d}t)(c_A/(2V))$。	$C_{m\dot{\alpha}}$
3.2.2.4	侧力系数对无量纲侧滑角变化率的导数 derivative of cross-stream force coefficient with respect to the normalized rate of change of angle of sideslip	$\partial C_C/\partial\dot{\bar{\beta}}$ 式中：$\dot{\bar{\beta}}=(\mathrm{d}\beta/\mathrm{d}t)(b/(2V))$，$b$ 为机翼展长。	$C_{C\dot{\beta}}$
3.2.2.5	横向力系数对无量纲侧滑角变化率的导数 derivative of side force coefficient with respect to the normalized rate of change of angle of sideslip	$\partial C_Y/\partial\dot{\bar{\beta}}$ 式中：$\dot{\bar{\beta}}=(\mathrm{d}\beta/\mathrm{d}t)(b/(2V))$。	$C_{Y\dot{\beta}}$
3.2.2.6	偏航(方向)力矩系数对无量纲侧滑角变化率的导数 derivative of yawing moment coefficient with respect to the normalized rate of change of angle of sideslip	$\partial C_n/\partial\dot{\bar{\beta}}$ 式中：$\dot{\bar{\beta}}=(\mathrm{d}\beta/\mathrm{d}t)(b/(2V))$。	$C_{n\dot{\beta}}$
3.2.2.7	滚转力矩系数对无量纲侧滑角变化率的导数 derivative of rolling moment coefficient with respect to the normalized rate of change of angle of sideslip	$\partial C_l/\partial\dot{\bar{\beta}}$ 式中：$\dot{\bar{\beta}}=(\mathrm{d}\beta/\mathrm{d}t)(b/(2V))$。	$C_{l\dot{\beta}}$

编号	术　语	定义或说明	符号和单位
3.2.2.8	升力系数对无量纲俯仰角速度的导数 derivative of lift coefficient with respect to the normalized rate of pitch	$\partial C_L/\partial\bar{q}$ 式中：$\bar{q}=q(c_A/(2V))$，q 为俯仰角速度，见 GB/T 16638.2—2008 中 3.4.2.3，c_A 为机翼平均气动弦长，V 为自由流速度。	C_{Lq}
3.2.2.9	阻力系数对无量纲俯仰角速度的导数 derivative of drag coefficient with respect to the normalized rate of pitch	$\partial C_D/\partial\bar{q}$ 式中：$\bar{q}=q(c_A/(2V))$。	C_{Dq}
3.2.2.10	俯仰力矩系数对无量纲俯仰角速度的导数 derivative of pitching moment coefficient with respect to the normalized rate of pitch	$\partial C_m/\partial\bar{q}$ 式中：$\bar{q}=q(c_A/(2V))$。	C_{mq}
3.2.2.11	侧力系数对无量纲偏航角速度的导数 derivative of transverse force coefficient with respect to the normalized rate of yaw	$\partial C_C/\partial\bar{r}$ 式中：$\bar{r}=r(b/(2V))$，r 为偏航角速度，见GB/T 16638.2—2008中3.4.2.4。	C_{Cr}
3.2.2.12	横向力系数对无量纲偏航角速度的导数 derivative of side force coefficient with respect to the normalized rate of yaw	$\partial C_Y/\partial\bar{r}$ 式中：$\bar{r}=r(b/(2V))$。	C_{Yr}
3.2.2.13	滚转力矩系数对无量纲偏航角速度的导数 derivative of rolling moment coefficient with respect to the normalized rate of yaw	$\partial C_l/\partial\bar{r}$ 式中：$\bar{r}=r(b/(2V))$。	C_{lr}
3.2.2.14	偏航(方向)力矩系数对无量纲偏航角速度的导数 derivative of yawing moment coefficient with respect to the normalized rate of yaw	$\partial C_n/\partial\bar{r}$ 式中：$\bar{r}=r(b/(2V))$。	C_{nr}

编号	术　语	定义或说明	符号和单位
3.2.2.15	侧力系数对无量纲滚转角速度的导数 derivative of cross-stream force coefficient with respect to the normalized rate of roll	$\partial C_C/\partial \overline{p}$ 式中：$\overline{p}=p(b/(V))$，p 为滚转角速度，见 GB/T 16638.2—2008 中 3.4.2.2，b 为机翼展长，V 为自由流速度。	C_{Cp}
3.2.2.16	横向力系数对无量纲滚转角速度的导数 derivative of side force coefficient with respect to the normalized rate of roll	$\partial C_Y/\partial \overline{p}$ 式中：$\overline{p}=p(b/(2V))$。	C_{Yp}
3.2.2.17	滚转力矩系数对无量纲滚转角速度的导数 derivative of rolling moment coefficient with respect to the normalized rate of roll	$\partial C_l/\partial \overline{p}$ 式中：$\overline{p}=p(b/(2V))$。	C_{lp}
3.2.2.18	偏航(方向)力矩系数对无量纲滚转角速度的导数 derivative of yawing moment coefficient with respect to the normalized rate of roll	$\partial C_n/\partial \overline{p}$ 式中：$\overline{p}=p(b/(2V))$。	C_{np}
3.2.2.19	俯仰阻尼导数 pitching damping derivatives	即俯仰力矩系数对无量纲俯仰角速度的导数。	C_{mq}
3.2.2.20	滚转阻尼导数 rolling damping derivatives	即滚转力矩系数对无量纲滚转角速度的导数。	C_{lp}
3.2.2.21	偏航阻尼导数 yawing damping derivatives	即偏航(方向)力矩系数对无量纲偏航角速度的导数。	C_{nr}
3.2.2.22	洗流时差动导数 wash time delay dynamic derivatives	俯仰力矩系数对无量纲迎角变化率的导数。 滚转力矩系数对无量纲侧滑角变化率的导数。 偏航(方向)力矩系数对无量纲侧滑角变化率的导数。	$C_{m\dot{\alpha}}$ $C_{l\dot{\beta}}$ $C_{n\dot{\beta}}$
3.2.2.23	交叉动导数 cross dynamic derivatives	滚转力矩系数对无量纲偏航角速度的导数。 偏航(方向)力矩系数对无量纲滚转角速度的导数。	C_{lr} C_{np}

3.2.3 空气动力操纵导数 control derivative of aerodynamic force

编号	术语	定义或说明	符号和单位
3.2.3.1	升力系数对升降舵偏角的导数 derivative of lift coefficient with respect to the deflection of elevator	$\partial C_L/\partial \delta_e$ 式中：δ_e 为升降舵偏角，见GB/T 16638.2—2008 中 3.5.1。	$C_{L\delta_e}$ 单位为 1/度或 1/弧度(1/(°),1/rad)
3.2.3.2	俯仰力矩系数对升降舵(平尾)偏角的导数 derivative of pitching moment coefficient with respect to the deflection of elevator(horizontal tail)	$\partial C_m/\partial \delta_e$ 即升降舵(平尾)操纵效率($\partial C_m/\partial \varphi$)。	$C_{m\delta_e}(C_{m\varphi})$ 单位为 1/度或 1/弧度(1/(°),1/rad)
3.2.3.3	升力系数对无量纲升降舵偏转角速度的导数 derivative of lift coefficient with respect to the normalized rate of deflection of elevator	$\partial C_L/\partial \bar{\dot{\delta}}_e$ 式中：$\bar{\dot{\delta}}_e=(\mathrm{d}\delta_e/\mathrm{d}t)(c_A/(2V))$，$\delta_e$ 为升降舵偏角，c_A 为机翼平均气动弦长，V 为自由流速度。	$C_{L\dot{\delta}_e}$
3.2.3.4	阻力系数对无量纲升降舵偏转角速度的导数 derivative of drag coefficient with respect to normalized rate of deflection of elevator	$\partial C_D/\partial \bar{\dot{\delta}}_e$ 式中：$\bar{\dot{\delta}}_e=(\mathrm{d}\delta_e/\mathrm{d}t)(c_A/(2V))$。	$C_{D\dot{\delta}_e}$
3.2.3.5	俯仰力矩系数对无量纲升降舵偏转角速度的导数 derivative of pitching moment coefficient with respect to the normalized rate of deflection of elevator	$\partial C_m/\partial \bar{\dot{\delta}}_e$ 式中：$\bar{\dot{\delta}}_e=(\mathrm{d}\delta_e/\mathrm{d}t)(c_A/(2V))$。	$C_{m\dot{\delta}_e}$
3.2.3.6	侧力系数对方向舵偏角的导数 derivative of cross-stream force coefficient with respect to the deflection of rudder	$\partial C_C/\partial \delta_r$ 式中：δ_r 为方向舵偏角，见GB/T 16638.2—2008 中 3.5.3。	$C_{L\delta_r}$ 单位为 1/度或 1/弧度(1/(°),1/rad)
3.2.3.6.1	横向力系数对方向舵偏角的导数 derivative of side force coefficient with respect to the deflection of rudder	$\partial C_Y/\partial \delta_r$	$C_{Y\delta_r}$ 单位为 1/度或 1/弧度(1/(°),1/rad)

编号	术 语	定义或说明	符号和单位
3.2.3.7	滚转力矩系数对方向舵偏角的导数 derivative of rolling moment coefficient with respect to the deflection of rudder	$\partial C_l/\partial\delta_r$	$C_{l\delta_r}$ 单位为1/度或1/弧度(1/(°),1/rad)
3.2.3.8	偏航(方向)力矩系数对方向舵偏角的导数 derivative of yawing moment coefficient with respect to the deflection of rudder	$\partial C_n/\partial\delta_r$ 即方向舵操纵效率	$C_{n\delta_r}$ 单位为1/度或1/弧度(1/(°),1/rad)
3.2.3.9	侧力系数对无量纲方向舵偏转角速度的导数 derivative of cross-stream force coefficient with respect to the normalized rate of deflection of rudder	$\partial C_C/\partial\bar{\dot{\delta}}_r$ 式中:$\bar{\dot{\delta}}_r=(d\delta_r/dt)(b/(V))$,$b$为机翼展长,$V$为自由流速度。	$C_{C\dot{\delta}_r}$
3.2.3.9.1	横向力系数对无量纲方向舵偏转角速度的导数 derivative of side force coefficient with respect to the normalized rate of deflection of rudder	$\partial C_Y/\partial\bar{\dot{\delta}}_r$	$C_{Y\dot{\delta}_r}$
3.2.3.10	滚转力矩系数对无量纲方向舵偏转角速度的导数 derivative of rolling moment coefficient with respect to the normalized rate of deflection of rudder	$\partial C_l/\partial\bar{\dot{\delta}}_r$ 式中:$\bar{\dot{\delta}}_r=(d\delta_r/dt)(b/(2V))$。	$C_{l\dot{\delta}_r}$
3.2.3.11	偏航(方向)力矩系数对无量纲方向舵偏转角速度的导数 derivative of yawing moment coefficient with respect to the normalized rate of deflection of rudder	$\partial C_n/\partial\bar{\dot{\delta}}_r$ 式中:$\bar{\dot{\delta}}_r=(d\delta_r/dt)(b/(2V))$。	$C_{n\dot{\delta}_r}$
3.2.3.12	侧力系数对副翼偏角的导数 derivative of cross-stream force coefficient with respect to the deflection of aileron	$\partial C_C/\partial\delta_a$ 式中:δ_a为副翼偏角,见GB/T 16638.2—2008中3.5.6。	$C_{C\delta_a}$ 单位为1/度或1/弧度(1/(°),1/rad)

编号	术　　语	定义或说明	符号和单位
3.2.3.12.1	横向力系数对副翼偏角的导数 derivative of side force coefficient with respect to the deflection of aileron	$\partial C_Y/\partial\delta_a$	$C_{Y\delta_a}$ 单位为1/度或1/弧度(1/(°),1/rad)
3.2.3.13	滚转力矩系数对副翼偏角的导数 derivative of rolling moment coefficient with respect to the deflection of aileron	即副翼操纵效率 $\partial C_l/\partial\delta_a$	$C_{l\delta_a}$ 单位为1/度或1/弧度(1/(°),1/rad)
3.2.3.14	偏航(方向)力矩系数对副翼偏角的导数 derivative of yawing moment coefficient with respect to the deflection of aileron	$\partial C_n/\partial\delta_a$	$C_{n\delta_a}$ 单位为1/度或1/弧度(1/(°),1/rad)
3.2.3.15	侧力系数对无量纲副翼偏转角速度的导数 derivative of cross-stream force coefficient with respect to the normalized rate of deflection of aileron	$\partial C_C/\partial\bar{\dot{\delta}}_a$ 式中：$\bar{\dot{\delta}}_a=(d\delta_a/dt)(b/(2V))$。	$C_{C\dot{\delta}_a}$
3.2.3.15.1	横向力系数对无量纲副翼偏转角速度的导数 derivative of side force coefficient with respect to the normalized rate of deflection of aileron	$\partial C_Y/\partial\bar{\dot{\delta}}_a$	$C_{Y\dot{\delta}_a}$
3.2.3.16	滚转力矩系数对无量纲副翼偏转角速度的导数 derivative of rolling moment coefficient with respect to the normalized rate of deflection of aileron	$\partial C_l/\partial\bar{\dot{\delta}}_a$ 式中：$\bar{\dot{\delta}}_a=(d\delta_a/dt)(b/(2V))$。	$C_{l\dot{\delta}_a}$
3.2.3.17	偏航(方向)力矩系数对无量纲副翼偏转角速度的导数 derivative of yawing moment coefficient with respect to the normalized rate of deflection of aileron	$\partial C_n/\partial\bar{\dot{\delta}}_a$ 式中：$\bar{\dot{\delta}}_a=(d\delta_a/dt)(b/(2V))$。	$C_{n\dot{\delta}_a}$

3.2.4 铰链力矩导数 derivative of aerodynamic hinge moment

编号	术 语	定义或说明	符号和单位
3.2.4.1	升降舵气动铰链力矩系数对升降舵偏角的导数 derivative of aerodynamic hinge moment coefficient of elevator with respect to the deflection of elevator	$\partial C_{he}/\partial\delta_e$	$C_{he\delta_e}$ 单位为1/度或1/弧度(1/(°),1/rad)
3.2.4.2	升降舵气动铰链力矩系数对迎角的导数 derivative of aerodynamic hinge moment coefficient of elevator with respect to the angle of attack	$\partial C_{he}/\partial\alpha$	C_{he_α} 单位为1/度或1/弧度(1/(°),1/rad)
3.2.4.3	方向舵气动铰链力矩系数对方向舵偏角的导数 derivative of aerodynamic hinge moment coefficient of rudder with respect to the deflection of rudder	$\partial C_{hr}/\partial\delta_r$	$C_{hr\delta_r}$ 单位为1/度或1/弧度(1/(°),1/rad)
3.2.4.4	方向舵气动铰链力矩系数对侧滑角的导数 derivative of aerodynamic hinge moment coefficient of rudder with respect to the angle of side slip	$\partial C_{hr}/\partial\beta$	C_{hr_β} 单位为1/度或1/弧度(1/(°),1/rad)
3.2.4.5	副翼气动铰链力矩系数对副翼偏角的导数 derivative of aerodynamic hinge moment coefficient of aileron with respect to the deflection of aileron	$\partial C_{ha}/\partial\delta_a$	$C_{ha\delta_a}$ 单位为1/度或1/弧度(1/(°),1/rad)
3.2.4.6	副翼气动铰链力矩系数对迎角的导数 derivative of aerodynamic hinge moment coefficient of aileron with respect to the angle of attack	$\partial C_{ha}/\partial\alpha$	C_{ha_α} 单位为1/度或1/弧度(1/(°),1/rad)

编号	术 语	定义或说明	符号和单位
3.2.4.7	扰流片(阻力板)气动铰链力矩系数对扰流片(阻力板)偏角的导数 derivative of aerodynamic hinge moment coefficient of spoiler with respect to the deflection of spoiler	$\partial C_{hs}/\partial \delta_s$	$C_{hs\delta_s}$ 单位为1/度或1/弧度(1/(°),1/rad)
3.2.4.8	调整片气动铰链力矩系数对调整片偏角的导数 derivative of aerodynamic hinge moment coefficient of tab with respect to the deflection of tab	$\partial C_{ht}/\partial \delta_t$	$C_{ht\delta_t}$ 单位为1/度或1/弧度(1/(°),1/rad)

中 文 索 引

英 文 索 引

A

C

D

L

N

P

ICS 17.240
A 58

中华人民共和国国家标准

GB/T 16639—2008/ISO/ASTM 51607:2004
代替 GB/T 16639—1996

使用丙氨酸-EPR剂量测量系统的标准方法

Standard method for use of an alanine-EPR dosimetry system

(ISO/ASTM 51607:2004,Standard practice for use of an alanine-EPR dosimetry system,IDT)

2008-09-19 发布 2009-08-01 实施

中华人民共和国国家质量监督检验检疫总局
中国国家标准化管理委员会 发布

前　言

本标准等同采用 ISO/ASTM 51607:2004《使用丙氨酸-EPR 剂量测量系统的标准实践》(英文版)。

为便于使用,本标准做了下列编辑性修改:

a) 按照汉语的习惯对一些编写格式进行了修改。

b) 对于 ISO/ASTM 51607:2004 引用的其他国际标准中有被等同采用为我国标准的,本标准用引用我国的这些国家标准或行业标准代替对应的国际标准,其余未有等同采用为我国标准的国际标准,在本标准中均被直接引用。

本标准代替 GB/T 16639—1996《辐射加工用丙氨酸-EPR 剂量测量系统》。

本标准与 GB/T 16639—1996 相比主要变化如下:

——标准名称改为"使用丙氨酸-EPR 剂量测量系统的标准方法";

——辐射能量范围由"≤ 30 MeV"改为"0.1 MeV～28 MeV"(1996 版的第 1 章;本版的 1.2.3);

——重新规定了标准的"意义与用途",并增加了"4.3 注"的内容(1996 版的第 4 章;本版的第 4 章);

——调整了"剂量计制备"一章的正文内容。将 1996 版中的 6.3.3 改为本版的 6.1 注。

——在"仪器"要求中增加了对分析天平仪器进行校准的技术要求(1996 版的 7.1.3;本版的 7.1.2);

——删除了"建立校准曲线"的技术要求;并增加了"8.1.4 注 1"、"8.1.4 注 2"的内容(1996 版中的 8.5;本版的第 8 章);

——调整了"EPR 波谱测量"的要求;增加了"9.1.5 注",给出了对 EPR 波谱进行修正的三个方法;

——调整了"测量不确定度"一章的内容; 删除了 1996 版中的 13.4 和 13.5 的内容。

本标准由中国核工业集团公司提出。

本标准由全国核能标准化技术委员会归口。

本标准起草单位:中国计量科学研究院。

本标准主要起草人:张彦立、刘智绵、夏渲、张辉。

本标准所代替标准的历次本版发布情况为:GB/T 16639—1996。

使用丙氨酸-EPR 剂量测量系统的标准方法

1 范围

1.1 本标准规定了使用丙氨酸-EPR 剂量测量系统测定光子和电子照射下被照射材料中的吸收剂量所涉及的剂量计材料的选择、剂量计制备、仪器设备和剂量测量程序。该系统依赖于电子顺磁共振谱仪对丙氨酸中氨基酸衍生的自由基的测量。该系统被定为参考标准级剂量系统(见 GB/T 16640)。

1.2 本标准适用于在下述条件下测量吸收剂量的丙氨酸-EPR 剂量测量系统:

1.2.1 吸收剂量范围:1 Gy～10^5 Gy。

1.2.2 吸收剂量率:≤10^2 Gy·s^{-1}(连续辐射场)。

≤ 5×10^7 Gy·s^{-1}(脉冲辐射场)[1-3]。

1.2.3 辐射能量范围:0.1 MeV～28 MeV[1,2,4]。

1.2.4 辐照温度范围:－60 ℃～90 ℃[2,5]。

1.3 以国际单位制给出的值作为标准值,括号内的量值仅供参考。

1.4 本标准不涉及与使用相关的安全问题。本标准的使用者负责建立适用的安全和健康标准,并在使用前确定其适用的限制范围。

2 规范性引用文件

下列文件中的条款通过本标准的引用而成为本标准的条款。凡是注日期的引用文件,其随后所有的修改单(不包括勘误的内容)或修订版均不适用于本标准,然而,鼓励根据本标准达成协议的各方研究是否可使用这些文件的最新版本。凡是不注日期的引用文件,其最新版本适用于本标准。

GB/T 16509 辐射加工剂量测量不确定度评估导则(GB/T 16509—2008,ISO/ASTM 51707:2005,IDT)

GB/T 16510 辐射加工吸收剂量学校准实验室的能力要求(GB/T 16510—2008,ISO/ASTM 51400:2002,IDT)

GB/T 16640 辐射加工剂量测量系统的选择和校准导则(GB/T 16640—2008,ISO/ASTM 51261:2002,IDT)

ISO 文件 测量不确定度表示指南

ISO/ASTM 51204 γ辐照装置食品加工实用剂量学导则

ISO/ASTM 51431 电子和轫致辐射辐照装置食品加工剂量学实践

ASTM E 170 辐射测量与剂量学术语

ASTM E 668 使用热释光(TLD)剂量测量系统确定电子设备辐射损伤试验中吸收剂量的实践

ICRU 第 14 号报告 辐射剂量学:最大光子能量为 0.6 Mev～25 MeV 的 X 射线和 γ 射线

ICRU 第 17 号报告 辐射剂量学:管电压为 5 kV～150 kV 的 X 射线发生装置

ICRU 第 34 号报告 脉冲辐射剂量学

ICRU 第 35 号报告 初始能量为 1 MeV～50 MeV 的电子束辐射剂量学

ICRU 第 37 号报告 电子和正电子的阻止本领

ICRU 第 44 号报告 辐射剂量学与测量中的组织等效

ICRU 第 60 号报告 电离辐射基本量和单位

3 术语和定义

GB/T 15446 和 ICRU 第 60 号报告确立的以及下列术语和定义适用本标准。

3.1

丙氨酸剂量计 alanine dosimeter

用辐射敏感材料丙氨酸与惰性物质(例如:粘合剂)制成的具有规定量和确定物理形状的测量吸收剂量的元件。辐照后产生稳定的自由基,其数量与吸收剂量有确定的关系。

3.2

丙氨酸-EPR 剂量测量系统 alanine-EPR dosimetry system

由丙氨酸剂量计、电子顺磁共振谱仪(EPR)、相关的标准物质、校准曲线以及系统所用程序组成的,用于测量吸收剂量的系统。

3.3

EPR 信号幅度 EPR signal amplitude

EPR 波谱中心线的峰-峰幅度。该信号幅度正比于丙氨酸剂量计中丙氨酸自由基浓度。

3.4

EPR 波谱学 EPR spectroscopy

在磁场存在情况下,将射频加在顺磁物质上,测量未成对电子在不同能级之间跃迁时所产生的射频电磁能共振吸收谱的一种技术方法。

3.5

EPR 波谱 EPR spectrum

用 EPR 谱仪测得的作为磁场函数的电子顺磁吸收谱的一次微分谱。

3.6

零剂量信号 zero dose amplitude

为确定最低可测吸收剂量值,用相同的 EPR 谱仪参数测得的未辐照丙氨酸剂量计的信号。

4 意义和用途

4.1 丙氨酸-EPR 剂量测量系统提供了一种可靠的吸收剂量测量方法。它依赖于丙氨酸晶体受电离辐射照射后产生的特有的稳定自由基。

4.2 剂量计含有丙氨酸晶体,并由生成的丙氨酸自由基记录吸收剂量。用 EPR 波谱法进行丙氨酸自由基的鉴别和测量。

4.3 用 EPR 波谱法测量自由基的浓度是一种非破坏性的分析方法。丙氨酸剂量计能反复测读,可用于剂量档案保存。

注:本标准涉及与应用辐射类型和能量有关的剂量学测量方法和材料的详细规定见 GB/T 16640、GB/T 16510、ASTM E 668、ISO/ASTM 51204、ISO/ASTM 51431 和 ICRU 第 14 号、ICRU 第 17 号、ICRU 第 34 号、ICRU 第 35 号、ICRU 第 37 号、ICRU 第 44 号和 ICRU 第 60 号报告。

4.4 丙氨酸-EPR 剂量测量系统可作为参考标准和传递标准。也可作为辐射应用中(包括:医疗保健产品和药品的灭菌消毒、食品辐照、聚合物改性、医学治疗和材料的辐射损伤研究等方面)的工作剂量测量系统。

4.5 辐照过的丙氨酸-EPR 剂量计的 EPR 信号表明:使用光子与电子照射产生的自由基的信号相同[4]。

5 丙氨酸特性

5.1 剂量计用多晶粉末状 α-丙氨酸($CH_3—CH(NH_2)COOH$)制备。

5.1.1 所有α-丙氨酸异构体均可用于剂量测量，但最常用的是L型丙氨酸。

5.1.2 丙氨酸的纯度应为分析纯(不小于99%)，这种纯度的丙氨酸可从市场购买。

6 剂量计的制备

6.1 丙氨酸粉末可直接作剂量计使用，或者加入粘合剂压制成固体使用。

注：制备固体剂量计所用的粘合剂和润滑剂不应引入显著的固有或辐射感生EPR信号。适宜作粘合剂的材料有：纤维素、乙丙橡胶、明胶、石蜡、聚乙烯、聚乙烯-醋酸乙烯酯、聚苯乙烯、聚乙烯基吡咯烷酮、聚乙烯基丙烯以及三硬脂酸甘油酯等。适宜作润滑剂的材料有硬脂酸。

6.2 粉末剂量计

6.2.1 可以直接使用生产商供应的丙氨酸粉末。

注：为改善EPR信号的复现性，应优选颗粒大小为数十至数百微米范围的丙氨酸粉末。

6.2.2 丙氨酸粉末应装在小袋或胶囊中使用。每个剂量计中粉末的质量一般为50 mg～200 mg。

6.3 固体剂量计

6.3.1 可用压制、浇铸或挤压等工艺将丙氨酸、粘合剂和润滑剂的混合物制成固体丙氨酸剂量计。

6.3.2 剂量计可以制成圆片、薄膜、圆柱或线缆状，几何尺寸取决于EPR谱仪微波谐振腔的内径、样品内径以及所需测量精度。

6.3.3 粘合剂和润滑剂的软化熔点必须高于辐照温度。

6.3.4 丙氨酸的含量依粘合剂的不同而不同。聚乙烯吡咯烷酮：95%[6]；聚乙烯：60%～95%[2,7～10]；聚苯乙烯：70%[11]；乙丙橡胶：67%[12]。

6.3.5 制备过程涉及多种操作，例如过筛、加入粘合剂和润滑剂、均匀混合、熔融、压制或挤压。

6.4 制备质量保证

6.4.1 制备剂量计时应仔细慎重。应该在清洁的实验室条件下以高标准的制造方法制备剂量计[7,13]。制备过程中应该避免混入顺磁物质引起的以及由机械压力产生的自由基。参考文献[10]和[14]陈述了几种制备技术。制备过程的每一步骤均可影响测量重复性、样品批次间的辐照灵敏度和相关的变化。

6.4.2 影响测量精度的主要因素是剂量计的均匀性、剂量计的质量、密度、尺寸以及形状的复现性。

6.4.3 应对每批剂量计采用典型抽样法进行质量控制检查，例如：目视检查、称量和尺寸的检查。

6.4.4 对每批剂量计的剂量学性能进行质量控制，是指控制该批次剂量计的平均灵敏度及其零剂量信号的样品间分散程度。

6.4.5 为了满足13.3不确定度要求，每批剂量计样品间辐射感生EPR信号的变化值应小于±1%。

7 仪器

7.1 使用一台工作在X波段的EPR谱仪测量丙氨酸剂量计的EPR信号。为了满足13.3不确定度要求，EPR谱仪应进行如下设置：微波功率9 Hz～10 Hz，并带有自动锁频(AFC)装置；在中心磁场附近扫描范围20 mT时，对应g值为2.0时的磁场(在频率为9.8 Hz时该值对应于350 mT，见注)；磁场调制幅度0.1 mT～1.5 mT；微波功率0.1 mW～10 mW；可按吸收剂量大小改变扫描时间、时间常数和接收器增益；谱仪的灵敏度至少为2×10^{11}自旋数(mT)；共振腔应有一个样品通道，其直径至少比被分析剂量计的直径大1 mm。

注：微波频率与磁场间的关系可用式(1)给出：

$$h\upsilon = g\mu_B B \qquad \cdots\cdots(1)$$

式中：

h——普朗克常数；

υ——微波频率；

g——谱线裂距因数(典型值为2.0)；

μ_B——波尔磁子；

B——磁场。

7.1.1 剂量计样品管通常由质地良好、清洁透明、无干扰 EPR 信号的熔融石英制作。应采用机械方法使剂量计可准确、重复、垂直地位于谐振腔内的中心位置。

7.2 剂量计系统的精度可采用 EPR 信号对剂量计质量归一的方法进行改善。为了满足 13.3 规定的不确定度要求，应使用一台分辨率为±0.1 mg 的分析天平。该分析天平应按产品说明书的规定进行校准。

8 校准方法

8.1 剂量测量系统的校准

8.1.1 使用剂量测量系统(包括特定批次的剂量计和特定的测量仪器)前应按照用户的校准程序和质量保证要求中的特别操作文件进行校准。该校准应在规定的周期内进行，以确保在要求的时间内保持吸收剂量测量的准确。校准方法见 GB/T 16640。

8.1.2 辐照是校准剂量测量系统的关键环节。校准辐照应在认可的校准实验室或在满足GB/T 16510要求自有的校准装置中进行，并证明已测吸收剂量(或剂量率)溯源到国家或国际认可的标准。

8.1.3 丙氨酸剂量计作为工作剂量计使用时，辐照校准可按 8.1.2 的规定在生产厂或研究用辐照装置中进行。该装置应与参考、传递标准剂量计一起溯源到国家或国际认可的标准。

8.1.4 测量仪器性能的验证：谱仪的性能可用适当的自旋标准进行检测(例如：贮存在可控条件下辐照过的丙氨酸剂量计、烟煤样品、Al_2O_3(红宝石)中的 Cr(Ⅲ)、CaO 或 MgO 中的 Mn(Ⅱ))。EPR 自旋标准可以置于剂量计的表面[15]，也可以与剂量计合并[16]。如果自旋标准值与所建标准值在认可的范围内不一致，应查明错误的来源，例如：样品定位不准等。可用剂量计的响应相对自旋标准值的归一进行修正。

注 1：目前自旋标准材料还不能溯源到国家计量院。应通过出版物、制造商的数据和测量，建立适于验证和谱仪操作补偿的自旋标准材料。可接受的自旋标准材料的测量范围，依赖所用设备的测量精度，通常该值为±0.5%。如果变化大于测量精度的要求，需对某一特有的性能变化进行补偿。

注 2：如果丙氨酸剂量计易受湿度的影响，则当丙氨酸剂量计贮存的湿度条件与测量时的湿度条件明显不同时，测量会引起明显的误差[17]。在这种情况下，可用自旋标准材料来补偿测量丙氨酸剂量计期间环境湿度带来的影响[15,16]。如果选用丙氨酸剂量计作为自旋标准材料，并采用恒定测量时间(从贮存环境湿度取出后)、减小或控制贮存与环境湿度的差异的方法可以减少环境湿度的影响。

9 EPR 波谱测量

9.1 应按如下方法获得和评价辐照过的丙氨酸剂量计 EPR 波谱。

9.1.1 将丙氨酸剂量计放在 EPR 谱仪微波谐振腔内的石英样品管中。

注：剂量计应精确定位于微波腔谐振模式的最大值处。同一剂量计重复定位检验应在 ± 0.5 % 内一致。检查剂量计绕圆柱轴线顺时针或逆时针旋转 90°以及剂量计倒置时响应的变化，该响应小于 0.5 %。

9.1.2 EPR 波谱测量。

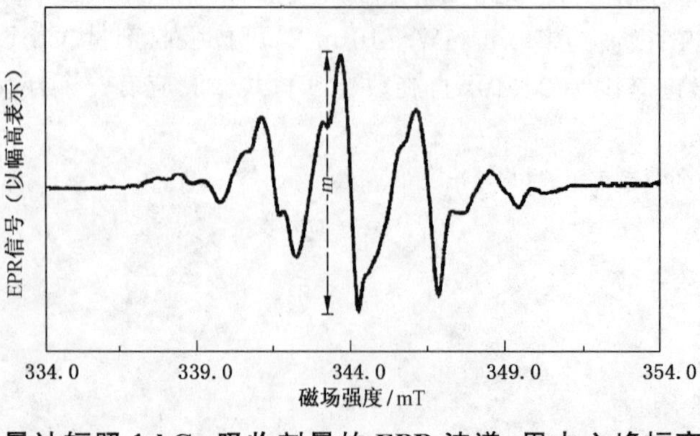

图 1 丙氨酸剂量计辐照 1 kGy 吸收剂量的 EPR 波谱，用中心峰幅高(m)表征剂量值

9.1.3 用手动或自动方式以任意单位测量 EPR 波谱的 EPR 信号幅度(m)，见图 1。测量的幅度可为任意单位。

注：采用峰-峰方法比二重积分方法的测量更快、更准确[2]。

9.1.4 在用校准剂量计建立校准曲线以及测量未知剂量计时，EPR 谱仪的微波功率、调制幅度设定值应相同，并保持不变。

9.1.5 除非 EPR 谱仪具有自动调制功能，否则幅度值(m)应对扫描时间、接收器增益、扫描数的变化进行归一。

注：有必要进行其他的修正，例如：1）鉴于剂量计类型和测量准确度的要求，应该建立幅度值(m)与剂量计质量的线性关系，对其进行质量修正。2）鉴于相对幅度值 m 和测量准确度的要求，可以扣除零剂量幅度值。3）当 EPR 谱仪的灵敏度变化大于 1%时，应使用归一剂量计 EPR 信号的方法将其补偿到自旋标准材料的值。

10 通则

10.1 按照制造商推荐的方法贮存丙氨酸剂量计。

10.2 取放剂量计时应小心，避免损坏。

10.3 根据批号和编号正确识别每个剂量计。

10.4 依据剂量测量系统的精度和应用要求，来确定测量材料表面或其内部吸收剂量所需的剂量计数目。确定剂量计数目的方法见 ASTM E 668 附录 A 的 A.3。

10.5 按照第 8 章和第 9 章的程序辐照并测量剂量计。

10.6 监测辐照温度，必要时修正其对剂量计响应的影响(见 11.1)。

10.7 测定每个已辐照丙氨酸剂量计的 EPR 信号，根据其归一信号和校准曲线计算吸收剂量。

10.8 记录吸收剂量值及第 12 章中所列各有关参数。

11 环境影响

11.1 辐照温度影响丙氨酸剂量计的 EPR 信号幅度。

注：对含有粘合剂的丙氨酸剂量计，粘合剂的种类会影响辐照温度对剂量计 EPR 信号幅度的响应。温度系数 R(%/℃)用$(\Delta m/m)/\Delta T$ 关系表示，m 是 EPR 信号幅度(任意单位)，T 是辐照温度(℃)。辐照温度从－10 ℃到 50 ℃的范围内，其温度系数为 0.1 %/℃～0.2 %/℃[5]。参考文献[18]列表给出了温度系数。

11.2 辐照过程中以及辐照前后的贮存和测量期间，湿度可能影响剂量计 EPR 信号幅度的响应。将剂量计密封在不透水的材料中可降低湿度的影响。测量期间，可使用测量丙氨酸信号幅度与自旋标准测量信号幅度比值的方法进行湿度影响的补偿。

注：有关丙氨酸剂量计湿度效应见参考文献[17]。

11.3 光照对于多数丙氨酸剂量计辐射感生 EPR 信号幅度影响很小。如果其影响不明，建议不要对剂量计长时间光照。

11.4 在整个分析阶段，应对 EPR 实验室的环境温度和相对湿度进行监测和控制。

12 基本文件要求

12.1 校准

12.1.1 记录丙氨酸剂量计型号、批号和生产厂家。

12.1.2 记录或注明辐照日期、辐照温度、剂量范围、辐射源以及校准丙氨酸剂量测量系统所用的相关仪器。

12.2 应用

12.2.1 记录每个剂量计辐照日期和 EPR 测量日期。

12.2.2 记录每个剂量计的辐照温度、采用的温度修正以及获得的吸收剂量值。注明获得吸收剂量值所用的校准曲线。

12.2.3　记录或注明辐射源的种类和特征。

12.2.4　记录EPR信号及相应的EPR谱仪参数设定值(微波频率、微波功率、磁通密度、扫描范围、扫描时间、调制幅度以及增益因子)。

12.2.5　记录或注明吸收剂量的测量不确定度(见第13章的规定)。

12.2.6　记录或注明用于丙氨酸-EPR剂量测量系统而建立的测量质量保证方案。

12.2.7　记录或控制贮存期间、辐照期间和分析时的温度和相对湿度条件。使用带有自旋标准材料对湿度条件进行补偿的仪器时,应记录所选的相对湿度。

13　测量不确定度

13.1　在测量吸收剂量时,应给出不确定度的评定。

13.2　不确定度的分量应按下列类别给出:

13.2.1　A类:通过对重复性条件测量所得量值的统计方法评定的分量。

13.2.2　B类:通过采用非统计分析方法评定的分量。

13.3　如果遵从本标准,在使用丙氨酸-EPR剂量测量系统确定吸收剂量的扩展不确定度应接近3%($k=2$ 或95%置信度)。

注1:A类和B类不确定度的分类,是基于由1995年出版的ISO测量不确定度表示指南中评估不确定度的方法[20]。使用这种方法的目的,是促进对国际比对中测量结果不确定度表述的理解。

注2:GB/T 16509给出了辐射加工装置剂量测量中不确定度的来源,提供了在使用该剂量测量体系测量吸收剂量时估计不确定度大小的程序。该文件规定和阐述了测量(包括测量量值的评价)、真值、误差和不确定度的基本概念。阐述了不确定度分量,并提供了评价这些量值的方法。也提供了用于计算合成标准不确定度和估计扩展不确定度的方法。

14　关键词

14.1　吸收剂量;丙氨酸剂量学;剂量测量;剂量计;剂量测量系统;电子束;电子自旋共振;电子顺磁共振;EPR剂量计;γ-射线;电离辐射;辐照;光子;辐射;辐射加工;参考标准剂量计;X-射线;ICS 17.240。

参 考 文 献

［1］ McLaughlin, W. L., Boyd, A. W., Chadwick, K. H., McDonald, J. C., and Miller, A., *Dosimetry for Radiation Processing*, Taylor and Francis, London, U. K., 1989.

［2］ Regulla, D. F., and Deffner, U., "Dosimetry by ESR Spectroscopy of Alanine", *Trends in Radiation Dosimetry*, W. L. McLaughlin, Ed., Pergamon Press, Oxford, U. K.; *Applied Radiation and Isotopes*, Vol 33, 1982, p. 1101.

［3］ Hansen, J. W., and Olsen, K. J., "Theoretical and Experimental Radiation Effectiveness of the Free Radical Dosimeter Alanine to Irradiation with Heavy Charged Particles", *Radiation Research*, Vol 104, 1985, p. 15.

［4］ Onori, S., Bartolotta, A., Caccia, B., Indovina, P. L., Milano, F., Renzi, R., Scarpa, G., Caporali, C., and Moscati, M., "Dosimetric Characteristics of Alanine-Based ESR Detectors in Electron Beams Used in Radiotherapy", *Radiation Protection Dosimetry*, Vol 34, 1990, p. 287.

［5］ Desrosiers, M. F., Cooper, S. L., Puhl, J. M., McBain, A. L., and Calvert, G. W., "A Study of the Alanine Dosimeter Irradiation Temperature Coefficient in the −77℃ to +50℃ Range", *Radiation Physics and Chemistry*, Vol 71, 2004.

［6］ Hansen, K. W., Olsen, K. J., and Wille, M., "The Alanine Radiation Detector for High and Low LET Dosimetry", *Radiation Protection Dosimetry*, Vol 19, 1987, p. 43.

［7］ Arber, J. M., and Sharpe, P. H. G., "Fading Characteristics of Irradiated Alanine Pellets: The Importance of Pre-irradiation Conditioning", *Applied Radiation and Isotopes*, Vol 44, 1993, p. 19.

［8］ Bartolotta, A., Indovina, P. L., Onori, S., and Rosati, A., "Dosimetry for Cobalt-60 Gamma Rays with Alanine", *Radiation Protection Dosimetry*, Vol 9, 1984, p. 277.

［9］ Kojima, T., Ranjith, H. L. A., Haruyama, Y., Kashiwazaki, S., and Tanaka, R. "Thin Film Alanine-Polyethylene Dosimeter", *Applied Radiation and Isotopes*, Vol 44, 1993, p. 41.

［10］ Regulla, D. F., Scharmann, A., and McLaughlin, W. L., Eds., *ESR Dosimetry and Applications*, Pergamon, Oxford, U. K.; *Applied Radiation and Isotopes*, Vol 40, 1989.

［11］ Kojima, T. and Tanaka, R., "Polymer-Alanine Dosimeter and Compact Reader", *Applied Radiation and Isotopes*, Vol 40, 1989, p. 851.

［12］ Coninckx, F., and Schönbacher, H., "Experience with a New Polymer-Alanine Dosimeter in a High-Energy Particle Accelerator Environment", *Applied Radiation and Isotopes*, Vol 44, 1993, p. 67.

［13］ Nichiporov, D., Kostjuchenko, V., Puhl, J., Bensen, D., Desrosiers, M., Dick, C., McLaughlin, W., Kojima, T., Coursey, B., and Zink, S., "Investigation of Applicability of Alanine and Radiochromic Detectors to the Dosimetry of Proton Clinical Beams", *Applied Radiation and Isotopes*, Vol 46, 1995, p. 1355.

［14］ Desrosiers, M. F., and Skinner, A. F., Eds., *ESR Dosimetry and Applications*, Pergamon, Oxford, U. K.; *Applied Radiation and Isotopes*, Vol 44, 1993.

［15］ Nagy, V. Yu., Sleptchonok, O. F., Desrosiers, M. F., Weber, R. T., and Heiss, A. H., "Advancements in Accuracy of the Alanine Dosimetry System. Part 3. Usefulness of an adjacent reference sample", *Radiation Physics and Chemistry*, Vol 59, 2000, p. 429.

［16］ Yordanov, N. D., Gancheva, V., and Pelova, V. A. "Studies on some materials suitable for use as internal standards in high energy EPR dosimetry", *Journal of Radioanalytical and Nuclear Chemistry*, Vol 240, 1999, p. 619.

[17] Sleptchonok, O. F., Nagy, V. Yu., and Desrosiers, M. F., "Advancements in Accuracy of the Alanine Dosimetry System. Part 1. The Effects of Environmental Humidity", *Radiation Physics and Chemistry*, Vol 57, 2000, p. 115.

[18] Nagy, V. Yu., Puhl, J., and Desrosiers, M. F., "Advancements in Accuracy of the Alanine Dosimetry System. Part 2. The Influence of Irradiation Temperature", *Radiation Physics and Chemistry*, Vol 57, 2000, p. 1.

[19] Wieser, A., Lettau, C., Fill, U., Regulla, D. F., "The Influence of Non-radiation Induced ESR Background Signal from Paraffin-Alanine Probes for Dosimetry in the Radiotherapy Dose Range", *Applied Radiation and Isotopes*, Vol 44, 1993, p. 59.

[20] ISO "Guide to the Expression of Uncertainty in Measurement", International Organization for Standardization, 1995 ISBN 92-67-10188-9.

ICS 17.240
A 58

中华人民共和国国家标准

GB/T 16640—2008/ISO/ASTM 51261:2002
代替 GB/T 16640—1996

辐射加工剂量测量系统的选择和校准导则

Standard guide for selection and calibration of dosimetry systems for radiation processing

(ISO/ASTM 51261:2002,IDT)

2008-09-19 发布　　2009-08-01 实施

中华人民共和国国家质量监督检验检疫总局
中国国家标准化管理委员会　发布

前　言

本标准等同采用 ISO/ASTM 51261:2002《辐射加工剂量测量系统的选择与校准导则》(英文版)。

为便于使用,本标准做了下列编辑性修改:

a) 按照汉语习惯对一些编写格式进行了修改。

b) 对于 ISO/ASTM 51261:2002 引用的其他国际标准中有被等同采用为我国标准的,本标准用引用我国的这些国家标准或行业标准代替对应的国际标准,其余未有等同采用为我国标准的国际标准,在本标准中均被直接引用。

c) 原国际标准中的附录编号 A1、A2、A3、A4、A5 改为附录 A、附录 B、附录 C、附录 D、附录 E。

本标准代替 GB/T 16640—1996《辐射加工剂量测量系统的选择与校准导则》。本标准与 GB/T 16640—1996 相比主要变化如下:

——重新规定了标准的“意义与用途”(1996 版 4.1、4.2、4.3;本版的 4.1、4.2、4.3);

——将标准剂量计细分为参考标准剂量计和传递标准剂量计,增加了对基准剂量计、参考剂量计的定义(1996 版 5.1;本版的 5.1、5.1.1、5.1.2);

——增加了剂量计测量系统选择的“通用准则”和“工作剂量计测量系统的附加准则”(见第 6 章);

——增加了剂量计测量系统校准对“提供程序、协议和人员培训”的规定(见 8.1.2);

——增加了确定吸收剂量率响应和传递剂量响应的规定(见 8.4 和 8.5);

——增加了基本文件要求的条款(见 10.5、10.6 和 10.7);

——增加了测量不确定度的评定原则(见第 11 章);

——增加了资料性附录“吸收剂量的表述”(见附录 A);

——增加了资料性附录“附加剂量的确定”(见附录 B);

——增加了资料性附录“测量剂量率响应的方法”(见附录 E)。

本标准的附录 A、附录 B、附录 C、附录 D、附录 E 为资料性附录。

本标准由中国核工业集团公司提出。

本标准由全国核能标准化技术委员会归口。

本标准起草单位:中国计量科学研究院。

本标准主要起草人:张辉、张彦立、夏渲、刘智绵。

本标准所代替标准的历次本版发布情况为:GB/T 16640—1996。

辐射加工剂量测量系统的选择和校准导则

1 范围

1.1 本标准规定了γ射线、X射线和电子束辐射加工中用于测量吸收剂量的剂量测量系统的选择和校准的基本原则。本标准给出了用于校准和商用辐射加工中质量保证的剂量测量系统的类型、吸收剂量的表述方法和剂量测量的不确定度评价。分析仪器的校准见相关的剂量测量系统标准。

1.2 本标准测量吸收剂量的上限为1 000 kGy;辐射能量范围为0.1 MeV~50 MeV(光子和电子)。

1.3 本标准应与特定的剂量学系统的具体应用标准结合使用。

1.4 本标准不包括中子或重带电粒子的辐射加工剂量测量。

1.5 本标准不涉及与使用者相关的安全问题(如果存在)。本标准的使用者负责建立适用的安全和健康标准,并在使用前确定其适用的限制范围。

2 规范性引用文件

下列文件中的条款通过本标准的引用而成为本标准的条款。凡是注日期的引用文件,其随后所有的修改单(不包括勘误的内容)或修订版均不适用于本标准,然而,鼓励根据本标准达成协议的各方研究是否可使用这些文件的最新版本。凡是不注日期的引用文件,其最新版本适用于本标准。

GB/T 16509 辐射加工剂量测量不确定度评定导则(GB/T 16509—2008,ISO/ASTM 51707:2005,IDT)

GB/T 16510 辐射加工剂量学校准实验室的能力要求(GB/T 16510—2008,ISO/ASTM 51400:2002,IDT)

GB/T 16639 使用丙氨酸-EPR剂量测量系统的标准方法(GB/T 16639—2008,ISO/ASTM 51607:2004,IDT)

GB/T 16841 能量为300 keV~25 MeV电子束辐射加工装置剂量学导则(GB/T 16841—2008,ISO/ASTM 51649:2005,IDT)

ASTM E 170 辐射测量与剂量学术语

ASTM E 178 处理离群观测值的实践

ASTM E 456 量和统计术语

ASTM E 666 计算X或γ射线吸收剂量的方法

ASTM E 668 使用热释光(TLD)剂量测量系统确定电子设备辐射损伤试验中吸收剂量的实践

ASTM E 1026 使用弗里克标准剂量测定系统的标准规范

ISO/ASTM 51204 用于食品处理的γ辐照装置剂量测量的实践

ISO/ASTM 51275 使用辐射显色薄膜剂量测量系统标准实践

ISO/ASTM 51276 使用聚甲基丙烯酸甲酯剂量测量系统标准实践

ISO/ASTM 51310 使用辐射化学光学波导剂量测量系统的实践

ISO/ASTM 51431 电子束和轫致辐射装置食品加工用剂量学实践

ISO/ASTM 51538 使用氯苯-乙醇剂量测量系统的实践

ISO/ASTM 51540 使用辐射化学液体剂量测量系统的实践

ISO/ASTM 51631 使用量热法剂量测量系统对电子束剂量测量和剂量计校准的实践

ISO/ASTM 51650　使用CTA剂量测量系统的实践

ISO/ASTM 51702　辐射加工γ辐照装置的剂量学实践

ISO/ASTM 51956　辐射加工用热释光剂量测量系统的实践

ICRU 14号报告　辐射剂量学:最大光子能量为0.6 MeV～25 MeV的X射线和γ射线

ICRU 17号报告　辐射剂量学:管电压为5 kV～150 kV的X射线发生装置

ICRU 34号报告　脉冲辐射剂量学

ICRU 35号报告　初始能量为1 MeV～50 MeV的电子束辐射剂量学

ICRU 37号报告　电子和正电子的阻止本领

ICRU 60号报告　电离辐射基本量和单位

3　术语和定义

ASTM E 170和ICRU第60号报告确立的以及下列术语和定义适用于本标准。

3.1

认可的剂量测量校准实验室　accredited dosimetry calibration laboratory

满足特定的性能指标,经国家计量行政管理部门认证和批准的进行剂量校准的实验室。

3.2

校准曲线　calibration curve

表示剂量测量系统响应函数的曲线图。

3.3

校准装置　calibration facility

由辐射源和相关设备组成的用于获取剂量计响应函数或校准曲线的装置。该装置可在指定的位置和材料中提供均匀、重复并能溯源到国家或国际认可的标准吸收剂量(或吸收剂量率)值。

3.4

带电粒子平衡　charged partical equilibrium

受照介质中某点处的如下状态:在该点周围的体积元内,进入和离开的带电粒子的动能和数目彼此相等。

注:当电子为主要的带电粒子时,常用"电子平衡"术语来描述带电粒子的平衡。

3.5

剂量计批　dosimeter batch

采用受控且固定的工艺流程制备的性能、质量、组成相同且具有唯一标识代码的同批剂量计。

3.6

剂量测量系统　dosimetry system

由剂量计、测量仪器、相关的参考标准和使用程序组成的用于确定吸收剂量的系统。

3.7

电子平衡　electron equilibrium

针对电子的带电粒子平衡。

3.8

测量比对　measurement intercomparison

用可溯源至国家或国际认可标准的某一标准参考装置或物质对现场测量系统实施测量评价的过程。

注:在辐射加工中,剂量计发放的主导实验室可在某一辐照装置上辐照参考标准或传递标准剂量计,然后将其寄回参加比对的实验室进行测量分析。换句话说,剂量计发放主导实验室也可邮寄剂量计给参加比对的实验室辐照,然后将辐照过的剂量计寄回剂量计发放实验室用于分析评价的过程。

3.9

测量质量保证计划　measurement quality assurance plan

为保证测量不确定度满足特定应用要求，建立量值溯源性的一整套测量程序计划。

3.10

测量溯源性　measurement traceability

通过连续的比较链，证明测量结果能够与国家或国际认可的标准在不确定度可接受范围内一致的特性。

3.11

基准剂量计　primary-standard dosimeter

由国家和国际标准化组织建立的吸收剂量标准剂量计，其量值和测量不确定度的确定与同种量的其他测量标准无关。

3.12

加工负荷　process load

作为单一整体辐照、具有特定装载形态的某体积物质。

3.13

质量保证　quality assurance

为达到预定的质量水平，提供足够置信度所必需的校准、测量或加工的全部系统活动。

3.14

参考标准剂量计　reference-standard dosimeter

具有较高计量学特性标准的剂量计，用于溯源至基准剂量计并与基准剂量计测量保持一致的标准剂量计。

3.15

响应函数　response function

对于给定的剂量测量系统，剂量计响应与吸收剂量关系的数学表达式。

3.16

工作剂量计　routine dosimeter

使用基准、参考标准或传递标准剂量计校准过的用于日常吸收剂量测量的剂量计。

3.17

模拟产品　simulated product

与被辐照的产品、材料或物质具有相似的减弱、散射性质的材料。

注：在描述辐照装置特性时，模拟产品作为用于实际辐照产品、材料或物质的替代物。在测量吸收剂量分布时，模拟产品为模体材料。

3.18

库存剂量计　dosimeter stock

由使用者保存的另一部分同批剂量计。

3.19

传递标准剂量计　transfer-standard dosimeter

在测量标准相互比较中用作媒介的标准剂量计。通常是一种性能稳定、结实的参考标准剂量计，它能够可靠地传递吸收剂量值，进行邮寄比对或校准工作剂量计和刻度辐射场。

3.20

验证　verification

通过对客观凭证的检查以确定是否符合某一特殊要求所进行的全部工作。

4 意义与用途

4.1 电离辐射可在产品中产生各种期望的效应。其应用包括：医疗保健产品的消毒和灭菌、食品加工、聚合物改性、电子器件的辐照以及油墨、涂层和胶粘剂的固化等[1]、[2]。在这些应用中吸收剂量范围为约 10 Gy 至 100 kGy，或更高。

4.2 许多国家都制定了医疗保健产品的消毒和灭菌与食品加工的相关规定。这些规定要求校准剂量测量系统的响应并将该系统溯源至国家标准[3]、[4]、[5]。足够量的具有合理统计控制和文件记录的剂量计是保证产品正确加工的必要条件。

4.3 必须选用正确的剂量测量系统以保证产品接受期望的吸收剂量，剂量计必须经过校准。工作剂量测量系统的校准可通过直接在国家或授权的标准实验室中对工作剂量计进行标准化辐照的方式实现，也可通过使用自有的校准设施[6]或在生产用辐照装置中进行。应了解并考虑所有可能影响剂量计响应的因素，包括：环境条件以及这些条件在生产装置内的变化。同时必须校准相关的分析仪器。

5 剂量计的分类和应用

5.1 根据剂量计的品质和应用领域可将剂量计分为以下四类：

5.1.1 基准剂量计：基准剂量计由国家标准实验室建立、保存，用于校准辐射场。基准剂量计的典型用途是校准或比对剂量测量校准实验室的辐射场，通常不作工作剂量计使用。有关基准剂量计选择和校准见 6.1 和 8.2.1。两种最常用的基准剂量计是电离室和量热计（见 ICRU 第 14、17、34 和 35 号报告）。

5.1.2 参考标准剂量计：参考标准剂量计用于辐射场和工作剂量计的校准，也可用于需要高质量剂量测量辐射加工的常规剂量测量。广泛使用的参考标准剂量计包括：硫酸亚铁（Fricke）水溶液（见 GB/T 139）和丙氨酸-EPR 剂量测量系统（见 GB/T 16639）。有关参考标准剂量计选择和校准见 6.2 和8.2.2。用作基准剂量计的设备同样也可用作参考标准剂量计，但应按 8.2.2 的规定进行校准。表 1 列出了参考标准剂量计的示例；这些剂量计系统特性的细节见附录 D。

表 1 参考标准剂量计

剂量计	读出系统	吸收剂量(Gy)范围	参考文献
电离室	静电计	$10^{-4}\sim10$	[11]、[12]
量热计	热量计	$10^{2}\sim10^{5}$	[13]
丙氨酸	EPR 谱仪	$1\sim10^{5}$	[14]
硫酸铈-亚铈溶液	紫外分光光度计或 电化学势能计	$10^{3}\sim10^{5}$	[15]、[16]
氯苯-乙醇溶液	分光光度计、比色滴定、 高频电导仪	$10\sim2\times10^{6}$	[17]、[18]
硫酸亚铁溶液	紫外分光光度计	$20\sim4\times10^{2}$	[19]
重铬酸钾/银溶液	紫外/可见分光光度计	$10^{3}\sim10^{5}$	[20]

5.1.3 工作剂量计：工作剂量计用于测量辐射场和产品中的剂量分布以及日常剂量监测。有关工作剂量计选择和校准的陈述见 6.2 和 8.4。表 2 列出了工作剂量计的示例；这些剂量计系统特性的细节见附录 D。

表 2　工作剂量计

剂量计	读出系统	吸收剂量(Gy)范围	参考文献
丙氨酸	EPR 谱仪	$1\sim10^5$	[14]
红色透明有机玻璃	可见分光光度计	$10^2\sim10^5$	[21]、[22]、[23]
无色透明有机玻璃	紫外分光光度计	$10^3\sim10^5$	[21]、[24]
醋酸纤维素	分光光度计	$10^4\sim4\times10^5$	[25]
硼酸锂，氟化锂	热释光读数仪	$10^{-4}\sim10^3$	[26]
氟化锂(光学级)	紫外/可见分光光度计	$10^2\sim10^5$	[27]
辐射显色薄膜，光波导	可见分光光度计	$1\sim10^5$	[6]、[8]、[28]
硫酸铈-亚铈溶液	紫外分光光度计	$10^3\sim10^5$	[15]
硫酸亚铁-铜溶液	紫外分光光度计	$10^3\sim5\times10^3$	[29]
氯苯-乙醇溶液	分光光度计、比色滴定、高频电导仪	$10\sim2\times10^6$	[18]
氨基酸	晶溶发光读数仪	$10^{-5}\sim10^4$	[30]
场效应管	伏特计	$1\sim2\times10^2$	[31]

5.1.4　传递标准剂量计：是一种专门选择的标准剂量计，用于在授权的或国家标准实验室和照射装置之间传递剂量信息，为校准装置建立溯源性。传递标准剂量计应在剂量计发放实验室规定的条件下使用。它们既可以是参考标准剂量计(见表 1)也可以是符合特殊应用要求的工作剂量计(见表 2)。除表 1 和表 2 列出的剂量计外，其他类型剂量计的相关信息见 GB/T 15053 和 ASTM E 668。

注 1：在所列的参考标准或工作剂量计中，没有一个剂量计能完全满足第 6 章给出的“理想”传递标准剂量计的全部期望特征。但是，如果剂量计缺少某些期望特征，而该特征对其响应的影响可忽略，或者采用修正因子修正使其响应满足应用不确定度限制的剂量计，仍可作为传递标准剂量计。

6　剂量测量系统的选择

6.1　基准剂量测量系统——国家实验室依据特定的测量应用要求对基准剂量计的选择准则。

6.2　参考标准、传递标准和工作剂量测量系统

6.2.1　通用准则

6.2.1.1　剂量计对所关注的吸收剂量范围和特定的辐照产品的适用性；

6.2.1.2　系统的稳定性和重复性；

6.2.1.3　系统校准的难易程度；

6.2.1.4　对系统误差控制或修正系统响应的能力，例如：由温度和湿度引起的系统误差(示例见参考文献[6])；

6.2.1.5　建立系统和操作的全部成本，包括剂量计、读出系统和人工成本；

6.2.1.6　在研究的吸收剂量极限值内，确定拟合校准曲线的相关系数；

6.2.1.7　剂量计响应对校准以及产品辐照前后和辐照期间的环境条件(如：温度、湿度以及光照)变化的依赖性。同时需要考虑环境条件对剂量计读出设备的影响；

6.2.1.8　剂量计响应依赖于吸收剂量率或剂量给予方式，或两者兼而有之；

6.2.1.9　辐照前后剂量计响应的稳定性；

6.2.1.10　同一批次内或不同批次之间剂量计响应的一致性；

6.2.1.11　剂量计的尺寸、位置、取向和组成对辐照场或吸收剂量测量的影响。有时还要测量不同材料界面的吸收剂量(例如骨组织界面或产品表面)。应使用较薄的剂量计，其厚度相对于吸收剂量梯度变

化较小。

6.2.1.12 校准和产品辐照场之间不同能谱的影响。

注2:选择剂量测量系统时应考虑剂量测量系统性能全部信息的有效性。

6.2.2 工作剂量测量系统的附加准则

6.2.2.1 易用性;

6.2.2.2 获得剂量计合理数量的可能性;

6.2.2.3 建立剂量计响应所需要的时间,对剂量计读出和表述的人力要求;

6.2.2.4 剂量计系统的耐用性(在常规处理和在加工环境使用中的抗损坏性)。

6.2.3 传递标准剂量测量系统的附加准则

6.2.3.1 辐照前的搁置时间;

6.2.3.2 辐照后响应的稳定性(实现的能力);

6.2.3.3 具有耐受递送到辐照装置的便携性和对递送极端环境条件影响的不敏感性。

7 分析仪器的校准和性能验证

7.1 在整套系统校准前和校准周期内应对剂量测量系统的独立组件进行校准并进行性能验证。应定期验证系统组件的稳定性;在校准整套系统时,还应证明其组件的性能没有变化。

7.1.1 如有适用的标准,应按照文件程序校准独立组件,并确保测量用仪器溯源到国家或国际认可的标准。

7.1.1.1 用分光光度计测量吸光度时,使用溯源至国家标准或国际标准的吸光度滤光片和波长标准检查,并证明该分光光度计的波长和吸光度值符合相关技术文件的规定。

7.1.1.2 用测厚仪测量厚度时,使用溯源至国家或国际标准的厚度块检查,并以文件证明该测厚仪符合文件的规定。

7.1.2 没有国家或国际认可标准的剂量测量系统仪器,应使用工业化文件或生产厂家的程序证明该仪器的性能符合自身的性能规定。

注3:例如,丙氨酸剂量测量系统利用电子顺磁共振(EPR)谱仪进行分析,EPR谱仪的正确操作由适用的EPR自旋标准(如:辐照过的丙氨酸剂量计,沥青样品或CaO中的Mn(Ⅱ))进行验证。

7.1.3 在整套系统校准周期内,应按照文件程序重复仪器的校准或仪器性能的验证。仪器在进行可能影响其性能的维修后,应重新进行校准或性能验证。

注4:对某些分析仪器,可用剂量计给出已知吸收剂量的读数与期望的读数在剂量测量不确定度范围内一致性的方法进行验证。本方法仅用于长期稳定性的影响已被文件证明了的参考标准剂量计。

7.1.4 仪器校准和仪器性能验证应由有资质的独立机构按照文件化的质量程序进行。

7.1.5 应证明每台仪器的校准或性能验证是在符合所规定的应用限制范围内进行的。

8 剂量测量系统的校准

8.1 概论

8.1.1 剂量测量系统校准包括:在使用的已知吸收剂量范围内辐照若干个剂量计,用校准过的分析仪器测量剂量计,由此得到校准曲线或响应函数。定期进行校准验证以确保校准曲线或响应函数的连续有效。校准设施应符合GB/T 16510的规定,应具有可溯源至国家或国际认可标准的吸收剂量率。

注5:在某些国家,国家标准是间接通过某一校准过的辐照场实现的。例如:美国国家标准和技术研究院(NIST) ^{60}Co源排列中心的吸收剂量率是由量热计准确测量的;该辐照场也是NIST使用的国家标准之一,使用该场辐照参考标准、传递标准以及工作剂量计得到已知的吸收剂量。

8.1.2 应提供程序、协议以及人员的培训,以保证赋予剂量计正确的吸收剂量。

8.2 校准剂量计等级

8.2.1 基准剂量计:这类装置不需要参照其他标准校准,因为它们的测量基于基本的物理原理。

8.2.2 参考标准剂量计:参考标准剂量计的校准由国家或授权的实验室按照 GB/T 16510 的规定进行。

8.2.3 传递标准剂量计:可从参考标准剂量计和工作剂量计中选择传递标准剂量计(见 5.1.4)。并按照测量比对传递所选择的剂量计类型的区分等级要求对传递标准剂量计进行校准(见 8.2.2 和 8.2.4)。

8.2.4 工作剂量计:工作剂量计的校准可在校准设施或在需要分析测试的生产用辐照装置上对剂量计辐照进行。

8.3 校准步骤

8.3.1 确定校准曲线或剂量计测量系统响应函数所需的剂量计组的数量取决于应用的吸收剂量范围。每一个吸收剂量数量级至少需要五组剂量计;不足一个数量级时,至少需要四组剂量计。

注 6:为了精确确定使用剂量计组的最少数量,可由应用范围的最大剂量(D_{max})除以最小剂量(D_{min})计算比值 $Q=\lg(D_{max}/D_{min})$来确定。如果 Q 等于或大于 1,计算 $5\times Q$ 的积,4 舍 5 入到最近的整数,该数即为需要使用的最少组数。

8.3.2 每个吸收剂量点所使用剂量计的数量应达到期望的置信水平的要求(见 ASTM E668)。

8.3.3 剂量计放置在校准场中标记过、可重复的位置,并尽可能减少剂量计在辐射场中所占体积内的剂量率变化。

8.3.4 用 γ 或 X 射线校准时,剂量计周围应用足够量的材料包裹,以达到近似的电子平衡条件(7)。

注 7:适宜的包裹材料厚度取决于辐射的能量(见 ASTM E666 和 E668)。测量水吸收剂量时,材料具有的辐射吸收性质应与水基本相同,例如,对 ^{60}Co 源,应将剂量计包裹在 3 mm～5 mm 厚的聚苯乙烯(或等效的聚合材料)片中。

8.3.5 如果需要,辐照期间应监测和控制剂量计的温度。

注 8:为减小温度极限和有利于测量剂量计温度,剂量计与专用于电子束或 X 射线辐射的散热器之间应具有良好的热接触。

8.3.6 如果剂量计的响应受湿度的影响且不在密闭的容器内,应在辐照期间监测并控制相对湿度。

8.3.7 明确研究材料的校准剂量。校准剂量通常用水吸收剂量表示。附录 A 给出了计算不同材料中吸收剂量的转换系数。

8.4 吸收剂量率的影响

8.4.1 在不同吸收剂量率下辐照某些工作剂量测量系统同一吸收剂量时,其剂量计的响应会与系统工作范围存在部分差异。这种差异取决于多个因素,如:吸收剂量的大小以及辐射类型(γ 射线、电子束或 X 射线)。如果不明确吸收剂量率的影响,则应进行差异试验。在测试中,应将可能影响剂量计响应的其他因素(例如:辐射温度)固定或保持在有效的范围内。有多种方法检验这种差异,附录 E 给出了检查这种差异的两种方法。

8.5 附加剂量的影响

校准辐照计时器停止后,移动剂量计或辐射源到达、离开辐射位置过程中会产生附加剂量。例如,伽玛室型辐照器的计时器是在样品抽屉完全到达(辐照)位置时才启动,计时器的设置未考虑到抽屉下降和辐射后回升过程所接收的剂量。附加剂量对低剂量辐照的影响比较明显,应通过实验确定或在计时器设置时予以考虑。附录 B 给出了确定附加剂量修正的方法。

8.6 校准和验证的频率

8.6.1 每批新使用的参考标准、传递标准或工作剂量计剂量测量系统都需要校准。

8.6.2 在不超过 12 个月的时间间隔内,应对每批参考标准、传递标准或工作剂量计剂量测量系统进行重新校准,除非该剂量测量系统进行过频繁的测量比对验证。重新校准应包括分析仪器(见第 7 章)。重新校准的间隔依据环境条件(如:温度、相对湿度)的季节性变化可适当延长(见注 4)。

8.6.3 应对储备参考标准、传递标准或工作剂量计进行验证校准。在其应用范围内,至少确认三个吸收剂量的响应与在用的剂量计一致。

8.7 校准和剂量测量的不确定度

剂量测量系统的校准和吸收剂量测量的不确定度取决于使用的剂量测量系统。参照GB/T 16640以及给定的剂量测量系统关于不确定度评定的适用标准,见2.1和附录D给出的适用的剂量测量系统标准。

8.8 剂量计的辐照:可用三种不同方法辐照工作剂量计。第一种方法(见8.8.1)是在辐射加工剂量学校准实验室用满足规定的γ射线、电子束或X射线(韧致辐射)的校准装置辐照工作剂量计。第二种方法(见8.8.2)是将工作剂量计置于经过参考标准或传递标准剂量计测量过吸收剂量率的自有辐照设施中辐照。第三种方法(见8.8.3)是将工作剂量计和参考标准或传递标准剂量计一起置于工业辐照装置内辐照。

注9:有些工作剂量计的响应会受到多种环境条件综合作用的影响,如:吸收剂量率、能谱、温度或相对湿度(包括温度、相对湿度的季节性变化),此时,无法用修正系数对其修正。因此,应尽量使校准工作剂量计的辐照条件与实际产品辐照条件相似。

注10:应以文件注明参考标准和传递标准剂量计对温度、相对湿度、吸收剂量率以及能谱等综合环境影响的响应。应用已知的修正系数时,应考虑在校准和使用条件下剂量计响应的差异。

8.8.1 用校准装置辐照:在校准实验室用符合GB/T 16510规定的γ射线、电子束或X射线校准装置校准工作剂量计,其优点是剂量计可以被准确地辐照已知的吸收剂量值,并能很好的控制规定条件。然而,在不同环境条件下的工业辐照装置内使用这些工作剂量计,可能引入难以评定的不确定度。在实验室与用户之间传送剂量计也会引入辐照前后与贮存所产生的不确定度。

8.8.1.1 用校准装置辐照工作剂量计到已知的吸收剂量。

8.8.1.2 规定校准装置的辐照条件与实际工业辐照装置的条件尽量相似,即能谱、吸收剂量率和辐照温度等条件应与常规使用的实际情况接近,同时以文件形式记录这些条件存在的差异并在不确定度评定时予以考虑。

注11:在生产过程中,温度和授予剂量计的吸收剂量率会发生变化。因此,不可能在同样变化的条件下校准剂量计。为接近工业辐照装置的条件,校准应在常规生产的平均温度和最大温度之间选择某一固定温度进行。如果有一具有期望剂量率的校准装置,则校准应在日常生产所用的平均剂量率和最大剂量率之间选择某一固定剂量率进行。使用8.8.3给出的方法进行校准可减小校准装置和工业辐照装置之间不同温度和剂量率所产生的影响。

8.8.1.3 剂量计递送至校准实验室的校准装置或从校准实验室的校准装置传回时存在的不利环境条件(例如:过高或过低的温度和湿度)会影响剂量计的响应。

8.8.1.4 包装剂量计可以减小剂量计传送期间环境条件的影响。

8.8.1.5 在递送的剂量计包装内放置最高温度指示标签,可以判定所进行的校准是否因递送剂量计期间温度的变化而失效。

8.8.1.6 确认剂量计递送期间的环境条件没有改变剂量计的响应。在递送一套校准用剂量计的同时附带一套已经辐照过已知吸收剂量的剂量计。在它们返回时读数,用两套剂量计的读数与辐照了相同剂量并贮存在可控条件下的其他剂量计的读数进行比较。

8.8.1.7 在校准实验室辐照器上辐照剂量计得到的工作剂量计的校准曲线,应在工业辐照装置使用的实际条件下进行验证(见8.8.1.8)。

8.8.1.8 校准的验证可以在工业辐照装置中以三个以上不同吸收剂量同时照射工作剂量计和参考标准或传递标准剂量计进行。标准剂量计与工作剂量计应是不同的类型,以减少两种类型剂量计产生同样的综合环境影响的可能性。确保工作剂量计和参考标准或传递标准剂量计接受相同的吸收剂量(见8.7和8.8.3.5)。如果工作剂量计和参考标准或传递标准剂量计测得的吸收剂量值之间有明显的差异，应根据使用准确度的要求进行修正。正确的修正可包括：在更适宜的环境条件下重复校准；在工业辐照装置上作全面校准、使用适用于全剂量量程的修正系数进行修正。

8.8.2 使用自有校准装置辐照：使用自有校准装置校准工作剂量计的优点是能够控制剂量计辐照前后的贮存条件，使之与日常使用剂量计的环境条件相类似。但自有校准装置不可能符合 GB/T 16510 所有的辐照要求。

8.8.2.1 在自有校准装置上辐照工作剂量计至已知吸收剂量。

8.8.2.2 应证明自有校准装置的吸收剂量率是采用直接测量比对，或用国家认可的辐射剂量校准实验室提供的传递标准剂量计校准的方法溯源至国家或国际认可的标准。

8.8.2.3 自有校准装置吸收剂量率的测量比对或校准周期不应大于三年，源的活度或几何尺寸变化后应重新进行测量比对或校准。

8.8.2.4 8.8.1.2 的要求适用于自有校准装置。

8.8.2.5 用自有校准装置校准工作剂量计可减小剂量计传送期间不利的储存条件可能导致的响应变化。应将辐照过的剂量计贮存于与工业用辐照装置条件类似的条件下，剂量计辐照后的读数时间应尽量与日常使用时分析剂量计的时间相似。

8.8.2.6 用自有校准装置辐照剂量计得到的常规剂量测量系统的校准曲线应在工业辐照装置使用的实际条件下进行验证（见 8.8.2.7）。

8.8.2.7 校准的验证可以通过在工业辐照装置中，以三个以上不同吸收剂量同时照射工作剂量计和参考标准或传递标准剂量计来实现。标准剂量计与工作剂量计应是不同的类型，以减少两种类型剂量计产生同样的综合环境影响的可能性。确保工作剂量计和参考标准或传递标准剂量计接受相同的吸收剂量（见 8.7 和 8.8.3.5）。如果工作剂量计和标准剂量计测得的吸收剂量值之间存在明显的差异，应根据使用准确度的要求进行修正。正确的修正可包括：在更适宜的环境条件下重复校准；在工业辐照装置上作全面校准；使用适用于全剂量量程的修正系数进行修正。

8.8.3 使用工业辐照装置辐照：工作剂量计在工业辐照装置内与参考标准或传递标准剂量计一起辐照的优点是环境条件与日常生产相同，减少了工作剂量计对环境影响进行修正的要求。但是必须注意要保证工作剂量计和标准剂量计同时辐照至相同吸收剂量[8]。这种校准技术可能对某些工业辐照装置不适用，因为辐照装置操作过程会受到覆盖全部应用量程的限制。

8.8.3.1 在实际生产辐照的条件下，用参考或传递标准剂量计在工业辐照装置上，给出工作剂量计的校准曲线或响应函数。这种方法考虑了综合环境影响，进而可以就校准装置与工业辐照装置之间存在的环境差异对参考或传递剂量计的响应进行修正。

8.8.3.2 使用国家认可的辐射剂量测量校准实验室提供和分析的参考标准或传递标准剂量计，以证明其可追溯到国家标准的溯源性。

8.8.3.3 可以使用商品化的或依据已颁布的标准制备的参考标准或传递标准剂量计并按其用途测读分析，可证明按 8.2 和 8.3 的规定进行了校准。

8.8.3.4 在实际生产辐照的环境条件下，通过与参考或传递标准剂量计在正常使用的全剂量范围内同时辐照来校准工作剂量计。

8.8.3.5 设计合适的校准包装，以减少工作剂量计与参考或传递标准剂量计所接受的吸收剂量的差异。包装应能容纳两种类型的剂量计，使得它们之间没有显著的屏蔽。包装的几何尺寸应适用于所使用的辐射源，剂量计之间尽可能地靠近，图 1 和图 2 给出了适用于 γ 射线或 X 射线辐射源的包装示例，图 3 给出了适用于电子束的包装示例。

注 12：可以通过辐照在校准包装内每个剂量计位置有传递或参考标准剂量计的校准包装来确定 8.8.3.5 规定的吸收剂量的变化。

尺寸单位为毫米

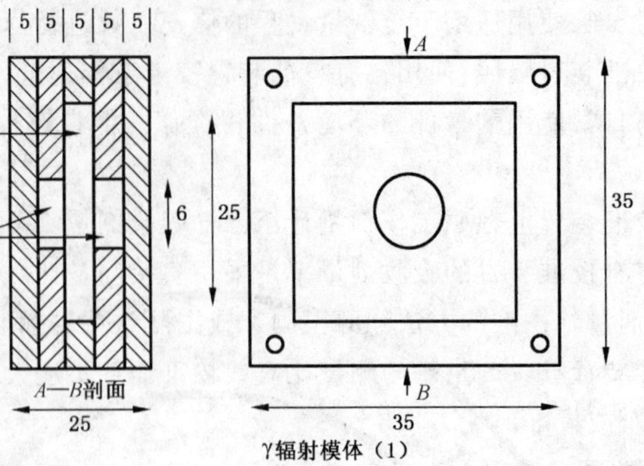

图1　将丙氨酸剂量计置于薄膜工作剂量计两侧的校准装置包装示例

尺寸单位为毫米

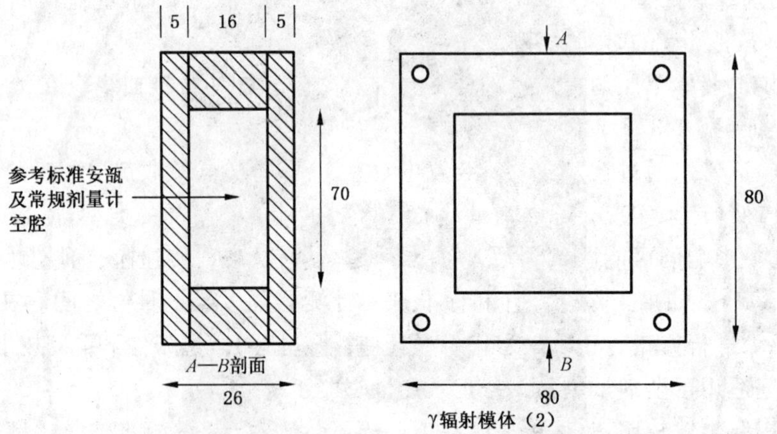

图2　将参考标准安瓿与工作剂量计并在一起的校准装置包装示例

尺寸单位为毫米

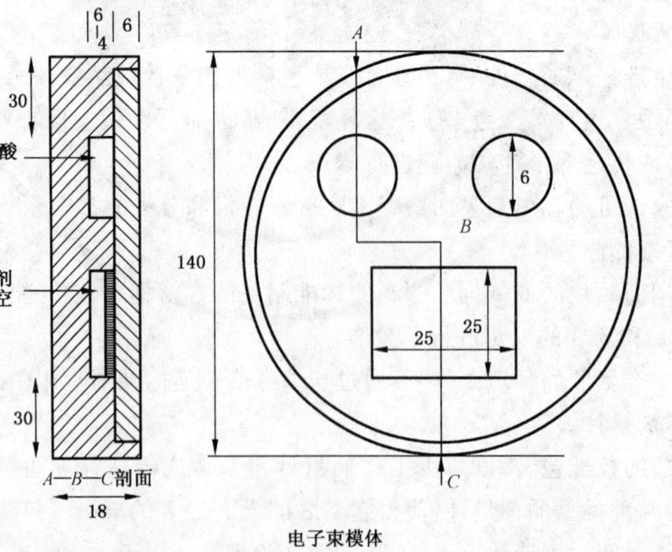

图3　丙氨酸剂量计与薄膜工作剂量计在深度剂量曲线相同位置辐照的校准装置包装示例

8.8.3.6　当同时辐照不同厚度的剂量计时，薄的剂量计应用足够厚的聚苯乙烯材料包裹，以使其特性与厚剂量计相似，并保证剂量计接受相同的吸收剂量。

8.8.3.7　在类似于加工条件下校准剂量计，应把校准包装放在加工负荷中的产品或模拟产品中，并使剂量计所占体积内的吸收剂量变化不超过规定的限值。

注 13:吸收剂量率、温度和能谱可能会随剂量计在加工负荷内(或上)位置的变化而变化。常规使用时,只在评定剂量计不确定度时才需考虑这些因素。

8.8.3.8 参考或传递标准剂量计在递送时也应符合 8.8.1.3～8.8.1.6 的规定。

8.9 剂量计的分析

8.9.1 按 7.1 的规定检查分析仪器的性能。

8.9.2 使用校准溯源至国家标准的分析仪器分析剂量计。

8.9.3 如果剂量计响应随辐照后的时间而变化,则分析剂量计的时间应与日常使用时分析剂量计的时间相似。即,可判定辐照后剂量计响应的时间依赖性,并可用修正系数对分析时间进行修正。

8.9.4 所有分析数据应记录在案并保留。

8.10 校准数据分析

8.10.1 计算并记录每组剂量计在每个吸收剂量值的平均响应($\bar{k}$) 和样本标准偏差(s_{n-1})。n 个样本数的样本标准偏差(s_{n-1})按式(1)计算:

$$S_{n-1} = \sqrt{\frac{\sum(k_i - \bar{k})^2}{n-1}} \qquad (1)$$

式中:

k_i——第 i 个响应值。

8.10.2 对每个吸收剂量计算变异系数 CV,见式(2):

$$CV = \frac{s_{n-1}}{\bar{k}} \times 100\% \qquad (2)$$

注 14:通常,如果任一个 CV 的数值大于某一特定的剂量测量系统和应用的规定数值,则考虑重新确认数据,或舍弃该批的备用剂量计。

8.10.3 用绘图方式得到剂量计响应对吸收剂量的校准曲线,或使用合适的计算机代码(或二者都用)导出数学形式的等效响应函数。选择一种分析形式(例如线性、多项式或指数函数)对所得测量数据进行最佳拟合(见 GB/T 16509)。

8.10.4 检查得到的校准曲线或响应函数是否在规定的限值内拟合良好。

8.10.5 如果响应数值超过曲线可接受的统计限,而剔除该数值将导致定义曲线的数据不足,则必须重复这一校准程序(见 ASTM E178)。

8.10.6 如果不能证明两台分析仪器在吸收剂量的全量程内所测量的剂量计响应的一致性符合规定的限值,则一台分析仪器上得到的校准曲线或响应函数通常不适用于另一台分析仪器。

9 产品中吸收剂量的表述

9.1 通常,由于多数食品或聚合物产品的辐射吸收特性与水近似等效,则辐照食品或聚合物产品中的吸收剂量使用水吸收剂量表述。如果产品的辐射吸收特性与水不同,则可以借助于空腔理论表述产品中的吸收剂量(见附录 A)。

9.2 在实际加工条件下,放在产品内的剂量计不可能处于电子平衡条件,特别是在不同材料的界面,例如骨组织接触界面或产品包装表面。常用在非电子平衡条件下的吸收剂量测量去监测授予产品的吸收剂量。见 GB/T 16334、ISO/ ASTM 51431 和 ISO/ ASTM 51702 的规定。

10 基本文件要求

10.1 记录所选择的剂量测量系统,包括:剂量计的生产厂家、型号、批号以及使用的分析仪器。

10.2 记录剂量计的校准数据,包括:日期、参考标准或传递标准剂量计和使用装置的说明。

10.3 记录或注明加工中使用的辐射源的记录或参考文献,包括:类型、标称活度或电子束参数以及可得到的能谱信息。

10.4 记录影响剂量测量系统的辐射环境条件，包括：温度、相对湿度（见 8.8、注 9 和注 10）。

10.5 记录或注明将剂量测量转换为水吸收剂量的参考方法。

10.6 记录或注明吸收剂量测量值与给定的不确定度。

10.7 记录或注明用于日常剂量测量的质量保证计划。

11 测量不确定度

11.1 测量吸收剂量时应伴随不确定度的评定。不确定度的分量被分为下述两类：

11.1.1 A 类：通过对重复性条件测量所得量值的统计方法评定的分量。

11.1.2 B 类：通过采用非统计分析方法评定的分量。

注 15：A 类和 B 类不确定度的分类，是基于由 1993 年出版的 ISO《测量不确定度表示指南》中评估不确定度的方法[9]。该方法不同于用精度和偏差的传统方式来表示不确定度的方法，精度是规定条件下重复测量的一致性程度，偏差是统计误差。使用这种方法的目的，是促进对在国际比对中测量结果不确定度表述的理解。

注 16：GB/T 16509 给出了辐射加工装置剂量测量中不确定度的来源，提供了在使用该剂量测量系统测量吸收剂量时，评定不确定度大小的程序。该标准规定和阐述了测量（包括测量量值的评价）、真值、误差和不确定度的基本概念。阐述了不确定度分量，并提供了评定这些量值的方法。也提供了用于计算合成标准不确定度和评定扩展不确定度的方法。

12 关键词

吸收剂量；校准装置；剂量溯源性；剂量计；剂量计选择；剂量计校准；剂量测量系统；电子束；γ 射线；电离辐射；基准剂量计；质量保证；辐射加工；参考标准剂量计；工作剂量计；传递标准剂量计。

附　录　A
(资料性附录)
吸收剂量的表述

A.1　对于光子源照射，可将剂量计视为研究材料内的空腔，材料中吸收剂量表述为：

A.1.1　如果剂量计的灵敏区厚度比最高能量的次级电子射程小得多，剂量计沉积的能量绝大多数来自周围材料中产生的次级电子，故材料中的吸收剂量由式(A.1)给出：

$$D_m = \frac{(S/\rho)_m}{(S/\rho)_d} D_d \quad \cdots\cdots\cdots\cdots\cdots\cdots\cdots\cdots\cdots\cdots\cdots (A.1)$$

式中：

$(S/\rho)_m$ 和 $(S/\rho)_d$——分别为周围材料与剂量计材料的质量碰撞阻止本领；

D_d——剂量计中的吸收剂量。

A.1.1.1　质量碰撞阻止本领的数值见表 A.1

表 A.1　电子质量碰撞阻止本领 S/ρ　　单位为 MeV cm^2/g

电子能量/(MeV)	空气	水	聚合物	骨骼	LiF
0.01	19.75	22.56	22.23	19.71	17.96
0.02	11.57	13.17	12.96	11.61	10.55
0.04	6.848	7.777	7.637	6.093	6.252
0.06	5.111	5.797	5.688	5.163	4.670
0.08	4.198	4.757	4.666	4.246	3.838
0.1	3.633	4.115	4.034	3.678	3.323
0.2	2.470	2.793	2.735	2.507	2.261
0.4	1.902	2.145	2.101	1.931	1.737
0.6	1.743	1.956	1.911	1.760	1.583
0.8	1.683	1.879	1.832	1.690	1.521
1	1.661	1.844	1.794	1.658	1.491
2	1.684	1.825	1.768	1.643	1.474
4	1.790	1.877	1.816	1.697	1.513
6	1.870	1.919	1.859	1.740	1.547
8	1.931	1.951	1.891	1.773	1.572
10	1.979	1.976	1.916	1.799	1.592
20	2.134	2.051	1.989	1.874	1.654
40	2.282	2.120	2.053	1.942	1.711
60	2.347	2.157	2.089	1.978	1.742

A.1.2　如果剂量计的灵敏区厚度远大于最高能量的次级电子射程时，沉积在剂量计中的能量绝大部分来自剂量计本身的次级电子，故材料中的吸收剂量由式(A.2)给出：

$$D_m = \frac{(\mu_{en}/\rho)_m}{(\mu_{en}/\rho)_d} D_d \quad \cdots\cdots\cdots\cdots\cdots\cdots\cdots\cdots\cdots\cdots\cdots (A.2)$$

式中：

$(\mu_{en}/\rho)_m$ 和 $(\mu_{en}/\rho)_d$——分别是材料和剂量计的质量能量吸收系数。

质能吸收系数的数值见表 A.2。

表 A.2 光子质量能量吸收系数 μ_{en}/ρ 单位为平方厘米每克

光子能量/(MeV)	空气	水	聚合物	骨骼	LiF
0.01	4.742	4.944	1.918	26.80	5.733
0.02	0.539 9	0.550 3	0.207 5	3.601	0.649 4
0.04	0.068 33	0.069 47	0.032 64	0.450 7	0.078 90
0.06	0.030 41	0.031 90	0.021 72	0.140 0	0.032 23
0.08	0.024 07	0.025 97	0.021 60	0.068 96	0.023 85
0.1	0.023 25	0.025 46	0.022 96	0.045 85	0.022 29
0.2	0.026 72	0.031 92	0.028 57	0.030 03	0.024 84
0.4	0.029 49	0.032 79	0.031 75	0.030 69	0.027 34
0.6	0.029 53	0.032 84	0.031 82	0.030 52	0.027 36
0.8	0.028 82	0.032 06	0.031 06	0.029 73	0.026 71
1	0.027 89	0.031 03	0.030 06	0.028 75	0.025 85
2	0.023 45	0.026 08	0.025 24	0.024 21	0.021 73
4	0.018 70	0.020 66	0.019 79	0.019 75	0.017 33
6	0.016 47	0.018 06	0.017 08	0.017 88	0.015 28
8	0.015 25	0.016 58	0.015 50	0.016 95	0.014 14
10	0.014 50	0.015 66	0.014 88	0.016 44	0.013 45
20	0.013 11	0.013 82	0.012 32	0.015 68	0.012 11
40	0.012 62	0.012 98	0.011 28	0.015 46	0.011 54
60	0.012 42	0.012 61	0.010 86	0.015 11	0.011 23

A.1.3 剂量计的灵敏区域的厚度介于 A.1.1 和 A.1.2 两种情况之间，可用式(A.1)或式(A.2)根据相对贡献大小乘上权重因子相加的方法得到材料中的吸收剂量。

注 A1：尽管碰撞阻止本领和能量吸收系数依赖于能量，但是对于低原子序数的材料和本标准考虑的能量(0.1 MeV～50 MeV)，阻止本领比和能量吸收系数比随能量没有明显变化。针对这些情况，由式(A.1)和式(A.2)给出的吸收剂量的差异通常小于 10%。图 A.1 和图 A.2 给出了质能吸收系数比曲线，图 A.3 给出了质量碰撞阻止本领比的曲线。

A.1.4 如果在电子平衡条件下材料 m_1 中的吸收剂量已由 A.1.1、A.1.2 或 A.1.3 中的方法确定，那么在基本相同的条件下辐照的另一种材料 m_2 中的吸收剂量 D_{m_2} 由式(A.3)给出：

$$D_{m_2} = \frac{(\mu_{en}/\rho)_{m_2}}{(\mu_{en}/\rho)_{m_1}} D_{m_1} \qquad \cdots\cdots(A.3)$$

式中：

D_{m_1}——材料 m_1 的吸收剂量；

D_{m_2}——研究材料 m_2 的吸收剂量；

$(\mu_{en}/\rho)_m$——材料的质能吸收系数。

注 A2：对于包含低至 50 keV 能量的光子能谱，在式(A.2)和式(A.3)中多数食品和聚合物材料对水的质量能量吸收系数比基本为 1。

A.1.5 光子吸收特性相对于水差异较大的材料(如骨骼或金属等)，要对辐射能量响应进行必要的修正。如果已知的光子能谱在研究点具有明显低于 0.2 MeV 的成分，可以在整个光子能谱内对式(A.2)和式(A.3)进行积分得到更加准确的吸收剂量值。

A.2 采用电子束辐照，材料中吸收剂量表述为：

A.2.1 用与入射电子的射程相比厚度足够薄的剂量计测定研究材料中的深度剂量分布曲线。在任何深度处，吸收剂量由式(A.1)计算。但需满足下列条件：

a) 材料中测量点的深度小于入射电子射程；

b) 材料与剂量计的质量碰撞阻止本领的比值(材料/剂量计)基本是常数；

c) 给定深度处能量降低了的电子仍具有足够的能量穿过剂量计。式(A.1)对能量低至0.05 MeV～0.1 MeV的电子能量仍然有效[33]。

注 A3：在多数情况下，此吸收剂量的表述方法要求入射束的能量不低于0.5 MeV。能量低于0.1 MeV的电子束可用于产品的表面处理，在此低能量下测量材料中的吸收剂量难以表述。

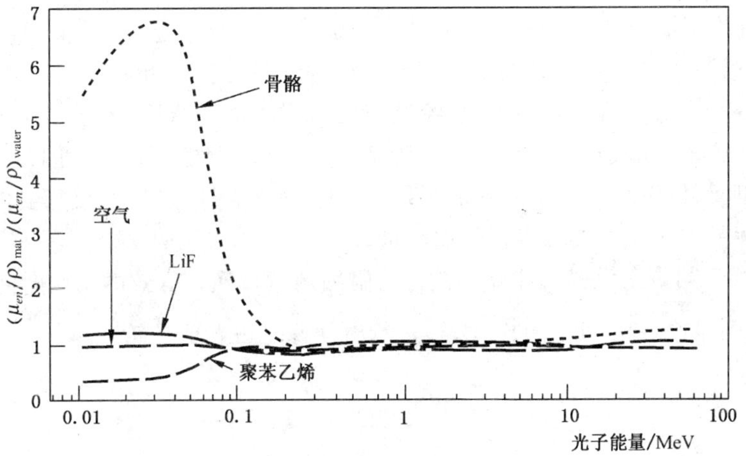

图 A.1 质量能量吸收比

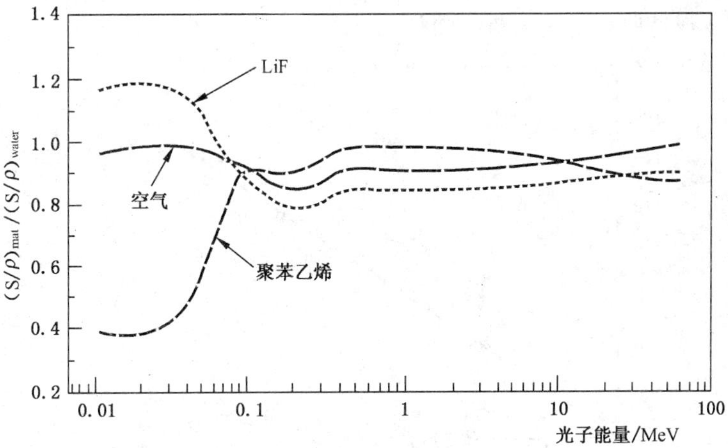

图 A.2 质量能量吸收比(局部扩展)

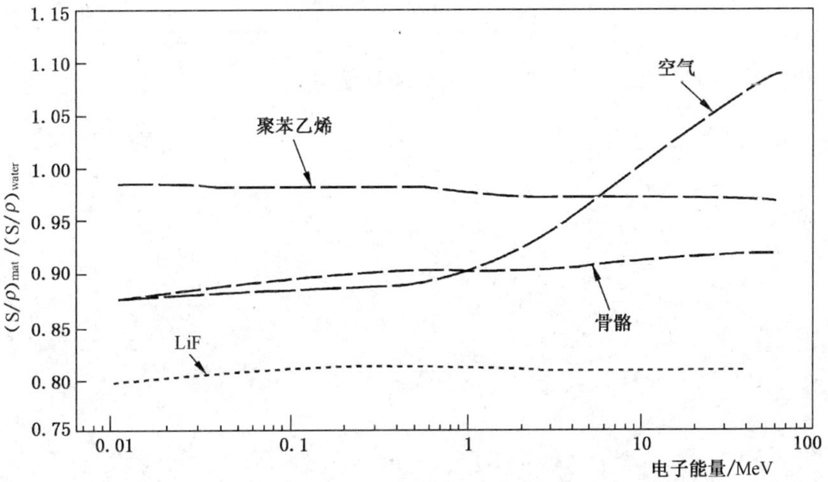

图 A.3 质量碰撞组织本领比

附　录　B
（资料性附录）
附加剂量的确定

B.1　两种确定附加剂量的方法如下：

B.1.1　方法一：选择一系列递增的辐照时间，开始的时间尽可能接近零，并采用特定的剂量测量系统。有必要选用比日常使用的测量系统灵敏度高的剂量计（低剂量范围，例如丙氨酸）。使用五个以上不同的辐照时间，用线性回归的方法分析结果，并绘制与图 B.1 近似的曲线，其在 Y 轴截距即为附加剂量。

B.1.2　方法二：选择高灵敏度的剂量计如 Fricke 剂量计，将辐照器的辐照时间设为零，进行 10 次辐射源升降（或开闭），剂量计接收了 10 倍的附加剂量，因此，将总剂量除以 10 就得到附加剂量。重复该过程 3 次，计算 3 次测量的平均值便可得到附加剂量。

B.2　提前对辐照器时间修正设置的计算。首先将附加剂量转换为等效的辐照时间（附加时间 t_t），用附加剂量除以当前的剂量率（$\dot{D}$），可使用式（B.1）进行时间修正设置的计算：

$$t = \frac{D_T}{\dot{D}} - t_t \qquad \text{(B.1)}$$

式中：

D_T——目标剂量；

t——为达到该剂量所需要的辐照时间。

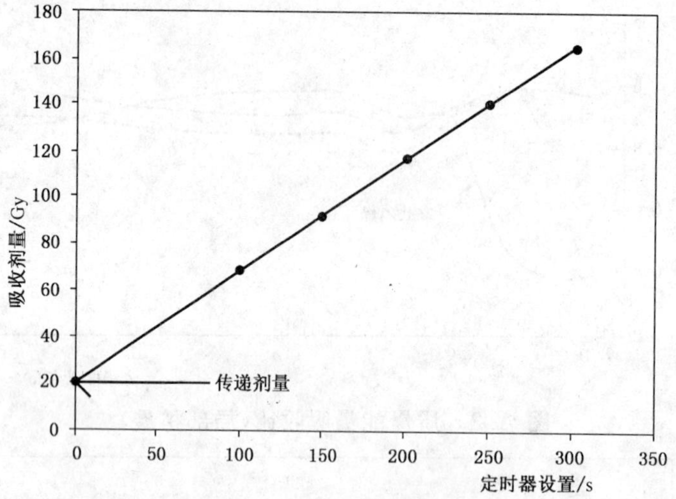

图 B.1　附加剂量效应

附 录 C
（资料性附录）
不确定度来源

C.1 本附录列出了剂量测量系统测量吸收剂量时不确定度的某些因素。由于本标准包括了不同种类的剂量计，故不能对特定类型的剂量计的不确定度进行具体量化分析。下面给出的全部因素并不对任何剂量测量系统都适用，但它们说明了可能需要考虑的范围。

C.2 可能对吸收剂量测量不确定度有贡献的因素随后列出，尽管所列的不一定都用到，但解释了辐射剂量测量中不确定度的通常来源。

C.2.1 照射相同剂量时每组剂量计响应的变化。

C.2.2 单个剂量计厚度的变化。

C.2.3 剂量测量系统的分析仪器（例如：吸光度读数、波长设定等）。

C.2.4 辐照剂量计的吸收剂量重复性（例如：辐照时间、附加剂量）。

C.2.5 对给定日期辐射源的衰变修正。

C.2.6 校准时给予剂量计的吸收剂量。

C.2.7 校准时用于辐照剂量计的辐照场吸收剂量的校准。

C.2.8 剂量测量系统响应函数（校准曲线）的测定。

C.2.9 辐照前后与辐照期间环境条件（如：温度、湿度、气氛）对剂量计响应的影响。

C.2.10 辐照前后剂量计响应的稳定性。

C.2.11 剂量率和/或剂量分次给予剂量计响应的影响。

C.2.12 几何条件（如：剂量计的尺寸和取向）对剂量计响应的影响。

C.2.13 校准时和生产用的辐射能谱对剂量计响应的影响。

C.2.14 剂量测量系统分析设备的校准。

C.2.15 剂量计周围平衡材料的减弱修正。

C.2.16 源的半衰期。

附 录 D
（资料性附录）
剂量计特性示例

剂量计特性示例见表 D.1～表 D.14。

表 D.1 丙氨酸/EPR 剂量计

适用剂量范围：1 Gy～10^5 Gy。 适用剂量率：<10^8 Gy·s^{-1}。 用途：电子束/γ射线/X射线。 物理特性：本剂量计主要由纯 L(DL)-丙氨酸和少量的石蜡或其他粘合剂挤压成片状，或直径为 3 mm～5 mm 不同高度的圆柱。 仪器特性：EPR 谱仪。 环境因素： 温度：辐照温度系数随丙氨酸剂量计的组成变化而变化。 湿度：有些对湿度敏感，需要预先控制。 光照：通常对 UV 光不灵敏。

表 D.2 量热计剂量测量系统

剂量范围：大约 10^2 Gy～10^5 Gy。 适用的剂量率：>10 Gy·s^{-1}。 用途：电子束/γ射线/X射线。 物理特性：通常设计成圆盘形，根据电子束、γ射线以及 X 射线的能量确定尺寸。 仪器特性：高灵敏度的电压或电流表。 环境因素： 温度：无影响。 湿度：无影响。 光照：无影响。

表 D.3 三醋酸纤维素剂量计

适用剂量范围：5×10^3 Gy～10^6 Gy。 适用的剂量率：3×10^{-2} Gy·s^{-1}～3×10^7 Gy·s^{-1}。 用途：电子束/γ射线/X射线。电子束和γ射线之间必须采用正确的修正因子。 物理特性：特别针对剂量测量，大多数三醋酸纤维素制成 8 mm 宽的薄膜卷。 仪器设备：UV 分光光度计(不同波长)。 环境因素： 温度：辐照温度系数约为 0.5%/℃。 湿度：对湿度变化敏感。 光照：对光照条件不灵敏。

表 D.4 硫酸铈-亚铈剂量计

适用的剂量范围：5×10^{2} Gy～10^{5} Gy。 适用的剂量率：<10^{6} Gy·s^{-1}。 用途：电子束/γ射线/X射线。 物理特性：典型的剂量计由浓度为 1.5×10^{-2} mol·dm^{-3}的 $Ce(SO_4)_2$、$Ce(SO_4)_3$ 和 0.4 mol·dm^{-3} H_2SO_4 的水溶液组成。剂量计密封在内径 10 mm 容积 2 mL 玻璃安瓿内辐照。在分光光度法测量前将溶液用 0.4 mol·dm^{-3}的 H_2SO_4 稀释 50 倍～100 倍。 仪器设备：UV 分光光度计(通常波长：320 nm)电化学电位计(见附录 D 中注) 环境因素： 温度：辐照温度系数随 Ce^{3+} 离子的浓度变化。 湿度：无影响。 光照：对一般周围光照不敏感。
注：在溶液中插入铂电极，依据毫伏电位计的毫伏读数来定值溶液中 Ce^{3+} 的浓度。

表 D.5 重铬酸钾/银剂量计

适用的剂量范围：2×10^{3} Gy～5×10^{4} Gy . 适用的剂量率：≤ 7.5×10^{3} Gy·s^{-1} 用途：电子束/γ射线/X射线。 物理特性：含 2×10^{-3} mol·dm^{-3}重铬酸钾/银和 5×10^{-4} mol·dm^{-3}重铬酸银的 0.1 mol·dm^{-3}高氯酸溶液。如果仅使用 5×10^{-4} mol·dm^{-3}重铬酸银，则仅适用于 2 kGy～10 kGy 的低量程。通过添加 0.1 mol·dm^{-3}醋酸和增加高氯酸浓度可进一步提高剂量计的响应。若没有银离子，在剂量率大于 20 Gy·s^{-1}时有明显的剂量率响应。 仪器设备：UV 分光光度计(通常波长：350 nm 或 440 nm)。 环境因素： 温度：辐照温度系数－0.2%/℃。 湿度：无影响。 光照：对一般光照不灵敏。

表 D.6 染色聚甲基丙烯酸甲酯剂量计

适用的剂量范围：10^{2} Gy～10^{5} Gy。 适用的剂量率：≤10^{-2} Gy·s^{-1}～10^{7} Gy·s^{-1}(可能需要对剂量率的依赖性作修正)。 用途：γ射线/X射线。 物理特性：有机玻璃含有一定的染料成分，辐照后颜色会变深。 仪器设备：分光光度计(根据不同的剂量计类型使用不同波长)。 环境因素： 温度：辐照中和辐照后有轻微的温度依赖性。 湿度：对湿度稍敏感，使用密封包装可消除这一影响。 光照：对 UV 光有些敏感。

表 D.7 氯苯-乙醇剂量计

适用的剂量范围：10 Gy～2×10^{6} Gy。 适用的剂量率：<10^{6} Gy·s^{-1}。 用途：电子束/γ射线/X射线。 物理特性：该剂量计是氯苯和水溶解在空气饱和的乙醇中的溶液，有时加入少量的丙酮和苯。典型的剂量计安瓿的体积 2 cm^{3}～5 cm^{3}，适用的剂量范围取决于氯苯的浓度。 仪器设备：分光光度计、比色滴定、库仑计或高频电导测量仪。 环境因素： 温度：可忽略辐照温度的影响。 湿度：无影响。 光照：一般周围光照不灵敏。

表 D.8 硫酸亚铁(Fricke)剂量计

适用的剂量范围:20 Gy～4×10^{2} Gy。

适用的剂量率:<10^{6} Gy·s^{-1}。

用途:电子束/γ射线/X射线。

物理特性:是由10^{-3} mol·dm^{-3}硫酸亚铁溶解在空气饱和的0.4 mol·dm^{-3}硫酸的水溶液组成。有时使用10^{-3} mol·dm^{-3}的氯化钠可除去痕量有机杂质的影响,但在高剂量时不适用。

仪器设备:UV分光光度计(通常波长为303 nm)。

环境因素:

温度:辐照温度系数为－0.15 %/℃。

湿度:无影响。

光照:对光照不灵敏。

表 D.9 辐射显色液体剂量计

适用的剂量范围:10 Gy～4×10^{4} Gy。

适用的剂量率:<10^{-12} Gy·s^{-1}～10^{12} Gy·s^{-1}。

用途:电子束/γ射线/X射线。

物理特性:该剂量计是隐色染料的有机溶液或水溶液,经辐照显色。有时采用一些有机染料和浓度范围很宽的溶剂。溶液通常置于一密封的玻璃安瓿(1 mL、2 mL或5 mL)或适用的玻璃或塑料瓶中进行辐照。

仪器设备:分光光度计(分析所用波长取决于染料溶液)。

环境因素:

温度:辐照温度系数为负值。

湿度:无影响。

光照:对光照敏感,特别是波长小于370 nm的光照(用琥珀色玻璃容器可避免其影响)。

表 D.10 辐射显色薄膜剂量计

适用的剂量范围:10^{2} Gy～10^{5} Gy。

适用的剂量率:<10^{13} Gy·s^{-1}。

用途:电子束/γ射线/X射线。

物理特性:该剂量计由隐色染料组成,经辐照显色。薄膜厚度从几个微米到1 mm。

仪器设备:UV /Vis分光光度计(不同波长)。

环境因素:

温度:具有正的辐照温度响应,并与薄膜类型有关,应避免温度大于60 ℃。

湿度:对湿度敏感(可用塑料防水包装)。

光照:对光照敏感,特别是波长小于370 nm的光照。

表 D.11 辐射显色光波导剂量计

适用的剂量范围:10^{-2} Gy～10^{4} Gy。

适用的剂量率:10^{-3} Gy·s^{-1}～10^{3} Gy·s^{-1}。

用途:电子束/γ射线/X射线。

物理特性:该剂量计为装有隐色染料有机溶液的塑料管。两端用玻璃或塑料小珠或小柱密封。

仪器设备:UV /Vis分光光度计。

环境因素:

温度:辐照温度系数为＋0.3%/℃。

湿度:无要求。

光照:应避免接触UV光,对小于370 nm波长的光线敏感。

表 D.12 热释光(TLD)剂量计

适用的剂量范围：10^{-4} Gy～10^{3} Gy。 适用的剂量率：10^{-2} Gy·s^{-1}～10^{10} Gy·s^{-1}。 用途：电子束/γ射线/X射线。 物理特性：辐照过的晶体材料在一个精确控制的加热过程中，其结合陷阱中释放的电子和空穴伴随着特征光的产生。通常使用的材料有 LiF、CaF_2、$CaSO_4$ 和 $Li_2Bi_4O_7$。剂量计很小，材料为粉状、小圆球状、单晶状被密封在玻璃管(球)内或悬浮在塑料中。 仪器设备：循环加热的 TL 读出器。 环境因素： 温度：多数不敏感。 湿度：多数不敏感。 光照：多数不敏感。 时间：辐照后多数 TLD 会衰减，需控制辐照后的测量时间。

表 D.13 硫酸亚铁铜剂量计

适用的剂量范围：10^{3} Gy～3×10^{4} Gy。 适用的剂量率：<10^{5} Gy·s^{-1}。 用途：电子束/γ射线/X射线。 物理特性：由 10^{-3} mol·dm^{-3} 硫酸亚铁或硫酸亚铁铵和 10^{-2} mol·dm^{-3} 硫酸铜与含 5×10^{-3} mol·dm^{-3} 硫酸溶液组成。 仪器设备：UV 分光光度计(通常波长：303 nm)。 环境因素： 温度：辐照温度系数为－0.16%/℃。 湿度：无要求。 光照：一般光照不灵敏。

表 D.14 场效应管剂量计

适用的剂量范围：1 Gy～2×10^{2} Gy。 适用的剂量率：<10^{-2} Gy·s^{-1}～10^{8} Gy·s^{-1}。 用途：电子束/γ射线/X射线。 物理特性：由经辐照后电学特性发生永久改变的半导体片材组成。由电学法测量其电学效应并在特定范围内与吸收剂量成线性关系。剂量计很小，以三极管形式封装，具有与读数装置连接的管脚。剂量计贮存了剂量信息。 仪器要求：读出仪器为伏特计，用来测量剂量计的电压变化并直接转换为吸收剂量。通常配有可打印吸收剂量、时间、日期等信息的打印机。读出器的操作需要特殊的技能。 环境因素： 温度：不敏感。 湿度：不敏感。 光照：不敏感。 时间：辐照后剂量值随时间变化。

附 录 E
（资料性附录）
测量剂量率响应的方法

E.1 为适应预期的应用，使用γ射线、电子束或X射线辐照装置辐照剂量计，所采用的吸收剂量率与实际生产装置中可能使用的吸收剂量率范围一致。用不少于两种的吸收剂量率辐照剂量计至相同的吸收剂量，采用不同吸收剂量重复这一过程，直至所研究的最高吸收剂量，由响应曲线的差异得到吸收剂量率的响应。

注：该响应可能随工作剂量计批次的不同而变化。

E.2 对于在低吸收剂量范围内具有可忽略的吸收剂量率响应的剂量测量系统，可以使用γ射线、电子束或X射线装置辐照该剂量计，辐照的吸收剂量位于剂量测量系统量程的下限，由剂量校准装置辐照剂量计得到的校准曲线或响应函数表述该吸收剂量。改变生产装置的辐照参数（如：传输速度、电子束电流、停留时间）增加吸收剂量，用得到的剂量计响应曲线与最初的校准曲线比较，由于吸收剂量的增加，得到的响应曲线与校准曲线可能存在偏差。因为在低吸收剂量得到的响应曲线与最初的校准曲线相关，所以可以为较高的吸收剂量提供响应修正。

参 考 文 献

[1] McLaughlin, W. L., Boyd, A. W., Chadwick, K. C., McDonald, P. C., and Miller, A., *Dosimetry for Radiation Processing*, Taylor and Francis Ltd., London, 1989.

[2] Josephson, E. S., and Peterson, M. S., Eds., *Preservation of Food by Ionizing Radiation*, Vols 1, 2, 3, CRC Press, Boca Raton, FL, 1983.

[3] McLaughlin, W. L., Standardization of High Dose Measurement of Electron and Gamma-Ray Absorbed Dose and Dose Rates, *Proceedings of Symposium on High Dose Dosimetry*, International Atomic Energy, STI/PUB/671, Vienna, 1985, pp. 357-371.

[4] United States Code of Federal Regulations, Title 21, Part 179.

[5] "A Codex General Standard for Irradiated Foods and Recommended Code of Practice for the Operation of Radiation Facilities used for the Treatment of Foods" Joint FAO/WHO Food Standards Program, *Codex Alimentarius*, Vol XV, 1st ed., Food and Agriculture Organization; World Health Organization, Geneva, 1984.

[6] Miller, A., and McLaughlin, W. L., Evaluation of Radiochromatic Dye Films and Other Plastic Dose Meters Under Radiation Processing Conditions, *High-Dose Measurements in Industrial Radiation Processing*, Technical Report Series 205, International Atomic Energy Agency, Vienna, 1981, pp. 119-138.

[7] *Absorbed Dose Determination in Photon and Electron Beams*, An International Code of Practice, Technical Report Series 277, International Atomic Energy Agency, 1987.

[8] Liu, Zhan-Jun, Radak, B. B., and McLaughlin, W. L., Food Irradiation Dosimetry by Opti-Chromic Technique, *Radiation Physics and Chemistry*, 25, 1985, pp. 125-134.

[9] Taylor, B. N. and Kuyatt, C. E., Guidelines for Evaluating and Expressing the Uncertainty of NIST Measurement Results, NIST Technical Note 1297, National Institute of Standards and Technology, Gaithersburg, MD, 1994.

[10] Guide to the Expression of Uncertainty in Measurement, International Organization for Standardization, 1993, ISBN 92-67-10188-9, ISO, Geneva, Switzerland.

[11] Attix, F. H., *Introduction to Radiological and Radiation Dosimetry*, John Wiley, NY, 1986.

[12] Tanaka, R., Kaneko, H., Tamura, N., Katoh, A., Woriuchi, Y., Standard Measurement of Processing Level Gamma Ray Dose Rate with a Parallel Plate Ionization Chamber, *Proceedings of Symposium on High Dose Dosimetry*, International Atomic Agency, Vienna, STI/PUB/671, 1985, pp. 203-220.

[13] Miller, A., and Kovacs, A., Calorimetry at Industrial Electron Accelerators, *Nuclear Instruments and Methods in Physics Research*, B10/11, 1985, pp. 994-997.

[14] Regulla, D. F., and Deffner, U., Progress in Alanine/ESR Transfer Dosimetry, *Proceedings of Symposium on High Dose Dosimetry*, International Atomic Energy Agency, Vienna, STI/PUB/671-235, 1985.

[15] Matthews, R. W., Aqueous Chemical Dosimetry, International *Journal of Applied Radiation and Isotopes*, 33, 1982, pp. 1159-1170.

[16] Bjergbakke, E., The Ceric Sulfate Dosimeter, *Manual of Radiation Dosimetry*, Holm, N. W., and Berry, R. J., Eds., Marcel Dekker, NY, 1970, pp. 323-326.

[17] Razem, D., and Dvornik, I., The Consistency of Ethanol- Chlorobenzene Dosimetry, *Proceedings of Symposium on High Dose Dosimetry*, International Atomic Energy Agency, Vienna, STI/PUB/ 671, 1985, pp. 143-156.

[18] Kovacs, A., Stenger, V., Foldiak, G., and Legeza, I., Evaluation of Irradiated Ethanol-Chlorobenzene by Conductivity Method, *Proceedings of Symposium on High Dose Dosimetry*, International Atomic Energy Agency, Vienna, STI/PUB/671, 1985, pp. 135-142.

[19] Ellis, S. C., Dissemination of Absorbed Dose Standards by Chemical Dosimetry, Mechanism, and Use of Fricke Dosimeter, *Ionizing Radiation Metrology*, Casnati, E., Editrice Compositiori, Bologna, 1977, pp. 163-180.

[20] Sharpe, P. H. G., Barrett, J. H., and Berkely, A. M., Use of Dichromate Solutions as Reference Dosimeters in the 10-40 kGy Range, *International Journal of Applied Radiation and Isotopes*, 36, 1985, pp. 647-652.

[21] Barrett, J. H., Dosimetry with Dyed and Undyed Acrylic Plastic, *International Journal of Applied Radiation and Isotopes*, 33, 1982, pp. 1177-1187.

[22] Whittaker, B., Watts, M. F., Mellor, S., and Heneghan, M., Some Parameters Affecting the Radiation Response and Post Irradiation Stability of Red 4034 Perspex Dosimeters, *Proceedings of Symposium on High Dose Dosimetry*, International Atomic Energy Agency, Vienna, STI/PUB/671, 1985, pp. 293-305.

[23] Glover, K. M., King, M., and Watts, M. F., Calibration and Intercomparison of Red 4034 Perspex Dosimeters, *Proceedings of Symposium on High Dose Dosimetry*, International Atomic Energy Agency, Vienna, STI/PUB/671, 1985, pp. 373-395.

[24] Chadwick, K. H., Solid State Dosimetry at High Doses, *Ionizing Radiation Metrology*, Casnati, E., Editrice Compositiori, Bologna, 1977, pp. 195-211.

[25] Tanaka, R., Mitomo, S., and Tamara, N., Effects of Temperature, Relative Humidity and Dose Rate on the Sensitivity of Cellulose Triacetate Dosimeters to Electrons and Gamma Rays, *International Journal of Applied Radiation and Isotopes*, 45, 1984, pp. 875-881.

[26] Oberhofer, M., and Scharmann, A., *Applied Thermoluminescence Dosimetry*, Alan Hilger, 1981.

[27] McLaughlin, W. L., Lucas, A. C., Kapsar, B. M., and Miller, A., Electron and Gamma-Ray Dosimetry Using Radiation-Induced Color Center of LiF, *Advances in Radiation Processing*, Vol II (Transactions of International Meeting, Miami, FL, 1978), Silverman, J., Ed., Radiation Physics and Chemistry, 14, 1979, pp. 467-480.

[28] McLaughlin, W. L., Radak, B. B., and Farahani, M., Measurement Quality Assurance in the Radiation Treatment of Foods, *Transactions of the American Nuclear Society*, 49, 1985, pp. 8-9.

[29] McLaughlin, W. L., Jarrett, R. D., and Olejnik, T. A., *Preservation of Food by Ionizing Radiation*, Vol 1, Josephson, E. S., and Peterson, M. S., Eds., CRC Press, Boca Raton, FL, 1983, pp. 189-245.

[30] Puite, K. J., and Ettinger, K. V., Lyoluminescence Dosimetry, Part II State of the Art, *International Journal of Applied Radiation and Isotopes*, 33, 1982, pp. 1139-1157.

[31] Hartshom, A., Mackay, G., Spender, M., and Thomson, I., Absorbed Dose Mapping in Self-Shielded Irradiators Using Direct Reading MOSFET Dosimeters, presented at the Health Physics Society Annual Meeting, July 1995. Available from Thomson and Nielsen

Electronics, 25E Northside Road, Nepean, Ontario, Canada K2H8S1.

[32] Hubbell, J. H., Photon Mass Attenuation and Energy Absorption Coefficients from 1 keV to 20 MeV, *International Journal of Applied Radiation and Isotopes*, 33, 1982, pp. 1269-1290.

[33] Horowitz, Y. S., The Theoretical and Microdosimetric Basis of Thermoluminescence and Applications to Dosimetry *Physics in Medicine and Biology*, 26, 1981, p. 765.

[34] United States Code of Federal Regulations, Title 21, 2, H, Part 820.

[35] ASTM Standards on Precision and Bias for Various Applications, 4th ed., ASTM, Philadelphia, PA, 199.

ICS 35.240.50
J 07

中华人民共和国国家标准

GB/T 16642—2008/ISO 19439:2006
代替 GB/T 16642—1996

企业集成　企业建模框架

Enterprise integration—Framework for enterprise modelling

(ISO 19439:2006,IDT)

2008-10-07 发布　　2009-04-01 实施

中华人民共和国国家质量监督检验检疫总局
中国国家标准化管理委员会　发布

前　言

本标准等同采用 ISO 19439:2006《企业集成　企业建模框架》(英文版)。

为了便于使用,本标准只做了以下编辑性修改:

——“本国际标准”一词改为“本标准”;

——删除了 ISO 19439:2006 的前言,按照我国国家标准要求重新起草了前言;

——修改了第 2 章中规范性引用文件的导语,第 2 章中引用的相关国际标准和区域标准已转化成我国国家标准的,均直接引用相应的国家标准;

——将本标准中其他章条出现的已转化为国家标准的国际标准编号改为国家标准编号,并将相应的国家标准采用的国际标准版本号放在国家标准编号后的括弧内,便于使用和查阅。未转化的国际标准保留;

——在 ISO 19439:2006 的 5.4.3 的注 1 中提到“见 5.4.5”的字样,但是该国际标准中并未出现该条。在起草本标准时,根据有关内容,将其改为“见 5.5”。

本标准代替 GB/T 16642—1996《计算机集成制造系统体系结构》。

本标准与 GB/T 16642—1996 相比,结构和内容变化较大,具体见本标准。

本标准的附录 A、附录 B 是资料性附录。

本标准由中国机械工业联合会提出。

本标准由全国工业自动化系统与集成标准化技术委员会(SAC/TC 159)归口。

本标准负责起草单位:北京机械工业自动化研究所。

本标准参加起草单位:清华大学。

本标准主要起草人:高雪芹、杨书评、黎晓东、黄双喜。

本标准所代替标准的历次版本发布情况为:

——GB/T 16642—1996。

引　言

本标准的这一框架定义并详细叙述了工业领域建立企业模型所需要的基本概念,同时这些基本概念也为工业企业使用该框架提供支持。

企业建模顾问和工具销售商已经开发了多种企业建模方法与支持工具,涉及企业生命周期的不同阶段和企业建模的不同方面。这些方法和工具能够支持业务决策制定(例如过程可视化和仿真)、企业过程管理、操作过程的控制与监测(例如工作流)以及性能监控(例如工作进展的可视化)。这一框架为基于模型的企业工程提供了一个统一的概念基础,从而实现了各种建模方法和支持工具的一致性、集中性与交互性。该框架并未给出具体的方法过程,在这方面该框架未做规定。

GB/T 18757—2002/ISO 15704:2000 的 4.2.2 对描述人这一关键角色做了要求。本标准则提出了描述以下角色时的要求:

——组织视图中规定的组织角色。组织视图记述了分配的各种职责以及需要的能力(技能)。

——资源视图中规定的操作角色,这些角色与功能视图确定的角色相匹配。资源视图记述了操作能力(技能)。

附录 A 简要描述了企业模型的概念、建模框架和建模语言构件(在 ENV 12204:1996 中定义),以此作为第 5 章和第 6 章规范性内容的基础资料。附录 B 通过举例,描述了企业模型开发人员和企业模型工具开发人员如何使用企业建模框架。

企业集成　企业建模框架

1　范围

本标准规定了和 GB/T 18757—2002 的要求相一致的框架，该框架是订立企业建模方面标准的通用基础，其重点主要在计算机集成制造领域，但并不仅限于此。本标准也可作为有关模型开发的更深层次标准的基础；模型开发通过计算机进行，并可为业务过程提供基于模型的决策支持，从而实现基于模型的操作、监测与控制。

本标准框架定义了四个企业模型视图。能够建立用户所需的特定附加视图，但这不属于本标准的内容，GB/T 18757—2002 对这类可能的附加视图进行了定义。

2　规范性引用文件

下列文件中的条款通过本标准的引用而成为本标准的条款。凡是注日期的引用文件，其随后所有的修改单（不包括勘误的内容）或修订版均不适用于本标准，然而，鼓励根据本标准达成协议的各方研究是否可使用这些文件的最新版本。凡是不注日期的引用文件，其最新版本适用于本标准。

GB/T 18757—2002　工业自动化系统　企业参考体系结构与方法论的需求(idt ISO 15704:2000)

GB/T 19114.1—2003　工业自动化系统与集成　工业制造管理数据　第1部分：综述(ISO 15531-1:2002,IDT)

3　术语和定义

本标准采用了下列术语和定义。

注：直接引自其他标准的术语和定义，原标准在其后的括号中标明。根据其他标准改写的术语和定义，其后加注说明。

3.1

抽象　abstraction

对于时间或空间的无损于感知的缩小，用于区分客观世界和客观世界模型。

［GB/T 18999—2003/ISO 14258:1998］

3.2

属性　attribute

描述实体性质的一条信息。

［GB/T 18757—2002/ISO 15704:2000］

3.3

行为　behaviour

系统的整体或部分为完成某项功能而采取的行动或反应的方式。

注：源于 GB/T 18757—2002/ISO 15704:2000，经修改。

3.4

业务过程　business process

企业（或企业的一部分）在追求给定目标过程中，为了实现某一期望的结果，所执行的企业活动的偏序集。

注：源于 GB/T 18757—2002/ISO 15704:2000 以及 ENV 12204:1996，经修改。

3.5

能力 capability

能够执行特定活动的特性。

[GB/T 19114.1—2003/ISO 15531-1:2002]

3.6

组件 component

〈系统〉实体，是一个系统中的离散结构，与系统中的其他组件相互作用，因而在最低层面上构成系统属性和特性。

[ISO/IEC 15288:2002]

3.7

概念定义 concept definition

定义企业域中业务概念的企业模型阶段；业务概念用于实现企业域的业务目标和运行，包括必需的企业域输入和输出。

3.8

约束 constraint

来自系统内部或外部的对该系统的约束、限制或是限定条件。

注：源于 GB/T 18999—2003/ISO 14258:1998，经修改。

3.9

决策 decision

在不同活动方案中作选择的结果。

3.10

决策的 decisional

与作选择的过程相关的。

3.11

退役定义 decommission definition

企业模型阶段，定义了已退役运行系统的最终状态、该已退役运行系统在特定企业域的所有组件以及执行退役的过程，从而使这些组件能被重新利用或配置。

3.12

分解 decomposition

将一个实体分为各个组成部分，以满足建模者的要求。

3.13

设计说明 design specification

规定业务过程的企业模型阶段；业务过程与能力和规范一起用于满足诸项需求。

3.14

详细设计 detailing

附加的内容、属性和操作，能更精确地定义建模语言构件和部分通用模型的要求。

3.15

域识别 domain identification

企业模型阶段，待建模的企业域在这一阶段得以确定；企业域的确定主要涉及企业的业务目标、企业域的输入输出及其各自的起点和终点。

3.16

域运行 domain operation

企业模型阶段，在这个阶段对域模型进行操作性使用。

3.17

执行　enactment

借助计算机对模型进行处理的过程,以此促进企业发展,使企业响应更为及时、协同性更好,尤其是在采用模型监视和控制企业业务开展的方面。

注:来自参考文献[23],经修改。

3.18

企业　enterprise

共同承担一个明确任务、目的和目标,以提供产品或服务等输出的一个或多个组织。

[GB/T 18757—2002/ISO 15704:2000]

注:本标准中,目的即为企业实现其任务和目标这一意图而产生的对象。

3.19

企业活动　enterprise activity

由企业执行的基本任务所组成的全部或部分过程功能,企业基本任务要消耗输入,并分配时间和资源以产生输出。

注:源自 GB/T 18757—2002/ISO 15704:2000,经修改。

3.20

企业域　enterprise domain

域　domain

企业的一部分,与一组给定业务目标和约束相关,可就此部分创建企业模型。

注:本标准中,当"企业域"用作一个限定词时,缩写为"域",例如术语"域识别阶段"和"域模型"。"域"的其他用法和字典中的一般含义相同。

3.21

企业工程　enterprise engineering

用于致力于建立、改进或重组企业的一种专业。

[GB/T 18757—2002/ISO 15704:2000]

3.22

企业集成　enterprise integration

确保不同企业实体进行交互的过程,这种交互是实现企业域的目标而必不可少的。

3.23

企业模型　enterprise model

对企业域的抽象描述,它描绘了企业实体、实体间的关系、实体的分解和详细设计;通过上述描述,对于企业想要实现什么和如何运行,均能给予表达。

3.24

企业模型阶段　enterprise model phase

企业模型的生命周期阶段。

3.25

企业模型视图　enterprise model view

对企业模型着重于某一特定方面有选择地理解和表达,其他方面予以忽略。

注:源自 ENV 40003:1990,经修改。

3.26

企业建模　enterprise modelling

开发一个企业模型的行为。

3.27

企业对象　enterprise object

企业域中的信息,描述了一个或普遍、或真实、或抽象的实体,该实体能够作为一个整体被概念化。

3.28

企业运行　enterprise operation

为实现企业目标而执行业务过程。

3.29

实体　entity

当前域的任何具体或抽象的事物。

3.30

环境　environment

企业域外部影响其发展和行为的境况，它不受企业本身控制。

3.31

框架　framework

以图表、文本和形式规则表示的结构，表明了概念化实体各组成部分彼此之间的关联。

注：源自 GB/T 18757—2002/ISO 15704:2000，经修改。

3.32

功能视图　function view

企业模型视图，能够表达和修改企业过程以及这些过程的功能性、行为、输入和输出。

3.33

功能性　functionality

促使过程实现目标的各种性质。

3.34

通用化　generalization

a）为了使某一特有概念在更加普遍的范围内存在，或者得到更广泛的应用，或为达到某个更为普遍性的目的，而对这一概念的修改。

b）去除或修改一个具体概念的细节的行为，以使此概念更为概括。

注：通用化是具体化的反义词。

3.35

通用的　generic

根据不同实体的共性将实体“通用化”的特性。

3.36

通用层　generic level

通用建模语言构件的汇集，这些构件表述的一些描述可用来在部分通用层和专用层建立模型。

3.37

通用性　genericity

一个概念通用的程度。

3.38

实施描述　implementation description

企业模型阶段，描述了一个过程、资源和规则的最终集合，以便实施设计说明阶段规定的业务过程和企业活动时，实现期望的运行性能。

3.39

信息技术组件　information technology component

在一个企业中，收集、处理、分发、存储和检验企业活动数据所需的组件。

3.40

信息视图　information view

企业模型视图，能够描述和修改功能视图中定义的企业信息。

注：信息视图是一个包含了企业对象的结构，企业对象代表企业中与信息相关的实体（物质和信息）。

3.41

实例化 instantiation

生成建模语言构件或部分通用模型的实例,并对部分或全部属性赋值。

注:一个完全实例化的建模语言构件或者模型,其所有属性都已赋值。

3.42

生命周期 life cycle

一个实体从创建到消亡所经过的不同阶段和各阶段不同步骤的集合。

3.43

生命周期阶段 life cycle phase

一个实体生命周期中的发展阶段。

3.44

制造技术组件 manufacturing technology component

控制、转换、传输、存储检验原材料、零部件、(子)组装件和最终产品所需的组件。

3.45

方法 methodology

为用户提供的一组使用说明,可以一步一步地帮助用户进行操作(例如:通过文本、计算机程序、工具来提供)。

注:这一正式定义来自GB/T 18757—2002/ISO 15704:2000。一般来说,方法可视为实现某些预期结果的系统的过程。

3.46

使命 mission

对业务特性的描述,在这一描述中企业对意欲实现的客户产品和服务功能进行了描述。

3.47

模型 model

以任何方式(包括数学、物理、符号、图形或描述等方式)对现实事物某一方面进行的抽象描述。

注:源自GB/T 18757—2002/ISO 15704:2000,经修改。

3.48

模型开发过程 model development process

在不同的企业模型阶段,创建模型并对其进行实例化的过程。

注:它通过以下各项来完成:

a) 为已实施的组件创建模型并对模型实例化,这些组件属于企业建模过程中的域识别、概念定义、需求定义、设计说明和实施描述阶段;

b) 将实施描述模型释放为域运行模型;

c) 从域运行模型开发出退役定义模型。

3.49

建模语言构件 modelling language construct

建模语言的文字或图形部分,用来有秩序地表达有关一个现象集的共同特性及其元素的各种信息。

注:源自ENV 12204:1996,经修改。建模语言构件是"通用层"上的一个基本构建实体,可大范围多次使用。作为建模语言的一部分,建模语言构件能够为待建模企业域的共同结构特性和/或行为特性建立模型。

3.50

目标 objective

对可能出现并且能够实现的未来情况进行的优选陈述,可影响某一行为的选择。

注:源自ISO/IEC 15414:2002,经修改。

3.51

操作的 operational

与实现企业目标的一组过程的执行相关。

3.52

组织视图 organization view

企业模型视图,能够表达和修改企业的组织和决策结构,以及企业内个人和组织单元的职责和权限。

3.53

部分通用层 partial level

部分通用模型的汇集。

3.54

部分通用模型 partial model

在一个特定类型的工业部门或工业活动中用作参考模型的模型。

注:一个部分通用模型包括建模语言构件和/或其他的部分通用模型。具备了部分通用模型,建模者便可以再次使用为其他企业域而建立的现有模型。

3.55

专用层 particular level

该层对某一特定企业域描述模型。

3.56

专用模型 particular model

特定企业域的模型。

3.57

专用化 particularization

具体化和实例化的过程,通过这一过程,可以从比较通用的模型组件生成专用的模型组件。

3.58

过程 process

活动的偏序集合,通过实施这些活动,能够在追求给定目标过程中实现某一期望的最终结果。

3.59

需求定义 requirements definition

企业模型阶段,定义了实现企业目标所需的企业操作以及完成操作的必要条件,这些操作和必要条件均与执行的选项或决策无关。

3.60

资源 resource

在执行一个企业活动和/或经营过程中所需提供的全部或部分能力的企业实体。

[GB/T 18757—2002/ISO 15704:2000]

注:在本标准中,资源在系统理论中是指提供系统所需能力的实体,它也是系统本身一个重要的组成部分。资源描述包括对耗材(例如能源、空气、散热剂)的确定及描述,耗材的数量要充足。而物料是为了满足各个过程所需的过程输入,包括原材料、零部件和组装件等。这些输入在功能视图中予以确定,在信息视图中进行描述,同时,在组织视图中确定对这些输入的相关管理职责。

3.61

资源视图 resource view

能够表达和修改企业资源的企业模型视图。

3.62

具体化 specialization

a) 为了在有限范围内应用,或为了特定用途或目的,而对一般概念的修改。

b) 增加或修改某个一般概念的细节以使其更加具体的行为。

注:具体化是通用化的反义词。

3.63

股东　stakeholder

在系统中享有权利、股份或要求权的利益方，或对能够满足需要的系统所有物，享有权利、股份或要求权的利益方。

注：源自 ISO/IEC 15288:2002，经修改。

3.64

系统　system

为一定目的组织起来的真实世界事物的集合。

[GB/T 18757—2002/ISO 15704:2000]

4　符号和缩略语

GERAM　通用企业参考体系结构和方法论

IFAC　国际自动控制联合会

IFIP　国际信息处理联合会

5　框架

5.1　基本概念

5.1.1　维度

根据附录 A.2 所述，本标准描述的框架由三个维度构建而成。这三个维度是：

——企业模型阶段(enterprise model phase)；

——企业模型视图(enterprise model view)；

——通用性(genericity)。

5.1.2、5.1.3 和 5.1.4 简要介绍了这三个维度，5.2、5.3 和 5.4 将对每一个维度进行具体介绍。

5.1.2　企业模型阶段——模型生命周期的概念

企业模型的生命周期与被建模实体的生命周期相关。企业模型的生命周期是模型开发过程的结果，在模型开发过程中，模型得以创建、运行并最终废弃。相应的框架维度，应以术语“企业模型阶段”来表示，5.2 将对其进行具体说明。

这一维度划分为七个企业模型阶段(见 5.2.2～5.2.8)，可通过对一个企业实体的起源、存在和消亡的不同描述来区分各个阶段。分解(见 3.12)和设计说明(见 3.14)描述了模型阶段之间的演进。这些阶段是：

——域识别(domain identification)；

——概念定义(concept definition)；

——需求定义(requirements definition)；

——设计说明(design specification)；

——实施描述(implementation description)；

——域运行(domain operation)；

——退役定义(decommission definition)。

5.1.3　企业模型视图——过滤模型内容

通过企业模型视图维度，企业建模者和企业模型用户就其关注的特定方面及背景，过滤出他们对真实世界的观察以及在模型生命周期中对该模型的各种应用。

在建立企业模型时，企业建模者应该使企业模型视图(详见 5.3.1)主要突出某个特定方面，对其他的方面则应忽略。

用户应使用预定义视图或通过选择合适的建模语言构件子集建立符合特定目的的附加视图。

视图维度应由术语“企业模型视图”表示，并在5.3进一步说明。

预定义视图在5.3.2～5.3.5进行定义，它们是：

——功能视图(function view)；

——信息视图(information view)；

——资源视图(resource view)；

——组织视图(organization view)。

5.1.4 通用性——通用化和具体化的概念

通用化(见3.34)是从一个或多个特定概念到一个表示其共同特性或本质性质的较通用概念的过程。具体化(见3.62)是通用化的反过程，指从一个概括性概念到一个具有特定目的的事物的过程。

示例：具体化——增加给料属性(3.2)，如密度和温度说明。

通用化—具体化进程发生所在的维度，由术语“通用性”(genericity)表示，5.4将进行详细叙述。

通用性维度应分为三个层，在5.4.2～5.4.4进行定义，这三个层为：

——通用层(generic level)；

——部分通用层(partial level)；

——专用层(particular level)。

5.1.5 企业模型的一致性和完备性

企业模型的质量，取决于其语义和句法的一致性和其本身的完备性。语义和句法的一致性与互相兼容的事实的共存性有关；企业模型本身的完备性即指描述了建模企业域的所有相关方面。

建模框架应将建模内容统一起来(同一语义)，并且应该根据对企业对象的正确参考来确保模型的一致性。

为持续保持模型的一致性，建模专家应该扩充企业知识库(添加或删除企业对象)。

为应对企业模型内容的复杂性，这种统一应该仅限于有限规模企业模型的局部内容上。组织中更大范围或者跨越组织边界的建模，能够通过两种方式完成，一是提供企业域环境中企业域输入和输出的起点、终点链接，二是提供通用的语义，不过提供语义的对象只限于能够在不同企业域间进行交换的企业对象或者参与交换的企业域。

根据不同企业模型阶段中模型内容的不同，企业模型完备性也随之改变(企业模型阶段在5.1.2中定义)。但是，在每个不同的建模阶段，对模型的语义完备性均应检查。使用计算机设定、动画或仿真时，应该保证所有输入都可用，确保企业模型中定义的所有输出都可以创建，并且保证没有任何未定义或未确定的具有无限循环和死锁的过程。

5.2 企业模型阶段维度

5.2.1 企业模型阶段

企业模型阶段是企业模型开发的各个生命周期阶段的展现，它包括域模型从识别到退役(或可用生命的结束)的所有模型开发活动。四个企业模型视图(如5.3所述)和通用性的三个层(如5.4所述)，在每个企业模型阶段均要予以考虑。

本框架中定义的企业模型发展阶段，应该与GB/T 18757—2002的A.3.1.3.2中所述的生命周期阶段相一致。

注1：由于不同阶段之间的依赖性约束(3.8)(与模型分解和详细设计的不同程度相对应)，人们的一般作法是将不同企业模型阶段相互视为先前的阶段或后续的阶段。不过，这并非意味这些阶段的执行过程需遵循一个特定顺序。

七个企业模型阶段如图1所示，每个阶段在5.2.2～5.2.8中分别定义。

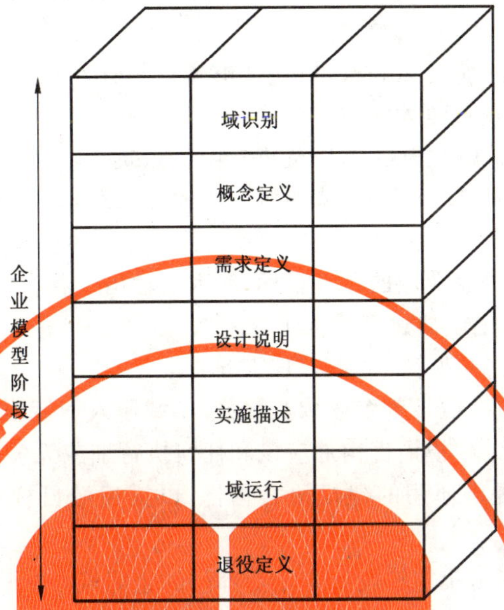

图1 企业模型阶段维度

在前五个企业建模阶段中的每个阶段，前一个阶段定义的模型应在这一阶段转换成一个新的模型，通过本阶段内适当程度的分解和细化，为当前的特定企业提供了一个更为精确的描述。为实现上述的模型转换，应该通过两种方法，一是添加符合该层建模目的的新建模语言构件，二是给先前建模阶段所用的建模语言构件添加新的属性。第六个企业模型阶段表示对企业模型的使用，最后一个企业模型阶段表示在生命终结时系统退役所必需的活动。

在通用层，每个企业模型阶段(域运行除外)都应该定义通用建模语言构件的一个参考目录，这些通用建模语言构件是用来描述待建模实体的。然后，应利用这些建模语言构件在每个部分通用层和专用层创建模型。

在部分通用层，应给每个企业模型阶段(域运行除外)描述部分通用模型集，部分通用模型集表示了某一工业部门的典型功能、信息、资源和组织。这些模型能够通过进一步实例化和具体化在专用层生成模型。

注2：定义部分通用模型，要根据足够的已定义的需求，或者依赖为确定合适概念而执行模型组件时得来的充分经验。

在专用层，应该为每个企业模型阶段描述特定企业域的相应专有模型。

域识别阶段后的每个建模阶段的内容，都依赖于其前一个阶段的内容。每个建模阶段的活动应该是建立本阶段模型所必需的，并且要确保所建立的模型适于释放给后续的建模阶段(释放模型过程是受到控制的)。

虽然本标准中没有假定模型的发展过程必须依次相继，但建模阶段的顺序却表现为从域识别阶段到域运行阶段朝着更详细、更具体的方向演进。模型发展过程包括从抽象到具体、从一般到特殊的演化。然而，阶段之间的信息流未必是单向的，即只从域识别、概念定义等流向实施描述和域运行。事实上，在考虑单个的企业运行(见3.28)时，重新考虑之前的企业模型阶段是必需的[例如，实施约束(见3.8)能够导致重新进行需求定义，或者由于一个必需的要求，甚至需要确定和定义出新的概念]。

在企业模型阶段中存在下列两种开发模型的活动：

a) 模型结构分解。模型结构分解的程度决定于：待控制活动的需求，相关股东在模型预期使用过程中的某个阶段(例如活动开始时)作出的决策，以及活动的范围。因此，模型结构分解是把描述和合适的决策职责或控制职责以及时间范围对应起来。

b) 模型内容详细设计。模型内容详细设计的程度与模型发展各阶段的演进过程相一致，比如从需求到设计。内容详细设计是将新的属性添加到建模语言构件和/或部分通用模型中，并且添加更详细的功能。

每个模型在模型开发过程中都可以修改，以便能够遵守设计约束，并解决在后续企业模型阶段出现的问题。这样的修改需经多次反复才能完成。

注3：在5.2.2～5.2.8中，企业模型阶段是标明企业模型形式的限定词，企业模型则是该模型阶段的输出结果，例如域识别模型、概念定义模型。但是，它们都是同一个基本企业模型的展现，如5.1.5中所示。

5.2.2 域识别

域识别阶段应该就待建模的企业域的业务目标、输入和输出及各自的起点和终点，以及域的基本功能和能力(见3.5)这几方面，来确认待建模的企业域。

注：一般来说，在域识别阶段建立的模型是由最终用户描述的。

域识别阶段的建模语言构件，应该就企业域及域关系、域输入和域输出以及各自的起始点，表述出企业的业务目标。在这一阶段的建模语言构件应该和任何执行细节无关。

在通用层，参考目录应该提供通用的建模语言构件，以描述域目标，并且描述企业域和其环境的关系。

在部分通用层，部分通用模型集应该就特定工业部门的企业域目标和域关系，描述该工业部门的典型企业域。

在专用层描述一个域识别模型，它由完全实例化的建模语言构件组成。这些构件定义了特定企业域的业务目标以及该企业域和其环境的关系。

5.2.3 概念定义

概念定义阶段应该定义促进业务目标和域运行实现的业务概念。业务概念包括实现企业域的基本功能和能力所必需的域任务、远景、价值、战略、运作概念、政策、业务规划等。概念定义模型由域识别模型衍生而来。

注：一般来说，概念定义阶段建立的模型由最终用户描述。

概念定义阶段的建模语言构件，应该根据已定义的企业域和域关系，表述该企业域中的业务概念。在这一阶段的建模语言构件应和任何执行细节无关。

在通用层，参考目录应提供通用的建模语言构件，以表达企业域中的通用概念。

在部分通用层，部分通用模型集应描述出特定企业部门企业域中的典型业务概念。

在专用层，应描述一个概念定义模型，它由完全实例化了的建模语言构件组成。这些构件定义了特定企业域的业务概念。

5.2.4 需求定义

根据业务过程、企业活动及其输入输出，需求定义阶段应该定义企业域的业务功能。业务功能是一组在功能、性能、信息和能力方面的需求集合，包括服务、制造、管理和控制。

在需求定义阶段建立的模型，由概念定义模型发展而来，并应确定企业域的业务需求。

为了进行必需及充分的描述，最终用户在企业工程师的帮助下开发需求定义。

这个阶段的建模语言构件应该与任何执行细节无关。

在通用层，参考目录应提供通用的建模语言构件，以表达企业域需求，这些需求是关于业务过程及其企业活动、输入和输出方面的。

在部分通用层，部分通用模型集应该描述出特定企业部门企业域中的典型业务需求和企业活动。

在专用层，应描述出需求定义模型，它由完全实例化的建模语言构件组成，该构件定义了特定企业域的业务需求。

5.2.5 设计说明

设计说明阶段应规定完成域运行的具体方式。设计说明模型应来自于需求定义模型，并应对域过程及其所有组成部分进行规范说明，以满足域需求。

在设计说明阶段建立的模型，应在用户的帮助下由企业工程师开发。

对人的任务和机器的任务的设计，都应该包含在设计说明中。这些任务涉及服务和产品，也涉及相关的管理和控制功能。运行过程的设计，包括对必要信息和资源（包括制造、信息、通信、控制或其他任何技术）的确认。

在模型开发过程中，应详细说明生产能力、信息技术组件、制造技术组件和人的角色，还应确定环境方面的约束。

注：对设计的验证，能够通过设计说明模型的动画或仿真来完成。

设计说明阶段应该把需求定义阶段和实施描述阶段分隔开来。

设计说明阶段还可进一步细分为初步设计和详细设计，反映了设计细节的不同程度。

在通用层，参考目录应提供通用的建模语言构件，以详细说明业务过程、业务过程中的企业活动、输入和输出。

在部分通用层，部分通用模型集应该提供对特定企业部门企业域中的典型业务过程和企业活动进行的设计。

在专用层，应描述一个设计说明模型，该模型由完全实例化的建模语言构件组成，构件则详述了特定企业域的业务过程。

5.2.6 实施描述

实施描述阶段应给出域运行系统完成所有任务所需要的信息。实施描述模型应来自于设计说明模型。

从现有组件中选择域运行的方法，能够导致与设计说明的背离，信息技术组件和制造技术组件所需的能力不是过多就是不足，例如人的角色、机器和程序。因此，实施描述应开始于设计说明模型；当真实系统组件的实施过程与设计说明不符时，实施描述还应修改设计说明的内容。

实施描述阶段建立的模型应该在系统执行者、用户和企业工程师的协同工作下开发。

为保证已经具备必需的输入和输出，需要对此进行验证。验证满意之后，在专用层上的实施描述模型即可发布，并用于日常的运行和企业的控制。验证过程还应包含对物理设备安全和人员安全的确认，以及对企业是否具备令人满意的经济能力的确认。

在通用层，通用建模语言构件参考目录应提供建模语言构件，以实施业务过程、开展企业活动并进行输入和输出。

在部分通用层，部分通用模型集应对特定工业部门企业域中的典型业务过程和企业活动的实施和开展进行描述。

在专用层，应给出实施描述模型，该模型由已发布运行的特定企业域的已充分执行的业务过程集组成。

5.2.7 域运行

域运行阶段，是对表示企业域运行的模型的使用。此处的模型为已经发布的实施描述模型。在域运行阶段使用的模型，应该能够促进对域运行的监视和控制，并支持所有的决策活动。为了进行实现任务必需的过程，应对域资源进行管理和控制。

域运行模型应该只存在于域运行阶段的专用层（这一阶段没有定义建模框架的通用层和部分通用层），并应通过实施描述阶段使用的建模语言构件来表达。

5.2.8 退役定义

退役定义阶段应定义特定企业域寿命终结时其运行系统的最终状态。退役定义模型来自于域运行模型。

在退役定义阶段建立的模型，应确定预期在域运行系统退役过程中出现的不同任务和资源需求。这些任务包括再训练、重设计、循环使用、保存、转换、缩减、分解或处置，针对的是全部或部分到达生命终点的域运行系统。

在通用层,参考目录应提供通用建模语言构件,以说明退役的业务过程、退役业务过程的企业活动、输入和输出。

在部分通用层,部分通用模型集应描述特定工业部门企业域的典型业务退役过程和资源。

在专用层,应描述出退役定义模型,该模型由特定企业域退役所需的已充分实施的业务过程集组成。

5.3 企业模型视图维度

5.3.1 企业模型视图

企业模型视图的概念,提供了在一个统一模型中描述企业各个方面内容的手段。企业的各方面将在不同的子集(企业模型视图)里展现给用户和模型开发者。每个企业模型视图,应包含一个事实的子集,该事实子集在统一模型中有所体现。这样,模型用户就能够集中关注有关问题,这些问题也就是各个股东在使用企业建模时希望进行考虑的。列举了不同种企业模型视图的集合就形成了企业模型视图的维度。

可以建立不同的企业模型视图,一个模型视图只突出模型的某方面,而其他方面则忽略。

企业模型视图的概念,应该适用于整个企业模型发展的生命周期。对一个企业模型视图进行的任何操作(某个特定视图内容的任何更改),都应该反映在统一模型中,因而也应该反映在所有相关的企业模型视图中。

注 1:企业模型视图没有固有的顺序。

本框架定义了四个企业模型视图(见图 2),这四个视图将模型内容分成组并以不同的方式表达。

每个视图侧重所选企业域的一个重要企业方面。这四个企业模型视图为:

——功能视图(见 5.3.2)表示企业的功能;

——信息视图(见 5.3.3)表示企业运行过程中使用和获取的信息;

——资源视图(见 5.3.4)表示企业运行所需的资产;

——组织视图(见 5.3.5)表示企业运行中的组织、组织关系以及决策职责。

注 2:除了这四个视图,其他任何视图(例如经济、决策或其他视图)都可以从基本模型及其内容发展而来,基本模型的内容在这四个视图中表示。

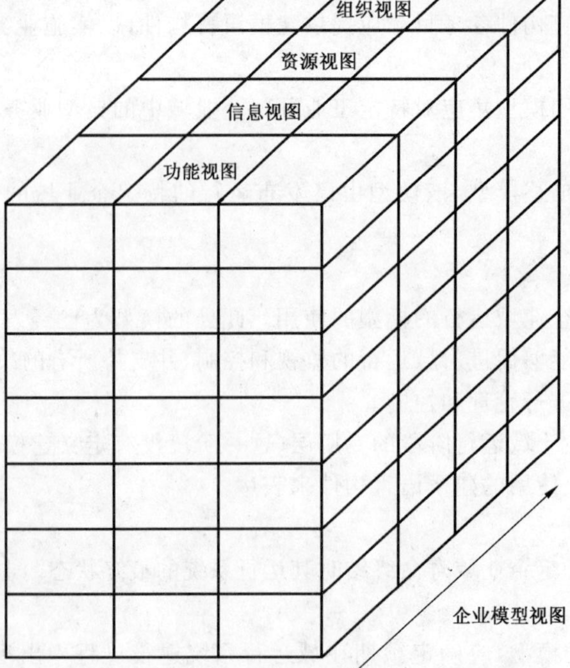

图 2 企业模型视图维度

企业模型视图的概念对所有企业模型阶段均应适用。同样,通用性(genericity)的各个层(见5.4.1)在每个企业模型视图中都应存在。

尽管四个企业模型视图在5.3.2、5.3.3、5.3.4和5.3.5进行了描述,但是视图的生成和利用完全由建模者或模型用户决定。生成和利用过程的内部组成和顺序,并非本标准的内容。

除了本框架中定义的四个企业模型视图,模型开发者还可以为用户所关注的特殊方面建立附加视图,任何对此关注的股东均能够使用。

注3:附加视图并不属于本标准的范围。GB/T 18757或其他地方对可能出现的附加视图进行定义。

5.3.2 功能视图

功能视图应该代表企业域的业务过程以及业务过程的功能、行为、输入和输出。功能视图应该将单个加工步骤的组合描述为过程的集合(包括业务过程和企业活动),过程集合的结构如同一个活动网络,反映了活动间的逻辑连接性和相互依赖性。功能视图应该着重表达企业功能执行过程中的系统行为、相互依赖性,以及诸项元素产生的影响。

功能视图应该表达管理性运行中的决策活动,以及转换和支持性活动。

功能视图应该说明与企业环境之间的关系,因为它反映了约束,考虑了相关的输入和输出。功能视图也应该定义执行功能所需的作为企业对象的全部企业实体(物料[1)]、信息、资源和控制)。

应该利用在通用层定义的相关建模语言构件对过程进行描述。经过描述的过程能够包含在部分通用模型中以及特定企业的模型中。

5.3.3 信息视图

信息视图应该描述企业中与信息相关的企业对象(物质的和信息的),这些企业对象是在企业运行过程中产生并使用的。

信息视图中的企业对象,应该通过在通用层定义的相关建模语言构件来描述。经描述的对象能够组织成为部分通用模型,代表特定工业部门企业域的典型信息模型,同时也为特定企业提供模型。

5.3.4 资源视图

资源视图应该描述企业的资源资产(人和技术性组件),资源资产在企业运行过程中使用。之后,根据能力需要,资源的实例应该分配给企业活动。资源也能够构建为资源模型,用在资产管理等方面。

资源视图中的企业对象,应该通过在通用层定义的相关建模语言构件来描述。经描述的对象能够组织成为部分通用模型,代表特定工业部门企业域的典型资源模型,同时也可为特定企业提供模型。

5.3.5 组织视图

组织视图应描述企业域中的职责和权限。它应收集并建立企业的不同职责(有关过程,材料,信息,资源和控制等方面),还应把这些职责与各组织实体和/或组织机构(例如部门、处室和科组)对应起来。为了确认一致性和完备性,各项决策活动需转化为一个决策结构,组织视图还应规定这方面的职责。

组织视图中的企业对象,应该通过在通用层定义的相关建模语言构件来描述。经描述的对象能够组织成为部分通用模型,代表特定工业部门企业域的典型组织模型,同时也可为特定企业提供模型。

5.4 通用性维度

5.4.1 通用性的层

通用性(genericity)的概念,对建立一个通用建模语言构件的参考目录,起到了支持作用。通用建模语言构件可以反复使用,并能具体化和汇集为特定行业及部门的模型(部分通用模型)。这样,建模活动便具备了统一模式。这些通用建模语言构件和部分通用模型,能够用于特定企业的模型开发(实例化和具体化)。

如下所示,通用性的三个层被定义为(见图3):

——通用层;

——部分通用层;

——专用层。

1) 物料和资源之间的区别见3.60。

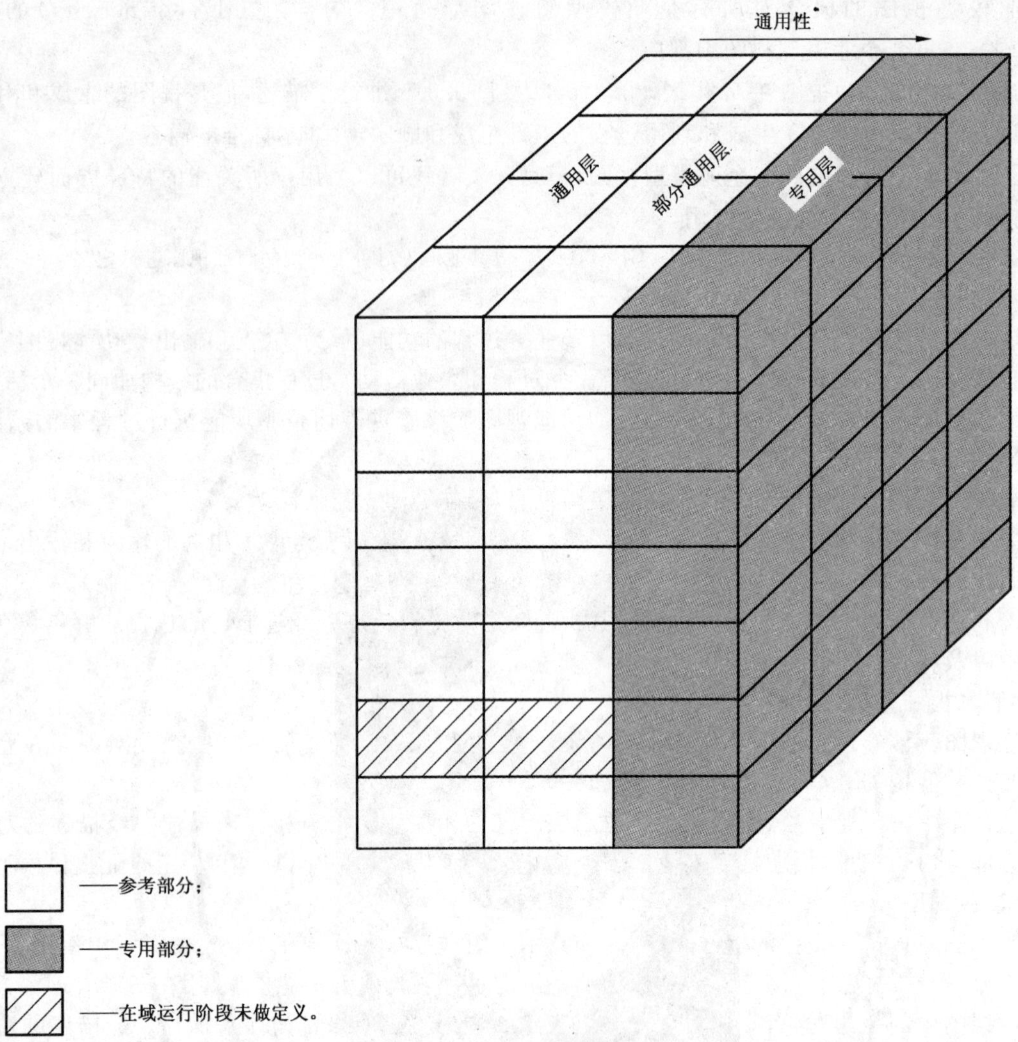

图 3 通用性维度

通用性的三个层应该是有顺序的，部分通用层是通用层的具体化，而专用层是部分通用层的具体化。通用性的概念，适用于所有企业模型阶段和企业模型视图。

建模框架的参考部分应该只包括通用层和部分通用层。这两个层为定义用来描述已识别企业域的建模语言构件和部分通用模型提供了一个结构。专用层代表建模过程的结果，这个结果应该是特定企业域在不同企业模型阶段的模型。

具体化的过程，应是从通用层到专用层的演进过程，其间要经由基于行业经验的部分通用模型。具体化的实现，则是通过对通用建模语言构件细化和实例化而完成的，例如把这些建模语言构件选定的属性限制为特定值。

一个具体化了的建模语言构件继承了一个或多个通用建模语言构件的属性：细化一些属性和/或添加新属性。

注：说明这一具体化过程的本质或顺序并非本标准的制定范围。不过，这种方法是为实现从通用或抽象建模语言构件和部分通用模型到特定企业的特殊模型演进的过程。将部分通用模型用作中间步骤是比较理想的，但是，这也只是非常有经验的企业建模人员在有限的企业域中操作才能实现。最初，借助通用概念开发的只是专用模型；只有在获取了足够的知识储备后，才能开发部分通用模型，部分通用模型可反复使用，这就更加快捷，例如在特定部门，或大型企业里的多个类似的工厂使用。

5.4.2 通用层

通用层应该包含用于建立部分通用模型（在 5.4.3 中说明）和特定企业专用模型（在 5.4.4 中说明）的建模语言构件的集合。该层描述的建模语言构件，在表达企业域时应用最为广泛。

5.4.3 部分通用层

部分通用层应该包含若干个部分通用模型集合，每一组集合适用于一个特定的工业部门或者一种工业活动。部分通用模型是可反复使用的参考性模型。通过部分通用模型，用户能够获取并再次利用许多个企业通用的概念，从而提高建模效率。部分通用模型还需修改，以满足特定企业的需求。

部分通用模型应该由通用层和/或其他部分通用模型提供的建模语言构件来构造，它们能够进一步实例化从而在专用层生成模型，以表达过程和系统组件、约束、规则、服务、功能和协议。

注 1：可以预见，部分通用模型是建模语言构件封装工业需求的最主要方式，因此它为特定企业提供了一种更实用的工具。部分通用模型对特定企业(见 5.5)来说还不够完善，一般来说，它适用于大范围的行业部门、公司组织和/或制造战略。

一个部分通用模型应该由各个类别的典型结构组成，例如行业部门类型(如航空、自动化、电子)、公司规模、国别的变化；或者是由企业早期运作的典型结构组成，如企业采购、计算机辅助的产品设计。也能将部分通用模型以分级结构的形式进行定义(见图 4)，覆盖全部或部分的企业模型阶段(域运行除外)以及所有的企业模型视图(在 5.2 和 5.3 说明)。

注 2：一组部分通用模型(例如汽车供应商)能够根据企业规模具体化为一个子集，甚至可以根据业务类型进一步具体化。在一个企业里，也可以为通用的企业过程建立部分通用模型，并反复使用。另外，还有一种部分通用模型，它是一组功能、信息或资源结构(取决于企业模型视图)。这些部分通用模型的要求条件，将会随着时间而有所增加。

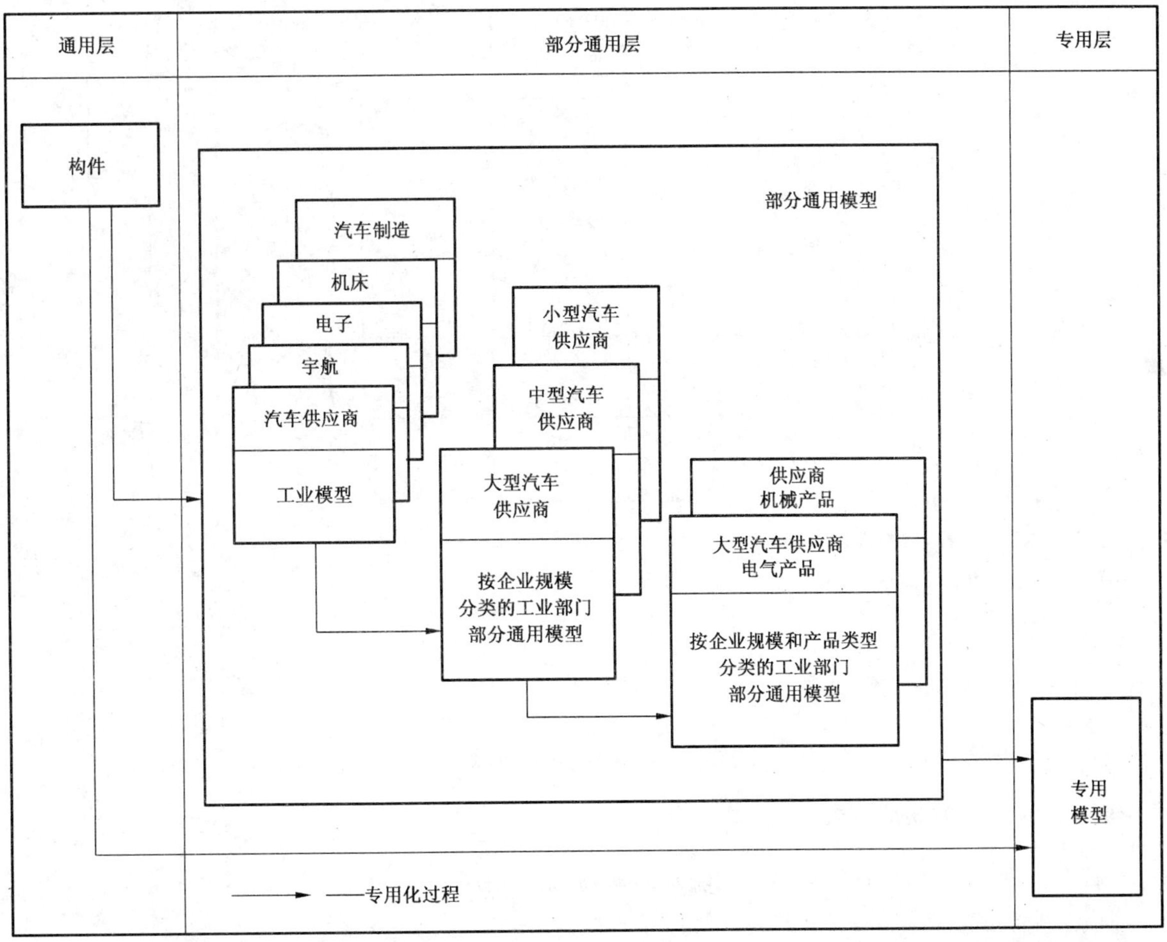

图 4 部分通用模型的角色(示例)

5.4.4 专用层

专用层应只涉及一个特定的企业域。这一层应包含该企业所有必需的知识，这些知识能够直接用于企业运行中的识别、说明、实施、运行和之后的退役。

注：专用模型能够由已有的部分通用模型通过两类方式生成。一是对部分通用模型加以修改，以满足特定企业的需求；二是通过通用建模语言构件(通用层提供)，对部分通用模型进行补充。当通用层还没有建立这种部分通用模型时，专用模型也能够直接使用通用层提供的建模语言构件建立。

5.5 以图形表现的框架

5.2、5.3 和 5.4 所描述的每个维度(见图 1～图 3)都有图进行说明。图 5 是整个框架的概观。它采用 A.2 介绍的方法，将不同的维度表示为独立的轴。

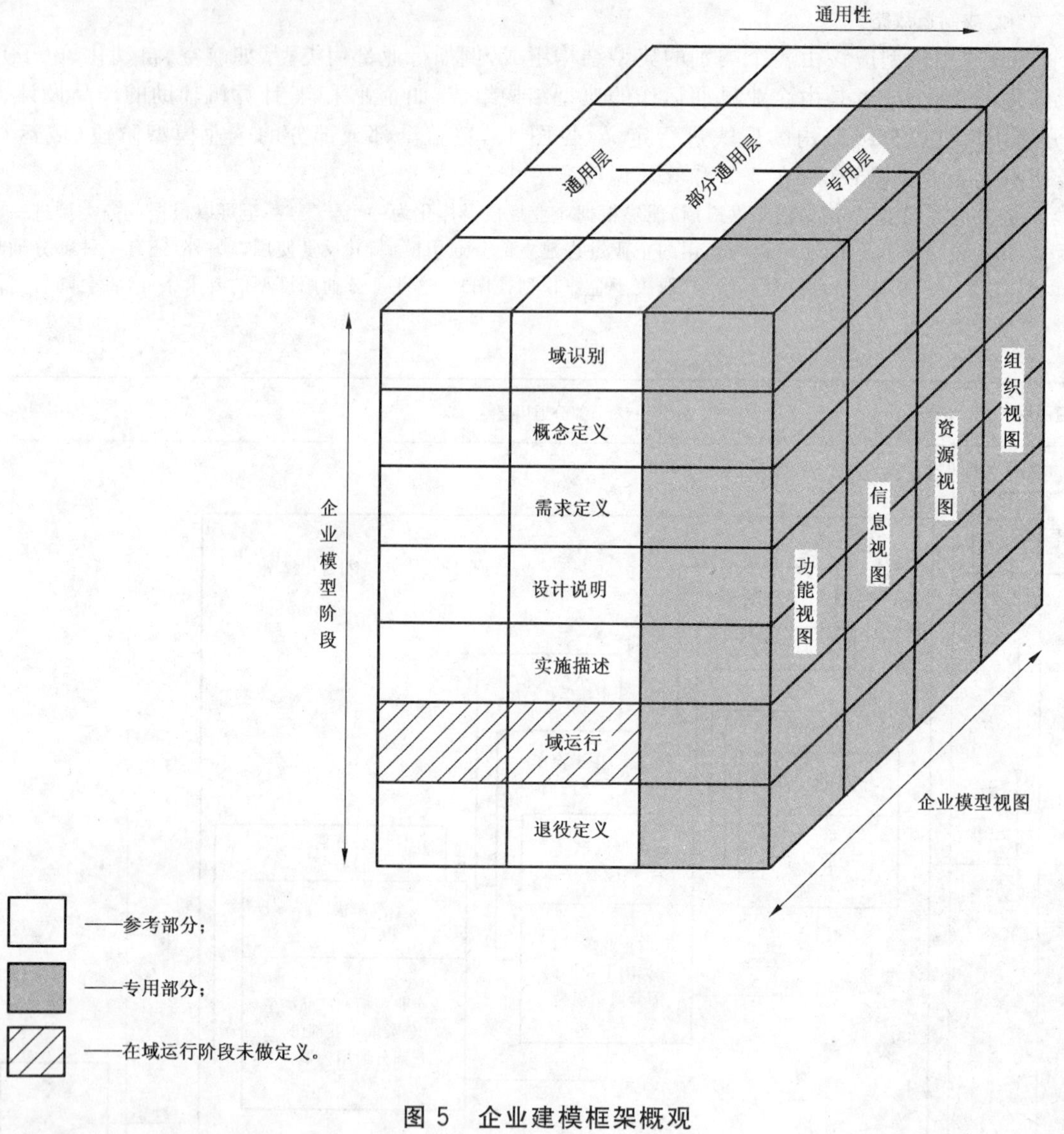

图 5 企业建模框架概观

6 企业模型和建模方法的要求

当符合下列条件时，应该按照本标准制定的框架来建立模型：

a) 企业模型包括功能视图和信息视图；

b) 企业模型包括资源视图或者包括建立资源视图所需的必要信息；

c) 企业模型包括组织视图或者包括建立组织视图所需的必要信息。

当出现下列情况时，建模方法应符合这个框架：

d) 以本建模方法开发的企业模型本身遵循此框架；

e) 建模方法涉及企业模型阶段，并且有可能区分模型对应于每个阶段的不同表现形式；

f) 建模方法规定了如何从通用建模语言构件生成部分通用模型和专用模型的方法，也规定了在受控状态下给建模语言构件参考目录添加通用建模语言构件的方法；

g) 建模方法把模型内容的变化反映在了所有的相关企业模型视图中。

一致性声明应该包括符合第5章要求的一致性陈述，或者包括明确规定了非一致性范围的“部分一致性说明”。

建议企业模型也包含对完备性和依从性的说明，如果没有，即表明与GB/T 18757保持一致；同时还建议企业模型对这种依从性进行实用验证，比如某个特定大型企业发展的个案研究。为使用户满意，个案研究应该包括所有的阶段，如在GB/T 18757—2002的图A.9中的模型内容视图、目的视图和实施视图所例示的阶段，这些阶段的重点是人的角色、安全性和经济因素。

附 录 A
（资料性附录）
企业模型、框架和建模语言

A.1 模型

模型是对企业域的基本部分及相关部分进行的描述；这种描述不是对现实的复制，而是对现实在一定范围内的接近。模型建立的详细程度根据其用途而定，也就是建模目的。因此，本标准所涉及的真实世界是局限于建模者选定的领域，通常是企业的一个部分，包括：人员、资本、设备、过程、政策和与外部环境的连接（关系）。对任何模型的一个完整描述应该包括模型的目的、前提和约束。

企业模型是一个企业或企业内某些部分的模型。企业模型与真实世界（该企业）通过模型建立者（企业建模者）或模型用户这些观察者的感知相关联。在企业生命周期背景下的观察者的意图，决定了适当的抽象层次、分解和细致说明的程度、对观察者具有意义的企业模型各方面。

注：除了本框架自身必备的方法性过程，其他方法性过程均不属本标准的范围。但是，GB/T 18757—2002 的附录 A 指出，在某一实用基础上，企业工程方法论决定建立哪个模型，并决定使用哪个建模语言或形式体系来描述该模型。

为了确保在企业运行中能够恰当地使用模型，企业模型必须具有完备性和一致性，并且允许适当的分解。所以，将企业模型构筑成一个包含相关概念空间的框架中的不同视点、方面和细节，这个做法是非常有用的。视点所对应的是观察者把某个意思和意义归于其观察物时采用的一个看法。

A.2 框架维度

企业建模框架能够根据上述各方面和视点进行组织，这样可降低待建实体的复杂度。在表达企业时有很多方面和视点需要考虑，组织和管理企业时需要一个多维度的建模框架。行业用框架的潜在维度可能包括通用性维度、行业类型维度、产品类型维度和企业功能维度等。这些维度中的任何一个均可独立存在，不过大多数潜在的维度都是相互关联的；如果没有这种相互关联性，建模过程就不完善。ENV 40003:1990 中的实际经验显示（这一点也得到 GB/T 18757 的支持），对制造业企业建模而言，三个维度足以够用，这也是本标准采用的方法。

通常，将不同的主题维度用不同的轴来表示，如 5.2、5.3 和 5.4 所示。这样，就能够对不同的轴分别加以分析；依存性便能够在以轴组合构成的空间中显示出来。用轴来表示不同主题维度的方法，也考虑到将一个维度划分为数个含义段，这样便在一个维度中提供了数个概念范畴。

注：通常，框架维度不具备几何维度的特性。框架维度借用了从统计学中改写来的术语，可以是名目尺度（只是为了按类别名称来区分）或顺序尺度（规则的/分类的），但是没有采用间隔尺度和比率尺度。

对定义了某个建模实体集的三个概念性维度进行任意组合（下列除外），需考虑到有关的建模实体，上述提及的轴在这种意义上是彼此独立的。而需考虑到的这些建模实体：

——处于模型开发过程的先前阶段（域识别除外）或后续阶段，与特定生命周期阶段对应（见 5.2）；

——具有对应于不同条件或视点的不同建模视点（见 5.3）；

——或多或少已被用化或具体化（域运行除外），从而决定了通用性（genericity 见 5.4）的程度。

不过，由此三维统一结构定义的概念性空间并不需要完全组装。

例如：通用层和部分通用层在域运行企业模型阶段并没有定义（见 5.2.7）。

A.3 建模语言和建模语言构件

根据本框架开发的标准企业建模语言可把建模内容统一起来，因而使模型在整个组织中甚至跨行业间更便于理解。这些建模语言将简化业务过程模型的创建，并提高建模效率。

建模语言包含一组建模语言构件，这些构件提供了统一语义，促进了上述模型内容的统一化。把这些统一建模语言构件修改成适用于模型发展各阶段的不同股东的建模语言，可能需要在一些企业模型阶段给予不同的表达，但基本语义不会改变。

建模语言构件能够具体化和/或组织成为具有特定用途的结构（如部分通用模型，见5.4.3），比如为某个工业部门，或者因某个特定类别的企业需求（比如维护）建立的结构。这样，这些结构和（或）通用建模语言构件就能够用来为某个特定企业开发特定模型。

附 录 B
（资料性附录）
对企业建模框架的使用

B.1 介绍

B.1.1 概述

企业建模框架（图 5）即可以指导模型开发人员也可以指导建模工具开发人员。对于前者，是通过建模企业域过程的不同模型阶段给以指导；对于后者，主要是在创建建模工具体系结构上给予指导，建模工具体系结构用以支持模型开发人员建立域模型。

B.1.2 对企业模型开发人员的支持

为了能够指导模型开发者，建模框架提供了：

a） 七个企业模型阶段，以支持待建模实体从其域识别到寿命终结或退役期的整个建模生命期；

b） 最少四个企业模型视图，使用户只看到模型和其特定工作领域相关的那一部分，从而降低整个模型的复杂性；

c） 用以表示模型内容的识别方法（建模语言，包括部分通用模型和建模方法，这些给建模工具提供了支持）。

B.1.3 对企业模型工具开发人员的支持

为了对工具开发者以指导，该模建框架提供了：

a） 七个企业模型阶段，以便根据不同股东在该实体完整生命期各建模阶段（从企业域识别到寿命终结或退役期）的关注内容和需求来调整工具；

b） 至少四个以建模工具支持的企业模型视图，从而使用户能够看到模型和其特定工作领域相关的那一部分，以降低整个模型的复杂性；

c） 既包含工具支持（具有建模语言和方法的参考体系结构）又包含最终建成的企业模型的一个整体结构（通用性维度）。

兼容性建模工具宜提供一个支持建模框架的方法，并宜根据参考体系结构（通用层和部分通用层）来构建知识库，为特定模型层做准备。通用性所有的层和企业模型阶段宜考虑到企业模型视图的表达。这意味着必须为选定的表达形式确定建模语言构件（见图 B.2～图 B.6）。

B.2 企业模型阶段的运行

B.2.1 企业模型各阶段间的关系

企业建模阶段的一般性内容在 5.2 进行了定义。但是企业模型阶段之间的关系是根据模型开发的一般规则来定义的。

模型开发过程是在建模过程中开展的一系列活动，是模型工程专业人员（如工具建立人员）和/或模型用户的关注对象。这些活动涉及建立的全部或部分开发关系，如下所示：

a） 通用层的建模语言构件之间的关系：

每个企业建模阶段的建模语言构件可在后一个建模阶段再次使用；所有建模语言构件均继承前一个建模阶段的内容，并且在后一阶段根据需要（由专家定义）得到加强。

b） 部分通用层的模型之间的关系：

根据相关建模语言构件的内容和/或在通用层定义的构件类型（由用户和专家完成），加强后一个模型阶段的各建模语言构件（由用户和专家完成），这样，每个企业建模阶段的部分通用模型即可成为后一个阶段的部分通用模型。

c) 专用层模型之间的关系：

根据部分通用层和通用层的相关内容，加强后一个模型阶段的单个专门模型和/或建模语言构件(由用户完成)，这样每个企业建模阶段的专用模型就成为了后一个阶段的专用模型。

B.2.2 对企业模型阶段的运用——一个示例

下面的例子(和参考文献[24]的图 2-3 一致)展示的是本框架的企业模型阶段在实际中的运用。在准备 PERA(普渡企业参考体系结构)“总体规划”的不同模型阶段，需要执行若干任务；下列示例识别了在执行这些任务时用到的和产生的一些信息。图 B.1 显示了着重于专用层的建模框架的初始部分。

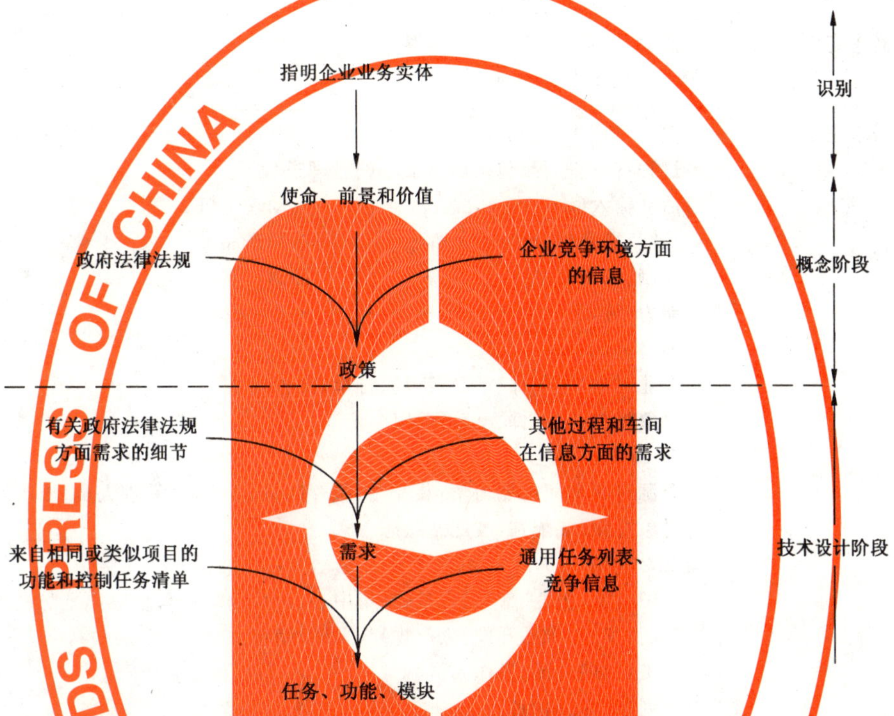

图 B.1 企业需求的发展

本图中(术语有所更改)：

——在域识别阶段(图中为“识别”)指定了企业域(图中为企业业务实体)；

——在概念定义阶段(图中为“概念阶段”)，为已经识别的企业域确定了域使命、前景和价值，并利用政府和企业信息制定域政策。

——在需求定义阶段(图中为“技术设计阶段”)，利用经过其他信息充实了的域政策，定义了初始以及更加详细的域需求。

表 B.1 是从用户角度出发对模型阶段的描述。第二栏是图 B.2～图 B.6 中相应不同模型阶段的内容。

同时，表 B.1 还阐明了需求定义和设计说明之间的差异。尽管在需求定义模型里对不同活动所需的能力进行了定义，但是相应的资源是在设计说明模型中予以说明的。此外，在不同活动的输入和输出中确定的对象视图[2]，在设计说明阶段得到了加强；特别是时间和成本信息成为设计说明模型的主要描述对象。另外，状态信息也只在设计说明模型中描述。

通常情况下，每个企业建模阶段的专用模型，可以成为后一个阶段的较低层专用模型；为此，根据部分通用层和通用层的相关内容而加强单个部分通用模型和/或建模语言构件即可。

2) 术语对象视图描述了对象属性的一个子集，这个子集对一个时序间隔是有效的。

表 B.1　建模框架阶段——企业域生命周期的示例

序号	模型阶段	与图 B.2 到图 B.6 的关系或简短内容描述
1	域识别	图 B.2： 企业域：订单处理 范围： 域输入：客户订单、零部件 域输出：产品、订购单 输入和输出的起点终点：客户、供货商
2	概念定义	域使命、前景和价值、运行政策 图 B.2 到图 B.6 不涉及
3	需求定义	图 B.2 和图 B.3： 过程：制造过程、包括所有活动的管理过程 活动输入(EA4)：　活动输出(EA4)： 功能：零部件、已购零部件　功能产品 b 控制：车间订单　控制：无 能力：装配　能力：无 图 B.2 和图 B.4： 企业对象：零部件、产品、市场、订单、报告 对象视图：零部件、已购零部件、产品 图 B.2 和图 B.5： 资源对象车间的能力集：装配站、缓存区、加工中心、管理人员、操作人员 对象视图：装配站、装配站状态 图 B.2 和图 B.6： 组织对象：企业、部门、人员、决策中心、计划期 部门：车间、产品开发、生产规划、采购、销售 人员：管理人员、操作人员 计划期：月、周、日
4	设计说明	图 B.2 和图 B.3： 过程：制造过程、包括所有活动的管理过程 活动输入(EA4)：　活动输出(EA4)： 功能：零部件、已购零部件　功能产品 b 控制：车间订单　控制：活动状态 资源：装配资源　资源：资源状态 图 B.2 和图 B.4： 企业对象：零部件、产品、市场、订单、报告 对象视图：零部件、已购零部件、产品 图 B.2 和图 B.5： 车间资源对象：装配站、缓存区、加工中心、管理人员、操作人员 对象视图：装配站、装配站状态 操作人员、操作人员状态 图 B.2 和图 B.6： 组织对象：企业、部门、人员、决策中心、计划期 部门：车间、产品开发、生产规划、采购、销售 人员：管理人员、操作人员 计划期：月、周、日
5	实施描述	由实施描述阶段从设计说明阶段改进的设计说明模型 图 B.2 到图 B.6 不涉及

表 B.1（续）

序号	模型阶段	与图 B.2 到图 B.6 的关系或简短内容描述
6	域运行	对域模型(由实施描述模型释放而来)的操作性使用 图 B.2 到图 B.6 不涉及
7	退役定义	为定义域组件的生命终结状态而重建的域模型 图 B.2 到图 B.6 不涉及

B.3 在模型开发中对模型视图的使用

B.3.1 订货处理的示例

这个例子对视图概念的应用进行了说明，本标准定义的四个视图为功能、信息、资源和组织视图。

注：该例取自《CIMOSA 技术基线》的草稿版本。

该例以实体关系图表的形式对一个制造业企业的订货单处理进行了描述(图 B.2)。

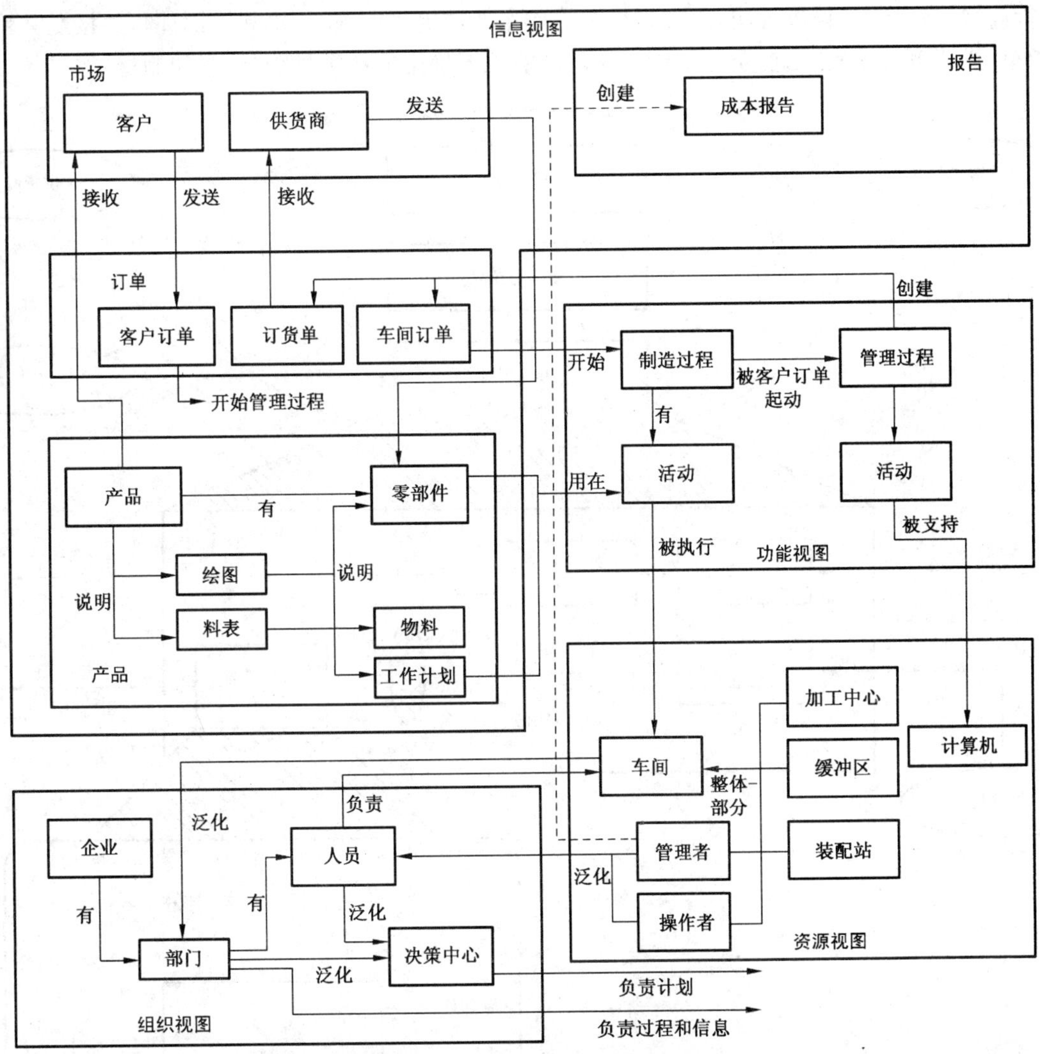

图 B.2 订单处理的模型视图

功能视图代表运行过程(生产和管理)和相关的活动。相关的活动通常被描述为由预先定义的控制流连接的活动网络，并使用了行为规则集。为简便起见，这些过程网络以称为“活动”的若干个盒子来表示(单个视图的更多细节，见图 B.3 至图 B.6)。

活动输入和输出在信息视图中表示和组织。在订单处理中用到的企业对象被组织进一个对象集(市场、订单、产品和报告),这个对象集通常由其他对象构成。不同的企业对象及其组成部分,和同一个或其他视图里的其他对象是有关系的。这些关系以对象之间的有向链接来表明。

在资源视图中,所需资源得到了确认,并将其组织进构成性结构(车间)中,这些构成性结构可以依照企业的组织结构设置(车间是一个部门)。人力资源(管理人员和操作人员)作为一个部门(车间)的成员,也和组织视图有关。

组织视图代表了企业不同组织实体之间的关系,并明确了各实体的职责。不同级别的组织各司其职,通常由具有决策权的组织实体的成员来履行这些职责。

决策中心的 GRAI 概念[12]负责有关决策的事项,确定不同决策中心的时间范围,而决策中心有权在决策制定方面进行规划。

独立视图如 B.3.2 到 B.3.5 所示(图 B.3 到图 B.6)。

B.3.2 功能视图

图 B.3 表示的是在 B.3.1 介绍的例子订单处理的功能视图。在三个企业域中,有两个企业域(客户和供货商)没有进一步详细说明,不过它们为当前企业域提供输入(订单和零部件),并接受其输出(产品、发货单、供货商订单)。当前企业域包含先前功能视图确定的两个过程(管理和制造)。

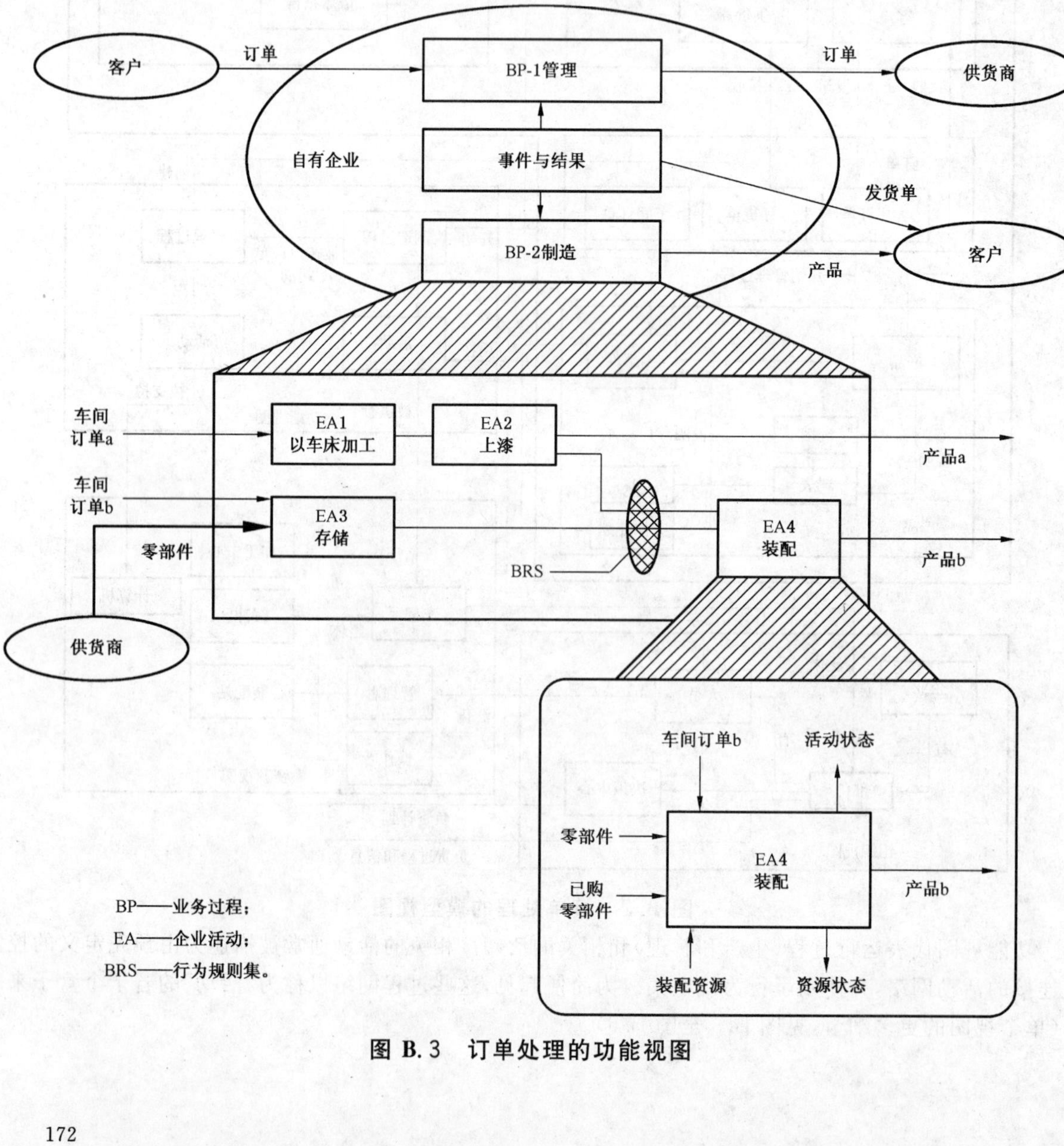

图 B.3 订单处理的功能视图

对两个过程的其中一个进行分解，图 B.3 中部的四个企业活动就形成了活动网。图 B.3 的下半部分表示与信息和资源视图里的对象之间的链接，这些对象被确定为企业活动的输入和输出。与组织视图的链接，图 B.3 没有显示；组织视图是通过人力资源的职责或对组织各方面（车间被视为部门和决策中心的统一体）的确认构成的。

B.3.3 信息视图

如图 B.4 所示，也可用订单处理的例子来说明信息视图。图 B.4 明确了信息视图同功能视图之间的关系，功能视图只有装配活动功能输入（零部件和已购零部件）和输出（产品 b）。

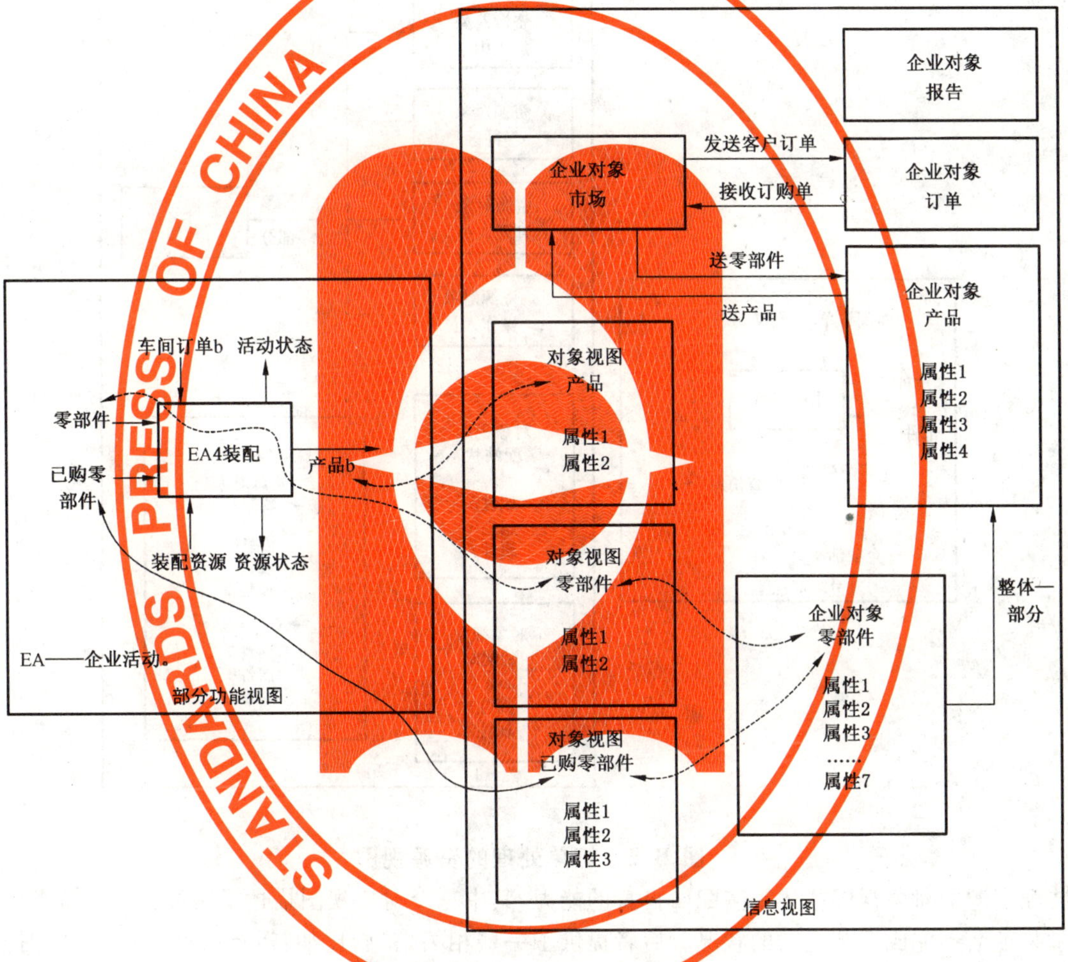

图 B.4 订单处理的信息视图

活动中用到及产生的所有信息，都是企业对象的一部分。在信息视图中，零部件和产品表示为对象或对象投射（CIMOSA[13] 对象视图）。如图 B.2 之前所示，企业对象零部件是企业对象产品的一部分。信息视图中的其余部分，图 B.4 只给出了构成对象以及对象之间的关系。

对象视图概念需对信息进行多次利用；此处信息指由企业对象零部件（两个对象投射都用到属性 1 和属性 2）得出的两个对象视图中的信息。不过，所有对象投射都是暂时性的，这意味着它们只和企业活动实例共存；过多的信息对保持信息模型整体一致性而言毫无意义。

如带有两个箭头的链接所示，能够通过两种方式使用信息视图：

a) 必需的对象投射能够根据操作活动的需要来确定；企业对象由在建模过程中确定的大量对象投射聚集而成。

b) 对象投射从之前确定的企业对象中选出。

为保持企业模型和企业知识库的一致性,b)项为首选方法。

B.3.4 资源视图

仍然借助订单处理的例子,图 B.5 说明的是资源视图。本图明确了资源视图和只包含装配活动资源的功能视图之间的关系。对象视图的概念(CIMOSA[13])再次使用。如图 B.2 之前所示,资源对象装配站以及人力资源和设备资源都是资源对象车间的一部分。

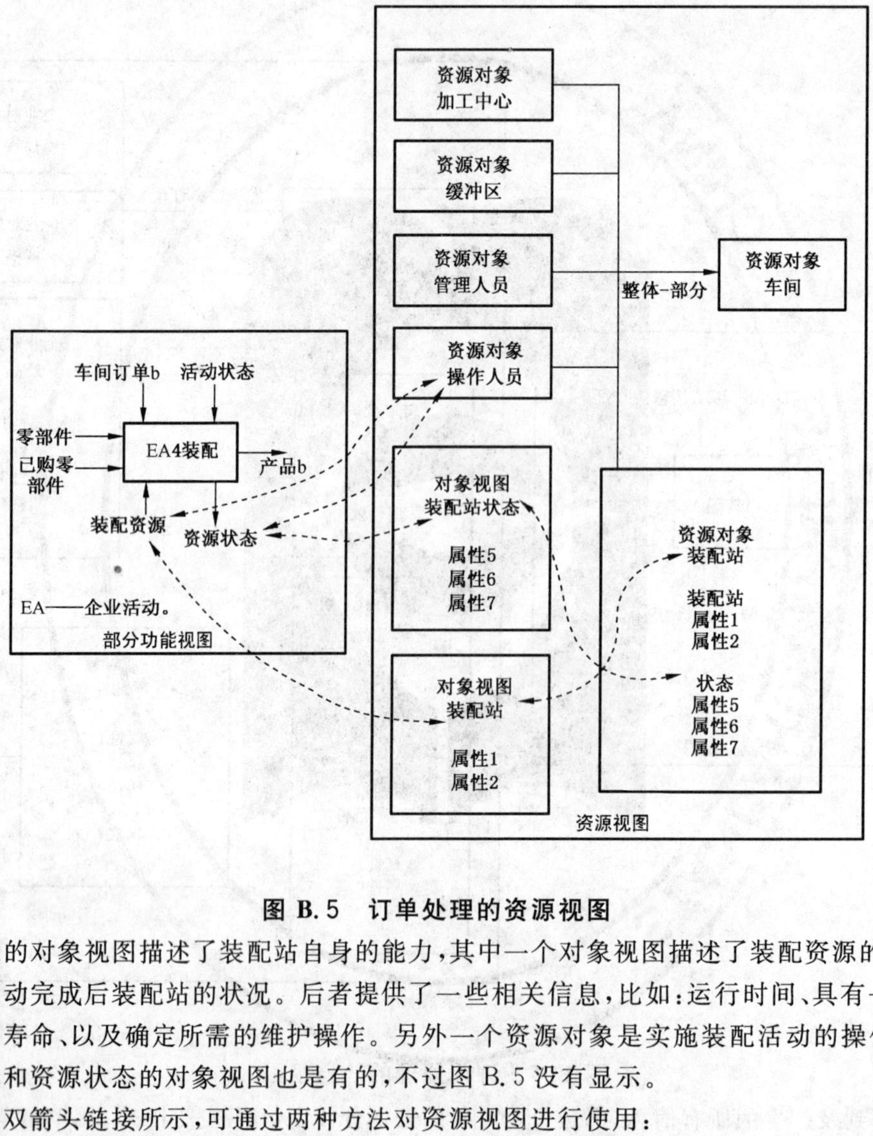

图 B.5 订单处理的资源视图

装配资源的对象视图描述了装配站自身的能力,其中一个对象视图描述了装配资源的资源,另一个描述了装配活动完成后装配站的状况。后者提供了一些相关信息,比如:运行时间、具有一定时限有求的部件的可用寿命、以及确定所需的维护操作。另外一个资源对象是实施装配活动的操作人员。有关剩余资源能力和资源状态的对象视图也是有的,不过图 B.5 没有显示。

如不同的双箭头链接所示,可通过两种方法对资源视图进行使用:

a) 必需的对象投射能够根据操作活动的需要来确定;资源对象由在建模过程中确定的大量对象投射聚集而成。

b) 对象投射从之前确定的企业对象中选出。

为保持企业模型和企业知识库的一致性,b)项为首选方法。

B.3.5 组织视图

图 B.6 是示例订单处理的组织视图。从图 B.2 左下方所示的一般概念开始,该图为其他 CIMOSA[13]视图中的对象或对象视图(功能、信息和资源)指出了不同部门及其成员的职责。

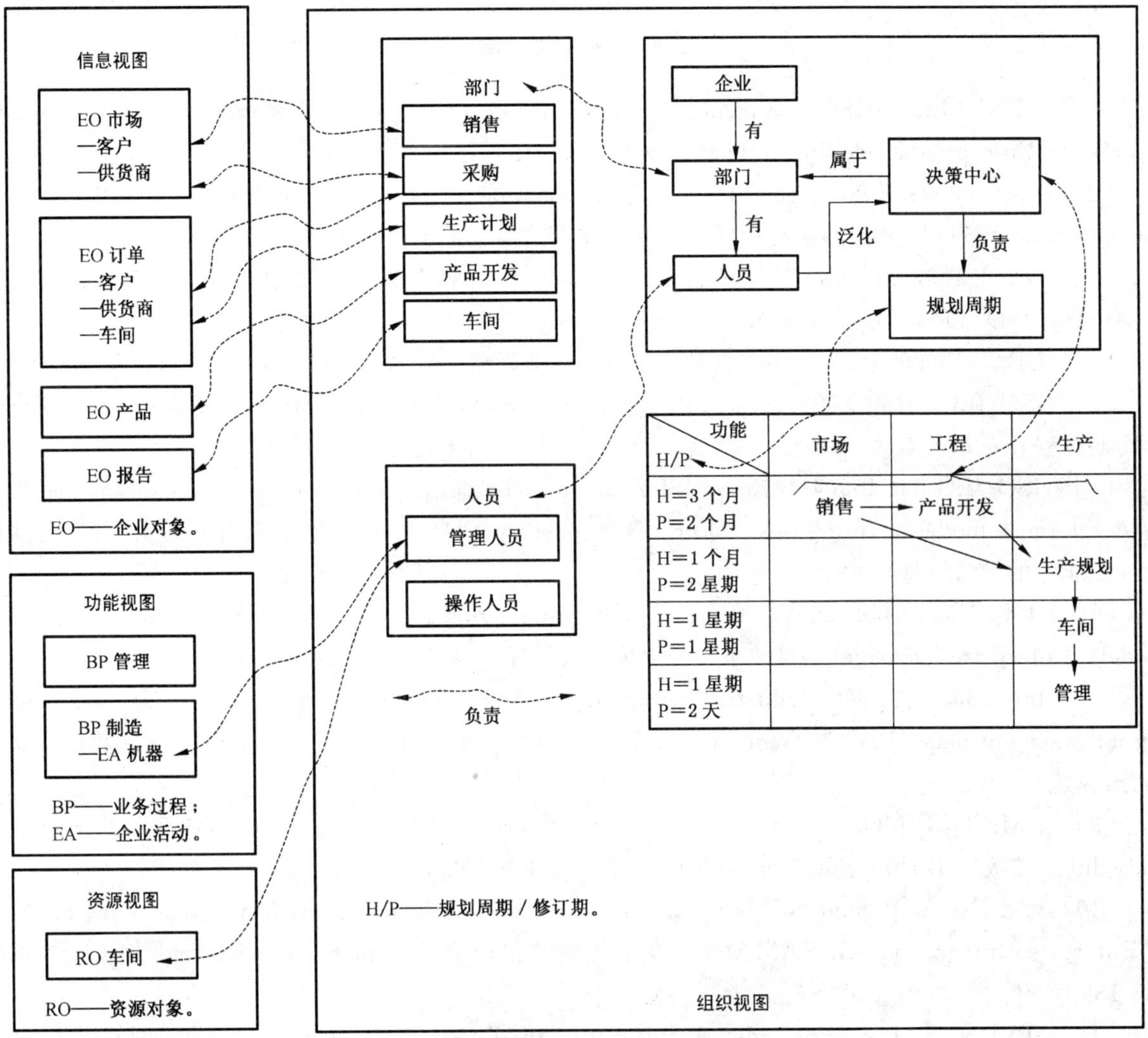

图 B.6　订单处理的组织视图

图 B.6 的右下部的 GRAI 方格[14]表示不同决策中心间的关系(由箭头表示)。根据其计划期和相应的决策修订期，在该方格内对决策中心进行定制。

参 考 文 献

[1] ENV 12204:1996, Advanced Manufacturing Technology—Systems Architecture—Constructs for Enterprise Modelling(先进制造技术 系统体系结构 企业建模结构).

[2] ENV 40003:1990, Computer integrated manufacturing—Systems architecture—Framework for enterprise modelling(计算机集成制造 系统体系结构 企业建模框架).

[3] GB/T 16980.1—1997 工业自动化 车间生产 第1部分:标准化参考模型和确定需求的方法论(idt ISO/TR 10314-1:1990).

[4] GB/T 18999—2003 工业自动化系统 企业模型的概念与规则(ISO 14258:1998,IDT).

[5] ISO/IEC 15288:2002, Systems engineering—System life cycle processes(系统工程 系统生命周期过程).

[6] ISO/IEC TR 15504-2:1998, Information technology—Software process assessment—Part 2: A reference model for processes and process capability(信息技术 软件过程评估 第2部分:过程和过程能力的参考模型).

[7] ISO/IEC 15414:2002, Information technology—Open distributed processing—Reference model—Enterprise language(信息技术 开放分布式处理 参考模型 企业语言).

[8] ISO 15531-1:2004, Industrial automation systems and integration—Industrial manufacturing management data—Part 1: General overview(工业自动化系统与集成 工业制造管理数据 第1部分:综述).

[9] AMICE, CIMOSA—Open System Architecture for CIM(CIMOSA—CIM开放系统架构). 2nd edn(第二版). Berlin: Springer—Verlag. ISBN 0 387 56256 7, 1993.

[10] BERNUS, P. and NEMES, L., The Contribution of GERAM to Consensus in the Area of Enterprise Integration (GERAM对企业集成领域共识的贡献), in KOSANKE and NELL, 1997: 175-189.

[11] BERNUS, P., et al. eds. Architectures for Enterprise Integration(企业集成体系机构). Chapman and Hall, London ISBN 0 412 73140 1, 1996.

[12] CHEN, D. and DOUMEINGTS, G., The GRAI-GIM reference model, architecture and methodology(GRAI-GIM参考模型、体系机构和方法论). in Bernus, P., et al., eds., Architectures for Enterprise Integration, Chapman and Hall, London ISBN 0 412 73140 1, 1996.

[13] CIMOSA ASSOCIATION, CIMOSA—Open System Architecture for CIM: Technical Baseline(CIMOSA—CIM开放系统架构:技术资料), Version 3.2, 1996[3].

[14] DOUMEINGTS, G., VALLESPIR, B. and CHEN, D., Decision modelling GRAI grid (决策建模GRAI方格), in BERNUS, P., MERTINS, K. and SCHMIDT, G., eds. Handbook on architecture for Information Systems(信息系统架构手册), Berlin, Springer—Verlag, 1998.

[15] KOSANKE, K. and NELL, J. G. Standardization in ISO for enterprise engineering and integration, in Computers in Industry(国际标准化组织有关企业工程与集成的标准化,刊登于《工业用计算机》), Elsevier Science B. V., Amsterdam, 1999:40,311-319.

[16] KOSANKE, K. and NELL, J. G., eds., Enterprise Engineering and Integration: Building International Consensus. In: Proceedings of ICEIMT 97, Research Reports Esprit(企业工程与集成:建立国际共识, ICEIMT97 论文集,Esprit 研究报告), Berlin, Springer—Verlag, ISBN 3 540

3) 来自 www.cimosa.de。

63402 9, 1997.

[17] KOSANKE, K., VERNADAT, F. B. and ZELM, M., CIMOSA: Evolution and Applications in Enterprise Engineering and Integration(CIMOSA:企业工程与集成的演进和应用). Computers in Industry(刊登于《工业用计算机》), Elsevier, 1999, vol. 40, No. 2-3.

[18] ORTIZ, A., LARIO, F. and ROS, L., Enterprise Integration—Business Process Integrated Management(企业集成——业务过程集成管理), in KOSANKE, K., VERNADAT, F. B. and ZELM, M., 1999:311-319.

[19] PETRIE, C. J., Jr., ed. Enterprise Integration Modelling. Proceedings of the 1st International Conference (ICEIMT 92)(企业集成建模, ICEIMT92 第一次国际会议论文集). MIT Press, Cambridge, MA, ISBN 0 262 66080 6, 1992.

[20] SCHEER, A.-W., Business Process Engineering—Reference Models for Industrial Enterprises(业务流程工程——工业企业参考模型), Berlin, Springer—Verlag, 1994.

[21] SCHEER, A.-W., ARIS—Business Process Frameworks(ARIS——业务过程框架). 2nd edn. (第二版), Berlin, Springer—Verlag. ISBN 3 540 6581 3, 1999.

[22] SOWA, J. F. and ZACHMAN, J. A., Extending and formalizing the framework for information systems architecture, IBM Systems Journal(信息系统架构框架的扩展与形式化,《IBM 系统杂志》), 1992, vol. 31, No. 3[4].

[23] VERNADAT, F. B., Enterprise Modelling and Integration—Principles and Applications (企业建模与集成——原则与应用), Chapman and Hall, London, ISBN 0 412 60550 3, 1996.

[24] WILLIAMS, T. J., RATHWELL, G. A. and LI HONG, eds. A Handbook on Master Planning and Implementation for Enterprise Integration Programmes. Report 160, Purdue Laboratory for Applied Industrial Control, Purdue University(企业集成程序的总规划与执行手册,报告 160,Purdue 应用工业控制实验室,Purdue 大学), W. Lafayette, IN, 1996.

---

4) 更多信息请登陆 www.zifa.com。

ICS 35.100
L 79

中华人民共和国国家标准

GB/T 16644—2008/ISO/IEC 9595:1998
代替 GB/T 16644—1996

信息技术　开放系统互连
公共管理信息服务

Information technology—Open Systems Interconnection—Common management information service

(ISO/IEC 9595:1998,IDT)

2008-08-19 发布　　2009-01-01 实施

中华人民共和国国家质量监督检验检疫总局
中国国家标准化管理委员会　发布

前 言

本标准等同采用国际标准 ISO/IEC 9595:1998《信息技术　开放系统互连　公共管理信息服务》，仅有编辑性修改。

本标准代替 GB/T 16644—1996《信息技术　开放系统互连　公共管理信息服务定义》。

本标准与 GB/T 16644—1996 相比主要变化如下：

a） 更新了标准引用文件；

b） 根据修改要求，对 6.1、6.5.2、6.5.3、7.2.5 进行了补充修改；

c） 根据修改要求，对 8.3.1、8.3.2、8.3.3、8.3.4、8.3.5 进行了补充修改；

d） 增加了附录 B。

本标准的附录 A 和附录 B 是资料性附录。

本标准由全国信息技术标准化技术委员会提出并归口。

本标准起草单位：山东省计算中心、中国电子技术标准化研究所、山东省计算机网络重点实验室。

本标准主要起草人：徐全平、董火民、刘勇、李刚、王英龙、李文华。

本标准于 1996 年首次发布。

信息技术 开放系统互连 公共管理信息服务

1 范围

本标准定义了应用服务元素(公共管理信息服务元素)。像GB/T 9387.4的OSI管理框架所定义的那样,在集中或分散管理环境下,为了系统管理的目的,由应用进程来交换信息和命令的应用服务元素。本标准位于GB/T 9387.1的应用层,它根据GB/T 17176提供的模型予以定义。

本标准定义:

——构成应用服务元素的一组服务原语;

——在每一服务原语中传递的参数;

——每一服务原语语义描述所需要的任何信息。

本标准不定义:

——意图提供定义服务的任何实现特征;

——与借助该服务交换的信息或命令相联系的语义;

——由服务用户完成的管理方式;

——服务使用引起的任何交互特征。

以上不要求符合本标准。

2 规范性引用文件

下列文件中的条款通过本标准的引用而成为本标准的条款。凡是注日期的引用文件,其随后所有的修改单(不包括勘误的内容)或修订版均不适用于本标准,然而,鼓励根据本标准达成协议的各方研究是否可使用这些文件的最新版本。凡是不注日期的引用文件,其最新版本适用于本标准。

GB/T 9387.1—1998 信息技术 开放系统互连 基本参考模型 第1部分:基本模型(idt ISO/IEC 7498-1:1994)

GB/T 9387.4—1996 信息处理系统 开放系统互连 基本参考模型 第4部分:管理框架(idt ISO/IEC 7498-4:1989)

GB/T 16645.1—2008 信息技术 开放系统互连 公共管理信息协议 第1部分:规范(ISO/IEC 9596-1:1998,IDT)

GB/T 16688—2008 信息技术 开放系统互连 联系控制服务元素服务定义(ISO/IEC 8649:1996,IDT)

GB/T 17176—1997 信息技术 开放系统互连 应用层结构(idt ISO/IEC 9545:1994)

GB/T 17967—2000 信息技术 开放系统互连 基本参考模型:OSI服务定义约定(idt ISO/IEC 10731:1994)

3 术语和定义

下列术语和定义适用于本标准。

3.1 基本参考模型定义

本标准使用GB/T 9387.1—1998中定义的下列术语。

a) 应用服务元素；

b) 开放系统；

c) 系统管理。

3.2 管理框架定义

本标准使用 GB/T 9387.4 中定义的下列术语。

a) 被管客体；

b) 管理信息；

c) 系统管理应用实体。

3.3 ACSE 定义

本标准使用 GB/T 16688 中定义的术语。

a) 应用联系；

b) 应用上下文；

c) 联系；

d) 联系启动者。

3.4 服务约定定义

本标准使用 GB/T 17967—2000 中定义的术语。

a) confirm(原语)；

b) 证实服务；

c) indication(原语)；

d) 非证实服务；

e) request(原语)；

f) response(原语)。

3.5 附加定义

3.5.1

属性 attribute

被管客体的一种特性。一个属性具有一个值。

3.5.2

公共管理信息服务元素 common management information service element

在本标准中所定义的特定应用服务元素。

3.5.3

公共管理信息服务 common management information services

公共管理信息服务元素所提供的一组服务。

3.5.4

CMISE 服务提供者 CMISE-service-provider

把 CMLSE 服务提供给对等 CMISE 服务用户的这些实体的总体抽象。

3.5.5

CMISE 服务用户 CMISE service-user

使用公共管理信息服务元素的应用进程部分。

3.5.6

功能单元 functional unit

用于协商服务选项的服务单元。

3.5.7

调用 CMISE 服务用户　invoking CMISE-service-user

调用管理操作或通知的 CMISE 服务用户。

3.5.8

执行 CMISE 服务用户　performing CMISE-service-user

执行由对等 CMISE 服务用户所调用的管理操作或通知的 CMISE 服务用户。

3.5.9

值集属性　set-valued attribute

一种其值为数学的相同类型值集属性。该集中的值不能被重复,并不蕴含排序。

4　符号和缩略语

ACSE	联系控制服务元素
ASE	应用服务元素
CMIS	公共管理信息服务
CMISE	公共管理信息服务元素
Conf	证实
Ind	指示
Req	请求
Rsp	响应

5　约定

本标准对遵循 GB/T 17967—2000 定义的描述性约定的 CMIS 定义了服务。在第 8 章中,每个 CMIS 服务的定义都包括一个列出其原语参数的表。在表的 Rep/Conf 列中,参数定义仅仅用于证实服务。对于一个给定原语,每一存在的参数值由下列值之一描述:

M	参数为必备的
(=)	参数的值等于该列左边参数值
U	参数的使用是服务用户的选项
—	参数不出现在被相关原语描述的交互中
C	参数是有条件的,该条件由描述参数的文本来定义

6　服务概述

在对等开放系统中,管理信息服务由应用进程加以使用,以便为了系统管理而交换信息和命令。

有两种类型的信息传送服务:

a)　管理通知服务;

b)　管理操作服务。

公共管理信息服务提供附加功能,该功能能够:

a)　对与使用链接标识参数的操作链接的已证实操作进行多次响应;

b)　在选择了满足某些准则并且受"同步"条件约束的多个被管客体上执行操作。

CMISE 服务在表 1 中列出:

表 1 CMISE 服务

服 务	类 型
M-CANCEL-GET	证实
M-EVENT-REPORT	证实/非证实
M-GET	证实
M-SET	证实/非证实
M-ACTION	证实/非证实
M-CREATE	证实
M-DELETE	证实

6.1 联系服务

本标准不单独提供建立和释放应用联系的服务。为了控制应用联系,CMISE 服务用户使用 GB/T 16688中的服务。

在联系建立阶段,各种 ASE 可以使用交换初始化信息去建立 ACSE 的联系。应用上下文规定了属于不同 ASE、嵌在 ACSE 用户信息服务参数中,为协调信息所要求的规则。应用上下文、表示和会话的要求是用 A-ASSOCI ATE 服务参数传送的。

GB/T 16688 的 A-RELEASE 和 A-ABORT 服务用于联系的终止。它们可以由 CMISE 服务用户之一来调用。

6.2 管理通知服务

通知的定义和接着发生的通信实体的行为取决于被管客体的规范,它们不属于本规范讨论的内容。然而,常常在系统管理范围内使用某个通知,CMIS 提供了下列公共服务定义,可用来运送通知的管理信息。

M-EVENT-REPORT 服务是由 CMISE 服务用户调用,以便把关于被管客体的事件报告给对等 CMISE 服务用户。服务可以用已证实或非已证实方式来请求。如在证实方式下,期望应答。

6.3 管理操作服务

操作的定义和接着发生的通信实体的行为取决于被管客体的规范,它们不属于本规范讨论的内容。然而,常常在系统管理范围内使用某个操作,CMIS 提供了下列公共服务定义,可用来运送通知的管理信息。

6.3.1 M-GET 服务是由 CMISE 服务用户调用,以请求检索来自对等 CMISE 服务用户的管理信息。服务只能用证实方式请求,并期望应答。

6.3.2 M-SET 服务是由 CMISE 服务用户调用的,以请求修改对等 CMISE 服务用户的管理信息。服务可以用证实或非证实方式请求。在证实方式下,期望应答。

6.3.3 M-ACTION 服务是由 CMISE 服务用户调用,以请求对等 CMISE 服务用户执行活动。服务可以用证实或非证实方式请求。在证实方式下,期望应答。

6.3.4 M-CREATE 服务是由 CMISE 服务用户调用的,以请求对等 CMISE 服务用户产生被管客体的实例。服务只能用证实方式请求,并期望应答。

6.3.5 M-DELETE 服务是由 CMISE 服务用户调用的,以请求对等 CMISE 服务用户删除被管客体的实例。服务只能以证实方式请求,并期望应答。

6.3.6 M-CANCEL-GET 服务是由 CMISE 服务用户调用的,以请求对等 CMISE 服务用户撤销先前请求的、当前未完成的 M-GET 服务的调用。服务只可以用证实方式请求,并期望应答。

6.4 管理信息树

管理信息可以视为若干被管客体的集合，每个被管客体都具有属性并且可以具有定义的事件和活动。被管客体实例名字分级地排列成管理信息树。

显然管理信息树可以有动态变化，而且这种变化不能立刻用于其他开放系统。

6.5 被管客体选择

被管客体选择包括两个阶段：指出范围和进行过滤。

指出范围需要标识可应用过滤器的被管客体。

进行过滤需要把测试集合应用到先前已指出范围的被管客体集合的每个成员，以抽取子集。

选择满足过滤器的已指定范围的被管客体子集用于操作。

注：如果没有指定过滤器，则选择已指出范围的被管客体用于操作。

6.5.1 指出范围

基本被管客体定义为管理信息树子树的根，搜索从管理信息树开始。下面定义了四种范围级别。

a) 仅限于基本客体；

b) 基本客体的第 n 层下属；

c) 基本客体及其一直到第 n 层(包括 n 层)的所有下属；

d) 基本客体及其所有下属(整个子树)。

当不规定范围参数时，已指出范围的被管客体就是基本客体实例参数所指定的客体。

注：基本客体定义为零级别。

6.5.2 进行过滤

过滤器是关于在已指出范围的被管客体中的属性出现或属性值的一个或多个断言的集合。如果过滤器含有一个以上的断言，可以采用逻辑操作符将这些断言组合在一起。如果过滤器检测给定的被管客体为真，那么，应选择该被管客体来执行操作。

6.5.3 同步

当多个被管客体已经利用范围和过滤机制选定时，所提供的同步参数允许 CMISE 服务用户指示出跨越被管客体实例同步操作的方式。CMISE 服务用户可以请求以下两种同步类型之一：原子型或尽力型。由于利用过滤器选择的客体实例的次序是一局部事情，所以基于次序的同步是无意义的。

注：CMIS 不提供参数来指示被管客体内部属性之间的同步，这将规定为被管客体行为的一部分并且对于不同属性的组合和操作可以改变。

7 功能单元

一般服务能力被指定为功能单元，而功能单元对应于所支持的服务原语或参数。

7.1 核心功能单元

除 M-CANCEL-GET 服务外，在表 1 中列出的所有 CMISE 服务包括在核心功能单元中。对于核心功能单元中的服务，不应使用链接标识参数，除非已商定的在 CMISE 服务用户联系上可使用多应答功能单元。不应使用范围和同步参数，除非已商定选用多客体选择功能单元。不应使用过滤器参数，除非已商定选用过滤器功能单元。

7.2 附加功能单元

7.2.1 多客体选择功能单元

本功能单元可在核心功能单元服务中使用范围和同步参数。这些参数不出现在 M-EVENT-REPORT 和 M-CREATE 服务中。

如果多客体选择功能单元被建议，则多应答功能单元也将被建议。

7.2.2 过滤器功能单元

本功能单元可在核心功能单元服务中使用过滤器参数。过滤器参数不出现在 M-EVENT-REPORT 和 M-CREATE 服务中。

7.2.3 多应答功能单元

本功能单元可在核心功能单元服务中使用链接标识的参数。链接标识参数不出现在 M-EVENT-REPORT 和 M-CREATE 服务中。

如果调用的 CMISE 服务用户选择了多个被管客体或者请求 M-ACTION 操作用于已定义可产生多响应的单个被管客体,则对单个管理操作的多应答才可以出现。

注:多应答功能单元的使用可以导致大量返回的数据。目前,CMIS 只提供 M-CANCEL-GET 服务,以便控制数据的流量;控制数据流量或控制操作的附加机制有待进一步研究。

7.2.4 扩充的服务功能单元

本功能单元除了使用 P-DATA 服务之外,还可使用表示层服务。

7.2.5 撤销获取服务功能单元

本功能单元可使用 M-CANCEL-GET 服务。

8 服务定义

CMISE 服务已在表 1 中列出。

作为证实原语部分返回的参数可以作为成功操作的结果出现(这些被描述为“包括在成功证实中”),或作为差错状态的结果出现(这些被描述为“包括在失败证实中”)。

一些操作可以报告差错代码。根据受有效安全策略的约束,如果出现多差错,其中一个差错违反了安全要求,应返回“拒绝访问”差错代码。

8.1 联系服务

8.1.1 联系建立

GB/T 16688 的 A-ASSOCIATE 服务由一个 CMISE 服务用户调用,建立与对等 CMISE 服务用户的联系。联系建立是管理信息服务活动的任何实例的第一阶段。

表 2 列出了本标准定义的参数是 A-ASSOCIATE 服务用户信息参数中的 CMIS 特定部分,这种信息由联系启动者规定,而且当建立联系时进行交换。在使用管理操作和通知服务之前要求这种初始化信息的交换。

表 2 A-ASSOCIATE 用户信息

参数名	Req/Ind	Rsp/Conf
功能单元	U	U
访问控制	U	U
用户信息	U	U

8.1.1.1 功能单元

当由初始 CMISE 服务用户供给时,本参数规定一组初始 CMISE 服务用户建议可用于该联系上的附加功能单元。当由响应的 CMISE 服务用户返回时,本参数规定了一组响应的 CMISE 服务用户建议可用于联系上的附加功能单元。

当本参数不被供给时,就认为没有被建议的附加功能单元。

由两个 CMISE 服务用户已建议的任何附加功能单元被商定为可用于该联系上。

如果扩充的服务功能单元是协商好了的,那么表示层服务(而不是 P-DATA 服务)可加以使用。其他表示服务的细节和如何使用它们,在使用于该联系上时,在应用上下文的定义中予以描述。

8.1.1.2 访问控制

本参数由访问控制功能用来对联系发起者的特权进行验证,并且本参数可以用于建立该联系的所有交换用的默认访问特权。后续交换可以规定附加访问信息,该附加访问信息由访问控制信息连同默认访问特权一起加以使用,用来确定在该交换时的初始 CMISE 服务用户的访问状态。如果访问控制策略允许,附加访问控制信息可以用来确定后续交换时的访问状态。

访问控制功能的定义超出本标准的范围,但 CMIS 用户可以规定如何使用这个字段。

8.1.1.3 用户信息

初始 CMISE 服务用户和/或响应 CMISE 服务用户可以任选地分别包括关于请求和/或响应原语的用户信息。参数的含义是应用上下文特有的。

8.1.2 联系释放

GB/T 16688 的 A-RELEASE 服务是由 CMISE 服务用户调用,以请求在对等应用实体之间的联系有序终止。本标准不规定任何 A-RELEASE 服务参数的使用。

A-ABORT 服务是由 CMISE 服务用户调用,以请求在对等应用实体之间的联系突然终止。

表 3 列出了本标准定义的参数是 A-ABORT 服务的用户信息参数中的 CMIS 特定部分。

表 3 A-ABORT 用户信息

CMIS 参数	A-ABORT Req/Ind
放弃源	M
用户信息	U

8.1.2.1 放弃源

放弃源参数指出放弃的初始源。它采用下列符号值之一:

——CMISE 服务提供者;

——CMISR 服务用户。

8.1.2.2 用户信息

放弃的初始源可以包括用户信息。本参数的含义是应用上下文特有的。

8.2 管理通知服务

M-EVENT-REPORT 服务是由 CMISE 服务用户用来将事件报告给对等 CMISE 服务用户。它定义为证实和非证实服务。

8.2.1 M-EVENT-REPORT 参数

表 4 列出了本服务的参数。

表 4 M-EVENT-REPORT 参数

参数名	Req/Ind	Rsp/Conf
调用标识符	M	M(=)
方式	M	—
被管客体类	M	U
被管客体实例	M	U
事件类型	M	C(=)
事件时间	U	—
事件信息	U	—
当前时间	—	U
事件应答	—	C
差错	—	C

8.2.1.1 调用标识符

本参数规定了分配给通知的标识符。它可用来从 CMISE 服务提供者在进行中的其他操作和通知中辨别出本通知。

8.2.1.2 方式

本参数规定了操作请求的方式。可能的值是：

——证实的；

——非证实的。

8.2.1.3 被管客体类

本参数规定了发生事件的被管客体类。它可以被包括在任何证实中。

8.2.1.4 被管客体实例

本参数规定了发生事件的被管客体实例。它可以被包括在任何证实中。

8.2.1.5 事件类型

本参数规定了被报告的事件类型。它可能包括在成功的证实中，如果包括了事件应答参数，它也应被包括。

8.2.1.6 事件时间

本参数包含事件产生的时间。

8.2.1.7 事件信息

本参数包含调用 CMISE 服务用户能提供的有关本事件的信息。

8.2.1.8 当前时间

本参数包含产生响应的时间。它可以被包括在成功证实中。

8.2.1.9 事件应答

本参数包含事件报告的应答。它可以被包括在成功证实中。

8.2.1.10 差错

本参数包含用于操作的差错通知。它应包括在失败证实中。下列差错可能发生：

——重复调用：所规定的调用标识符被分配给其他通知或操作；

——无效自变量值：所规定的事件信息值处于范围之外，否则是不合适的；

——类型有误自变量：所供给的参数之一未被商定用于 CMISE 服务用户之间的联系上；

——无这种自变量：所规定的事件信息不能被识别；

——无这种事件类型：所规定的这个事件类型不能被识别；

——无这种客体类：所规定的被管客体类不能被识别；

——无这种客体实例：所规定的被管客体实例不能被识别；

——处理失败：处理通知时遇到的一般失败；

——资源限制：由于资源限制引起通知不能被处理；

——未识别操作：本操作不是在 CMISE 服务用户之间商定的操作之一。

8.2.2 M-EVENT-REPORT 规程

8.2.2.1 调用 CMISE 服务用户通过发出 M-EVENT-REPORT request 原语给 CMISE 服务用户提供者把事件报告给执行 CMISE 服务用户。

8.2.2.2 如果 CMISE 服务提供者接受该请求，那么它发出 M-EVENT-REPORT indication 原语给执行 CMISE 服务用户。否则，该 CMISE 服务提供者拒绝该请求，并且下列规程不适用。

8.2.2.3 在证实方式下，执行 CMISE 服务用户通过发出 M-EVENT-REPORT response 原语给 CMISE 服务提供者来报告对 M-EVENT-REPORT request 原语的接受或拒绝。

8.2.2.4 在已证实方式下，CMISE 服务提供者发出 M-EVENT-REPORT confirm 原语给调用 CMISE 服务用户。

8.3 管理操作服务

8.3.1 M-GET 服务

M-GET 服务由 CMISE 服务用户用来从对等 CMISE 服务用户中检索属性值。它被定义为证实服务。这种服务可以调用 M-CANCEL-GET 服务取消。

8.3.1.1 M-GET 参数

表 5 列出了服务的参数。

表 5 M-GET 参数

参数名	Req/Ind	Rsp/Conf
调用标识符	M	M
链接标识符	—	C
基本客体类	M	—
基本客体实例	M	—
范围	U	—
过滤器	U	—
访问控制	U	—
同步	U	—
属性标识符列表	U	—
被管客体类	—	C
被管客体实例	—	C
当前时间	—	U
属性列表	—	C
差错	—	C

8.3.1.1.1 调用标识符

本参数规定了分配给操作的标识符。它可用来从 CMISE 服务提供者在进行中的其他通知和操作中辨别出该操作。

每个响应应具有一个唯一调用标识符;最后一个响应应具有与 indication 原语中提供的调用标识符值相等的一个调用标识符。

8.3.1.1.2 链接标识符

如果多应答待发送用于该操作,当这些应答被返回时,则本参数规定由执行 CMISE 服务用户提供的标识。链接标识符应具有和在 indication 原语中提供的调用标识符相同的值。

8.3.1.1.3 基本客体类

本参数规定了被管客体类,该被管客体用作起始点用于选择可使用过滤器(当供给时)的被管客体。

8.3.1.1.4 基本客体实例

本参数规定了被管客体的实例,该被管客体用作起始点用于选择可使用过滤器(当供给时)的被管客体。

8.3.1.1.5 范围

本参数指出可搜索的以基本被管客体为根的子树。可以执行的搜索级别为:

——仅限于基本客体;

——基本客体的第 n 层下属；

——基本客体及其往下直到第 n 层(包括 n 层)的所有下属；

——基本客体及其所有下属。

默认范围是仅限于基本客体。

8.3.1.1.6 **过滤器**

本参数规定了断言的集合，该断言集合定义了被施加到已指出范围的被管客体上的过滤器测试。多个断言可以使用逻辑操作符 AND、OR 和 NOT 被组合起来。每个断言可以是为了相等性、排序、存在或集合比较的测试。关于属性值的断言可根据与属性语法有关的匹配规则来评估。如果属性值断言呈现在过滤器中而那个属性未呈出在已指出范围的被管客体中，则对于那个属性值断言的测试结果应评估为 FALSE。过滤器测试评估为 TRUE 的被管客体是为了操作的应用而被选择的。如果过滤器未予规定，则该范围所包括的所有被管客体都可被选择。

8.3.1.1.7 **访问控制**

为了获得从规定的被管客体中检索属性值的许可权，本参数包含了访问控制信息。

访问控制功能的定义超出本标准的范围，但 CMIS 用户可以规定如何使用这个字段。

8.3.1.1.8 **同步**

本参数指出调用 CMISE 服务用户如何使跨越若干已选择客体实例的若干 M-GET 操作被同步。已定义了同步一系列操作的两种方法：

——原子型：为了操作而选择的所有被管客体都要被检验，以调查它们是否能成功地执行该操作。如果一个或多个不能成功地执行该操作，则没有一个执行该操作，否则所有都执行该操作。

——尽力型：要求为了操作而选择的所有被管客体都执行该操作。

如果未供给本参数则执行“尽力型”同步如果只有一个基本被管客体被选择用于操作则本参数(如果存在)不被理睬。

8.3.1.1.9 **属性标识符列表**

本参数包含由执行 CMISE 服务用户返回的属性值的一组属性标识符。如果本参数被省略，所有属性标识符被假设。属性的定义可在被管客体类规范中找到。

8.3.1.1.10 **被管客体类**

如果只有一个基本客体单独被规定，则本参数是任选的；否则，它应规定被返回属性值的被管客体类。它可以包含在任何证实中。

8.3.1.1.11 **被管客体实例**

如果只有一个基本客体单独被规定，则本参数是任选的，否则，它应规定被返回属性值的被管客体实例。它可以包含在任何证实中。

8.3.1.1.12 **当前时间**

本参数包含产生响应的时间。它可以包含在成功证实中并且包括在获得列表差错中。

8.3.1.1.13 **属性列表**

本参数包含由执行 CMISE 服务用户返回的一组属性标识符及其值。它应包含在成功证实中。

8.3.1.1.14 **差错**

本参数包含操作的差错通知。它应包括在失败证实中。下列差错可能发生：

——拒绝访问：由于开放系统安全的原因，请求的操作不能被执行；

——类实例冲突：所规定的被管客体实例不是所规定类的成员；

——复杂性限制：由于参数太复杂，请求的操作不能被执行；

——重复调用：所规定的调用标识符被分配给另外的通知或操作；

——获取列表差错：由于下列原因之一，一个或多个属性值不能读出：

- 拒绝访问：由于开放系统安全性的原因，请求的操作不能被执行；

● 无此属性:用于规定的属性和属性组的标识符不能被识别。

能读出的属性值被返回:

——无效过滤器:过滤器参数包含一个无效断言和一个未识别的逻辑操作符;

——无效范围:范围参数的值是无效的;

——类型有误自变量:所供给的参数之一未被商定用于 CMISE 服务用户之间的联系上;

——无这种客体类:所规定的被管客体类不能被识别;

——无这种客体实例:所规定的被管客体实例不能被识别;

——撤销的操作:该操作由 M-CANCEL-GET 操作来撤销,并且通过调用 M-GET 服务没有进一步的属性值被返回;

——处理失败:处理操作时遇到的一般失败;

——资源限制:由于资源限制引起操作不能被执行;

——不支持的同步:所规定的同步类型不能被支持;

——未识别的操作:这个操作不是在 CMISE 服务用户之间商定的操作之一。

8.3.1.2 M-GET 规程

8.3.1.2.1 调用 CMISE 服务用户通过向 CMISE 服务提供者发出 M-GET request 原语来请求执行 CMISE 服务用户去检索属性值。

8.3.1.2.2 如果 CMISE 服务提供者接受该请求,则它发出 M-GET indication 原语给执行 CMISE 服务用户。否则,CMISE 服务提供者拒绝该请求,并且下列规程不适用。

8.3.1.2.3 如果该操作不能被执行,则执行 CMISE 服务用户通过发出带有相应差错代码的 M-GET response 原语拒绝 M-GET 请求。在这种情况下,下列规程不适用。

8.3.1.2.4 如果只有一个响应被产生,则规程 8.3.1.2.5 和 8.3.1.2.6,8.3.1.2.7 应不被理睬。

8.3.1.2.5 执行 CMISE 服务用户检索所请求的属性值并产生一个包括结果和/或错误通知的响应。链接标识符呈现在服务原语中,同时它的值被置为与 indication 原语中的调用标识符相等的值,并且被管客体类和实例应呈现在 indication 原语中。

8.3.1.2.6 CMISE 服务用户向调用 CMISE 服务用户发出 M-GET confirm 原语,它应包括链接标识符、被管客体类和实例。

8.3.1.2.7 应重复规程 8.3.1.2.5 和 8.3.1.2.6,直到所有应答已完成。

8.3.1.2.8 响应的完成由执行 CMISE 服务用户发出 M-GET response 原语来指出,它应不包括链接标识符。如果 M-GET 操作成功地被撤销,M-GET response 原语应包括操作撤销的差错,并且应不包括在 8.3.1.3.2.4 中规定的被管客体类和被管客体实例。否则,如果规程 8.3.1.2.5 和 8.3.1.2.6 产生链接响应,M-GET response 原语只应包括调用标识符。

8.3.1.2.9 CMISE 服务提供者发出 M-GET 证实原语给调用 CMISE 服务用户,从而完成了 M-GET 操作。

8.3.1.3 M-CANCEL-GET 服务

M-CANCEL-CET 服务由调用 CMISE 服务用户用来请求撤销先前请求的及当前悬而未决的由对等 CMISE 服务用户调用的 M-GET 服务。它被定义为证实服务。

8.3.1.3.1 M-CANCEL-GET 参数

表 6 列出了本服务的参数。

表 6 M-CANCEL-GET 参数

参数名	Req/Ind	Rsp/Conf
调用标识符	M	M(=)
获取服务调用标识符	M	—
差错	—	C

8.3.1.3.1.1 调用标识符

本参数规定了分配给操作的标识符。它可用来从 CMISE 服务提供者在进行中的其他通知或操作中辨别出本操作。

8.3.1.3.1.2 M-GET 调用标识符

本参数规定了分配给先前请求和当前悬而未决 M-GET 操作的标识符。

8.3.1.3.1.3 差错

本参数包含操作用的差错通知。它应包括在失败证实中。下列差错可能发生:

——重复调用:所规定的调用标识符已分配给另外的通知或操作;

——类型有误的操作:M-GET 调用标识符并不指的是 M-GET 操作;

——无这种调用标识符:M-GET 调用标识符不能被识别;

——处理失败:处理操作时遇到的一般失败;

——资源限制:由于资源限制引起操作不能被执行;

——未识别的操作:本操作不是在 CMISE 服务用户之间所商定的操作之一。

8.3.1.3.2 M-CANCEL-GET 规程

8.3.1.3.2.1 调用 CMISE 服务用户通过发出一个 M-CANCEL-GET request 原语给 CMISE 服务提供者请求执行 CMISE 服务用户去撤销先前请求的及当前悬而未决的 M-GET 操作。

8.3.1.3.2.2 如果 CMISE 服务提供者接受该请求,则它发出 M-CANCEL-GET indication 原语给执行 CMISE 服务用户。否则,CMISE 服务提供者拒绝请求,并且下列规程不适用。

8.3.1.3.2.3 如果操作不能被执行,则执行的 CMISE 服务用户通过发出带有相应的差错代码的 M-CANCEL-GET response 原语来拒绝 M-CANCEL-GET 请求。在这种情况下,下列规程不适用。

8.3.1.3.2.4 执行的 CMISE 服务用户撤销悬而未决的 M-GET 操作,并且发出 M-GET response 原语,该原语包含操作撤销的差错,也应不包含被管客体类和被管客体实例的参数,并且发生 M-CANCEL-GET response 原语给 CMISE 服务提供者。

8.3.1.3.2.5 在调用的 CMISE 服务用户发出 M-CANCEL-GET request 原语之后,但是在执行的 CMISE 服务用户接收 M-CANCEL-GET indication 原语之前,如果有任何 M-GET response 原语被执行的 CMISE 服务用户所发出,则调用的 CMISE 服务用户应收到对上述 M-GET response 原语的 M-GET confirm 原语。

8.3.1.3.2.6 CMISE 服务提供者发出 M-GET confirm 原语给调用的 CMISE 服务用户,它应包括该操作撤销的差错指示,以完成 M-GET 操作,并且发出 M-CANCEL-GET confirm 原语给调用的 CMISE 服务用户,从而完成了 M-CANCEL-GET 操作。

8.3.2 M-SET 服务

M-SET 服务由调用 CMISE 服务用户用来请求对等 CMISE 服务用户修改的属性值。它被定义为证实和非证实服务。

8.3.2.1 M-SET 参数

表 7 列出了服务的参数。

表 7 M-SET 参数

参数名	Req/Ind	Rsp/Conf
调用标识符	M	M
链接标识符	—	C
方式	M	—
基本客体类	M	—

表 7（续）

参数名	Req/Ind	Rsp/Conf
基本客体实例	M	—
范围	U	—
过滤器	U	—
访问控制	U	—
同步	U	—
被管客体类	—	C
被管客体实例	—	C
修正列表	M	—
属性列表	—	U
当前时间	—	U
差错	—	C

8.3.2.1.1　调用标识符

本参数规定了分配给操作的标识符。它可用来从 CMISE 服务提供者在进行中的其它通知或操作中辨别出本操作。

每个响应应具有一个唯一调用标识符；最终的响应应具有与 indication 原语中提供的调用标识符值相等的一个调用标识符。

8.3.2.1.2　链接标识符

如果多应答待发送用于操作，则本参数规定了当这些应答被返回时由执行 CMISE 服务用户提供的标识。链接标识符应具有与在 indication 原语中提供的调用标识符相同的值。

8.3.2.1.3　方式

本参数规定了操作请求的方式。可能的值是：

——证实的；

——非证实的。

8.3.2.1.4　基本客体类

本参数规定了被管客体的类，该被管客体类用作为起始点，用于选择可使用过滤器（当供给时）的被管客体。

8.3.2.1.5　基本客体实例

本参数规定了被管客体的实例，该被管客体的实例用作为起始点，用于选择可使用过滤器（当供给时）的被管客体。

8.3.2.1.6　范围

本参数指出被搜索的以基本被管客体为根的子树。可以执行的搜索级别是：

——仅限于基本客体；

——基本客体第 n 层的下属；

——基本客体及其一直到第 n 层（包括 n 层）的所有下属；

——基本客体及其所有下属（整个子树）。

默认范围仅限于基本客体。

8.3.2.1.7 过滤器

本参数规定了断言的集合,该集合定义了适用于已指出范围的被管客体的过滤器测试。多个断言可以使用逻辑操作符 AND, OR 和 NOT 被组合起来。每个断言可以是为了相等性、排序、存在或置位比较的测试。关于属性值的断言,可根据与属性语法相关的匹配原则来评估。如果属性值断言呈现在过滤器中而那个属性未呈现在已指出范围的被管客体中,则对于那个属性值断言的测试结果应评估为 FALSE,过滤器测试评估为 TRUE 的被管客体是为了操作的应用而被选择的。如果过滤器未予规定,则本范围所包括的所有被管客体都可被选择。

8.3.2.1.8 访问控制

为了获得从规定的被管客体中检索属性值的许可权,本参数包含了访问控制信息。

访问控制功能的定义超出本标准的范围,但 CMIS 用户可以规定如何使用这个字段。

8.3.2.1.9 同步

本参数指出调用 CMISE 服务用户如何使跨越若干已选择客体实例的若干 M-GET 操作被同步。已定义了同步一系列操作的两种方法:

——原子型:为了操作而选择的所有被管客体都要被检验,以调查它们是否能成功地执行该操作。如果一个或多个不能成功地执行该操作,则没有一个执行该操作,否则全部执行该操作。

——尽力型:要求为了操作而选择的所有被管客体执行该操作。

如果未供给本参数,则执行"尽力型"同步。如果只有一个基本被管客体被选择用于操作,则本参数(如果存在)不被理睬。

8.3.2.1.10 被管客体类

如果只有一个基本客体被规定,则本参数是任选的;否则,它应规定修改属性值的被管客体的类。它可以包含在任何证实中。

8.3.2.1.11 被管客体实例

如果只有一个基本客体被规定,则本参数是任选的;否则,它应规定修改属性值的被管客体的实例。它可以包含在任何证实中。

8.3.2.1.12 通知列表

本参数包含一组属性通知规范,每个规范包含:

a) 属性标识符:其值被修改的属性或属性组的标识符。当规定了置为默认的修改操作符时,属性组标识符才应予以规定;
b) 属性值:用于修改属性的值。本参数的使用由修改操作符加以定义。当规定了置为默认的修改操作符时,本参数是任选的,如果修改操作符被供给时,本参数应不被理睬;
c) 修改操作符:把属性值(如果供给)应用于属性的方法。可能的操作符是:
——替换:所规定的属性值应该用来替换当前的属性值;
——增加值:所规定的属性值应该被增加到当前的属性值。本操作符只应该应用于一组值的属性,并且应执行当前的属性值和所规定的属性值之间的并集(在数学的意义上)。用属性值参数规定的值(它早已处于当前的属性值中)应不导致差错被返回;
——移去值:所规定的属性值应从当前的属性值中移去。本操作符只应该应用于一组值的属性,并且应执行当前的属性值和所规定的属性值之间的差集(在数学意义上)。用属性值参数规定的值(它不处于当前的属性值中)应不导致差错被返回;
——置为默认:当本操作符被应用于单值的属性时,属性的值应置为它的默认值。当本操作符可应用于一组值的属性时,属性的值应置为它的默认值,并且只应赋予如默认所定义的一样多的值。如果没有被定义默认值,"无效操作"差错应被返回。

修改操作符是任选的,如果它未被规定,则替换操作符应予以假定。

8.3.2.1.13 **属性列表**

本参数包含一组属性(某一个用于通知列表中所规定的每个属性标识符),带值的每个属性紧跟该通知。它可以包括在成功的证实中。

8.3.2.1.14 **当前时间**

本参数包含产生响应的时间。它可以包含在成功的证实中,如果产生一个以上的响应,它可以包括在失败的证实中。

8.3.2.1.15 **差错**

本参数包含用于操作的差错通知。它应包括在失败的证实中。下列差错可能发生:

——拒绝访问:由于开放系统安全的原因请求的操作不能被执行;

——类实例冲突:所规定被管客体实例不是规定类的成员;

——复杂性限制:由于参数太复杂,请求的操作不能被执行;

——重复调用:所规定的调用标识符被分配给另外的通知或操作;

——无效过滤器:过滤器参数包含一个无效断言和一个未识别的逻辑操作符;

——无效范围:范围参数的值是无效的;

——类型有误自变量:所供给的参数之一未被商定用于 CMISE 服务用户之间的联系上;

——无这种客体类:所规定的被管客体类不能被识别;

——无这种客体实例:所规定的被管客体实例不能被识别;

——处理失败:处理操作时遇到的一般失败;

——资源限制:由于资源限制引起操作不能被执行;

——设置列表差错:由于下列原因之一,一个或多个属性值不能被修改:

- 拒绝访问 :由于开放系统安全的原因请求的操作不被执行;
- 无效属性值:所规定的属性值超出范围,或者是不适合的;
- 无效操作符:修改所规定的操作符不能被识别;
- 无效操作:修改所规定的操作对规定的属性不能被执行;
- 无这种属性:用于规定属性的标识符不能被识别。

能修改的属性值被修改:

——不支持同步:所规定的同步类型不能被支持;

——未识别操作:本操作不是在 CMISE 服务用户之间商定的操作之一。

8.3.2.2 **M-SET 规程**

8.3.2.2.1 调用 CMISE 服务用户通过向 CMISE 服务提供者发出 M-SET request 原语来请求执行 CMISE 服务用户修改属性值。

8.3.2.2.2 如果 CMISE 服务提供者接受该请求,则它发出 M-SET indication 原语给执行 CMISE 服务用户。否则,CMISE 服务提供者拒绝该请求,并且下列规程不适用。

8.3.2.2.3 在非证实方式下,下列规程应不被理睬。

8.3.2.2.4 如果操作不能被执行,则执行 CMISE 服务用户通过发出带有适合差错代码的 M-SET response原语来拒绝 M-SET 请求。在这种情况下,下列规程不适用。

8.3.2.2.5 如果只有一个响应被产生,则规程 8.3.2.2.6、8.3.2.2.7 和 8.3.2.2.8 应不被理睬。

8.3.2.2.6 执行 CMISE 服务用户修改请求的属性值并产生一个包含结果和/或差错通知的响应。链接标识符应呈现在服务原语中,同时它的值被置为与 indication 原语中的调用标识符相等的值,被管客体类和实例也应呈现在该服务原语中。

8.3.2.2.7 CMISE 服务用户向调用 CMISE 服务用户发出 M-SET indication 原语,它应包含链接标识符以及被管客体类和实例。

8.3.2.2.8 应重复规程 8.3.2.2.6 和 8.3.2.2.7 直到所有应答已完成。

8.3.2.2.9 响应的完成可由执行 CMISE 服务用户发出 M-SET response 原语来指出，该原语应不包括链接标识符，并且，如果有规程 8.3.2.2.6 和 8.3.2.2.7 产生的链接响应，则它只应包括调用标识符。

8.3.2.2.10 CMISE 服务提供者发出一个 M-SET confirm 原语给调用 CMISE 服务用户，从而完成了 M-SET 操作。

8.3.3 M-ACTION 服务

M-ACTION 服务由 CMISE 服务用户用来请求对等 CMISE 服务用户去执行对被管客体的动作。它被定义为证实和非证实服务。

8.3.3.1 M-ACTION 参数

表 8 列出了服务的参数。

表 8 M-ACTION 参数

参数名	Req/Ind	Rsp/Conf
调用标识符	M	M
链接标识符	—	C
方式	M	—
基本客体类	M	—
基本客体实例	M	—
范围	U	—
过滤器	U	—
被管客体类	—	C
被管客体实例	—	C
访问控制	U	—
同步	U	—
动作类型	M	C(=)
动作信息	U	—
当前时间	—	U
动作应答	—	C
差错	—	C

8.3.3.1.1 调用标识符

本参数规定了分配给操作的标识符。它可用来从 CMISE 服务提供者在进行中的其他通知和操作中辨别出本操作。

每个响应应具有一个唯一调用标识符；最终的响应应具有与 indication 原语中提供的调用标识符值相等的一个调用标识符。

8.3.3.1.2 链接标识符

如果多应答被发送用于本操作，则本参数规定了当这些应答被返回时由执行 CMISE 服务用户提供的标识。链接标识符应具有与在 indication 原语中提供的调用标识符相同的值。

8.3.3.1.3 方式

本参数规定了操作请求的方式。可能的值是：

——证实的；

——非证实的。

8.3.3.1.4 **基本客体类**

本参数规定了被管客体的类，该被管客体类用作为起始点，用于选择可使用过滤器（当供给时）的被管客体。

8.3.3.1.5 **基本客体实例**

本参数规定了被管客体的实例，该被管客体实例用作为起始点，用于选择可使用过滤器（当供给时）的被管客体。

8.3.3.1.6 **范围**

本参数指出被搜索的以基本被管客体为根的子树。可以执行的搜索级别是：

——仅限于基本客体；

——基本客体第 n 层的下属；

——基本客体及其一直到第 n 层（包括第 n 层）的所有下属；

——基本客体及其所有下属（整个子树）。

默认范围仅限于基本客体。

8.3.3.1.7 **过滤器**

本参数规定了断言的集合，该集合定义了适用于已指出范围的被管客体的过滤器测试。多个断言可以使用逻辑操作符 AND、OR 和 NOT 被组合起来。每个断言可以是为了对相等性、排序、存在或置位比较的测试。关于属性值的断言可根据与属性语法相关的匹配规则来评估。如果属性值断言呈现在过滤器中而那个属性未呈现在已指出范围的被管客体中，则对于那个属性值断言的测试结果应评估为 FALSE。过滤器测试评估为 TRUE 的被管客体是为了操作的应用而被选择的。如果过滤器未予规定，则本范围所包括的所有被管客体都可被选择。

8.3.3.1.8 **被管客体类**

如果只有一个基本被管客体被规定，则这个参数是可选的；否则，它应规定执行该动作的被管客体类。它可以包含在任何证实中。

8.3.3.1.9 **被管客体实例**

如果只有一个基本客体被规定，则本参数是任选的；否则，它应规定执行该动作的被管客体实例。它可以包含在任何证实中。

8.3.3.1.10 **访问控制**

为了获得从规定的被管客体中检索属性值的许可权，本参数包含了访问控制信息。

访问控制功能的定义超出本标准的范围，但 CMIS 用户可以规定如何使用这个字段。

8.3.3.1.11 **同步**

本参数指出调用 CMISE 服务用户如何使跨越若干已选择客体实例的若干 M-ACTION 操作被同步。已定义了同步一系列操作的两种方法：

——原子型：为了操作而选择的所有被管客体都要被检验，以调查它们是否能成功地执行该操作。如果一个或多个不能成功地执行该操作，则没有一个执行该操作，否则全部执行该操作。

——尽力型：要求为了操作而选择的所有被管客体执行该操作。

如果未供给本参数，则执行尽力型同步。如果只有一个基本被管客体被选择用于操作，则本参数（如果存在）不被理睬。

8.3.3.1.12 **动作类型**

本参数规定了被执行的特定动作。它被包含在成功的证实中，并且如果动作应答参数被包括它也应被包括。

8.3.3.1.13 **动作信息**

本参数规定了当需要更进一步定义被执行动作的性质、变化或操作数时的额外信息。参数的语法和语义取决于所请求的动作。

8.3.3.1.14 **当前时间**

本参数包含产生响应的时间。如果产生一个以上的响应,它可以包含在成功证实和失败证实中。

8.3.3.1.15 **动作应答**

本参数包含对动作的应答,它可以包含在成功证实中。

8.3.3.1.16 **差错**

本参数包含用于操作的差错通知。它应包括在失败的证实中。下列差错可能发生:

——拒绝访问:由于开放系统安全的原因请求的操作不能被执行。与本差错一起交换的任何信息没有语义值;

——类实例冲突:规定的被管客体实例不是规定类的成员;

——复杂性限制:由于参数太复杂,请求的操作不能被执行;

——重复调用:所规定的调用标识符被分配给另外的通知或操作;

——无效自变量值:所规定的动作信息值超出范围或者是不适合的;

——无效过滤器:过滤器参数包括了无效断言或未识别的逻辑操作符;

——无效范围:范围参数的值是无效的;

——类型有误自变量:所供给的参数之一未被商定用于CMISE服务用户之间的联系上;

——无这种动作:所规定的动作类型不被支持;

——无这种自变量:所规定的动作信息不被支持;

——无这种客体类:规定的被管客体类不能被识别;

——无这种客体实例:规定的被管客体实例不能被识别;

——处理失败:处理操作时遇到的一般失败;

——资源限制:由于资源限制引起操作不能被执行;

——不支持的同步:所规定的同步类型不能被支持;

——未识别的操作:本操作不是在CMISE服务用户之间商定的操作之一。

8.3.3.2 **M-ACTION规程**

8.3.3.2.1 调用CMISE服务用户通过向CMISE服务提供者发出M-ACTION request原语来请求执行CMISE服务用户执行一组被管客体上的动作。

8.3.3.2.2 如果CMISE服务提供者接受该请求则它发出M-ACTION indication原语给执行CMISE服务用户。否则,CMISE服务提供者拒绝该请求,并且下列规程不适用。

8.3.3.2.3 在非证实方式下,下列规程不被理睬。

8.3.3.2.4 如果操作不被执行,则执行CMISE服务用户通过发出带有适合差错代码的M-ACTION响应原语来拒绝M-ACTION请求。在这种情况下,下列规程不适用。

8.3.3.2.5 如果只有一个响应被产生,则规程8.3.3.2.6、8.3.3.2.7和8.3.3.2.8应不被理睬。

8.3.3.2.6 执行CMISE服务用户把该动作施加到被管客体,并产生包含结果或差错通知的响应。链接标识符应呈现在服务原语中,同时它的值被置为与indication原语中调用标识符相等的值,被管客体类和实例也应呈现在该服务原语中。

8.3.3.2.7 CMISE服务提供者发出M-ACTION confirm原语给调用CMISE服务用户,接标识符和被管客体类与实例。

8.3.3.2.8 重复规程8.3.3.2.6和8.3.3.2.7,直到所有应答已完成。

8.3.3.2.9 响应的完成可由执行CMISE服务用户发出M-ACTION response原语来指出,该原语应不包括链接标识符,并且,如果有规程8.3.3.2.6和8.3.3.2.7生产的链接响应,则它只应包括调用标识符。

8.3.3.2.10 CMISE服务提供者发出一个M-SET confirm原语给调用CMISE服务用户,从而完成了M-ACTION操作。

8.3.4 **M-CREATE 服务**

M-CREATE 服务由调用 CMISE 服务用户用来请求对等 CMISE 服务用户去创建一个新的被管客体实例，用它的标识和它的相关管理信息值来完成，同时登记它的标识。它被定义为证实服务。

8.3.4.1 **M-CREATE 参数**

表 9 列出了本服务的参数。

表 9 M-CREATE 参数

参数名	Req/Ind	Rsp/Conf
调用标识符	M	M(=)
被管客体类	M	U
被管客体实例	U	C
上级客体实例	U	—
访问控制	U	—
引用客体实例	U	—
属性列表	U	C
当前时间	—	U
差错	—	C

8.3.4.1.1 **调用标识符**

本参数规定了分配给操作的标识符。它可用来从 CMISE 服务提供者在进行中的其他通知和操作中辨别出本操作。

8.3.4.1.2 **被管客体类**

本参数规定了新的被管客体实例的类，它是由执行 CMISE 服务用户建立的。执行 CMISE 服务用户把它的类定义所规定的一组属性值分配给新的被管客体实例。如果引用客体实例字段不被调用 CMISE 服务用户供给，在属性列表字段中未分配值的这些属性已分配到新的被管客体类定义所规定的一组默认属性值。参数可以包含在任何证实中。

8.3.4.1.3 **被管客体实例**

本参数规定了由执行 CMISE 服务用户待登记的被管客体的实例。如果既没有被管客体实例也没有上级客体实例参数被调用 CMISE 服务用户供给，则执行 CMISE 服务用户把一个值分配给实例中的本标识。本参数可以包括在成功证实中，同时，如果它不被调用 CMISE 服务用户供给，也将被包括。

8.3.4.1.4 **上级客体实例**

本参数标识现存的被管客体实例，它是新的被管客体实例的上级。如果本参数被调用 CMISE 服务用户供给，则被管客体实例参数应不被供给。

8.3.4.1.5 **访问控制**

为了获得从规定的被管客体中检索属性值的许可权，本参数包含了访问控制信息。

访问控制功能的定义超出本标准的范围，但 CMISE 用户可以规定如何使用这个字段。

8.3.4.1.6 **引用客体实例**

当本参数由调用 CMISE 服务用户供给时，它必须规定一个现存的被管客体实例，被称为引用客体，它的类同要建立的被管客体的类相同。与引用客体实例相关的属性值变成为默认值，用于属性表列参数未规定的值。

8.3.4.1.7 **属性列表**

当本参数由调用 CMISE 服务用户供给时，它包含执行 CMISE 服务用户分配给新的被管客体实例的一组属性标识符及值。这些值优先于从引用客体(如果供给引用客体实例字段)中或从被管客体类定义所规定的缺省值中导出的相应的属性的值。当由执行 CMISE 服务用户返回时,本参数包含分配给新的被管客体实例的所有属性标识符和值的完整列表。它可以包括在成功证实中。

8.3.4.1.8 **当前时间**

本参数包括产生响应的时间。它可以包含在成功证实中。

8.3.4.1.9 **差错**

本参数包含用于操作的差错通知。它应包括在失败的证实中。下列差错可能发生:

——拒绝访问:由于开放系统安全的原因本请求的操作不能被执行;

——类实例冲突:规定的被管客体实例可能不被建立为规定类中的成员;

——重复调用:所规定的调用标识符分配给另外的通知或操作;

——重复的被管客体实例:由调用 CMISE 服务用户供给的新的被管客体实例值早已为规定类中的被管客体所登记;

——无效属性值:所规定的属性值超出范围,或者是不合适的;

——无效客体实例:所规定的客体实例名隐含着违反命名规则;

——属性值缺失:未提供一个或多个属性值,且无默认值可用;

——类型有误自变量:所供给的参数之一未被商定用于 CMISE 服务用户之间的联系上;

——无这种属性:所规定的属性不能被识别;

——无这种客体类:规定的被管客体类不能被识别;

——无这种客体实例:规定的上级被管客体实例不能被识别;

——无这种引用客体:引用客体实例参数不能被识别;

——处理失败:处理操作时遇到的一般失败;

——资源限制:由于资源限制引起操作不能被执行;

——未识别的操作:操作不是在 CMISE 服务用户之间商定的操作之一。

8.3.4.2 **M-CREATE 规程**

8.3.4.2.1 调用 CMISE 服务用户通过向 CMISE 服务提供者发出 M-CREATE request 原语来请求建立和登记新的被管客体实例。

8.3.4.2.2 如果 CMISE 服务提供者接受该请求,则它发出 M-CREATE indication 原语给执行 CMISE 服务用户。否则,CMISE 服务提供者拒绝该请求,并且下列规程不适用。

8.3.4.2.3 执行 CMISE 服务用户建立和登记新的被管客体实例或拒绝 M-CREATE 请求,同时发出 M-CREATE response 原语给 CMISE 服务提供者。

8.3.4.2.4 CMISE 服务提供者发出 M-CREATE confirm 原语给调用 CMISE 服务用户。

8.3.5 **M-DELETE 服务**

M-DELETE 服务由调用 CMISE 服务用户用来请求对等 CMISE 服务用户删除被管客体实例,同时注销它的标识。它定义为证实服务。

8.3.5.1 **M-DELETE 参数**

表 10 列出了本服务的参数。

表 10 M-DELETE 参数

参数名	Req/Ind	Rsp/Conf
调用标识符	M	M
链接标识符	—	C
基本客体类	M	—
基本客体实例	M	—

表 10（续）

参数名	Req/Ind	Rsp/Conf
范围	U	—
过滤器	U	—
访问控制	U	—
同步	U	—
被管客体类	—	C
被管客体实例	—	C
当前时间	—	U
差错	—	C

8.3.5.1.1 调用标识符

本参数规定了分配给操作的标识符。它可用来从CMISE服务提供者在进行中的其它通知和操作中辨别出本操作。

每个响应应具有一个唯一调用标识符；最后一个响应应具有与 indication 原语中提供的调用标识符值相等的一个调用标识符。

8.3.5.1.2 链接标识符

如果本操作需要发送多应答，则本参数规定了当这些应答返回时，执行CMISE服务的用户提供的标识。链接标识符应具有与 indication 原语中调用标识符提供的相同的值。

8.3.5.1.3 基本客体类

本参数规定了被管客体的类，该被管客体的类用作为起始点，用于选择可使用过滤（当供给时）的被管客体。

8.3.5.1.4 基本客体实例

本参数规定了被管客体的实例，该被管客体的实例用作为起始点，用于选择可使用过滤（当供给时）的被管客体。

8.3.5.1.5 范围

本参数指出被搜索的以及被管客体为根的子树。可以执行的搜索级别是：

——仅限于基本客体；

——基本客体第 n 层的下属；

——基本客体及其一直到第 n 层（包括第 n 层）的所有下属；

——基本客体及其所有下属（整个子树）。

默认范围仅限于基本客体。

8.3.5.1.6 过滤器

本参数规定了断言的集合，该集合定义了适用于已指出范围的被管客体的过滤器测试。多个断言可以使用逻辑操作符AND、OR和NOT被组合起来。每个断言可以是为了相等性、排序、存在或置位比较的测试。关于属性值的断言可根据与属性语法相关的匹配规则来评估。如果属性值断言呈现在过滤器中而那个属性未呈现在已指出范围的被管客体中，则对于那个属性值断言的测试结果将评估为FALSE。由过滤器评估为TRUE的被管客体是为了删除而被选择的。如果过滤器未予规定，则本范围所包括的所有被管客体都可被选择。

8.3.5.1.7 **访问控制**

为了获得从规定的被管客体中检索属性值的许可权,本参数包含了访问控制信息。

访问控制功能的定义超出本标准的范围,但 CMISE 用户可以规定如何使用这个字段。

8.3.5.1.8 **同步**

本参数指出调用 CMISE 服务用户如何使跨越若干已选择客体实例的若干 M-DELETE 操作被同步。已定义了同步一系列操作的两种方法:

——原子型:为了操作的选择的所有被管客体都要被检验,以调查它们是否能成功地执行该操作。如果一个或多个不能成功地执行该操作,则没有一个执行该操作,否则,全部执行该操作。

——尽力型:要求为操作而选择的所有被管客体执行该操作。

如果未供给本参数,则执行“尽力型”同步。如果只有一个基本被管客体被选择用于操作,则本参数(如果存在)不被理睬。

8.3.5.1.9 **被管客体类**

如果只有一个基本客体被规定,则本参数是任选的;否则,它应规定被删除的被管客体类。它可以包含在任何证实中。

8.3.5.1.10 **被管客体实例**

如果只有一个基本客体被规定,则本参数是任选的,否则,它应规定被删除的被管客体实例。它可以包含在任何证实中。

8.3.5.1.11 **当前时间**

本参数包含产生响应的时间。如果产生一个以上的响应,它可以包含在成功证实和失败证实中。

8.3.5.1.12 **差错**

本参数包含用于操作的差错通知。它应包括在失败的证实中。下列差错可能发生:

——拒绝访问:由于开放系统安全的原因请求的操作不能被执行;

——类实例冲突:规定的被管客体实例不是规定类的成员;

——复杂性限制:由于参数太复杂,请求的操作不能被执行;

——重复调用:所规定的调用标识符被分配给另外的操作;

——无效过滤器:过滤器参数包括了无效断言和未识别的逻辑操作符;

——无效范围:范围参数的值是无效的;

——类型有误自变量:所供给的参数之一未被商定用于 CMISE 服务用户之间的联系上;

——无这种客体类:规定的被管客体类不能被识别;

——无这种客体实例:规定的被管客体实例不能被识别;

——处理失败:处理操作时遇到的一般失败;

——资源限制:由于资源限制引起操作不能被执行;

——不支持的同步:所规定的同步类型不能被支持;

——未识别操作:本操作不是在 CMISE 服务用户之间商定的操作之一。

8.3.5.2 **M-DELETE 规程**

8.3.5.2.1 调用 CMISE 服务用户通过向 CMISE 服务提供者发出 M-DELETE request 原语来请求执行 CMISE 服务用户删除被管客体。

8.3.5.2.2 如果 CMISE 服务提供者接受该请求则它发出 M-DELETE indication 原语给执行 CMISE 服务用户。否则,CMISE 服务提供者拒绝该请求,并且下列规程不适用。

8.3.5.2.3 如果操作不能被执行,则执行 CMISE 服务用户通过发出带有适合差错代码的 M-DELETE response 原语来拒绝 M-DE LETE 请求。在这种情况下,下列规程不适用。

8.3.5.2.4 如果只有一个响应被产生,则规程 8.3.5.2.5、8.3.5.2.6 和 8.3.5.2.7 应不被理睬。

8.3.5.2.5 执行 CMISE 服务用户删除规定的被管客体并产生一个响应。链接标识符应呈现在服务原语中,同时它的值被置为与 indication 原语中的调用标识符相等的值,被管客体标识符也应呈现在该服务原语中。

8.3.5.2.6 CMISE 服务提供者发出 M-DELETE confirm 原语给调用 CMISE 服务用户,它应包含链接标识符和被管客体标识符。

8.3.5.2.7 重复规程 8.3.5.2.5 和 8.3.5.2.6 直到所有应答已完成。

8.3.5.2.8 响应的完成可由执行 CMISE 服务用户发出一个 M-DELETE response 原语来指出,该原语应不包括链接标识符,并且,如果有规程 8.3.5.2.5 和 8.3.5.2.6 产生的链接响应,则它只应包括调用标识符。

8.3.5.2.9 CMISE 服务提供者发出一个 M-DELETE confirm 原语给调用 CMISE 服务用户,从而完成了 M-DEL ETE 操作。

9 顺序信息

9.1 M-CREATE,M-DEL ETE 服务

9.1.1 服务类型

这些是证实服务。

9.1.2 用法约束

这些服务仅可以在建立联系的上下文中调用。

9.1.3 被中断的服务规程

这些服务不中断任何其他服务规程。

9.1.4 进行中断的服务规程

这些服务由 A-ABORT 服务规程来中断。

9.2 M-EVENT-REPORT,M-SET,M-ACTI ON 服务

9.2.1 服务类型

这些是证实或非证实服务。

9.2.2 用法约束

这些服务仅可以在建立联系的上下文中调用。

9.2.3 被中断的服务规程

这些服务不中断任何其他服务规程。

9.2.4 进行中断服务规程

这些服务由 A-ABORT 服务规程来中断。

9.3 M-GET 服务

9.3.1 服务类型

这是证实服务。

9.3.2 用法约束

本服务仅可以在建立联系的上下文中调用。

9.3.3 被中断的服务规程

本服务不中断任何其他服务规程。

9.3.4 进行中断的服务规程

本服务由 M-CANCEL-GET 和 A-ABORT 服务规程来中断。

9.4 M-CANCEL-GET 服务

9.4.1 服务类型

这是证实服务。

9.4.2 用法约束

本服务仅可以在建立联系的上下文中调用。

9.4.3 被中断的服务规程

本服务中断 M-GET 服务规程。

9.4.4 进行中断服务规程

本服务由 A-ABORT 服务规程来中断。

附 录 A
（资料性附录）
CMISE 服务用户行为

A.1 背景

本附录描述了关于本标准中规定的处理管理通知和操作的 CMISE 服务用户的行为。

A.2 事件报告

每当发生的事件要被报告给对等 CMISE 服务用户时，则由 CMISE 服务用户调用 M-EVENT-REPORT 通知。

当调用 CMISE 服务用户具有与被管客体发生事件相关的信息时，它供应下列参数作为 M-EVENT-REPORT request 原语的自变量：

——被管客体类和被管客体实例；

——事件类型；

——任选事件发生的时间；

——任选其他事件的信息。

如果事件报告在证实方式下被调用，执行 CMISE 服务用户把结果或差错原语发出给调用 CMISE 服务用户。以证实它收到事件报告。

A.3 获取管理信息

当执行 CMISE 服务用户收到一个 M-GET indication 时，它使下列参数的语义生效（不隐含次序）：

——基本客体类和基本客体实例；

——任选的访问控制信息；

——任选的范围信息；

——任选的过滤器信息；

——任选的同步信息；

——任选的属性标识符列表。

如果任何参数都无效，操作终止，并且执行 CMISE 服务用户发出差错响应。即使检测到多差错时，在差错之一安全违反的情况下，“拒绝访问”差错码应被返回。如果没有检测到差错，执行 CMISE 服务用户企图读出按照过滤器、同步和安全参数所要求的属性值，以及返回相应的结果和/或差错。

A.4 设置管理信息

当执行 CMISE 服务用户收到 M-SET indication 时，它使下列参数语义生效（不隐含次序）：

——基本客体类和基本客体实例；

——任选的访问控制信息；

——任选的范围信息；

——任选的过滤器信息；

——任选的同步信息；

——修改列表，及其属性标识符、任选的值和任选的修改操作符。

如果任何参数都无效，操作终止，并且在证实方式下，执行 CMISE 服务用户发出差错响应。即使检测到多错时，在差错之一安全违反的情况下，“拒绝访问”差错代码应被返回。如果没有检测到差错，执行 CMISE 服务用户企图修改按照过滤器、同步和安全参数所要求的属性值，并且在证实方式下，返回相应的结果和/或差错。

A.5 管理动作

当执行 CMISE 服务用户收到一个 M-ACTION indication 时，它使下列参数语义生效(不隐含次序)：

——基本客体类和基本客体实例；

——任选的访问控制信息；

——任选的范围信息；

——任选的过滤器信息；

——任选的同步信息；

——动作类型；

——任选的动作信息。

如果任何参数都无效，操作终止，并且在证实方式下，执行 CMISE 服务用户发出差错响应。即使检测多差错时，在差错之一安全违反的情况下，“拒绝访问”差错代码应被返回。如果没有检测差错，执行 CMISE 服务用户企图按照过滤器、同步和安全参数把动作应用于被管客体，并且在证实方式下，返回相应的结果和/或差错。

A.6 建立被管客体

当执行 CMISE 服务用户收到 M-CREATE indication 时，它使下列参数语义生效(不隐含次序)：

——被管客体类和任选被管客体实例；

——任选的上级客体实例；

——任选的访问控制信息；

——任选的引用客体；

——任选的属性标识符和值的列表。

如果任何参数都无效，操作终止，并且执行 CMISE 服务用户发出差错响应。即使检测到多错误时，在差错之一安全违反的情况下，“拒绝访问”差错代码将被返回。如果没有检测到差错，执行CMISE 服务用户企图建立被管客体，并且返回的相应结果和/或差错。

A.7 删除被管客体

当执行 CMISE 服务用户收到 M-DELETE indication 时，它使下列参数语义生效(不隐含次序)：

—— 基本客体类和基本客体实例；

——任选的访问控制信息；

——任选的范围信息；

——任选的过滤器信息；

——任选的同步信息。

如果任何参数都无效，操作终止，并且执行 CMISE 服务用户发出差错响应。即使检测到多差错时，在差错之一安全违反的情况下，“拒绝访问”差错代码应被返回。如果没有检测到差错，执行 CMISE 服务用户企图按照过滤器、同步和安全参数删除被管客体，以及返回相应的结果和/或差错。

A.8 撤销获取服务的操作

当执行CMISE服务用户收到M-CANCEL indication时，如果本参数的值不对应于当前悬而未决的M-GET操作，操作终止，并且执行CMISE服务用户发出M-CANCEL-GET差错响应。如果没有检测到差错，执行CMISE服务用户撤销M-GET操作，返回M-GET差错响应，以指出该操作已经撤销，并且返回M-CANCEL-GET结果，以指出该操作已经完成。

附　录　B
（资料性附录）
优选的实现

B.1　引言

由于对本标准和GB/T 16645.1中规定的规程的不同解释业已引起某些互操作性问题。

本附录的目的是为了推荐一种一致的解释，并且将这些建议可能成为CMIS和CMIP下一修订版本中的必备要求通知用户。

对优选实现的若干建议在B.2中提出。通过本附录后续各章条提供注释、基本原理和相关信息。

B.2　若干建议

B.2.1　如果调用CMIS服务用户请求由单个被管客体（即：操作的范围指示了只有基本客体才被选择并且过滤器参数不存在）来执行管理操作，则执行CMISE服务用户可以任选地返回在该响应中的被管客体类别和被管客体实例参数。

B.2.2　如果过滤器参数存在或操作范围指示除单独基本客体外的任何事物，则建议执行CMISE服务用户包含在该响应中的被管客体和被管客体实例参数，以指示执行该操作的每个被管客体。

注：与GB/T 16645.1一致的实现可以产生一个成功的证实，成功的证实通过只返回调用标识符来指示，以响应在单个被管客体上执行管理操作的请求。调用CMISE服务用户事先被进行如下警告：如果曾规定的过滤器被评价为“假”，则该证实不保证该被管客体执行过该操作。

B.2.3　如果调用CMISE用户请求由多个被管客体（即，范围参数只规定了除基本客体外的被管客体）来执行管理操作，则建议执行CMISE服务用户对于仅包含调用标识符的最后一个响应产生一个结果（以指示完成了整个操作）。如果这是唯一的响应，则调用CMISE服务应假定该范围参数和可选过滤器参数未曾选择过任何被管客体。

B.3　被管客体选择和响应问题

B.3.1　单个被管客体的选择

当只规定了基本客体时，本部分中的服务定义指示在成功响应中包含被管客体类别和被管客体实例参数是不必要的。基本原理是，如果仅一个被管客体被请求来执行该操作，则在该响应中不需要重复其身份，另外，M-SET、M-ACTION和M-DELETE服务应该不要求在该成功证实中存在结果参数。

B.3.1.1　如果没有规定任何过滤器参数，并且被管客体按请求来执行该操作，则可以通过仅返回调用标识符参数来指示成功的证实。

B.3.1.2　如果规定了过滤器参数，并且过滤器评价为“真”，以及被管客体按请求来执行该操作，则成功的证实能通过只返回调用标识符参数来指示。

B.3.1.3　如果规定了过滤器参数并且过滤器评价为“假”，因此被管客体不执行该操作，则基于短语“如果该操作不能执行，则执行CMISE服务用户通过发出带有合适差错代码的M-XXX响应原语来拒绝M-XXX请求”能断言存在两种可能的解释。

B.3.1.3.1　第一种解释是操作不能执行并且CMISE服务用户拒绝带有合适差错代码的请求。然而，在本标准中所定义的服务未规定用于此目的的特定差错代码。

B.3.1.3.2　第二种解释是没有任何被管客体曾被选择用来执行该操作和什么事情都不做的请求宜产生指示什么事情未曾做过的一个结果。这种解释产生成功的证实，该证实是独自通过返回调用标识符参数来指示。在这个响应和B.3.1.2所产生的响应之间进行区分是不可能的，这就是B.2.3所建议的优选实现。

B.3.2 多个被管客体的选择

当规定了独自指示一个以上的基本客体的范围参数时，有可能出现零个、一个或多个被管客体被选择用来执行该操作。在本标准中的服务定义能以不同的方式进行解释，取决于所选择的被管客体数目。

B.3.2.1 选择零个客体

基于短语“如果该操作不能执行，则执行 CMISE 服务用户通过发出带有合适差错代码的 M-XXX 响应原语未拒绝 M-XXX 请求”作出断言存在两种可能的解释。

B.3.2.1.1 第一种解释是该操作不能执行并且 CMISE 服务用户拒绝带有合适差错代码的请求。然而，在本标准中所定义的服务未规定用于此目的的特定差错代码。

B.3.2.1.2 第二种解释是没有任何被管客体曾被选择用来执行该操作和什么事情都不做的请求宜产生指示什么事情未曾做过的一个结果。这种解释产生一个成功的证实，成功的证实独自通过返回调用标识符参数来指示。这就是 B.2.3 所建议的优选实现。

B.3.2.2 确切地选择一个客体

基于短语“如果只有一个响应待产生，则规程 X、Y、Z 应不予理睬”作出断言存在两种可能的解释。规程 X、Y、Z 对执行该操作的每个被管客体来产生一个链接的响应。

B.3.2.2.1 第一种解释是不包含链接标识符的单个响应能被返回。在这种情况下，该响应理应包含被管客体类别和被管客体实例参数(虽然这未被规定)，以便该调用 CMISE 服务用户接到被管客体的通知，该被管客体来自于实际已执行该操作的多个选择。

B.3.2.2.2 第二种解释是短语“如果只有一个响应待产生”意思是仅适用于已规定只有基本客体的请求。在这种解释中，可能存在一个响应，该响应包含执行该操作的被管客体的链接标识符，后面跟着仅包含调用标识符的响应(以指示完成整个操作)。

B.3.2.3 选择一个以上的客体

存在一个单独的解释，在这种解释中，存在一个响应，该响应包含执行该操作的每个被管客体的链接标识符，后面跟着仅包含调用标识符的一个响应(以指示整个操作的完成)。

B.3.3 来自单个被管客体的多个响应

M-ACTION 服务允许由在单个被管客体上执行某一操作的请求来生成多个响应。在本标准中的若干规程规定，如果将生成一个以上的响应，则每个响应应该包含链接标识符、被管客体类别和被管客体实例参数。在多个响应的情况下，最后一个响应应该仅包含调用标识符。这些规程与本附录中所包含的建议一致。

ICS 35.100.70
L 79

中华人民共和国国家标准

GB/T 16645.1—2008/ISO/IEC 9596-1:1998
代替 GB/T 16645.1—1996

信息技术 开放系统互连 公共管理信息协议 第1部分:规范

Information technology—Open Systems Interconnection—Common management information protocol—Part 1: Specification

(ISO/IEC 9596-1:1998,IDT)

2008-08-19 发布 2009-01-01 实施

中华人民共和国国家质量监督检验检疫总局
中国国家标准化管理委员会 发布

前　言

GB/T 16645《信息技术　开放系统互连　公共管理信息协议》分为以下几个部分：

——第1部分：规范；

——第2部分：协议实现的一致性声明形式表。

本部分为第1部分。

本部分等同采用国际标准ISO/IEC 9596-1:1998《信息技术　开放系统互连　公共管理信息协议　第1部分：规范》，并根据ISO/IEC 9596-1:1998/Cor.1:1999《技术勘误1》、ISO/IEC 9596-1:1998/Cor.2:2002《技术勘误2》进行了相应修改，并用“‖”标示出来：

——根据勘误要求，对7.4的内容进行了修改；

——根据勘误要求，对附录B的内容进行了修改。

本部分代替GB/T 16645.1—1996《信息技术　开放系统互连　公共管理信息协议　第1部分：规范》。

本部分与GB/T 16645.1—1996相比主要变化如下：

——更新了标准的引用文件；

——对3.3、5.2.2、6.2.1、7.5、8.1的内容进行了修改；

——对7.4的内容进行了修改；

——对附录B的内容进行了修改。

本部分的附录A和附录B为资料性附录。

本部分由全国信息技术标准化技术委员会提出并归口。

本部分起草单位：山东省计算中心、中国电子技术标准化研究所、山东省计算机网络重点实验室。

本部分主要起草人：徐全平、董火民、刘勇、李刚、王英龙、李文华。

本部分于1996年首次发布。

信息技术　开放系统互连
公共管理信息协议　第1部分:规范

1　范围

GB/T 16645的本部分规定了由应用层实体使用的用来交换管理信息的协议。

本部分规定:

——在应用实体间传输管理信息的规程;

——所使用的公共管理信息协议的抽象语法和相关编码规则;

——正确解释协议控制信息的规程;

——实现这一部分要满足的一致性要求。

本部分不规定:

——借助CMIP发送的管理信息的结构或意义;

——作为CMIP交换结果来完成管理的方法;

——导致CMIP使用的相互作用。

2　规范性引用文件

下列文件中的条款通过GB/T 16645的本部分的引用而成为本部分的条款。凡是注日期的引用文件,其随后所有的修改单(不包括勘误的内容)或修订版均不适用于本部分,然而,鼓励根据本部分达成协议的各方研究是否可使用这些文件的最新版本。凡是不注日期的引用文件,其最新版本适用于本部分。

GB/T 9387.1—1998　信息技术　开放系统互连　基本参考模型　第1部分:基本模型(idt ISO/IEC 7498-1:1994)

GB/T 9387.4—1996　信息技术　开放系统互连　基本参考模型　第4部分:管理框架(idt ISO/IEC 7498-4:1989)

GB/T 15128—2008　信息技术　开放系统互连　会话服务定义(ISO/IEC 8236:1996,IDT)

GB/T 15695—2008　信息技术　开放系统互连　表示服务定义(ISO/IEC 8822:1994,IDT)

GB/T 15696—1995　信息处理系统　开放系统互连　面向连接的表示协议规范(ISO 8823:1988,IDT)

GB/T 16262.1—2006　信息技术　抽象语法记法一(ASN.1)　第1部分:基本记法规范(ISO/IEC 8824-1:2002,IDT)

GB/T 16262.2—2006　信息技术　抽象语法记法一(ASN.1)　第2部分:信息客体规范(ISO/IEC 8824-2:2002,IDT)

GB/T 16262.3—2006　信息技术　抽象语法记法一(ASN.1)　第3部分:约束规范(ISO/IEC 8824-3:2002,IDT)

GB/T 16263.1—2006　信息技术　ASN.1编码规则　第1部分:基本编码规则(BER)、正则编码规则(CER)和非典型编码规则(DER)规范(ISO/IEC 8825-1:2002,IDT)

GB/T 16263.2—2006　信息技术　ASN.1编码规则　第2部分:紧缩编码规则(PER)规范(ISO/IEC 8825-2:2002,IDT)

GB/T 16644—2008　信息技术　开放系统互连　公共管理信息服务定义(ISO/IEC 9595:1998,

IDT)

GB/T 16645.2—2000 信息技术 开放系统互连 公共管理信息协议 第2部分:协议实现一致性声明形式表(idt ISO/IEC 9596-2:1993)

GB/T 16687.1—2008 信息技术 开放系统互连 面向连接的联系控制服务元素协议 第1部分:协议规范 (ISO/IEC 8650-1:1996,IDT)

GB/T 16688—2008 信息技术 开放系统互连 联系控制服务元素服务定义(ISO/IEC 8649:1996,IDT)

GB/T 16975.1—2000 信息技术 远程操作:概念、模型和记法(idt ISO/IEC 13712-1:1995)

GB/T 16975.2—1995 信息技术 远程操作 第2部分:OSI实现 远程操作服务元素(ROSE)服务定义(idt ISO/IEC 13712-2:1995)

GB/T 16975.3—1995 信息技术 远程操作 第3部分:OSI实现 远程操作服务元素(ROSE)协议规范(idt ISO/IEC 13712-3:1995)

GB/T 17175.4—1997 信息技术 开放系统互连 管理信息结构 第4部分:被管客体的定义指南(idt ISO/IEC 10165-4:1992)

3 术语和定义

下列术语和定义适用于GB/T 16645的本部分。

3.1 基本参考模型定义

本部分使用GB/T 9387.1—1998定义的下列术语:

a) 应用服务元素;

b) 应用进程;

c) 实开放系统;

d) 系统管理。

3.2 管理框架定义

本部分使用GB/T 9387.4—1996定义的下列术语:

a) 被管客体;

b) 管理信息;

c) 管理信息库;

d) 系统管理应用实体。

3.3 远程操作定义

本部分使用GB/T 16975.1—2000定义的下列术语:

a) 链接的操作。

本部分使用GB/T 16975.2—1995中定义的下列术语:

a) 联系发起者;

b) 联系响应者;

c) 远程操作服务元素;

d) 调用者;

e) 执行者。

3.4 CMIS定义

本部分使用在GB/T 16644—2008中定义的下列术语:

a) 属性;

b) 公共管理信息服务元素;

c) 公共管理信息服务;

d） CMISE 服务提供者；

e） CMISE 服务用户；

f） 调用 CMISE 服务用户；

g） 执行 CMISE 服务用户。

3.5 ACSE 定义

本部分使用在 GB/T 16688—2008 中定义的下列术语：

a） 应用上下文；

b） 应用联系；

c） 联系。

3.6 表示定义

本部分使用在 GB/T 15695—1995 中定义的下列术语：

a） 抽象语法；

b） 传送语法。

4 符号和缩略语

ACSE	联系控制服务元素
APDU	应用协议数据单元
ASE	应用服务元素
ASN.1	抽象语法记法一
CMIP	公共管理信息协议
CMIPM	公共管理信息协议机
CMIS	公共管理信息服务
CMISE	公共管理信息服务元素
DCS	定义的上下文集 PCI 协议控制信息
PCI	协议控制信息
PDU	协议数据单元
PICS	协议执行一致性声明 RO 远程操作
RO	远程操作
ROSE	远程操作服务元素
SMAE	系统管理应用实体

5 概述

公共管理信息协议(CMIP)规定了可以提供 GB/T 16644—2008 中描述的操作和通知服务的协议元素，而 GB/T 16644—2008 定义了公共管理信息服务(CMIS)。

5.1 提供的服务

本部分中规定的协议支持在 GB/T 16644—2008 中定义的服务，这些服务概括于表 1 中。

表 1 公共管理信息服务

服 务	类 型
M-CANCEL-GET	证实
M-EVENT-REPORT	证实/非证实
M-GET	证实
M-SET	证实/非证实

表 1（续）

服　务	类　型
M-ACTION	证实/非证实
M-CREATE	证实
M-DELETE	证实

5.2 基础的服务

本部分使用了 GB/T 16975.1—2000 中定义的远程操作服务元素（ROSE）的 RO-INVOKE、RO-RESULT、RO-ERROR 和 RO-REJECT-U 服务。ROSE 假设使用在 GB/T 15695—1995 中定义的表示服务。证实的 CMIP 操作根据应用需求是异步或同步的，这取决于应用完成的本地事件。非证实的 CMIP 操作是异步的，且无需报告结果。联系启动应用实体与联系响应应用实体都可以调用该操作。

如果协商扩充服务功能单元成功，则 ROSE APDUs 可以被映射到表示服务而不是 P-DATA 服务。

注：例如，当 CMIP 操作被发送到对等 CMISE 服务用户时，可能需要修改表示定义的上下文集（DCS）。在这种情况下，运载 CMIP 操作的 ROSE APDU 就被映射到 P-ALTER-CONTEXT 服务，该服务也用于完成 DCS 的更改。

要求那些其他表示服务及如何使用他们的详情在联系上所用的应用上下文描述中加以描述。

5.2.1 设想 ACSE 的服务

本部分设想使用联系控制服务元素的 A-ASSOCIATE、A-RELEASE、A-ABORT 和 A-P-ABORT 服务。

5.2.2 设想表示层服务

GB/T 16975.3—1995 设想使用表示层的 P-DATA 服务，以便传送 RO-INVOKE、RO-RESULT、RO-ERROR 和 RO-REJECT APDUS。

5.3 管理信息定义

本部分定义了公共管理信息协议的抽象语法。协议运载的管理信息的定义不在本部分中规定。

5.4 协议版本

本部分定义了 CMIP 的第 2 版，第 2 版代替第 1 版。本部分不定义第 2 版和第 1 版之间的任何互工作。

6 规程要素

本章提供了 CMIP 规程要素的定义。这些规程定义了 CMIP PDU 的传送，该 CMIP PDU 的结构、编码和与 CMIS 服务原语的关系在第 7 章中规定。

公共管理信息协议机（CMIPM）接受 CMIS request 和 response 服务原语，并且发出在本章中规定的特定规程要素启动的 CMIP PDU。

CMIPM 应接受任何正确形成的 CMIP PDU，并借助 CMIS indication 和 confirmation 服务原语把它传送到执行的 CMISE 服务用户，以便处理。如果收到的 PDU 不是正确形成的或者不包括支持的通知或操作，那么返回 PDU，以表示收到 PDU 已被拒绝。

该规程只指出如何解释 CMIP PDU 中的各种字段，而不解释调用 CMISE 服务用户应该用请求的信息做什么，也不是解释执行 CMISE 服务用户应该如何处理调用。

6.1 联系建立

联系建立涉及两个 CMISE 服务用户，一个是联系启动者，而另一个是联系响应者。

除了其他内容外，CMISE 服务用户可以通过使用 GB/T 16688—2008 的 A-ASSOCIATE 服务来启动联系建立。应用上下文还规定了协调对应于不同的 ASE 的初始化信息所要求的规则 CMISE 的联系规则在附录 A 中规定。

6.2 远程操作

6.2.1 RO 规程要素

CMIP 规程要素依赖于下述基本的 RO 规程要素：

a) 调用；

b) 返回结果；

c) 返回的差错；

d) 用户拒绝；

e) 提供者拒绝。

这些规程要素在 GB/T 16975.3—1995 中进行全面描述。

表 2 规定了 CMIS 和 ROSE 参数之间的对应关系。

表 2 CMIS 和 ROSE 参数之间的对应关系

CMIS 参数	ROSE 参数
调用标识符	InvokeId
连接的标识符	LinkedId

其他 CMIS 参数和 ROSE 参数之间的对应关系在第 7 章中规定。

6.2.2 RO 拒绝问题参数

RO 拒绝问题参数按如下映射或处理。

6.2.2.1 按表 3 所示，将 RO 拒绝用户、调用问题映射到 CMIS 差错代码。

表 3 将 RO 拒绝用户、调用问题映射到 CMISE 差错代码

RO-REJECT 参数	CMISE 错误代码
复制调用	Duplicate invocation
类型的变量	Mistyped argument
资源限制	Resource limitation
未识别的操作	Unrecognized operation

其他调用问题参数是一个本地事件。

6.2.2.2 其他 RO 拒绝参数将被当作局部事件来处理。

6.3 事件报告规程

6.3.1 调用

事件报告规程由 M-EVENT-REPORT request 原语来启动。

一旦接收到 M-EVENT-REPORT request 原语，CMIPM 应：

a) 在证实方式下，构造请求 m-EventReport-Confirmed 操作的 APDU；否则构造一个请求 m-EventReport 操作的 APDU；

b) 使用 RO-INVOKE 规程发送 APDU。

6.3.2 接收

一旦接收到请求 m-Event Report 或 m-Event Report-Confirmed 操作的 APDU，如果 APDU 已正确形成，则 CMIPM 应给 CMISE 用户发送 M-EVENT-REPORT indication 原语，用方式参数指明是否请求证实，否则 CMIPM 应构造包括差错通知的 APDU，并使用 RO-REJECT-U 规程来发送它。

6.3.3 响应

在证实方式下，CMIPM 应接受一个 M-EVENT-REPORT response 原语，并且应：

a) 构造证实 M-EVENT-REPORT 通知的 APDU；

b) 如果 M-EVENT-REPORT response 原语中的参数表明通知被接受，那么使用 RO-RESULT 规程来发送 APDU，否则使用 RO-ERROR 规程来发送 APDU。

6.3.4 收到响应

一旦接收到响应 M-EVENT-REPORT 通知的 APDU，如果 APDU 已正确形成，则 CMIPM 应发出 M-EVENT-REPORT confirmation 原语给 CMISE 服务用户，于是，完成这个通知规程，否则，CMIPM 应构造包含差错通知的 APDU，并使用 RO-REJECT-U 规程来发送它。

6.4 获得规程

6.4.1 调用

获得规程由 M-GET request 原语来启动。

一旦接收到 M-GET request 原语，CMIPM 应：

a) 构造请求 m-Get 操作的 APDU；

b) 使用 RO-INVOKE 规程发送 APDU。

6.4.2 接收

一旦接收到请求 m-Get 操作的 ADPU 已正确形成，则 CMIPM 应发出 M-GET-indication 原语给 CMISE 服务用户，否则，CMIPM 构造包含差错通知的 APDU，并使用 RO-REJECT-U 规程来发送它。

6.4.3 响应

CMIPM 应：

a) 接受零或多个包含链接标识符(linkedId) 的 M-GET response 原语，后面跟着不带 linkedId 的单个 M-GET response 原语；

b) 对于每一个包含链接标识符的 M-GET response 原语，CMIPM 应：

——构造申请 m-Linked-Reply 操作的 APDU，同时 LinkedReplyArgument 相应设置为 getlistError、getResult 或 processingFailure；

——使用 RO-INVOKE 规程发送每一个 APDU；

c) 对于不包括连接标识符的 M-GET request 原语，CMIPM 应：

——构造一个证实 m-Get 操作的 APDU；

——如果 M-GET response 原语中的参数表明这个操作已正确执行，则使用 RO-RESULT 规程来发送 APDU。如果 M-GET response 原语中的参数表明这个操作由于差错只成功地执行一部分，或者没有执行，则使用 RO-ERROR 规程来发送 APDU。

6.4.4 收到响应

一旦接收到响应 m-Get 操作的 APDU，CMIPM 应：

a) 如果 APDU 包括 linkedId 并且已正确形成，则发出 M-GET confirm 原语给 CMISE 服务用户；

b) 如果 APDU 是最后一个响应(即不包括 linkedId)，并且已正确形成，则发出 M-GET confirm 原语给 CMISE 服务用户，从而完成了 M-GET 规程；

c) 如果 APDU 没有正确形成，则构造包含差错通知的 APDU，并使用 RO-REJECT-U 规程来发送它。

6.4.5 Cancel Get 规程

6.4.5.1 调用

Cancel Get 规程由 M-CANCEL-GET request 原语来启动。

一旦接收到 M-CANCEL-GET request 原语，则 CMIPM 应：

a) 构造请求 m-Cancel Get 操作的 APDU；

b) 使用 RO-INVOKE 规程来发送 APDU。

6.4.5.2 接收

一旦接收到请求 m-CancelGet 操作的 APDU,如果 APDU 已正确形成,则 CMIPM 应发出 M-CANCEL-GET indication 原语给 CMISE 服务用户,否则,CMIPM 构造包括差错通知的 APDU,并使用 RO-REJECT-U 规程来发送它。

6.4.5.3 响应

CMIPM 应:

a) 构造证实 m-Cancel Get 操作的 APDU;

b) 如果 M-CANCEL-GET response 原语中的参数表明操作已经正确执行,则使用 RO-RESULT 规程来发送 APDU,否则使用 RO-ERROR 规程来发送 APDU。如果 M-CANCEL-GET 操作成功,则执行 CMISE 服务用户应停止发送对 M-GET 操作的链接应答,并且应发出包含"Operation canceled"差错的 M-GET response 原语。

6.4.5.4 收到响应

一旦接收到一个响应 m-CancelGet 操作的 APDU,如果 APDU 已正确形成,则 CMIPM 应发出 M-CANCEL-GET confirm 原语给 CMISE 服务用户,否则,CMIP 构造包含差错通知的 APDU,并使用 RO-REJECT-U 规程来发送它。

6.5 设置规程

6.5.1 调用

设置规程由 M-SET request 原语来启动。

一旦接收到 M-SETrequest 原语,CMIPM 应:

a) 在证实方式下,m-Set-Confirmed 操作的 APDU;

b) 使用 RO-INVOKE 规程来发送 APDU。

6.5.2 接收

一旦接收到请求 m-Set 或 m-Set-Confirmed 操作的 APDU,如果 APDU 已正确形成,CMIP 应发出 M-SET indication 原语给 CMISE 服务用户,同时方式参数指示是否请求证实,否则,构造包含差错通知的 APDU,并使用 RO-REJECT-U 规程来发送它。

6.5.3 响应

在证实方式下,CMIPM 应:

a) 接受零或多个包含 linkedId 的 M-SET response 原语,后面跟着不带 linkedId 的单个 M-SET response 原语;

b) 对于每个包括 linkedId 的 M-SET response 原语,CMIPM 应:

——构造请求 m-Linked-Reply 操作的 APDU,同时 LinkedReplyArgument 相应设置为 SetlistError、SetResult 或 processingFailure;

——使用 RO-INVOKE 规程来发送每个 APDU;

c) 对于不包括 linkedId 的 M-SETresponse 原语,CMIPM 应:

——构造证实 M-SET 操作的 APDU;

——如果 M-SET response 原语中的参数表明这个操作被正确执行,则使用 RO-RESULT 规程来发送 APDU。如果 M-SET response 原语中的参数表明这个操作由于差错只成功地执行了一部分,或者没有执行,则使用 RO-ERROR 规程来发送 APDU。

6.5.4 收到响应

一旦接收到响应 m-Set-Confirmed 操作的 APDU,CMIPM 应:

a) 如果 APDU 包括 linkedId,并已正确形成,则发出 M-SETconfirm 原语给 CMISE 服务用户;

b) 如果 APDU 是最后一个响应(即不包括 linkedId) 并且已正确形成的话,则发出 M-SET confirmation 原语给 CMISE 服务用户,从而完成了 M-SET 规程;

c) 如果 APDU 未正确形成，则构造包含差错通知的 APDU，并使用 RO-REJECT-U 规程发送它。

6.6 动作规程

6.6.1 调用

动作规程由 M-ACTION request 原语来启动。

一旦接收到 M-ACTION request 原语，CMIPM 应：

a) 在证实方式下，构造请求 m-Action-Confirmed 操作的 APDU，否则，构造请求 m-Action 操作的 APDU；

b) 使用 RO-INVOKE 规程来发送 APDU。

6.6.2 接收

一旦接收到请求 m-Action 或 m-Action-Confirmed 操作的 APDU，如果 APDU 已正确形成，CMIPM 应发出 M-ACTION indication 同时方式参数指示是否请求证实，否则，构造包含有差错通知的 APDU，并使用 RO-REJECT 规程来发送它。

6.6.3 响应

在证实方式下，CMIPM 应：

a) 接受零或多个含有 linkedId 的 M-ACTION response 原语，后面跟不带 linkedId 的单个 M-ACTION response 原语；

b) 对于每个含有 linkedId 的 M-ACTION response 原语，CMIPM 应：

——构造请求 m-Linked-Reply 操作的 APDU，同时 LinkedReplyArgument 相应设置为 action-Error，actionResult 或 processingFailure；

——用 RO-INVOKE 规程发送每一个 APDU；

c) 对于不包含 linkedId 的 M-ACTION response 原语，CMIPM 应：

——构造证实 m-Action 操作的 ADPU；

——如果 M-ACTION response 原语中的参数表明这个操作被正确执行，则使用 RO-ERROR 规程来发送 APDU。

6.6.4 收到响应

一旦接收到请求 m-Action-Confirmed 操作的 APDU，CMIPM 应：

a) 如果 APDU 包括 linkedId 并且已正确形成，则发出 M-ACTION confirm 原语给 CMISE 服务用户；

b) 如果 APDU 是最后一个响应（即不包含 linkedId）并已正确形成，发出 M-ACTION confirm 原语给 CMISE 服务用户，从而完成了 M-ACTI ON 规程；

c) 如果 APDU 未正确形成，则构造含有差错通知的 APDU，并使用 RO-REJECT-U 规程发送它。

6.7 建立规程

6.7.1 调用

建立规程由 M-CREATE request 原语来启动。

一旦接收到 M-CREATE request 原语，CMIPM 应：

a) 构造请求 m-Create 操作的 APDU；

b) 使用 RO-INVOKE 规程来发送 APDU。

6.7.2 接收

一旦接收到请求 m-Create 操作的 APDU，如果 APDU 已正确形成，则 CMIPM 应发出 M-CREATE indication 原语给 CMIE 服务用户，构造含有差错通知的 APDU，并使用 RO-REJCT-U 规程发送它。

6.7.3 响应

CMIPM 接受 M-CREATE response 原语并应：

a) 构造证实 m-Create 操作的 APDU；

b) 如果 M-CREATE response 原语中的参数表明这一操作被正确执行,则使用 RO-ERROR 规程来发送 APDU。

6.7.4 收到响应

一旦接收到响应 m-Create 操作的 APDU,如果 APDU 已正确形成,CMIPM 应发出 M-CREATE confirm 原语给 CMISE 服务用户,从而完成了 M-CREATE 规程,否则,构造含有差错通知的 APDU,并使用 RO-REJECT-U 规程发送它。

6.8 删除规程

6.8.1 调用

删除规程由 M-DELETE request 原语来启动。

一旦接收到 M-DELETE request 原语,CMIPM 应:

a) 构造请求 m-Delete 操作的 APDU;

b) 使用 RO-INVOKE 规程来发送 APDU。

6.8.2 接收

一旦接收到请求 m-Delete 操作的 APDU,如果 APDU 已正确形成,则 CMIPM 应发出 M-DELETE indication 给 CMISE 服务用户,否则,构造含有差错通知的 APDU,并使用 RO-REJECT-U 规程来发送它。

6.8.3 响应

CMIPM 应:

a) 接受零或多个包含 linkedId 的 M-DELETE response 原语,后面跟着不带 linkedId 的单个 M-DELETE response 原语;

b) 对于每个含有 linkedId 的 M-DELETE response 原语,CMIPM 应:

——构造请求 m-Linked-Reply 操作的 APDU,同时 LinkedReplyArgument 相应设置为 deleteError,deleteResult 或 processingFailure;

——使用 RO-INVOKE 规程来发送每个 APDU。

c) 对于不包含 linkedId 的 M-DELETE response 原语,CMIPM 应:

——构造证实 m-Delete 操作的 APDU;

——如果 M-DELETE response 原语中的参数表明这个操作被正确执行,则用 RO-RESULT 规程来发送 APDU,否则,使用 RO-ERROR 规程来发送 APDU。

6.8.4 收到响应

一旦接收到响应 m-Delete 操作的 APDU,CMIPM 应:

a) 如果 APDU 包含 linkedId 并已正确形成,则发出 M-DELETE confirm 原语给 CMISE 服务用户;

b) 如果 APDU 是最后一个响应(即不包括 linkedId) 并正确形成,则发出 M-DELETE confirm 原语给 CMISE 服务用户,从而完成了 M-DELETE 规程;

c) 如果 APDU 未正确形成,则构造含有差错通知的 APDU,并使用 RO-REJECT-U 规程来发送它。

6.9 联系有序释放

任一 CMISE 服务用户可以使用 GB/T 16688—2008 的 A-RELEASE 服务来启动联系的有序释放。

注:本规范与 BIND 在 ROSE 使用不同,在 Bind 操作中只有联系启动者才可使用 A-RELEASE 规程。

6.10 联系突然释放

任一 CMISE 服务用户可以使用 GB/T 16688—2008 的 A-ABORT 服务来启动联系的突然释放。

CMISE 服务用户可以通过 GB/T 16688—2008 的 A-ABORT 或 A-P-ABORT 服务接收到联系突然释放的指示。

7 抽象语法

本章规定 CMIP PDU 的抽象语法。

7.1 约定

抽象语法使用 GB/T 16262.1—2006 规定的记法来定义。

对于每个通过 CMIP PDU 传送的 CMISE 服务参数，都有一个与相应服务参数同名的 PDU 字段(一个 ASN.1 NamedType)(见 GB/T 16644—2008)，只有使用 ASN.1 所要求的差别，即字间的空格被去掉并且后随字的第一个字母加以大写，如“managed object class”就变成“managedObjectClass”。为了使一些名字更短一些，某些字缩写如下：

ack＝acknowledgement

arg＝argument

id＝ identifier

info＝information

syn＝synchronization

7.2 CMISE 原语和 CMIP 操作之间的对应关系

表 4 CMISE 原语和 CMIP 操作之间的对应关系

CMIS 原语	方　式	链接 ID	CMIP 操作
M-CANCEL-GET req/ind	证实	不适用	m-Cancel-Get-Confirmed
M-CANCEL-GET rsp/conf	不适用	不适用	m-Cancel-Get-Confirmed
M-EVENT-REPORT req/ind	非证实	不适用	m-EventReport
M-EVENT-REPORT req/ind	证实	不适用	m-EventReport-Confirmed
M-EVENT-REPORT rsp/conf	不适用	不适用	m-EventReport-Confirmed
M-GET req/ind	证实	不适用	m-Get
M-GET rsp/conf	不适用	不存在	m-Get
M-GET rsp/conf	不适用	存在	m-Linked-Reply
M-SET req/ind	非证实	不适用	m-Set
M-SET req/ind	证实	不适用	m-Set-Confirmed
M-SET rsp/conf	不适用	不存在	m-Set-Confirmed
M-SET rsp/conf	不适用	存在	m-Linked-Reply
M-ACTION req/ind	非证实	不适用	m-Action
M-ACTION req/ind	证实	不适用	m-Action-Confirmed
M-ACTION rsp/conf	不适用	不存在	m-Action-Confirmed
M-ACTION rsp/conf	不适用	存在	m-Linked-Reply
M-CREATE req/ind	证实	不适用	m-Create
M-CREATE rsp/conf	不适用	不适用	m-Create
M-DELETE req/ind	证实	不适用	m-Delete
M-DELETE rsp/conf	不适用	不存在	m-Delete
M-DELETE rsp/conf	不适用	存在	m-Link-Reply

注：由 OPERATION 和 ERROR 宏到 ROSE 的映射在 GB/T 16975.1—2000 中规定。

7.3 ACSE 用户数据

ACSE 协议(GB/T 16687.1—2008 使用 ASN.1 来描述。"user information"使用 EXTERNAL 数据类型来定义。

7.3.1 A-ASSOCIATE 用户数据

传递到"user information"参数表示的 A-ASSOCIATE 的 CMIP 用户信息的编码定义如下:

```
CMIP-A-ASSOCIATE-Information {joint-iso-itu-tt ms(9) cmip(1) modules(0)a AssociateUserInfo(1)}
DEFINTION::=BEGIN
Functional Units::=BIT STRING {
                    multipleObjectSelection     (0),
                    filter                      (1),
                    multipleReply               (2),
                    extendedService             (3),
                    cancelGet                   (4),
}
-- 当且仅当位 i 是 1,功能单元 i 才被支持。
-- 在 A-ASSOCIATE 的用户信息参数中运载的信息。
CMIPUserInfo::=SEQUENCE {
  protocolVersion   [0] IMPLICIT ProtocolVersion DEFAULT {version1},
  functionalUnits   [1] IMPLICIT FunctionalUnits DEFAULT {},
  accessControl     [2] EXTERNAL OPTIONAL,
  userInfo          [3] EXTERNAL OPTIONAL
}
ProtocolVersion::= BIT STRING {version1(0),version2(1)}
END
```

本部分中不定义由 CMISE 服务用户提供的其他"用户信息"编码。

7.3.2 A-ABORT 用户数据

传递到"user information"参数表示的 A-ASSOCIATE 的 CMIP 用户信息的编码定义如下:

```
CMIP-A-ABORT-Information {joint-iso-itu-t ms(9) cmip(1) modules(0)
 aAbortUserInfo(2)} DEFINITIONS ::=
 BEGIN
 -- 在 A-ABORT 的用户信息参数中运载的信息
 CMIPAbortInfo ::= SEQUENCE {
   abortSource   [0] IMPLICIT CMIPAbortSource,
   userInfo      [1] EXTERNAL OPTIONAL
 }
 CMIPAbortSource ::= ENUMERATED {cmiseServiceUser(0), cmiseServiceProvider(1)}
 END
```

本部分中不定义由 CMISE 服务用户提供的其他"用户信息"编码。

7.4 CMIP 数据单元

这个协议按照对等 CMISE 之间交换的公共管理信息协议数据单元来描述,PDU 使用 ASN.1 和在 GB/T 16975.1—2000 中定义的远程操作协议来确定。

——公共管理信息协议(CMIP)

```
CMIP-1{joint-iso-itu-t ms(9) cmip(1)modules(0)protocol(3)}
DEFINITIONS::=BEGIN
-- 该 ASN.1 规范与 ASN.1 标准的一致性已经使用 OSS ASN.1 工具进行了检查。
IMPORTS
ERROR, OPERATION
  FROM Remote-Operations-Information-Objects
    {joint-iso-itu-t remote-operations(4) informationObjects(5) version1(0)}
ROS{},InvokeId,noInvokeId
  FROM Remote-Operations-Generic-ROS-PDUs
    {joint-iso-itu-t remote-operations(4) generic-ROS-PDUs(6) version1(0)};

CMIP-Operations OPERATION ::=        {
    m-Action                         |
    m-Action-Confirmed               |
    m-CancelGet                      |
    m-Create                         |
    m-Delete                         |
    m-EventReport                    |
    m-EventReport-Confirmed          |
    m-Get                            |
    m-Linked-Reply                   |
    m-Set                            |
    m-Set-Confirmed                  }

CMIP-Operations OPERATION ::={m-Action | m-Action-Confirmed | m-CancelGet | m-Create |
m-Delete | m-EventReport | m-EventReport-Confirmed | m-Get | m-Linked-Reply | m-Set |
m-Set-Confirmed}

CMIP-Confirmed-Operations OPERATION ::={m-Action-Confirmed | m-CancelGet | m-Create |
m-Delete | m-EventReport-Confirmed | m-Get | m-Set-Confirmed}

-- CMISE 错误定义
accessDenied ERROR::={
  PRIORITY       {0}
 CODE            local:2}

classInstanceConflict ERROR::={
 PARAMETER       BaseManagedObjectId
 PRIORITY        {1}
 CODE            local:19}

complexityLimitation ERROR::={
 PARAMETER       ComplexityLimitation OPTIONAL TRUE
```

```
  PRIORITY              {1}
  CODE                  local:20
}

duplicateManagedObjectInstance ERROR::= {
  PARAMETER             ObjectInstance
  PRIORITY              {1}
  CODE                  local:11}

getListError ERROR::= {
  PARAMETER             GetListError
  PRIORITY              {1}
  CODE                  local:7}

invalidArgumentValue ERROR::= {
  PARAMETER             InvalidArgumentValue
  PRIORITY              {1}
  CODE                  local:15}

invalidAttributeValue ERROR::= {
  PARAMETER             Attribute
  PRIORITY              {1}
  CODE                  local:6}

invalidFilter ERROR::= {
  PARAMETER             CMISFilter
  PRIORITY              {1}
  CODE                  local:4}

invalidObjectInstance ERROR::= {
  PARAMETER             ObjectInstance
  PRIORITY              {1}
  CODE                  local:17}

invalidScope ERROR::= {
  PARAMETER             Scope
  PRIORITY              {1}
  CODE                  loca:16}

missingAttributeValue ERROR::= {
  PARAMETER             SET OF AttributeId
  PRIORITY              {1}
  CODE                  local:18}
```

```
mistypedOperation ERROR::= {
  PRIORITY          {1}
  CODE              local:21}

noSuchAction ERROR::= {
  PARAMETER         NoSuchAction
  PRIORITY          {1}
  CODE              local:9}

noSuchArgument ERROR::= {
  PARAMETER         NoSuchArgument
  PRIORITY          {1}
  CODE              local:14}

noSuchAttribute ERROR::= {
  PARAMETER         AttributeId
  PRIORITY          {1}
  CODE              local:5}

noSuchEventType ERROR::= {
  PARAMETER         NoSuchEventType
  PRIORITY          {1}
  CODE              local:13}

noSuchInvokeId ERROR::= {
  PARAMETER         InvokeIDType
  PRIORITY          {1}
  CODE              local:22}

noSuchObjectClass ERROR::= {
  PARAMETER         ObjectClass
  PRIORITY          {1}
  CODE              local:0}

noSuchObjectInstance ERROR::= {
  PARAMETER         ObjectInstance
  PRIORITY          {1}
  CODE              local:1}

noSuchReferenceObject ERROR::= {
  PARAMETER         ObjectInstance
  PRIORITY          {1}
```

```
 CODE                    local:12}

operationCancelled ERROR:: = {
  PRIORITY             {1}
  CODE                 local:23}

processingFailure ERROR:: = {
 PARAMETER             ProcessingFailure OPTIONAL TRUE
 PRIORITY              {1}
 CODE                  local:10}

setListError ERROR:: = {
 PARAMETER             SetListError
 PRIORITY              {1}
 CODE                  local:8}

syncNotSupported ERROR:: = {
 PARAMETER             CMISSync
 PRIORITY              {1}
 CODE                  local:3}

-- CMISE 操作

-- Action 操作 (M-ACTION)

m-Action OPERATION :: = {
  ARGUMENT ActionArgument
  RETURN RESULT FALSE
  ALWAYS RESPONDS FALSE
  CODE local: 6
}

m-Action-Confirmed OPERATION :: = {
  ARGUMENT ActionArgument
  RESULT ActionResult OPTIONAL TRUE
  -- 这个结果是可选的,条件见 GB/T 16644—2008 的 8.3.3.2.9
ERRORS {accessDenied | classInstanceConflict | complexityLimitation | invalidScope |
  invalidArgumentValue | invalidFilter | noSuchAction | noSuchArgument | noSuchObjectClass |
  noSuchObjectInstance | processingFailure | syncNotSupported}
LINKED {m-Linked-Reply}
CODE local: 7
}
```

```
-- Cancel get 操作（M-CANCEL-GET）
m-CancelGet OPERATION ::= {
 ARGUMENT InvokeIDType
 RETURN RESULT TRUE
 ERRORS {mistypedOperation | noSuchInvokeId | processingFailure}
 CODE local：10
}

-- Create 操作（M-CREATE）
m-Create OPERATION ::= {
  ARGUMENT CreateArgument
  RESULT CreateResult OPTIONAL TRUE
  -- 这个结果是可选的，条件见 GB/T 16644—2008 的 8.3.4.1.3
  ERRORS {accessDenied | classInstanceConflict | duplicateManagedObjectInstance |
    invalidAttributeValue | invalidObjectInstance | missingAttributeValue | noSuchAttribute |
    noSuchObjectClass | noSuchObjectInstance | noSuchReferenceObject | processingFailure}
  CODE local：8
}

-- Delete 操作（M-DELETE）
m-Delete OPERATION ::= {
 ARGUMENT DeleteArgument
 RESULT DeleteResult OPTIONAL TRUE
 -- 这个结果是有条件的，条件见 GB/T 16644—2008 的 8.3.5.2.8 （M-DELETE）
 ERRORS {accessDenied | classInstanceConflict | complexityLimitation | invalidFilter | inva-
 lidScope |
   noSuchObjectClass | noSuchObjectInstance | processingFailure | syncNotSupported}
 LINKED {m-Linked-Reply}
 CODE local：9
}

-- Event Reporting 操作（M-EVENT-REPORT）
m-EventReport OPERATION ::= {
 ARGUMENT EventReportArgument
 RETURN RESULT FALSE
 ALWAYS RESPONDS FALSE
 CODE local：0
}

m-EventReport-Confirmed OPERATION ::= {
 ARGUMENT EventReportArgument
 RESULT EventReportResult
 OPTIONAL TRUE
```

```
ERRORS {invalidArgumentValue | noSuchArgument | noSuchEventType | noSuchObjectClass |
    noSuchObjectInstance | processingFailure}
CODE local: 1
}

-- Get 操作 (M-GET)
m-Get OPERATION ::= {
ARGUMENT GetArgument
RESULT GetResult OPTIONAL TRUE
-- 这个结果是有条件的,条件见 GB/T 16644—2008 的 8.3.1.2.8
ERRORS {accessDenied | classInstanceConflict | complexityLimitation | getListError | invalidFilter |
    invalidScope | noSuchObjectClass | noSuchObjectInstance | operationCancelled |
    processingFailure | syncNotSupported}
LINKED {m-Linked-Reply}
CODE local: 3
}

-- M-GET, M-SET (证实的), M-ACTION (证实的)和 M-DELETE 的 Linked 操作
m-Linked-Reply OPERATION ::= {
  ARGUMENT LinkedReplyArgument
  CODE local: 2
}

-- Set 操作(M-SET)
m-Set OPERATION ::= {
ARGUMENT SetArgument
RETURN RESULT FALSE
ALWAYS RESPONDS FALSE
CODE local: 4
}

m-Set-Confirmed OPERATION ::= {
ARGUMENT SetArgument
RESULT SetResult OPTIONAL TRUE
-- 这个结果是可选的,条件见 GB/T 16644—2008 的 8.3.2.2.9
ERRORS {accessDenied | classInstanceConflict | complexityLimitation | invalidFilter | invalidScope |
    noSuchObjectClass | noSuchObjectInstance | processingFailure | setListError |
    syncNotSupported}
LINKED {m-Linked-Reply}
CODE local: 5
}

-- 信息客体定义
```

```
-- 当使用如下定义的信息客体类定义来描述动作类型、属性类型、事件报告类型和与他们关联
   的 ASN.1 类型定义时，如同 GB/T 17175.4—1997 中定义的一样，使用 GDMO 模板的相应
   方法对于本部分仍然可用。
CMIP-ACTION ::= CLASS {&id  ActionTypeId UNIQUE,  &Value }
WITH SYNTAX {TYPE &Value ID &id}

CMIP-ATTRIBUTE ::= CLASS {&id  AttributeId UNIQUE, &Value }
WITH SYNTAX {TYPE &Value ID &id}

CMIP-AVA ::= CLASS {&id  OBJECT IDENTIFIER UNIQUE,  &Value }

CMIP-EVENT ::= CLASS {&id  EventTypeId UNIQUE,  &Value }
WITH SYNTAX {TYPE &Value ID &id}

CMIP-SPECIFICERROR ::= CLASS {&id  OBJECT IDENTIFIER UNIQUE,
  &Value
}WITH SYNTAX {TYPE &Value
 ID &id
}

-- 支持类型的定义
AccessControl ::= EXTERNAL

ActionArgument ::= SEQUENCE {
 COMPONENTS OF BaseManagedObjectId,
 accessControl [5] AccessControl OPTIONAL,
 synchronization [6] IMPLICIT CMISSync DEFAULT bestEffort,
 scope [7] Scope DEFAULT namedNumbers: baseObject,
 filter CMISFilter DEFAULT and: {},
 actionInfo [12] IMPLICIT ActionInfo,
 ...
}

ActionError ::= SEQUENCE {
 managedObjectClass  ObjectClass OPTIONAL,
 managedObjectInstance ObjectInstance OPTIONAL,
 currentTime [5] IMPLICIT GeneralizedTime OPTIONAL,
 actionErrorInfo [6] ActionErrorInfo,
 ...
}

ActionErrorInfo ::= SEQUENCE {
 errorStatus ENUMERATED {          accessDenied             (2),
```

```
                                        noSuchAction            (9),
                                        noSuchArgument          (14),
                                        invalidArgumentValue    (15),…
                                },
 errorInfo
 CHOICE {actionType CMIP-ACTION. &id({ActionSet}),
 actionArgument [0] NoSuchArgument,
 argumentValue [1] InvalidArgumentValue},
 …
}

ActionInfo ::= SEQUENCE {
 actionType CMIP-ACTION. &id({ActionSet}),
 actionInfoArg
 [4] CMIP-ACTION. &Value({ActionSet}{@. actionType}) OPTIONAL
}

ActionReply ::= SEQUENCE {
 actionType CMIP-ACTION. &id({ActionSet}),
 actionReplyInfo [4] CMIP-ACTION. &Value({ActionSet}{@. actionType})
}

ActionResult ::= SEQUENCE {
 managedObjectClass   ObjectClass OPTIONAL,
 managedObjectInstance ObjectInstance OPTIONAL,
 currentTime [5] IMPLICIT GeneralizedTime OPTIONAL,
 actionReply [6] IMPLICIT ActionReply OPTIONAL,
 …
}

ActionSet CMIP-ACTION ::= {...}

ActionTypeId ::= CHOICE {
 globalForm [2] IMPLICIT OBJECT IDENTIFIER,
 localForm [3] IMPLICIT INTEGER
}

-- 本部分不为 localForm 分配任何值。如果使用本选项,整数的允许取值将作为其应用上下文
   中的一部分来定义。
Attribute ::= SEQUENCE {
 id  CMIP-ATTRIBUTE. &id({AttributeSet}),
 value CMIP-ATTRIBUTE. &Value({AttributeSet}{@. id})
}
```

```
AttributeError ::= SEQUENCE {
        errorStatus ENUMERATED {          accessDenied            (2),
                                          noSuchAttribute         (5),
                                          invalidAttributeValue   (6),
                                          invalidOperation        (24),
                                          invalidOperator         (25),
                              ...},
 modifyOperator   [2] IMPLICIT ModifyOperator OPTIONAL,
    --  本选项为了 invalidOperator 和 invalidOperation
 attributeId  CMIP-ATTRIBUTE.&id({AttributeSet}),
 attributeValue CMIP-ATTRIBUTE.&Value({AttributeSet}{@.attributeId}) OPTIONAL
--  对于 setToDefault,则此值缺失
}

AttributeId ::= CHOICE {
 globalForm [0] IMPLICIT OBJECT IDENTIFIER,
 localForm [1] IMPLICIT INTEGER
}

--  本部分不为 localForm 分配任何值。如果使用本选项,整数的允许取值将作为其应用上下文
    中的一部分来定义。
AttributeIdError ::= SEQUENCE {
 errorStatus ENUMERATED {accessDenied(2), noSuchAttribute(5),...},
 attributeId AttributeId,
 ...
}

AttributeSet CMIP-ATTRIBUTE ::= {...}

AttributeValueAssertion ::= SEQUENCE { id   CMIP-AVA.&id({AvaSet}),
 value CMIP-AVA.&Value({AvaSet}{@.id})
}

AvaSet CMIP-AVA ::= {...}

BaseManagedObjectId ::= SEQUENCE {
 baseManagedObjectClass  ObjectClass,
 baseManagedObjectInstance ObjectInstance
}

CMISFilter ::= CHOICE {
 item [8] FilterItem,
```

```
 and [9] IMPLICIT SET OF CMISFilter,
 or [10] IMPLICIT SET OF CMISFilter,
 not [11] CMISFilter
}

CMISSync ::= ENUMERATED {bestEffort(0), atomic(1)}

ComplexityLimitation ::= SET {
 scope [0] Scope OPTIONAL,
 filter [1] CMISFilter OPTIONAL,
 sync [2] CMISSync OPTIONAL,
 ...
}

CreateArgument ::= SEQUENCE {
 managedObjectClass   ObjectClass,
 managedOrSuperiorObjectInstance
 CHOICE {managedObjectInstance ObjectInstance,
 superiorObjectInstance [8] ObjectInstance} OPTIONAL,
 accessControl   [5] AccessControl OPTIONAL,
 referenceObjectInstance   [6] ObjectInstance OPTIONAL,
 attributeList   [7] IMPLICIT SET OF Attribute OPTIONAL,
 ...
}

CreateResult ::= SEQUENCE {
 managedObjectClass   ObjectClass OPTIONAL,
 managedObjectInstance ObjectInstance OPTIONAL, -- 应从 CreateArgument 略去后返回。
 currentTime [5] IMPLICIT GeneralizedTime OPTIONAL,
 attributeList   [6] IMPLICIT SET OF Attribute OPTIONAL,
 ...
}

DeleteArgument ::= SEQUENCE {
 COMPONENTS OF BaseManagedObjectId,
 accessControl [5] AccessControl OPTIONAL,
 synchronization [6] IMPLICIT CMISSync DEFAULT bestEffort,
 scope [7] Scope DEFAULT namedNumbers: baseObject,
 filter CMISFilter DEFAULT and: {},
 ...
}

DeleteError ::= SEQUENCE {
```

```
  managedObjectClass   ObjectClass OPTIONAL,
  managedObjectInstance ObjectInstance OPTIONAL,
  currentTime [5] IMPLICIT GeneralizedTime OPTIONAL,
  deleteErrorInfo [6] ENUMERATED {accessDenied(2),...
   },
  ...
}

DeleteResult ::= SEQUENCE {
  managedObjectClass   ObjectClass OPTIONAL,
  managedObjectInstance ObjectInstance OPTIONAL,
  currentTime [5] IMPLICIT GeneralizedTime OPTIONAL,
  ...
}

DistinguishedName ::= RDNSequence

EventReply ::= SEQUENCE {
  eventType CMIP-EVENT.&id({EventSet}),
  eventReplyInfo [8] CMIP-EVENT.&Value({EventSet}{@.eventType}) OPTIONAL
}

EventReportArgument ::= SEQUENCE {
  managedObjectClass   ObjectClass,
  managedObjectInstance ObjectInstance,
  eventTime [5] IMPLICIT GeneralizedTime OPTIONAL,
  eventType CMIP-EVENT.&id({EventSet}),
  eventInfo
  [8] CMIP-EVENT.&Value({EventSet}{@.eventType}) OPTIONAL,
  ...
}

EventReportResult ::= SEQUENCE {
  managedObjectClass   ObjectClass OPTIONAL,
  managedObjectInstance ObjectInstance OPTIONAL,
  currentTime [5] IMPLICIT GeneralizedTime OPTIONAL,
  eventReply EventReply OPTIONAL,
  ...
}

EventSet CMIP-EVENT ::= {...}

EventTypeId ::= CHOICE {
```

```
 globalForm [6] IMPLICIT OBJECT IDENTIFIER,
 localForm [7] IMPLICIT INTEGER
}

-- 本部分不为 localForm 分配任何值。如果使用本选项，整数的允许取值以及对应意义取决于
   应用所处的上下文。
FilterItem ::= CHOICE {
 equality [0] IMPLICIT Attribute,
 substrings [1] IMPLICIT SEQUENCE OF
 CHOICE {initialString [0] IMPLICIT Attribute,
  anyString [1] IMPLICIT Attribute,
  finalString [2] IMPLICIT Attribute},
 greaterOrEqual  [2] IMPLICIT Attribute, --  断言值>=属性值
 lessOrEqual [3] IMPLICIT Attribute,--  断言值 <= 属性值
 present  [4] AttributeId,
 subsetOf [5] IMPLICIT Attribute,--  断言值是属性值的子集。
 supersetOf [6] IMPLICIT Attribute,--  断言值是属性值的上级的集合。
 nonNullSetIntersection [7] IMPLICIT Attribute
}

GetArgument ::= SEQUENCE {
 COMPONENTS OF BaseManagedObjectId,
 accessControl [5] AccessControl OPTIONAL,
 synchronization [6] IMPLICIT CMISSync DEFAULT bestEffort,
 scope [7] Scope DEFAULT namedNumbers: baseObject,
 filter CMISFilter DEFAULT and: {},
 attributeIdList [12] IMPLICIT SET OF AttributeId OPTIONAL,
 ...
}

GetInfoStatus ::= CHOICE {
 attributeIdError [0] IMPLICIT AttributeIdError,
 attribute [1] IMPLICIT Attribute
}

GetListError ::= SEQUENCE {
 managedObjectClass  ObjectClass OPTIONAL,
 managedObjectInstance ObjectInstance OPTIONAL,
 currentTime [5] IMPLICIT GeneralizedTime OPTIONAL,
 getInfoList [6] IMPLICIT SET OF GetInfoStatus,
 ...
}
```

```
GetResult ::= SEQUENCE {
 managedObjectClass   ObjectClass OPTIONAL,
 managedObjectInstance ObjectInstance OPTIONAL,
 currentTime [5] IMPLICIT GeneralizedTime OPTIONAL,
 attributeList  [6] IMPLICIT SET OF Attribute OPTIONAL,
 ...
}

InvalidArgumentValue ::= CHOICE {
 actionValue [0] IMPLICIT ActionInfo,
 eventValue [1] IMPLICIT SEQUENCE {eventType CMIP-EVENT. &id({EventSet}),
  eventInfo [8] CMIP-EVENT. &Value ({EventSet}{@. eventType}) OPTIONAL
 }
}

InvokeIDType ::= InvokeId(ALL EXCEPT absent: NULL)

LinkedReplyArgument ::= CHOICE {
 getResult    [0] IMPLICIT GetResult,
 getListError [1] IMPLICIT GetListError,
 setResult    [2] IMPLICIT SetResult,
 setListError [3] IMPLICIT SetListError,
 actionResult [4] IMPLICIT ActionResult,
 processingFailure [5] IMPLICIT ProcessingFailure,
 deleteResult [6] IMPLICIT DeleteResult,
 actionError [7] IMPLICIT ActionError,
 deleteError [8] IMPLICIT DeleteError
}

ModifyOperator ::= INTEGER { replace(0), addValues(1), removeValues(2), setToDefault(3)}

NoSuchAction ::= SEQUENCE {
 managedObjectClass ObjectClass,
 actionType   CMIP-ACTION. &id({ActionSet}),
 ...
}

NoSuchArgument ::= CHOICE {
 actionId [0] IMPLICIT SEQUENCE {managedObjectClass ObjectClass OPTIONAL,
  actionType   CMIP-ACTION. &id({ActionSet})
 },
 eventId [1] IMPLICIT SEQUENCE {managedObjectClass ObjectClass OPTIONAL,
  eventType CMIP-EVENT. &id({EventSet})
```

```
 }
}

NoSuchEventType ::= SEQUENCE {
 managedObjectClass ObjectClass,
 eventType CMIP-EVENT.&id({EventSet}),
 ...
}

ObjectClass ::= CHOICE {
 globalForm [0] IMPLICIT OBJECT IDENTIFIER,
 localForm [1] IMPLICIT INTEGER
}

-- 本部分不为 localForm 分配任何值。如果使用本选项，整数的允许取值将作为其应用上下文
   中的一部分来定义。
ObjectInstance ::= CHOICE {
 distinguishedName [2] IMPLICIT DistinguishedName,
 nonSpecificForm [3] IMPLICIT OCTET STRING,
 localDistinguishedName [4] IMPLICIT RDNSequence
}

-- 在开放系统间通信的上下文中，localDistinguishedName 是有必要清楚地标识被管客体的可
   辨别的名字的一部分。
ProcessingFailure ::= SEQUENCE {
 managedObjectClass   ObjectClass,
 managedObjectInstance ObjectInstance OPTIONAL,
 specificErrorInfo [5] SpecificErrorInfo,
 ...
}

RDNSequence ::= SEQUENCE OF RelativeDistinguishedName

RelativeDistinguishedName ::= SET OF AttributeValueAssertion

Scope ::= CHOICE {
 namedNumbers INTEGER {    baseObject       (0),
                           firstLevelOnly   (1),
                           wholeSubtree     (2)
                           },
 individualLevels [1] IMPLICIT INTEGER, -- 正整数表示所选择的区别。
 baseToNthLevel [2] IMPLICIT INTEGER
}
```

```
-- 正整数 N 代表选择了范围 0-N 的级别。
-- 对 individualLevels 和 baseToNthLevel 来说,值 0 与 baseObject 具有相同的语义。
-- 对 individualLevels 来说,值 1 与 firstLevelOnly 具有相同的语义。
SetArgument ::= SEQUENCE {
 COMPONENTS OF BaseManagedObjectId,
 accessControl    [5] AccessControl OPTIONAL,
 synchronization [6] IMPLICIT CMISSync DEFAULT bestEffort,
 scope            [7] Scope DEFAULT namedNumbers: baseObject,
 filter CMISFilter DEFAULT and: {},
 modificationList [12] IMPLICIT SET OF  SEQUENCE {
     modifyOperator    [2] IMPLICIT ModifyOperator DEFAULT replace,
     attributeId   CMIP-ATTRIBUTE.&id({AttributeSet}),
     attributeValue   CMIP-ATTRIBUTE.&Value   ({AttributeSet}{@.attributeId}) OPTIONAL
   },
 -- 对于 setToDefault,该值缺失
 ...
}

SetInfoStatus ::= CHOICE {
 attributeError [0] IMPLICIT AttributeError,
 attribute [1] IMPLICIT Attribute
}

SetListError ::= SEQUENCE {
 managedObjectClass   ObjectClass OPTIONAL,
 managedObjectInstance ObjectInstance OPTIONAL,
 currentTime [5] IMPLICIT GeneralizedTime OPTIONAL,
 setInfoList [6] IMPLICIT SET OF SetInfoStatus,
 ...
}

SetResult ::= SEQUENCE {
 managedObjectClass   ObjectClass OPTIONAL,
 managedObjectInstance ObjectInstance OPTIONAL,
 currentTime [5] IMPLICIT GeneralizedTime OPTIONAL,
 attributeList    [6] IMPLICIT SET OF Attribute OPTIONAL,
 ...
}

SpecificErrorInfo ::= SEQUENCE {
 errorId CMIP-SPECIFICERROR.&id({SpecificErrorSet}),
 errorInfo CMIP-SPECIFICERROR.&Value({SpecificErrorSet}{@.errorId})
}
```

```
SpecificErrorSet CMIP-SPECIFICERROR ::= {...}

-- 以下类型规定了当使用 ROSE 来支持 CMIP 时所应用的约束。
ROSEapdus ::= ROS{{InvokeIDType}, {CMIP-Operations}, {CMIP-Confirmed-Operations}}

END
-- CMIP 语法定义结束。
```

7.5 CMIP 抽象语法定义

本部分将 ASN.1 客体标识符值

{joint-iso-ms(9)cmip(1)cmip-pci(1) abstract-syntax(4)}

指派为表示数据值集的抽象语法名，每个数据值或者是 ASN.1 类型的值

Remote-Operations-Generic-ROS-PDUs.ROS，

它按照 CMIP-1 的定义，使用在 GB/T 16975.1—2000 中定义的变量来填充；或者是 ASN.1 类型中的某一个值。

——CMIP-A-ASSOCIATE-informaiton，CMIPUserInfo；

——CMIP-A-ABORT-information，CMIPAbortInfo。

对应的 ASN.1 客体描述符值应为"CMIP-PCI"。

该抽象语法定义用来包括 X 定义的任何产品所分辨的所有数据类型，其中 X 具有类型 OBJECT IDENTIFIER。

ASN.1 客体标识符和客体描述符值

{joint-iso-ccitt asn1(1) basic-encoding(1)}和“单个 ASN.1.类型的基本编码”具有该抽象语法时(在 GB/T 16263.1—2006 中分配给一个客体)能被用作为传送语法名。

7.5.1 可扩充性规则

7.5.1.1 当处理进入的 CMIP-A-ASSOCIATE 信息时，接受 CMIPM 应：

——忽略所有在本部分中推荐的抽象语法中未定义的带标记的值，并；

——忽略在 BITSTRING 中所有不知道的位名赋值。

7.5.1.2 当表示数据值被修改并含有以下几个方面内容时可以使用抽象语法名。

——新系统管理操作；

——在 SET 或 SEQUENCE 中新的带标记的元素；

——在 BITSTRING 中新的位名赋值；

——新的命名整数；

——在 ENUMERATED 中新命名的枚举。

8 一致性

实现本部分规定的规程的系统应符合 8.1 和 8.2 中的要求。

8.1 静态要求

声称符合 GB/T 16263.1—2006 本部分的一种实现应伴随有与 GB/T 16975.1—2000 规定的 PICS 形式表一致的 PICS，特别是，应指出该实现支持下列两种协议之一：

a) 支持该协议，要求它在启动者和执行者两者中都提供核心功能单元中定义的所有 CMIS 服务；

b) 支持该协议，要求它在启动者和/或执行者中提供核心功能单中定义的某些 CMIS 服务；但并不是两个角色中的所有协议者相对于所有 CMISE 服务。

该实现应：

a) 为了声称一致性的角色中的这些服务，支持本部分第6章中规定的规程要素；

b) 为了声称一致性的角色中的这些服务，支持与运送请求和/或响应所必需的协议数据单元相关的抽象语法；

c) 为了生成和解释抽象语法的"CMIP-PCI，"定义的CMIPPDU，为了声称一致性的协议元素；支持由GB/T 16263.1—2006规定的编码规则导出的传送语法和命名的

{joint-iso-ccitt asn1(1) basic-encoding(1)}，

d) 支持GB/T 16687—2008中定义的ACSE协议来建立和释放联系；

e) 在任何包括CMISE和ASE的应用中，支持附录A中定义的规则；

f) 支持联系启动者应用实体与联系响应者应用实体均可调用操作的能力；

g) 如果多客体选择功能受到支持，则支持要求提供多应答功能单元的协议元素；

h) 如果取消获得功能单元被支持，则支持提供M-GET服务所要求的协议元素。

8.2 动态要求

系统应：

a) 为了声称一致性角色中的每个CMIS服务，支持规程要素；

b) 当使用时，验证CMIP PDU中定义的任选安全参数；

c) 当支持扩充服务功能单元时，按应用上下文的要求支持GB/T 15696—1995中定义的表示协议；

d) 当提出了范围时，支持规程要素用于多应答功能单元。

附 录 A
(资料性附录)
用于 CMISE 的联系规则

A.1 ACSE、会话和表示要求

A.1.1 CMISE 要求在 GB/T 15695—1995 中定义的核心功能单元。

A.1.2 CMISE 要求在 GB/T 15128—2008 中定义的核心会话功能单元和全双工会话功能单元。

A.1.3 CMISE 要求在 GB/T 16687.1—2008 和 GB/T 15695—1995 中定义的 ACSE 正常方式和表示服务。

A.2 联系初始化规则

A.2.1 请求 Request

启动联系建立的 CMISE 服务用户应提供由 GB/T 16644—2008 定义的 A-ASSOCIATE 用户信息。应使 CMIP 用户信息对 CMIPM 有效,CMIPM 应:

a) 从所供给的信息中构造 CMIPUserInfo;

b) 在 CMIPUserInfo 中通过设置对应于所支持的每版本的位来设置协议版本参数;

c) 在 A-ASSOCIATE request 原语的用户信息参数中,将 CMIPUserInfo 作为一个独立 EXTERNAL;

d) 在 A-ASSOCIATE confirm 原语中等待返回的 CMIS 特定用户信息。

A.2.2 指示 Indication

一旦接收到 A-ASSOCIATE indication 原语,应使 CMIPUserInfo 参数对 CMIPM 有效,CMIPM 应:

a) 检验至少能支持一个建议的协议版本。

b) 验证任选的访问控制参数是否有效。

c) 如果任何检验都失败,应通过将 A-ASSOCIATE response 原语中的失败参数设为"响应者拒绝(永久)",而拒绝联系。从而未建立起联系 CMIPM 实例不再存在。

d) 如果上述检验成功,下述信息(如果呈现在 CMIPUserInfo 中)应对 CMISE 服务用户有效:CMISE 服务提供者支持的功能单元、访问控制和用户信息。CMIPM 应等待来自 CMISE 服务用户的响应。

A.2.3 响应 Response

A-ASSOCIATE response 原语指示"已接受"或"已拒绝",如果已接受,它包括功能单元、访问控制和用户信息参数,应使之对 CMIPM 有效,CMIP 应:

a) 构造响应所要求的 CMIPUserInfo。CMIPUserInfo 应包括指示所支持的所有 CMIP 版本的版本参数。

b) 在 A-ASSOCIATE response 原语的用户信息参数中,将 CMIPUserInfo 作为一个独立 EXTERNAL。

c) 如果联系响应指示"已接受"。双方同意的协议版本是由两个 CMIPM 支持的最高版本号的版本。CMIPM 应准备好接受 CMISE indication 原语。

d) 如果联系响应指示"已拒绝",CMIPM 实例应不再存在。

A.2.4 证实 Confirmation

一旦接收到 A-ASSOCIATE confirmation 原语,应使 CMIPUserInfo 参数对 CMIPM 有效,

CMIPM 应：

a） 如果联系证实指示成功，联系被建立，并且应使功能单元、访问控制和用户信息参数（如果呈现在证实中）对 association-initiator 有效。同意的功能单元符合于所指示的两个 CMISE 服务用户支持的功能单元，并且协议版本是两个 CMIPM 支持的最高版本号。

b） 如果联系证实指示失败，不建立联系并且 CMIPM 实例应不再存在。

A.3 联系释放规则

任一 CMISE 服务用户可以启动联系释放。

A.3.1 请求 Request

一旦接收到联系释放的请求，应使必要的 A-RELEASE 指示参数应对 CMIPM 有效，CMIPM 应停止接受服务请求并等待联系释放的证实。

A.3.2 指示 Indication

一旦接收到 A-RELEASE indication 原语，应使必要的 A-RELEASE 指示参数应对响应 CMIPM 有效，响应 CMIPM 应等待联系释放响应。

A.3.3 响应 Response

一旦接收到来自相应 CMISE 服务用户的联系释放响应，应使必要的 A-RELEASE 响应参数应对响应 CMIPM 有效。其后，CMIPM 实例应不再存在。

A.3.4 证实 Confirmation

一旦接收到 A-RELEASE confirm 原语，应使必要的 A-RELEASE 证实参数应对启动的 CMIPM 有效，其后，CMIPM 实例应不再存在。

A.4 联系放弃规则

任一 CMISE 服务用户可以启动联系突然终止。

在局部信息的基础上，如果基础服务通过 A-ABORT 运送无限用户信息的能力不存在，CMIPAbortInfo 参数不应包括在 A-ABORT 服务原语中。

A.4.1 A-ABORT request

一旦接收到放弃联系的请求，应使包括 GB/T 16644—2008 中定义的 A-ABORT 用户信息在内的必要的 A-ABORT 请求参数，对 CMIPM 有效，CMIPM 应：

a） 从所供应的信息中构造 CMIPAbortInfo；

b） 将 CMISEUserInfo 内的放弃源参数设置为 CMISE 服务用户；

c） 在 A-ABORT request 原语的用户信息参数中，将 CMIPAbortInfo 作为一个独立的字段；

d） 其后，CMIPM 实例应不再存在。

A.4.2 A-ABORT Indication

一旦接收到 A-ABORT indication 原语，应使包括 CMIPAbortInfo 在内的必要的 A-ABORT indication 参数对 CMIPM 有效。其后，CMIPM 实例应不再存在。

A.4.3 A-P-ABORT Indiation

一旦接收到 A-P-ABORT indication 原语，应使包括 GB/T 16644—2008 中定义的 A-ABORT 用户信息在内的必要的 A-P-ABORT indication 参数对 CMIPM 有效。其后，CMIPM 实例应不再存在。

A.4.4 CMIP 协议差错

在检测协议差错时，CMIPM 应：

a） 构造 CMIPAbortInfo，同时将放弃源参数设置为 CMISE 服务提供者；

b） 为 CMIP 服务用户指示已发生的协议差错；

c） 在 A-ABORT request 原语的用户信息参数中将 CMIPAbortInfo 作为一个独立的字段；

d） 其后，CMIPM 实例应不再存在。

附 录 B
（资料性附录）
扩展 ASN.1 语法

本附录描述了如何将 GB/T 16975.1—2008 的 OPERATION 和 ERROR 信息客体扩展为 ASN.1 数据类型和子类型。

如果在这些定义与第 7 章中的定义之间存在任何不一致，则第 7 章的定义优先。

```
-- 公共管理信息协议(CMIP)
CMIP-1{joint-iso-itu-t ms(9) cmip(1) modules(0) protocol(3)}
DEFINITIONS ::=BEGIN
-- 本 ASN.1 规范已经通过 OSS ASN.1 工具检查了 ASN.1 标准的一致性。
IMPORTS
ERROR, OPERATION
    FROM Remote-Operations-Information-Objects
        {joint-iso-itu-t remote-operations(4) informationObjects(5) version1(0)}
ROS{}, InvokeId, noInvokeId
    FROM Remote-Operations-Generic-ROS-PDUs
        {joint-iso-itu-t remote-operations(4) generic-ROS-PDUs(6) version1(0)};

CMIP-Operations OPERATION ::={
    m-Action                    |
    m-Action-Confirmed          |
    m-CancelGet                 |
    m-Create                    |
    m-Delete                    |
    m-EventReport               |
    m-EventReport-Confirmed     |
    m-Get                       |
    m-Linked-Reply              |
    m-Set                       |
    m-Set-Confirmed             }

CMIP-Confirmed-Operations OPERATION ::={
    m-Action-Confirmed          |
    m-CancelGet                 |
    m-Create                    |
    m-Delete                    |
    m-EventReport-Confirmed     |
    m-Get                       |
    m-Set-Confirmed             }

-- 信息客体定义
```

-- 当使用如下定义的信息客体类定义来描述动作类型、属性类型、事件报告类型和与他们关联的 ASN.1 类型定义时，如同 GB/T 17175.4—1997 中定义的一样，使用 GDMO 模板的相应方法对于本部分仍然可用。

```
CMIP-ACTION ::= CLASS {
    &id    ActionTypeId UNIQUE,
    &Value                 }
WITH SYNTAX {TYPE &Value
                  ID &id}

CMIP-ATTRIBUTE ::= CLASS {
    &id    AttributeId UNIQUE,
    &Value                    }
    WITH SYNTAX {TYPE &Value ID &id}

CMIP-AVA ::= CLASS {&id   OBJECT IDENTIFIER UNIQUE,   &Value }

CMIP-EVENT ::= CLASS {
    &id    EventTypeId UNIQUE,
    &Value                 }
    WITH SYNTAX {TYPE &Value ID &id}

CMIP-SPECIFICERROR ::= CLASS {&id   OBJECT IDENTIFIER UNIQUE,   &Value }
WITH SYNTAX {TYPE &Value ID &id}
```

——以下类型规定了当使用 ROSE 来支持 CMIP 时所应用的约束。

```
ROSEapdus ::= ROS{{InvokeIDType}, {CMIP-Operations}, {CMIP-Confirmed-Operations}}
```

——ASN.1 规范的以下部分提供了 CMIP 使用的 ROIVapdu 和 ROSEapdu 子类型的定义。ROIVapdu 子类型为所有 CMIP 记法和操作定义了操作值的允许取值和由该操作值定义的参数。ROSEapdu 子类型为所有 CMIP 通知和操作定义了操作值的允许取值和由该操作值定义的结果。

```
m-Action OPERATION.&operationCode ::= local: 6
ROIV-m-Action ::= ROSEapdus (WITH COMPONENTS {
    invoke (WITH COMPONENTS {
        invokeId          (InvokeIDtype),
        linkedId          ABSENT,
        opcode            (m-Action),
        argument (ActionArgument) } )
  })

m-Action-Confirmed OPERATION.&operationCode ::= local: 7
ROIV-m-Action-Confirmed ::= ROSEapdus (WITH COMPONENTS {
```

```
    invoke (WITH COMPONENTS {
        invokeId            (InvokeIDtype),
        linkedId            ABSENT,
        opcode              (m-Action-Confirmed),
        argument (ActionArgument) } )
    })
RORS-m-Action-Confirmed ::= ROSEapdus (WITH COMPONENTS {
    returnResult (WITH COMPONENTS {
        invokeId            (InvokeIDtype),
        result              (WITH COMPONENTS {
            opcode          (m-Action-Confirmed),
            result          (ActionResult) } ) OPTIONAL } )
-- 仅当对 ROIV-m-Action-Confirmed ROSEapdu 只有一个答复及数据将在 ROSEapdu 中返回时
   需要。
    } )
m-Cancel-Get OPERATION. &operationCode ::= local: 10
ROIV-m-Cancel-Get ::= ROSEapdus (WITH COMPONENTS {
    invoke (WITH COMPONENTS {
        invokeId            (InvokeIDtype),
        linkedId            ABSENT,
        opcode              (m-Cancel-Get),
        argument (InvokeIDType) } )
    } )
RORS-m-Cancel-Get ::= ROSEapdus (WITH COMPONENTS {
    returnResult (WITH COMPONENTS {
        invokeId            (InvokeIDtype) } )
        -- 对 RORS-m-Cancel-Get 来说,结果没有顺序。
    } )

m-Create OPERATION. &operationCode ::= local: 8
ROIV-m-Create ::= ROSEapdus (WITH COMPONENTS {
    invoke (WITH COMPONENTS {
        invokeId            (InvokeIDtype),
        linkedId            ABSENT,
        opcode              (m-Create),
        argument (CreateArgument) } )
    } )
RORS-m-Create ::= ROSEapdus (WITH COMPONENTS {
    returnResult (WITH COMPONENTS {
        invokeId            (InvokeIDtype),
        result              (WITH COMPONENTS {
            opcode              (m-Create),
            result              (CreateResult) } ) } )
```

```
    } )

m-Delete OPERATION. &operationCode ::= local: 9
ROIV-m-Delete ::= ROSEapdus (WITH COMPONENTS {
    invoke (WITH COMPONENTS {
        invokeId            (InvokeIDtype),
        linkedId            ABSENT,
        opcode              (m-Delete),
        argument (DeleteArgument) } )
    } )
RORS-m-Delete ::= ROSEapdus (WITH COMPONENTS {
    returnResult (WITH COMPONENTS {
        invokeId            (InvokeIDtype),
        result              (WITH COMPONENTS {
            opcode          (m-Delete),
            result            (DeleteResult) } ) OPTIONAL } )
    --  仅当对 ROIV-m-DeleteROSEapdu 只有一个答复及数据将在 ROSEapdu 中返回时需要。
    } )

m-EventReport OPERATION. &operationCode ::= local: 0
ROIV-m-EventReport ::= ROSEapdus (WITH COMPONENTS {
    invoke (WITH COMPONENTS {
        invokeId            (InvokeIDtype),
        linkedId            ABSENT,
        opcode              (m-EventReport),
        argument (EventReportArgument) } )
    } )
m-EventReport-Confirmed OPERATION. &operationCode ::= local: 1
ROIV-m-EventReport-Confirmed ::= ROSEapdus (WITH COMPONENTS {
    invoke (WITH COMPONENTS {
        invokeId            (InvokeIDtype),
        linkedId            ABSENT,
        opcode              (m-EventReport-Confirmed),
        argument (EventReportArgument) } )
    } )
RORS-m-EventReport-Confirmed ::= ROSEapdus (WITH COMPONENTS {
    returnResult (WITH COMPONENTS {
        invokeId            (InvokeIDtype),
        result              (WITH COMPONENTS {
            opcode          (m-EventReport-Confirmed),
            result            (EventReportResult) } ) OPTIONAL } )
    仅当数据将在 ROSEapdu 中返回时需要。
    } )
```

```
m-Get OPERATION. &operationCode ::= local: 3
ROIV-m-Get ::= ROSEapdus (WITH COMPONENTS {
    invoke (WITH COMPONENTS {
        invokeId            (InvokeIDtype),
        linkedId            ABSENT,
        opcode              (m-Get),
        argument (GetArgument) } )
    } )
RORS-m-Get ::= ROSEapdus (WITH COMPONENTS {
    returnResult (WITH COMPONENTS {
        invokeId            (InvokeIDtype),
        result              (WITH COMPONENTS {
            opcode          (m-Get),
            result            (GetResult) } ) OPTIONAL } )
-- 仅当对 ROIV-m-DeleteROSEapdu 只有一个答复时需要。
    } )

m-Linked-Reply OPERATION. &operationCode ::= local: 2
ROIV-m-Linked-Reply ::= ROSEapdus (WITH COMPONENTS {
    invoke (WITH COMPONENTS {
        invokeId            (InvokeIDtype),
        linkedId            PRESENT,
        opcode              (m-Linked-Reply),
        argument (LinkedReplyArgument) } )
    } )
-- ASN.1 规范的以下部分提供了 CMIP 使用的 ROIV-m-Linked-Reply 子类型的定义。ROIV-m-
   Linked-Reply ROSEapdus 子类型为规定的 CMIP 链接的答复操作定义了由通过操作码定义的自
   变量允许取值。

ROIV-m-Linked-Reply-Action ::= ROIV-m-Linked-Reply (WITH COMPONENTS {
    invoke (WITH COMPONENTS {
        invokeId            (InvokeIDtype),
        linkedId            PRESENT,
        opcode              (m-Linked-Reply),
        argument (LinkedReplyArgument (WITH COMPONENTS {
            invoke (WITH COMPONENTS {
                getResult               ABSENT,
                getListError            ABSENT,
                setResult               ABSENT,
                setListError            ABSENT,
                actionResult            PRESENT,
                processingFailure       PRESENT,
```

```
                deleteResult              ABSENT,
                actionError               PRESENT,
                deleteError               ABSENT } )
        } ) )
    } ) } )
ROIV-m-Linked-Reply-Delete ::= ROIV-m-Linked-Reply (WITH COMPONENTS {
    invoke (WITH COMPONENTS {
        invokeId          (InvokeIDtype),
        linkedId          PRESENT,
        opcode            (m-Linked-Reply),
        argument(LinkedReplyArgument (WITH COMPONENTS {
            invoke (WITH COMPONENTS {
                getResult                 ABSENT,
                getListError              ABSENT,
                setResult                 ABSENT,
                setListError              ABSENT,
                actionResult              ABSENT,
                processingFailure         PRESENT,
                deleteResult              PRESENT,
                actionError               ABSENT,
                deleteError               PRESENT } )
        } ) )
    } ) } )
ROIV-m-Linked-Reply-Get ::= ROIV-m-Linked-Reply (WITH COMPONENTS {
    invoke (WITH COMPONENTS {
        invokeId          (InvokeIDtype),
        linkedId          PRESENT,
        opcode            (m-Linked-Reply),
        argument (LinkedReplyArgument (WITH COMPONENTS {
            invoke (WITH COMPONENTS {
                getResult                 PRESENT,
                getListError              PRESENT,
                setResult                 ABSENT,
                setListError              ABSENT,
                actionResult              ABSENT,
                processingFailure         PRESENT,
                deleteResult              ABSENT,
                actionError               ABSENT,
                deleteError               ABSENT } )
        } ) )
    } ) } )
ROIV-m-Linked-Reply-Set ::= ROIV-m-Linked-Reply (WITH COMPONENTS {
    invoke (WITH COMPONENTS {
```

```
        invokeId          (InvokeIDtype),
        linkedId          PRESENT,
        opcode            (m-Linked-Reply),
        argument (LinkedReplyArgument (WITH COMPONENTS {
            invoke (WITH COMPONENTS {
                getResult            ABSENT,
                getListError         ABSENT,
                setResult            PRESENT,
                setListError         PRESENT,
                actionResult         ABSENT,
                processingFailure    PRESENT,
                deleteResult         ABSENT,
                actionError          ABSENT,
            deleteError          ABSENT } )
        } ) )
    } ) } )

m-Set OPERATION. &operationcode ::= local: 4
ROIV-m-Set ::= ROSEapdus (WITH COMPONENTS {
    invoke (WITH COMPONENTS {
        invokeId          (InvokeIDtype),
        linkedId          ABSENT,
        opcode            (m-Set),
        argument (SetArgument) } )
    } )
m-Set-Confirmed OPERATION. &operationCode ::= local: 5
ROIV-m-Set-Confirmed ::= ROSEapdus (WITH COMPONENTS {
    invoke (WITH COMPONENTS {
        invokeId          (InvokeIDtype),
        linkedId          ABSENT,
        opcode            (m-Set-Confirmed),
        argument (SetArgument) } )
    } )
RORS-m-Set-Confirmed ::= ROSEapdus (WITH COMPONENTS {
    returnResult (WITH COMPONENTS {
        invokeId          (InvokeIDtype),
        result            (WITH COMPONENTS {
            opcode        (m-Set-Confirmed),
            result            (SetResult) } ) OPTIONAL } )
            -- 仅当对 ROIV-m-Set-Confirmed ROSEapdu 只有一个答复及数据将在 ROSEapdu 中
               返回时需要。
        } )
-- ASN.1 规范的以下部分提供了 CMIP 使用的 ROERapdu 子类型的定义。
```

```
-- ROERapdu 子类型为所有的 CMIP 记法和操作定义了的差错值的允许取值和由差错值定义的
   参数。

accessDenied ERROR&.errorCode ::= local: 2
ROER-accessDenied ::= ROSEapdus (WITH COMPONENTS {
    returnError (WITH COMPONENTS {
        invokeId         PRESENT,
        errcode          (accessDenied) } )
-- 只有作为 ROIV-m-Get, ROIV-m-Set-Confirmed,ROIV-m-Action-Confirmed, ROIV-m-Create 和
   ROIV-m-Delete ROIVapdus 的响应时,ROERapdu 才可以被返回。
    } )
classInstanceConflict ERROR&.errorCode ::= local: 19
ROER-classInstanceConflict ::= ROSEapdus (WITH COMPONENTS {
    returnError (WITH COMPONENTS {
        invokeId         PRESENT,
        errcode          (classInstanceConflict),
        parameter (INCLUDES BaseManagedObjectId) } )
-- 只有作为 ROIV-m-Get, ROIV-m-Set-Confirmed,——ROIV-m-Action-Confirmed, ROIV-m-Cre-
   ate and ROIV-m-Delete ROIVapdus 的响应时,ROERapdu 才可以被返回。
    } )

complexityLimitation ERROR&.errorCode ::= local: 20
ROER-complexityLimitation ::= ROSEapdus (WITH COMPONENTS {
    returnError (WITH COMPONENTS {
        invokeId         PRESENT,
        errcode          (complexityLimitation),
        parameter (INCLUDES ComplexityLimitation) OPTIONAL } )
-- 只有作为 ROIV-m-Get, ROIV-m-Set-Confirmed,——ROIV-m-Action-Confirmed 和 ROIV-m-De-
   lete ROIVapdus 的响应时,ROERapdu 才可以被返回。
    } )

duplicateManagedObjectInstance ERROR&.errorCode ::= local: 11

ROER-duplicateManagedObjectInstance ::= ROSEapdus (WITH COMPONENTS {
    returnError (WITH COMPONENTS {
        invokeId         PRESENT,
        errcode          (duplicateManagedObjectInstance),
        parameter (INCLUDES ObjectInstance) } )
-- 只有作为 ROIV-m-Create ROIVapdu 的响应时,ROERapdu 才可以被返回。
    } )

getListError ERROR&.errorCode ::= local: 7
ROER-getListError ::= ROSEapdus (WITH COMPONENTS {
```

```
    returnError (WITH COMPONENTS {
        invokeId          PRESENT,
        errcode           (getListError),
        parameter (INCLUDES GetListError) } )
--  只有作为 ROIV-m-Get ROIVapdu 的响应时,ROERapdu 才可以被返回。
    } )

invalidArgumentValue ERROR&. errorCode ::= local: 15
ROER-invalidArgumentValue ::= ROSEapdus (WITH COMPONENTS {
    returnError (WITH COMPONENTS {
        invokeId          PRESENT,
        errcode           (invalidArgumentValue),
        parameter (INCLUDES InvalidArgumentValue) } )
--  只有作为 ROIV-m-EventReport-Confirmed 和 ROIV-m-Action-Confirmed ROIVapdus 的响应时,
    ROERapdu 才可以被返回。
    } )

invalidAttributeValue ERROR&. errorCode ::= local: 6
ROER-invalidAttributeValue ::= ROSEapdus (WITH COMPONENTS {
    returnError (WITH COMPONENTS {
        invokeId          PRESENT,
        errcode           (invalidAttributeValue),
        parameter (INCLUDES Attribute) } )
--  只有作为 ROIV-m-EventReport-Confirmed 和 ROIV-m-Action-Confirmed ROIVapdus 的响应时,
    ROERapdu 才可以被返回。
    } )

invalidFilter ERROR&. errorCode ::= local: 4
ROER-invalidFilter ::= ROSEapdus (WITH COMPONENTS {
    returnError (WITH COMPONENTS {
        invokeId          PRESENT,
        errcode           (invalidFilter),
        parameter (INCLUDES CMISFilter) } )
--  只有作为 ROIV-m-Get, ROIV-m-Set-Confirmed, ROIV-m-Action-Confirmed 和 ROIV-m-Delete
    ROIVapdus 的响应时,ROERapdu 才可以被返回。
    } )

invalidObjectInstance ERROR&. errorCode ::= local: 17
ROER-invalidObjectInstance ::= ROSEapdus (WITH COMPONENTS {
    returnError (WITH COMPONENTS {
        invokeId          PRESENT,
        errcode           (invalidObjectInstance),
        parameter (INCLUDES ObjectInstance) } )
```

```
-- 只有作为 ROIV-m-Create ROIVapdu 的响应时,ROERapdu 才可以被返回。
   })

invalidScope ERROR&. errorCode ::= local: 16
ROER-invalidScope ::= ROSEapdus (WITH COMPONENTS {
    returnError (WITH COMPONENTS {
        invokeId          PRESENT,
        errcode           (invalidScope),
        parameter (INCLUDES Scope) } )
-- 只有作为 ROIV-m-Get, ROIV-m-Set-Confirmed, ROIV-m-Action-Confirmed 和 ROIV-m-Delete
   ROIVapdus 的响应时,ROERapdu 才可以被返回。
   })

missingAttributeValue ERROR&. errorCode ::= local: 18
ROER-missingAttributeValue ::= ROSEapdus (WITH COMPONENTS {
    returnError (WITH COMPONENTS {
        invokeId          PRESENT,
        errcode           (missingAttributeValue),
        parameter (INCLUDES SET OF AttributeId) } )
-- 只有作为 ROIV-m-Create ROIVapdu 的响应时,ROERapdu 才可以被返回。
   })

mistypedOperation ERROR&. errorCode ::= local: 21
ROER-mistypedOperation ::= ROSEapdus (WITH COMPONENTS {
    returnError (WITH COMPONENTS {
        invokeId          PRESENT,
        errcode           (mistypedOperation) } )
-- 只有作为 ROIV-m-Cancel-Get ROIVapdu 的响应时,ROERapdu 才可以被返回。
   })

noSuchAction ERROR&. errorCode ::= local: 9
ROER-noSuchAction ::= ROSEapdus (WITH COMPONENTS {
    returnError (WITH COMPONENTS {
        invokeId          PRESENT,
        errcode           (noSuchAction),
        parameter (INCLUDES NoSuchAction) } )
-- 只有作为 ROIV-m-Action-Confirmed ROIVapdu 的响应时,ROERapdu 才可以被返回。
   })

noSuchArgument ERROR&. errorCode ::= local: 14
ROER-noSuchArgument ::= ROSEapdus (WITH COMPONENTS {
    returnError (WITH COMPONENTS {
        invokeId          PRESENT,
```

```
        errcode             (noSuchArgument),
        parameter (INCLUDES NoSuchArgument) } )
-- 只有作为 ROIV-m-EventReport-Confirmed 和 ROIV-m-Action-Confirmed ROIVapdus 的响应时,
   ROERapdu 才可以被返回。
    } )

noSuchAttribute ERROR&.errorCode ::= local:5
ROER-noSuchAttribute ::= ROSEapdus (WITH COMPONENTS {
    returnError (WITH COMPONENTS {
        invokeId            PRESENT,
        errcode             (noSuchAttribute),
        parameter (INCLUDES AttributeId) } )
-- 只有作为 ROIV-m-Create ROIVapdu 的响应时,ROERapdu 才可以被返回。
    } )

noSuchEventType ERROR&.errorCode ::= local:13
ROER-noSuchEventType ::= ROSEapdus (WITH COMPONENTS {
    returnError (WITH COMPONENTS {
        invokeId            PRESENT,
        errcode             (noSuchEventType),
        parameter (INCLUDES NoSuchEventType) } )
-- 只有作为 ROIV-m-EventReport-Confirmed ROIVapdu 的响应时,ROERapdu 才可以被返回。
    } )

noSuchInvokeId ERROR&.errorCode ::= local:22
ROER-noSuchInvokeId ::= ROSEapdus (WITH COMPONENTS {
    returnError (WITH COMPONENTS {
        invokeId            PRESENT,
        errcode             (noSuchInvokeId),
        parameter (INCLUDES InvokeIDType) } )
-- 只有作为 ROIV-m-Cancel-Get ROIVapdu 的响应时,ROERapdu 才可以被返回。
    } )

noSuchObjectClass ERROR&.errorCode ::= local:0
ROER-noSuchObjectClass ::= ROSEapdus (WITH COMPONENTS {
    returnError (WITH COMPONENTS {
        invokeId            PRESENT,
        errcode             (noSuchObjectClass ),
        parameter (INCLUDES ObjectClass) } )
    -- 只有作为 ROIV-m-EventReport-Confirmed, ROIV-m-Get,ROIV-m-Set-Confirmed, ROIV-m-
       Action-Confirmed, ROIV-m-Create 和 ROIV-m-Delete ROIVapdus 的响应时,ROERapdu 才
       可以被返回。
    } )
```

```
noSuchObjectInstance ERROR&.errorCode ::= local:1
ROER-noSuchObjectInstance ::= ROSEapdus (WITH COMPONENTS {
    returnError (WITH COMPONENTS {
        invokeId          PRESENT,
        errcode           (noSuchObjectInstance),
        parameter (INCLUDES ObjectInstance) } )
-- 只有作为 ROIV-m-EventReport-Confirmed, ROIV-m-Get, ROIV-m-Set-Confirmed, ROIV-m-Action-Confirmed, ROIV-m-Create 和 ROIV-m-Delete ROIVapdus 的响应时,ROERapdu 才可以被返回。
    } )

noSuchReferenceObject ERROR&.errorCode ::= local:12
ROER-noSuchReferenceObject ::= ROSEapdus (WITH COMPONENTS {
    returnError (WITH COMPONENTS {
        invokeId          PRESENT,
        errcode           (noSuchReferenceObject),
        parameter (INCLUDES ObjectInstance) } )
-- 只作为 ROIV-m-Create ROIVapdu 的响应,ROERapdu 才返回。
    } )

operationCancelled ERROR&.errorCode ::= local:23
ROER-operationCancelled ::= ROSEapdus (WITH COMPONENTS {
    returnError (WITH COMPONENTS {
        invokeId          PRESENT,
        errcode           (operationCancelled) } )
-- 只有作为 ROIV-m-Get ROIVapdu 的响应时,ROERapdu 才可以被返回。
    } )

processingFailure ERROR&.errorCode ::= local:10
ROER-processingFailure ::= ROSEapdus (WITH COMPONENTS {
    returnError (WITH COMPONENTS {
        invokeId          PRESENT,
        errcode           (processingFailure),
        parameter (INCLUDES ProcessingFailure) OPTIONAL } )
-- 只有作为 ROIV-m-EventReport-Confirmed, ROIV-m-Get,ROIV-m-Set-Confirmed, ROIV-m-Action-Confirmed, ROIV-m-Create 和 ROIV-m-Delete ROIVapdus 的响应时,ROERapdu 才可以被返回。
    } )

setListError ERROR&.errorCode ::= local:8
ROER-setListError ::= ROSEapdus (WITH COMPONENTS {
    returnError (WITH COMPONENTS {
        invokeId          PRESENT,
```

```
        errcode            (setListError),
        parameter (INCLUDES SetListError) } )
--  只有作为 ROIV-m-Set-Confirmed ROIVapdu 的响应时,ROERapdu 才可以被返回。
    } )

syncNotSupported ERROR&.errorCode ::= local:3
ROER-syncNotSupported ::= ROSEapdus (WITH COMPONENTS {
    returnError (WITH COMPONENTS {
        invokeId           PRESENT,
        errcode            (syncNotSupported),
        parameter (INCLUDES CMISSync) } )
--  只有作为 ROIV-m-Get, ROIV-m-Set-Confirmed, ROIV-m-Action-Confirmed 和 ROIV-m-Delete
    ROIVapdus 的响应时,ROERapdu 才可以被返回。
    } )
--  为了完成本附录中指出的抽象语法,应将 7.4 的支持类型的定义作为参考一块考虑。
END
    --  CMIP 语法定义结束
```

ICS 13.110;25.040.01
J 09;N 10

中华人民共和国国家标准

GB 16655—2008/ISO 11161:2007
代替 GB 16655—1996

机械安全　集成制造系统　基本要求

Safety of machinery—Integrated manufacturing systems—Basic requirements

(ISO 11161:2007,IDT)

2008-10-29 发布　　　　2009-10-01 实施

中华人民共和国国家质量监督检验检疫总局
中国国家标准化管理委员会　发布

前　言

本标准的第 4 章～第 10 章为强制性的，其余为推荐性的。

本标准等同采用国际标准 ISO 11161:2007《机械安全　集成制造系统　基本要求》(英文版)。

本标准结构和内容与 ISO 11161:2007 一致，但按照我国标准的编写规则对国际标准做了编辑性修改，与 ISO 11161:2007 相比主要有以下几点不同：

——用“本标准”代替了“本国际标准”；

——取消了国际标准的前言，重新按照我国国家标准的要求起草了前言；

——修改了第 2 章中规范性引用文件的导语，第 2 章中引用的相关国际标准和区域标准已转化成我国国家标准的，均直接引用相应的国家标准；

——本标准其他章节中出现的国际标准已转化为国家标准的，将其编号改为国家标准编号，并将相应的国际标准版本号放在国家标准编号后的括弧内，便于使用和查阅，未转化的国际标准保留。

本标准代替 GB 16655—1996《工业自动化系统　集成制造系统安全的基本要求》。

本标准对 GB 16655—1996 作了如下修改：

——标准的属性由全文强制性改为条文强制性；

——更新了规范性引用文件；

——删除了“屏障、示警屏障、控制停机、握持运行控制装置、限位装置、闭锁、操作停机、悬挂式操作盒、任务程序、跳闸装置和非控制停机”共 11 个术语及其定义；

——增加了“探测区域、急停、伤害、集成者、操作者、保护措施、控制范围、供应商、任务区、用户”共 10 个术语；

——术语“使能装置”改为“使动装置”；

——将第 4 章“安全对策”分为第 4 章“风险评价和减小风险的策略”、第 5 章“风险评价”和第 6 章“减小风险”三章；

——增加了第 7 章“任务区”的内容；

——将第 5 章“控制系统安全性能设计要求”、第 6 章“系统的设计和安全防护”、第 7 章“培训、安装、交付试车及功能测试”和第 8 章“使用和注意事项”整合为第 8 章“安全防护和控制范围”、第 9 章“使用信息”和第 10 章“设计方面需做的确认”；

——增加了资料性附录 B、附录 C 和附录 D。

本标准的附录 A、附录 B、附录 C 和附录 D 为资料性附录。

本标准由中国机械工业联合会提出。

本标准由全国工业自动化系统与集成标准化技术委员会(SAC/TC 159)归口。

本标准负责起草单位：北京机械工业自动化研究所。

本标准参加起草单位：机械科学研究总院中机生产力促进中心。

本标准主要起草人：张晓飞、高雪芹、李勤、宁燕、付大为、富锐。

本标准所代替标准的历次版本发布情况为：

——GB 16655—1996。

引　　言

机械安全标准的结构如下：

a）A 类标准（基础安全标准），规定了适用于所有机械的基本概念、设计原则和一般特征。

b）B 类标准（通用安全标准），规定了机械的一种安全特征或者使用范围较宽的一类安全防护措施。

——B1 类，特定的安全特征（如安全距离、表面温度、噪音）标准；

——B2 类，安全防护装置（如双手操纵装置、联锁装置、压力感应装置、防护装置）标准。

c）C 类标准（机器安全标准），规定了特定机器或者机组的详细安全要求。

按照 GB/T 15706.1 中的规定，本标准属于 B1 类通用安全标准。

集成制造系统（IMS，见 3.1）在尺寸和复杂性方面有很大的区别，并且能将涉及各种专门技能及知识的不同技术结合起来。

宜把集成制造系统看成一部全新的整机，而不是各部件的简单组合。集成者（见 3.10）需要与那些仅熟悉系统部件的部门合作。IMS 的部件需要经常手动调整的场合，例如：检查、维修、设置，停止整个 IMS 系统是不切实际和没有必要的。本标准给出了保证执行这些任务的人员的安全要求。这些任务涉及的安全防护与“任务区”的概念和使用有关。

本标准的目的是说明怎样应用 GB/T 15706.1—2007、GB/T 15706.2—2007 和 GB/T 16856.1—2008 规定的要求。

图 1 给出了集成制造系统的一般结构。

附录 A 给出了集成制造系统的一些示例。

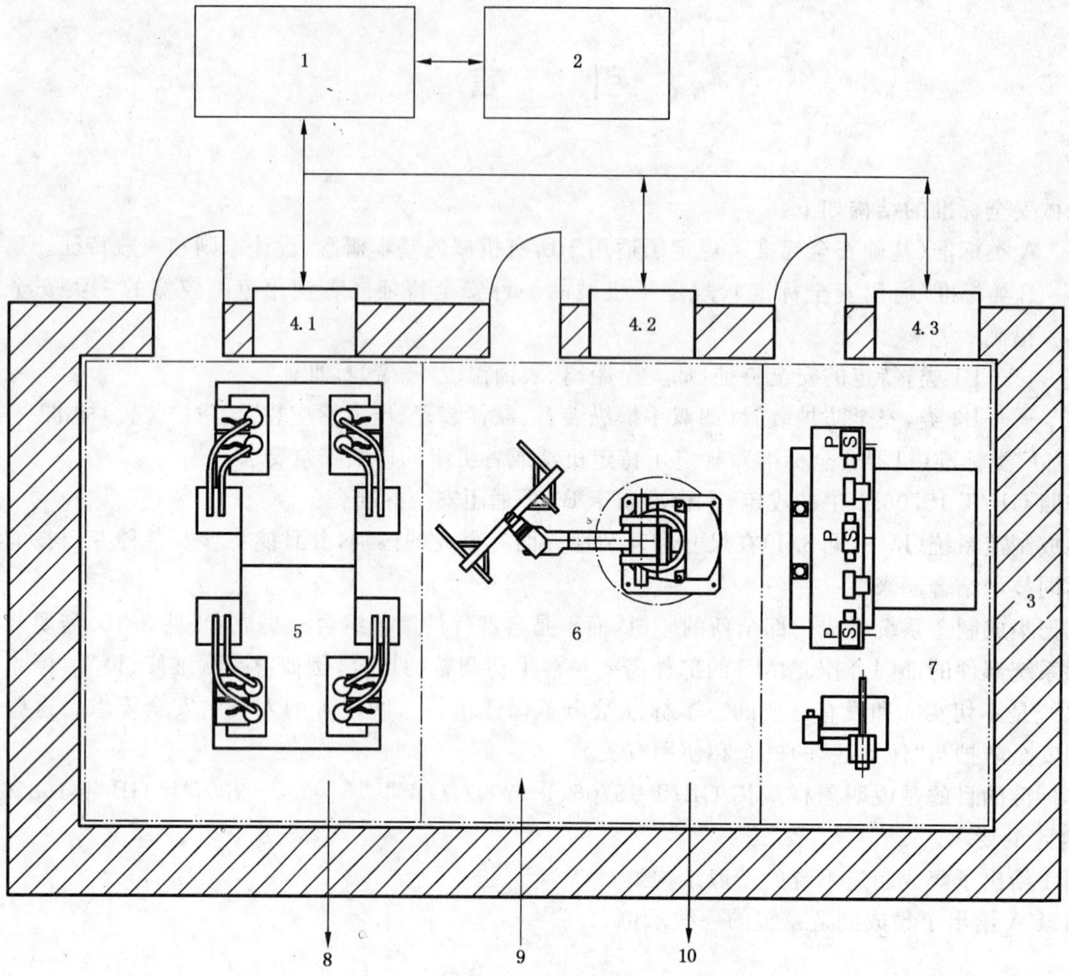

说明：

1——控制器；
2——手控盒；
3——安全防护区域；
4——局部控制器；
5——危险区 A；
6——危险区 B；
7——危险区 C；
8——废料和消耗品流；
9——原材料流；
10——成品。

图 1　集成制造系统的结构

机械安全　集成制造系统　基本要求

1　范围

本标准规定了集成制造系统(IMS)的安全要求,这些系统将两台以上互联的机器集成为一体,以实现特定的应用,例如:零件的加工或装配。本标准给出了这类IMS(IMS的基本结构见图1)安全设计、安全防护和使用信息的要求和建议。

注1:在本标准中,“系统”是指集成制造系统。

注2:在本标准中,“机器”是指集成制造系统的组成机器和关联设备。

本标准不包括单台机器和设备的安全要求,这些要求可在这些机器和设备的专门标准中给出。本标准仅涉及对机器和部件的互连安全至关重要的内容。在集成制造系统中的机器和设备分离或独立工作的场合,当安全防护装置对生产模式的保护效果被抑制或暂停时,则可采用这些机器和设备的相关安全标准。

2　规范性引用文件

下列文件中的条款通过本标准的引用而成为本标准的条款。凡是注日期的引用文件,其随后所有的修改单(不包括勘误的内容)或修订版均不适用于本标准,然而,鼓励根据本标准达成协议的各方研究是否可使用这些文件的最新版本。凡是不注日期的引用文件,其最新版本适用于本标准。

GB/T 8196—2003　机械安全　防护装置　固定式和活动式防护装置设计与制造一般要求(ISO 14120:2002,MOD)

GB/T 15706.1—2007　机械安全　基本概念与设计通则　第1部分:基本术语和方法(ISO 12100-1:2003,IDT)

GB/T 15706.2—2007　机械安全　基本概念与设计通则　第2部分:技术原则(ISO 12100-2:2003,IDT)

GB 16754—2008　机械安全　急停　设计原则(ISO 13850:2006,IDT)

GB/T 16855.1—2008　机械安全　控制系统有关安全部件　第1部分:设计通则(ISO 13849-1:2006,IDT)

GB/T 16855.2—2007　机械安全　控制系统有关安全部件　第2部分:确认(ISO 13849-2:2003,IDT)

GB/T 16856.1—2008　机械安全　风险评价　第1部分:原则(ISO 14121-1:2007,IDT)

GB 17888.1—2008　机械安全　进入机械的固定设施　第1部分:进入两级平面之间的固定设施的选择(ISO 14122-1:2001,IDT)

GB 17888.2—2008　机械安全　进入机械的固定设施　第2部分:工作平台和通道(ISO 14122-2:2001,IDT)

GB 17888.3—2008　机械安全　进入机械的固定设施　第3部分:楼梯、阶梯和护栏(ISO 14122-3:2001,IDT)

GB 17888.4—2008　机械安全　进入机械的固定设施　第4部分:固定式直梯(ISO 14122-4:2004,IDT)

IEC 60204-1:2005　机械安全　机械电气设备　第1部分:通用技术条件

IEC 62061:2005　机械安全　有关安全的电气、电子、可编程电子控制系统的功能安全

IEC/TS 62046:2004　机械安全　探测人员存在的保护设备的应用

3　术语和定义

下列术语和定义适用于本标准。

3.1

集成制造系统　integrated manufacturing system

IMS

为了制造、处理、移动或包装零部件或组件，由原材料处理系统连接，并由控制器(即 IMS 控制器)实现互连，采用协同方式工作的一组机器。

注：可参见附录 A。

3.2

探测区域　detection zone

电子传感保护装置(ESPE)能够探测指定试件的区域。

[IEC/TS 62046:2004,3.1.3]

3.3

急停　emergency stop

该功能：

——防止发生或减少对人员存在的危险以及对机械或加工过程的破坏；

——由单人触发。

注：GB 16754—2008 给出了详细规定。

[GB/T 15706.1—2007,3.37]

3.4

使动装置　enabling device

与启动控制一起使用并且只有连续操动时才能使机器运行的附加手动操作装置。

注：IEC 60204-1:2005 中的 9.2.5.8 给出了使动装置的规定。

[GB/T 15706.1—2007,3.26.2]

3.5

防护装置　guard

机器的组成部分，用于提供保护的物理屏障。

注 1：防护装置可以：

——单独使用。对于活动式防护装置，只有当其"闭合"时才有效；对于固定式防护装置，只有当其处于"锁定位置"才有效。

——与带或不带防护锁的联锁装置结合使用。在这种情况下，无论防护装置处于什么位置都能起到防护作用。

注 2：根据设计，防护装置可以称作外壳、护罩、盖、屏、门和封闭式装置。

注 3：防护装置的类型及其要求，见 GB/T 15706.2—2007 中的 5.3.2 和 GB/T 8196—2003。

[GB/T 15706.1—2007,3.25]

3.6

伤害　harm

对健康产生的生理上的损伤或危害。

[GB/T 15706.1—2007,3.5]

3.7

危险　hazard

潜在的伤害源。

注1:“危险”一词可由其起源(例如:机械危险和电气危险),或其潜在伤害的性质(例如:电击危险、切割危险、中毒危险和火灾危险)进行限定。

注2:本定义中的危险包括:

——在机器的预定使用期间,始终存在的危险(例如:危险运动部件的运动、焊接过程中产生的电弧、不健康的姿势、噪声排放、高温);

——意外出现的危险(例如:爆炸、意外启动引起的挤压危险、泄漏引起的喷射、加速/减速引起的坠落)。

[GB/T 15706.1—2007,3.6]

3.8

危险区 hazard zone/danger zone

使人员暴露于危险的机械内部和/或其周围的任何空间。

[GB/T 15706.1—2007,3.10]

3.9

危险状态 hazardous situation

指人员暴露于具有至少一种危险的环境。这类暴露可能会立即或在一定时间之后对人员产生伤害。

[GB/T 15706.1—2007,3.9]

3.10

集成者 integrator

设计、提供、制造或装配集成制造系统的实体,该实体负责安全策略,包括保护措施、控制界面以及控制系统的互连。

注:集成者可能是制造者、装配人员、工程公司或用户。

3.11

联锁装置 interlocking device

联锁 interlock

用于防止危险机器功能在特定条件下(通常是指只要防护装置未关闭)运行的机械、电气或者其他类型的装置。

[GB/T 15706.1—2007,3.26.1]

3.12

局部控制 local control

只能在任务区进行控制的一种状态。

3.13

抑制 muting

由控制系统有关安全部件实现的安全功能的自动暂停。

[GB/T 16855.1—2008,3.1.8]

3.14

操作者 operator

被派以安装、使用、调整、维护、清洗、修理或运输机械任务的人员。

3.15

保护措施 protective measure

用于达到风险减小的措施。这些措施是由下列人员实施的:

——设计者(本质安全设计、安全防护和附加防护措施、使用信息);

——使用者(组织方面:安全工作程序、监督、工作许可制度;附加安全防护装置的提供和使用;个人防护装置的使用;培训)。

[GB/T 15706.1—2007,3.18]

3.16

保护装置 protective device

防护装置以外的安全装置。

[GB/T 15706.1—2007,3.26]

3.17

风险 risk

伤害发生概率和伤害发生的严重程度的综合。

[GB/T 15706.1—2007,3.11]

3.18

安全防护装置 safeguard

防护装置或保护装置。

[GB/T 15706.1—2007,3.24]

3.19

安全防护空间 safeguarded space

由保护措施所确定的空间,这些保护措施所防止的危险不会在该空间中发生。

3.20

安全防护 safeguarding

使用安全防护装置保护人员的措施。这些保护措施使人员远离那些不能合理消除的危险或者通过本质安全设计方法无法充分减小的风险。

注:GB/T 15706.2—2007 的第 5 章对安全保护措施进行了详细描述。

[GB/T 15706.1—2007,3.20]

3.21

安全功能 safety function

其失效后会立即造成风险增加的机器功能。

[GB/T 15706.1—2007,3.28]

3.22

安全操作规程 safe working procedure

一种专门的规程,用以在执行指定任务时,减少遭受伤害的可能性。

3.23

控制范围 span of control

在特定装置控制下,预先确定的 IMS 的工作区域。

3.24

供应商 supplier

提供 IMS 整体或部分设备和服务的实体(例如:设计者、制造商、承包人、安装人员、集成者)。

注:用户可能也担当供应商的角色。

3.25

任务区 task zone

在 IMS 中和/或周围预先确定的空间,在该空间中操作者进行操作。

注:可参见危险区和安全防护空间。

3.26

故障查找 trouble shooting/fault finding

系统地判断 IMS 或 IMS 的某个部分不能执行预定任务或功能的原因的一种工作。

3.27

用户 user

使用和维护 IMS 的人员。

4 风险评价和减小风险的策略

4.1 总则

IMS 的风险评价和减低风险策略应符合 GB/T 15706.1—2007、GB/T 15706.2—2007 和 GB/T 16856.1—2008 中的要求。

为充分减小风险，集成者应向机器及相关设备的用户和供应商(见附录 B)咨询。集成者应考核技术状况，并按照第 9 章的要求制定 IMS 的使用信息。

IMS 的设计应便于进行安全的手动调节，包括维护。对于某些手动调节而言，停止整个 IMS 是不切实际的，这种情况下，IMS 应该把操作者能安全完成任务的区域隔离出来。

第 5 章用于进行风险评价，包括：

——IMS 的技术规范(5.1)；

——危险和危险状态的识别(5.2)；

——风险评估(5.3)；

——风险评定(5.4)。

第 6 章用于减小风险，包括：

——保护措施(6.1)；

——保护措施的确认(6.2)。

IMS 的风险评价和减小风险是按照以下步骤进行的一个迭代过程(见 GB/T 15706.1—2007 中的图 2)。

4.2 IMS 的界限说明

为了充分进行风险评价，定义下列 IMS 基本参数：

——功能性；

——界限；

——IMS 不同部分之间的接口。

见图 2。

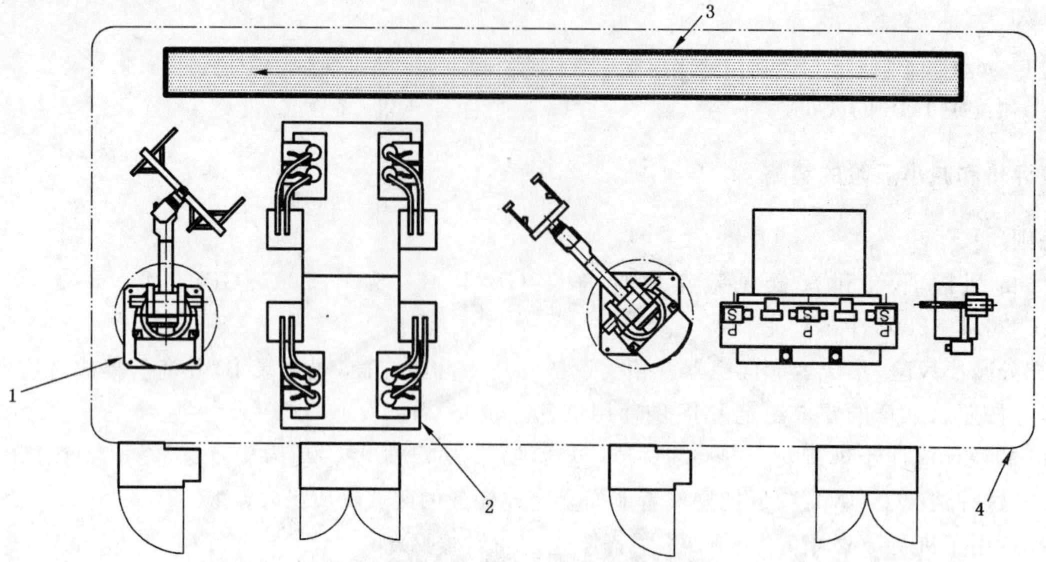

说明：

1——机器 A—机器人；

2——机器 B—机床；

3——机器 C—物料处理系统(传送)；

4——IMS。

图 2　IMS 的界限说明

4.3　任务的确定

集成者应确定可预见的任务(对于 IMS 的多重结构)，并确定其布局和入口的相关要求。见图 3。

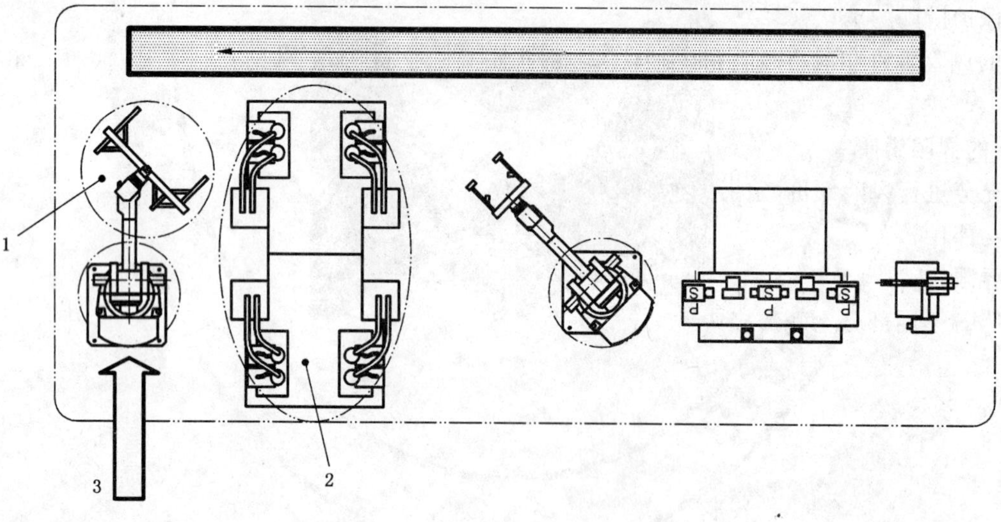

说明：

1——任务 1：工具更换；

2——任务 2：清洗；

3——任务 1 和任务 2 的入口。

图 3　任务的确定(要求、布局、入口)

4.4　危险状态的识别

IMS 的风险评价应包括由以下原因引起的危险状态：

——组成 IMS 的机器与相关设备的集成；

——机器保护措施的任何更改；

——机器用途的改变。

见图 4。

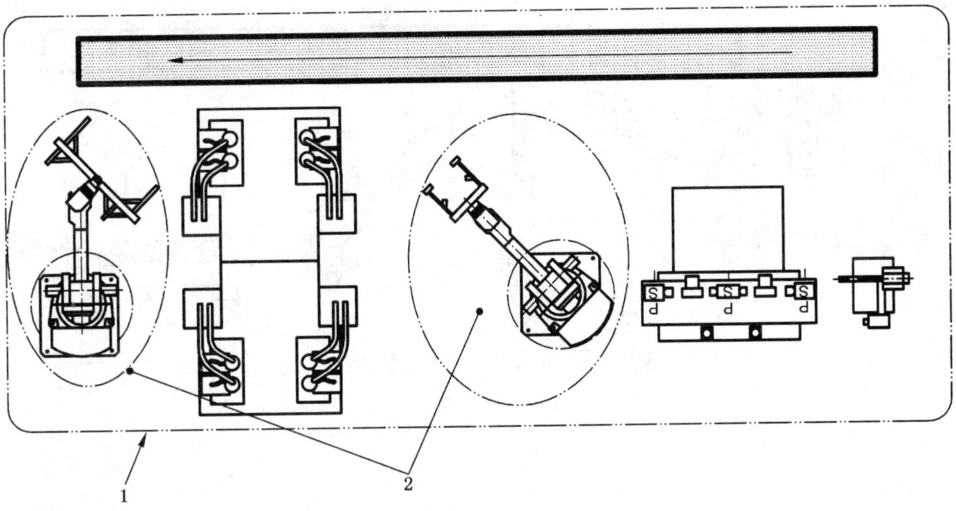

说明：

1——IMS；

2——危险区域。

图 4　危险/危险区域以及相关危险状态的识别

4.5　风险评估和风险评定

集成者应对每个任务区内所识别出的每种危险和危险状态进行风险评估和评定。

4.6　减小风险

集成者应按照 GB/T 15706.1—2007 中的各级保护措施消除危险或减小风险，步骤如下：

——通过设计排除危险；

——通过设计要求和确定出任务区减小风险；

——通过安全防护和补充措施减小风险，包括控制范围；

——通过提供使用信息减小风险(见第 9 章)。

见图 5 和图 6。

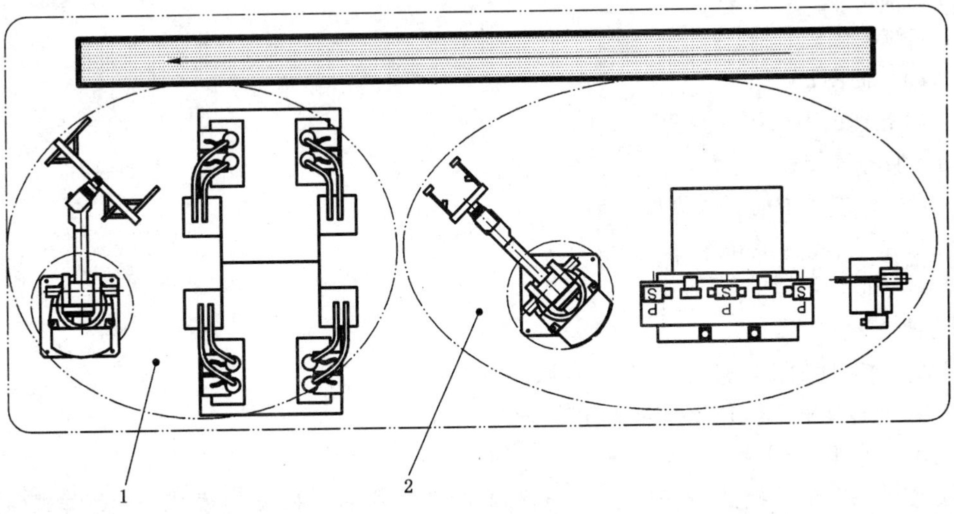

说明：

1——任务区 A；

2——任务区 B。

图 5　任务区的确定

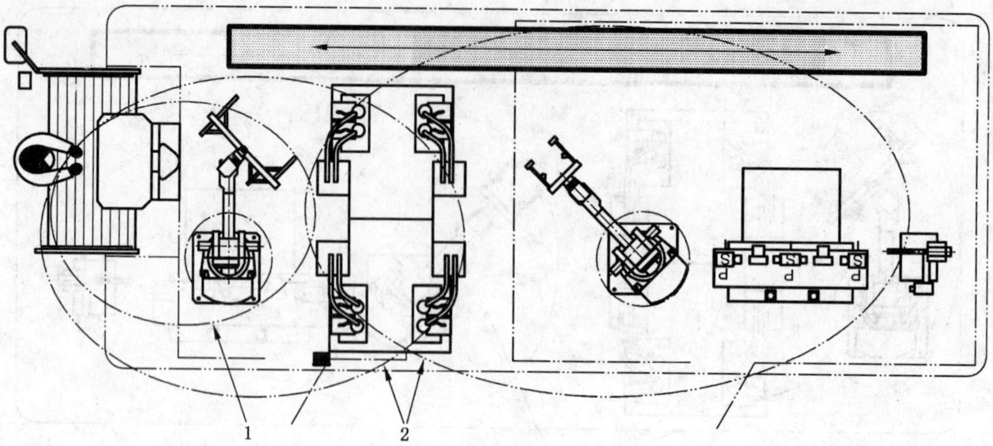

说明：

1——光控范围；

2——联锁装置控制范围。

图6　包括控制范围在内的安全防护的确定

5　风险评价

5.1　IMS的技术规范

5.1.1　界限

IMS的风险评价首先依据界限的技术规范，包括IMS用途的确定、空间要求和寿命(可参见GB/T 15706.1—2007中的5.2)。集成者应考虑：

a)　功能描述；

b)　包括入口和结构容量的布局；

c)　不同工作过程和手动操作之间交互作用的描述；

d)　工艺步骤的分析，包括手动交互操作；

e)　分界面的描述；

f)　工艺流程图；

g)　基础平面图；

h)　原料处理的平面图和空间；

i)　功能服务连接；

j)　相似操作或系统的有效事故记录；

k)　相似系统装配的分析；

l)　环境特征。

5.1.2　功能性

关于IMS功能性的说明应包括(但不局限于)以下几个方面：

a)　考虑到工作任务和IMS效能的生产率；

b)　自动化水平、技术和制造过程；

c)　模式[例如：手动模式、自动模式、与区域的整体或部分相关的模式、观测模式(可参见附录D)]；

d)　机器/IMS的多重结构要求；

注：当IMS部分不能使用或这部分作为单独机械使用时，多重结构(IMS内机械的设计重组和再分区)允许另一部分IMS运行。多重结构也能提供额外的生产柔性(例如：同一时间产出的部件的数量和多样性)。

e)　控制功能，包括有关安全的控制功能(见8.8)；

f) 控制范围;

g) 检查要求。

5.1.3 工作任务的确定

集成者应将 IMS 与人的交互作用分类并归档。IMS 工作任务的技术规范应包括:

a) 将要完成的具体工作;

b) 工作任务的布局;

c) 人为干预的频率和持续时间,包括(但不限于)质量检查、预防性维护、故障修正;

d) 完成工作任务的安全防护装置的控制范围(例如:全速、减速、停止);

e) 工作任务所需的模式[例如:手动模式、自动模式、与特定功能或操作的区域或部分区域相关的模式(例如:设置模式、编程、测试模式)];

f) 个人保护装备方面的需求(例如:手套、护目镜);

g) 辅助装备方面的需求(例如:手工工具、提升设备);

h) 与任务相关的人类工效学方面(例如:姿态、规模、尺寸、复杂性);

i) 与任务相关的环境问题(例如:新鲜空气、废气和通风、照明、噪声和振动、温度、湿度、固体废物、液体废物);

j) 确定工作任务时,应考虑 IMS 的工作过程,包括可预见的误操作,比如:

1) 安装;

2) 示教和设置;

3) 生产(例如:操作者手动操作、加载工件、过程控制与监测);

4) 维护;

5) 修正、故障查找和故障后复位;

6) IMS 的分解和处理。

集成者还应考虑与操作无直接关系的人员出现在现场的情况。

5.1.4 IMS 的空间要求

5.1.4.1 总则

集成者应规定 IMS 的空间要求,包括布局和通道的要求。

5.1.4.2 布局

IMS 的布局设计应考虑:

a) 通道(即:进口和出口路线)和逃生路线;

b) 可预见的人为干预;

c) 工作任务;

d) 工作流程;

e) 安全防护装置的控制范围,该安全防护装置为完成 5.1.3 中确定的工作任务提供了安全入口;

f) 车辆和人员的通行。

IMS 的布局应确保其对预期用途的兼容性。

5.1.5 IMS 的通道

应能方便安全地进入 IMS,通道应包括:

——操作人员的通道;

——物料(例如:原料、部件、组件、产品以及废料)通道;

——移动设备(例如:铲车、手推车)通道;

——维护和调整的通道;

——进入工作站的通道。

注:可能需要在地面做出标志,尤其是使用移动设备和/或安装了能导致保护装置动作的地方。同时,建议考虑门的旋转和方向。

通过路径和方式不应使操作者暴露于危险中,包括坠落危险。考虑到任务的频率和人类工效学方面的因素,应提供进入 IMS 的固定设施。

平台、通道、楼梯、阶梯和固定式直梯应按照 GB 17888—2008 的相应部分进行选择和设计。

5.2 危险和危险状态的识别

5.2.1 通则

按照 5.1.1 确定了 IMS 的界限并进行了初步布局后,集成者应对每项任务的危险和危险状态进行识别,这些危险和危险状态与以下各项有关:

a) 实施干预的机器;

b) IMS 内机器的位置,包括相邻区域的危险;

c) 进入 IMS 到达任务位置的路径。

5.2.2 机器及相关设备引起的危险和危险状态

本标准假定供应商交付的机器符合 GB/T 15706.1—2007 和 GB/T 15706.2—2007 以及其他关于机器和相关设备安全标准的要求。在与 IMS 集成时集成者应确定供应商提供的保护措施是否有效,这宜在咨询供应商时进行。对于每台机器,集成者应确认机器在 IMS 中集成后其使用条件与供应商的规定是否一致。对任何差别都应进行风险评价,这些分析建议在咨询供应商时进行,例如:

a) 机器在 IMS 中所处的位置使机器暴露于供应商未预见的特殊环境条件下(例如:机器暴露于供应商未预见的电磁场中);

b) 由于机器在 IMS 中的位置,供应商预见的干预可能无法进行(例如:由于传送带的存在,没有进入机器的通道);

c) 供应商采取的保护措施不再有效(例如:由于楼梯的存在,使得通过楼梯即可进入危险区,因而导致固定式防护装置的高度不满足要求);

d) 由于 IMS 的设计或使用,使得在组成 IMS 机器的使用信息中描述的减小残留风险措施无法实施(例如:由于遮挡物的存在,不能使用警告标志;由于安装了其他机械,不能使用防护装置)。

机器经过改良后(例如:为了能用机器人进行自动进料而拆除防护装置),集成者应确定是否产生新的危险情况,这宜咨询供应商后实施。当设备要在 IMS 中集成时,集成者应确定是否已消除了所有的危险情况,这宜咨询供应商后实施。

注:这类设备可能是机械系统的一个组件,例如包含驱动装置的传送带。传送带本身一般不会满足 GB/T 15706.2—2007 第 4 章中的全部要求,但可能适用于其他标准(例如:IEC 60204-1:2005)。

5.2.3 由设备位置引起的危险状态

对于每台机械,集成者应评价是否由于 IMS 中机器的布置而引起新的危险状态,例如:

a) IMS 中单台机器和设备之间的交互作用;

b) 靠近 IMS 中其他仍在运行部分的工作;

c) 在有跌落危险的高处工作;

d) 机器之间和/或区域之间的分界面;

e) 应用于 IMS 的分区制。

5.2.4 由工作路线引起的危险状态

应识别和评价每个任务区路线的危险状态。

5.3 风险评估

经危险识别后,应通过确定风险因素来对每种危险状态进行风险评估,风险因素源于以下因素的组合:

a) 伤害的严重程度;

b) 出现伤害的可能性,这种可能性是以下因素作用的结果:

——人员暴露于危险中；

——出现危险事件；

——通过技术或人为手段避免或限制伤害的可能性。

5.4 风险评定

为了确定是否足够安全或需要进一步减小风险，应进行风险评定。

6 减小风险

6.1 保护措施

通过下列各级保护措施消除危险或减小风险：

a) IMS 的设计要求和分区制（见第 7 章）；

b) 安全防护和控制范围（见第 8 章）；

c) 使用信息（见第 9 章）。

注：见图 5 和图 6。

6.2 保护措施的确认

确认保护措施能足以减小风险。

7 任务区

7.1 总则

在减小风险过程中，本质安全设计措施是首要的也是最有效的，可通过适当选择 IMS 或其组成机器的设计特点消除危险或降低风险来实现。

除 GB/T 15706.2—2007 第 4 章中给出的措施外，为了消除或降低风险，还应采用以下的措施：

a) 修改 IMS 的技术规范或限定条件；

b) 为了抑制或减少危险状态更改或修改设备部件，或修改某些干预；

c) 修改布局（例如：设备布局、设备交互作用、通道和方式）；

d) 限制干预；

e) 创建附加操作模式。

在采用其他保护措施之前，重复进行第 5 章和第 6 章的适用步骤。

IMS 的设计应便于安全地手动干预，包括维护。对于某些手动干预，停止整个 IMS 是不切实际的。在这种情况下，IMS 应隔离出操作人员能安全完成任务的区域。

对 IMS 层面，首要的问题是确定 IMS 的最佳故障维护（或隔离）任务区，使操作者能在该区域安全地完成工作任务。当 IMS 其他部分继续自动运行时，这些任务区应处于安全状态（例如：停止，可参见附录 D）。

注：作业分区是形成适合自身功能的 IMS 的一种措施。这是指 IMS 能达到其生产水平的同时，工作人员在 IMS 设计阶段所预见的条件下可安全地对 IMS 进行调整和维护。当这些要求满足时，应防止工作人员采用非预定的操作模式和干预技术。

7.2 确定

确定任务区是一个递推的过程，它由以下几个步骤组成：

a) 确定任务：要求、位置、入口；

b) 确定危险/危险区以及相关的危险状态（见图 4 和 GB/T 15706.1—2007 中的第 4 章）；

c) 确定任务区。

在布局上应识别出以下几个方面：

——工作地点；

——通过 IMS 到达维修点或工作地点的路线；

——为了安全地进行干预而需要停止的 IMS 部件，以及可能还在继续工作的 IMS 的其余部件；
——一旦停止则使得 IMS 其余部件停止工作且立即会影响生产水平的那些 IMS 部件；
——允许在安全条件下完成预定的调整、维护、维修、清洗、保养以及其他任务的方法；
——在 IMS 设计阶段规定的条件下进行这些操作时，允许整个 IMS 执行其功能（例如：达到生产水平）的方法。

注：见图 5。

7.3 设计

为了确定任务区，并全面了解预定任务区对 IMS 功能特性的影响，应对 IMS 的布局进行分析。

任务区可包括：

a) 一台或多台机器和/或设备；
b) IMS 内部或周围工作人员可完成任务的空间；
c) 前往任务位置的路径。

每个任务区的设计应便于操作者识别：

——任务区的范围；
——与任务区相关的设备；
——各种控制和保护装置（例如：保护装置、保护装置的复位、使动装置、急停、控制站、分离方式）的控制范围；
——与其他任务区的连接区域；
——工作任务地点和执行任务的路线。

7.4 功能分析

作为递推过程的一部分，集成者应分析设计是否满足功能要求，如果不满足，则应：

a) 修改 IMS 布局、功能性和/或界限；
b) 替换和/或更改设备，以减小与干预有关的风险；
c) 确定新的进入路径和方式；
d) 修改进行干预的方法。

8 安全防护和控制范围

8.1 任务区的安全防护

8.1.1 总则

对于本质安全设计措施不能充分减小风险的任务区，应提供安全防护装置。安全防护装置的设计应允许在任务区可以安全地实施干预。

8.1.2 任务区的分界面

危险发生在任务区之间的分界面处时，应进行适当的安全防护。任务区之间的分界面与下列因素有关：

a) 物料从一个任务区向邻近任务区的流动；
b) 一个任务区通向邻近任务区的路径。

8.1.3 进入路径分界面的安全防护

当危险（风险评价过程中所识别出来的危险）发生在进入路径分界面处时，应提供适当的安全防护装置。

8.1.4 物流之间分界面的安全防护

应进行特殊的安全防护，以

a) 防止操作者从任务区进入邻近任务区；或
b) 使邻近任务区的危险在操作者进入之前转为安全状态。

物料流入或流出任务区可触发保护装置，使系统抑制或闭锁(见 8.7)。

8.2 控制范围

8.2.1 总则

与任务区相关的各种控制和保护装置的控制范围，应根据风险评价和所有相关的 C 类标准确定，并考虑：

a) 集成制造系统的物理布局；

b) 自身的生产流程；

c) 完成任务必需的入口。

8.2.2 具有控制范围的装置

以下每种装置都应有已规定的控制范围：

a) 急停装置；

b) 使动装置；

c) 门联锁装置；

d) 现场传感装置；

e) 分离工具；

f) 局部控制模式。

注：一种装置的控制范围可与其他装置的控制范围组合(例如：急停装置的控制范围包含两个门联锁装置的控制范围)。可见附录 C 中如何实现安全功能控制范围的示例。

8.3 电气设备的要求

集成制造系统的电气设备应符合 IEC 60204-1:2005 的要求，并兼顾设备供应商的说明书和建议。

注：对于在厂房中的设备安装本身而言，可采用国家标准相关的要求。

8.4 模式

8.4.1 总则

应提供 5.2.3 中给出的保证任务安全执行的模式。

要求手动干预的任务应尽可能在安全防护空间外部完成。如果不可行，应提供适当的模式。

至少应提供以下两种模式：

——自动模式；

——手动模式(例如：设置、编程、测试)。

注 1：这些模式可与整个 IMS 相关，或者可以是局部控制模式，只与任务区相关或只与该任务区内的某一个(些)机器和/或设备相关。对于局部控制的情况，见 8.8.3。

注 2：举例来说，任务区可能由机器人、传送带和磨削机组成。其中每台机器可能配有适合自己的模式，这些模式也可能互不相同。

8.4.2 模式选择

IMS 有不同的控制模式时(例如：自动、设置、工艺过程改变、示教、故障查找、清洗、维护)，应提供模式选择装置。

模式选择应符合 GB/T 15706.2—2007 中 4.11.10 的要求。

模式的选择应是一个有针对性的工作。应提供显示模式选择状态的输出信号。信号的应用和性能应由风险评价确定。

对于选定的操作模式，应提供相应的标志(例如：模式选择器的位置、指示灯的规定、可见显示标志)。

8.5 安全防护装置的选择

8.5.1 安全防护装置的选择和执行

安全防护装置应按照 GB/T 15706.2—2007 中的 5.2 进行选择。安全防护装置的设计应允许在任务区内安全地完成干预。

8.5.2 防护装置的设计要求

防护装置的设计和构成应符合 GB/T 8196—2003 的要求。如果没有来自单台机器的要求或没有进行风险评价，IMS 应采用如下尺寸：

——对于人员无需进入的地方，固定式和活动式防护装置的高度不应低于 1 400 mm；

——对于人员必需进入的地方（例如：上料和下料），固定式和活动式防护装置的高度不应低于 1 000 mm；

——防护装置与地板之间的间隙不应大于 200 mm。

8.6 安全防护装置暂停时的保护措施

8.6.1 总则

需要手动干预的任务应按如下要求完成：

a) 任务应在安全防护空间外完成，或者当 IMS 或 IMS 的部件处于停止状态时完成。

b) 当按照 a）的要求行不通时，则应按照 8.4.2 提供合适的模式。应采用技术规定来限制对特定模式的干预[例如：能锁定的选择器，开门所需的工具或钥匙（见附录 D）]。

c) 当按照 b）的要求行不通时，则应给操作者提供具有安全通道的安全位置，以便完成任务（例如：在充分减小风险的条件下，在安全防护空间内可对加工过程进行观测）。

用手动选择来暂停安全防护装置，应由可锁定的选择装置或其他相当的保护措施（例如：密码、确定的控制功能的访问代码）进行。

安全防护装置的暂停可能有时间限制。安全防护装置暂停时，控制系统应能防止从危险区或任务区之外引发的危险。IMS 自动模式应仅在相应安全防护装置起作用时才能从安全防护空间外部触发。

暂停功能发生故障时，应防止在排除故障之前再次出现暂停。

8.6.2 其他保护措施

安全防护装置暂停时，其他保护措施应能达到风险评价确定的必要的保护水平。其他保护措施包括：

——要求持续动作的保护装置（例如：双手操纵、使动装置）；

——减速；

——减小扭矩；

——识别并提供安全位置和安全入口以便查找并排除故障。

使动装置应采用 3 位置型（见 IEC 60204-1:2005 中的 9.2.5.8）。

注 1：无使动装置情况下的安全减速度是假定操作人员能在低速移动时安全地离开。因此，根据风险评价，在某些情况下，即使是安全的减速度（例如：狭窄的空间），可能也需要使动装置。

注 2：例如，压力机的减速度小于 10 mm/s，机器人的减速度小于 250 mm/s，无剪切危险时的减速度小于 250 mm/s，有剪切危险时的减速度小于 33 mm/s。

8.6.3 其他保护措施的确定

为了实现要求的任务区功能性而暂停安全防护装置时，对每种操作模式来说，至少应分析以下几种情况：

a) 风险评价指明在保护措施暂停而无法完成干预时，应处于停止状态的设备或部件；

b) 可以进行干预时，宜处于停止状态的设备或部件；

c) 由操作人员直接控制的设备。

8.6.4 状态显示

应提供安全防护装置暂停时的状态显示。此外，为了给操作者提供有关安全防护装置暂停的信息，应提供以下一种或两种信息：

a) 暂停时能引发危险的有关安全的功能、电路和驱动器的状态显示；

b) 基本要素状态的显示（例如：工作进程的状态、设备元件位置等参数、温度）。

8.6.5 自动操作设备安全防护装置的暂停

对于自动操作设备，集成者应进行风险评价，以识别安全防护装置暂停时的所有危险和危险状态，并进行适当地防护。

8.7 抑制和闭锁

抑制和闭锁性能的设计应符合 GB/T 16855.1 和/或 IEC 60204-1:2005 的要求。抑制和闭锁的安装宜符合 IEC/TS 62046:2004 的要求。抑制和闭锁不应使操作者暴露于危险中(例如:机械的运动、热表面、噪声、激光、辐射、毒气)。

抑制功能有关安全的部件发生故障时，应防止在故障排除之前再次发生抑制。

8.8 控制

8.8.1 总则

制定每种和安全相关的控制功能的功能要求规范及其安全完整性要求规范时，应使用以下信息：

a) 机器风险评价的结果，包括确定在降低风险过程所必需的所有安全功能。

b) 机器工作特点，包括：

  1) 工作模式；

  2) 循环时间；

  3) 环境条件；

  4) 人与机器的交互作用(例如:操作、设置、清洗)。

c) 有关安全的控制功能方面的所有信息，这些信息够影响有关安全的控制系统的设计，例如包括：

  1) 有关安全的控制功能预期实现或防止的机器行为的描述；

  2) 有关安全的控制功能之间以及有关安全的控制功能和其他功能(机器内部或外部)之间的所有接口；

  3) 有关安全的控制功能要求的故障翻译功能。

8.8.2 IMS 控制系统

IMS 控制系统的有关安全的控制功能应由减小风险的策略来确定，并且在适当情况下，这一(些)功能的实施应符合 GB/T 16855.1—2008、GB/T 16855.2—2007 和/或 IEC 62061:2005 的要求。

应通过风险评价确定采用适当的性能等级(依照 GB/T 16855.1—2008)或 SIL(安全完全性等级)(依照 IEC 62061:2005)。

8.8.3 局部控制

是否需要局部控制应根据 IMS 运行要求来确定。

当提供局部控制时，风险评价应确定是否需要附加保护措施。当提供局部控制时，IMS 控制系统应注意这种有局部防护的情况，并且不应超越局部控制。在局部控制期间，急停功能应继续保持有效。

用以选择或取消局部控制的工具，不应设置在安全防护空间内，而应设置在受控机器或部件附近。

8.9 安全防护装置范围的复位

应按照 GB/T 16855.1—2008 进行手动复位。安全防护功能的复位自身不应触发任何危险情况。

如果在附加保护措施没有实施连续探测的情况下，能够经保护装置探测区域进入安全防护空间，则安全防护功能的复位应只能由专用的手动装置实现。

复位启动器应位于危险区之外，并且只应在安全防护空间之外被启动。复位启动器应置于安全的位置，而且应具有良好的能见度，以便检查危险区内是否有人员存在。

如果能见度不好，集成者应提供以下附加保护措施：

a) 确保没有操作人员在危险区的保护措施(例如:现场传感装置、专门复位系统或关键点捕获系统)。

b) 如果 a)不可行，则应提供警告信号，信号持续的时间应确保信号能被获知，以便：

——操作者能安全地撤出安全防护空间；或

——操作者能启动一种可停止复位过程的工具，并且防止在安全防护空间内重启。

c) a)和 b)的组合。

注：实现专门复位的一种方法是采用第二复位启动器。这种情况下，由第一启动器与位于危险区外(靠近安全防护装置)的第二复位启动器一起触发危险区内复位功能。实现这种复位过程，应在有关安全的控制部件接收到单独的重启命令之前的限定时间内完成(见 GB/T 16855.1—2008)。

8.10 启动/重启

IMS 或 IMS 部件的启动/重启应符合 GB/T 16855.1—2008 中的要求。

——实施手动启动/重启，应要求通过安全防护空间外的控制站采取预定动作来实现，并且 IMS 部件的安全防护措施需就位且正常运转，同时要求所有有关安全的功能均已复位。

——启动器所处的位置应使工作人员清晰无障碍地看到安全防护空间。如果无法清楚地看到，则应提供相应方法，以确保所有人员均已离开该区域，或提供附加保护措施(例如：现场感应装置)。

当风险评价要求采用视觉或听觉警示装置时，应满足以下所有要求：

a) 启动/重启功能的运行应立即触发警示装置；

b) 在预定警示过程结束前，应连续触发警示装置；

c) 警示过程结束时，启动/重启功能应已完成；

d) 应在安全防护空间内提供防止启动/重启的工具，其操作级别应高于所有安全防护装置复位和 IMS 或部分 IMS 的启动/重启功能；

e) 考虑到在安全防护空间内需要完成的任务，应有足够的警示持续时间，以允许操作者触发上述工具或安全地退出安全防护空间。

注 1：足够的时间可能包括从任务中撤离的时间，再加上退出或触发工具的时间。

注 2：周期触发的要求可见 GB/T 15706.2—2007 中的 5.2.5.3 或 5.3.2.5。

8.11 急停

急停应符合 IEC 60204-1:2005 和 GB 16754—2008 的要求。急停的控制范围应符合 8.2 的要求。

集成者对 IMS 的设计和构建，应使得急停不仅能停止组成 IMS 的机器，而且能停止所有上位设备和/或下位设备(如果这些设备的连续运行是危险的)。某区域的急停装置启动后，该区域与系统其他区域之间的衔接处不应存在危险。

IMS 所有急停装置都应具有相同的控制范围，或者应能清晰地辨别出控制范围。

一个任务区的所有急停装置应具有相同的控制范围。控制范围可能包括多重区域。

启动急停后不应产生附加危险。

在安全防护暂停时能手动干预的场合，急停装置应位于任务区内，且易于接近。

8.12 撤离和救援被困人员的措施

撤离和救援被困人员的规定应符合 GB/T 15706.2—2007 中 5.5.3 的要求。

9 使用信息

9.1 总则

使用信息应符合 GB/T 15706.2—2007 中第 6 章的要求。

集成者应提供 IMS 的技术文件和概述，包括(但不限于)：

a) IMS 的功能性。

b) 对 IMS 预定使用和使用限制的描述。

c) 对以下各项的描述和/或图示：

1) IMS 布局；

2) 设备位置和方向；

3) 任务区及相关遗留风险；

4) 各种安全控制功能和保护装置的控制范围(例如:保护装置的复位、使动装置、急停、控制站、切断装置)；

5) 保护装置安装后的安全距离以及停止时间的详细资料；

6) 工作任务和任务区,完成任务的位置和路线；

7) 保护措施；

8) 效用；

9) 物料流。

d) 与IMS各组成机器和相关设备有关的文件。

e) 对最初提供给IMS各组成机器的保护措施的修改。

另外,集成者应从供应商处获得必需的信息,并把这些信息按照逻辑性加入到使用说明书中。

注：技术文件见IEC 60204-1:2005中的9.2.5.8。

9.2 标志

IMS应按照GB/T 15706.2—2007中的6.4进行标记。

10 设计方面需做的确认

10.1 确认设计满足要求

作为递推过程的一部分,集成者应确定设计是否满足要求。如果不满足要求,则集成者应:

a) 修改IMS布局、功能性和/或界限;

b) 更换和/或修改设备,以降低与干预有关的风险;

c) 确定新的进入路线和方式;

d) 修改完成干预的方式。

10.2 确认保护措施

集成者应确认所选的和采用的保护措施能充分减小风险。

附 录 A
（资料性附录）
集成制造系统(IMS)的示例

集成制造系统可由如图 A.1 中所示的机器和机器部件构成。

图 A.2 给出了集成制造系统的几种类型的图示化，并且以框图的形式给出了结果。

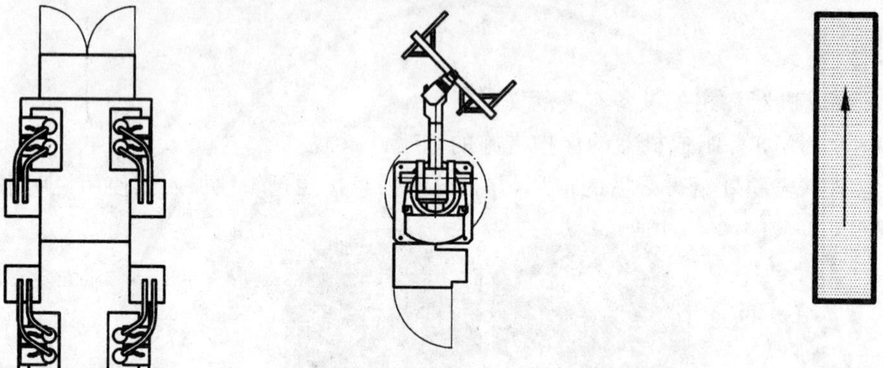

a) 机床、拣选机　　b) 带控制系统的机器人　　c) 无任何控制系统的传送带

图 A.1　IMS 机器和机器部件的示例

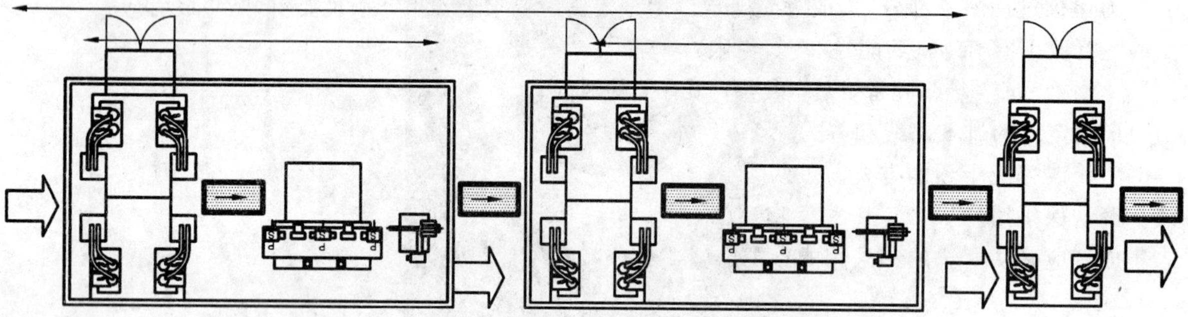

a) 例 1　汽车工业生产线(每种机器由不同的供应商提供)

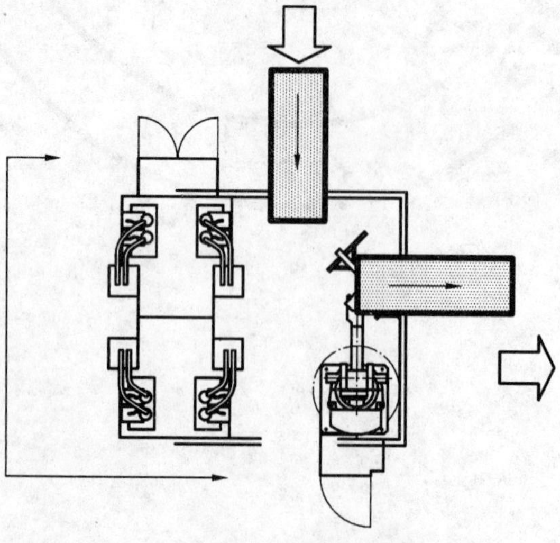

b) 例 2　带机器人的自动进料磨削机

图 A.2　IMS 示例

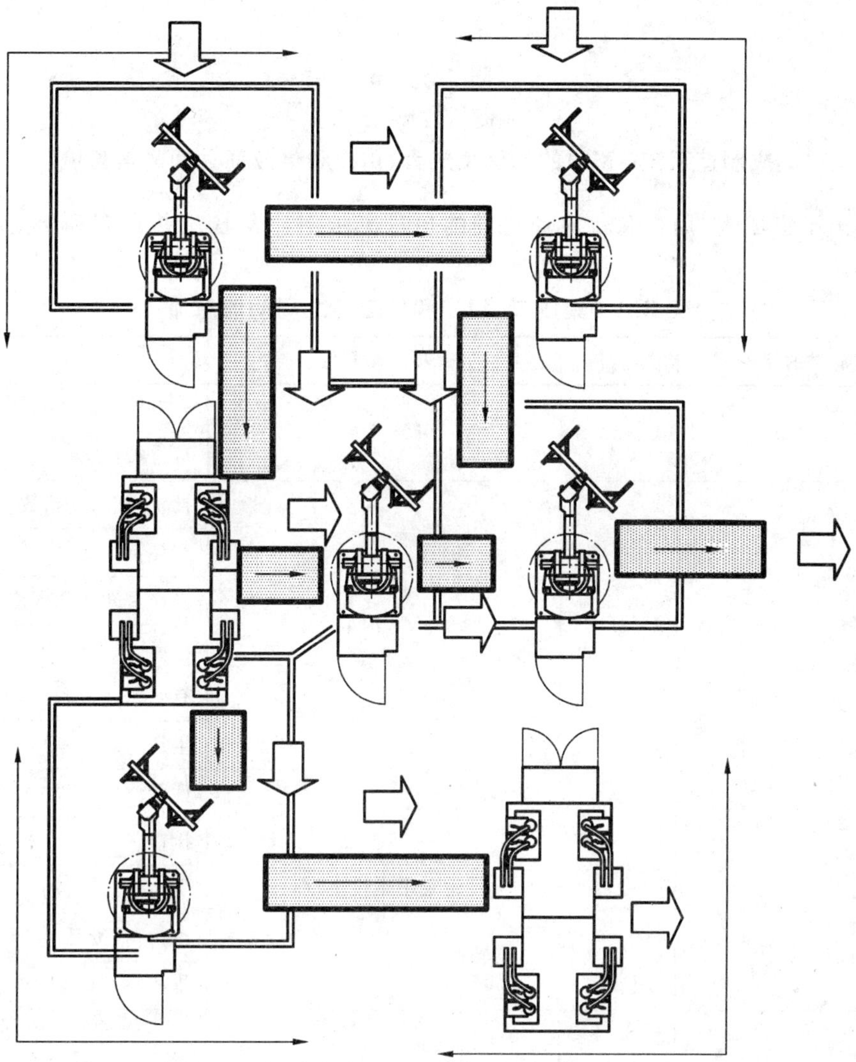

c）例 3　加工和 IMS 部件分布

说明：

安全防护空间
数据连接
生产流程
} 系统集成的附加值

图 A.2（续）

附 录 B
（资料性附录）
集成制造系统（IMS）的示例集成者、用户和供应商之间的信息流

表 B.1 给出了集成者、用户和供应商之间的信息流示例。表 B.1 并没有列出所有的项目和子项目。

表 B.1 集成者、用户和供应商之间的信息流

与安全集成有关的任务	信息流	项 目	子 项 目
IMS 功能性	U＞I＞S	IMS 性能	有效性
			可维护性
IMS 限制和约束	U＞I＞S	IMS 约束	批量修改、变换数
			产品特征
			操作员知识和资格
			环境
			有效的表面和区域
			生产组织
	S＞I	技术子系统数据	性能
			接口
			噪声等级/振动
			废物、报废品
			排放物
危险识别	S＞I I＞S U＞I	与 IMS 结构相关的危险	—
风险评价	S＞I＞U	与 IMS 结构相关的风险	遗留风险

说明：

I＝集成者；U＝用户；S＝供应商。

附 录 C
（资料性附录）
IMS 内控制范围的示例

下列各图给出了 IMS 安全系统的控制范围如何实现的示例。

图 C.1 给出了由 5 台机器及物料处理系统组成的 IMS。此 IMS 只有一个区域。本例中与控制范围有关的装置为门联锁装置、急停按钮和复位按钮。这些装置的控制范围为整个区域。打开任何一道门或启动任何急停装置都会触发 5 台机器和物料处理系统（传送带）的停止命令。按下任一复位按钮就可复位整个 IMS 的安全系统。

说明：

1——门联锁装置；
2——复位；
3——急停；
4——安全防护边界；
5——入口关闭；
6——入口打开。

图 C.1 由 5 台机器和物料处理系统组成的 IMS

图 C.2 给出了和图 C.1 中相同的 IMS，只是 IMS 分为了两个区域（A 区和 B 区）。A 区包括 A 区域内的设备和物料处理设备（传送带）。B 区包括 B 区域内的设备以及物料处理设备（传送带）。每个区域都有门联锁装置、急停和复位装置。入口 5 的门联锁装置、急停和复位装置的控制范围是 A 区。入口 6 和入口 7 的装置控制范围是 B 区。本例中，入口 7 打开，B 区停止，A 区连续运行。

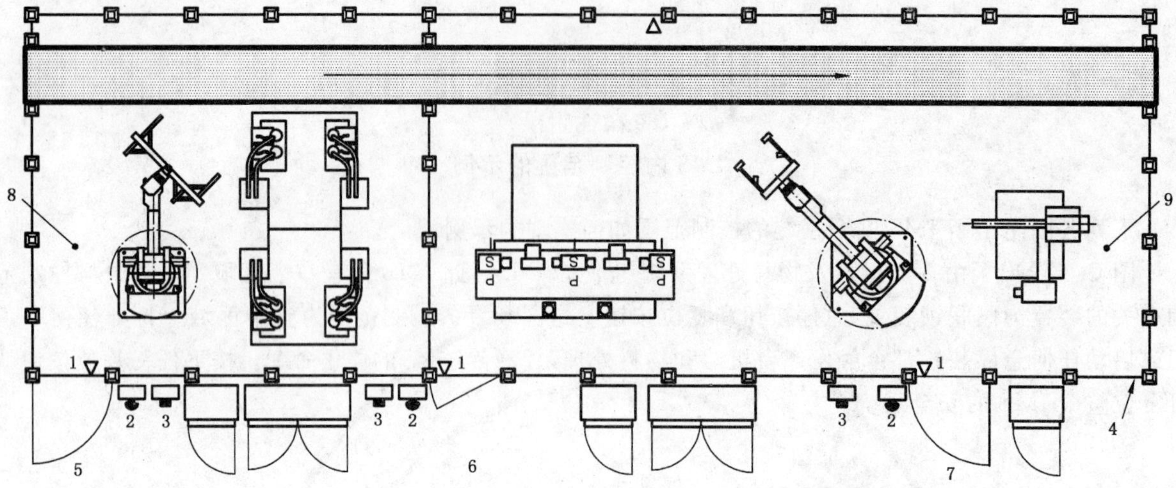

说明：

1——门联锁装置；
2——急停；
3——复位；
4——安全防护边界；
5——入口关闭；
6——入口关闭；
7——入口打开；
8——A 区；
9——B 区。

图 C.2　如图 C.1 所示的 IMS(分为两个区)

图 C.3 是与图 C.2 中相同的 IMS，只是多了一个 C 区，C 区包括机器人部件固定装置和现场传感装置。安全光幕和安全垫只与 A 区内的载荷固定装置和机器人连接，并非和 A 区的所有设备连接。A 区包括本区域内的设备和物料处理设备(传送带)。B 区包括本区域内的设备和物料处理设备(传送带)。

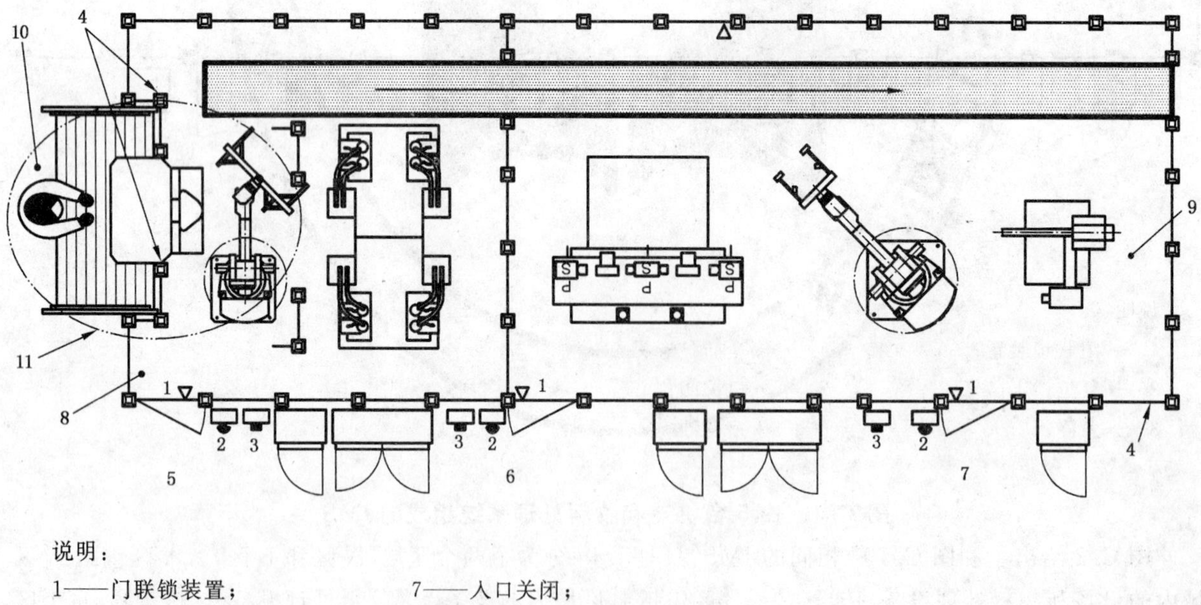

说明：

1——门联锁装置；
2——急停；
3——复位；
4——安全防护边界；
5——入口关闭；
6——入口关闭；
7——入口关闭；
8——A 区；
9——B 区；
10——C 区；
11——为连续探测而安装的现场传感装置。

图 C.3　如图 C.2 所示的 IMS(C 区装有现场传感装置)

图 C.4 给出了和图 C.2 中相同的 IMS，只是入口 8 允许从 A 区和 B 区之间进入，并且传送带有单独的急停装置。入口 8 的门联锁装置的控制范围为 A 区和 B 区内的机器和机器人。入口 5、入口 6、入口7 和入口 8 相关装置的控制范围不包括物料处理设备(传送带)。

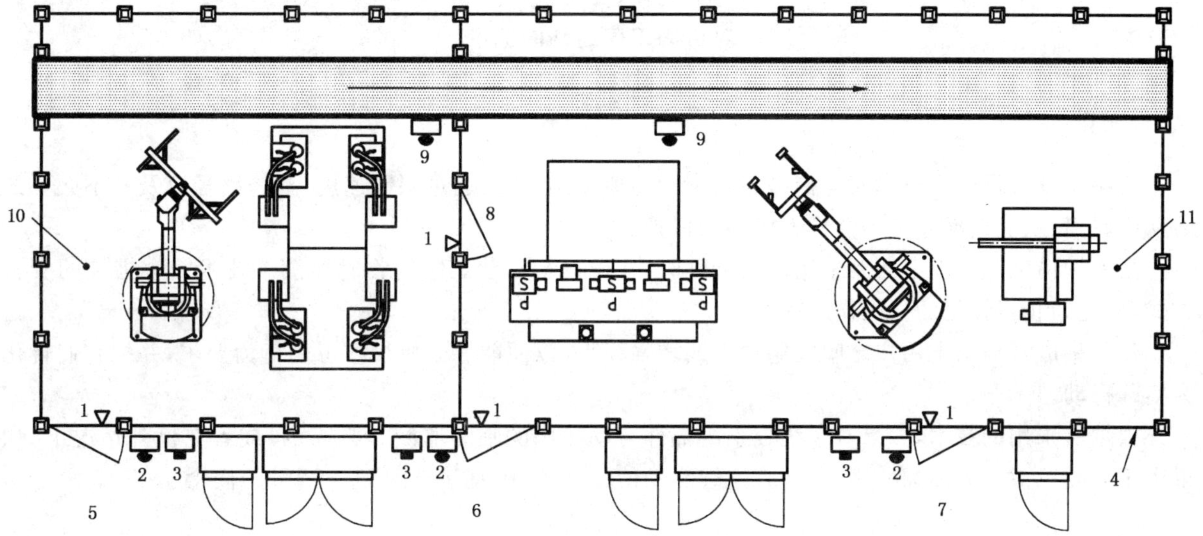

说明：

1——门联锁装置；

2——急停；

3——复位；

4——安全防护边界；

5——入口关闭；

6——入口关闭；

7——入口关闭；

8——入口关闭；

9——传送带急停装置；

10——A 区；

11——B 区。

图 C.4　如图 C.2 所示的 IMS(入口 8 允许从 A 区和 B 区之间进入)

附　录　D
（资料性附录）
对自动工序的临时监测

D.1　总则

工序监测可理解为技术安全措施与安全行为要求的结合，通过限制速度、横跨路径以及从不必要的活动中脱离，从而向操作者提供最大可能的保护。

当保护措施减少以至需要采用备用措施时，建议进行自动工序的临时监测。技术安全措施的实施方式，应能防止可预见的误操作。

建议集成者与未来用户之间以这种方式增强联系，以便能够分析操作者的行为要求，并把它们转化为实际行动。

根据所采用的技术，如果对系统或系统部件自动工序的临时监测是必需的，或者在例外情况下，如果由于人类工效学方面的原因，不适宜连续启动使动装置，则宜建立图 D.1 所示的概念。

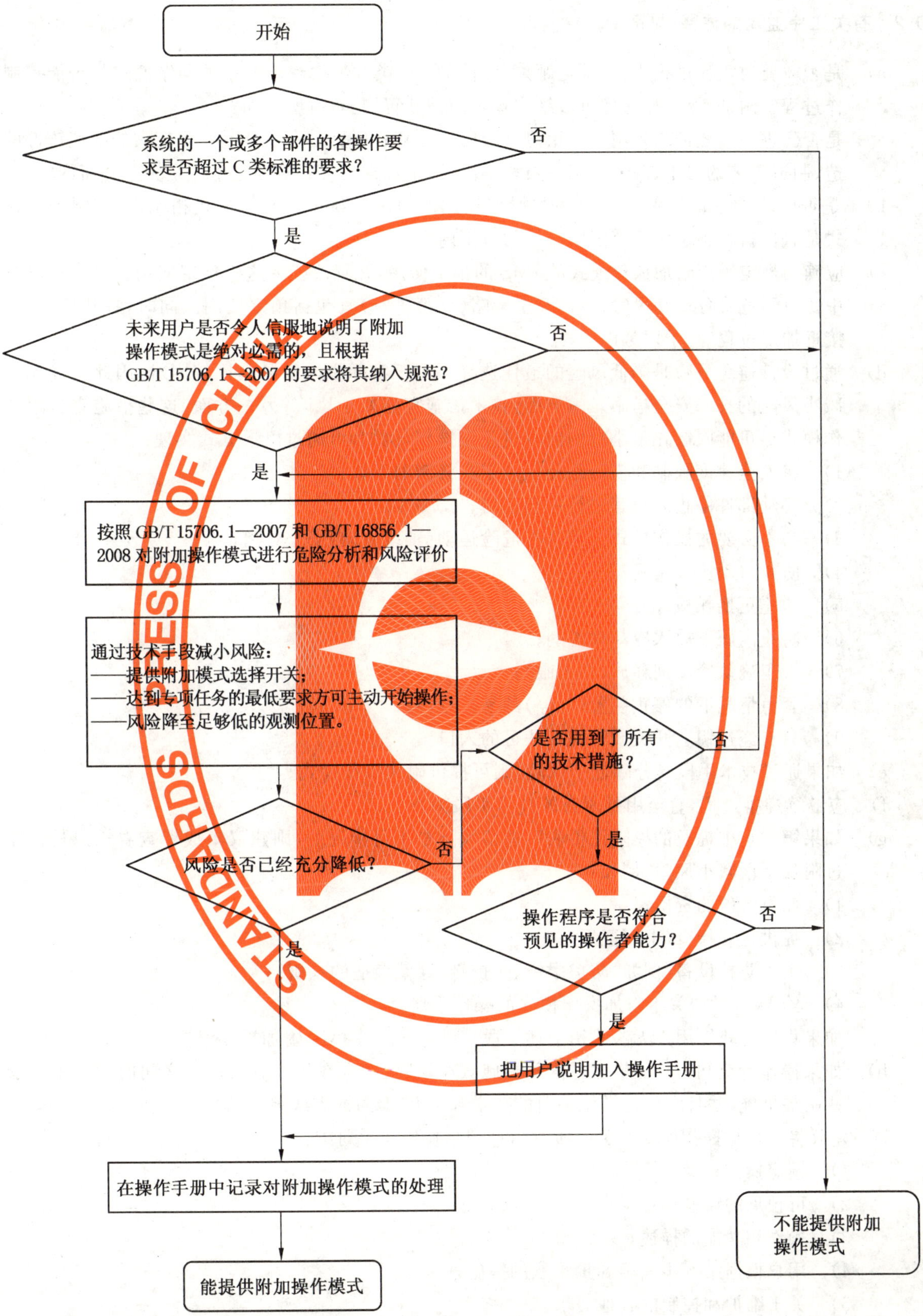

图 D.1 工序监测中的安全防护

D.2 有关工序监测的注释(见图 D.1)

a) 是否需要对工作过程进行“更近距离”的监测？C类标准中给出的相关操作模式是否能控制工作过程？附加系统(如摄像机或结构噪声防护装置)是否有所帮助？

是否已进一步咨询未来用户？用户是否已充分解释(例如,由于公差变化较大的毛坯铸件的制造、制造工艺的修正、激光加工的质量等因素)附加操作模式对预定生产是完全必需的？

b) 是否记录了咨询结果,尤其是附加操作模式的原因？与正常操作模式相比,采用附加操作模式是否保持在预定使用范围所必需的范围内？

c) 应确切规定采用附加操作模式的IMS的预定使用,并且建议将这些预定使用包括在技术文件中。对于危险分析和风险评价,安全策略(见第4章)宜包括预定使用。同时,特殊情况(人员接近加工过程)宜予以考虑。

d) 通过设计避免危险是降低风险的最佳选择。由于实际中控制风险比较困难,因此宜优先考虑减小风险的技术安全措施。一方面,技术措施宜能减小风险;另一方面,这些措施宜将附加操作模式尽可能限制在最小范围内以避免误操作,例如,可通过以下方式实现:

1) 将安全速度限制和横跨路径仅规定在必需的等级;
2) 移动部件停止后对其进行手动重启;
3) 与不必要的操作模式中的这类危险运动(轴线方向)安全分离;
4) 防止自动更换工具;
5) 防止更换托板;
6) 防止高压下放入冷却润滑剂;
7) 人工确认冷却剂释放(伤害眼);
8) 紧急情况下的停止装置(急停)的易接近性;
9) 只有经过钥匙开关或密码等认可的入口。

e) 如果通过技术手段充分降低了风险,则可提供附加操作模式。

f) 应继续递推过程,直至用到所有的技术手段为止。

g) 如果第5点中提及的风险评价表明遗留风险是不可接受的,则建议集成者查看用户是否能通过附加手段减小风险,例如:

1) 雇员特殊的资历;
2) 提供正规指令(书面证据);
3) 个人防护设备(例如:防护眼镜、防护鞋、穿戴合适的衣服);
4) 给IMS增加关于附加操作模式的操作手册。

如果集成者获知用户无法采用上述手段,则不宜提供IMS附加操作模式。

h) 如果操作者获知用户能够通过附加措施减小风险,则宜在集成者与用户之间的协议中记录这些附加措施,并且宜作为操作手册的要求和IMS上的标志或警告信号包括在协议中。

i) 建议将与附加操作模式有关的所有信息记录在操作手册中:

1) 预定操作;
2) 可预见的误操作;
3) 操作和功能的描述;
4) 用户根据第7步和第8步采取的措施;
5) 关于维护和控制的其他要求。

参 考 文 献

［1］ GB/T 2893.1—2004 图形符号 安全色和安全标志 第1部分：工作场所和公共区域中安全标志的设计原则(ISO 3864-1:2002,MOD).

［2］ GB/T 12643—1997 工业机器人 词汇(eqv ISO 8373:1994).

［3］ GB/T 20850—2007 机械安全 机械安全标准的理解和使用指南[1)](ISO/TR 18569:2004,IDT).

［4］ ISO 3864-2:2004 图形符号 安全色和安全标志 第2部分：产品安全标志的设计原则.

［5］ ISO 3864-3:2006 图形符号 安全色和安全标志 第3部分：安全标志中使用的图形符号的设计原则.

［6］ ISO 6385:2004 工作系统设计的人类工效学原则.

［7］ ISO 10218-1:2006 工业环境机器人 安全要求 第1部分：机器人.

---

1) GB/T 20850—2007 提供了有助于理解本标准的其他标准的信息。

ICS 25.040.40
L 67

中华人民共和国国家标准

GB/T 16656.1—2008
代替 GB/T 16656.1—1998

工业自动化系统与集成 产品数据表达与交换 第1部分:概述与基本原理

Industrial automation systems and integration—Product data representation and exchange—Part 1:Overview and fundamental principles

(ISO 10303-1:1994, MOD)

2008-08-06 发布　　2009-03-01 实施

中华人民共和国国家质量监督检验检疫总局
中国国家标准化管理委员会　发布

前 言

GB/T 16656(ISO 10303)《工业自动化系统与集成　产品数据表达与交换》是一个由多个部分组成的标准,各部分单独出版。GB/T 16656 的所属各部分又组成多个子系列,即:

——第 1 部分～第 19 部分规定了描述方法;
——第 20 部分～第 29 部分规定了实现方法;
——第 30 部分～第 39 部分规定了一致性测试方法与框架;
——第 40 部分～第 59 部分规定了集成通用资源;
——第 100 部分～第 199 部分规定了集成应用资源;
——第 200 部分～第 299 部分规定了应用协议;
——第 300 部分～第 399 部分规定了抽象测试套件;
——第 400 部分～第 499 部分规定了应用模块;
——第 500 部分～第 599 部分规定了应用解释构造;
——第 1000 部分～第 1999 部分规定了应用模块。

GB/T 16656《工业自动化系统与集成　产品数据表达与交换》现已发布了以下 26 个部分:

——第 1 部分:概述与基本原理;
——第 11 部分:描述方法　EXPRESS 语言参考手册;
——第 21 部分:实现方法　交换结构的纯正文编码;
——第 31 部分:一致性测试方法与框架　基本概念;
——第 32 部分:一致性测试方法与框架　测试实验室与客户的要求;
——第 34 部分:一致性测试方法与框架　应用协议实现的抽象测试方法;
——第 41 部分:集成通用资源　产品描述和支持原理;
——第 42 部分:集成通用资源　几何与拓扑表达;
——第 43 部分:集成通用资源　表达结构;
——第 44 部分:集成通用资源　产品结构配置;
——第 45 部分:集成通用资源　物料;
——第 46 部分:集成通用资源　可视化显示;
——第 47 部分:集成通用资源　形变公差;
——第 49 部分:集成通用资源　工艺结构与特性;
——第 101 部分:集成应用资源　绘图;
——第 105 部分:集成应用资源　运动学;
——第 201 部分:应用协议　显式绘图;
——第 202 部分:应用协议　相关绘图;
——第 203 部分:应用协议　配置控制设计;
——第 501 部分:应用解释构造　基于边的线框;
——第 502 部分:应用解释构造　基于壳的线框;
——第 503 部分:应用解释构造　几何边界的二维线框;
——第 513 部分:应用解释构造　基本边界表达;
——第 520 部分:应用解释构造　相关绘图元素;
——第 1001 部分:应用模块　外观赋值;

——第1006部分:应用模块　基础表达。

本部分为GB/T 16656的第1部分。

本部分修改采用国际标准ISO 10303-1:1994《工业自动化和集成　产品数据表达与交换　第1部分:概述与基本原理》。

本部分(修订版)与ISO 10303-1:1994相比,存在如下的技术性差异:

——增加了前言;

——将ISO前言改为资料性附录B,且其内容进行了较大的更新;

——修改原引言,对个别地方进行了补充和完善;

——术语中的"产品"采用了新的定义,还增加了"应用解释构造"、"应用模块"和"模块解释模型"3个术语;

——增加了第12章和第13章;

——将原附录B改为资料性附录C。

根据GB/T 1.1—2000的规则,作如下编辑性改动:

——所有的EXPRESS描述以及由STEP开发工具自动生成的文件和EXPRESS-G图中的国际标准代号保持不变,仅在本标准的标题和论述正文中,用国家标准号替换原国际标准号。

本部分代替GB/T 16656.1—1998《工业自动化和集成　产品数据表达与交换　第1部分:概述与基本原理》。

本部分与GB/T 16656.1—1998相比主要变化如下:

——重新编写了前言;

——去掉ISO前言;

——修改原引言,对个别地方进行了补充和完善;

——规范性引用文件中的引用标准进行了调整;

——术语中的"产品"采用了新的定义,还增加了"应用解释构造"、"应用模块"和"模块解释模型"3个术语;

——增加第12章和第13章;

——对原标准的一些翻译与本标准的其他部分冲突的地方,措辞不准、漏字之处进行了修改与补充;

——增加一个资料性附录B,且其内容进行了较大的更新。

本部分的附录A为规范性附录,附录B为资料性附录。

本部分由中国机械工业联合会提出。

本部分由全国工业自动化系统与集成标准化技术委员会(SAC/TC 159)归口。

本部分起草单位:中国标准化研究院。

本部分主要起草人:刘守华、徐成华、王平、洪岩、李文武、王志强、詹俊峰、秦光里。

本部分所代替标准的历次版本发布情况为:

——GB/T 16656.1—1998。

引　言

GB/T 16656(ISO 10303)是一个计算机可解释的用于产品信息表达和产品数据交换的技术标准。其目的是对产品全生命周期提供一种独立于任何特定系统、能够描述产品数据的中性机制。其描述功能不仅适合于中性文件的交换，而且也是实现和共享产品数据库及存档的基础。

GB/T 16656 的本部分是对 GB/T 16656 的概述。在本部分中对 GB/T 16656 的各子系列进行了描述，并阐明了 GB/T 16656 的各子系列的功能及其之间的关系。

工业自动化系统与集成
产品数据表达与交换
第1部分:概述与基本原理

1 范围

GB/T 16656 的本部分提供了 GB/T 16656 的概述和基本原理。

GB/T 16656 提供了产品信息的表达以及可使产品数据进行交换的必要机制和定义。这种产品数据交换出现在不同计算机系统之间,以及与产品全生命周期(包括产品设计、制造、使用、维护和报废处置)相关环境中。

下述内容在 GB/T 16656 的范围之内:

——产品信息的表达,包括零部件和装配件;

——产品数据交换,包括存储、访问、传输和归档。

本部分定义了用于 GB/T 16656 的产品信息表达与交换的基本原理,规定了 GB/T 16656 的各系列的特征以及它们之间的关系。

本部分给出了下述内容:

——GB/T 16656 的概述;

——GB/T 16656 的结构;

——GB/T 16656 使用的术语及其定义;

——用于 GB/T 16656 的数据描述方法的综述,包括 EXPRESS 数据描述语言与产品信息模型的图形表达;

——集成资源的介绍;

——应用协议的介绍,各应用协议规定了各自的应用范围、相关环境、信息要求和应用信息表达等内容;

——为评价一个实现是否符合 GB/T 16656 而提供的一致性测试方法和框架的介绍;

——作为一致性测试基础的抽象测试套件的介绍;

——可用于 GB/T 16656 的实现方法的介绍。

GB/T 16656 其他部分的范围由各部分自行定义。

2 规范性引用文件

下列文件中的条款通过 GB/T 16656 的本部分的引用而成为本部分的条款。凡是注日期的引用文件,其随后所有的修改单或修订版均不适用于本部分,然而,鼓励根据本部分达成协议的各方研究是否可使用这些文件的最新版本。凡是不注日期的引用文件,其最新版本适用于本部分。

GB/T 16262.1 信息技术 抽象语法记法一(ASN.1) 第1部分:基本记法规范(GB/T 16262.1—2006, ISO/IEC 8824-1:2002,IDT)

GB/T 16656.31 工业自动化系统与集成 产品数据表达与交换 第31部分:一致性测试方法论与框架:基本概念(GB/T 16656.31—1997,idt ISO 10303-31:1994)

3 术语、定义和缩略语

3.1 GB/T 16656.31 中定义的术语

GB/T 16656.31 中定义的下列术语适用于本部分:

——抽象测试用例　abstract test case；

——抽象测试方法　abstract test method；

——一致性测试　conformance testing；

——测试目的　test purpose；

——判定　verdict；

——判定准则　verdict criteria。

3.2　其他定义

下列术语和定义适用于 GB/T 16656 的本部分。

3.2.1

抽象测试套件　abstract test suite

它是 GB/T 16656 的一部分，其包括对一个应用协议的实现进行一致性测试所必须的抽象测试用例的集合。

3.2.2

应用　application

产生或使用产品数据的一个或多个过程组。

3.2.3

应用活动模型　application activity model(AAM)

按照其过程和信息流来描述一个应用的模型。

3.2.4

应用相关环境　application context

在一个特定的应用中，为支持产品数据的使用而解释集成资源的环境。

3.2.5

应用解释构造　application interpreted construct(AIC)

解释构造的一种逻辑组合，它支持横跨多种应用环境的产品数据使用特定功能。

3.2.6

应用解释模型　application interpreted model(AIM)

在一个应用协议中，为满足应用参考模型的信息要求和约束条件，所必须使用的集成资源的信息模型。

3.2.7

应用模块　application module(AM)

一种范围语句、信息需求、映射和模块解释模型的重复使用集，它支持产品数据在多个应用环境中的特殊用法。

3.2.8

应用对象　application object

应用参考模型的原子元素，其定义了该项应用的一个单一概念并包含规定该对象数据元素的属性。

3.2.9

应用协议　application protocol(AP)

它是 GB/T 16656 的一部分，其为一个特定的应用规定满足范围和信息要求的应用解释模型。

注：本定义不同于开放系统互连(OSI)标准中使用的定义。因本标准不打算直接用于 OSI，所以不会引起混淆。

3.2.10

应用参考模型　application reference model(ARM)

描述一个特定应用相关环境的信息要求和约束条件的信息模型。

3.2.11

应用资源　application resource

属于一种集成资源(见3.2.24),其内容与一组应用相关环境相关。

3.2.12

装配件　assembly

从特定应用的观点出发,可分解成一组构件或其他装配件的产品。

3.2.13

构件　component

从特定应用的观点出发,不再分解的产品。

3.2.14

一致性类　conformance class

应用协议的一个子集,它声明了该应用协议的一致性。

3.2.15

一致性要求　conformance requirement

在一致性实现中,对所必需呈现的特征的精确文本定义。

3.2.16

数据　data

一种形式化的信息表达,它适合于人或计算机进行通信、解释或处理。

3.2.17

数据交换　data exchange

数据的存储、访问、传输和归档。

3.2.18

数据规范化语言　data specification language

定义适合于计算机通信、解释或处理用的数据及其关系的规则集合。

3.2.19

交换结构　exchange structure

用于数据存储、访问、传输和归档的计算机可解释的格式。

3.2.20

通用资源　generic resource

其内容独立于相关环境的一种集成资源(集成资源的定义见3.2.24)。

3.2.21

实现方法　implementation method

该方法规定了计算机系统进行产品数据交换的技术,产品数据用EXPRESS数据规范化语言进行描述,是GB/T 16656的内容之一。

3.2.22

信息　information

事实、概念或指令。

3.2.23

信息模型　information model

满足特定要求的事实、概念或指令的有界集合的形式化模型。

3.2.24

集成资源　integrated resource

它是GB/T 16656的一部分,其定义了作为产品数据基础的一组资源构造。

3.2.25

解释　interpretation

为了满足一个应用协议的要求，配置来自集成资源的资源结构的过程。这种过程可能涉及增加属性约束、补充约束条件、补充资源结构与应用结构间的关系，或增加全部上述内容。

3.2.26

模块解释模型　module interpreted model(MIM)

一种用于通用资源的信息模型，在应用模型中必须满足应用参考模型的信息需求和约束。

3.2.27

PICS 问卷　PICS proforma

它是一个调查表格式的标准化文档。当对一个具体实现填完该表时，它就成为该协议实现的一致性表述。

3.2.28

表示　presentation

可识别的产品数据可视化表达。

3.2.29

产品　product

由天然或人造而成的事物。

3.2.30

产品数据　product data

适合于人或计算机进行通信、解释或处理的，以形式化方法表达的有关产品的信息。

3.2.31

产品信息　product information

关于产品的事实、概念或指令。

3.2.32

产品信息模型　product information model

对产品的事实、概念或指令提供抽象描述的一种信息模型。

3.2.33

协议实现的一致性声明　protocol implementation conformance statement(PICS)

在给定标准的一个实现中对所支持的性能和选项的声明。这声明是通过完成一种 PICS 形式产生的。

3.2.34

资源构造　resource construct

EXPRESS 语言实体、类型、函数、规则及引用的集合，它们共同定义了产品数据的有效描述。

3.2.35

结构　structure

任何复杂事物的相关联部分以及它们之间关系的集合。

3.2.36

功能单元　unit of functionality

应用对象及其关系的集合，其定义了该应用相关环境中的一个或多个概念，去掉其任何组成部分都将导致概念的不完整或二义性。

3.3　缩略语

AAM——应用活动模型；

AIC——应用解释构造；

AIM——应用解释模型；

AM——应用模块；

AP——应用协议；

ARM——应用参考模型；

MIM——模块解释模型；

PICS——协议实现一致性声明。

4 GB/T 16656 概述

4.1 目的

GB/T 16656 的目的是规定一种贯穿产品全生命周期的、计算机可解释的产品数据的无二义性表达和交换格式。这种格式独立于任何具体的计算机系统。这种格式能使多种应用和系统的实现保持一致。本标准允许采用不同的实现方法对产品数据进行存储、访问、传输和归档。各种实现均可用于一致性测试。

4.2 基本原理

GB/T 16656 将产品信息的表达技术从用于产品数据交换的实现方法中分离出来。

这些表达技术为多种应用提供了通用的产品信息的单一表达。为满足特定应用的需要，可以剪裁这个通用表达。一个应用协议为一个或多个应用规定了产品信息的表达。

GB/T 16656 规定了支持在应用协议中定义的产品数据交换的实现方法。

GB/T 16656 定义了一种形式化数据规范语言——EXPRESS，以用于规范产品信息的表达。利用形式语言可以进行无二义性和一致的表达，并可以简化实现的开发。

GB/T 16656 还为各实现的一致性测试提供了方法和框架。

4.2.1 集成资源

产品信息表达规范是由集成资源的集合提供的。每个集成资源包含了一个用 EXPRESS 语言编写的、称为资源构造的产品数据描述的集合。对于它的定义，一个产品数据描述集合可能依赖于其他的集合。不同应用的同类信息可用同一种资源构造表示。

集成资源分成两组，通用资源和应用资源。通用资源独立于应用，并可相互引用；应用资源可引用通用资源，并且为了同类应用组的使用，可增加其他资源构造。应用资源不可引用其他的应用资源。

4.2.2 对应用的支持

集成资源定义了产品信息的通用信息模型，但是，如果不附加应用特定的约束、关系和属性，它们便不足以支持应用的信息要求。

GB/T 16656 定义了应用协议，其中，为满足特定应用的产品信息要求，对集成资源进行了解释。这个解释的结果形成了应用解释模型。应用解释模型作为应用协议的一部分应编制成文档。

不论在何处，当用一个资源构造去表达不同应用协议中的相同信息要求时，都使用该资源构造的相同解释。在该应用的术语中规定了其应用的范围和信息要求。应用协议提供了一种映射，以指明集成资源的解释如何用来满足该应用的信息要求。

4.2.3 实现方法

由从 EXPRESS 语言到用于该方法的形式语言的映射规定了 GB/T 16656 中包括的每一种实现方法。该映射独立于应用协议。该映射以形式化的符号表示。已标识了至少三种 GB/T 16656 的实现方法。

4.2.4 实现

应用协议可规定来自 GB/T 16656 的实现方法集的一种或多种适用的实现方法。一个实现应将该应用协议中规定的一种或多种实现方法应用到该应用解释模型。

4.2.5 一致性测试

通过该应用协议中的一致性要求来规定应用协议的一个实现的一致性。

为每一个应用协议定义了抽象测试套件中规定的测试集合。当与抽象测试方法相关联时，这些测试可被用于评定实现的一致性。在 GB/T 16656.31 中规定了一致性评定的总体框架。

在 GB/T 16656 的一致性测试方法与框架系列的每个部分规定了每一种实现方法的抽象测试方法。

一个特定实现的一致性测试范围是该协议实现一致性声明(PICS)中对该实现需要的一致性类所规定的要求。这些测试从该抽象测试套件选择，并以该实现需要的一致性类为基础。测试结果提供了一致性评定的根据。

GB/T 16656 包含了抽象测试套件和定义了实施一致性测试的抽象测试方法，为具有可重复性、可比较性及可审查性的测试结果提供了根据。

GB/T 16656 中内含一致性测试检验程序的目的在于增进测试结果的广泛认可。

4.3 信息对象注册

为了在开放的信息系统中对各模式和其他信息对象提供无二义性的标识，本标准采用了 GB/T 16262.1 中定义的注册技术。该项技术通过给那些根是 ISO 自身的树形结构赋值来标识对象。通过对应于每个节点下该页索引的整数序列标识该树中的每个节点。标识能进一步规定下一级节点的代理节点被称为注册权。这项技术中含有由国家团体和其他指定组织(包括私有公司)提供的注册条款。为标识该标准中的对象，注册权将自动授予制定该标准的技术委员会或分技术委员会。这样，ISO 10303 和 GB/T 16656 用对象标识符：{ 1 0 10303 }进行标识。

其中，开始段的数字 1 标识了'ISO'或'GB/T'，第 2 段数字 0 标识的对象是'standard'(即“标准”)，最后段的数字 10303 代表了该标准的'标准号'。GB/T 16262.1 还定义了在这些数字的相应位置上的替代标识符，例如，'ISO' 或'GB/T '的值为 1，'standard' 或'标准'的值为 0。对于具有多个部分的标准，标准号后接的是部分号。因此，ISO 10303 或 GB/T 16656 的第 1 部分由对象标识符：

{iso standard 10303 part (1)}进行标识。

其中，明确给出该部分的编号值，并且该符号表示法允许我们将一个术语与这个值联系起来，并由此给出某些语义。在 GB/T 16262.1 中定义了这种类型的值的符号表示法，并且在 GB/T 16262.1 的附录 B 中规定了该预定义赋值。

为在开放的信息系统中无二义性的标识信息对象，GB/T 16656 采用了下述约定：

——在部分编号后面的值应是版本号。根据约定，第 1 版的版本号值为 1，值 0 被预留专指 DIS 文件。

——在版本号之后的值用于标识该部分中定义的信息对象的类型。值 1 表示所标识的对象是模式。

——在对象类型后的值是一个整数，其标识被标识对象类型的实例。

——为满足 GB/T 16262.1 的语法规则要求，在定义模式名的值时，要用连字符替代其中的每一个下划线。

例 1：在 GB/T 16656.41 中定义了一些模式。应用相关环境模式(application_ context_ schema)可以用值：{iso standard 10303 part (41) version(1) object(1) application-context-schema(1)} 进行标识，产品定义模式(product_definition_schema)可以用值：

{iso standard 10303 part (41) version(1) object(1) product-definition-schema(2)} 进行标识。

5 GB/T 16656 的结构

GB/T 16656(ISO 10303)的所属各部分又被分成了多个子系列。每个子系列都具有同一种功能，如：描述方法(10 系列)、实现方法(20 系列)、一致性测试方法与框架(30 系列)、集成通用资源(40 系列和 50 系列)、集成应用资源(100 系列)、应用协议(200 系列)、抽象测试套件(300 系列)、应用解释构造(500 系列)和应用模块(400 系列和 1000 系列)等。每个子系列可包含一个或多个部分。下面列出这些系列及其编号模式:

——描述方法:第 1 部分～第 19 部分;

——实现方法:第 20 部分～第 29 部分;

——一致性测试方法与框架:第 30 部分～第 39 部分;

——集成资源;

- 通用资源:第 40 部分～第 59 部分;
- 应用资源:第 100 部分～第 199 部分;

——应用协议:第 200 部分～第 299 部分;

——抽象测试套件:第 300 部分～第 399 部分,其对应于相关联的应用协议第 200 部分～第 299 部分;

——应用解释构造:第 500 部分～第 599 部分;

——应用模块:第 400 部分～第 499 部分和第 1001 部分～第 1999 部分。

6 描述方法

在集成资源与应用协议中,产品数据的描述需要使用形式化数据规范语言,以保证一致性及避免二义性。这个语言既要人们能够阅读、易于理解,又要计算机可识别、简化应用软件和支持工具的生成。

6.1 EXPRESS 语言

EXPRESS 是在 GB/T 16656.11 中定义的一种形式化数据规范语言,其为集成资源和应用协议两者提供了产品数据规范化描述的机制。

EXPRESS 适用于描述产品数据的数据与约束。EXPRESS 认可来自数据元素、约束、关系、规则和函数的各资源构造的定义。该语言认可资源构造的分类与结构化。在应用协议内,可以解释各资源构造。EXPRESS 的这种解释能力是一种机制,它通过允许增加属性的约束、增加约束条件、增加资源构造与应用构造间的关系,或增加全部上述内容来简化应用协议的开发。

6.2 模型的图形表示

为了说明规范化数据的定义,在所有情况下模型的图形表示都是有益的。在 GB/T 16656 中采用的图形表示的 4 种模型是:

——集成资源中的资源构造;

——应用活动模型;

——应用参考模型;

——应用解释模型。

图形表示为理解每一部分给出的定义提供了帮助。在 GB/T 16656 中使用的不同图形表示包括:

——EXPRESS-G:在 GB/T 16656.11 的附录 D 中定义的 EXPRESS 图形表示。

——IDEFO:在应用协议中应用于应用活动模型的活动建模表示[2]。

——IDEF1X:在 IDEF 1X 信息建模方法中使用的图形表示[3]。

——NIAM:在 NIAM 信息建模方法中使用的图形表示[4]。

7 集成资源

集成资源提供了用作产品数据表达基础的资源构造。集成资源可解释为支持应用的信息要求。

在 GB/T 16656 中,集成资源为每个信息元素提供唯一的表达。通过文本定义给出资源构造的含义。

集成资源可被分成在逻辑上相关的由一个或多个资源构造组成的集合。

通用资源独立于相关环境。应用资源适用于特定的应用范围。

这两种集成资源的例子包括：

a) 通用资源：

——产品描述与支持原理(GB/T 16656.41)；

——几何与拓扑表达(GB/T 16656.42)；

——表达结构(GB/T 16656.43)；

——产品结构配置(GB/T 16656.44)；

——可视化显示(GB/T 16656.46)。

b) 应用资源：

——绘图(GB/T 16656.101)。

通用资源构造可相互关联，以避免重复。应用资源构造可引用通用资源构造。

8 应用协议

8.1 应用要求的定义

一个应用协议(AP)包括定义一个应用的范围、相关环境和信息要求。为了阐明该范围、相关环境及信息要求，这些定义可以规定在该应用中不予考虑的功能、过程或信息。该范围的陈述由描述应用的过程、信息流及功能要求的应用活动模型(AAM)支持。该活动模型被包含在该应用协议(AP)的资料性附录中。

由功能单元(UoF)和使用基于应用术语的应用对象的集合定义该应用相关环境的信息要求和约束。这个定义从应用参考模型(ARM)中导出。ARM是一个形式化的信息模型，其资料在该AP的资料性附录中。

8.2 信息表达

在使用EXPRESS语言的应用解释模型(AIM)中，规定了表达该应用信息要求的资源构造。AIM是由该集成资源所规定的资源构造组合而成。为满足该AP所定义的相关环境和范围中的应用要求，要对资源构造加以解释。

给出了从信息要求到AIM的映射。该映射定义了在资源构造的AIM中，从集成资源到表达该应用信息需求的使用方法。

8.3 实现方法

AP独立于实现方法。然而，AP可在规范性附录中包括实现方法的特定信息。一个AP包括一个短名表，此交换结构实现方法用于对AP实体名进行编码。

8.4 一致性要求

应用协议包括若干一致性要求，这些一致性要求由声明支持该应用协议要求的任何实现来满足的，一致性要求反映了一个AP所定义的能力，并可在GB/T 16656的描述方法、实现方法或应用协议等系列的各部分中规定一致性要求。

9 一致性测试方法和框架

9.1 一致性测试的目的

GB/T 16656的一致性测试方法和框架系列对要实现GB/T 16656应用协议的产品提供了一致性测试过程的总的方法和要求。该一致性测试方法和框架的目的在于保证：

——可重复性：无论在何时测试，其结果都一致。

——可比较性：无论在何地测试，其结果都一致。

——可检查性：在测试后，可通过检查记录来确认测试步骤的正确性。

GB/T 16656.31给出了一个框架并描述了GB/T 16656的各实现的一致性测试基本概念。

9.2 一致性测试的步骤

应用协议的一致性测试可以通过应用在该抽象测试套件中选择实现方法与测试案例的抽象测试方法来完成，一致性测试程序独立于要进行测试的实现。

如果一个单独的实现组合了几个应用协议，则分别对每个应用协议进行一致性测试。

GB/T 16656 定义了提交进行一致性测试实现的测试实验室与用户的任务和责任。

9.3 抽象测试方法

GB/T 16656 为每一种实现方法规定了抽象测试方法。该抽象测试方法描述了如何对一个具体实现方法的实现进行测试，独立于：

——具体的实现；

——测试工具与程序；

——进行测试的具体应用协议。

10 抽象测试套件

为支持一致性要求，抽象测试套件包含了应用协议各抽象测试案例的集合。每个抽象测试案例都给出了评价一个或多个一致性要求点所必需的、与各活动的实现无关的详细说明。每个应用协议都包含了对相应抽象测试套件的规范性引用。

每个一致性要求对应一个或多个抽象测试案例，这是为满足一个或多个测试目的所设计的。对于每个抽象测试案例，由该一致性要求生成评定准则，以便使测试实验室根据那个测试案例去评价该实现的一致性。当进行基于一抽象测试案例的一致性测试时，所产生的判定可指出该实现是否适应于一个或多个一致性要求。

11 实现方法

11.1 目的

GB/T 16656 给出了若干种实现方法。一种实现方法提供了使用 GB/T 16656 中定义的应用协议的一个具体方式。GB/T 16656.21 规定了交换结构的实现方法。该交换结构给出了应用协议中产品数据描述的使用纯文本或二进制编码的读和写。

11.2 形式语言的使用

用形式语言定义实现方法，以使基于计算机的方法适用于该实现的开发。

11.3 从 EXPRESS 语言到实现方法的映射

EXPRESS 提供了 GB/T 16656 中产品信息所有规范的基础。在 GB/T 16656 中定义的每一种实现方法都规定了从 EXPRESS 语法到用于该实现方法语言的映射规则。如同在该实现中出现的那样，通过使用映射规则导出每个资源构造的结构和语法。一个具体实现方法所使用的规则可能取决于被映射的 EXPRESS 的定义形式。以 EXPRESS 定义的任何模式都可以映射到实现方法。

11.4 交换结构的实现

在 GB/T 16656.21 中规定了采用纯文本编码的交换结构的语法和映射的规则。可通过实现这种交换结构去达到支持文件交换的目的。用于交换结构实现方法语法的语言是建立在 Wirth 语法符号表示法[5]的基础上的，并定义了从 EXPRESS 到交换结构语法的映射。

12 应用解释构造

应用解释构造(AIC)是描述多个应用协议的共有概念的数据模型的一部分。因此，他们被本标准新数据模型的开发者使用。

在 GB/T 16656 的不同应用协议中，实际上有很多模型的内容是相同的或相似的。为了产品数据能在多种应用相关环境中使用，以简化开发和避免重复，在 GB/T 16656 标准中把不同领域中有共性的信息模型抽取出来,制定成标准的应用解释构造(AIC),以供不同的应用协议进行引用。GB/T 16656 给出了若干种应用解释构造,具体见该标准的应用解释构造系列的各个部分。

应用解释构造(AIC)是解释构造的一种逻辑组合,用以支持多种应用环境下的产品数据特定功能的实现。解释构造是对在应用协议中支持共享信息需求的集成资源的通用解释。

13 应用模块

应用模块(AM)是在未来的应用协议(AP)的开发中可重复使用的一些小信息模型。因此,他们只被数据模型的开发者们使用。第 1 个应用模块(AM)是 CAD 模型数据的某些外观的表达。

在 GB/T 16656 的不同应用协议中,有很多模型是重复使用的。为简化开发,本标准将众多的重复使用的应用模型制定成标准的应用模块(AM),供各应用协议引用。GB/T 16656 给出了若干种应用模块(AM),具体见该标准的应用模块子系列的各个部分。

每个应用模块(AM)只提供该可重复使用模型的基本概念和定义,以及规定了如何创建内容包括范围语句、信息需求、映射和模块解释模型的集合表达规范,一般不给出特殊用途的表达规范。多个应用模块组合可以从事一项特定任务。

附　录　A
（规范性附录）
信息对象注册

为了在开放系统中对信息对象提供无二义性的标识，将对象标识符：

{ iso standard 10303 part(1) version(1) }

分配给 GB/T 16656(ISO 10303)的第 1 部分。在 GB/T 16262.1 中定义了该值的意义，并在本部分的 4.3 中对该值作了进一步的阐述。

附　录　B
（资料性附录）
ISO 10303 各部分的目录

ISO 10303 是一个由多部分组成的技术标准，各部分单独出版。ISO 10303 的所属各部分被分成多个子系列：描述方法、实现方法、一致性测试方法与框架、集成资源、应用协议、抽象测试套件、应用解释构造和应用模块等。在 ISO 10303-1 中对该标准的各子系列进行了描述。

ISO 10303 的总标题为"工业自动化系统与集成　产品数据表达与交换"，它包括以下部分：

——第 1 部分：概述与基本原理；
——第 11 部分：描述方法　EXPRESS 语言参考手册；
——第 12 部分：描述方法　EXPRESS-I 语言参考手册；
——第 14 部分：描述方法　EXPRESS-X 语言参考手册；
——第 21 部分：实现方法　交换结构的纯正文编码；
——第 22 部分：实现方法　标准数据访问接口；
——第 23 部分：实现方法　C++语言与标准数据访问接口联编；
——第 24 部分：实现方法　C 语言与标准数据访问接口联编；
——第 25 部分：实现方法　EXPRESS 与 OMG XMI 联编；
——第 27 部分：实现方法　JAVA 编程语言联编的标准数据访问接口 Internet/Intranet 扩展；
——第 28 部分：实现方法　EXPRESS 计划及数据的 XML 表达；
——第 31 部分：一致性测试方法论与框架　基本概念；
——第 32 部分：一致性测试方法论与框架　测试实验室与顾客的要求；
——第 34 部分：一致性测试方法论与框架　应用协议实现的抽象测试方法；
——第 35 部分：一致性测试方法论与框架　标准数据访问接口实现的抽象测试方法；
——第 41 部分：集成通用资源　产品描述与支持原理；
——第 42 部分：集成通用资源　几何与拓扑表达；
——第 43 部分：集成通用资源　表达结构；
——第 44 部分：集成通用资源　产品结构配置；
——第 45 部分：集成通用资源　材料；
——第 46 部分：集成通用资源　可视化显示；
——第 47 部分：集成通用资源　形状变化公差；
——第 49 部分：集成通用资源　工艺结构与特性；
——第 50 部分：集成通用资源　数学结构；
——第 51 部分：集成通用资源　数学描述；
——第 54 部分：集成通用资源　分类和设定理论；
——第 55 部分：集成通用资源　规程和混合表达；
——第 56 部分：集成通用资源　状态；
——第 59 部分：集成通用资源　产品形状数据的质量；
——第 101 部分：集成应用资源　绘图；
——第 104 部分：集成应用资源　有限元分析；
——第 105 部分：集成应用资源　运动学；
——第 107 部分：集成应用资源　有限元分析定义关系；
——第 108 部分：集成应用资源　显式几何产品模型参数和约束；

——第 109 部分:集成应用资源　产品 STEP 装配模型;
——第 111 部分:集成应用资源　实体形状过程建模要素;
——第 112 部分:集成应用资源　程序式表示二维 CAD 模型的交换的模拟指令;
——第 201 部分:应用协议　显式绘图;
——第 202 部分:应用协议　相关绘图;
——第 203 部分:应用协议　配置控制设计;
——第 204 部分:应用协议　使用边界表达的机械设计;
——第 207 部分:应用协议　钣金模具的规划与设计;
——第 209 部分:应用协议　复合材料和金属结构分析以及相关的设计;
——第 210 部分:应用协议　印刷电路部件产品的设计数据;
——第 212 部分:应用协议　电子设计和安装;
——第 214 部分:应用协议　自动化机械设计过程的核心数据;
——第 215 部分:应用协议　船舶布置;
——第 216 部分:应用协议　船舶模型;
——第 218 部分:应用协议　船舶结构;
——第 219 部分:应用协议　尺寸公差检查信息交换;
——第 221 部分:应用协议　流程工业工厂的功能数据和图解表达;
——第 223 部分:应用协议　铸造件设计制造产品信息交换;
——第 224 部分:应用协议　采用加工特征定义机械产品的加工规划;
——第 225 部分:应用协议　用显式形状表达的建筑元素;
——第 227 部分:应用协议　工厂空间配置;
——第 232 部分:应用协议　技术数据封装核心信息与交换;
——第 233 部分:应用协议　系统工程数据的表达;
——第 235 部分:应用协议　产品设计和检验的工程特性;
——第 236 部分:应用协议　家具目录和内部设计;
——第 238 部分:应用协议　计算机数控装置的应用解释模型;
——第 239 部分:应用协议　产品生命周期支持;
——第 240 部分:应用协议　加工产品的工艺计划;
——第 304 部分:抽象测试套件　使用边界表达的机械设计;
——第 307 部分:抽象测试套件　钣金模具的规划与设计;
——第 324 部分:抽象测试套件　采用加工特征定义机械产品的加工规划;
——第 325 部分:抽象测试套件　用显式形状表达的建筑元素;
——第 332 部分:抽象测试套件　技术数据包核心信息与交换;
——第 403 部分:应用模块　AP203 配置控制三维设计;
——第 410 部分:应用模块　AP210 电子装配连接和包装设计;
——第 421 部分:应用模块　功能数据和示意表达;
——第 436 部分:应用模块　AP236 设备目录和内部设计;
——第 439 部分:应用模块　AP 239 产品生产周期支持;
——第 501 部分:应用解释构造　基于边的线框;
——第 502 部分:应用解释构造　基于壳的线框;
——第 503 部分:应用解释构造　几何边界的二维线框;
——第 504 部分:应用解释构造　绘图标注;
——第 505 部分:应用解释构造　图纸结构与管理;

——第 506 部分:应用解释构造　绘图元素；
——第 507 部分:应用解释构造　几何边界曲面；
——第 508 部分:应用解释构造　非流形曲面；
——第 509 部分:应用解释构造　流形曲面；
——第 510 部分:应用解释构造　几何定界的线框；
——第 511 部分:应用解释构造　拓扑定界的表面；
——第 512 部分:应用解释构造　小平面边界表达；
——第 513 部分:应用解释构造　基本边界表达；
——第 514 部分:应用解释构造　高级边界表达；
——第 515 部分:应用解释构造　构造实体几何；
——第 517 部分:应用解释构造　机械设计几何表达；
——第 518 部分:应用解释构造　机械设计渲染表达；
——第 519 部分:应用解释构造　几何公差；
——第 520 部分:应用解释构造　相关绘图元素；
——第 521 部分:应用解释构造　流形子曲面；
——第 522 部分:应用解释构造　加工特征；
——第 523 部分:应用解释构造　曲线扫掠实体；
——第 1001 部分:应用模块　外观赋值；
——第 1002 部分:应用模块　颜色；
——第 1003 部分:应用模块　曲线外观；
——第 1004 部分:应用模块　基本形状；
——第 1005 部分:应用模块　基本拓扑形状；
——第 1006 部分:应用模块　基础表达；
——第 1007 部分:应用模块　一般曲面外观；
——第 1008 部分:应用模块　层分配；
——第 1009 部分:应用模块　形状外观和层；
——第 1010 部分:应用模块　日期时间；
——第 1011 部分:应用模块　人员组织；
——第 1012 部分:应用模块　批准；
——第 1013 部分:应用模块　人员组织分配；
——第 1014 部分:应用模块　日期时间分配；
——第 1015 部分:应用模块　安全性分类；
——第 1016 部分:应用模块　产品目录；
——第 1017 部分:应用模块　产品标识；
——第 1018 部分:应用模块　产品版本；
——第 1019 部分:应用模块　产品视图定义；
——第 1020 部分:应用模块　产品版本关系；
——第 1021 部分:应用模块　标识分配；
——第 1022 部分:应用模块　零件和版本标识；
——第 1023 部分:应用模块　零件视图定义；
——第 1024 部分:应用模块　产品关系；
——第 1025 部分:应用模块　别名标识；
——第 1026 部分:应用模块　装配结构；

——第 1027 部分:应用模块　相关形状布置;
——第 1030 部分:应用模块　特性分配;
——第 1032 部分:应用模块　形状特征分配;
——第 1033 部分:应用模块　外部模型;
——第 1034 部分:应用模块　产品视图定义特性;
——第 1036 部分:应用模块　独立特性;
——第 1038 部分:应用模块　独立特性表达;
——第 1039 部分:应用模块　几何确认特性;
——第 1040 部分:应用模块　过程特性分配;
——第 1041 部分:应用模块　产品视图定义关系;
——第 1042 部分:应用模块　工作请求;
——第 1043 部分:应用模块　工作订单;
——第 1044 部分:应用模块　认证;
——第 1046 部分:应用模块　产品替换;
——第 1047 部分:应用模块　活动;
——第 1049 部分:应用模块　活动方法;
——第 1050 部分:应用模块　尺寸公差;
——第 1051 部分:应用模块　几何公差;
——第 1052 部分:应用模块　缺省公差;
——第 1054 部分:应用模块　有单位的值;
——第 1055 部分:应用模块　零件定义关系;
——第 1056 部分:应用模块　配置项;
——第 1057 部分:应用模块　有效性;
——第 1058 部分:应用模块　配置有效性;
——第 1059 部分:应用模块　有效性应用;
——第 1060 部分:应用模块　产品概念标识;
——第 1061 部分:应用模块　项目;
——第 1062 部分:应用模块　合同;
——第 1063 部分:应用模块　产品产生;
——第 1064 部分:应用模块　事件;
——第 1065 部分:应用模块　时间间隔;
——第 1068 部分:应用模块　三维构造实体几何;
——第 1070 部分:应用模块　类;
——第 1071 部分:应用模块　活动类;
——第 1074 部分:应用模块　特性条件;
——第 1077 部分:应用模块　产品类;
——第 1080 部分:应用模块　特性空间;
——第 1085 部分:应用模块　特性定义;
——第 1091 部分:应用模块　数学空间;
——第 1092 部分:应用模块　数学值;
——第 1099 部分:应用模块　独立特性定义;
——第 1101 部分:应用模块　产品特征定义;
——第 1102 部分:应用模块　装配特性定义;

——第 1103 部分:应用模块　产品类;
——第 1104 部分:应用模块　特定产品;
——第 1105 部分:应用模块　多语种处理;
——第 1106 部分:应用模块　扩展的测量表达;
——第 1108 部分:应用模块　基于规范的配置;
——第 1109 部分:应用模块　可选方案;
——第 1110 部分:应用模块　表面条件;
——第 1111 部分:应用模块　带属性的分类;
——第 1112 部分:应用模块　规范控制;
——第 1113 部分:应用模块　组;
——第 1114 部分:应用模块　分类赋值;
——第 1115 部分:应用模块　零件集合;
——第 1116 部分:应用模块　Pdm 物料;
——第 1118 部分:应用模块　测量表达;
——第 1121 部分:应用模块　文档和版本;
——第 1122 部分:应用模块　文档分配;
——第 1123 部分:应用模块　文档定义;
——第 1124 部分:应用模块　文档结构;
——第 1126 部分:应用模块　文档特性;
——第 1127 部分:应用模块　文件标识;
——第 1128 部分:应用模块　外部项标识分配;
——第 1129 部分:应用模块　外部特性;
——第 1130 部分:应用模块　导出形状元素;
——第 1131 部分:应用模块　建筑几何;
——第 1132 部分:应用模块　联合文本;
——第 1133 部分:应用模块　单个零件表达;
——第 1134 部分:应用模块　产品结构;
——第 1136 部分:应用模块　文本外观;
——第 1140 部分:应用模块　需求标识和版本;
——第 1141 部分:应用模块　需求视图定义;
——第 1142 部分:应用模块　需求视图定义关系;
——第 1143 部分:应用模块　建筑构件;
——第 1144 部分:应用模块　建筑项;
——第 1145 部分:应用模块　建筑结构;
——第 1146 部分:应用模块　建筑位置;
——第 1147 部分:应用模块　制造配置有效性;
——第 1151 部分:应用模块　功能的数据;
——第 1156 部分:应用模块　产品结构及分类;
——第 1157 部分:应用模块　产品结构类;
——第 1158 部分:应用模块　产品类的成分;
——第 1159 部分:应用模块　产品连接类;
——第 1160 部分:应用模块　产品外壳类;
——第 1161 部分:应用模块　产品连接内容类;

——第 1162 部分:应用模块　产品库类；
——第 1163 部分:应用模块　单个产品结构；
——第 1164 部分:应用模块　单个产品；
——第 1165 部分:应用模块　单个产品连接内容；
——第 1166 部分:应用模块　单个产品成份；
——第 1167 部分:应用模块　单个产品连接；
——第 1168 部分:应用模块　单个产品外壳；
——第 1169 部分:应用模块　活动结构和分类；
——第 1170 部分:应用模块　活动结构类；
——第 1171 部分:应用模块　活动成份类；
——第 1172 部分:应用模块　活动连接类；
——第 1173 部分:应用模块　活动内容类；
——第 1174 部分:应用模块　活动库类；
——第 1175 部分:应用模块　单个活动结构；
——第 1176 部分:应用模块　单个活动；
——第 1177 部分:应用模块　单个活动成份；
——第 1178 部分:应用模块　单个活动连接；
——第 1179 部分:应用模块　活动单个内容；
——第 1188 部分:应用模块　人员类；
——第 1198 部分:应用模块　特性和特性赋值；
——第 1199 部分:应用模块　特性的拥有；
——第 1203 部分:应用模块　示意和符号；
——第 1204 部分:应用模块　示意图；
——第 1205 部分:应用模块　示意元素；
——第 1206 部分:应用模块　制图注释；
——第 1207 部分:应用模块　图结构与管理；
——第 1208 部分:应用模块　示意元素库；
——第 1209 部分:应用模块　示意元素的表示符号；
——第 1210 部分:应用模块　集合理论；
——第 1211 部分:应用模块　关系基数；
——第 1212 部分:应用模块　分类；
——第 1213 部分:应用模块　参考数据库；
——第 1214 部分:应用模块　系统分解；
——第 1215 部分:应用模块　物理分解；
——第 1216 部分:应用模块　功能分解；
——第 1217 部分:应用模块　区域分解；
——第 1218 部分:应用模块　混合分解；
——第 1228 部分:应用模块　非确定性表达；
——第 1230 部分:应用模块　配置控制的 3D 零件和组件；
——第 1231 部分:应用模块　产品数据管理；
——第 1233 部分:应用模块　需求赋值；
——第 1240 部分:应用模块　组织的类型；
——第 1241 部分:应用模块　信息权；

——第 1242 部分:应用模块 组织内的位置;
——第 1243 部分:应用模块 经验;
——第 1244 部分:应用模块 合格性;
——第 1245 部分:应用模块 人员的类型;
——第 1246 部分:应用模块 属性分类;
——第 1248 部分:应用模块 产品分解;
——第 1249 部分:应用模块 活动方法赋值;
——第 1250 部分:应用模块 连接槽;
——第 1251 部分:应用模块 接口;
——第 1252 部分:应用模块 概率;
——第 1253 部分:应用模块 条件;
——第 1254 部分:应用模块 条件评估;
——第 1255 部分:应用模块 状态定义;
——第 1256 部分:应用模块 被观察的状态;
——第 1257 部分:应用模块 特征化的条件;
——第 1258 部分:应用模块 观察;
——第 1259 部分:应用模块 已实现的活动;
——第 1260 部分:应用模块 模式;
——第 1261 部分:应用模块 活动方法的实施;
——第 1262 部分:应用模块 任务规范;
——第 1263 部分:应用模块 合理性;
——第 1265 部分:应用模块 包络;
——第 1266 部分:应用模块 资源管理;
——第 1267 部分:应用模块 需求的资源;
——第 1268 部分:应用模块 资源项;
——第 1269 部分:应用模块 已实现的资源;
——第 1270 部分:应用模块 报文;
——第 1271 部分:应用模块 特征化状态;
——第 1272 部分:应用模块 特征化活动;
——第 1273 部分:应用模块 资源特征赋值;
——第 1274 部分:应用模块 概率分布;
——第 1275 部分:应用模块 外部类别;
——第 1276 部分:应用模块 位置;
——第 1277 部分:应用模块 位置赋值;
——第 1278 部分:应用模块 产品组;
——第 1280 部分:应用模块 需要资源特征化;
——第 1281 部分:应用模块 资源项特征化;
——第 1282 部分:应用模块 资源管理特征化;
——第 1283 部分:应用模块 已实现资源特征化;
——第 1285 部分:应用模块 工作请求特征化;
——第 1286 部分:应用模块 工作次序特征化;
——第 1287 部分:应用模块 AP239 活动记录;
——第 1288 部分:应用模块 管理资源信息;

——第 1289 部分:应用模块　AP239 管理资源信息;
——第 1290 部分:应用模块　文件管理;
——第 1291 部分:应用模块　plib 类参考;
——第 1292 部分:应用模块　AP239 产品定义信息;
——第 1293 部分:应用模块　AP239 零件定义信息;
——第 1294 部分:应用模块　接口生命周期;
——第 1295 部分:应用模块　AP239 特性;
——第 1296 部分:应用模块　条件评估的特征化;
——第 1297 部分:应用模块　AP239 文件管理;
——第 1298 部分:应用模块　活动方法特征化;
——第 1300 部分:应用模块　工作输出;
——第 1301 部分:应用模块　工作输出特征化;
——第 1304 部分:应用模块　AP239 产品状态记录;
——第 1306 部分:应用模块　AP 239 任务规范资源化;
——第 1307 部分:应用模块　AP 239 工作定义;
——第 1340 部分:应用模块　名称赋值;
——第 1341 部分:应用模块　通用表达式;
——第 1342 部分:应用模块　表达式;
——第 1343 部分:应用模块　产品放置;
——第 1344 部分:应用模块　数字接口;
——第 1345 部分:应用模块　项定义结构;
——第 1346 部分:应用模块　数字功能;
——第 1347 部分:应用模块　二维线框;
——第 1348 部分:应用模块　需求管理;
——第 1349 部分:应用模块　不完全数据参考机制;
——第 1350 部分:应用模块　惯量特征;
——第 1351 部分:应用模块　目录数据信息;
——第 1352 部分:应用模块　目录数据信息和形状表达;
——第 1353 部分:应用模块　参数化目录数据信息;
——第 1354 部分:应用模块　家具内部装饰;
——第 1355 部分:应用模块　参数化目录数据和外形表达;
——第 1357 部分:应用模块　选定项;
——第 1358 部分:应用模块　位置赋值特征化;
——第 1364 部分:应用模块　事件赋值;
——第 1365 部分:应用模块　时间间隔赋值;
——第 1366 部分:应用模块　标记文本表达;
——第 1501 部分:应用模块　基于边缘的线框;
——第 1502 部分:应用模块　基于外壳的线框;
——第 1507 部分:应用模块　几何定界的曲面;
——第 1509 部分:应用模块　复合表面;
——第 1510 部分:应用模块　几何限定线框;
——第 1511 部分:应用模块　拓扑限定表面;
——第 1512 部分:应用模块　小平面边界表达;

——第 1514 部分:应用模块　改进的边缘表达;
——第 1601 部分:应用模块　变更的包;
——第 1602 部分:应用模块　变更的零件;
——第 1603 部分:应用模块　分析模型;
——第 1604 部分:应用模块　AP210 装配功能界面要求;
——第 1605 部分:应用模块　AP210 装配功能要求;
——第 1606 部分:应用模块　AP210 装配结构设计;
——第 1607 部分:应用模块　AP210 装配结构界面要求;
——第 1608 部分:应用模块　AP210 装配结构要求;
——第 1609 部分:应用模块　AP210 装配要求布置;
——第 1610 部分:应用模块　AP210 装配工艺约束;
——第 1611 部分:应用模块　AP210 连接域基本模型提取;
——第 1612 部分:应用模块　AP210 设备功能和物理的特征;
——第 1613 部分:应用模块　物理单元非平面设计视图;
——第 1614 部分:应用模块　AP210 功能分解;
——第 1615 部分:应用模块　AP210 功能要求分配;
——第 1616 部分:应用模块　AP210 功能规范;
——第 1617 部分:应用模块　AP210 互连设计;
——第 1618 部分:应用模块　AP210 微波的互连设计;
——第 1619 部分:应用模块　AP210 互连功能要求;
——第 1620 部分:应用模块　AP210 互连物理要求;
——第 1621 部分:应用模块　AP210 互连要求分配;
——第 1622 部分:应用模块　AP210 互连技术约束;
——第 1623 部分:应用模块　AP210 层叠装配设计;
——第 1624 部分:应用模块　AP210 打包的功能和物理特征;
——第 1625 部分:应用模块　AP210 打包的零件白盒模型;
——第 1626 部分:应用模块　AP210 物理项的物理描述;
——第 1627 部分:应用模块　AP210 印刷的零件功能和物理特征;
——第 1628 部分:应用模块　AP210 产品数据管理;
——第 1630 部分:应用模块　AP210 产品规则;
——第 1631 部分:应用模块　二维平面;
——第 1632 部分:应用模块　装配二维成形;
——第 1633 部分:应用模块　装配三维成形;
——第 1634 部分:应用模块　装配计算机布置要求;
——第 1635 部分:应用模块　装配功能界面要求;
——第 1636 部分:应用模块　装配模型设计;
——第 1637 部分:应用模块　装配模型宏定义;
——第 1638 部分:应用模块　带有二维电缆部件的装配模块;
——第 1639 部分:应用模块　带有三维电缆部件的装配模块;
——第 1640 部分:应用模块　带有宏部件的装配模块;
——第 1641 部分:应用模块　带有子装配的装配模块;
——第 1642 部分:应用模块　使用视图的装配模块;
——第 1643 部分:应用模块　带有互连部件的装配模块;

——第 1644 部分:应用模块 带有电缆部件的装配模块;
——第 1645 部分:应用模块 带有打包的连接器部件的装配模块;
——第 1646 部分:应用模块 装配形状;
——第 1647 部分:应用模块 组件物理界面要求;
——第 1648 部分:应用模块 物理组件要求的布置;
——第 1649 部分:应用模块 装配工艺;
——第 1650 部分:应用模块 裸冲模;
——第 1651 部分:应用模块 基本曲线;
——第 1652 部分:应用模块 基本几何;
——第 1653 部分:应用模块 电缆;
——第 1654 部分:应用模块 特征;
——第 1655 部分:应用模块 化学物质;
——第 1656 部分:应用模块 构件分组;
——第 1657 部分:应用模块 构件特征;
——第 1658 部分:应用模块 物理网的连通性分配;
——第 1659 部分:应用模块 曲线扫掠实体;
——第 1660 部分:应用模块 基于方式的数据差异;
——第 1661 部分:应用模块 设计管理;
——第 1662 部分:应用模块 使用视图给组件设计细节赋值;
——第 1663 部分:应用模块 使用视图给互连设计细节赋值;
——第 1664 部分:应用模块 设备记号;
——第 1665 部分:应用模块 电子网络定义;
——第 1666 部分:应用模块 延伸的几何公差;
——第 1667 部分:应用模块 延伸的几何基本几何成形;
——第 1668 部分:应用模块 制作接合点;
——第 1669 部分:应用模块 制作要求;
——第 1670 部分:应用模块 制作工艺;
——第 1671 部分:应用模块 制作和连接区;
——第 1672 部分:应用模块 填充区域的样式;
——第 1673 部分:应用模块 边缘形状特征;
——第 1674 部分:应用模块 功能赋值到零件;
——第 1675 部分:应用模块 功能分解到装配设计;
——第 1676 部分:应用模块 功能分解到设计;
——第 1677 部分:应用模块 功能分解到互联设计;
——第 1678 部分:应用模块 用节点表达的封装映射功能分解;
——第 1679 部分:应用模块 功能规范;
——第 1680 部分:应用模块 功能项要求的分配;
——第 1681 部分:应用模块 普通材料外观;
——第 1682 部分:应用模块 二维形状互连;
——第 1684 部分:应用模块 互连模块接线布置;
——第 1685 部分:应用模块 互连模块到装配模块;
——第 1686 部分:应用模块 互连模块用法显示;
——第 1687 部分:应用模块 具有宏的互连模块;

——第1688部分:应用模块　非平面形状连接;
——第1689部分:应用模块　连接物理要求分配;
——第1690部分:应用模块　连接布置要求;
——第1691部分:应用模块　接口构件;
——第1692部分:应用模块　(集成电路板基板的)底层;
——第1693部分:应用模块　分层的二维形状;
——第1694部分:应用模块　分层的三维形状;
——第1695部分:应用模块　分层的互连模型二维设计;
——第1696部分:应用模块　分层的互连模型三维设计;
——第1697部分:应用模块　分层的互连模型三维形状;
——第1698部分:应用模块　分层的互连模型设计;
——第1700部分:应用模块　具有印刷构件的分层互连模型设计;
——第1701部分:应用模块　布局的宏定义
——第1702部分:应用模块　流形子曲面;
——第1703部分:应用模块　模型参数;
——第1704部分:应用模块　网络功能设计显示;
——第1705部分:应用模块　功能用法显示;
——第1706部分:应用模块　非特征形状元素;
——第1707部分:应用模块　包;
——第1708部分:应用模块　打包连接器模型;
——第1709部分:应用模块　打包零件白箱模型;
——第1710部分:应用模块　打包零件黑箱模型;
——第1711部分:应用模块　零件外部引用;
——第1712部分:应用模块　零件特征功能;
——第1713部分:应用模块　零件特征成组;
——第1714部分:应用模块　零件特征定位;
——第1715部分:应用模块　零件重复几率;
——第1716部分:应用模块　二维形状零件模板;
——第1717部分:应用模块　三维形状零件模板;
——第1718部分:应用模块　零件模板扩展;
——第1719部分:应用模块　非平面形状零件模板;
——第1720部分:应用模块　带有参数的零件形状模板;
——第1721部分:应用模块　物理部件特征;
——第1722部分:应用模块　物理布置模板;
——第1723部分:应用模块　对实现构件分配的物理节点要求;
——第1724部分:应用模块　物理单元的二维设计视图;
——第1725部分:应用模块　物理单元的三维设计视图;
——第1726部分:应用模块　物理单元二维形状;
——第1727部分:应用模块　物理单元三维形状;
——第1728部分:应用模块　物理单元的设计视图;
——第1729部分:应用模块　物理单元连接定义;
——第1730部分:应用模块　带参数的物理单元形状;
——第1731部分:应用模块　二维构造实体几何;

——第 1732 部分:应用模块　物理单元使用的视图;
——第 1733 部分:应用模块　规划的特征;
——第 1734 部分:应用模块　预定义的基准符号;
——第 1735 部分:应用模块　预定义的基准二维符号;
——第 1736 部分:应用模块　预定义的基准三维符号;
——第 1737 部分:应用模块　印制的物理布置模板;
——第 1738 部分:应用模块　产品标识扩展;
——第 1739 部分:应用模块　产生规则;
——第 1740 部分:应用模块　需求分解;
——第 1741 部分:应用模块　顺序层叠装配设计;
——第 1742 部分:应用模块　形状构成;
——第 1743 部分:应用模块　形状参数;
——第 1744 部分:应用模块　屏蔽;
——第 1745 部分:应用模块　信号;
——第 1746 部分:应用模块　软件;
——第 1747 部分:应用模块　说明书文档;
——第 1748 部分:应用模块　层的非平面形状;
——第 1749 部分:应用模块　风格曲线;
——第 1750 部分:应用模块　文本表达;
——第 1751 部分:应用模块　测试要求分配;
——第 1752 部分:应用模块　热网定义;
——第 1753 部分:应用模块　带有单位的值的扩展;
——第 1754 部分:应用模块　经由构件;
——第 1755 部分:应用模块　物理连通定义;
——第 1756 部分:应用模块　传导材料外形;
——第 1757 部分:应用模块　测试选择产品;
——第 1758 部分:应用模块　在产品概念里的约定用法;
——第 1759 部分:应用模块　基于 Ap210 基准差异的模型定义;
——第 1760 部分:应用模块　预定义产品数据管理专门化;
——第 1767 部分:应用模块　复合材料构件形状;
——第 1768 部分:应用模块　复合材料外观;
——第 1769 部分:应用模块　FEA 材料外观;
——第 1770 部分:应用模块　零件和区域的层叠表;
——第 1771 部分:应用模块　毛坯材料;
——第 1772 部分:应用模块　铺层方向说明。

ISO 10303 各部分的编号反映了它的结构:
——第 1 部分～第 19 部分规定了描述方法;
——第 20 部分～第 29 部分规定了实现方法;
——第 30 部分～第 39 部分规定了一致性测试方法与框架;
——第 40 部分～第 59 部分规定了集成通用资源;
——第 100 部分～第 199 部分规定了集成应用资源;
——第 200 部分～第 299 部分规定了应用协议;

——第 300 部分～第 399 部分规定了抽象测试套件；
——第 400 部分～第 499 部分规定了应用模块；
——第 500 部分～第 599 部分规定了应用解释构造；
——第 1000 部分～第 1999 部分规定了应用模块。

ISO 10303 标准各部分的完整清单可以从因特网得到：
http://www.nist.gov/sc4/editing/step/titles/。

参 考 文 献

[1] Guidelines for the Development and Approval of STEP Application Protocols, Version 1.1. TC184/SC4/WG4 N66, January 1993.

[2] IDEF0 (ICAM Definition Language 0), Federal Information Processing Standards Publication 183, Integration Definition for Function Modeling (IDED0), FIPS PUB183, National Institute of Standards and Technology, December 1993.

[3] IDEF1X (ICAM Definition Language I Extended), Federal Information Processing Standards Publication 184, Integration Definition for Information Modeling (IDEF1X), FIPS PUB 184, National Institute of Standards and Technology, December 1993.

[4] NIJSSEN, G. M. and HALPIN, T. A. ; Conceptual Schema and Relational Database Design: A Fact Oriented Approach , Prentice Hall, New York, 1989.

[5] WIRTH, N. ; What can we do about the unnecessary diversity of notation for syntactic definition? Communications of the Association for Computing Machinery Volume 20, Number 11, November 1977.

ICS 25.040.40
L 67

中华人民共和国国家标准

GB/T 16656.21—2008/ISO 10303-21:2001
代替 GB/T 16656.21—1997

工业自动化系统与集成　产品数据表达与交换　第21部分:实现方法　交换文件结构的纯正文编码

Industrial automation systems and integration—Product data representation and exchange—Part 21: Implementation methods—Clear text encoding of the exchange structrue

(ISO 10303-21:2001,IDT)

2008-08-06 发布　　2009-03-01 实施

中华人民共和国国家质量监督检验检疫总局
中国国家标准化管理委员会　发布

前　　言

GB/T 16656 (ISO 10303)《工业自动化系统与集成　产品数据表达与交换》是一个由多个部分组成的标准，各部分单独出版。GB/T 16656 的所属各部分又组成多个子系列，即：

——第 1 部分～第 19 部分规定了描述方法；

——第 20 部分～第 29 部分规定了实现方法；

——第 30 部分～第 39 部分规定了一致性测试方法与框架；

——第 40 部分～第 59 部分规定了集成通用资源；

——第 100 部分～第 199 部分规定了集成应用资源；

——第 200 部分～第 299 部分规定了应用协议；

——第 300 部分～第 399 部分规定了抽象测试套件；

——第 400 部分～第 499 部分规定了应用模块；

——第 500 部分～第 599 部分规定了应用解释构造；

——第 1000 部分～第 1999 部分规定了应用模块。

GB/T 16656《工业自动化系统与集成　产品数据表达与交换》现已发布了以下 26 个部分：

——第 1 部分：概述与基本原理；

——第 11 部分：描述方法　EXPRESS 语言参考手册；

——第 21 部分：实现方法　交换结构的纯正文编码；

——第 31 部分：一致性测试方法与框架　基本概念；

——第 32 部分：一致性测试方法与框架　测试实验室与客户的要求；

——第 34 部分：一致性测试方法与框架　应用协议实现的抽象测试方法；

——第 41 部分：集成通用资源　产品描述和支持原理；

——第 42 部分：集成通用资源　几何与拓扑表达；

——第 43 部分：集成通用资源　表达结构；

——第 44 部分：集成通用资源　产品结构配置；

——第 45 部分：集成通用资源　物料；

——第 46 部分：集成通用资源　可视化显示；

——第 47 部分：集成通用资源　形变公差；

——第 49 部分：集成通用资源　工艺结构与特性；

——第 101 部分：集成应用资源　绘图；

——第 105 部分：集成应用资源　运动学；

——第 201 部分：应用协议　显式绘图；

——第 202 部分：应用协议　相关绘图；

——第 203 部分：应用协议　配置控制设计；

——第 501 部分：应用解释构造　基于边的线框；

——第 502 部分：应用解释构造　基于壳的线框；

——第 503 部分：应用解释构造　几何边界的二维线框；

——第 513 部分：应用解释构造　基本边界表达；

——第 520 部分：应用解释构造　相关绘图元素；

——第 1001 部分：应用模块　外观赋值；

——第 1006 部分：应用模块　基础表达。

本部分是 GB/T 16656 的第 21 部分。本部分等同采用了 ISO 10303-21:2001《工业自动化系统与集成　产品数据表达与交换　第 21 部分:实现方法　交换结构的纯正文编码》(英文版),技术内容和编写格式上与 ISO 10303-21:2001 保持一致。

本部分代替 GB/T 16656.21—1997《工业自动化系统与集成　产品数据表达与交换　第 21 部分:实现方法　交换结构的纯正文编码》。

与 GB/T 16656.21—1998 相比主要变化如下：

——交换结构目前可以包含多个数据段；

——交换结构的头段目前可以为在数据段中编码的实体实例字符串属性标识缺省语言；

——交换结构的头段目前可以标识用于描述语义环境的信息,数据段中编码的实体实例可以在该语义环境中应用；

——如果短名可用,目前可以使用短名编码枚举值。

本部分的附录 A、附录 B、附录 C、附录 D、附录 E 和附录 F 为规范性附录。

本部分的附录 G、附录 H 和附录 NA 为资料性附录。

本部分由中国机械工业联合会提出。

本部分由全国工业自动化系统与集成标准化技术委员会(SAC/TC 159)归口。

本部分起草单位:中国标准化研究院。

本部分主要起草人:李文武、刘守华、詹俊峰。

本部分所代替标准的历次版本发布情况为：

——GB/T 16656.21—1997。

工业自动化系统与集成 产品数据表达与交换 第21部分:实现方法 交换文件结构的纯正文编码

1 范围

GB/T 16656 的本部分规定了产品数据[用 EXPRESS 语言(GB/T 16656.11)为其规定了概念模型]的纯正文编码交换文件结构的格式。该文件格式适用于计算机系统间产品数据的传输。

本部分规定了从 EXPRESS 语言到交换结构语言语法的映射。任何 EXPRESS 图解都能映射到交换结构系统。

2 规范性引用文件

下列文件中的条款通过 GB/T 16656 的本部分的引用而成为本部分的条款。凡是注日期的引用文件,其随后所有的修改单(不包括勘误的内容)或修订版均不适用于本部分,然而,鼓励根据本部分达成协议的各方研究是否可使用这些文件的最新版本。凡是不注日期的引用文件,其最新版本适用于本部分。

GB/T 4880.2 语种名称代码 第2部分:3字母代码(GB/T 4880.2—2000,eqv ISO 639-2:1998)

GB/T 7408 数据元和交换格式 信息交换 日期和时间表示法(GB/T 7408—2005,ISO 8601:2000,IDT)

GB 13000.1 信息技术 通用多八位编码字符集(UCS) 第一部分:体系结构与基本多文种平面(GB 13000.1—1993,idt ISO/IEC 10646-1:1993)

GB/T 15273.1 信息处理 八位单字节编码图形字符集 第一部分:拉丁字母一(GB/T 15273.1—1994,idt ISO 8859-1:1987)

GB/T 15273.2 信息处理 八位单字节编码图形字符集 第二部分:拉丁字母二(GB/T 15273.2—1995,idt ISO 8859-2:1987)

GB/T 15273.3 信息处理 八位单字节编码图形字符集 第三部分:拉丁字母三(GB/T 15273.3—1995,idt ISO 8859-3:1988)

GB/T 15273.4 信息处理 八位单字节编码图形字符集 第四部分:拉丁字母四(GB/T 15273.4—1995,idt ISO 8859-4:1988)

GB/T 15273.7 信息处理 八位单字节编码图形字符集 第七部分:拉丁/希腊字母(GB/T 15273.7—1996,idt ISO 8859-7:1987)

GB/T 16262.1 信息技术 抽象语法记法一(ASN.1) 第1部分:基本记法规范(GB/T 16262.1—2006,ISO/IEC 8824-1:2002,IDT)

GB/T 16656.1 工业自动化系统与集成 产品数据表达与交换 第1部分:综述和基本原理(GB/T 16656.1—2008,ISO 10303-1:1994,MOD)

ISO 3788:1990 信息处理 9磁道、12.7 mm(0.5英寸)宽 126 ftpmm(3200 ftpi) 63 cpmm(1600 cpi)相位编码信息交换磁带

ISO 8859-5:1987 信息处理 八位单字节编码图形字符集 第5部分:拉丁/西里尔字母

ISO 8859-6:1987 信息处理 八位单字节编码图形字符集 第6部分:拉丁/阿拉伯字母

ISO 8859-8:1987 信息处理 八位单字节编码图形字符集 第8部分:拉丁/希伯来字母

ISO 8859-9:1987 信息处理 八位单字节编码图形字符集 第9部分:拉丁字母五

ISO 10303-11:1994 工业自动化系统与集成 产品数据表达与交换 第11部分:描述方法:EXPRESS语言参考手册

ISO 10303-22:1998 工业自动化系统与集成 产品数据表达与交换 第22部分:实现方法:标准数据访问接口

ISO 10646:2003 信息技术 通用多八位编码字符集(UCS)

3 术语、定义和缩略语

3.1 GB/T 15273.1 定义的术语

GB/T 15273.1 定义的下列术语适用于本部分:

——字节;

——字符;

——图形字符。

3.2 GB 13000 定义的术语

GB 13000 定义的下列术语适用于本部分:

——基本多语种平面。

3.3 GB/T 16656.1 定义的术语

GB/T 16656.1 定义的下列术语适用于本部分:

——应用协议。

3.4 GB/T 16656.11 定义的术语

GB/T 16656.11 定义的下列术语适用于本部分:

——复杂实体实例;

——数据类型;

——实体;

——局部复杂实体实例;

——简单实体实例;

——标记。

3.5 其他定义

下列术语和定义适用于本部分。

3.5.1

基本字母表 basic alphabet

GB/T 15273.1 中从 G(02/00)到 G(07/14)的字符集。

3.5.2

纯正文编码 clear text encoding

采用基本字母表中的一系列字符组成的信息编码。

3.5.3

控制命令 control directive

基本字母表中的字符序列。

3.5.4

关键字 keyword

在交换文件结构中标识实体或定义类型的特定字符序列。

3.5.5

段 section

表示相同作用的数据集。

3.5.6

顺序文件 sequential file

仅能用顺序方法访问的文件。

3.5.7

标记分隔符 token separator

分隔任何两个标记的一个或多个8位字节的序列。

3.6 缩略语

为了达到本部分的目的，使用了以下缩略语：

BMP：基本多语种平面(Basic multilingual plane)；

WSN：沃思语法表示法(Wirth Syntax Notation)。

4 交换文件结构基本概念和假设

4.1 概述

为了便于用软件进行分析，用无二义性的、上下文无关的语法描述交换文件结构。该语法的表示采用附录B中的沃思语法表示法。在交换文件结构中产品数据的形式被规定为采用从EXPRESS语言到交换文件结构语法的映射。

4.2 符号表示法和印刷排版的约定

在本部分中所使用的双引号不是交换文件结构中出现的文字的一部分而仅仅作为文字的分隔。这一说明适用于文字中使用了双引号的所有位置。表2、表3和表4对于这一规则是一个例外，表里所用的双引号组成WSN规则的一部分。

在GB/T 15273中，每一个字符被分配一个标识名，当该名字被用于本部分中的时候，它就被排为斜体字以区别于一般文字。这样逗号用于表示“,”，下划线表示“_”，以及大写字母A表示“A”。

在本部分的示例中，注释是在需要说明的位置由序列 ----> 引入的。

4.3 一致性

本部分规定两级一致性：

——交换文件结构的语法一致性：如果一个交换文件结构满足本部分的要求，则它与GB/T 16656.21具有一致性；

——交换文件结构的模式一致性：如果在一个交换文件结构中表示的实例满足在该交换文件结构头段中列出模式的所有要求和约束，而且满足在本部分中第9章和10章中定义的映射要求，则在交换文件结构中表示的实例与这些模式具有一致性。

注：当交换文件结构包含基于不同EXPRESS模式的多个数据段，附录F提供了评价模式一致性的方法。

语法一致性是模式一致性的必要条件。

在本部分中定义两类语法一致性，这取决于对复杂实体实例的编码所选择的方法(见10.2.5)。一个宣称与本部分具有语法一致性的实现应该在读或写文件或两者兼有时证明它(至少)具有两种一致性级别之一的语法一致性。

一个宣称与本部分具有模式一致性的实现应该在读或写文件或两者兼有时证明其模式和语法的一致性。

5 形式化定义

5.1 形式化表示

本部分采用沃思语法表示法(WSN)以形式化表示规定交换文件结构语法。附录B描述了WSN。

5.2 基本字母表定义

交换文件结构字母表的定义是 GB/T 15273.1 中从 G(02/00)到 G(07/14)的字符。本字母表在交换文件结构中是由具有十进制值 32 到 126 的八位字节表示的。表 1 把基本字母表分成了子集。G(x/y)是对 GB/T 15273.1 编码表中的位置(16 乘以 x)＋y 上的字符的一种表示法。

注：表 D.1 给出在 GB/T 15273.1 中对应的 8 位字节和它们的图形表示。

表 1 WSN 定义的基本字母表子集

```
SPACE   = " " .

DIGIT   = "0" | "1" | "2" | "3" | "4" | "5" | "6" | "7"
        | "8" | "9" .

LOWER   = "a" | "b" | "c" | "d" | "e" | "f" | "g" | "h"
        | "i" | "j" | "k" | "l" | "m" | "n" | "o" | "p"
        | "q" | "r" | "s" | "t" | "u" | "v" | "w" | "x"
        | "y" | "z" .

UPPER   = "A" | "B" | "C" | "D" | "E" | "F" | "G" | "H"
        | "I" | "J" | "K" | "L" | "M" | "N" | "O" | "P"
        | "Q" | "R" | "S" | "T" | "U" | "V" | "W" | "X"
        | "Y" | "Z" | "_" .

SPECIAL = "!" | """" | "*" | "$" | "%" | "&" | "." | "#"
        | "+" | "," | "-" | "(" | ")" | "?" | "/" | ":"
        | ";" | "<" | "=" | ">" | "@" | "[" | "]" | "{"
        | "|" | "}" | "^" | "`" .

REVERSE_SOLIDUS = "\" .

APOSTROPHE = "'" .

CHARACTER = SPACE | DIGIT | LOWER | UPPER | SPECIAL
          | REVERSE_SOLIDUS | APOSTROPHE .
```

5.3 交换文件结构

交换文件结构采用纯正文编码的顺序文件。交换文件结构应该包括两部分：头段和一个或多个数据段。头段提供交换文件结构自身的相关数据。头段结构在第 8 章中定义。数据段提供要被传送的数据。数据段结构在第 9 章中定义。用表 3 中的 WSN 定义交换文件结构。

交换文件结构是一个八位字节序列，它们是基本字母表的图形字符编码。图形字符组合称为标记(token)的可识别序列。标记可由标记分隔符分开。交换文件结构可以看作是标记和标记分隔符的序列。

5.4 标记的定义

交换文件结构中使用的标记(token)在表 2 中用 WSN 定义。

表 2 标记定义的 WSN

```
KEYWORD                    = USER_DEFINED_KEYWORD | STANDARD_KEYWORD.
USER_DEFINED_KEYWORD       = "!" UPPER UPPER | DIGIT .
STANDARD_KEYWORD           = UPPER { UPPER | DIGIT }.
SIGN             ="+" | "-".
INTEGER          =[ SIGN ]  DIGIT { DIGIT }.
REAL             =[ SIGN ]  DIGIT { DIGIT } "." { DIGIT }
                  ["E" [SIGN] DIGIT { DIGIT } ].
NON_Q_CHAR       = SPECIAL | DIGIT | SPACE | LOWR | UPPER.
STRING           ="'" { NON_Q_CHAR |
                  APOSTROPHE APOSTROPHE |
                  REVERSED_SOLIDUS REVERSED_SOLIDUS |
                  CONTROL_DIRECTIVE } "'".
ENTITY_INSTANCE_NAME       = "#" DIGIT { DIGIT } .
ENUMERATION                = "." UPPER { UPPER | DIGIT } ".".
HEX                        ="0" | "1" | "2" | "3" | "4" | "5" | "6" | "7" |
                            "8" | "9" | "A" | "B" | "C" | "D" | "E" | "F" .
BINARY                     = """" ( "0" | "1" | "2" | "3" ) | { HEX } """" .
```

5.5 文件结构的沃思语法表示法（WSN）

交换文件结构的语法在表 3 中定义。表 3 引用表 2 中定义的标记。语法和 EXPRESS 模式之间的关系在第 10 章中定义。

表 3 交换文件结构的 WSN

```
EXCHANGE_FILE              ="ISO-10303-21;"
                             HEADER_SECTION DATA_SECTION { DATA_SECTION }
                             "END-ISO-10303-21;".
HEADER_SECTION             ="HEADER;"
                             HEADER_ENTITY HEADER_ENTITY HEADER_ENTITY
                             [HEADER_ENTITY_LIST]
                             "ENDSEC;".
HEADED_ENTITY_LIST         =HEADER_ENTITY { HEADER_ENTITY } .
HEADER_ENTITY              =KEYWORD "(" [PARAMETER_LIST] ")" ";".
PARAMETER_LIST             =PARAMETER  { "," PARAMETER } .
PARAMETER                  =TYPED_PARAMETER |
                            UNTYPED_PARAMETER | OMITTED_PARAMETER .
TYPED_PARAMETER            =KEYWORD "(" PARAMETER ")".
UNTYPED_PARAMETER          = "$" | INTEGER | REAL | STRING |
                             ENTITY_INSTANCE_NAME | ENUMERATION | BINARY | LIST.
OMITTED_PARAMETER          = "*".
LIST                       ="(" [ PARAMETER { "," PARAMETER } ] ")".
DATA_SECTION               = "DATA" [ "(" PARAMETER_LIST ")" ] ";"
                             ENTITY_INSTANCE_LIST "ENDSEC;"
ENTITY_INSTANCE_LIST   = { ENTITY_INSTANCE } .
ENTITY_INSTANCE = SIMPLE_ENTITY_INSTANCE | COMPLEX_ENTITY_INSTANCE .
SIMPLE_ENTITY_INSTANCE = ENTITY_INSTANCE_NAME "=" SIMPLE_RECORD ";" .
COMPLEX_ENTITY_INSTANCE = ENTITY_INSTANCE_NAME "=" SUBSUPER_RECORD ";" .
SIMPLE_RECORD = KEYWORD "(" [ PARAMETER_LIST ] ")" .
SUBSUPER_RECORD = "(" SIMPLE_RECORD_LIST ")" .
SIMPLE_RECORD_LIST = SIMPLE_RECORD { SIMPLE_RECORD } .
```

5.6 标记分隔符

标记分隔符是分隔两个标记的元素。标记分隔符有空白、显式打印控制命令和注释。标记分隔符可以出现在表3产品的终端或非终端中间。可以出现一个标记分隔符的位置也可以出现若干标记分隔符。除了可以在二进制和字符串中出现的显式打印控制命令外，标记里面不允许分隔符出现。第11章定义了打印控制命令。

注：空格是基本字母表(5.2中描述的)中唯一的空白字符。通过附录A,交换文件结构允许行分隔符,例如换行或回车,但不属于基本字母表,并且附录A要求在处理交换文件结构时可以忽略。因此,结构(包括标记)中任何地方可以出现行中断。

注释必须编码为斜线星号"/*",后跟若干基本字母表的字符,并且由星号斜线"*/"结束。第一个出现的斜线星号之后再出现斜线星号就不再有意义,即注释是不能嵌套的。在注释里出现的任何图形字符对交换文件结构而言是无意义的，这些字符仅供人们阅读。

6 标记

在交换文件结构中,一个标记 (token)是一个专用标记、关键字或是一个简单数据类型编码。

6.1 专用标记

专用标记"GB/T 16656.21;"应该用于打开交换文件结构，专用标记"END-GB/T 16656.21;"应该用于关闭交换文件结构。

专用标记"HEADER;"应该用于打开交换文件结构的头段，专用标记"ENDSEC;"应该用于关闭交换文件结构的头段。

专用标记"DATA;"应该用于打开交换文件结构的数据段，专用标记"ENDSEC;"应该用于关闭交换文件结构的数据段。

专用标记"$"在交换文件结构中用于表达没有给出值的对象。

专用标记星号("*")在交换文件结构中用于表达没有给出值的对象,但是该值能够根据EXPRESS模式给出的规则从其他值导出(见10.2.6)。

专用标记分号(";")、圆括号("(",")")、逗号(",")和斜线("/")在交换文件结构中用作标点符号。

6.2 关键字

关键字是指交换文件中的实体或定义类型的图形字符序列。关键字应由大写字母、数字、下划线和可能出现的惊叹号组成。惊叹号的出现至多一次,并且仅作为关键字中的第一个字符。

关键字可以是模式定义或用户自定义关键字。不用惊叹号开头的关键字是模式定义关键字。用惊叹号开头的关键字是用户自定义关键字。用户定义关键字对于管理交换文件结构的EXPRESS模式中的命名类型(一个实体类型或定义类型)来说是一个标识符。用户自定义关键字的含意由使用交换文件结构的各方进行约定。

6.3 简单数据类型编码

在交换文件结构中使用的简单数据类型编码有六种:整数、实数、字符串、实体实例名、枚举和二进制数。

6.3.1 整数

整数应该是一个或多个数字的编码序列,如在表2中列出的,整数前面的正号"+"或负号"-"是可选的。整数以十进制表示。如果整数不带符号,则看作是正数。

示例:

整数的正确表示	意义
16	正16
+12	正12
-349	负349
012	正12
00	零

整数的错误表示	问题
26 54	包含空格
32.0	包含小数点
+ 12	正号与数字之间含空格

6.3.2 实数

表 2 列出了实数的编码。该编码含有一个十进制尾数，后面为一可选的十进制指数。十进制尾数含有可选的正号“+”或负号“-”，后跟一个或多个数字的序列和圆点，圆点后是零个或多个数字的序列。十进制指数含有字符 E，后跟可选的正号“+”或负号“-”，以及一个或多个数字。

注：本部分涉及精度概念。在有精度要求时，发送方和接受方应有一个约定。当需要有一个精度的意义作为一个实体数据类型描述的一部分时，该意义应包括在 EXPRESS 模式的实体数据类型定义中。

示例：

实数的正确表示	意义
+0.0E0	0.0
-0.0E-0	0.0
1.5	1.5
-32.178E+02	-3217.8
0.25E8	2500 万
0.E25	0
2.	2.
5.0	5.0

实数的错误表示	问题
1.2E3.	指数中不允许带小数点
1E05	尾数中要求有小数点
1,000.00	不允许有逗号
3.E	指数中要求有数字
.5	小数点前至少有一位数字
1	尾数中要求有小数点

6.3.3 字符串

字符串(String)应该编码为一个单引号“'”后跟零个或多个八位字节，然后以一个单引号“'”结束。空字符串(串长为零)应该编码为两个单引号排在一起“''”。在字符串中的一个单引号用两个并列单引号来编码。一个单独的反斜线“\”应该编码为两个反斜线“\\”。在字符串内允许的八位字节是 GB/T 15273.1 定义的图形字符基本字母表中从 32 到 126(包含 32 和 126)的十进制数。见表 4。

表 4 字符串控制命令

```
CONTROL_DIRECTIVE = PAGE | ALPHABET | EXTENDED2
                    | EXTENDED4 | ARBITRARY
PAGE = REVERSE_SOLIDUS "S" REVERSE_SOLIDUS CHARACTER .
ALPHABET      = REVERSE_SOLIDUS "P" UPPER REVERSE_SOLIDUS .
EXTENDED2     = REVERSE_SOLIDUS "X2"  REVERSE_SOLIDUS
                HEX_TWO { HEX_TWO } END_EXTENDED .
EXTENDED4     = REVERSE_SOLIDUS "X4"  REVERSE_SOLIDUS
                HEX_FOUR { HEX_FOUR } END_EXTENDED .
END_EXTENDED = REVERSE_SOLIDUS "X0"  REVERSE_SOLIDUS .
ARBITRARY     = REVERSE_SOLIDUS "X"  REVERSE_SOLIDUS HEX_ONE .
HEX_ONE       = HEX HEX .
HEX_TWO       = HEX_ONE HEX_ONE .
HEX_FOUR      = HEX_TWO HEX_TWO .
```

注：表 D.1 给出了八位字节和 GB/T 15273.1 中对应的图形表示。双引号在字符串中出现的时候不需要两个并列。它在表 1 中出现两个并列是因为它是 WSN 的元字符(见附录 B)。

附加字符应该采用6.3.3.1和6.3.3.2中定义的十六进制数字(见表2的HEX)进行编码。WSN表示的编码字符串控制命令在表4中给出。

6.3.3.1 字符串中的GB/T 15273完整字母表编码

在GB/T 15273中,G(x/y)表示x列y行的字符,即在代码表中的代码值为(16乘以x)+y。GB/T 15273的每一部分都包括基本字母表中(见5.2)从位置G(02/00)到G(07/14)的部分。GB/T 15273各个部分的不同是字符集扩展部分的符号,从位置G(10/00)到G(15/14)。为了在字符串中包括扩展字符集的字符需要采用扩展命令。

PAGE控制命令反斜线大写字母S反斜线("\S\")CHARACTER(见表4)被用在字符串中让基本字母表中的一个字符来表达扩展字母表中对应位置的一个字符。PAGE控制命令在字符串中应该被解释为一个字符G((x+8)/y),其中G(x/y)是紧跟在"\S\"之后的基本字母表字符。这就是说,如果基本字母表字符具有代码值v,它就应该被解释为具有代码值v+128的字符。

控制命令反斜线大写字母P UPPER反斜线应该用于指出(仅仅对于该字符串)把子序列反斜线大写字母S反斜线命令解释为由UPPER的值所指定的引用GB/T 15273一个部分(分标准)所定义的扩展字母表。所用的大写字母应该是以下字母中的一个:"A"、"B"、"C"、"D"、"E"、"F"、"G"、"H"、"I"。在这种情况下,大写字母A是指GB/T 15273.1;大写字母B是指GB/T 15273.2等等。如果在一个字符串中没有出现该控制命令,则假设的值应该是A,即扩展字母表应该是在GB/T 15273.1中规定的。

示例:

存储的字串	有效的内容	注释
'CAT'	CAT	
'Don''t'	Don't	
''''	'	
''		长度为零的字串
'\S\Drger'	Ärger	
'h\S\ttel'	hôtel	
'\PE\\S\ * \S\U\S\b'	——	西里尔,'Nyet'

6.3.3.2 字符串中GB 13000字符的编码

ISO 10303-11的8.1.6规定了GB 13000中的任意字符都可出现在一个字串中。本部分规定了允许GB 13000字符编码的三种控制命令。

GB 13000定义了在全编码空间中使用四个八位表达任意字符的规范形式。这些字符分别规定了组、平面、行和单元。此外,GB 13000定义了基本多语种平面(BMP),用以表示全编码空间的00平面00组。BMP中的字符用两个八位字节表示,用以规定行和单元。

注:基本多语种平面包括的字符是一般用于字母、音节和独特标志字形以及各种符号和数字。

控制命令反斜线大写字母X数字2反斜线"\X2\"应该用于确定后面的多重4个十六进制字符序列,它应该被解释为GB 13000的BMP双八位字符表达编码。交换文件结构中的字符串编码应该如下:

——每个要被编码的GB 13000表达字符应该被转换为GB 13000中规定的双八位字节;

——两个所得八位字节的每一个应被编码为基本字母表中对应十六进制数字图形表达的两个十六进制字符。

示例1:拉丁大写字母B由GB 13000的表1要被转换为十六进制值"0042"。对应该值的十六进制数字为0,0,4和2。该编码在交换文件结构中使用包括4个字符0042的基本字母。

控制命令反斜线大写字母X数字4反斜线"\X4\"应该用于确定后面的多重八个十六进制字符序列,它应被解释为GB 13000全编码空间四个八位字符表达编码。交换文件结构中的字符串编码应该如下:

——每个要被编码的GB 13000表达字符应该被转换为GB 13000中规定的四个八位字节;

——四个所得八位字节的每一个应被编码为基本字母表中对应十六进制数字图形表达的两个十六进制字符。

示例 2：拉丁大写字母 B 由 GB 13000 的表 1 要被转换为十六进制值"00000042"。对应该值的十六进制数字为 0，0，0，0，0，0，4 和 2。该编码在交换文件结构中使用包括 8 个字符 00000042 的基本字母。

控制命令反斜线大写字母 X 数字 0 反斜线"\X0\"应该用于在一个字符串中确定 GB 13000 字符编码的结束，并且返回基本字母表的直接编码。

6.3.3.3 字符串中单八位字节编码

一个具有值为 0 到 255 的八位字节可以在一个字符串中编码。为了显示其后两个十六进制的字符应解释为一个表达 GB 13000 中 BMP 第零行的字符单元八位字节，字符串中应使用控制命令反斜线大写字母 X 反斜线"\X\"。

注：GB 13000 和 GB/T 15273.1 定义的字符与本范围相同。

示例：

存储的字串	有效的内容	注释
'see \X\A7 4.1'	see 4.1	
'line one\X\0Aline two'	line one Line two	约束插入新线

6.3.3.4 最大字符串长度

在交换文件结构中存储的一个字符串的最大长度为 32769 个八位字节，包括开始和结束的单引号。如果存储的字符串中嵌入了双引号、反斜线、单引号、打印控制命令(见 11 章)以及对应 6.3.3.1、6.3.3.2、6.3.3.3 的字符编码，则字符串有效内容的最大长度将要少于 32767 个图形字符。有效内容是在这些编码约定解码之后的图形字符序列。

6.3.4 实体实例名

一个实体实例名应该编码为数字标号"#"、后跟不带符号的整数。该整数应该包括一个或多个数字的任意组合，至少有一个数字且不为零。实体实例名中的前导零是没有意义的。

表 2 以 ENTITY_INSTANCE_NAME 的形式给出实体实例名的 WSN。

示例：

有效的名称表达	意义
#12	用标识符 12 给实体实例命名或对其引用
#023	用标识符 23 给实体实例命名或对其引用
无效的名称表达	**问题**
#+23	含'+'号
#00.1	含小数点
74	无数字标号
#439A6	含字母字符

如果实体实例名出现在一个实体实例的属性表中，则它们用于引用其他实体实例。向前或向后引用都是允许的。

6.3.5 枚举值

枚举值应该编码为以大写字母开头的大写字母和数字序列且由圆点定界。给定枚举值的意义是由 EXPRESS 模式和它的枚举值类型说明的相关定义来确定的。

示例：

有效的枚举表达	意义
.STEEL.	指出的值为 STEEL
无效的枚举表达	**问题**
.RED	缺少结尾处的圆点
.123.	没有以字母开头

6.3.6 二进制数

二进制数是二进制位(0 或 1)的序列。一个二进制数应该通过以下过程确定其编码：

——统计二进制数的位数,称为结果 p;

——确定一个数 n,0≤n≤3,并且使 k=p+n 为四的整数倍;

——在二进制数的左边填上 n 个 0 位,把这串二进制数分为四位(4-bit)一组;

——在该序列之前加上 n 的四位表达;

——如果 4 位(4-bit)组的相应十进制数小于等于 9,对该十进制值加 48 产生一个八位(8-bit)字节;如果 4 位(4-bit)组的相应十进制数大于 9,对该十进制值加 55 产生一个八位(8-bit)字节;

注：这是二进制到十六进制的转换。

——二进制的编码包括 K/4+1 个十六进制数字,第一个数字是 n,后面是表达该二进制的十六进制数字;

——用双引号(")把十六进制字符串括起来。

示例：

二进制值	表达
空('null' 或 'empty')	"0"
0	"30"
1	"31"
111011	"23B"
100100101010	"092A"

7 构造数据类型

在交换文件结构中出现的构造数据类型只有表 3 中定义的 LIST。一个 LIST 是若干 PARAMETER 的序列(可以为空),其中每一个可以是：

——简单类型编码,如 6.3 中所述,或

——专用标记"$",或

——TYPED_PARAMETER,表示一个选择类型的实例(见 10.1.8),或

——一个 LIST,表示一个(嵌入的)结构类型的实例。

一个给定的 LIST 可以包含多个上面的形式。在交换文件结构中,LIST 开始于左圆括号"(",结束于右圆括号")"。实例用逗号分隔。LIST 可以有任意深度的嵌套。

示例：

构造数据类型	表达
整数表	(0,1,2,3,7,2,4)
字符串表	('CAT','HELLO')
表中的实数表	((0.0, 1.0, 2.0), (3.0, 4.0, 5.0))
表中的实数表	((0.0, 1.0, 2.0), ( ))

在最后一个实数表中,嵌入的第二个表为空。

8 头段

头段包含了一些可应用于整个交换文件结构有关的信息。在每一个交换文件结构中头段必须出现。该段应该以专用标记"HEADER"开始,并且以专用标记"ENDSEC"结束。

注：附录 H 提供了一个交换文件结构中头段的例子。

8.1 头段实体

在每一个交换文件结构的头段应包括下述每一个实体的一个实例：file_discription,file_name 和 file_schema,并且应该按照这一顺序出现。file_population,section_language 和 section_context 的实例

可以出现在 file_schema 之后。如果有用户定义头段实体实例,它们应该出现在头段实体的后面。头段实体实例的语法在表 3 中用 WSN 给出。每个实体名应该映射到 HEADER_ENTITY 的 KEYWORD。第 10 章对于这些实体实例属性值提供从简单和集合数据类型到 PARAMETER_LIST 的映射。

8.2 头段模式

本条规定在交换文件结构头段中出现的头段实体和类型。头段的实体用 EXPRESS 进行描述。

EXPRESS 描述:

```
*)
SCHEMA header_section_schema;

TYPE exchange_structure_identifier = STRING;
END_TYPE;
(*
```

本模式规定使用交换文件结构进行产品数据传送处理的特定头段实体。

注:exchange_structure_identifer 类型与 GB/T 16656.41 的标识符类型的服务目的一致,但为了使本部分独立于 GB/T 16656 集成资源系列部分定义的数据模型,分别定义他们。

8.2.1 文件描述

file_discription(文件描述)指定生成交换文件结构的本部分的版本及其内容。

EXPRESS 描述:

```
*)
ENTITY file_discription;
    discription: LIST [1:?] OF STRING (256);
    implementation_level : STRING (256);
END_ENTITY;
(*
```

属性说明:

discription:交换文件结构内容的非形式描述。

implementation_level:本交换文件结构中编码所符合的规范以及该编码所用的可选一致性的标识。本属性的值应该是“3;1”或“3;2”,以指出对本部分当前版本的一致性。交换文件结构符合一致性级别 1 的值应该是“3;1”。交换文件结构符合一致性级别 2 的值应该是“3;2”。

如果在编码过程中遇到下述约束条件,可以使用“2;1”或“2;2”值指示与本部分本版本的一致性:

——交换文件结构将包括一个简单的数据段,且“DATA”关键字不需随后有带括号的 PARAMETER_LIST;

——交换文件结构头段不包含 FILE_POPULATION 实体;

——交换文件结构头段不包括 SECTION_LANGUAGE 实体;

——交换文件结构头段不包括 SECTION_CONTEXT 实体;

——EXPRESS ENUMERATION 的枚举值不使用短名编码。

如果使用,“2;1”值将指定交换文件结构符合一致性类 1,“2;2”值将指定交换文件结构符合一致性类 2。

注 1:一致性类 1 和 2 在 10.2.5 中定义。

注 2:该值的一般形式为“v;cc”,其中 v 是本部分的版本,这在附录 C 中定义,cc 是一致性类的编码。本部分的未来版本号可以规定 v 和 cc 的其他值。

注 3:使用“2;1”和“2;2”可以支持基于本部分当前版本实现的向上兼容性。

8.2.2 文件名

file_name(文件名)给出可由人阅读的交换文件结构的信息。除了 time_stamp 属性,本实体中属性的内容不由本部分定义。

EXPRESS 描述：

```
*)
ENTITY file_name;
   name: STRING (256);
   time_stamp : time_stamp_text ;
   author :LIST[1:?] OF STRING (256);
   organization:LIST[1:?] OF STRING(256);
   preprocessor_version : STRING (256);
   originating_system : STRING (256);
   authorization : STRING (256);
END_ENTITY;

TYPE time_stamp_text = STRING(256);
END_TYPE;
(*
```

属性说明：

name:用于命名交换文件结构特殊实例的图形字符串。

注：name(名子)用于在发送人和接收人之间的通信。

time_stamp:规定交换文件结构的日期和时间。该字符串的内容应该对应 GB 7408 中的 4.2.1.1 中规定的全日历扩展格式,并连接 GB 7408 的 4.3.3 或 4.3.3.1 中规定的一天中时间的扩展格式。日期和时间应该按照 GB 7408 用大写字母 T 隔开。4.3.1.1 和 4.3.3 的替换格式允许选用时区段说明符的清单。

author:创建交换文件结构的负责人的名字和地址。

organization:与作者相关的机构或单位。

prepocessor_version:创建该交换文件结构的系统,包括系统产品名和版本。

originating_system:一个系统,它是本交换文件结构中数据的来源。

Authorization:发送交换文件结构的负责人名字和地址。

示例：

时间标记元素	完整扩展格式
日历日期 1993 年 4 月 12 日	1993-04-12
一天中的时间 15 点 27 分 46 秒	15:27:46
时区段	时区段为可选
格林威治时间西 5 小时	-05:00
以上四位日期和时间在时间标记(Time_stamp)中的编码	1993-04-12T15:27:46-05:00

8.2.3 文件模式

file_schema(文件模式)实体标识规定了数据段中实体实例的 EXPRESS 模式。schema_identifier 属性应该包括一个字符串表,每一个字符串应包括模式名并在其后可选用分配给该模式的对象标识符。

若模式名包括小写字母，则该小写字母应转换为对应大写字母。在 schema_name 中只能出现大写字母。

若有对象标识符,它应该是 GB/T 16262.1 中规定的形式。本部分中对象标识符的使用在 GB/T 16656.1 中的第三章中说明。在尽可能的情况下,推荐使用对象标识符以提供对模式的无二义性的标识。

注：对象标识符的一般形式是以空格作为分隔符的整数序列。该序列封闭在括弧（“{”，“}”）中。

EXPRESS 描述：

```
*)
ENTITY file_schema;
        schema_identifiers : LIST [1:?] OF UNIQUE schema_name;
END_ENTITY;

TYPE schema_name = STRING(1024);
END_TYPE;
(*
```

属性说明：

schema_identifiers：规定数据段中实体实例的模式。

示例：下列实例确定了一个叫“CONFIG_CONTROL_DESIGN”的 EXPRESS 模式：

FILE_SCHEMA(('CONFIG_CONTROL_DESIGN'));

下面的实例用一个对象标识符指示叫“AUTOMOTIVE_DESIGN”的 EXPRESS 模式的特定版本号：

FILE_SCHEMA(('AUTOMOTIVE_DESIGN {1 0 10303 214 1 1 1}'));

8.2.4 文件总数

针对特殊的 EXPRESS 模式，为了达到确定模式一致性的目的，file_population（文件总数）实体标识了交换文件结构中的实体实例集。对于 governed_sections 属性标识的数据段集，通过使用 determination_method 属性标识的运算法则将确定实体实例集。如果 governed_sections 没有值，运算法则适用于交换文件结构中的所有数据段。

一个交换文件结构可以包括零个、一个或多个 file_population 实例。在零个、一个或多个 file_population 实例的 governed_sections 属性中可出现数据段名称。

注 1：F.2 条定义了三条可能的确定方法。

注 2：如果 governed_sections 属性没有值，如 10.2.2 中规定的属性用美元记号（“$”）编码，而不是空列表。

EXPRESS 描述：

```
*)
ENTITY file_population;
    governing_schema : schema_name;
    determination_method : exchange_structure_identifier;
    governed_sections : OPTIONAL SET [ 1 : ? ] OF section_name;
END_ENTITY;

TYPE section_name = exchange_structure_identifier;
END_TYPE;
(*
```

属性说明：

governing_schema：EXPRESS 模式名，他适用于本头段 file_population 条目标识的所有实体实例。模式名必须出现在头段 file_schema 条目中。

determination_method：用于标识选择交换文件结构中实体实例的运算法则的图形字符串。

governed_sections：输入到确定方法中的数据段名称。

8.2.5 段语言

section_language（段语言）实体标识数据段中字符串值的缺省语言。default_language 属性应包含语言的名称。应使用 GB/T 4880.2 规定的字母 3 代码对语言名称进行编码。

section 属性应包含交换文件结构中将使用缺省语言数据段的名称。如果交换文件结构中包含单一的、无命名的数据段，应未提供值给 section 属性(见 10.2.2)。在 section 属性没有值的地方，交换文件结构的头段应至多包含一个 section_language 实例。如果有，则本实例编码的缺省语言应适用于交换文件结构中没有使用其他 section_language 实例的所有数据段。

示例：default_language 的某些可能值是"eng"代表英语，"fre"代表法语，"rus"代表俄语，或"ger"代表德语。

EXPRESS 描述：

```
*)
ENTITY section_language;
    section : OPTIONAL section_name;
    default_language : language_name;
UNIQUE
    UR1: section;
END_ENTITY;

TYPE language_name = exchange_structure_identifier;
END_TYPE;
(*
```

属性说明：

section：default_language 适用的数据段名称。

default_language：用于字符串值的语言名称。

8.2.6 段语关系

section_context(段语境)实体标识描述了语境的信息，交换文件结构中编码的实例在语境中是适用的。

section 属性应包含交换文件结构中将使用语境标识符的数据段的名称。如果交换文件结构中包含单一的、无命名的数据段，section 属性应没有值(见 10.2.2)。在 section 属性没有值的地方，交换文件结构的头段应至多包含一个 section_context 实例。如果有，则本实例编码的语境标识符应适用于交换文件结构中没有使用其他 section_context 实例的所有数据段。

EXPRESS 描述：

```
*)
ENTITY section_context;
    section : OPTIONAL section_name;
    context_identifiers : LIST [1:?] OF context_name;
UNIQUE
    UR1: section;
END_ENTITY;

TYPE context_name = STRING;
END_TYPE;
(*
```

属性说明：

section：context_identifiers 适用的数据段的名称。

context_identifiers：传达交换文件结构中编码的实例语境信息的标识符。

注：应用协议可以为每个应用协议一致性类定义符号标识符。段的语境标识符可以显示该段数据满足的应用协议一致性类的部分列表。

示例1：语言和语境标识符赋给具有单一无命名数据段的交换文件结构。

```
HEADER;


FILE_SCHEMA(('GEOMETRY'));
SECTION_LANGUAGE($, 'eng');------------->A
SECTION_CONTEXT($, ('tag_a'));---------->B
ENDSEC;
DATA;

ENDSEC;
```

A：把语言编码“eng”（英语）赋给数据段。

B：把语境标识符“tag_a”赋给数据段。

示例2：语言和语境标识符赋给具有几个数据段的交换文件结构。

```
HEADER;

FILE_SCHEMA(('GEOMETRY'));
SECTION_LANGUAGE('DS1', 'ger');------------------>A
SECTION_LANGUAGE('DS2', 'epo');------------------>B
SECTION_LANGUAGE($, 'haw');--------------------->C
SECTION_CONTEXT('DS1',('tag_a', 'tag_b'));----->D
SECTION_CONTEXT('DS2',('tag_c'));---------------->E
SECTION_CONTEXT($, ('tag_d'));------------------->F
ENDSEC;
DATA('DS1', ('GEOMETRY'));

ENDSEC;
DATA('DS2', ('GEOMETRY'));

ENDSEC;
DATA('DS3', ('GEOMETRY'));

ENDSEC;
DATA('DS4', ('GEOMETRY'));

ENDSEC;
```

A：把语言编码“ger”（德语）赋给“DS1”数据段。

B：把语言编码“epo”（世界语）赋给“DS2”数据段。

C：把语言编码“haw”（夏威夷语）赋给没有语言赋值的其他所有数据段。本示例中有“DS3”和“DS4”两个数据段。

D：把语境标识符“tag_a”和“tag_b”赋给“DS1”数据段。

E：把语境标识符“tag_c”赋给“DS2”数据段。

F：把语境标识符“tag_d”赋给没有语境标识符赋值的其他所有数据段，本示例中有“DS3”和“DS4”两个数据段。

```
*)
END_SCHEMA;
(*
```

8.3 用户定义头段实体

用户定义头段实体实例可以带有以下限制而被放在头段中：

a) 用户定义头段实体实例应该符合所有头段实体的相同语法，附加的要求是关键字的第一个字符，该字符应该是惊叹号“!”。

b) 用户定义头段实体的属性应该有 EXPRESS 数据类型，并且应该按照第 10 章的规定映射到头段。

示例：

```
HEADER ;
        .
        .
FILE_SCHEMA(('GEOMETRY'));
! A_SPECIAL_ENTITY ('ABC',123);--------> 用户定义实体
        .
        .
ENDSEC;
```

9 数据段

数据段包括要被交换文件结构传送的实例。每一个交换文件结构至少应该有一个数据段。每个数据段包括的实体实例对应头段规定的 EXPRESS 模式。

表 3 规定了数据段的语法。每个数据段应以“DATA;”关键字开始。如果交换文件结构包括多个数据段，每个“DATA;”关键字后应接包含 STRING 和 LIST 参数的带括弧的 PARAMETER_LIST。

第一个参数应是包含段的唯一名的 STRING。第二个参数应是包含一个正确 STRING 的 LIST。字符串应是支配数据段的模式的名称。模式名必须在头段 file_schema 条目中出现。

如果交换文件结构只包含一个数据段，带括弧的 PARAMETER_LIST 可以省略。在这种情况下，头段 file_schema 条目应只指定一个模式，并且该模式应支配数据段。

每个数据段应该以专用标记“ENDSEC;”结束。

注：附录 H 给出交换文件结构中数据段的完整例子。

9.1 数据段实体实例

按照 10.2 的规定，每一个实体实例应该映射到数据段中的 ENTITY_INSTANCE(见表 3)。在交换文件结构中每个实体实例的表达应该至多一次，且在交换文件结构中应具有唯一的实体实例名。实体实例在交换文件结构中不需要排顺序。在用交换文件结构中的 ENTITY_INSTANCE 定义实体实例名之前，可以对他进行引用。

9.2 数据段用户定义实体实例

用户定义实体实例不是在头段中 EXPRESS 模式所规定部分的一个实体。用户定义实体应该与所有数据段实体有相同的语法。不同的只是 USER_DEFINED_KEYWORD (用户定义关键字)的选择应该采用本定义中的 SIMPLE_RECORD(简单记录)。用户定义实体实例、数字、数据类型的含义以及属性的含义是使用交换文件结构协议各方的事情。

示例：

```
DATA;
        .
        .
        .
#1=PT(1.0, 2.0, 3.0);  ------>惯用的实体实例
#2=PT(1.0, 2.0, 5.0);
```

```
.
.
#12=! MYCURVE(0.0, 0.0, 0.0, 1.0, $, $, $);--> 用户定义实体实例
.
.
.
ENDSEC;
```

注：与其使用本条定义的用户自定义语法，到不如在一个单独的数据段中为用户自定义信息定义一个 EXPRESS 模式，并为这些信息进行编码。

10　从 EXPRESS 到交换文件结构的映射

本章叙述了 EXPRESS 语言定义的数据类型实例如何映射到交换文件结构。

EXPRESS 语言包括 TYPE 和 ENTITY 声明、CONSTANT 说明、约束规定和算法描述。只有数据类型的实例才能映射到交换文件结构中，就像是由 EXPRESS 数据类型、TYPE 和 ENTITY 声明定义的这些数据类型。而 EXPRESS 语言的其他元素均不映射到交换文件结构，见表 5。

表 5　快速引用映射表

EXPRESS 元素	映射到:
ARRAY (数组型)	list (表)
BAG (袋型)	list (表)
BOOLEAN (布尔型)	boolean(布尔数)
BINARY (二进制型)	binary (二进制数)
CONSTANT(常数)	无
DERIVED ATTRIBUTE (导出属性)	无
ENTITY (实体)	entity instance (实体实例)
ENTITY AS ATTRIBUTE (属性实体)	entity instance name (实体实例名)
ENUMERATION (枚举型)	enumeration (枚举值)
FUNCTION (函数)	无
INTEGER (整数型)	integer (整数)
INVERSE (反向)	无
LIST (表型)	list (表)
LOGICAL (逻辑型)	enumeration (枚举值)
NUMBER (数值型)	real(实数)
PROCEDURE (过程)	无
REAL (实数型)	real (实数)
REMARKS (注释)	无
RULE (规则)	无
SCHEMA (模式)	无
SELECT (选择型)	见 11.1.8
SET (集合型)	list (表)
STRING (字符串型)	string (字符串)
TYPE (类型)	见 11.1.6
UNIQUE rule (UNIQUE 规则)	无
WHERE RULES (WHERE 规则)	无

10.1 EXPRESS 数据类型的映射

本条规定了那些从 EXPRESS 数据类型的语言元素映射到交换文件结构的结果。

10.1.1 EXPRESS 简单数据类型映射

10.1.1.1 整数

EXPRESS 数据类型 INTEGER(整型)的值映射到交换文件结构还应该是整数数据类型。6.3.1 说明整数数据类型的组成。

10.1.1.2 字符串

EXPRESS 数据类型 STRING(字符串)的值映射到交换文件结构还应该是字符串数据类型。6.3.3 说明字符串数据类型的组成。

10.1.1.3 布尔型

EXPRESS 数据类型 BOOLEAN(布尔型)的值映射到交换文件结构后还应该是枚举数据类型。6.3.5 说明枚举数据类型的组成。EXPRESS 数据类型 BOOLEAN(布尔型)应看作预定义的枚举数据类型对待,它的值被编码为图形字符“T”或“F”。这些值分别与真和假相对应。

10.1.1.4 逻辑型

EXPRESS 数据类型 LOGICAL (逻辑型)的值映射到交换文件结构后应该是枚举数据类型。6.3.5 说明枚举数据类型的组成。EXPRESS 数据类型 LOGICAL(逻辑型)应该作为预定义的枚举数据类型对待,它具有的值被编码为图形字符“T”、“F”或“U”。这些值分别与真、假和未知相对应。

10.1.1.5 实数

EXPRESS 数据类型 REAL(实数)的值映射到交换文件结构后还应该是实数数据类型。6.3.2 说明实数数据类型的组成。

示例:EXPRESS 中的实体定义:

```
ENTITY widget;
    i1: INTEGER;------------------------>A
    i2: INTEGER;------------------------>B
    S1: STRING(3);---------------------->C
    S2: STRING;------------------------->D
    l : LOGICAL;------------------------>E
    b : BOOLEAN;------------------------>F
    r1: REAL(4);------------------------>G
    r2: REAL;--------------------------->H
END_ENTITY;
```

数据段中实例的试样:

```
#2=WIDGET(99,99999,'ABC','ABCDEFG',.T.,.F.,9. ,1.2345);
          ^   ^     ^     ^         ^  ^  ^   ^
          |   |     |     |         |  |  |   |
          A   B     C     D         E  F  G   H
```

A:在这个实体实例中 i1 的值为 99。

B:在这个实体实例中 i2 的值为 99999。

C:在这个实体实例中 s1 的值为 'ABC'。这个属性值规定范围在 3 个字符以内。

D:在这个实体实例中 s2 的值为 'ABCDEFG'。

E:在这个实体实例中 l 的值为 TRUE。

F:在这个实体实例中 b 的值为 FALSE。

G:在这个实体实例中 r1 的值为 9。精度说明不影响编码。

H:在这个实体实例中 r2 的值为 1.2345。

10.1.1.6 二进制

EXPRESS 数据类型 BINARY (二进制)的值映射到交换文件结构还应该是二进制数据类型。

6.3.6 说明二进制数据类型的组成。

示例:EXPRESS 中的实体定义:

```
ENTITY picture;
  bn: BINARY;
END_ENTITY;
```

数据段中实体实例的试样:

```
#4=PICTURE("1556FB0");
            ^
            |
            A
```

A:在此实例中 bn 的编码为 "1556FB0",它与位序列 101 0101 0110 1111 1011 0000 相一致。

10.1.1.7 数型

EXPRESS 数据类型 NUMBER(数型)的值映射到交换文件结构应该是实数数据类型。6.3.2 描述了实数数据类型的组成。

10.1.2 表型

EXPRESS 数据类型 LIST(表型)的值映射到交换文件结构后还应该是表数据类型。第 7 章阐述了表数据类型的组成。如果表是空的,则该表应该被编码为左圆括号("(")紧跟右圆括号(")")。在表中,元素类型的每一个实例都应按照对该 EXPRESS 数据类型的要求(第 10 章)进行编码。

注:在一个特殊实体实例中,如果 LIST(表型)数据类型的 OPTIONAL 属性未给出值,则按照 10.2.2 的规定该属性应该被编码为符号"$",而不应该是一个空表。

示例:EXPRESS 实体定义:

```
ENTITY widget;
  attribute1: LIST [0:?] OF INTEGER; --------------------->A
  attribute2: LIST [1:?] OF INTEGER; --------------------->B
  attribute3: OPTIONAL LIST[1:?] OF INTEGER; ------>C
  attribute4: REAL; --------------------------------------------->D
END_ENTITY;
```

数据段中实体实例的试样:

```
#4 = WIDGET ( (), (1,2,4), $ ,2.56);
              ^     ^       ^   ^
              |     |       |   |
              A     B       C   D
```

A: attribute1 是一个空表。(有零个元素的表)

B: 在此实例中 attribute2 包含 3 个元素。

C: 在此实例中 attribute3 没有值。

D: 在此实例中 attribute4 的值是 2.56。

10.1.3 数组型

EXPRESS 数据类型 ARRAY(数组型)的值映射到交换文件结构后还应该是表数据类型。第 7 章阐述了表数据类型的组成。如果一个 EXPRESS 属性是一个多维数组,则该属性应该被编码为表中的一个表,嵌套的深度应该与维数相同。建立这种数组的时候,最内层的表(即只包含元素类型实例的表)应该对应定义实体的 EXPRESS 语句中的数组最右边的 ARRAY 说明符。在编码中元素的顺序应该是最内层表的元素对应其紧接在后面的下一外层表的每一个元素来编码。这个顺序的意思是每一表中最右边的索引应该最先改变。在表中,每一个元素类型的实例都要按照该 EXPRESS 数据类型的要求(第 10 章)进行编码。如果该数组数据类型有 OPTIONAL 元素,其中任意的元素在未给出值的情况下应该编码为符号"$"。

注：在一个特殊实体实例中，如果对于一个 ARRAY(数组型)数据类型的 OPTIONAL 属性未给出值，则该属性应该按照 10.2.2 中的规定编码为符号“$”，而不应该是一个空表。

示例 1：EXPRESS 中的实体定义：

```
X: ARRAY[1:5] OF ARRAY[100:102] OF INTEGER
```

按以下顺序编码：

```
( (X[1,100],X[1,101],X[1,102]),
  (X[2,100],X[2,101],X[2,102]),
  (X[3,100],X[3,101],X[3,102]),
  (X[4,100],X[4,101],X[4,102]),
  (X[5,100],X[5,101],X[5,102]) )
```

示例 2：EXPRESS 实体定义：

```
ENTITY widget;
  attribute1: ARRAY [-1:3] OF INTEGER; -------------------------->A
  attribute2: ARRAY [1:5] OF OPTIONAL INTEGER; ------------->B
  attribute3: ARRAY [1:2] OF ARRAY [1:3] OF INTEGER;-----> C
END_ENTITY;
```

数据段中实体实例的试样：

```
#30 = WIDGET((1,2,3,4,5),(1,2,3,$,5),((1,2,3),(4,5,6)));
                ^                  ^                  ^
                |                  |                  |
                A                  B                  C
```

A：attribute1 包含下列值：

attribute1 [−1] = 1
attribute1 [0] = 2
attribute1 [1] = 3
attribute1 [2] = 4
attribute1 [3] = 5

B：attribute2 包含下列值：

attribute2 [1] = 1
attribute2 [2] = 2
attribute2 [3] = 3
attribute2 [4] = 未给出
attribute2 [5] = 5

未给出值的意义在 EXPRESS 模式中定义。

C：attribute3 包含下列值：

attribute3 [1,1] = 1
attribute3 [1,2] = 2
attribute3 [1,3] = 3
attribute3 [2,1] = 4
attribute3 [2,2] = 5
attribute3 [2,3] = 6

10.1.4 集合型

EXPRESS 数据类型 SET(集合型)的值映射到交换文件结构后还应该是表数据类型。第 7 章说明表数据类型的组成。在表中，元素类型的每一个实例都要按照该 EXPRESS 数据类型的要求(第 10 章)进行编码。如果 SET 为空，则该表应该编码为左圆括号“(”紧跟右圆括号“)”。

注：在一个特殊实体实例中，如果对于一个 SET(集合型)数据类型的 OPTIONAL 属性未给出值，则该属性按照 10.2.2 的规定应该被编码为符号“$”，而不应该是一个空表。

示例:EXPRESS 实体定义:

```
ENTITY widget;
  a_number: SET OF INTEGER;
END_ENTITY;
```

DATA 段中实体实例的试样:

```
#2=WIDGET((0,1,2));  ---------------->A
#3=WIDGET((0,$,2));  -------------->B
#4=WIDGET((0,0,2));  --------------->C
```

A:在此实例中属性 a_number 是由 0,1,2 的集合定义的。

B:此实例在语法上是正确的。但是,按照 EXPRESS 中集合的定义该实例却是不正确的,因为 EXPRESS 中的集合不应有无值项。

C:此实例在语法上是正确的。但是,按照 EXPRESS 中集合的定义该实例却是不正确的,因为 EXPRESS 中的集合不应有相同的值。

10.1.5 袋型

EXPRESS 数据类型 BAG(袋型)的值映射到交换文件结构应该是表数据类型。第 7 章说明表数据类型的组成。在表中,元素类型的每一个实例都要按照该 EXPRESS 数据类型的要求(第 10 章)进行编码。如果 BAG 为空,则该表应该编码为左圆括号"("紧跟右圆括号")"。

注:在一个具体实体实例中,如果对于一个 BAG(袋型)数据类型的 OPTIONAL 属性未给出值,则该属性按照 10.2.2 的规定应该被编码为符号"$",而不应该是一个空表。

示例:EXPRESS 实体定义:

```
ENTITY widget;
  a_numbers: BAG OF INTEGER;
END_ENTITY;
```

数据段中实体实例的试样:

```
#2=WIDGET((0,1,1,2));  --------->A
#3=WIDGET((0,$,2));    --------->B
```

A:在此实例中属性 a_numbers 由 0、1、1、2 的数字集定义。

B:此实例在语法上是正确的。但是,按照 EXPRESS 中 BAG 的定义该实例却是不正确的,因为 EXPRESS 中的 BAG 不应有无值项。

10.1.6 简单定义类型

一个简单定义类型是一个由 EXPRESS 类型声明的 TYPE 定义,其中的基本数据类型(underlying data type)既不是 ENUMERATION(枚举型)也不是 SELECT(选择型)。简单定义类型映射到交换文件结构后应该还是由它所定义的数据类型。

示例:EXPRESS 实体定义:

```
TYPE
  type1=INTEGER;
END_TYPE;

TYPE
  type2=LIST[1:2] OF REAL;
END_TYPE;

ENTITY widget;
  attribute1: LOGICAL;  ----------------> A
  attribute2: TYPE1; ----------------------> B
  attribute3: TYPE2; ----------------------> C
```

```
END_ENTITY;
```

数据段中实体实例的试样：

```
#4=WIDGET(.T.,256,(1.0, 0.0));
          ^    ^     ^
          |    |     |
          A    B     C
```

A：属性 attribute1 的值；在本实例中为 TRUE。

B：Type1 是整数类型，因此该值 256 是有效的。

C：Type2 是一个实数表，因此有两个 REAL 元素的表是有效的。

10.1.7 枚举型

EXPRESS ENUMERATION（枚举型）数据类型的值映射到交换文件结构时应该还是枚举数据类型。6.3.5 阐述枚举数据类型的组成。

如果模式(其实例是数据段的对象)定义的文档又定义了该模式枚举值的短名集，ENUMERATION 实例中的实际值可能是一个对应 EXPRESS 模式中一个枚举值的短名。否则，实际值应是 EXPRESS 模式中的一个枚举值。无论是那种情况，任何小写字母都应转换成相应的大写字母，并且该值用圆点"."隔开，如同表 2 的 ENUMERATION 中定义的结果。

示例：EXPRESS 实体定义：

```
TYPE
  primary_colour=ENUMERATION OF (red,green,blue);
END_TYPE;

ENTITY widget;
  p_colour: primary_colour; ------------>A
END_ENTITY;
```

数据段中实体实例的试样：

```
#2=WIDGET(.RED.);
          ^
          |
          A
```

A：此实体实例中的 p_colour 属性的值是 RED。

10.1.8 选择数据类型

EXPRESS 选择数据类型定义了一个数据类型列表，叫"select-list"，其值是选择数据类型的有效实例。选择数据类型的实例至少应是选择表中数据类型的一个值。在交换文件结构中应该按照下列程序确定编码值。

——如果该值是选择表中实体数据类型的一个实例，则它映射到交换文件结构后仍是一个实体实例名（见 6.3.4）。

——如果该值是选择表中的一个简单定义类型的实例，则它映射到交换文件结构后仍是 TYPED_PARAMETER(见表 3)，其中的 KEYWORD 应该按照下面的规定标识出该简单定义类型，并且 PARAMETER 按照 10.1.6 的规定应该是该简单定义类型值的编码。

——如果该值是选择表中的枚举数据类型的一个实例，则它映射到交换文件结构后仍是一个 TYPED_PARAMETER(见表 3)，其中的 KEYWORD 应该按照下面的规定标识出该枚举数据类型，并且 PARAMETER 按照 10.1.7 的规定应该是枚举数据类型值的编码。

——如果该值是一个选择表中的嵌入式数据类型的一个实例，则它映射到交换文件结构后按照本条规定仍是该选择类型的实例。

对于简单定义类型和枚举数据类型的实例,KEYWORD应该标识出该实例的数据类型。这个被标识的数据类型应该是选择表中的类型之一。如果一个文件定义了在数据段中有实例的模式,又对该模式中的简单定义类型和枚举类型定义了短名的集合,则KEYWORD可能是该实例数据类型的对应短名。否则,KEYWORD应该是简单定义类型或枚举数据类型的名字本身。在这两种情况下,任何小写字母都要转换为大写字母,即这种编码不应包含任何小写字母。

注1:如果选择表中经实例化的数据类型本身是一种选择数据类型,则重复用本条对该值进行编码。我们只能对实体数据类型、简单定义类型和枚举数据类型的实例进行实际意义上的编码(见示例2)。

注2:根据ISO 10303-11:1994,一个实体数据类型子类的实例是该实体数据类型的一个实例。这样,"选择表中一个实体数据类型的一个实例"包括那些实体数据类型的子类的实例。

注3:如果选择表中的实体数据类型不互相排斥,则选择数据类型的值可把选择表中的多个实体数据类型实例化(见示例1)。

注4:如果该值不是实体实例,则它是一个简单定义类型或枚举数据类型的实例。然而,该值可能是几个(嵌入的)选择数据类型的有效实例并且因此把原选择表中的多个类型实例化(见示例2)。

示例1:EXPRESS实体定义:

```
ENTITY leader SUBTYPE OF (Employee);
    project:  STRING;
END_ENTITY;

ENTITY Manager SUBTYPE OF (Employee);
    unit:  STRING;
END_ENTITY;

ENTITY  Employee;
    name: STRING;
END_ENTITY;

TYPE Supervisor = SELECT (Manager, Leader);
END_TYPE;

ENTITY Meeting;
    date:  STRING;
    attendees: SET[2:?] OF Supervisor;
END_ENTITY;
```

数据段实例的样例:

```
#1 = LEADER('J. Brahms','Acadmic Festival');
#2 = MANAGER('S. Ozawa','Tokyo Symphony');
#3 = (EMPLOYEE('G. Verdi') LEADER('Aida') MANAGER('La Scala'));
#4 = MEETING('14921012',(#1,#2,#3));
```

实例#4的第二个属性是attendees:SET OF Supervisor。实例#1是一个Leader且为一个有效的Supervisor。实例#2是一个Manager,因此是一个有效的Supervisor。实例#3是Supervisor选择表中的两个(实体)类型leader和Manager的实例。所有这些映射都依据6.3.4。

示例2:EXPRESS实体定义:

```
TYPE Mass = SELECT(Mass_Spec,Mass_Substitue);
END_TYPE;

TYPE Mass_Spec = SELECT (Measured_Mass, Computed_Mass, Estimated_Mass);
```

```
END_TYPE;

TYPE Measured_Mass = REAL;
END_TYPE;

TYPE Computed_Mass = Extended_Real;
END_TYPE;

TYPE Estimated_Mass = REAL;
END_TYPE;

TYPE Mass_Substitue = SELECT(Weight, Estimated_Mass);
END_TYPE;

TYPE Weight = REAL;
END_TYPE;

TYPE Extended_Real = SELECT(FloatingNumber, Notanumber);
END_TYPE;

TYPE FloatingNumber = REAL(7);
END_TYPE;

TPYE NotaNumber = ENUMERATION OF(
    plus_infinity, minus_infinity, indeterminate, invalid);
END_TYPE;

ENTITY Steel_Bar;
    bar_length: Extended_Real;
    bar_mass: Mass;
END_ENTITY;
```

数据段中实例的例子：

```
#1 = STEEL_BAR(FLOATINGNUMBER(77.0), MEASURED_MASS(13.25));
#2 = STEEL_BAR(NOTANUMBER(.INDETERMINATE.), ESTIMATED_MASS(10.0));
#3 = STEEL_BAR(FLOATINGNUMBER(77.0),
     COMPUTED_MASS(FLOATINGNUMBER(14.77719)));
```

实例#1的第一个属性表示一个Extended_Real的值，该值是一个FloatingNumber。该选择数据类型Extended_Real按照10.1.8映射为具有KEYWORD为FLOATINGNUMBER（选择表中的简单定义类型）的TYPED_PARAMETER。对于FloatingNumber按照10.1.6，该PARAMETER值77.0被映射到交换文件结构为简单类型的REAL值。

实例#1的第二个属性表示Measured_Mass的值，该值是一个有效的Mass_Spec的值，并且因此是一个有效的Mass的值。因为Mass是一个选择数据类型而且Mass_Spec也是一个选择数据类型，按照10.1.8的递归应用它被映射为具有KEYWORD为MEASURED_MASS（选择表中的简单定义类型）的TYPED_PARAMETER。对于Measured_Mass按照10.1.6，该PARAMETER值13.25被映射到交换文件结构为简单类型的REAL值。

实例#2的第一个属性表示一个Extended_Real值，它是一个NotaNumber的值。Extended_Real

按照 10.1.8 映射为具有 KEYWORD 为 NOTANUMBER(选择表中的枚举类型)的 TYPED_PARAMETER。按照 10.1.7,枚举类型 NotaNumber 的 PARAMETER 值"indeterminate"映射到交换文件结构。

实例#2 的第二个属性表示一个 Estimated_Mass 的值,该值是一个有效的 Mass_Spec 的值并且也是一个有效的 Mass_Substitute 的值,因此是一个有效的 Mass 的值。该值实际上是把选择表中的两个(选择)数据类型实例化。因为 Mass 是一个选择数据类型,而且 Mass_Spec 是一个选择数据类型,按照 10.1.8 的迭代应用它被映射为具有 KEYWORD 为 ESTIMATED_MASS(选择表中的简单定义类型)的 TYPED_PARAMETER。按照 10.1.6, Estimated_Mass 的 PARAMETER 值 10.0 被映射到的交换文件结构为简单类型 REAL 值。

实例 #3 的第一个属性与实例#1 的第一个属性相同。

实例 #3 的第二个属性表示一个 Computed_Mass 的值,该值是一个有效的 Mass_Spec 的值并且因此是一个有效的 Mass 的值。因为 Mass 是一个选择数据类型而且 Mass_Spec 也是一个选择数据类型,按照 10.1.8 的递归应用它被映射为具有 KEYWORD 为 COMPUTED_MASS(选择表中的简单定义类型)的 TYPED_PARAMETER。对于 Computed_Mass 值的 PARAMETER 值的编码要按照 10.1.6。Extended_Real 是一个选择数据类型。根据 10.1.8,该 Extended_Real 的值被编码为具有 KEYWORD 为 FLOATINGNUMBER 的 TYPED_PARAMETER,并且根据 10.1.6, PARAMETER 值为 14.77719。

10.2 EXPRESS 实体数据类型的映射

EXPRESS 实体数据类型的实例映射到交换文件结构应是一个 ENTITY_INSTANCE。

按照 ISO 10303-11:1994 的定义,"简单实体实例"是这样的实体实例:它不是任何实体数据类型子类的实例。除此以外的所有实体实例都叫做"复合实体实例"。一个简单实例的映射要遵循 10.2.1 的规定。一个复合实体数据类型的映射要遵循 10.2.5 的规定。

注:一个简单实体实例是一个这样的实体实例:它是由一个单一的 EXPRESS 实体声明进行完整的描述。一个复合实体实例的描述涉及多个实体声明,尽管有时只有其中的一个包括显示属性。一个简单实体实例可以是一个超类型的实例,只要它不是子类型的实例。一个子类型的实例总是一个"复合的实例"。

只有 EXPRESS 实体的显示属性才被映射到交换文件结构。专用规定还适用于 OPTIONAL 显式属性(见 10.2.2)、其值为实体实例的显式属性(见 10.2.4)以及显式属性的所有重声明(见 10.2.6、10.2.7 和 10.2.8)。

注:多种规定可用于这同一个属性。

10.2.1 简单实体实例的映射

一个简单实体实例映射到交换文件结构后仍是一个 SIMPLE_ENTITY_INSTANCE。按照 10.2.11 规定该实体数据类型名应该映射为 SIMPLE_RECORD 的一个 KEYWORD。

每一个显式属性应直接映射到交换文件结构中的 SIMPLE_RECORD 的 PARAMETER。交换文件结构中 PARAMETER 的顺序应该与 EXPRESS 实体声明中对应属性的声明顺序相同。第一个 PARAMETER 应该是第一个显式属性的值;第二个 PARAMETER 应该是第二个显式属性的值,依此类推。如果 EXPRESS 实体数据类型没有显式属性,则 PARAMETER_LIST 应该为空。

按照 10.1 规定,每个 PARAMETER 的格式应该依赖于对应属性的数据类型。

示例:EXPRESS 实体定义:

```
TYPE
  primary_colour_abbreviation = ENUMERATION OF (r, g, b);
END_TYPE

ENTITY widget;          ------------------------------------------------> A
  attribute1: INTEGER;  ------------------------------------------> B
```

```
    attribute2：STRING ；          -------------------------------------------> C
    attribute3：LOGICAL；          -------------------------------------------> D
    attribute4：BOOLEAN；          -------------------------------------------> E
    attribute5：REAL；             -------------------------------------------> F
    attribute6：LIST [ 1:2 ] OF LOGICAL；        ------------------------> G
    attribute7：ARRAY [-1:3 ] OF INTEGER；       -------------------> H
    attribute8：PRIMARY_COLOUR_ABBREVIATION；  -----------> I
  END_ENTITY；
```

在数据段中实体实例的示例：

```
#1 =WIDGET(1,'A',.T.,.F.,1.0,(.T.,.F.),(1,0,1,2,3),.R.);
      ^    ^  ^   ^   ^   ^       ^           ^          ^
      |    |  |   |   |   |       |           |          |
      A    B  C   D   E   F       G           H          I
```

A：EXPRESS 的实体名称“widget”被映射到数据段实体的 WIDGET 标准关键字。

B：在此实体实例中，attribute1 的值为 1。

C：在此实体实例中，attribute2 的值为 A。

D：在此实体实例中，attribute3 的值为 T。

E：在此实体实例中，attribute4 的值为 F。

F：在此实体实例中，attribute5 的值为 1.0。

G：在此实体实例中，attribute6 的值是一个逻辑表。表的值为：

ATTRIBUTE6(1) = T

ATTRIBUTE6(2) = F

H：在此实体实例中，attribute7 的值是一整型的数组，此数组的值为：

ATTRIBUTE7(−1) = 1

ATTRIBUTE7(0) = 0

ATTRIBUTE7(1) = 1

ATTRIBUTE7(2) = 2

ATTRIBUTE7(3) = 3

I：在此实体实例中，attribute8 是一枚举项，该属性的值为 R。

10.2.2 OPTIONAL 显式属性的映射

声明为 OPTIONAL 的显式属性不要求一定在所给实体实例中有值。当在实体实例中给出这种可选属性值的时候，应该按照 10.1 的规定按属性的数据类型对其进行编码。当在实体实例中没有给出选择值时，这种遗漏的属性的值应该编码为符号“$”。

示例：EXPRESS 实体定义：

```
  ENTITY xxx;
    attribute1：REAL；
    attribute2：REAL；
  END_ENTITY；

  ENTITY yyy；              -----------------------------------> A
    attribute1：OPTIONAL LOGICAL；   ----------------> B
    attribute2：xxx；         -----------------------------------> C
    attribute3：xxx；         -----------------------------------> D
    attribute4：OPTIONAL INTEGER；   ----------------> E
    attribute5：OPTIONAL REAL；   ---------------------> F
  END_ENTITY；
```

在数据段中实体实例的样例：

```
#1 = XXX (1.0, 2.0)
#2 = XXX (3.0, 4.0)
#3 =YYY ( $ ,#2,#1, $ ,$ );
        ^     ^  ^  ^  ^  ^
        |     |  |  |  |  |
        A     B  C  D  E  F
```

A： EXPRESS 实体名 "yyy" 被映射到数据段实体为 YYY 标准关键字。

B： attribute1 在此实体实例中 attribute1 没有赋值。

C： attribute2 用实体实例 "#2" 引用 "xxx" 实体。

D： attribute3 用实体实例 "#1" 引用 "xxx" 实体。

E： 在此实体实例中 attribute4 没有赋值。

F： 在此实体实例中 attribute5 没有赋值。

10.2.3 导出属性的映射

实体的导出属性不应该映射到交换文件结构。当一个子类型中的导出属性重声明一个超类型中的属性时，应该采用 10.2.6 中所叙述的映射方法。

示例：EXPRESS 实体定义：

```
ENTITY yyy
    q0: Real;
    q1: Real;
    q2:Real;
END_ENTITY;

ENTITY xxx    -------------------------------------------------------> A
    p0: yyy   -------------------------------------------------------> B
    p1: yyy   -------------------------------------------------------> C
    p2: yyy   -------------------------------------------------------> D
DERIVE
    attrib5 : vector : = func_normal (p0, p1, p2);--------> E
    attrib4 : real   : = func_diameter (p0, p1, p2); ------> F
END_ENTITY;
```

实体实例在数据段中的示例：

```
#9  = YYY(0.0, 0.0, 0.0);
#10 = YYY(1.0, 2.0, 3.0);
#11 = YYY(4.0, 5.0, 6.0);
#12 = XXX(#9,#10,#11);
      ^   ^    ^   ^
      |   |    |   |
      A   B    C   D
```

A： EXPRESS 实体名 "xxx" 被映射到数据段实体的标准关键字。

B： p0 用实体实例 #9 引用 yyy 实体。

C： p1 用实体实例 #10 引用 yyy 实体。

D： p2 用实体实例 #11 引用 yyy 实体。

E： 在此实体实例中没有映射 attribute5，因为它是导出属性。

F： 在此实体实例中没有映射 attribute4，因为它是导出属性。

10.2.4 值为实体实例的属性的映射

如果一个实体实例规定为第二个(引用)实体实例的一个属性时，第一个(被引用)实体实例映射到交换文件结构应该是实体实例名(见 6.3.4)。所引用的实体实例应在数据段定义,也就是在数据段的某处,所引用的实体实例应出现在等号"="的左边。这种定义可在把实体实例作为属性使用之前或之后出现。该定义所在的数据段不必与把实体实例作为属性使用的数据段一样。

注:附录 F 描述了评价模式一致性的方法,当交换文件结构包含基于不同 EXPRESS 模式的多个数据段时,包括在实体实例(基于不同 EXPRESS 模式的数据段所定义的)之间正确引用。

示例:EXPRESS 实体定义:

```
ENTITY yyy;
  x : REAL;
  y : REAL;
  z : REAL;
END_ENTITY;

ENTITY xxx;
  p0 : yyy;  ------------------> A
  p1 : yyy;  ------------------> B
END_ENTITY;
```

数据段中实体实例的样例:

```
#1 = YYY(3.,4.,5.);
#2 = XXX(#1, #3);
#3 = YYY(1.,2.,3.);
```

10.2.5 定义为其他实体子类型的实体

ISO 10303-11:1994 定义了具有 SUBTYPE 子句条项的实体的实例形成"复合实体实例",这样它们可能包括从多于一个以上实体类型声明中来的属性。本条规定复合实体实例如何映射到交换文件结构。

复合实体实例映射到交换文件结构应该采用两种映射规则之一:内部映射或外部映射。一种映射规则用于子类型实体的每一个实例。

注 1:映射的选择依赖于实体实例而不是实体类型。对于相同实体类型的不同实例使用不同的映射方法是可能的,这依赖于它们是否是子类型的实例以及它们把哪些子类型实例化。

注 2:本条仅用于复合实体实例。这没有必要用于超类型实体的每一个实例。具体说,它不用于不是任何子类型实例的超类型实例。这样的实体是可以存在的:超类型不是一个抽象超类型且自身不是某个其他实体的子类型。这种实例的映射在 10.2.1 规定。

对于每一个实体实例所使用映射规则的选择取决于实现所采取的一致性类。对于一致性类 1 的实现,映射的选择在 10.2.5.1 中规定。对于一致性类 2 的实现,所有复合实体实例应该采用 10.2.5.3 中规定的外部映射。

10.2.5.1 映射的缺省选择

由子类型和隐式或显式超类型表达式连接的实体数据类型定义集规定了复合实体实例结构的集合,参考 ISO 10303-11:1994 附录 B 的求解集。求解集的每一部分规定一个实体数据类型名列表。

实体数据类型的每一个具体实例对应求解集的一个成员。可用于具体实例的映射依赖于它对应的求解集的成员。

为了确定用于给定实体实例的映射规则:

a) 确定实体数据类型名的表,这些实体数据类型名包括在对应实体实例的求解集的成员中;

b) 由表中标识出没有子类型的所有实体类型以及可能有子类型的所有实体类型,但是对于这种实例它们的子类型都不出现在表(求解集成员)中;

c) 如果只标识了一个实体数据类型,该实体类型被用作为"翼型实体数据类型"且应该使用内部映射。否则应该使用外部映射。

注:上面的第 b 步至少标识一个实体数据类型。

10.2.5.2 内部映射

如果采用内部映射，实体实例应该映射到 SIMPLE_ENTITY_INSTANCE（见表 3）。按照 10.2.11，KEYWORD 应该编码为叶实体数据类型的名字。PARAMETER_LIST 应该编码为所有超类型实体继承显式属性的值和叶实体数据类型的显式属性的值。继承属性和显式属性在交换文件结构中出现的顺序应该确定如下：

——所有继承属性将顺序出现在任一实体的显式属性之前；

——一个超类型实体属性的继承是按他们在超类型实体中自身出现的顺序继承；

——若此超类型实体是另一实体的子类型，那么首先继承更高一级的超类型实体的属性；

——当规定有多个超类型实体，则超类型实体的属性应该按照 SUBTYPE 表达式中规定的顺序进行处理。

这种规程的结果可能使超类型实体要被引用多次。在这种情况下所有在第一个引用之后的引用都应该忽略。

示例 1：一个简单子类型/超类型关系的例子。EXPRESS 实体定义：

```
ENTITY aa ABSTRACT SUPERTYPE OF (ONEOF(bb,cc))------------> A
  attrib_a: zz;  ------------------------------------------> B
END_ENTITY;

ENTITY bb SUBTYPE OF (aa)
    ABSTRACT SUPERTYPE OF (ONEOF(xx));  -------------------> C
  attrib_b1: yy;  -----------------------------------------> D
  attrib_b2: yy;  -----------------------------------------> E
END_ENTITY;

ENTITY cc SUBTYPE OF (aa);
  attrib_c: REAL;
END_ENTITY;

ENTITY xx SUBTYPE OF (bb);
  attrib_x: REAL;  ----------------------------------------> F
END_ENTITY;

ENTITY zz;
  attrib_z :STRING;
END_ENTITY;

ENTITY yy;
  attrib_1 : REAL;
  attrib_2 : REAL;
  attrib_3 : REAL;
END_ENTITY;
```

在数据段中实体数据类型 xx 的实体实例的示例：

```
#1 = ZZ('ZATTR');
#2 = YY(1.0, 2.0, 0.0)
#3 = YY(2.0, 2.0, 0.0)

#4 = XX ( #1, #2, #3, 4.0 );
```

```
  ^    ^    ^    ^
  |    |    |    |
  B    D    E    F
```

A：因实体 aa 是一抽象超类型，所以它不向交换文件结构映射。

B：属性 attrib_a 映射到数据段中作为一个实体的继承属性，该实体直接或间接地成为 aa 实体的子类型。在这种情况下，attrib_a 被实例 xx 的第一个属性所表示，并引用 zz，即实体实例“#1”。

C：因实体 bb 是抽象超类型，所以它不映射到交换文件结构。

D：属性“attrib_b1”映射到数据段中作为一个实体的继承属性，该实体直接或间接地成为 bb 实体的子类型。在这种情况下，attrib_b1 被实体 xx 实例的第二个属性所表示，并引用 yy，即实体实例“#2”。

E：属性“attrib_b2”映射到数据段中作为一个实体的继承属性，该实体直接或间接地成为 bb 实体的子类型。在这种情况下，attrib_b2 被 xx 实体实例的第三个属性所表示，并引用 yy，即实体实例“#3”。

F：属性 attrib_x 由其值 4.0 所表示。

示例 2：一个超类型但不是抽象（ABSTRACT）超类型的映射示例。EXPRESS 实体定义：

```
ENTITY aa SUPERTYPE OF (ONEOF(bb,dd)); ------> A
  attrib_a   STRING;
END_ENTITY;

ENTITY bb SUBTYPE OF (aa);      -------------------> B
END_ENTITY;

ENTITY cc SUBTYPE OF (bb);      -------------------> C
  attrib_c : INTEGER;
END_ENTITY;

ENTITY dd SUBTYPE OF (aa);      -------------------> D
  attrib_d : REAL;
END_ENTITY;

ENTITY ee;       ----------------------------------> E
  attrib_e: aa;
END_ENTITY;
```

数据段中实体实例的例子：

```
#1 = AA('SAMPLE STRING');  ----------------> A
#2 = BB('ABC');      ----------------------> B
#3 = CC('DEF', 123);   --------------------> C
#4 = DD('XYZ', 99.99);  -------------------> D
#5 = EE(#1);       ------------------------> E
#6 = EE(#2);       ------------------------> E
#7 = EE(#3);       ------------------------> E
#8 = EE(#4);       ------------------------> E
```

A：因它不是抽象超类型，所以超类型实体 aa 能在交换文件结构中被实例化。注意它在实例化时只包括属性 attrib_a。

B：实体 bb 是实体 aa 的一个子类型，这样它的实例将包括 aa 和 bb 的属性。但因为实体 bb 没有定义任何属性，参数列表将只包含 attrib_a。

C：实体 cc 是实体 bb 的一个子类型，这样它的实例将包括 aa、bb 和 cc 的属性。

D：实体 dd 是实体 aa 的一个子类型，这样它的实例将包括 aa 和 dd 的属性。

E：实体 ee 引用实体 aa 作为一个属性，这样实体 ee 的实例可引用#1、#2、#3 或#4 中的任意一个。

示例 3:一个具有多个超类型的实体在表达子类中的映射示例。EXPRESS 实体定义:

```
ENTITY base SUPERTYPE OF (branch_one, branch_two); ------------> A
  attrib_a   STRING;
END_ENTITY;

ENTITY branch_one SUBTYPE OF (base);        ----------------------------> B
  attrib_b : INTEGER;
END_ENTITY;

ENTITY branch_two SUBTYPE OF (base);        ----------------------------> C
  attrib_c : BOOLEAN;
END_ENTITY;

ENTITY leaf SUBTYPE OF (branch_one, branch_two);        ------------> D
  attrib_d: REAL;
END_ENTITY;
```

数据段中实体实例的例子:

```
#1 = BASE('SAMPLE STRING');  -----------------------> A
#2 = BRANCH_ONE('ABC', 123);    ------------------> B
#3 = BRANCH_TWO('DEF', .T.);     -----------------> C
#4 = LEAF('XYZ', 123, .T., 99.99);  ----------------> D
```

A:实体 base 没有超类,在交换文件结构中对他实例化时,其参数列表将只包含 attrib_a 属性的值。

B:实体 branch_one 是实体 base 的一个子类,在交换文件结构中对他实例化时,其参数列表将包含继承 base 的属性,后接 branch_one 的属性。

C:实体 branch_two 是实体 base 的一个子类,在交换文件结构中对他实例化时,其参数列表将包含继承 base 的属性,后接 branch_two 的属性。

D:实体 leaf 是实体 branch_one 和 branch_two 的子类,在交换文件结构中对他实例化时,其参数列表将包含继承 branch_one 的属性,包括 base 的属性,后接继承 branch_two 的属性,再接 leaf 的属性。写 branch_one 的属性时,base 的属性只写一次。写 branch_two 的属性时我们是第二次遇到他们,可以忽略。

10.2.5.3 外部映射

如果采用外部映射,实体类型应该映射为 COMPLEX_ENTITY_INSTANCE(见表 3)。

ISO 10303-11 把“部分(复合)实体值”定义为属性值的集合,这种属性值是由一个单独的 EXPRESS ENTITY 说明描述的。该求解集成员中的每一个实体数据类型名都标识一个实体实例的部分复合实体值。这样,求解集成员标识了部分复合实体值的集合,与实体实例名一起完整地描述了实体实例。

求解集成员中实体数据类型名所标识的每个部分复合实体值应该映射到 SUBSUPER_RECORD 中的 SIMPLE_RECORD。按照 5.2 中定义的集合序列,SUBSUPER_RECORD 中的 SIMPLE_RECORD 顺序应该是它们实体数据类型名上升的顺序。

每个 SIMPLE_RECORD 应该是一个部分复合实体值的编码。按照 10.2.11,每个 SIMPLE_RECORD 中的 KEYWORD 应该是对应实体数据类型名的一个编码,并且如果在对应实体说明中出现显式属性的话,PARAMETER_LIST 应该是该显式属性值的编码。在交换文件结构中 PARAMETER 的顺序应该与 EXPRESS 实体说明中对应属性的顺序一样。如果 EXPRESS 实体说明中没有显式属性,则 PARAMETER_LIST 应该为空。按照 10.1 的规定,每个 PARAMETER 的形式依赖于对应属性的数据类型。

注 1:部分实体值的序列(若干 SIMPLE_RECORD)是由实体数据类型名(也叫做“长名”)而不是由“短名”决定的。如果提供了短名,可把它用于编码。

注2：求解集中的每个部分实体值都要求出现，包括没有显式属性的超类。

示例1：ANDOR相关子类的映射示例：

EXPRESS实体定义：

```
ENTITY aa SUPERTYPE OF ( bb ANDOR cc);   -----------> A
  attrib_a: STRING;
END_ENTITY;

ENTITY bb SUBTYPE OF (aa);   ---------------------> B
  attrib_b: INTEGER;
END_ENTITY;

ENTITY cc SUBTYPE OF (aa);   ---------------------> C
  attrib_c: REAL;
END_ENTITY;

ENTITY dd;   ------------------------------------> D
  attrib_d: aa;
END_ENTITY;
```

在数据段中实体实例的例子：

```
#1 = BB('sample string',15);   ----------------> A
#2 = CC('S',3.0 );   -------------------------> B
#3 = (AA('ASTRID')BB(17)CC(4.0));   ---------> C
#4 = DD(#1);   -------------------------------> D
#5 = DD(#2);   -------------------------------> D
#6 = DD(#3);   -------------------------------> D
#7 = AA('ABC');   ----------------------------> E
```

A：#1是aa和bb组合的实例。

B：#2是aa和cc组合的实例。

C：#3是aa、bb和cc组合的实例。

D：实体dd引用实体aa作为一个属性，这样实体dd的实例可合法地引用"#1"、"#2"或"#3"中任意的一个。

E：非抽象超类aa可实例化并可内部映射应用，因为评价集只有一个成员。

示例2：较复杂的子类型/超类型图的映射例子，实体定义用EXPRESS：

```
ENTITY x ;
  attrib_x  INTEGER;
END_ENTITY;

ENTITY a ABSTRACT SUPERTYPE OF (ONEOF(b,c));  ---------> A
  attrib_a: x;   ------------------------------------> B
END_ENTITY;

ENTITY b SUPERTYPE OF (d ANDOR e)
  SUBTYPE OF (a);
  attrib_b : REAL;   --------------------------------> B
END_ENTITY;

ENTITY c SUBTYPE OF (a);   ---------------------------> C
  attrib_c: REAL;
```

```
END_ENTITY;

ENTITY d SUBTYPE OF (b);  -------------------------------------------> D
  attrib_d : x;
END_ENTITY;

ENTITY e ABSTRACT SUPERTYPE
  SUBTYPE OF (b);         -------------------------------------------> A
  attrib_e : x;           -------------------------------------------> B
END_ENTITY;

ENTITY f SUPERTYPE OF (h);
  attrib_f : x;           -------------------------------------------> B
END_ENTITY;

ENTITY g SUBTYPE OF (e);  -------------------------------------------> E
  attrib_g : INTEGER;
END_ENTITY;

ENTITY h SUBTYPE OF (e,f);  -----------------------------------------> E
  attrib_h : INTEGER;
END_ENTITY;
```

A：因实体 a 和 e 是抽象超类型，它们不能在交换文件结构中作为独立的实例出现。

B：由于 attrib_a、attrib_b、attrib_e 和 attrib_f 是超类型实体的属性，如果一个子类型用内部映射方式映射，它们将被映射为继承属性。如果一个子类型采用外部映射方式，那么它们将被映射为在其中说明它们的实体的属性。

C：因实体 c 参与了“ONEOF”运算，且它的超类型没有参与超类型运算，所以它用内部映射。

D：d 的映射取决于它出现在其中的求解集的结构。

E：因为实体 g 和实体 h 都有一个超类型(实体 e)参与了 ANDOR 运算，所以它们的映射取决于它们出现在其中的求解集的结构。

示例 3：显示内部映射的实体实例。

```
#1 =   X (1);
#2 =   C   (#1,2.0);
       ^     ^   ^
       |     |   |
       A     B   C
```

A：“#2”的求解集是[c & a]，因此使用外部映射。

B：实体数据类型 c 继承了 attrib_a，求解集是一个对实体数据类型 x 的实例的引用。

C：attrib_c 出现在所有继承属性之后。

示例 4：说明内部映射的实体实例：

```
#4 = X (3);
#1 = X (1);
#2 =D( #1,2.0,#4 );
    ^     ^ ^     ^
    |     | |     |
    A     B C     D
```

A：因实体实例#2 属于正好一个叶(d)的求解集[a&b&d]，所以它用于内部映射。

B：一个具有 a 的名为 attrib_a 的属性由实体数据类型 d 继承。

C：attrib_b 由实体数据类型 d 继承。

D：attrib_d 是 d 实例中的最后一个属性，因为从超类型实体继承来的属性 a 和 b 在前。

示例 5：表示外部映射的实体实例：

```
#1 = X (1);
#2 = ( A(#1) B(9.0) D(#1)  E(#1) F(#1) H(4) );  -------> A
```

A：因实体实例 #2 是[a&b&d&e&f&h]的成员，且这一求解集具有的叶节点多于一个(d 和 h)，所以采用外部映射。没有一个单独的实体数据类型名能够与该实体相联系；倒是可以认为它具有组合名 a-b-d-e-f-h。实体记录之间的空白是任选的，在此例中增加空白是为了容易阅读。

10.2.6 作为 DERIVEd 重复声明的显式属性

如果一个子类型实体用 DERIVE 子句重复声明其超类的一个属性，且如果原属性是一个显式属性，则在超类型中的原属性值应该被编码为星号“*”。

示例：EXPRESS 实体定义：

```
ENTITY point;
  x : REAL;
  y : REAL;
  z : REAL;
END_ENTITY;

ENTITY point_on_curve SUBTYPE OF (point);
  u : REAL;
  c : curve;
DERIVE
  SELF\point.x:real := fx(u, c);
  SELF\point.y :real := fy(u, c);
  SELF\point.z :real := fz(u, c);
END_ENTITY;

ENTITY curve;
  attr : STRING;
END_ENTITY;
```

数据段中实体实例的例子：

```
#1 = CURVE ('curve_attribute');
#2 = POINT_ON_CURVE(*,*,*,0.55, #1);  ---------------> A
#3 = POINT (2.0, 3.0, 4.0);        ---------------------------------> B
```

A：因为这里应用了具有导出属性的子类型，所以属性 x、y 和 z 都置换为星号。

B：因为 POINT 不是 ABSTRACT SUPERTYPE，所以在交换文件结构中可以有 POINT 实例。属性 x、y 和 z 正常出现。

10.2.7 作为 INVERSE 重复声明的属性

如果一个子类实体用 INVERSE 子句重复声明其超类的一个属性，这对编码无任何影响。这种属性重复声明不用任何方式编码。

10.2.8 作为显式属性重复声明的属性

如果一个子类实体把其超类的一个属性重复声明为一个显式属性，即不用 DERIVE 子句也不用 INVERSE 子句，这对编码无任何影响。

按照 10.2.5 的规定，属性值应该被编码为超类的属性，采用的映射是第 10 章中规定的超类属性数据类型的映射方法。重复声明的属性应该不予理采，这就是说，在编码时对于子类的属性应该不予考虑。

示例:EXPRESS 实体定义:

```
ENTITY aaa SUPERTYPE OF (ONEOF(bbb, ccc));
  a1: NUMBER;
  a2: curve;
INVERSE
  a3: SET OF mmm FOR m1;
END_ENTITY;

ENTITY bbb SUBTYPE OF (aaa);
  SELF\aaa.a1: INTEGER;
  b: REAL;
END_ENTITY;

ENTITY ccc SUBTYPE OF (aaa);
  SELF\aaa.a2: line;
INVERSE
  SELF\aaa.a3: SET[1:2] OF mmm FOR m1;
END_ENTITY;

ENTITY curve;
  ....
END_ENTITY;

ENTITY line SUBTYPE OF (curve);
  ....
END_ENTITY;

ENTITY mmm;
  m1:  aaa;
END_ENTITY;
```

数据段中实例化的例子:

```
#1 = LINE(...);
#2 = CURVE(...);
#3 = BBB(1.0, #2, 0.5);
#4 = CCC(1.5, #1);
```

对于实例#3和#4的编码与实体 bbb 和 ccc 中没有重复声明属性是一样的。

10.2.9 实体局部规则

实体局部规则,即 WHERE 规则和 UNIQUE 规则不应映射到交换文件结构。

示例:EXPRESS 实体定义:

```
ENTITY widget;          ----------------------------------> A
  a: REAL;              ----------------------------------> B
  b: REAL;              ----------------------------------> C
  c: REAL;              ----------------------------------> D
WHERE
  a ** 2 + b ** 2 + c ** 2 = 3.0;      ------> E
END_ENTITY
```

数据段中实体实例的例子：

WHERE 规则在实体实例中不被实例化。

```
#2 =   WIDGET (1.0,1.0, 2.0 );
             ^      ^   ^    ^
             |      |   |    |
             A      B   C    D
```

A：EXPRESS 实体名 widget 映射到数据段实体的实体数据类型关键字。

B：属性 a 在实体实例中的值为 1.0。

C：属性 b 在实体实例中的值为 1.0。

D：属性 c 在实体实例中的值为 2.0。

E：WHERE 规则不映射到交换文件结构中。实体在语法上是正确的，但是三个属性的值不满足 WHERE 规则。

10.2.10 INVERSE 属性的映射

INVERSE 子句中的属性不应被映射到交换文件结构。

10.2.11 实体类型名的编码

如果一个文件中既定义了其实例是数据段中对象的模式，又在该模式中对每个实体数据类型定义了短名，则这些短名应该用于实体数据类型名的编码。否则，实体数据类型名的编码应该是实体数据类型名本身。在这两种情况下，任何小写字母都应该转换为对应的大写字母，即，这种编码不应该包含任何小写字母。

10.3 模式 EXPRESS 元素的映射

SCHEMA(模式)的 EXPRESS 元素不应该映射到交换文件结构。通过使用 8.2.3 中规定的 file_schema 实体数据类型的实例，交换文件结构中出现的实体规定的模式名应该映射到交换文件结构的头段。

10.4 常数型 EXPRESS 元素的映射

CONSTANT(常数型)的 EXPRESS 元素不应映射到交换文件结构。

注：相同常数的多重引用向交换文件结构映射时是不被保护的。

10.5 规则 EXPRESS 元素的映射

RULE(规则)的 EXPRESS 元素不应被映射到交换文件结构。

10.6 注释

注释不应被映射到交换文件结构。

11 交换文件结构的打印排版表达

表 6 规定的图形字符组合可被用于控制交换文件结构的打印外观。这些命令可以出现在一个标记分隔符可出现的任何位置，以及字符串和二进制数中。标记分隔符的详细内容在表 3 中给出。这种图形字符的组合应该一起出现而不应插入任何其他图形字符。

字符串中还允许有显式打印控制命令。命令\N\和\F\不会对字符串的内容产生影响。字符串的编码见 6.3.3。打印控制命令\N\和\F\仅仅与交换文件结构的打印表示有关，其他情况忽略。附录 G 给出交换文件结构的打印指南。

表 6 打印控制命令

图形字符序列	意义
\N\ 反斜线 N 反斜线	换行
\F\ 反斜线 F 反斜线	进纸

附 录 A
（规范性附录）
存贮介质上的文件表达

下列包括交换文件结构的介质可分为：

——面向记录（Record Oriented）的传送，它通常表征为磁带，但也可以是面向记录存贮的任何存贮介质。

——面向行（Line Oriented）的传送，它通常表征为磁盘，但也可以是面向行存贮的任何存贮介质。

在这两种情况下，本标准的意图是传送由本标准所规定的基本字母表图形字符的序列。以下协议用于包含有交换文件结构的介质。

A.1 面向记录的传输内容

磁带可包括若干个数据集合。其中每一个数据集可以是内容能够解释为符合本标准的交换文件结构的顺序文件。

用这种磁带向任何接收者通信，发送者的责任是使磁带上或其他介质上的数据集都要符合本标准的交换文件结构。

每一个交换文件结构的传输格式如下：

——文件应包含一个记录序列；

——第一个记录开始的图形字符应该是专用记号“ISO-10303-21;”，它作为交换文件结构的开始。存贮介质的格式依赖于操作系统而且这应该是发送方和接收方之间的协议；

——最后的记录应该是专用记号“END-ISO-10303-21;”，分号后面加上（当必要时）空白。

A.1.1 磁带介质的传输格式

交换文件的磁带传输，按以下特性规定了优先交换格式：

——磁带宽 12.7 mm(0.5 英寸)；

——无标签；

——9 磁道磁带；

——磁带密度为 63 cpmm(1600 bpi)；

——4000 八位字节(8 bit byte)物理块大小；

——块之间用记录间隙隔开；

——最后块的后面是磁带标记。

也可以使用其他标准的磁带，如密度为 246 cpmm (6250 bpi) 的磁带。

A.1.2 面向记录存贮的其他存贮介质

存入顺序记录交换文件结构的其他介质可用与上面相同的磁带传输格式。

A.2 面向行的传输内容

某些磁介质包括的数据集合是一系列行。这些数据集合的每一种都可以是顺序文件，其内容能够解释为符合本标准的文件。

这种文件由一系列行组成：

——第一行开始的图形字符应该是专用记号“ISO-10303-21;”，作为交换文件结构的开始。

——最后一行应该是结束交换文件结构的专用记号“END-ISO-10303-21;”，分号后面加上（当必要时）空白。

行的分隔和文件结束(end_of_file)的表达方法依赖于操作系统，并且这是发送人和接收人之间的协议。对于分隔符的限制是它不应使用基本字母表中的任何字符。无论如何,对于这些表达——行的分隔和文件的分隔,在处理交换文件结构时候都忽略。

A.2.1 盘介质传输格式

任何通用介质的盘（低密度或高密度）都可以用来传输交换文件结构。

用这种盘向任何接收者通信,发送者的责任是不论在盘上或盘外的数据集都要符合本标准的交换文件结构。

A.2.2 其他介质

存入顺序行文件的其他介质可用与上述盘相同的传输格式。特别地,这种格式还可以用于网络通信中（E-mail）。

A.3 多卷文件的处理

交换文件也许有必要扩展成一个以上的物理卷。多卷文件的组织方法的讨论不包括在本标准的范围之内。

注：根据情况,接收系统的专用管理软件或操作系统可将多卷文件的物理分离部分连接起来成为一个交换文件结构。

附 录 B
（规范性附录）
WSN 表示法的约定

交换文件结构的语法是 Niklaus Wirth 在《ACM 通信》20 卷 11 期（Nov 77），822-823 页发表的沃思语法表示法（WSN）中定义。WSN 包括一组产生式或替代规则。产生式左边给出的元素（即在等号的前面）可用于表示在右边给出的模式。仅出现在产生式右边的基本项叫做终结项。出现在产生式左边的元素叫做非终结项。

表示约定如下所示，表 B.1 表示由其自身定义的 WSN 表示法。

——一个大写字母的字符串是该语言的一个元素。字符串是元素名（为方便起见，小写字母用于未定义的标识符和注解）。

——任何括以双引号的字符串表示的是双引号中包括的文字。这一规则的例外是要在文字中引入一双引号。为此，双引号需紧接着重复一次。序列“""""”被解释为"，序列“AB""C”被解释为AB"C。

——等号“=”标识产生式。等号的左侧元素定义为右侧元素的组合。产生式中元素之间出现的任何空白都没有意义，除非它们出现在文字（literal）中。产生式由 圆点“.”结尾。

——大括号“{}”表示零或多次重复。

——方括号“[]”表示选择的参数。

——竖线“|”表示逻辑或（OR）。

——圆括号“(”“)”表示优先操作。尤其是，当括号内元素被竖线分隔开时，其中的元素之一被选中并连接到其他任何操作。

示例：A(B|C|D)相当于 AB|AC|AD。

表 B.1 沃思语法表示法（WSN）的自身定义

```
SYNTAX        = { PRODUCTION } .
PRODUCTION    = IDENTIFIER "=" EXPRESSION "." .
EXPRESSION    = TERM { "|" TERM } .
TERM          = FACTOR  { FACTOR } .
FACTOR        = IDENTIFIER
                |LITERAL
                | "[" EXPRESSION "]"
                | "(" EXPRESSION ")"
                | "{" EXPRESSION "}" .
IDENTIFIER    = letter { letter } .
LITERAL       = """" character { character }  """" .
```

附 录 C
（规范性附录）
信息对象注册

C.1 文档标识

为了在一个开放系统中对一个信息对象提供无二义性的标识，对象标示符 iso standard 10303 part (21) version(3)被分配给本标准对应的部分 GB/T 16656.21(ISO 10303-21)。这个值的含义在 GB/T 16262.1中定义，并且在 GB/T 16656.1 中有说明。

C.2 模式标识

为了在一个开放信息系统中对 header_section_schema 提供无二义性的标识，对象标示符 iso standard 10303 part(21) version(3) object(1)header-section-schema(1)被分配给 header_section_schema(见第8章)。这个值的含义在 GB/T 16262.1 中定义，并且在 GB/T 16656.1 中有说明。

附 录 D
（规范性附录）
基本字母表和图形字符集

在交换文件结构中用的图形字符是在 GB/T 15273.1 中定义的拉丁-1 字母表 02-07 列的图形字符。

注：在表 D.1 中所示的是图形字符。最上边一行是该字节中的前 4 位，最左边的一列是后 4 位。

表 D.1 用于交换文件结构的字符集

<table>
<tr><th></th><th>0010
32</th><th>0011
48</th><th>0100
64</th><th>0101
80</th><th>0110
96</th><th>0111
112</th></tr>
<tr><td>0000 0</td><td></td><td>0</td><td>@</td><td>P</td><td>`</td><td>P</td></tr>
<tr><td>0001 1</td><td>!</td><td>1</td><td>A</td><td>Q</td><td>a</td><td>q</td></tr>
<tr><td>0010 2</td><td>"</td><td>2</td><td>B</td><td>R</td><td>b</td><td>r</td></tr>
<tr><td>0011 3</td><td>#</td><td>3</td><td>C</td><td>S</td><td>c</td><td>s</td></tr>
<tr><td>0100 4</td><td>$</td><td>4</td><td>D</td><td>T</td><td>d</td><td>t</td></tr>
<tr><td>0101 5</td><td>%</td><td>5</td><td>E</td><td>U</td><td>e</td><td>u</td></tr>
<tr><td>0110 6</td><td>&</td><td>6</td><td>F</td><td>V</td><td>f</td><td>v</td></tr>
<tr><td>0111 7</td><td>'</td><td>7</td><td>G</td><td>W</td><td>g</td><td>w</td></tr>
<tr><td>1000 8</td><td>(</td><td>8</td><td>H</td><td>X</td><td>h</td><td>x</td></tr>
<tr><td>1001 9</td><td>)</td><td>9</td><td>I</td><td>Y</td><td>i</td><td>y</td></tr>
<tr><td>1010 10</td><td>*</td><td>:</td><td>J</td><td>Z</td><td>j</td><td>z</td></tr>
<tr><td>1011 11</td><td>+</td><td>;</td><td>K</td><td>[</td><td>k</td><td>{</td></tr>
<tr><td>1100 12</td><td>,</td><td><</td><td>L</td><td>\</td><td>l</td><td>|</td></tr>
<tr><td>1101 13</td><td>-</td><td>=</td><td>M</td><td>]</td><td>m</td><td>}</td></tr>
<tr><td>1110 14</td><td>.</td><td>></td><td>N</td><td>^</td><td>n</td><td>~</td></tr>
<tr><td>1111 15</td><td>/</td><td>?</td><td>O</td><td>_</td><td>o</td><td></td></tr>
</table>

附 录 E
（规范性附录）
协议实现一致性声明(PICS)形式

协议信息和一致性表达(PICS)形式支持该标准本部分实现需求评价的一致性评定。本附录是调查问卷的形式。该问卷规定由执行者填写并且可以在测试实验室中用于一致性测试。

所有执行者都必须回答E.1和E.2所提出的问题。

E.1 描述功能的一致性

做一些适当的检查。

E.1.1 实体实例编码

实现是否支持一致性类1?

___用于读___用于写

实现是否支持一致性类2?

___用于读___用于写

E.1.2 短名编码

实现是否支持实体用短名?

___用于读___用于写

实现是否支持选择类型值用短名?

___用于读___用于写

实现是否支持枚举值用短名?

___用于读___用于写

E.1.3 字符串编码

实现是否支持8位字节用\X\编码?

___用于读,如果可以,那么实现用的二进制表达是什么?

___用于写

实现是否支持ISO 8859字符用的\S\和\P\编码?

___用于读,如果可以,那么实现用的二进制表达是什么?

___用于写

实现是否支持ISO 10646字符用的\X2 \编码?

___用于读,如果可以,那么实现用的二进制表达是什么?

___用于写

实现是否支持ISO 10646字符用的\X4 \编码?

___用于读,如果可以,那么实现用的二进制表达是什么?

___用于写

E.2 实现极限

交换文件结构引用的模式的最大数是什么?

存在于交换文件结构中的数据段最大数是什么?

存在于数据段的实体实例中的最大数是什么?

存在于交换文件结构中的实体实例最大数是什么?

可支持的实体实例标识符的最大值(或实现用二进制表达)是什么?

可支持的 EXPRESS 整数的最大和最小值(或实现用二进制表达)是什么?
可支持的 EXPRESS 实数精确极限(或实现用二进制表达)是什么?
可支持的 EXPRESS 字符串的最大长度是什么?
可支持的 EXPRESS 二进制的最大长度是什么?
可以出现在集合编码中的元素的最大数是什么?
可以出现在嵌套集合编码中的最大嵌套深度是什么?

附 录 F
(规范性附录)
交换文件结构中的多重 EXPRESS 模式

带有多重数据段的交换文件结构在基于不同 EXPRESS 模式的数据段定义的实例中可以有实体实例引用。这些引用交叉模式提出了两个问题:1)什么样的引用被认为是有效的;2)当决定交换文件结构的模式一致性时,哪种实例被认为是基于特殊模式的。

F.1 引用有效性

该条描述了判定在实体实例间什么引用被认为是有效的两种方法,用以决定交换文件结构的模式一致性。也可应用其他方法,但是在本标准中没有描述。

注:在该段描述的方法中,定义 EXPRESS 模式的文档作者也可以定义两个或多个模式间的引用有效性。

当判定模式一致性时,一种实现必须提交用于 EXPRESS 定义、短名和其他要求或约束而定义模式的文档。如果该模式被用于和其他模式组合时,其文档也必须定义为什么引用被认为是有效的。

一旦作出这种判定,将管理所有多重模式的应用,因此不要试图在一个特殊的交换文件结构中通过判定原始的引用有效性的方法来进行调整。

F.1.1 EXPRESS 接口规范方法

如果应用该方法,由不同模式定义的实体实例之间的引用将由 ISO 10303-11 中规定的 EXPRESS 接口规范所管理。

如果第一种类型是由第二种模式应用 USE 或 REFERENCE 结构定义接口,那么由一种模式定义的一种类型的一个实例可以被第二种模式定义的一种类型的一个实例所引用。

示例:下面两种模式和交换文件结构就基于此:

```
SCHEMA base;
ENTITY a;
  range : REAL
END_ENTITY;
ENTITY b;
  name : STRING
END_ENTITY;
END_SCEMA;

SCHEMA extension;
USE FROM base (a, b);

ENTITY c;
  addressed_item : b;
  address : STRING;
END_ENTITY;

RULE a_range_positive FOR(a);
WHERE
  WR1:SIZEOF(QUERY(inst<* a | inst.range < 0)) = 0;
END_RULE;
END_SCHEMA;
```

```
ISO-10303-21;
HEADER;
.
.
FILE_SCHEMA(('BASE' , 'EXTENSION')) ;
ENDSEC;
DATA('ONE',(BASE'));
#1=A(-3.5);
#2=B('Sam Smith);
#3=B('John Doe);
ENDSEC;
DATA ('TWO',('EXTENSION));
#4=C(#2,'100 Main Street');
#5=C(#3,'1300 Elmwood Avenue);
ENDSEC;
END-ISO-10303-21;
```

当判定引用是否有效时，由于使用 EXPRESS 接口描述方法，一个实现必须考虑实体类型 B 要通过模式'EXTENSION'显式的对接起来，因此该引用允许#4 引用#2，#5 引用#3。

F.1.2 SDAI 域等值方法

如果使用该方法，通过不同模式定义的实体实例之间的引用应由 GB/T 16656.22 中的域等值方法来管理。

给出的由一种模式定义的一种类型的一个实例，对于在那些可以引用的第一种类型的实例该模式中，任何实体类型的实例也可以引用任何由第一种类型声明的域等值类型的实例。

示例：认为下面两种模式和交换文件结构基于此：

```
SCHEMA LONGA
ENTITY a;
  Range : REAL;
END_ENTITY;
ENTITY b;
  name : STRING
END_ENTITY;
END_SCHEMA;

SCHEMA LONGB ;
ENTITY a;
  range : REAL;
END_ENTITY;
ENTITY b;
  name : STRING;
END_ENTITY;

ENTITY c;
  addressed_item : b;
  address : STRING;
END_ENTITY;
```

```
RULE a_range_positive FOR(a);
WHERE
  WR1: SIZEOF(QUERY(inst<*a|inst.range<0))=0;
END_RULE;
END_SCHEMA;

ISO-10303-21;
HEADER;
.
.
FILE_SCHEMA(('LONGA','LONGB '));
ENDSEC;
DATA('ONE',('LONGA'));
#1=A(-3.5);
#2=B('Sam Smith');
#3=B('John Doe');
ENDSEC;
DATA('TWO',('LONGB '));
#4=C(#2,'100 Main Street');
#5=C(#3,'1300 Elmwood Avenue);
ENDSEC;
END-ISO-10303-21;
```

为说明这个例子的意图，假定有域等值信息，应用 ISO 10303-22 中描述的一种方法来判定 A 型和 B 型在两种模式下是等值的。即：

LONGA. A is DEQ to LONGB . A
LONGB . A is DEQ to LONGA. A

LONGA. B is DEQ to LONGB . B
LONGB . B is DEQ to LONGA. B

应用域等值判定引用是否有效时，一个实现必须考虑实体类型 LONGA. B 与 LONGB . B 的域是等值的，因此允许从＃4 到＃2 和从＃5 到＃3 进行引用。

F.2 判定模式的总数

文件总数(file_population)头段实体在交换文件结构内与一个 EXPRESS 模式和一个实体实例集合相关联。当给定一组数据段时，属性判定方法(determination_method)为选择一个实体实例的集合标识一个运算法则。该条描述了三种判定方法。也可以用其他方法，但是本部分中没有规定。

当判定交换文件结构的模式一致性时，每个 file_population 标识的实体实例集合都应当被检查是否与相关的 EXPRESS 模式相对立，如果一个数据段没有被 file_population 所引用，那么那个数据段应当根据下面描述的段边界方法被检查是否与它的管理模式相对立。

注：以下过程描述了一种方法，该方法用于检查交换文件结构是否与 8.2.4 以及上面的内容是否相一致。

对于每一个交换文件结构中 file_population 的“F”：

——通过应用由 F. determination_method 标识的判定方法到由(F. 被管理段)F. governed_sections 调出的数据段找到一组实例，如果 F. governed_sections 不固定，那么适用于交换文件结构中的所有的数据段。

——检查该组实例是否违反(F.管理段)F.governing_schema 定义的规则与约束。

——标记给出用于输入到 F.determination_method 的数据段。

对于每一个没有被标记的数据段“D”:

——检查 D 中的一组实例是否违反由模式定义的规则和约束。

F.2.1 段边界方法

当应用段边界方法时,determination_method 属性必须具有“SECTION_BOUNDARY”值。给出一个或多个数据段的输入,实体实例的集合将由以下部分组成:

已给数据段的所有实例。

当判定一个模式是否满足要求和约束时,在实体实例集合外部引用实体实例应当起到清零的作用。

示例 1:考虑到 F.1.1 中的例子描述了模式和交换文件结构。头段不包含任何 file_population 实例。当判定交换文件结构模式一致性时,必须考虑到以下几点:

——数据段 ONE 不被任何 file_population 所引用,因此必须检查数据段中的所有实例是否符合它的管理模式。数据段 ONE 中的所有实例必须满足模式 BASE 的要求和约束,在本例中应满足模式 BASE 的所有约束。

——数据段 TWO 不被任何 file_population 引用,因此必须检查数据段中的所有实例是否符合它的管理模式。数据段 TWO 中所有实例必须满足模式 EXTENSION 的要求和约束。该例子中,数据段不包含实体 A 的任何实例,因此可满足一种确定的范围(a_range_positive)规则。实例#4 和# 5 的寻址项(addressed_item)属性引用总体外部的实例,因此必须将引用视为已经被清零来处理。addressed_item 属性不是可选的,因此该总数不能满足模式 EXTENSION 的约束。

示例 2:考虑到 F.1.1 中的例子已经描述了模式和交换文件结构,但是下面给出了带有头段的例子:

```
HEADER;
·
·
FILE_SCHEMA(('BASE','EXTENSION'));
FILE_POPULATION('BASE','SECTION_BOUNDARY',('ONE'));
FILE_POPULATION('EXTENSION','SECTION_BOUNDARY',('ONE','TWO'));
ENSEC;
```

当判定交换文件结构的模式一致性时,必须考虑到以下方面:

第一个 file_population 定义了一个由模式 BASE 管理的实例的集合。数据段 ONE 中的所有实例必须满足模式 BASE 的要求和约束。在该例子中,总数满足了模式 BASE 的所有约束。

第二个 file_population 定义了一个由模式 EXTENSION 管理的实例集合。在数据段 ONE 和数据段 TWO 中的所有实例必须满足模式 EXTENSION 的要求和约束。在该例子中,实例#1 违反了 a_range_positive 规则,因此该总体不能满足模式 EXTENSION 的约束。

F.2.2 包括所有适用方法

当应用包括所有适用方法时,determination_method(判定方法)属性应该具有“INCLUDE_ALL_COMPATIBLE”值。给出一个或多个的数据段的输入,实体实例的集合将由以下部分组成:

已给数据段的所有实例;

其他数据段中的所有实例,这里允许总体管理模式定义的实例引用实例实体类型。

当判定一个模式是否满足要求和约束时,在实体实例集合外部引用实体实例应当起到清零的作用。

示例:考虑到 F.1.1 中的例子已经描述了模式和交换文件结构,但是下面给出了带有头段的例子:

```
HEADER;
·
·
FILE_SCHEMA(('BASE','EXTENSION'));
FILE_POPULATION('BASE','INCLUDE_ALL_COMPATIBLE',('ONE'));
FILE_POPULATION('EXTENTION','INCLUDE_ALL_COMPATIBLE',('TWO'));
```

ENDSEC；

当判定交换文件结构的模式一致性时，必须考虑到以下方面：

第一个 file_population 定义了一个由模式 BASE 管理的实例的集合。该集合包含数据段 ONE 中的所有实例。同时也必须包含数据段 TWO 中允许模式 BASE 定义的实例所引用的实例。该例子中没有。然而，如果数据段 TWO 包含 A 型和 B 型的实例，将被认为是强制有效的。该例子中，总体满足了所有模式 BASE 的约束。

第二个 file_population 定义了一个由模式 EXTENSION 管理的实例集合。该集合包含数据段 TWO 中的所有实例。同时也必须包含数据段 ONE 中的 A 和 B 实例，因为那些类型允许被模式 EXTENSION 定义的实例所引用。该例子中，实例＃1 违反了 a_range_positive 规则，因此该总体不能满足模式 EXTENSION 的约束。

F.2.3　包括引用的实例方法

当应用包括引用实例方法时，determination_method（判定方法）属性应该具有“INCLUDE_REFERENCED”值。给出一个或多个的数据段的输入，实体实例的集合将由以下部分组成：

已给数据段的所有实例；

其他数据段中的实例，这里实例被已给数据段中的实例所引用。

示例：考虑到 F.1.1 中的例子已经描述了模式和交换文件结构，下面只是给出了带有头段的例子：

```
HEADER;
·
·
FILE_SCHEMA(('BASE','EXTENSION'));
FILE_POPULATION('BASE','INCLUDE_REFERENCED',('ONE'));
FILE_POPULATION('EXTENTION','INCLUDE_ REFERENCED',('TWO'));
ENDSEC;
```

当判定交换文件结构的模式一致性时，必须考虑到以下方面：

第一个 file_population 定义了一个由模式 BASE 管理的实例的集合。该集合包含数据段 ONE 中的所有实例。同时也必须包含数据段 TWO 中被数据段 ONE 中实例所引用的实例。该例子没有。该例子中，总体满足了模式 BASE 的所有约束。

第二个 file_population 定义了一个由模式 EXTENSION 管理的实例集合。该集合包含数据段 TWO 中的所有实例。同时也必须包含数据段 ONE 中＃2 和＃3 实例，因为那些类型被数据段 TWO 中的实例所引用。该例子中，实例＃1 不是总体的一个成员之一，因此可满足 a_range_positive 规则。该总体满足了模式 EXTENSION 的所有约束。

附 录 G
（资料性附录）
交换文件结构打印准则

交换文件结构允许选用命令显式地控制结构的打印表达。在没有包括这种命令时也要产生交换文件结构的打印表达，这应该使用在G.2中规定的一组隐式打印控制准则。显式打印控制命令优先于隐式打印控制准则。

G.1 显式打印控制命令

显式打印控制命令可用于发送方需要精确控制交换文件结构的打印外观的情况。

命令反斜线大写字母N反斜线“\N\”指出紧跟在命令后的第一个字符是在新打印行的起始。命令反斜线大写字母F反斜线“\F\”指出接续的打印是在一个新页的起始位置。这两种情况都不应打印出打印控制命令自身。

注：交换文件结构的打印可以在形式上不由显式或隐式打印控制命令控制。这被假设为打印控制命令将仅用于发送方需要控制交换文件结构的打印外观的情况。交换文件结构是一个合法的合同的一部分时就会出现这种情况。

G.2 隐式打印控制命令

在打印交换文件结构的时候，以下命令可用于缺少显式打印控制命令的情况：

a) 打印行应该调整左边界；

b) 每一段应该开始于新的打印行的起始位置；

c) 头段实体应该开始于新打印行的起始位置；

d) 等号“=”之前的实体实例名应开始于一个新的打印行；

e) 不是字符串和二进制数的记号不应截断为两行。当字符串和二进制数仅在一个打印行放不下时才应该截断为两行。命令h）决定字符串和二进制数应该在什么位置截断；

f) 注释应该开始于一个新打印行；

g) 除了注释，记号分隔符不应被截断为两行。注释仅当它们在一个打印行放不下时才应该截断为两行。h）命令决定注释应该在什么位置截断；

h) 一个打印行最长为72个字符。如果一个字符要打印在一行的第73个位置，该字符则应该打印在新行的第一个位置。

附 录 H
（资料性附录）
完整交换文件结构示例

H.1 概述

下面给出一个 EXPRESS 模式的定义、短名的表和一个交换文件结构的例子。这个 EXPRESS 模式不反映 GB/T 16656 的任何部分的内容。

H.2 模式示例

用于交换文件结构例子的 EXPRESS 模式定义。

```
SCHEMA example_geometry;

TYPE length_measure = NUMBER;
END_TYPE;

ENTITY geometry
SUPERTYPE OF (ONEOF(point));
END_ENTITY;

ENTITY point
SUPERTYPE OF (ONEOF(cartesian_point));
SUBTYPE OF (geometry);
END_ENTITY;

ENTITY cartesian_point
SUBTYPE OF (point);
    x_coordinate : length_measure;
    y_coordinate : length_measure;
    z_coordinate : OPTIONAL length_measure;
END_ENTITY;

TYPE edge_or_logical = SELECT(edge,edge_logical_structure);
END_TYPE;

ENTITY topology
SUPERTYPE OF (ONEOF(vertex,edge,loop));
END_ENTITY;

ENTITY vertex
SUBTYPE OF (topology);
    vertex_point : OPTIONAL point;
```

```
END_ENTITY;

ENTITY edge
SUBTYPE OF (topology);
    edge_start   : vertex;
    edge_end     : vertex;
END_ENTITY;

ENTITY edge_logical_structure;
    edge_element  : edge;
    flag  :  BOOLEAN;
END_ENTITY;

ENTITY loop
SUPERTYPE OF (ONEOF(edge_loop));
SUBTYPE OF (topology);
END_ENTITY;

ENTITY edge_loop
SUBTYPE OF (loop);
    loop_edges   : LIST[1:?] OF edge_or_logical;
END_ENTITY;

END_SCHEMA;
```

H.3 短名示例

对于上面的模式给出以下短名(short names)。

实体名	缩写名
cartesian_point	cpt
vertex	vx
edge	ed
edge_logical_structure	ed_strc
edge_loop	ed_loop

H.4 交换文件结构示例

由于下列的完整交换文件结构仅为一个示例,在头段中 file_schema 实体的 schema_name 属性中没有出现模式注册标识(id)。

```
ISO-10303-21;
HEADER;
FILE_DESCRIPTION(('THIS FILE CONTAINS A SMALL SAMPLE STEP MODEL')'3;1');
FILE_NAME('EXAMPLE STEP FILE #1',
'1992-02-11T15:30:00',
('JOHN DOE',
```

```
'ACME INC.',
'METROPOLIS USA'),
('ACME INC. A SUBSIDIARY OF GIANT INDUSTRIES','METROPOLIS USA'),
'CIM/STEP VERSION2',
'SUPER CIM SYSTEM RELEASE 4.0',
'APPROVED BY JOE BLOGGS');
FILE_SCHEMA(('EXAMPLE_GEOMETRY'));
ENDSEC;
DATA;
/*
以下 13 个实体表示一个三角形的边环 (EDGE LOOP):
*/

#1=CPT(0.0, 0.0, 0.0);  /* 这是一个迪卡尔点实体 */
#2=CPT(0.0, 1.0, 0.0);
#3=CPT(1.0, 0.0, 0.0);
#11=VX(#1);          /* 这是一个顶点实体 */
#12=VX(#2);
#13=VX(#3);
#16=ED(#11,#12);  /* 这是一个边实体 */
#17=ED(#11,#13);
#18=ED(#13,#12);
#21=ED_STRC(#17,.F.);  /* 这是一个边逻辑结构实体 */
#22=ED_STRC(#18,.F.);
#23=ED_STRC(#16,.T.);
#24=ED_LOOP((#21,#22,#23)); /* 这是一个边环(EDGE LOOP)实体 */
/*
下面用不尽相同的方法表示三角形的边环:
*/
#100=CPT(0.0, 0.0, 0.0);
#200=CPT(0.0, 1.0, 0.0);
#300=CPT(1.0, 0.0, 0.0);
#1100=VX(#100);
#1200=VX(#200);
#1300=VX(#300);
#1600=ED(#1100,#1200);
#1700=ED(#1100,#1300);
#1800=ED(#1300,#1200);
#400 = & SCOPE
        #2000=ED_STRC(#1700,.F.);
        #2100=ED_STRC(#1800,.F.);
        #2200=ED_STRC(#1600,.T.);
        ENDSCOPE
```

ED_LOOP((#2000,#2100,#2200));

/* 前面两例表示了两种可能的方式，还可以用其他的句法表示。读者应该注意这里的每种方式都具有不同的语法，这允许文件的创建人表示其系统的具体实体所拥有的特性。

*/

ENDSEC;

END-ISO-10303-21;

注：本例交换文件结构的编辑为的是有助于阅读，为了可读性而增加了本不需要的空白。

附 录 NA
（资料性附录）
ISO 10303 各部分的目录

ISO 10303 是一个由不同部分组成的标准，各部分单独出版。ISO 10303 将各部分分为 8 个系列：描述方法、集成资源、应用解释构造、应用协议、抽象测试套件、实现方法、一致性测试和应用模型。ISO 10303-1 对这些系列进行了描述。

ISO 10303 的总标题为“工业自动化系统与集成 产品数据表达与交换”，它包括以下部分：

——第 1 部分：概述与基本原理；

——第 11 部分：描述方法 EXPRESS 语言参考手册；

——第 12 部分：描述方法 EXPRESS-I 语言参考手册；

——第 14 部分：描述方法 EXPRESS-X 语言参考手册；

——第 21 部分：实现方法 交换文件结构的纯正文编码；

——第 22 部分：实现方法 标准数据访问接口规范；

——第 23 部分：实现方法 C++语言联编的标准数据访问接口；

——第 24 部分：实现方法 C 语言联编的标准数据访问接口；

——第 25 部分：实现方法 FORTRAN 语言联编的标准数据访问接口；

——第 26 部分：实现方法 接口定义语言联编的标准数据访问接口；

——第 27 部分：实现方法 JAVA 编程语言联编的标准数据访问接口 Internet/Intranet 扩展；

——第 28 部分：实现方法 EXPRESS 驱动数据的 XML 表达；

——第 29 部分：实现方法 简化 JAVA 编程语言联编的标准数据访问接口 Internet/Intranet 扩展；

——第 31 部分：一致性测试方法论与框架 基本概念；

——第 32 部分：一致性测试方法论与框架 测试实验室与顾客的要求；

——第 34 部分：一致性测试方法论与框架 应用协议实现的抽象测试方法；

——第 35 部分：一致性测试方法论与框架 SDAI 实现的抽象测试方法；

——第 41 部分：集成通用资源 产品描述与支持原理；

——第 42 部分：集成通用资源 几何与拓扑表达；

——第 43 部分：集成通用资源 表达结构；

——第 44 部分：集成通用资源 产品结构配置；

——第 45 部分：集成通用资源 材料；

——第 46 部分：集成通用资源 可视化显示；

——第 47 部分：集成通用资源 形状变化公差；

——第 49 部分：集成通用资源 工艺过程结构与特性；

——第 50 部分：集成通用资源 数学构造；

——第 101 部分：集成应用资源 绘图；

——第 104 部分：集成应用资源 有限元分析；

——第 105 部分：集成应用资源 运动学；

——第 106 部分：集成应用资源 建筑结构核心模型；

——第 107 部分：集成应用资源 工程分析核心参考模型；

——第 108 部分：集成应用资源 显式几何产品模型参数和约束；

——第 201 部分：应用协议 显式绘图；

——第 202 部分:应用协议　相关绘图;
——第 203 部分:应用协议　配置控制设计;
——第 204 部分:应用协议　使用边界表达的机械设计;
——第 205 部分:应用协议　使用曲面表达的机械设计;
——第 207 部分:应用协议　钣金模具的规划与设计;
——第 208 部分:应用协议　生命周期管理－更改过程;
——第 209 部分:应用协议　复合材料和金属结构分析以及相关的设计;
——第 210 部分:应用协议　印刷电路部件产品的设计数据;
——第 212 部分:应用协议　电子技术设计和安装;
——第 213 部分:应用协议　加工零件的数控工艺规程;
——第 214 部分:应用协议　自动化机械设计过程的核心数据;
——第 215 部分:应用协议　船舶布置;
——第 216 部分:应用协议　船舶模型;
——第 217 部分:应用协议　船舶管道系统;
——第 218 部分:应用协议　船舶结构;
——第 220 部分:应用协议　分层电子产品的工艺计划、制造和装配;
——第 221 部分:应用协议　加工厂的功能数据及其模式表达;
——第 223 部分:应用协议　铸造件设计制造产品信息交换;
——第 224 部分:应用协议　采用加工特征定义机械产品的加工规划;
——第 225 部分:应用协议　用显式形状表达的建筑元素;
——第 226 部分:应用协议　船舶机械系统;
——第 227 部分:应用协议　工厂空间配置;
——第 230 部分:应用协议　建筑结构框架　钢结构;
——第 231 部分:应用协议　工艺工程数据　关键设备的工艺设计和工艺规范;
——第 232 部分:应用协议　技术数据封装核心信息与交换;
——第 233 部分:应用协议　系统工程数据的表达;
——第 234 部分:应用协议　船舶操作日志、记录和报文;
——第 235 部分:应用协议　产品设计和检验的材料信息;
——第 236 部分:应用协议　家具产品数据和投影数据;
——第 301 部分:抽象测试套件　显式绘图;
——第 302 部分:抽象测试套件　相关绘图;
——第 303 部分:抽象测试套件　配置控制设计;
——第 304 部分:抽象测试套件　使用边界表达的机械设计;
——第 305 部分:抽象测试套件　使用曲面表达的机械设计;
——第 307 部分:抽象测试套件　钣金模具的规划与设计;
——第 308 部分:抽象测试套件　生命周期管理 － 更改过程;
——第 309 部分:抽象测试套件　复合材料和金属结构分析以及相关设计;
——第 310 部分:抽象测试套件　印刷电路部件产品的设计数据;
——第 312 部分:抽象测试套件　电子技术设计和安装;
——第 313 部分:抽象测试套件　加工零件的数控工艺计划;
——第 314 部分:抽象测试套件　自动化机械设计过程的核心数据;
——第 315 部分:抽象测试套件　船舶布置;
——第 316 部分:抽象测试套件　船舶模型;

——第 317 部分:抽象测试套件 船舶管道系统;
——第 318 部分:抽象测试套件 船舶结构;
——第 321 部分:抽象测试套件 加工厂的功能数据及其模式表达;
——第 322 部分:抽象测试套件 复合结构的产品数据交换;
——第 323 部分:抽象测试套件 铸造件设计制造产品信息交换;
——第 324 部分:抽象测试套件 采用加工特征定义机械产品的加工规划;
——第 325 部分:抽象测试套件 用显式形状表达的建筑元素;
——第 326 部分:抽象测试套件 船舶机械系统;
——第 327 部分:抽象测试套件 工厂空间配置;
——第 329 部分:抽象测试套件 锻造件设计制造产品信息交换;
——第 330 部分:抽象测试套件 建筑结构框架:钢结构;
——第 331 部分:抽象测试套件 工艺工程数据:关键设备的工艺设计和工艺规范;
——第 332 部分:抽象测试套件 技术数据封装核心信息与交换;
——第 333 部分:抽象测试套件 系统工程数据的表达;
——第 334 部分:抽象测试套件 船舶操作日志、记录和报文;
——第 335 部分:抽象测试套件 产品设计和检验的材料信息;
——第 336 部分:抽象测试套件 家具产品数据和投影数据;
——第 501 部分:应用解释构造 基于边的线框;
——第 502 部分:应用解释构造 基于壳的线框;
——第 503 部分:应用解释构造 几何边界的二维线框;
——第 504 部分:应用解释构造 绘图标注;
——第 505 部分:应用解释构造 图纸结构与管理;
——第 506 部分:应用解释构造 绘图元素;
——第 507 部分:应用解释构造 几何边界曲面;
——第 508 部分:应用解释构造 非流形曲面;
——第 509 部分:应用解释构造 流形曲面;
——第 510 部分:应用解释构造 几何有界的线框;
——第 511 部分:应用解释构造 拓扑边界的曲面;
——第 512 部分:应用解释构造 小平面边界表达;
——第 513 部分:应用解释构造 基本边界表达;
——第 514 部分:应用解释构造 高级边界表达;
——第 515 部分:应用解释构造 构造实体几何;
——第 517 部分:应用解释构造 机械设计几何表达;
——第 518 部分:应用解释构造 机械设计渲染表达;
——第 519 部分:应用解释构造 几何拓扑;
——第 520 部分:应用解释构造 相关绘图元素;
——第 1001 部分:应用模块 表象分配;
——第 1002 部分:应用模块 颜色;
——第 1003 部分:应用模块 曲线表象;
——第 1004 部分:应用模块 基本形状;
——第 1005 部分:应用模块 基本拓扑形状;
——第 1006 部分:应用模块 基础表达;
——第 1007 部分:应用模块 一般表面表象;

——第 1008 部分:应用模块　层分配;
——第 1009 部分:应用模块　形状表象和层。

ISO 10303 各部分的编号反映了它的结构:
——第 11 部分～第 14 部分规定了描述方法;
——第 21 部分～第 29 部分规定了实现方法;
——第 31 部分～第 35 部分规定了一致性测试方法与框架;
——第 41 部分～第 50 部分规定了集成通用资源;
——第 101 部分～第 108 部分规定了集成应用资源;
——第 201 部分～第 236 部分规定了应用协议;
——第 301 部分～第 336 部分规定了抽象测试套件;
——第 501 部分～第 518 部分规定了应用解释构造;
——第 1001 部分～第 1009 部分规定了应用模块。
ISO 10303 标准各部分的完整清单可以从因特网得到:
http://www.nist.gov/sc4/editing/step/titles/。

ICS 25.040.40
L 67

中华人民共和国国家标准

GB/T 16656.43—2008/ISO 10303-43:2000
代替 GB/T 16656.43—1999

工业自动化系统与集成 产品数据表达与交换 第43部分:集成通用资源:表达结构

Industrial automation systems and integration—Product data representation and exchange—Part 43:Integrated generic resource:Representation structures

(ISO 10303-43:2000,IDT)

2008-10-07 发布　　2009-04-01 实施

中华人民共和国国家质量监督检验检疫总局
中国国家标准化管理委员会　发布

前　言

GB/T 16656《工业自动化系统与集成　产品数据表达与交换》是一个由多个部分组成的标准，各部分单独出版。GB/T 16656 的所属各部分又组成多个子系列，即：

——第 1 至第 19 部分规定了描述方法；

——第 20 至第 29 部分规定了实现方法；

——第 30 至第 39 部分规定了一致性测试方法与框架；

——第 40 至第 59 部分规定了集成通用资源；

——第 100 至第 199 部分规定了集成应用资源；

——第 200 至第 299 部分规定了应用协议；

——第 300 至第 399 部分规定了抽象测试套件；

——第 400 至第 499 部分规定了应用模块；

——第 500 至第 599 部分规定了应用解释构造；

——第 1000 至第 1999 部分规定了应用模块。

GB/T 16656《工业自动化系统与集成　产品数据表达与交换》现已发布了以下 26 个部分：

——第 1 部分：概述与基本原理；

——第 11 部分：描述方法：EXPRESS 语言参考手册；

——第 21 部分：实现方法：交换文件结构的纯正文编码；

——第 31 部分：一致性测试方法与框架：基本概念；

——第 32 部分：一致性测试方法与框架：对测试实验室和客户的要求；

——第 34 部分：一致性测试方法与框架：应用协议实现的抽象测试方法；

——第 41 部分：集成通用资源：产品描述与支持原理；

——第 42 部分：集成通用资源：几何与拓扑表达；

——第 43 部分：集成通用资源：表达结构；

——第 44 部分：集成通用资源：产品结构配置；

——第 45 部分：集成通用资源：材料；

——第 46 部分：集成通用资源：可视化显示；

——第 47 部分：集成通用资源：形状变化公差；

——第 49 部分：集成通用资源：工艺过程结构和特性；

——第 101 部分：集成应用资源：绘图；

——第 105 部分：集成应用资源：运动学；

——第 201 部分：应用协议：显式绘图；

——第 202 部分：应用协议：相关绘图；

——第 203 部分：应用协议：配置控制设计；

——第 501 部分：应用解释构造：基于边的线框；

——第 502 部分：应用解释构造：基于壳的线框；

——第 503 部分：应用解释构造：几何有界的二维线框；

——第 513 部分：应用解释构造：基本边界表达；

——第 520 部分：应用解释构造：相关绘图元素；

——第 1001 部分：应用模块：外观赋值；

——第1006部分:应用模块:基础表达。

本部分是GB/T 16656的第43部分。本部分等同采用ISO 10303-43:2000,技术内容和编写格式上与ISO 10303-43:2000保持一致。仅由于为将其转化为国家标准,根据我国国家标准的制定要求,作了如下编辑性改动:

对于带下划线的用于EXPRESS语言描述的各黑体英文实体名、属性名和函数名等,为了既要维护其英文原意又要便于了解其名称代表的意思,在本部分中,当其作为标题出现时,标出了其中文译名;但在正文中,以英文为主,仅在正文中第一次出现或必要时,才将中文译名括起来放在英文原名后。

本部分代替GB/T 16656.43—1999《工业自动化系统与集成 产品数据表达与交换 第43部分:集成通用资源:表达结构》。与GB/T 16656.43—1999相比主要变化如下:

1) 修改了以下EXPRESS声明:
——acyclic_mapped_representation;
——item_in_context;
——representation;
——uncertainty_measure_with_unit;
——using_representations.

2) 增加了以下EXPRESS声明:
——compound_item_definition;
——compound_representation_item;
——founded_item;
——founded_item_select;
——list_representation_item;
——representation_item_relationship;
——set_representation_item;
——uncertainty_assigned_representation;
——using_items;
——valid_measure_value;
——value_representation_item.

3) 修改了以下EXPRESS数据类型的定义:
——functionally_defined_transformation;
——global_uncertainty_assigned_context;
——item_defined_transformation;
——mapped_item;
——parametric_representation_context;
——representation_context;
——representation_item;
——representation_map;
——representation_relationship;
——representation_relationship_with_transformation.

4) 删除了ISO前言。

5) 修改了附录B中B.1文件的标识和B.2模式的标识。

6) 修改了附录C中规定的实体短名和EXPRESS模式下载网址。

本部分的附录A、附录B为规范性附录,附录C和附录D为资料性附录。

本部分由中国机械工业联合会提出。

本部分由全国工业自动化系统与集成标准化技术委员会(SAC/TC 159)归口。

本部分起草单位：中国标准化研究院。

本部分主要起草人：王志强、李文武、洪岩、刘守华、秦光里。

本部分所代替标准的历次版本发布情况为：

——GB/T 16656.43—1999。

引　言

GB/T 16656是一个计算机可解释的用于产品信息表达和产品数据交换的技术标准。其目的是对产品全生命周期提供一种独立于任何特定系统、能够描述产品数据的中性机制。其描述功能不仅适合于中性文件的交换，而且也是实现和共享产品数据库及存档的基础。在GB/T 16656.1中对这些类别进行了说明。本部分属于集成资源类。

本部分规定了representation_schema。该模式规定了资源构造，这些资源构造将产品数据的各个元素分组，用于描述产品的各方面，特别是产品的特性。图1用EXPRESS-G图说明了本部分中的模式和GB/T 16656其他部分中定义的集成资源的模式之间的关系。EXPRESS-G在GB/T 16656.11中定义。application_context_schema，product_definition_schema，product_property_definition_schema，和product_property_representation_schema在GB/T 16656.41中定义。图1所示的模式是集成资源的构成要素。

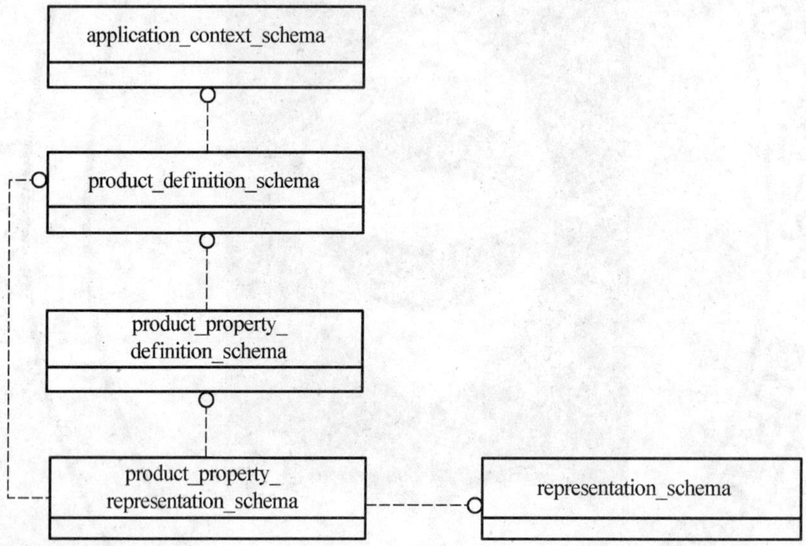

图1　representation_schema和GB/T 16656集成资源的关系

本次修订版本合并了以前向上兼容版本所做的修改。如果满足下列条件，对EXPRESS规范所做的修改是向上兼容的：

——符合GB/T 16656.21编码的实例，且符合基于本部分先前版本的GB/T 16656应用协议，也符合基于本版本的应用协议的修订版。

——符合ISO 10303-22的接口，且符合基于本部分先前版本的GB/T 16656应用协议，也符合基于本版本的应用协议的修订版。

——基于本部分先前版本的GB/T 16656应用协议的映射表，在基于本版本的应用协议修订版中依旧有效。

工业自动化系统与集成
产品数据表达与交换
第43部分:集成通用资源:表达结构

1 范围

GB/T 16656的本部分规定了一些资源构造,这些资源构造将产品数据的各元素分组,用于描述产品的各方面,本部分可用于产品特性的描述。

下述内容在本部分的范围之内:

——表达相关环境的规范;

——表达元素的规范;

——在一个或多个相关环境下表达元素的联系,在这些相关环境中,为表达一个概念而把表达元素加以组合;

——使一个表达元素可定义另一个表达元素的联系;

——使一个表达参与另一个表达定义的两个相关表达的结构;

——一个表达不参与另一个表达定义的两个相关表达的结构;

——防止一个表达元素的各实例递归定义的约束条件;

——通过规定变换的输入和输出来指定的,把一个表达元素变换成另一个表达元素的规范;

——通过规定变换函数,把一个表达元素变换成另一个表达元素的规范。

下述内容不在本部分的范围之内:

——表达的类型、表达元素的类型,以及表达相关环境的类型的完整规范;

——表达用途的规范;

——带有任何可能用途的表达的联系;

——两个表达间有向关系所需的约束条件;

注:当A到B的关系的意义不同于B到A的关系的意义时,则在项A与项B间存在一个有向关系。在无向关系中,A与B是对等的。有向关系能用使用或规定该模式的加注的EXPRESS模式规定。

——禁止相关表示的循环结构的约束条件;

——存在相关表示的相关环境间的有向关系所需的约束条件;

——禁止表达相关环境间关系的循环结构的约束条件。

2 规范性引用文件

下列文件中的条款通过GB/T 16656的本部分的引用而成为本部分的条款。凡是注日期的引用文件,其随后所有的修改单(不包括勘误的内容)或修订版均不适用于本部分,然而,鼓励根据本部分达成协议的各方研究是否可使用这些文件的最新版本。凡是不注日期的引用文件,其最新版本适用于本部分。

GB/T 16262.1 信息技术 抽象语法记法一(ASN.1) 第1部分:基本记法规范(GB/T 16262.1—2006,ISO/IEC 8824-1:2002,IDT)

GB/T 16656.1 工业自动化系统与集成 产品数据的表达与交换 第1部分:概述与基本原理(GB/T 16656.1—2008,ISO 10303-1:1994,MOD);

GB/T 16656.11 工业自动化系统与集成 产品数据表达和交换 第11部分:描述方法:

EXPRESS 语言参考手册;

GB/T 16656.41 工业自动化系统与集成 产品数据表达和交换 第41部分:集成通用资源:产品描述与支持原理(GB/T 16656.41—1999,idt ISO 10303-41:1994)

3 术语和定义

3.1 GB/T 16656.1 中定义的术语

GB/T 16656.1 中确立的下列术语和定义适用于本部分。

——应用(application);

——应用协议(application protocol);

——装配件(assembly);

——数据(data);

——信息(information);

——集成资源(integrated resource);

——产品(product);

——产品数据(product data);

——结构(structure)。

3.2 GB/T 16656.41 中定义的术语

GB/T 16656.41 中确立的下列术语和定义适用于本部分。

——通用理解协议(agreement of common understanding)

——加注的 EXPRESS 模式(annotated EXPRESS schema)

3.3 其他术语和定义

下列术语和定义适用于本部分。

3.3.1

表达相关环境 context of representation

表达元素和其他表达元素间关联的基础。

3.3.2

表达元素 element of representation

直接或通过描述其他的表达元素,参与表达描述的数据元素。

3.3.3

被创建 founded

表达元素的特性,它是与表达相关环境直接或间接地关联的结果。

3.3.4

表达 representation

为一个或更多的用法而收集起来的,相关数据元素的有机集合。

4 表达模式

下面的 EXPRESS 声明开始描述 representation_schema(表达模式),并标识了必要的外部引用。

EXPRESS 描述:

```
*)
SCHEMA representation_schema;
REFERENCE FROM basic_attribute_schema——ISO 10303-41
    (get_description_value,
    get_id_value);
```

```
REFERENCE FROM measure_schema——ISO 10303-41
        (measure_value,
        measure_with_unit);
REFERENCE FROM support_resource_schema——ISO 10303-41
        (bag_to_set,
        identifier,
        label,
        text);

(*
```

注 1：上述引用的模式可在 GB/T 16656 的下列部分找到：

basic_attribute_schema	GB/T 16656.41(ISO 10303-41)
measure_schema	GB/T 16656.41(ISO 10303-41)
support_resource_schema	GB/T 16656.41(ISO 10303-41)

注 2：本模式的 EXPRESS-G 图形表示参见附录 D。

注 3：本部分规定的不含注解和解释性文字的，完整的 EXPRESS 模式的列表，可从互联网上得到，参见附录 C。

4.1 概述

representation_schema 论述的主题是把一个产品数据元素的集合与一个相关环境联系起来的结构。这些结构即为表达。表达用于表述产品的各个方面。表达和表达所描述的产品的各个方面的关联用加注的 EXPRESS 模式规定。表达可用于：

——描述一个特性或两个特性间的关系，其中的这些特性与完整产品或部分产品相关联。

注 1：使用表达收集产品数据的元素，目的是描述 GB/T 16656.41 所规定产品的特性，同时，也能按 EXPRESS 模式规定这些表达，这些 EXPRESS 模式使用或详细说明了本部分和 GB/T 16656.41 规定的结构。

——描述图像。

注 2：使用表达收集产品数据的元素，目的是描述 GB/T 16656.46[6] 所规定产品的图像，同时，也能按 EXPRESS 模式规定这些表达，这些 EXPRESS 模式使用或详细说明了本部分和 GB/T 16656.46 规定的结构。

一个表达可以是另一表达的一部分。

示例 1：线和点的集合描述了墙的形状。这个表达可用于描述一栋建筑物的形状，而墙是该建筑物的组成部分。

每个表达都具备相关环境以及该相关环境规定的元素的集合。

示例 2：对于几何元素的表达，其相关环境是坐标空间。

一个相关环境能与其他相关环境关联。

示例 3：对于工厂这一综合设施中的每一栋建筑，都能定义局部坐标空间。这些坐标空间能与其他坐标空间和工厂这一综合设施自身的坐标空间建立联系。

表达间的转换也可定义。

4.2 基本概念和假设

4.2.1 表达

下面的概念和假设适用于涉及本模式表达的各部分。

a) 表达由表达元素集合和相关环境组成。表达与 representation 实体数据类型的实例一致。通过采用这种方法进行元素构造，可在元素间建立关系。如果满足下列条件，表达元素就是相关的：

   1) 它们是同一表达中的元素，或者

   2) 它们是具有相同的相关环境的不同表达中的元素，或者

   3) 它们是具有不同相关环境的不同表达中的元素，但是它们的相关环境是相关的。

示例 1：坐标值为(0,0,0)和(1,0,0)的两个点，在没有确定它们是在同一个坐标空间中之前，不能认定这两点在空

间中的距离是一个单位。点的规范本身不包含说明它在哪一个坐标空间中及还有什么元素共用这个坐标空间的足够数据。本部分中，点是表达元素的例子，坐标空间是相关环境的例子。

b） 表达可被多次使用。表达独立于其使用。

示例 2：考虑到坐标空间中的点和线的集合。这种集合可用作一个产品的形状。这个集合可能带有某个变换，因而也可用作该产品的图样或图画。但是，不论哪一种应用都不是该集合自身定义的一部分。

注：可用规定了该模式的加注的 EXPRESS 模式，进一步规定表达。

4.2.2 表达相关环境

下面的假设适用于涉及表达相关环境这一模式的各部分：

——一个表达具有一个相关环境。在这个相关环境中，表达的诸元素是相关的。一个表达的相关环境与 representation_context（表达相关环境）实体数据类型的一个实例相对应。

——由于一个表达的相关环境仅作为构成使用它的表达基础而存在，因此，仅当使用这些相关环境的表达相关时，这些表达相关环境才相关。

注：可用规定该模式的加注的 EXPRESS 模式，进一步规定表达相关环境。

示例：可能的专业化包括用于几何、拓扑、有限元建模及运动学建模的相关环境。

4.2.3 表达元素

下面的概念和假设适用于涉及表达元素这一模式的各部分：

——表达元素既可以是直接参与一个表达元素，也可以是支持表达的某个其他元素定义的元素，或者二者皆是。

示例 1：一个点可以是产品位置表达中的唯一元素，也可以作为一个产品的边的表达中的唯一元素。即提供一条直线定义的一部分——直线的一个端点。在前一种情况下，这个点本身直接是表达中的一个元素，而在后一种情况下，这个点仅起着为直线实体提供定义的作用。

示例 2：规定文本串表达的表达元素可以是图形描述的一部分。在这种情况下，它直接参与了表达。另外，相同的表达元素也可能是尺寸标注的一部分。在这种情况下，文本是标注的一部分，并间接参与了图形的描述。

注：描述文本串表达的表达元素在 GB/T 16656.46[6] 部分规定。描述尺寸标注的表达元素在 GB/T 16656.101[8] 部分描述。

——表达元素可相互引用并构成带有可标识根的这种元素的树。与一个相关环境关联的根元素应把该树中的所有元素与同一个相关环境联系起来。

示例 3：考虑一个引用若干点的曲线。由于这些点是由该曲线引用的，故假设它们与该曲线全都在同一个坐标空间中。

——表达元素可收集在表达中，并和相关环境管理来建立元素间的关系。

——一个表达元素和 representation_item 实体数据类型的实例对应。

——一个或更多表达元素同相关环境的结合和 representation 实体数据类型的实例对应。

4.2.4 表达联系

下面的概念和假设适用于涉及表达联系这一模式的各部分：

——一个表达可以与另一个表达相关联。

——一个表达可以与另一个表达相关联，使它们两者共同参与这个联系中，但一个表达不能定义另一个表达。这种联系类型对应于 representation_relationship 实体数据类型。

——一个表达可以与另一个表达相关联，这样第一个表达是第二个表达定义的组成。这种联系类型对应 mapped_item 实体和 representation_map（表达映象）实体数据类型。

——两个表达元素的集合在两个单独的相关环境中可能是不相关的，但在第三个相关环境中仍可以是相关的，或者仅作为其二者参与一个相关结构而成为相关的。

示例：点和线组成了两个集合，它们都表示一个零件的形状。这两个零件形状的每一个都在一个单独的无关的相关环境中，且每一个对另一个都完全无关。但是，可以存在第三个相关环境，在这个相关环境中，这两个零件作为一个部件的构件而组成该部件的形状，因而，在这第三个相关环境中，全部元素都是相关联的，即或者是在该相关环境中诸元素通过直接联系而相关联，或者是通过零件表达到部件表达的联系而相关联。

4.2.5 变换

下面的概念和假设适用于涉及本模式变换的各部分：

a) 如果满足以下条件，不同表达中的元素能进行比较：

  1) 这些表达具有相同的相关环境，或者

  2) 定义了使表达彼此关联的变换。

b) 变换可定义为域 A 与域 B 间的一个函数 f。该函数 f:A→B，取 A 中的每个元素 a 并把它映射成 B 中的元素 b，即 f(a)=b。应用变换的完备规范要求如下：

  1) 要被变换的元素 a 的集合；

  2) 由变换产生的元素 b 的集合；

  3) 为元素 a 的集合所共有的相关环境 A 的定义；

  4) 为元素 b 的集合所共有的相关环境 B 的定义；

  5) 函数 f。

相关环境 A 和 B 是 representation_context 实体数据类型的实例。元素 a 和 b 是 representation_item 实体数据类型的实例。a 与 A 间的关系和 b 与 B 间的关系规定为 representation 实体数据类型的实例：a 是相关环境为 A 的表达中的元素，b 是相关环境为 B 的表达中的元素。

c) 本部分使用两种不同的方法规定变换，其特点为：

  1) 函数 f 是可定义的。变换的类型与 functionally_defined_transformation 实体数据类型对应。

示例 1：两个表达相互关联，结果是一个表达围绕并偏斜于另一个表达。该变换可用矩阵规定。

注 1：本部分没有规定诸如矩阵这样的特殊类型变换函数的数据结构。

示例 2：通过一个将三维立体图变换为二维平面图并应用比例系数的函数，可将地图上的点与地球表面上的点关联起来。

  2) 相关环境 A 中的元素 a 和相关环境 B 中的元素 b 足以推导出这个函数。这种变换类型和 item_defined_transformation（项定义变换）实体数据类型对应，或者通过由 mapped_item（映射项）实体数据类型定义的映射对应。

示例 3：通过 axis2_placement_3d（3 维的 2 轴定位）的两个实例 a_1 和 b_1（它位于每个坐标空间），能实现坐标空间之间的变换，这样 f 能输入 a_1，并将它变换为 b_1。

注 2：GB/T 16656.42[3,4]定义了 axis2_placement_3d 实体数据类型。

4.2.6 不确定度

测量或计算的数值可以是不精确的。不确定度就是对这种不精确的置信度的测度。GB/T 16656 中，所规定的不确定度可用于下述内容：

a) 共享通用相关环境的多重表达；

b) 单独的表达；

c) 单独的表达元素。

本部分支持 a)和 b)

注 1：GB/T 16656.45[5]支持 c)。

注 2：不确定度和公差或允许的变动量的主题无关。它们由 GB/T 16656.47[7]支持。

下面的概念和假设适用于涉及本模式不确定度的各部分：

——数值的不确定度是由针对所有共享相关环境的 representation 定义的。这里采用了 global_uncertainty_assigned_context 实体数据类型。

——数值的不确定度是由针对所有给定相关环境中的 representation 定义的。这里采用了 uncertainty_assigned_representation 实体数据类型。

如果对不确定度规定多于一次，那么应采用以下优先规则。为独立表达元素规定的不确定度应优先于该项参与的任何 uncertainty_assigned_representation 规定的不确定度。uncertainty_assigned_representation 规定的不确定度应优先于表达参与的任何 global_uncertainty_assigned_context 规定的不确定度。

注 3：qualified_representation_item 实体数据类型规定了单独的表达元素的不确定度，其定义见 GB/T 16656.45[5]。

4.3 表达类型定义

4.3.1 组合项定义

compound_item_definition(组合项定义)是 representation_item 实例不同聚合间的选择类型。

EXPRESS 描述：

```
*)
TYPE compound_item_definition＝SELECT
        (list_representation_item,
        set_representation_item);
END_TYPE;
(*
```

4.3.2 创建项选择

founded_item_select(创建项选择)是在 founded_item 和 representation_item 间的选择数据类型。

EXPRESS 描述：

```
*)
TYPE founded_item_select = SELECT (founded_item, representation_item);
END_TYPE;
(*
```

4.3.3 表达项列表

list_representation_item(表达项列表)是 representation_item 实例的有序聚合类型。

```
*)
TYPE list_representation_item = LIST[1:?] OF representation_item;
END_TYPE;
(*
```

4.3.4 表达项集合

set_represntation_item(表达项集合)是 representation_item 实例的无序聚合类型。

EXPRESS 描述：

```
*)
TYPE set_representation_item = SET [1:?] OF representation_item;
END_TYPE;
(*
```

4.3.5 变换

transformation(变换)是变换函数规定的类型间的选择数据类型。

EXPRESS 描述：

```
*)
TYPE transformation = SELECT
      (item_defined_transformation,
      functionally_defined_transformation);
END_TYPE;
(*
```

4.4 表达实体定义

4.4.1 复合表达项

compound_representation_item(复合表达项)是 representation_item 的子类，它由 representation_item 的其他实例组成的聚合定义。该聚合是有序或者无序的。

注 1：compound_representation_item 支持采用结构化集合的产品数据方面的描述。

注 2：representation_item 实例的结构化集合的意义和用法可采用加注的 EXPRESS 的列表规定，这些 EXPRESS 列表使用或特化了该实体数据类型。

示例：在船舶设计领域的应用协议中，船体的流体静力学特性可用 list_representation_item 实例组成的表格式结构表达。

EXPRESS 描述

```
*)
ENTITY compound_representation_item
  SUBTYPE OF (representation_item);
  item_element : compound_item_definition;
END_ENTITY;
(*
```

属性定义：

item_element(项元素)：是 list_representation_item 或 set_representation_item，其构成 representation_item 的实例定义了 compound_representation_item。

4.4.2 定义表达

definitional_representation(定义表达)是具备 parametric_representation_context(参数表达相关环境)的 representation 的子类。

EXPRESS 描述

```
ENTITY definitional_representation
  SUBTYPE OF (representation);
  WHERE
    WR1: 'REPRESENTATION_SCHEMA. PARAMETRIC_REPRESENTATION_CON-
         TEXT' IN
         TYPEOF (SELF\representation. context_of_items );
END_ENTITY;
(*
```

形式限制：

WR1：definitional_representation 的相关环境应是一个 parametric_representation_context。

4.4.3 创建的项

founded_item(创建的项)实体数据类型表达了一部分表达元素。founded_item 仅仅能用作 representation_item 定义的一个部分，并且通过参与 representation 中的 representation_item 而被创建。此外，通过这种参与，founded_item 一部分的 representation_item 的任何实例均可被创建。一个 founded_item 不能是一个 representation 的项。

注 1：该实体数据类型允许 GB/T 16656 的其他部分中出现的错误，因为可按向上兼容的方式进行更正。特别地，它是以下三个实体数据类型的超类：GB/T 16656.42[3,4]定义的 composite_curve_segment 和 surface_patch，GB/T 16656.46[6]定义的 view_volume。

注 2：该实体数据类型定义了子类 composite_curve_segment，surface_patch 和 view_volume，但并不实例化为两个或多个这三个子类的复杂实例。

注 3：该实体数据类型更正注 1 所列 GB/T 16656 其他部分中的错误，除此之外并不适用于其他情况。

示例：bounded_curve 是 composite_curve_segment 的原曲线，它被作为 composite_curve_segment 的结果而创建，composite_curve_segment 是作为 representation_item (composite_curve)一部分的 founded_item。这提供了 bounded_curve 和 geometric_representation_context 之间的必要的关系。

注 4：GB/T 16656.42[3,4]定义了 bounded_curve，composite_curve 和 geometric_representation_context 这三个实体

数据类型。

EXPRESS 描述：

```
*)
ENTITY founded_item;
END_ENTITY;
(*
```

非形式限制：

IP1：每个 founded_item 均应参与定义 representation_item。

4.4.4 函数定义的变换

functionally_defined_transformation(函数定义的变换)实体数据类型表达了一个由显式的变换函数定义的变换，该函数 f 是域 A 和域 B 间的函数。

注 1：函数 f 是域 A 和域 B 之间的函数。函数 f：A→B 取域 A 中的每一个元素 a 并把它映射成域 B 中的一个元素 b，即 f(a)=b。

注 2：可用使用或特化该实体数据类型的 EXPRESS 模式规定该变换函数，或者在共享此信息的参与方间达成共识。

注 3：函数 f 可按该实体类型的特化规定，或对 description 属性的用法和全体进行约束。

示例 1：带注释的 EXPRESS 模式可规定该实体类型的 x_y_plane_mirror_transformation 的子类型；这个子类型的定义说明了 functionally_defined_transformation 的本质是映射 x_y_plane 中 representation_item 的所有实例。

示例 2：带注释的 EXPRESS 模式可与不同的自然语言翻译函数关联，这些翻译函数具有值"English to French"和"French to English"，这些就是 functionally_defined_transformation 的 description 属性的全体。

EXPRESS 描述

```
*)
ENTITY functionally_defined_transformation;
name          :label;
description   :OPTIONAL text;
END_ENTITY;
(*
```

属性定义：

name(名称)：标识 functionally_defined_transformation 的 label。

description(描述)：表征 functionally_defined_transformation 的 text。它的值可不规定。

4.4.5 全局不确定度赋值的相关环境

global_uncertainty_assigned_context(全局不确定度赋值的相关环境)是 representation_context，它规定了与之相关的表达元素的不确定度。uncertainty_measure_with_unit(见 4.4.17)的实例规定了不确定度，同时，适用于用相同测量表达和与具备此 global_uncertainty_assigned_context 的表达相关的所有表达元素。

注：4.2.6 规定了适用于数值量的不确定度的优先规则。

global_uncertainty_assigned_context 的实例规定了长度方面 0.01 m 的不确定度。除非修改了 4.2.6 定义的优先规则，该不确定度适用于发生在每个 representation_item 中的每个长度，该 representation_item 和具备此 global_uncertainty_assigned_context 的 representation 关联。

EXPRESS 描述

```
*)
ENTITY global_uncertainty_assigned_context
   SUBTYPE OF (representation_context);
   uncertainty : SET [1 : ?] OF uncertainty__measure_with_unit;
```

END_ENTITY;

(*

属性定义:

uncertainty(不确定度):representation_context 中采用的 uncertainty_measure_with_unit 的实例。

4.4.6 项定义变换

item_defined_transformation(项定义变换)是通过两个 representation_item 的实例定义的变换,其中一个 representation_item 是应用该变换函数到另一个 representation_item 的结果。这个变换函数不是显式给出的,但它可通过 representation_item 实例间的关系导出来。

该变换函数是域 A 和域 B 间的一个函数。函数 f:A→B 是取 A 中的每一个元素口并把它映射成 B 中的 b 元素,即 f(a)=b。

在特殊情况下,逆变换函数 f:B→A 也可以以适当的形式导出。

EXPRESS 描述

*)

```
ENTITY item_defined_transformation;
   name:label;
   description:OPTIONAL text;
   transform_item_1:representation_item;
   transform_item_2: representation_item;
END_ENTITY;
```

(*

属性定义:

name(名称):标识 item_defined_transformation 的 label。

注 2:name 指定了 item_defined_transformation 的特殊实例,或者指定了 item_defined_transformation 实例转换的信息种类。

description(描述):表征 item_defined_transformation 的 text。它的值可不必规定。

transform_item_1(变换项 1):描述变换函数的 representation_item 的第一个实例。

transform_item_2(变换项 2):描述变换函数的 representation_item 的第二个实例。

示例:考虑一个 representation,其具有一个 representation_item 的集合和一个笛卡尔坐标空间的相关环境,以及第二个 representation,其具有另一个 representation_item 的集合和第二个笛卡尔坐标空间的相关环境。这两个 representation_item 通过使用一个 item_defined_transformation 的 representation_ relationship_with_transformation(有变换的表达关系)中的刚体运动而相关联。Transform_item_1 和 transform_item_2 的每一个都是在各自笛卡尔坐标空间中的一个 axis2_placement_3d。这种 representation_relationship 的意义是要通过叠加这两个 axis2_placement 把这两个 representation 关联起来。

4.4.7 映射项

mapped_item(映射项)是 representation_item 的子类,规定了作为第二个 representation 的项的元素的 representation 的映射。

注 1:见 4.2.4 适用于该实体数据类型的基本概念和假设。

注 2:映射包括从 mapping_source. mapping_origin 和 mapping_target 属性导出的变换。见 4.2.5 适用于变换的基本概念和假设。

注 3:映射的准确含义用加注的 EXPRESS 模式规定,它使用或特化了该实体数据类型和 representation_map 实体数据类型,或者在共享这一变换的参与者中达成共识。

示例:图 2 说明了 mapped_item 和 representation_map 实体数据类型。给出 representation 的三个实例。第一个表达 R_1 由几何 G_1 和 axis2_placement_3d A_1 组成。第二个表达 R_2 由几何 G_2 和 axis2_placement_3d A_2 组成。为了说明这个例子,G_1 和 G_2 的性质和结构是不相关的。R_1 表达屋顶的形状,R_2 表达了某些墙的形状。

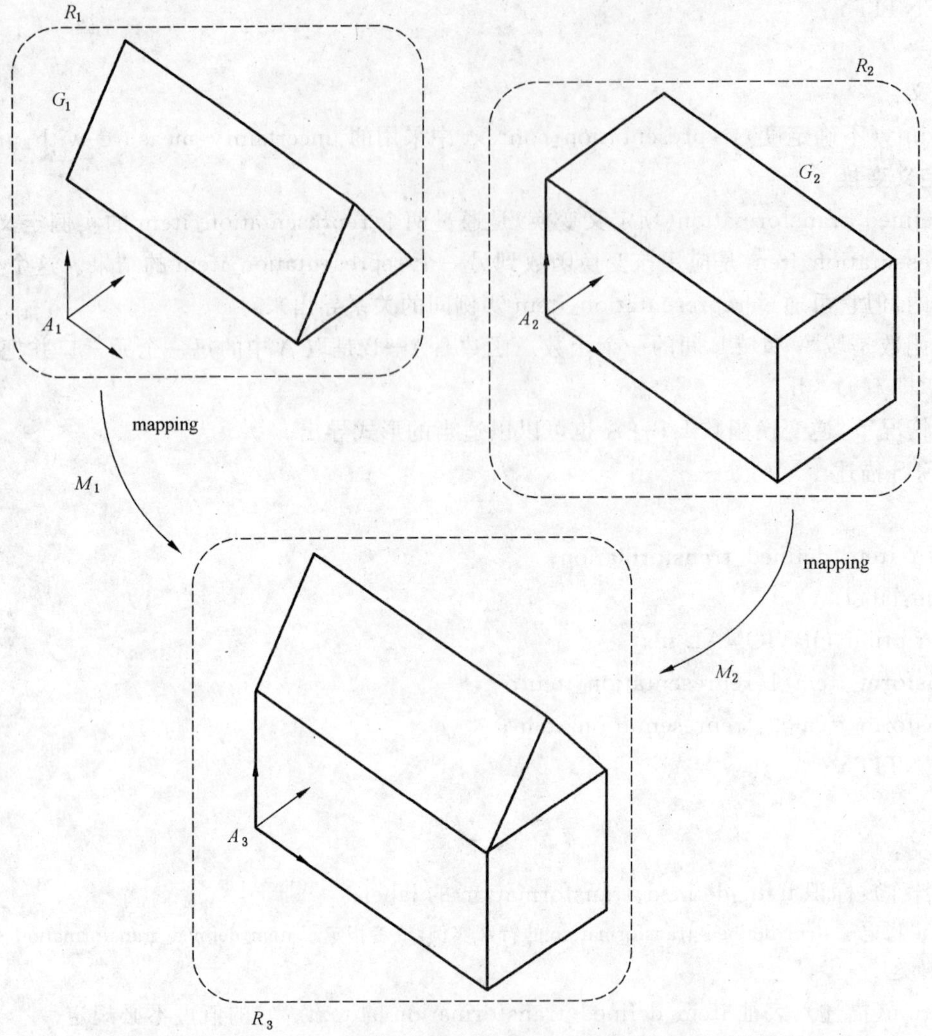

图 2　使用 mapped_item 和 representation_map 的例子

representation_map(见 4.4.13)的两个实例允许 R_1 和 R_2 用做第三个表达 R_3 的元素。R_3 表达了建筑的形状。representation_map 的第一个实例 RM_1 引用 R_1 作为其 mapped_representation,引用 A_1 作为其 mapping_origin。representation_map 的第二个实例 RM_2 引用 R_2 作为其 mapped_representation,引用 A_2 作为其 mapping_origin。

R_3 包含作为它的项的 axis2_placement_3d 和 mapped_item 的两个实例 M_1 和 M_2。M_1 引用 RM_1 作为其 mapping_source,引用 A_3 作为其 mapping_target。M_2 引用 RM_2 作为其 mapping_source,引用 A_3 作为其 mapping_target。结果是 R_3 使用 R_1 和 R_2 作为其定义的组成部分。因为在 R_3 中使用了 R_1,对 R_1 进行了变换,这样就能将 A_1 映射到 A_3。因为在 R_3 中使用了 R_2,对 R_2 进行了变换,这样就能将 A_2 映射到 A_3。

这个例子表明了 mapped_item 和 representation_map 实体数据类型能用于从 representation 的其他实例,描述一个 representation 的组成。4.4.14 给出了一个使用 representation_relationship 描述表达实例间的整个零件组合的例子。

EXPRESS 描述:

```
*)
ENTITY mapped_item
   SUBTYPE OF (representation_item);
```

```
    mapping_source : representation_map;
    mapping_target : representation_item;
    WHERE
    WR1: acyclic_mapped_representation(using_representations(SELF), [SELF]);
END_ENTITY;
(*
```

属性定义

mapping_source(映射源):规定了 mapped_item 来源和起点的 representation_map。

mapping_target(映射目标):将映射 mapping_source 映射为目标的 representation_item。

形式限制:

WR1:mapped_item 不应通过参与表达映射定义定义自身。

4.4.8 参数表达相关环境

parametric_representation_context(参数表达相关环境)是一个 representation_context,其中的 representation_item 的实例定义在某个参数空间中。

注 1:参数空间的定义可按加注的 EXPRESS 模式规定,该 EXPRESS 模式使用或专门化该实体数据类型。

注 2:parametric_representation_context 中长度单位是无量纲的。

EXPRESS 描述:

```
*)
ENTITY parametric_representation_context
   SUBTYPE OF (representation_context);
END_ENTITY;
(*
```

非形式限制:

IP1:如果该实体实例也是 global_unit_assigned_context 的实例,那么 global_unit_assigned_context. units 属性不应包括 length_unit。

注 3:global_unit_assigned_context 和 length_unit 实体数据类型在 GB/T 16656.41 中定义。

4.4.9 表达

representation(表达)是与一个特定 representation_context 相关联的一个或多个 representation_item的集合。

注 1:representation 的应用,即要表示哪一个对象,不在 GB/T 16656 中规定。它可用使用或特化本实例数据类型的加注的 EXPRESS 模式规定。

representation_item 与 representation_context 的关系是区分哪些 representation_item 实体是相关的基础。

示例 1:两个笛卡尔点 P 和 Q(均由 representation_item 的实例描述)在相关环境 A(它们是相关环境 A 中相同表达中的元素,或者是共享相关环境 A 的不同表达中的元素)中是相关的,因此,就能计算出这些点之间的距离。第三个笛卡尔点 R(也是由 representation_item 的实例描述)则和相关环境 A 不相关,也就不能确定 R 和 P 或者 R 和 Q 之间的距离。

当 representation_item 以表达中的一个元素出现时,它能和 representation_context 直接相关,或者当它通过任何介入其间的实体被引用时,二者间接相关,每一种类型是 representation_item 或 founded_item。

一个 representation 把一个 representation_context 与一些 representation_item 实例树关联起来,每棵树的根都是该 item 集合的一个成员,一个 representation_item 或者 founded_item 都是该树中的一个节点,一个 representation_item 或 founded_item 与其他的关系是一条边界。

注 2:representation_item_relationship(见 4.4.12)的实例并没有形成该树的节点或边界。representation_item 的实

例并不独立组成该树，因为它通过 representation_item_relationship 的实例和树中的元素联系起来。

注 3：representation 可能并不完整，因为它不必对表达出的概念全面建模，尽管它对于给定的应用是足够的。

示例 2：考虑用于表示一个加工零件的二维 representation_item 的集合。这不是零件形状的完整描述，但它适合某些特定的应用，如计算机辅助绘图等。

注 4：representation 的两个实例并不单独相关，因为 representation_item 的相同实例被直接或间接的从它们的 item 集合中引用。

示例 3：考虑用于铸模形状和用该铸模铸造的零件形状的各自 representation 中的一个曲面。同一个曲面与两个不同的 representation context 相关联（即两个坐标空间）；按照 representation 的实例，模具一个、零件一个。然而，representation 的这两个实例是不相关联的。这两个 representation 确实共用一个共同的 representation_item。

注 5：Representation 的两个实例不单独相关，因为它们的 item 集合中的 representation_item 的实例通过 representation_item_relationship（见 4.4.12）的实例相关联。

EXPRESS 描述：

```
*)
ENTITY representation;
  name             : label;
  items            : SET[1:?] OF representation_item;
  context_of_items: representation_context;
DERIVE
  id              : identifier := get_id_value (SELF);
  description     : text := get_description_value (SELF);
WHERE
  WR1: SIZEOF (USEDIN (SELF, 'BASIC_ATTRIBUTE_SCHEMA.'+
                        'ID_ATTRIBUTE.IDENTIFIED_ITEM'))
     <= 1;
  WR2: SIZEOF (USEDIN (SELF, 'BASIC_ATTRIBUTE_SCHEMA.'+
                        'DESCRIPTION_ATTRIBUTE.DESCRIBED_ITEM'))
     <= 1;
END_ENTITY;
(*
```

属性定义：

name（名称）：标识 representation 的 label；

注 6：name 指定了 item_defined_transformation 的特殊实例，或者指定了 representation 的实例转换的信息种类。

items（项）：representation_items 的集合。它们在 context_of_items 中相关联。

context_of_items（项相关环境）：是一个 representation_context，其中的项相互关联，形成了某些概念的表达。

id（标识符）：区分 representation 的标识符。

注 7：该属性和 GB/T 16656.43 规定的 representation 向上兼容。

description：表征 representation 的文本。

注 8：该属性和 GB/T 16656.43 规定的 representation 向上兼容。

形式限制：

WR1：在至多为一个的 id_attribute 中，每个 representation 应为 identified_item。

注 9：id_attribute 实体数据类型在 GB/T 16656.41 中的 basic_attribute_schema（基本属性模式）中定义。

WR2：在至多为一个的 name_attribute 中，每个 representation 应为 named_item。

注 10：name_attribute 实体数据类型在 GB/T 16656.41 中的 basic_attribute_schema（基本属性模式）中定义。

注 11：GB/T 16656.41 的附录 E 描述了在 basic_attribute_schema 中约束实体数据类型全体的模板。

4.4.10 表达相关环境

representation_context（表达相关环境）是与 representation_item 的实例相关的相关环境。

注 1：representation_context 两个实例相互独立，并且除非单独规定二者间的关系（采用带注释的使用或特化该实体数据类型的 EXPRESS 模式），否则它们就没有关系。

EXPRESS 描述：

```
*)
ENTITY representation_context;
   context_identifier  : identifier;
   context_type        : text;
   INVERSE
   representations_in_context : SET [1:?] OF representation FOR context_of_items;
END_ENTITY;
(*
```

属性定义：

context_identifier(相关环境标识符)：区别 representation_context 的 identifier。

context_type(相关环境类型)：对 representation_context 类型的描述。

注 2：采用带注释的使用或特化该实体数据类型的 EXPRESS 模式，能规定 context_identifier 唯一性约束，context_type 允许值约束。

representations_in_context(相关环境中的表达)：引用 representations_context 的 representation 实例。

4.4.11 表达项

representation_item(表达项)是一个表达元素。representation_item 参与一个或多个 representation 的实例，或者有助于定义其他 representation_item。

注 1：如果一个 representation_item 被第二个 representation_item 引用，则第一个 representation_item 有助于第二个 representation_item 的定义。

注 2：通过直接或间接在 representation 的若干实例中引用 representation_item，相同的 representation_item 可和相同的 representation__context 多次关联，其中每次都引用相同的 representation_context。但这并不意味着在相同的 representation_context 中，每个 representation 都产生一个相同 representation_item 的新实例。到不如说是为了不同的使用，在 representation_context 中，每个 representation 都重复声明使用了 representation_item 的相同实例。

示例 1：考虑到 representation 的两个实例，每个实例都具有相同的 context_of_item 值。第一个实例是方块的形状的 representation，并间接引用了一条 line，作为边的一部分。第二个实例则简单地引用了 line，作为它的项。但是，并没有发生两次 line 及其子树，该子树是 representation_context 中被引用的 representation_item 的实例子树。到不如说 line 在 geometric_representation_context 的使用被声明了两次，在每个 representation 中则声明了一次。

示例 2：compound_representation_item(见 4.4.1)实例数据类型提供一种通用能力，用来定义一个使用了 representation_item 其他实例的 representation_item。这可用于生成一个表格式结构：表中的每一个单元格都是 representation_item(如 measure_representation_item(参见 GB/T 16656.45[5]，它提供了一个“名称—值—单位”(name-value-unit)元组)，并且该表也是它本身的参与到产品特性表达中的 representation_item。该表的单元格中的 representation_item 实例并没有直接参与这个表达。

Express 描述

```
*)
ENTITY representation_item;
      name : label;
WHERE
```

```
    WR1: SIZEOF(using_representations(SELF)) > 0;
END_ENTITY;
(*
```

属性定义：

name(名称)：标识 representation_item 的 label。

注 3：name 指定了 representation_item 的特殊实例，或者指定了 representation__item 实例转换的信息种类。

形式限制：

WR1：representation_item 应至少参与一个 representation，要么作为该 representation 中的项，要么被该 representation 中的项直接或间接引用。

4.4.12 表达项关系

representation_item_relationship(表达项关系)是 representation_item 两个实例间的关联。representation_item_relationship 能使 representation_item 的两个实例相联系，这两个实例在同一个 representation 中或两个不同的 representation 实例中。在这种联系中，representation_item 的两个实例是相互独立的；对于另一个实例或它们参与的 representation 的实例，两者都不能被创建。如果相互关联的 representation_item 的实例在 representation 的不同实例中，则该关联没有使 representation 的实例建立联系。

注 1：关联的意义可用使用和特化该实例的带注释的 EXPRESS 模式规定，或者在共享此信息的参与者间达成共识。

EXPRESS 描述

```
*)
ENTITY representation_item_relationship;
    name : label;
    description : OPTIONAL text;
    relating_representation_item : representation_item;
    related_representation_item : representation_item;
END_ENTITY;
(*
```

属性定义：

name(名称)：标识 representation_item_relationship 的 label。

注 2：name 指定了 representation_item_relationship 的特殊实例，或者指定了 representation_item_relationship 实例转换的信息种类。

description(描述)：表征 representation_item_relationship 的 text。可不必规定 description 的值。

relating_representation_item(相关表达项)：参加联系的 representation_item 实例。

注 3：该属性的作用可用使用或特化该实体数据类型的加注的 EXPRESS 模式定义。

related_representation_item(被相关表达项)：参加联系的另一个 representation_item 实例。如果联系的一个元素取决于另一个元素，则该属性应是从属的。

注 4：该属性的作用可用使用或特化该实体数据类型的加注的 EXPRESS 模式定义。

4.4.13 表达映像

representation_map(表达映像)是对 representation 标识，也是对作为 representation 中的元素的 representation_item 的标识，其目的是为了进行映射。representation_item 定义了映射的起点。

注：mapped_item 的实例使用 representation_map 的实例作为映射源。见 4.4.7 中使用这两个实体数据类型的例子。

EXPRESS 描述：

```
*)
```

```
ENTITY representation_map;
  mapping_origin          : representation_item;
  mapped_representation   : representation;
INVERSE
  map_usage : SET[1:?] OF mapped_item FOR mapping_source;
WHERE
  WR1: item_in_context (SELF . mapping_origin,
         SELF. mapped_representation. context_of_items);
END_ENTITY;
(*
```

属性定义：

mapping_origin(映射起点)：一个 representation_item，mapped_representation 将从其中进行映射。

mapped_representation(被映射表达)：至少被映射成一个 mapped_item 的 representation。

map_usage(映射使用)：将把 representation_map 映射到的，一个或多个 mapped_item 实例组成的集合。

形式限制：

WR1：mapping_origin 应位于 mapped_representation 的 representation_context 中。

4.4.14 表达关系

representation_relationship(表达关系)是 representation 的两个实例的关联。一个 representation 并不能通过参与 representation_relationship 组成其他 representation 的定义。

注 1：关联的意义可用使用和特化该实例的加注的 EXPRESS 模式规定，或者在共享此信息的参与者间达成共识。

示例：representation 的两个实例每个都描述产品的特性。这些实例中的第二个实例是对特性的更完整和准确的描述。representations_relationship 实例能用于表示第二个 representation 实例，作为第一个实例的继承。

注 2：representation 和 representation_relationship 实例的结合能形成一个被相关 representation 实例的图。在这个图中，representation 实例是节点，representation_relationship 实例链接节点的树枝。

注 3：可规定若干约束，来确保该图是一个非循环图，也就是说，representation 实例不能是其自身的先辈。但是这些约束已经超出了本部分的范围。

EXPRESS 描述：

```
*)
ENTITY representation_relationship;
  name          : label;
  description   : OPTIONAL text;
  rep_1         : representation;
  rep_2         : representation;
END_ENTITY;
(*
```

属性描述：

name(名称)：标识 representation_relationship 的 label。

注 4：name 指定了 representation_relationship 的特殊实例，或者指定了 representation_relationship 实例转换的信息种类。

description(描述)：表征 representation_relationship 的 text。可不必规定 description 的值。

rep_1(表达 1)：两个被相关的 representation 中的第一个。

rep_2(表达 2)：两个被相关的 representation 中的第二个。

这两个 representation 实例如何排序并不重要。名字 rep_1 和 rep_2 仅仅是为了区分这两个属性。如果任一个 representation_relationship 的特化中需要排序，那么该特化就应该定义出来。

4.4.15 带变换的表达关系

representation_relationship_with_transformation（带变换的表达关系）是两个 representation 间的一种联系，它通过 transformation 把这两个 representation 的相关环境关联起来。

注 1：representation_relationship_with_transformation 实例是否存在并不隐含着在两个被相关 representation 实例中的 representation_item 之间存在任何对应关系。该实体数据类型的特化中能定义这样的对应关系和约束。

示例 1：图 3 表明了 representation_relationship 实体数据类型的用法。三个 representation 实例如图 3 所示。第一个 representation(R_1)包括某个几何 G_1 和一个 axis2_placement_3d(A_1)。第二个 representation(R_2)包括某个几何 G_2 和一个 axis2_placement_3d(A_2)，为说明本例，G_1 的本质和结构和 G_2 不相关。R_1 表示屋顶的形状，R_2 表示墙的形状。

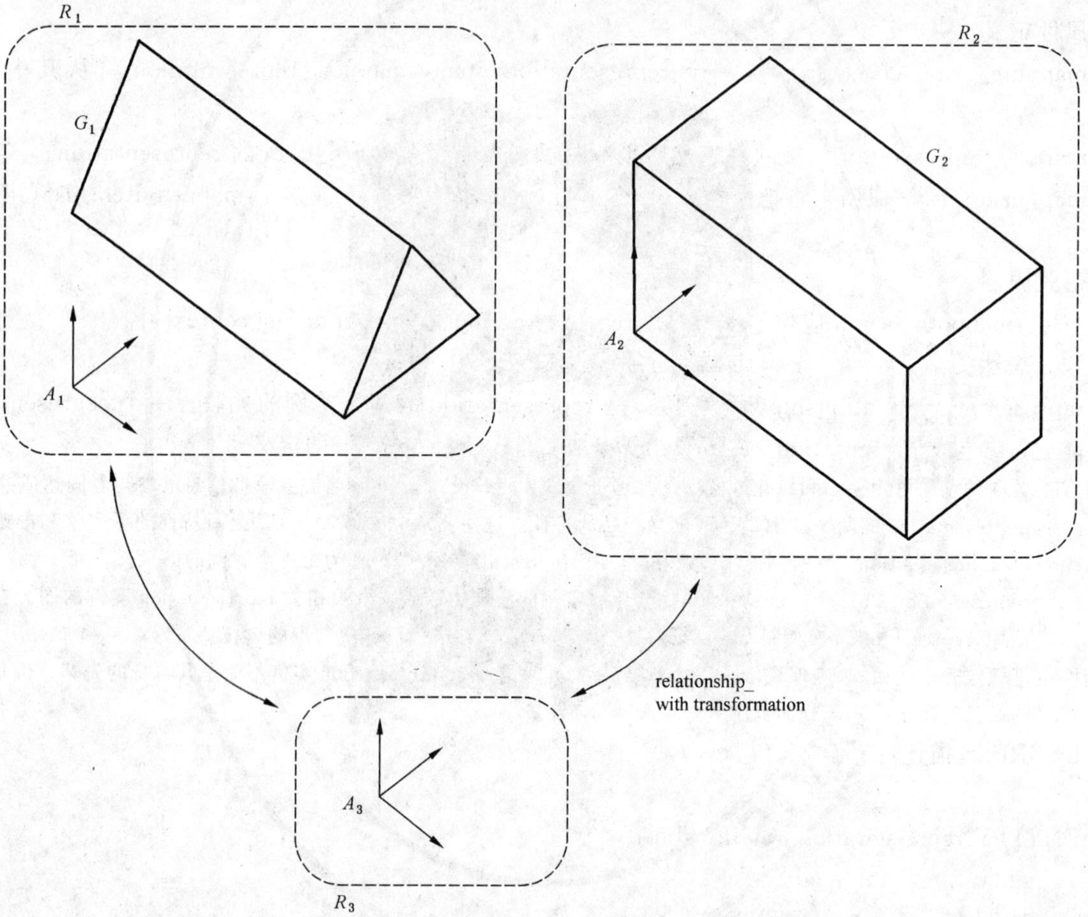

图 3 representation_relationship_with_transformation 的例子

两个 representation_relationship_with_transformation 实例允许 R_1、R_2 和第三个表达 R_3 关联。R_3 表示建筑物的形状。R_3 包括一个单独的项：axis2_placement_3d。R_1 和 R_3 之间的关联，以及 R_2 和 R_3 之间的关联，并没有使 R_1 和 R_2 组成 R_3。但是 R_1 和 R_3 之间的关联，以及 R_2 和 R_3 之间的关联允许一个应用程序推导出：G_1 和 G_2 能组合在一起描述建筑物的形状。应用程序能使用这个规定好的变换从 G_1 和 G_2 组成整个形状。

4.4.7 给出了一个使用 mapped_item 和 representation_map 实体数据类型描述从其他 representation 实例组成一个 representation 的例子。

示例 2：如果相关表达都具有几何相关环境，变换则可用于计算两个 representation 实例中 geometric_representation_item 实例间的距离。geometric_representation_item 实体数据类型在 GB/T 16656.42[3,4] 中定义。

示例 3：两个 representation 实例包括了一些 descriptive_representation_item 实例，还包括了规定了表达字符串用法的表达元素。第一个 representation 实例包含了英文描述，第二个包含了法文描述。representation_relationship_with_transformation 实例能用于声明这些 representation 实例间的关联，这里被引用的 functionally_defined_transformation 是一个语言翻译表。descriptive_representation_item 实体数据类型在 GB/T 16656.45[5] 中定义。

EXPRESS 描述：

```
*)
ENTITY representation_relationship_with_transformation
   SUBTYPE OF (representation_relationship);
   transformation_operator : transformation;
WHERE
    WR1:
        SELF\representation_relationship.rep_1.context_of_items
        :<>: SELF\representation_relationship.rep_2.context_of_items;
END_ENTITY;
(*
```

属性定义：

SELF\representation_relationship. rep_1：具有相关环境的 representation，它是变换的范围。

SELF\representation_relationship. rep_2：具有相关环境的 representation，它是变换的域。

transformation_operator（变换运算符）：把两个相关联的 representation 的 representation. context_of_items 联系起来的变换。

注 2：把一个 representation 的 representation. items 与另一个 representation 的 representation. items 联系起来的变换可通过对定义各自 representation. items 的 representation_item 图的操作来规定。

形式限制：

WR1：两个相关 representation 应具有相同的 representation_context。

非形式限制：

IP1：如果变换是一个 item_defined_transformation，那么为 representation_relationship 的继承属性指定的 representation 实例的排序应该和给定为 item_defined_transformation 的属性的两个 representation_item 实例排序一致。

注 3：4.4.6 定义了 item_defined_transformation 实体数据类型。

4.4.16 不确定度赋值表达

uncertainty_assigned_representation（不确定度赋值表达）是 representation 的子类，它规定了有关它所收集的表达元素的不确定度。不确定度由 uncertainty_measure_with_unit（见 4.4.17）实例规定，并适用于表示在相同测量中的全部表达元素。

示例：该实体数据类型用于规定适用于表达特性的数值的不确定度。例如，声学工程领域内的应用协议中，存在值为 1 dB 的不确定度，用于表示声音的相对响度。

注：4.2.6 规定了以数字表示的适用于不确定度的优先规则。

EXPRESS 描述：

```
*)
ENTITY uncertainty_assigned_representation
   SUBTYPE OF (representation);
   uncertainty : SET [1:?] OF uncertainty_measure_with_unit;
END_ENTITY;
(*
```

属性定义：

uncertainty(不确定度):uncertainty_measure_with_unit 实例的集合,适用于 uncertainty_assigned_representation 中的 representation_item 实例。

4.4.17 带单位的不确定度测度

uncertainty_measure_with_unit(带单位的不确定度测度)是 measure_with_unit 的子类,它规定了适用于测度类型的不确定度。uncertainty_measure_with_unit 适用于 uncertainty_measure_with_unit 的 value_component 中规定的一类测量,包括以下情形:

——representation_item 是 uncertainty_assigned_representation 的一部分。

——representation_item 可在 global_unit_assigned_context 中创建,或者

——representation_item 是 qualified_representation_item。

注:qualified_representation_item 实体数据类型在 GB/T 16656.45[5] 中定义。

EXPRESS 描述

```
*)
ENTITY uncertainty,measure_with_unit
   SUBTYPE OF (measure_with_unit);
   name          : label;
   description   : OPTIONAL text;
WHERE
   WR1: valid_measure_value (SELF\measure_with_unit. value_component);
END_ENTITY;
(*
```

属性定义:

name(名称):uncertainty_measure_with_unit 为人所知的 label。

description(描述):表征 uncertainty_measure_with_unit 的 text。它的值可不必规定。

形式限制:

WR1:uncertainty_measure_with_unit 的 value_component 应为正数,如果 value_component 的类型为数字型。

4.4.18 值表达项

value_representation_item(值表达项)是 representation_item 的子类,它仅规定了测量值。适用于该特定值的单位由包含 value_representation_item 的 representation 的 global_unit_assigned_context 给出。

注 1:global_unit_assigned_context 实体数据类型,representation_context 的子类在 GB/T 16656.41 中定义。

注 2:measure_representation_item 实体数据类型在 GB/T 16656.45[5] 中规定,它是组成值和单位的表达元素。

EXPRESS 描述:

```
*)
ENTITY value_representation_item
SUBTYPE OF (representation_item);
  value_component : measure_value ;
WHERE
WR1: SIZEOF (QUERY (rep <* using_representations (SELF) |
       NOT ('MEASURE_SCHEMA . GLOBAL_UNIT_ASSIGNED_CONTEXT '
       IN TYPEOF (rep. context_of_items)
       ))) = 0;
END_ENTITY;
```

(*

属性定义：

value_component(复合值)：是一个表达元素的值，当用 global_unit_assigned_context 规定的单位表达时。

形式限制：

WR1：每个 value_representation_item 都应是一个 representation 中的项，其 context_of_items 属性引用了一个 representation_context 实例，该 representation_context 是一个 global_unit_assigned_context。或者，每个 value_representation_item 都应参与到诸如 representation_item 的定义中去。

非形式限制：

IP：如果 value_representation_item 是多于一个 representation 中的项，每个 representation 应规定相同的单位，要么通过引用相同的 global_unit_assigned_context，要么通过引用规定了相同单位的 global_unit_assigned_context 不同实例。

4.5 表达函数定义

4.5.1 非循环映射表达

函数 acyclic_mapped_representation(非循环映射表达)确定一个已知的 mapped_item 是否是自定义的，该 mapped_item 的映射使用了 representation。该函数用于检验对于在引用一个 mapped_item 时可能引起的递归性，即自定义引用的任何 mapped_item 或 representation_item 的 mapped_representation 和 mapped_representation. items。

当该输入选择的 representation item 没导致自定义时，该函数返回 TRUE(真)，否则返回 FALSE(假)。该函数的类型是 BOOLEAN(布尔)型的。

注：该函数用于约束 mapped_item 实体。见 4.4.7。

EXPRESS 描述：

*)

```
FUNCTION acyclic_mapped_representation
   (parent_set : SET OF representation;
   children_set : SET OF representation_item) : BOOLEAN;
   LOCAL
      x,y : SET OF representation_item;
   END_LOCAL;
   ——Determine the subset of children_set that are mapped_items
   X := QUERY(z <* children_set | 'REPRESENTATION_SCHEMA. MAPPED_. ITEM'
     IN TYPEOF(z));
   ——Determine that the subset has elements
   IF SIZEOF(x) > 0 THEN
      ——Check each element of the set
      REPEAT i := 1 TO HIINDEX(x);
         ——If the selected element maps a representation in the
         ——parent_set, then return false
         IF x[i]\mapped_item. mapping_source. mapped_representation
         IN parent_set THEN
         RETURN (FALSE);
   END_IF;
   ——Recursive check of the items of mapped_representation
```

```
    IF NOT acyclic_mapped_representation
       (parent_set +
       x[i]\mapped_item. mapping_source. mapped_representation,
       x[i]\mapped_item. mapping_source. mapped_representation. items) THEN
       RETURN (FALSE);
    END_IF;
  END_REPEAT;
  END_IF;
  ——Determine the subset of children_set that are not
  ——mapped_items
  x := children_set－x;
  ——Determine that the subset has elements
  IF SIZEOF(x) > 0 THEN
    ——For each element of the set:
    REPEAT i := 1 TO HIINDEX(x);
      ——Determine the set of representation_items referenced
      y :=QUERY(z <* bag_to_set( USEDIN(x[i], '')) |
           'REPRESENTATION _SCHEMA. REPRESENTATION _. ITEM' IN TYPEOF(z));
      ——Recursively check for an offending mapped_item
      ——Return false for any errors encountered
      IF NOT acyclic_mapped_representation(parent_set, y) THEN
           RETURN (FALSE);
      END_IF;
    END_REPEAT;
  END_IF;
  ——Return true when all elements are checked and
  ——no error conditions found
  RETURN (TRUE);
  END_FUNCTION;
  (*
```

变量定义：

parent_set：使用 mapped_item 的 representation 实例的集合。对于该函数，它是输入。就初始输入而言，它是 representation 实例的集合，在其中使用了要进行检验的 mapped_item。

children_set：可以是一个 mapped_item，并且在 parent_set 中通过 representation 的 item 直接或间接引用的 representation_item 实例的集合。它是该函数的输入。就初始输入而言，它是要进行检验的 mapped_item。

4.5.2 相关环境中的项

函数 item_in_context(相关环境中的项)确定一个 representation_item 是否与一个 representation_context 相关联。当 item 变量通过一个 representation 与输入 cntxt 变量相关联时，函数返回 TRUE。否则函数返回 FALSE。该函数的类型是 BOOLEAN 型的。

在下述的任一种条件下，representation_item 都是与 representation_context 相关联的：

——在一个 representation 的 items 的集合中引用的，其中 cntxt 作为 context_of_items 出现时；

或者

——由该 cntxt 的一个 item_in_context 的一个 representation_item 引用的。

注 1：第二个条件通过相关的 representation_item 树的现有部分对与一个 representation_context 相关联的 representation_item 提供递归检验。该树的根固定在满足第一个和第三个条件的、与一个 representation context 相关联的实体上。

注 2：函数 item_in_context 仅确定一个 item 是否与一个特定的 representation_context 相关联，而确定该 item 与某个其他的 representation_context 的关系。

EXPRESS 描述：

```
*)
FUNCTION item_in_context
  (item : representation_item;
  cntxt : representation_context): BOOLEAN;
  LOCAL
        y : BAG OF representation_item;
  END_LOCAL;
  ——If there is one or more representation using both the item
  ——and cntxt return true.
  IF SIZEOF ( USEDIN ( item, ' REPRESENTATION _ SCHEMA. REPRESENTATION.
  ITEMS')
     * cntxt. representations_in_context) > 0 THEN
     RETURN (TRUE);
     ——Determine the bag of representation_items that reference
     ——item
     ELSE y := QUERY(z <* USEDIN (item , '') |
             'REPRESENTATION_SCHEMA. REPRESENTATION_ITEM' IN TYPEOF
        (z) ) ;
        ——Ensure that the bag is not empty
        IF SIZEOF(y) > 0 THEN
        ——For each element in the bag
        REPEAT i := 1 TO HIINDEX(y);
           ——Check to see it is an item in the input cntxt.
           IF item_in_context(y[i], cntxt) THEN
              RETURN (TRUE);
          END_IF;
        END_REPEAT;
      END_IF;
  END_IF;
  ——Return false when all possible branches have been checked
  ——with no success.
  RETURN (FALSE);
END_FUNCTION;
(*
```

变量定义：

itdm:在 cntxt 中检验关系的 representation_item。它是该函数的输入。

cntxt:确定与 item 有关系的 representation_context。这是该函数的输入。

4.5.3 使用项

函数 using_items (使用项)返回直接或间接引用 representation_item 的 representation_item 或 founded_item 的实例的集合。

EXPRESS 描述:

```
*)
FUNCTION using_items (item : founded_item_select;
                       checked_items: SET OF founded_item_select)
                       : SET OF founded_item_select;
  LOCAL
    new_check_items :  SET OF founded_item_select;
    result_items    :  SET OF founded_item_select ;
    next_item  :  SET OF founded_item_select;
  END_LOCAL;
  result_items := [ ];
  new_check_items := checked_items + item;
  ——Find the set of representation_items or founded_items
  ——in which item is used directly.
  next_items := QUERY(z< * bag_to_set(USEDIN(item, ''))|
   ('REPRESENTATION_SCHEMA. REPRESENTATION_ITEM' IN TYPEOF (z) ) OR
   ('REPRESENTATION_SCHEMA. FOUNDED_ITEM ' IN TYPEOF (z) ) ) ;
  ——If the set of next_items is not empty;
  IF SIZEOF(next_items) > 0 THEN
   — For each element in the set, find the using_items recursively
   REPEAT i := 1 TO HIINDEX(next_items);
     ——Check for loop in data model, i. e. one of the next_items
     ——occurred earlier in the set of check_items;
     IF NOT(next_items[i] IN new_check_items) THEN
        result_items := result_items + next_items[i] +
                  using_items(next_items[i],new_check_items);
     END_IF;
   END_REPEAT;
  END_IF;
  ——return the set of representation_items or founded_items
  ——in which the input item is used directly and indirectly.
  RETURN (result_items);
 END_FUNCTION;
(*
```

变量定义:

item:为引用 representation_item 和 founded_item 的实例决定的 representation_item。它是函数的输入。

checked_items:representation_item 和 founded_item 的实例的集合,对它们已经进行了检查,以确

保结束函数递归。它是函数的输入。

4.5.4 使用表达

函数 using_representations (使用表达)返回一个 representation 的集合,这些 representation 都使用一个 representation_item。

当一个 representation_item:

——在一个 representation 的 items 的集合中被引用时;

——被在一个 representation 中使用的一个 representation_item 引用时,或

——被在一个 representation 中使用的一个 founded_item 引用时

那么,该 representation 就使用了一个 representation_item。

注:第二、三个条件通过相关的 representation_item 树的现有部分对一个在 representation 中使用的一个 representation_item 提供检验。该树的根固定在满足第一个条件的 representation 所使用的一个实体上。

如果 Representation 项集合直接或间接被引用一个 representation,那么可在该 representation 中使用 founded_item 或 representation_item。

EXPRESS 描述:

```
*)
FUNCTION using_representations (item : founded_item_select)
  : SET OF representation;
  LOCAL
        results    :   SET OF representation;
        result_bag   :   BAG OF representation;
        intermediate_items : SET OF founded_item_select;
  END_LOCAL;
  ——Find the representations in which the item is used and add to the
  ——results set.
  results := [];
  result_bag :=
  USEDIN(item,'REPRESENTATION_SCHEMA.REPRESENTATION.ITEMS');
  IF SIZEOF(result_bag) > 0 THEN
     REPEAT i := 1 TO HIINDEX(result_bag);
          results := results + result_bag[i];
     END_REPEAT;
  END_IF;
  ——Find all representation_items or founded_items
  ——by which item is referenced directly or indirectly.
  intermediate_items := using_items(item,[]);
  ——If the set of intermediate items is not empty,
  IF SIZEOF( intermediate_items) > 0 THEN
     ——For each element in the set, add the
     ——representations of that element.
     REPEAT i := 1 TO HIINDEX (intermediate_items) ,
       result__bag :=USEDIN (intermediate_items [i] ,
                    'REPRESENTATION _SCHEMA. REPRESENTATION . ITEMS');
```

```
        IF SIZEOF(result_bag) > 0 THEN
        REPEAT j:= 1 TO HIINDEX(result_bag);
          Results :=results + result_bag[j];
        END_REPEAT;
        END_IF;
        END_REPEAT;
    END_IF;
    ——Return the set of representation in which the input item is
    ——used directly and indirectly (through intervening
    ——representation_items or founded items).
    RETURN (results);
END_FUNCTION;
(*
```

变量定义：

item:确定 representation 使用的 representation_item。它是该函数的输入。

4.5.5 有效测量值

函数 valid_measure_value (有效测量值)确定一个 measure_value 是否有效。如果 measure_value 为数字并且是正数，或者 measure_value 为文本，该函数返回 TRUE。否则函数 valid_measure_value 返回 FALSE。

EXPRESS 描述

```
*)
FUNCTION valid_measure_value
   (m : measure_value) : BOOLEAN;
   IF ('REAL'IN TYPEOF (m)) THEN
      RETURN (m > 0.0) ;
   ELSE
      IF ('INTEGER' IN TYPEOF (m)) THEN
      RETURN (m > 0) ;
      ELSE
        RETURN (TRUE);
      END_IF;
   END_IF;
END_FUNCTION;
(*
```

变量定义：

m:被测的 measure_value。它是函数的输入。

```
*)
END_SCHEMA; —— representation_schema
(*
```

附 录 A
（规范性附录）
实 体 短 名

表 A.1 提供了本部分中规定的实体的短名。使用短名的要求可在 GB/T 16656 所包括的实现方法中找到。

注：可从互联网上得到短名(参见附录 C)。

表 A.1 实体短名

实 体 名	短 名
compound_representation_item	CMRPIT
definitional_representation	DFNRPR
founded_item	FNDITM
functionally_defined_transformation	FNDFTR
global_uncertainty_assigned_context	GC
item_defined_transformation	ITDFTR
mapped_item	MPPITM
parametric_representation_context	PRRPCN
representation	RPRSNT
representation_context	RPRCNT
representation_item	RPRITM
representation_item_relationship	RPITRL
representation_map	RPRMP
representation_relationship	RPRRLT
representation_relationship_with_transformation	RRWT
uncertainty_assigned_representation	UNASRP
uncertainty_measure_with_unit	UMWU
value_representation_item	VLRPIT

附 录 B
（规范性附录）
信息对象注册

B.1 文件的标识

为了在开放系统中对信息对象提供无二义性的标识，分配给本部分的对象标识符为：

{iso standard 10303 part(43) version(4)}

这个值的意义在 GB/T 16262.1 中定义，且在 GB/T 16656.1 中描述。

B.2 模式的标识

为了在开放的信息系统中对 representation_schema 提供无二义性的标识，分配给 representation_schema 模式（见第 4 章）的对象标识符为：

{ iso standard 10303 part(43) version(3) object(1) represention-schema(1) }

这个值的意义在 GB/T 16262.1 中定义，且在 GB/T 16656.1 中描述。

附　录　C
（资料性附录）
计算机可解释的清单

本附录引用了本部分规定 EXPRESS 实体名和相应短名的清单。本附录还引用了本部分规定的 EXPRESS 模式的清单，但不包括注释或解释性正文。这些清单以计算机可解释的形式提供，并可从以下 URL 找到：

短名：http://www.mel.nist.gov/div826/subject/apde/snr/

EXPRESS 模式：http://www.mel.nist.gov/step/parts/part043e2/is/

如果访问这些站点有困难，可直接联系 ISO 中央秘书处或从 sc4sec@cme.nist.gov 联系 ISO TC 184/SC 4 秘书处。

注：以上 URL 以计算机可解释的方式提供的信息是资料性的。本部分包含的信息是规范性的。

附 录 D
（资料性附录）
EXPRESS-G 图

本附录中的图对应于本部分中的 EXPRESS 模式。该图对 EXPRESS 语言使用了 EXPRESS-G 的图形表示法。EXPRESS-G 在 GB/T 16656.11 的附录 D 中定义。

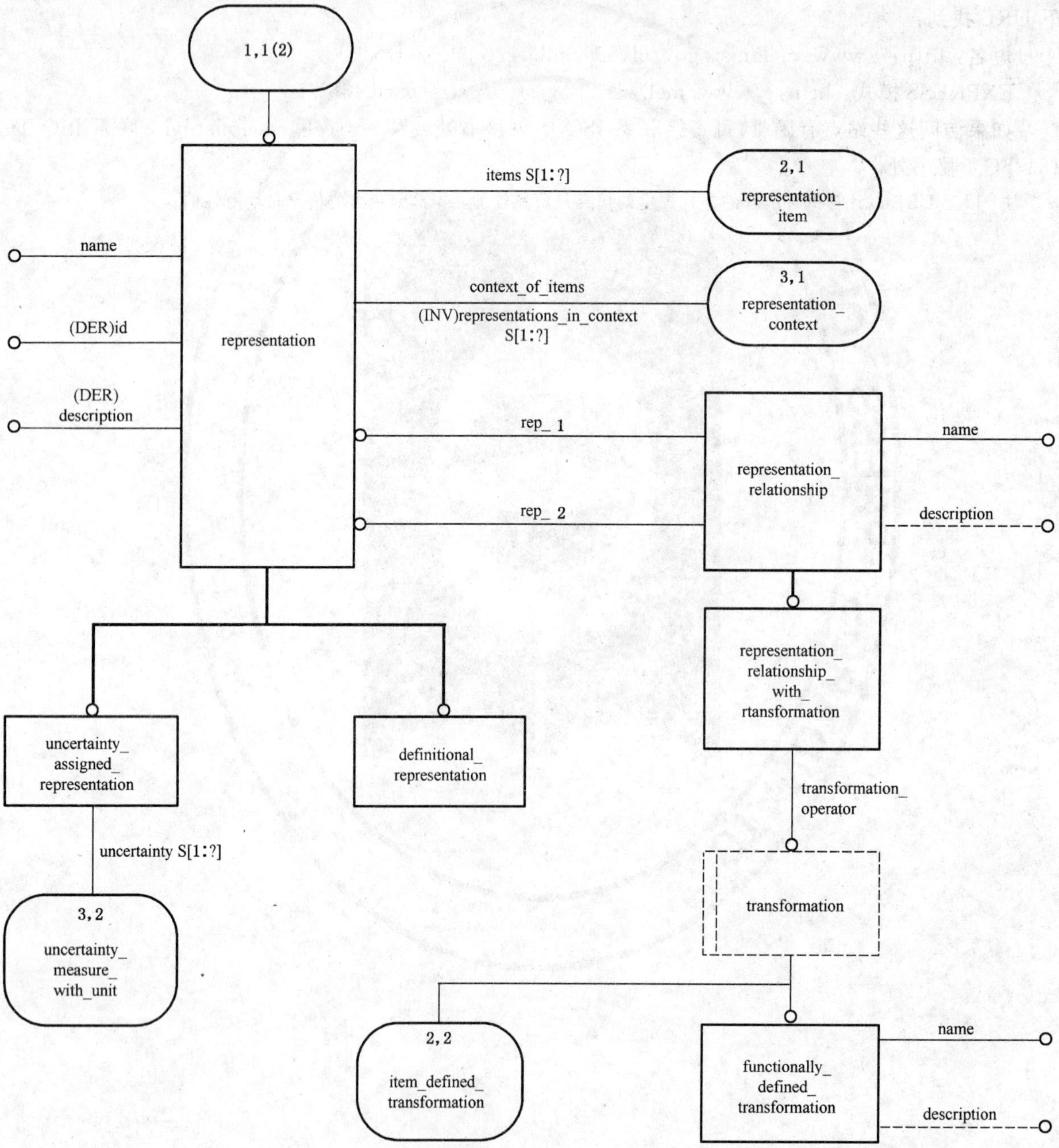

图 D.1 representation_schema 的 EXPRESS-G 图(1/3)

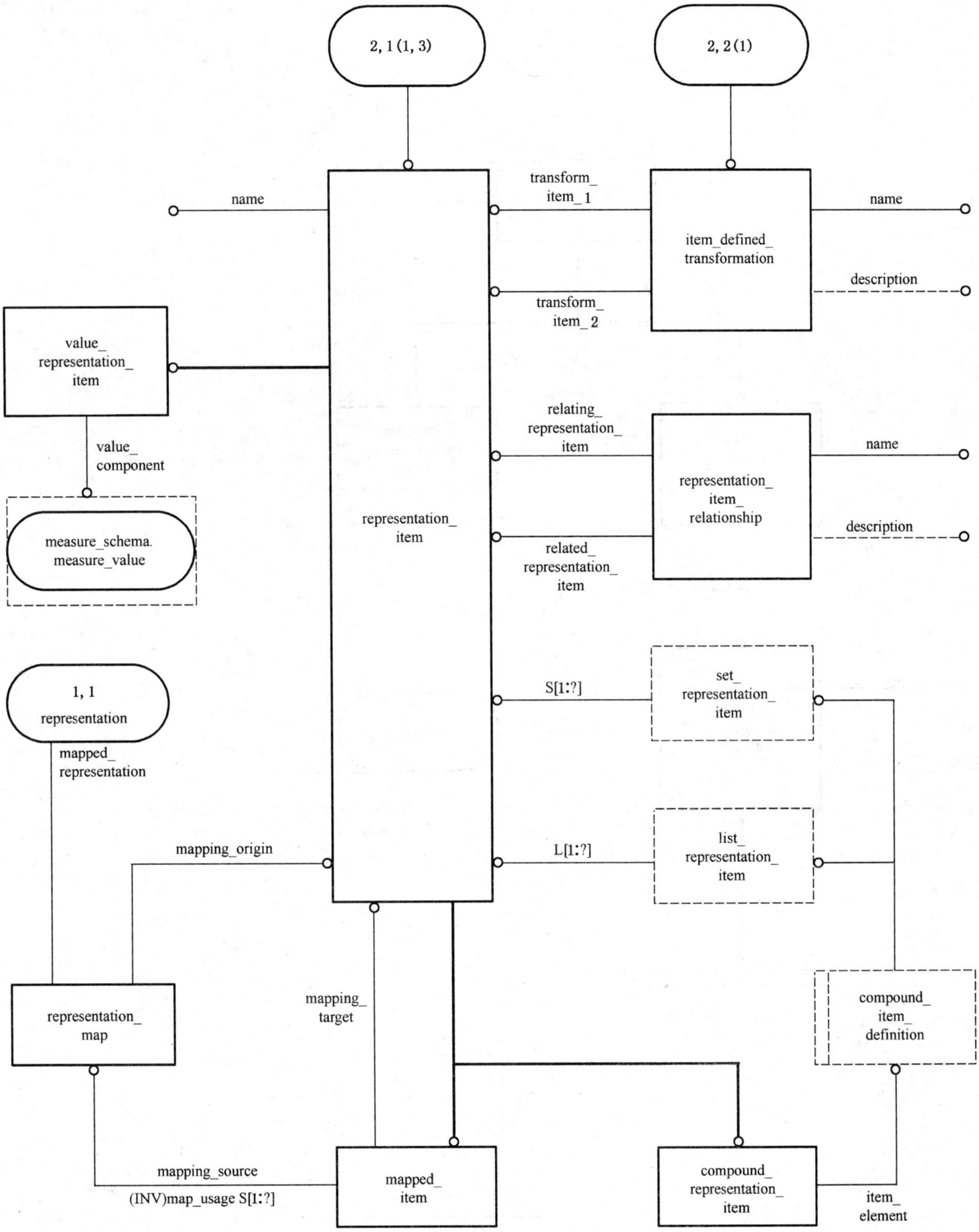

图 D.2 representation_schema 的 EXPRESS-G 图(2/3)

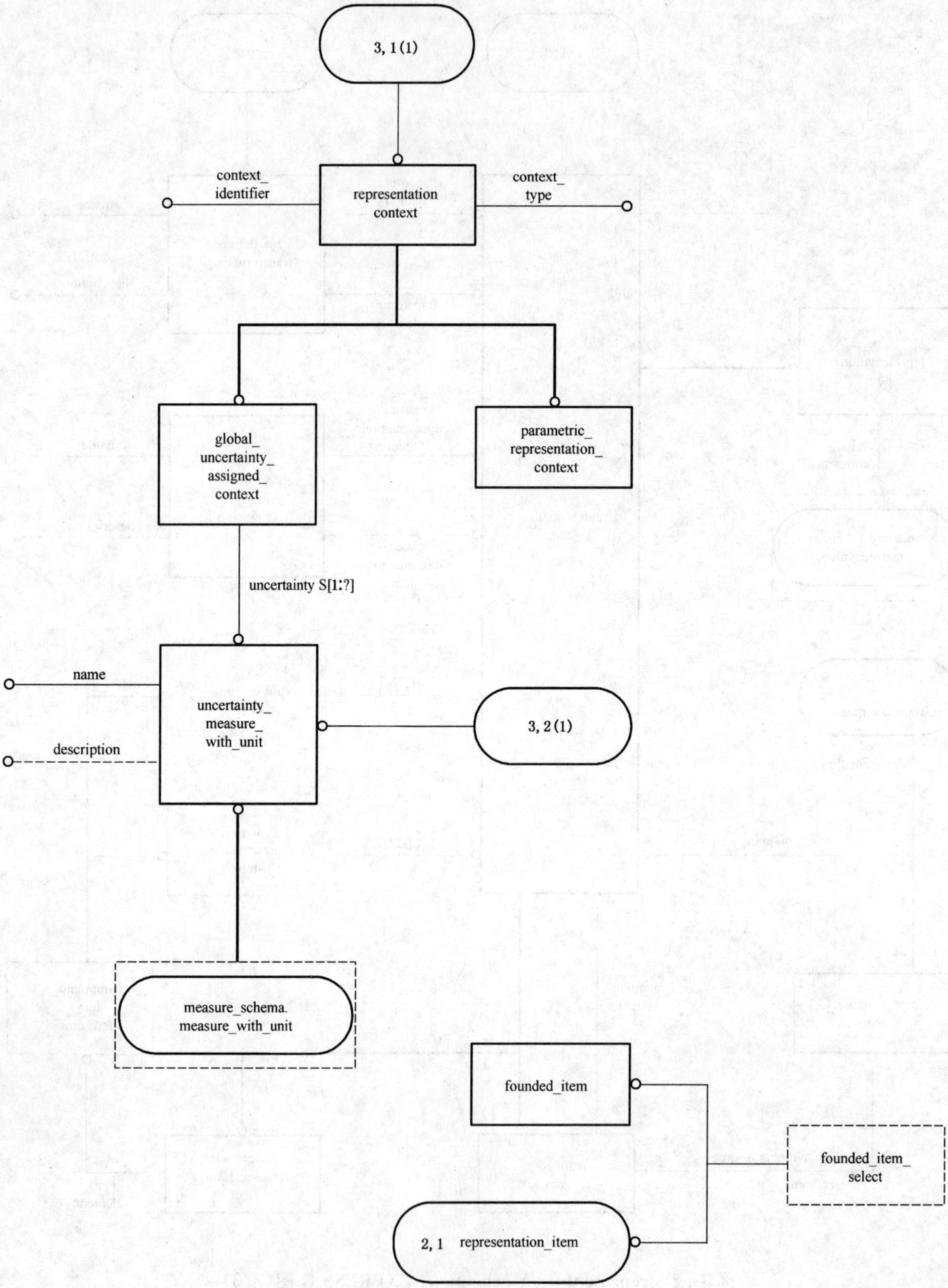

图 D.3 representation_schema 的 EXPRESS-G 图(3/3)

参 考 文 献

[1] GB/T 16656.21—1997 工业自动化系统与集成 产品数据的表达与交换 第21部分:实现方法:交换文件结构的纯正文编码(idt ISO 10303-21:1994)

[2] ISO 10303-22:1998 Industrial automation systems and integration—Product data representation and exchange—Part 22:Implementation methods:Standard data access interface

[3] GB/T 16656.42—1998 工业自动化系统和集成 产品数据表达与交换 第42部分:集成通用资源:几何与拓扑表达(idt ISO 10303-42:1994)

[4] ISO 10303-42[1] Industrial automation systems and integration—Product data representation and exchange—Part 42: Integrated generic resource: Geometric and topological representation (ISO TC 184/SC 4/WG 12 N341,1999-06-18)

[5] GB/T 16656.45—2001 工业自动化系统与集成 产品数据表达与交换 第45部分:集成通用资源:材料(idt ISO 10303-45:1998)

[6] GB/T 16656.46—1998 工业自动化系统和集成 产品数据表达与交换 第46部分:集成通用资源:可视化显示(idt ISO 10303-46:1994)

[7] GB/T 16656.47—2001 工业自动化系统与集成 产品数据表达与交换 第47部分:集成资源:形状变化公差(idt ISO 10303-47:1997)

[8] GB/T 16656.101—1998 工业自动化系统与集成 产品数据表达与交换 第101部分:集成应用资源:绘图(idt ISO 10303-101:1994)

[9] GELLERT. W, GOTTWALD. S, et al. The VNR Concise Encyclopaedia of Mathematics. 2nd Edition. New York: VEB Bibliographisches Institute Leipzig. 1989

---

1) 修订版待出版。

ICS 25.040.40
L 67

中华人民共和国国家标准

GB/T 16656.44—2008/ISO 10303-44:2000
代替 GB/T 16656.44—1999

工业自动化系统与集成 产品数据表达与交换 第44部分:集成通用资源:产品结构配置

Industrial automation systems and integration—Product data representation and exchange—Part 44: Integrated generic resources: Product structure configuration

(ISO 10303-44:2000,IDT)

2008-10-07 发布　　2009-04-01 实施

中华人民共和国国家质量监督检验检疫总局
中国国家标准化管理委员会　发布

前　言

GB/T 16656《工业自动化系统与集成　产品数据表达与交换》是一个由多个部分组成的标准，各部分单独出版。GB/T 16656 的所属各部分又组成多个子系列，即：

——第 1 至第 19 部分规定了描述方法；

——第 20 至第 29 部分规定了实现方法；

——第 30 至第 39 部分规定了一致性测试方法与框架；

——第 40 至第 59 部分规定了集成通用资源；

——第 100 至第 199 部分规定了集成应用资源；

——第 200 至第 299 部分规定了应用协议；

——第 300 至第 399 部分规定了抽象测试套件；

——第 400 至第 499 部分规定了应用模块；

——第 500 至第 599 部分规定了应用解释构造；

——第 1000 至第 1999 部分规定了应用模块。

GB/T 16656《工业自动化系统与集成　产品数据表达与交换》现已发布了以下 26 个部分：

——第 1 部分：概述与基本原理；

——第 11 部分：描述方法：EXPRESS 语言参考手册；

——第 21 部分：实现方法：交换文件结构的纯正文编码；

——第 31 部分：一致性测试方法与框架：基本概念；

——第 32 部分：一致性测试方法与框架：对测试实验室和客户的要求；

——第 34 部分：一致性测试方法与框架：应用协议实现的抽象测试方法；

——第 41 部分：集成通用资源：产品描述与支持原理；

——第 42 部分：集成通用资源：几何与拓扑表达；

——第 43 部分：集成通用资源：表达结构；

——第 44 部分：集成通用资源：产品结构配置；

——第 45 部分：集成通用资源：材料；

——第 46 部分：集成通用资源：可视化显示；

——第 47 部分：集成通用资源：形状变化公差；

——第 49 部分：集成通用资源：工艺过程结构和特性；

——第 101 部分：集成应用资源：绘图；

——第 105 部分：集成应用资源：运动学；

——第 201 部分：应用协议：显式绘图；

——第 202 部分：应用协议：相关绘图；

——第 203 部分：应用协议：配置控制设计；

——第 501 部分：应用解释构造：基于边的线框；

——第 502 部分：应用解释构造：基于壳的线框；

——第 503 部分：应用解释构造：几何有界的二维线框；

——第 513 部分：应用解释构造：基本边界表达；

——第 520 部分：应用解释构造：相关绘图元素；

——第 1001 部分：应用模块：外观赋值；

——第 1006 部分:应用模块:基础表达。

本部分是 GB/T 16656 的第 44 部分。本部分等同采用 ISO 10303-44:2000,技术内容和编写格式上与 ISO 10303-44:2000 保持一致。仅由于为将其转化为国家标准,根据我国国家标准的制定要求,作了如下编辑性改动:

对于带下划线的用于 EXPRESS 语言描述的各黑体英文实体名、属性名和函数名等,为了既要维护其英文原意又要便于了解其名称代表的意思,在本部分中,当其作为标题出现时,标出了其中文译名;但在正文中,以英文为主,仅在正文中第一次出现或必要时,才将中文译名括起来放在英文原名后。

本部分代替 GB/T 16656.44—1999《工业自动化系统与集成　产品数据表达与交换　第 44 部分:集成通用资源:产品结构配置》。与 GB/T 16656.44—1999 相比主要变化如下:

1) 修改了以下 EXPRESS 说明:

——alternate_product_relationship;

——assembly_component_usage_substitute;

——configuration_design;

——configuration_effectivity;

——configuration_item;

——make_from_usage_option;

——product_concept;

——product_definition_usage;

——quantified_assembly_component_usage;

——specified_higher_usage_occurrence。

2) 增添了以下 EXPRESS 说明:

——assembly_component_usage_substitute_with_ranking;

——concept_feature_operator;

——concept_feature_relationship;

——concept_feature_relationship_with_condition;

——conditional_concept_feature;

——configurable_item;

——configuration_design_item;

——configuration_design_relationship;

——product_concept_feature;

——product_concept_feature_association;

——product_concept_relationship;

——product_concept_occurrence_relationship。

3) 删除了 ISO 前言。

4) 修改了附录 B 中 B.1 文件的标识、B.2.1、B.2.2 和 B.2.3 模式的标识。

5) 修改了附录 C 中规定的实体短名和 EXPRESS 模式下载网址。

本部分的附录 A、附录 B 为规范性附录,附录 C、附录 D 和附录 E 为资料性附录。

本部分由中国机械工业联合会提出。

本部分由全国工业自动化系统与集成标准化技术委员会(SAC/TC 159)归口。

本部分起草单位:中国标准化研究院。

本部分主要起草人:王志强、李文武、洪岩、刘守华、秦光里。

本部分所代替标准的历次版本发布情况为:

——GB/T 16656.44—1999。

引　　言

GB/T 16656 是一个计算机可解释的用于产品信息表达和产品数据交换的技术标准。其目的是对产品全生命周期提供一种独立于任何特定系统、能够描述产品数据的中性机制。其描述功能不仅适合于中性文件的交换，而且也是实现和共享产品数据库及存档的基础。在 GB/T 16656.1 中对这些类别进行了说明。本部分属于集成资源类。

本部分的主要包括：

——product_structure_schema(产品结构模式)；

——product_concept_schema(产品概念模式)；

——configuration_management_schema(配置管理模式)。

product_structure_schema：

——根据产品的构成把一个产品定义为一个构成部分或所用产品的集合。本部分以特定生命周期阶段或规范视图定义了这些产品，并将这些产品进行关联。产品可由部件组装，或由采购其他产品生成，或采取以上两种方式。

——定义表示构成关系的机制。

product_concept_schema 把产品的概念标识为由客户的产品需求分析导出产品的一组规范。它给出基于客户需求的产品的概念，而不是产品的设计或制造。

configuration_management_schema 标识参与另一个产品制造的那些产品，这些配置是在一个组织的直接控制下进行的。

本部分中的模式和 GB/T 16656 其他部分中的定义了集成资源的模式之间的关系用 EXPRESS-G 图说明，如图 1 所示。EXPRESS-G 在 GB/T 16656.11 中定义。application_context_schema，effectivity_schema 和 product_definition_schema 在 GB/T 16656.41 中定义。图 1 所示的模式是集成资源的构成要素。

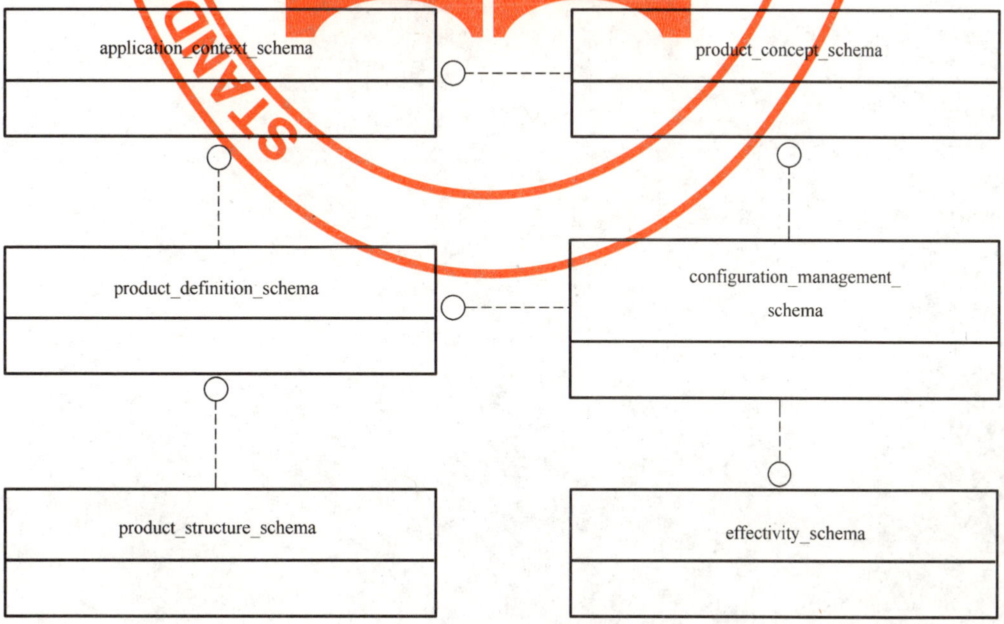

图 1　集成资源中模式的关系

工业自动化与下述内容的信息管理有关：

——产品结构；

——产品配置；

——产品变更。

产品结构关注通过嵌套式分解一个产品成为其组成部分而定义的成品设计方面。本部分的产品结构模式和GB/T 16656.41的产品定义模式一起定义了管理产品结构细节的信息表达。

产品配置涉及特定产品的制造规范和装置计划。这个计划含有包括在事先已安排好的生产单元中的一个产品实际组成部分的技术要求。配置管理模式和产品结构模式表达了管理产品配置的信息。有效性的概念适用于产品配置的管理。

变更管理涉及在开发出一个产品的新版本时，产品随着时间而发生的变更，本部分涉及的变化是影响组成部分构成相互关联的结构的组织方式的变换。配置管理模式给出在产品变更时产品定义的结构形状的信息和在产品生命周期中增强的信息。变更管理其他方面的信息表达在GB/T 16656.41中的产品定义模式和变化模式中定义。

GB/T 16656(ISO 10303)的本部分的这一版本中融入了对前版本所作的向上兼容性修订的部分内容。在以下条件下对EXPRESS描述的修订为向上兼容性的：

——所作修订不会导致GB/T 16656.21标准编码要求的变更；这些要求符合尚未修订和已作修订的EXPRESS规范。

——所作修订不会导致ISO 10303-22标准数据结构的数据内容的存取软件的变化。

——所作修订不会导致前版本GB/T 16656标准应用协议映象表中本部分内容的映象失效。

工业自动化系统与集成
产品数据表达与交换
第44部分:集成通用资源:产品结构配置

1 范围

GB/T 16656的本部分规定了在产品的生命周期中,管理产品的结构和配置的资源。

下述内容在本部分的范围之内:

——产品的零件和部件间的关系;

——由另一个产品的修改而制成的产品及其零件间的关系;

示例1:一个产品来自于另一个产品的机械加工。

——根据客户的需求所定义的产品的描述;

——产品技术规格之间的相依性表示交付到顾客手上的产品可能存在差异;

——根据制造规程用于部件和零件配置的结构管理;

——为支持产品生命周期的的不同活动的产品分解;

示例2:一个组织可能需要把一个产品分解成一个物料单,它按一个零件在一个部件中使用的个数列举出每个零件,以及需要把一个产品分解成另一个物料单,它把具有多个部件的产品分解成单个零件。支持不同产品结构报告的更多例子见附录E。

——与形状、安装及功能等价的单个产品的多种版本。

下述内容不在本部分的范围之内:

——同一个产品的不同产品定义间的关系;

注1:同一产品的不同定义间的关系可参见GB/T 16656.41中product_definition_schema(产品定义模式)有关内容。

示例3:对于初步设计中某零件的产品定义与详细设计中同一零件的对应产品定义的关系。

——包括批准、密级、合同协议,及供应商组织的产品生命周期的管理活动;

——产品变更过程,包括变更的理由及产品在什么方面进行了变更;

——在产品生命周期中的决策及其理由;

——产品零件间的物理连接;

——产品组成部分可能具有的特性;

注2:在GB/T 16656.41中定义了支持特性与零件联系的机制,实际的联系包括在各应用协议中。例如,一种材料的特性是什么和如何定义它的细节,以及一个零件具有某种材料特性的事实都超出本标准的范围。

——单一产品(非自由形状、适应性及功能等效)的多个版本。

注3:产品版本的概念在GB/T 16656.41中定义。

2 规范性引用文件

下列文件中的条款通过GB/T 16656的本部分的引用而成为本部分的条款。凡是注日期的引用文件,其随后所有的修改单(不包括勘误的内容)或修订版均不适用于本部分,然而,鼓励根据本部分达成协议的各方研究是否可使用这些文件的最新版本。凡是不注日期的引用文件,其最新版本适用于本部分。

GB/T 16262.1 信息技术 抽象语法记法一(ASN.1) 第1部分:基本记法规范(GB/T 16262.1—2006,ISO/IEC 8824-1:2002,IDT)

GB/T 16656.1 工业自动化系统与集成 产品数据的表达与交换 第1部分:概述与基本原理(GB/T 16656.1—2008 ,ISO 10303-1:1994,MOD)

GB/T 16656.11 工业自动化系统与集成 产品数据表达与交换 第11部分:描述方法:EXPRESS语言参考手册

GB/T 16656.41 工业自动化系统与集成 产品数据表达和交换 第41部分:集成通用资源:产品描述与支持原理(GB/T 16656.41—1999,idt ISO 10303-41:1994)

3 术语、定义和缩略语

3.1 GB/T 16656.1中定义的术语

GB/T 16656.1中确立的下列术语和定义适用于本部分。

——装配件(assembly);

——构件(component);

——产品(product)。

3.2 GB/T 16656.41中定义的术语

GB/T 16656.41中确立的下列术语和定义适用于本部分。

——通用理解协议(agreement of common understanding)

——加注的EXPRESS模式(annotated EXPRESS schema)

——产品类型(type of product)

3.3 其他术语和定义

下列术语和定义适用于本部分。

3.3.1

前驱节点 ancestor node

从一给定节点出发,按逆方向对链的连续遍历所能够达到的任何节点。对于一个给定节点,它的前驱节点包括全部父节点,这些父节点的全部父节点,等等。

3.3.2

物料单数据结构 bill-of-material(BOM) data structure

描述物料单结构的数据元素的图。

注:物料单数据结构的例子参见附录E。

3.3.3

物料单结构 bill-of-material(BOM) structure

按照产品所嵌套的组成部分对产品的一种结构描述。

注:物料单结构的例子参见附录E。

3.3.4

子节点 child node

一个链指向的节点。

3.3.5

配置项 configuration item

产品的组成,要么是部件,要么是组装件。

3.3.6

后继节点 descendent node

从一给定点出发,对链的连续遍历所能够达到的任何节点。对于一个给定节点,它的后继节点包括子节点、这些子节点的全部子节点,等等。

3.3.7

有向非循环图　directed acyclic graph；DAG

节点和有向链的一个集合，致使其没有一个节点是它自己的前辈(或后辈)。

3.3.8

有效性　effectivity

表明一个产品被允许、批准或许可用于另一个产品的一种特性。

3.3.9

形状、安装和功能　form，fit，and function

形状是该产品的样式，安装是该产品与另一产品连接的方法，功能是该产品具有的用途。

3.3.10

叶节点　leaf node

没有子节点的节点。

3.3.11

链　link

在一个有向非循环图中，从一个节点到另一个节点的单向关系。

3.3.12

批　lot；batch

作为一个单位来处理的多个产品的集合。

示例：3 000 捆纱锭可被分为不同的组。每组纱锭都会浸入各自的红色染料桶。这样的组就可视为批和赋值后的批号。标识批号的目的是为了区分因颜色微小改变而引起的，分属不同批号的几捆纱锭。顾客希望他购买的几捆纱锭具有相同的批号，以确保颜色的一致性。

3.3.13

节点　node

有向非循环图中的一个元素，其通过链与另一个这样的元素相连接。

3.3.14

父节点　parent node

一个链的开始节点。

3.3.15

零件表数据结构　parts list data structure

描述零件表结构的实例的图。

注：参见附录E给出的零件表数据结构的示例。

3.3.16

零件表结构　parts list structure

按照产品组成部分的所有不同用途的层次结构对产品的一种结构描述。

注：零件表结构的例子参见附录E。

3.3.17

约定作用　promissory use

试图使用一个部件中的一个组成部分。

3.3.18

根节点　root node

没有父节点的节点。

3.3.19

树　tree

有向非循环图的一种有约束的类型，即在其中只有一个根节点，且每个节点最多有一个父节点。

3.4 缩略语

以下缩略语适用于本部分：

BOM(bill-of-material)物料单

CM(configuration management)配置管理

DAG(directed acyclic graph)有向非循环图

4 产品结构模式

下面的 EXPRESS 声明开始描述 product_structure_schema(产品结构模式)，并表明了必要的外部引用。

EXPRESS 描述：

```
*)
SCHEMA product_structure_schema;
    REFERENCE FROM product_definition_schema (
        product,
        product_definition,
        product_definition_relationship,
        acyclic_product_definition_relationship);
  REFERENCE FROM measure_schema
        (measure_with_unit);
  REFERENCE FROM support_resource_schema
        (identifier,label,text);
(*
```

注 1：上面引用的模式可在 GB/T 16656 的下列部分中找到：

product_definition_schema	GB/T 16656.41(ISO 10303-41)；
measure_schema	GB/T 16656.41(ISO 10303-41)；
support_resource_schema	GB/T 16656.41(ISO 10303-41)。

注 2：参见附录 D 给出了的该模式采用 EXPRESS-G 图的图形表达。

注 3：本部分规定的不带注释和解释性文本的 EXPRESS 模式列表可从互联网上得到，参见附录 C。

4.1 概述

product_structure_schema 的讨论对象是下述两个定义间的关系：

——为构成其他产品而被装配的产品；

——为构成其他产品而要变更的产品。

定义这些关系如同在 GB/T 16656.41 的 product_definition_schema 中所说明的 product_definition (产品定义)间关系的规范一样。此外，在一个产品结构中使用的任何产品都可能有适于该应用所规定的替代产品。总之，把这些关系称为是一个产品结构。

产品结构定义一个产品能表示为由各组成部分构成的不同方法，在构成一个产品的各组成部分间建立产品结构关系。产品结构是产品定义的一个方面。

本部分中产品定义间的这些关系，用 GB/T 16656.41 的产品定义模式中所定义的 product_definition_relationship(产品定义关系)实体的子类型来表示它们。本模式中定义的 product_definition_relationship 的子类型对 GB/T 16656.41 中的超类型规定了附加的约束和意义。

注：图 2 为 GB/T 16656.41 中 product_definition_schema 结构关系的一个局部图，此图描述了该模式定义实体的子型结构。图中没有将模式定义实体属性特征和 product_definition 实体显示出来。所有该模式实体及其属性特征参见完整图：图 D.1。

产品结构的概念适用于一个产品版本结构的多种定义。不同的定义对应于机构在产品开发生命周期中对产品结构定义的不同要求。

示例:一个组织可能为发布设计工程生命活动而定义一个物料清单,还可能为发布制造工程活动而定义一个物料清单。

本模式支持由另一个产品构成一个产品的概念。这个概念涉及一个产品与应用该产品去生成一个新产品的过程的结果间的关系。

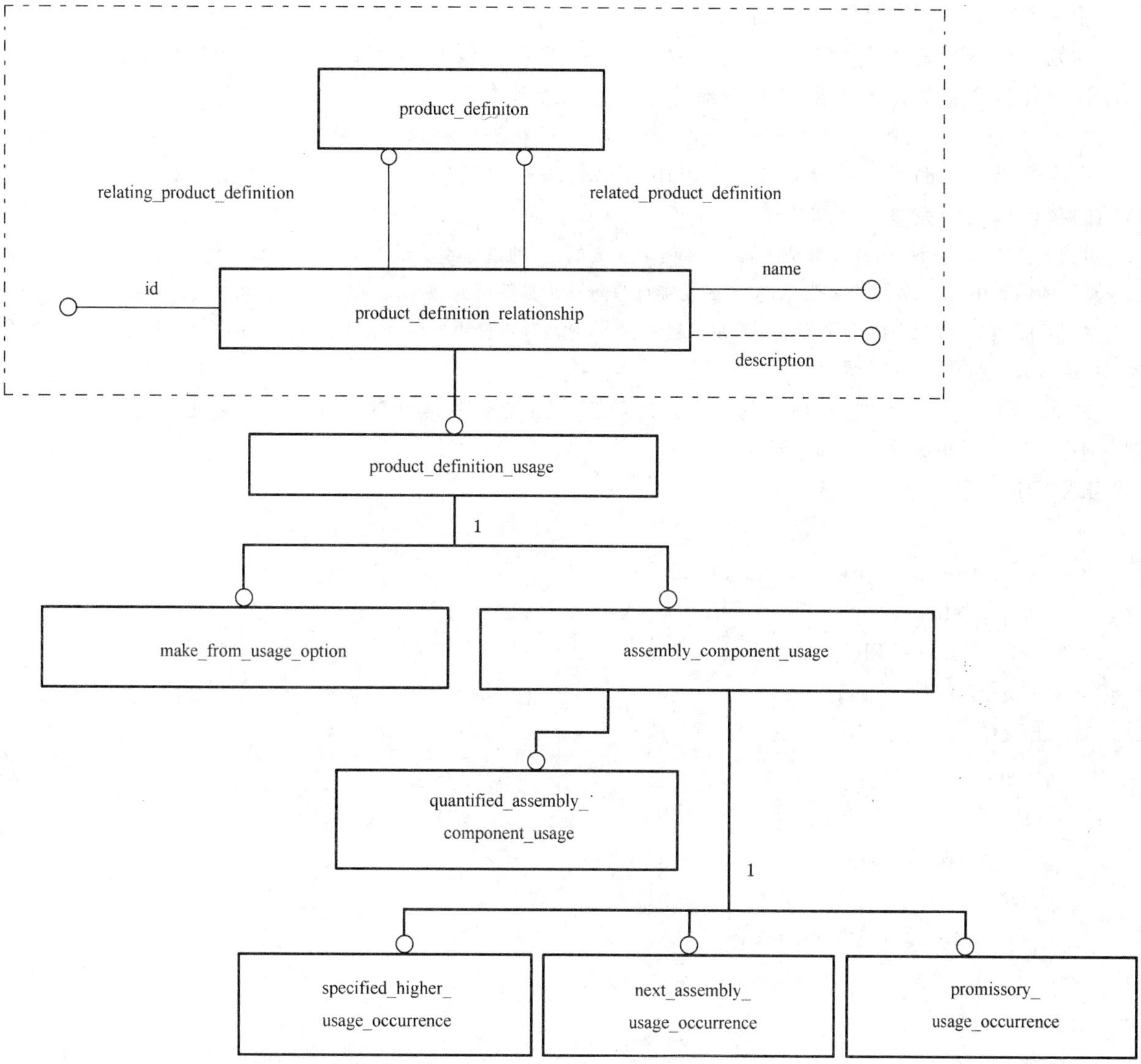

图 2 本部分的产品结构实体的关系

4.2 基本概念与假设

以下概念和假设适用于本部分。

——产品结构通过有向非循环图(DAG)来建模。在这些模型中,节点表示产品的定义,而有向链表示组成的关系。在本模式中,节点对应于 product_definition(产品定义)实体,链对应于 assembly_component_usage 实体。

注 1:对图论的详细讨论见参考文献[1]。

——使用本模式可表示产品结构的多种形式,特别实用的两个产品结构是物料单和零件表结构。

注 2:附录 E 中含有这种方法的一些例子和原理图。其中,本标准的实体可用于表示产品结构。

——零件表结构是物料单的一种特殊形式,其可用一棵树来表示,而物料单结构则要求更一般的有向非循环图。

——对一般的产品结构而言，为了在一个已装配好的产品中标识任何组成部分的应用，还必须标识已装配好的产品与该组成部分间的路径，specified_higher_usage_occurrence 实体即提供这种能力。

4.3 产品结构模式的实体定义

4.3.1 替代产品关系

alternate_product_relationship（替代产品关系）两个产品之间的联系，从而使一个产品（替代产品）可以用来取代另一个产品（基本产品）。

如果一个产品是另一个产品的替代产品时，可以理解为没有必要关注在一个组织中记录的是基本产品还是任何指定的替代产品，它们都有作产品结构中基本产品的一个具体的实例。

注：一个组织可以记录一个基本零件的设计变更，以及建立在各个要制造的部件中应用该基本零件的有效性条件。

作为基础产品的装配组合关系，alternate_product_relationship 规定了用于替代基础产品及其产品结构的替代产品的完整产品结构。

示例 1：两种相同尺寸的螺杆都是产品，一种是十字头的，一种是一字头的。两者头的形状是相应产品的特性。在一个具体的组织中，这两种螺杆就形状、安装及功能而言可认为是等价的：两者具有十分接近的形状，使用时它们占用相同的空间，并且它们都用来把两件东西紧固在一起。这样，这两种螺杆中的一种就可以认为是另一种的替代件。不同的组织可能认为它们具有不同的形状。

由 alternate_product_relationship 建立起来的产品关系不具有对称性。假如 B 是 A 的替代产品，则并不意味着 A 也是 B 的替代产品。

EXPRESS 描述：

```
*)
ENTITY alternate_product_relationship;
    name:label;
    definition:OPTIONAL text;
    alternate:product;
    base:product;
    basis: text;
UNIQUE
    UR1:alternate,base;
WHERE
    WR1:alternate:<>:base;
END_ENTITY;
(*
```

属性定义：

name（名称）：识别 alternate_product_relationship 的 label（标签）。

definition（定义）：alternate_product_relationship 特征化文本。对于其属性赋值不必作硬性规定。

alternate（替代产品）：可以用来代替基本产品的产品。

base（基本产品）可用另一个产品作为替代产品的产品。

basis（基本原理）：说明替代产品适用性的基本原理和领域的文本描述。

示例 2：在例 1 中所定义的两个螺栓的 alternate_product_relationship 中，基本属性的赋值可为“head shape”（头部形状），而定义属性赋值则为“alternate for use as fastener in engine assembly”（发动机装配紧固件替代品）。

形式限制：

UR1：替代产品与基本产品的组合应是唯一的。

WR1：alternate 属性的实例不应与 base 属性实例相同。

4.3.2 部件构件应用

assembly_component_usage(部件构件应用)把一个组成部分同它的部件联系起来。assembly_component_usage 实体是 product_definition_usage 实体的子类型,product_definition_usage 实体在下述三种产品结构之一中建立 product_definition 间的关系:

——物料单(BOM)结构;

注 1:在 BOM 结构中,product_definition 实体代表节点,且 next_assembly_usage_occurrence 或者 quantified_assembly_component_usage 实体代表链接。

——零件表结构;

注 2:在零件表结构中,product_definition 实体代表根节点。next_assembly_usage_occurrence 实体代表结构的每一中间级的节点。specified_higher_usage_occurrence 实体代表链接到更高级别的结构。

——约定使用结构。

注 3:在约定使用结构中,product_definition 实体代表节点,且 promissory_usage_occurrence 实体代表节点间的链接。

注 4:考虑到本实体在 GB/T 16656 其他部分内容中扩展的需要,对本实体的超类子句只作部分明确规定。如果 GB/T 16656 本部分内容中定义的子型分类齐全,则本实体的超类子句能够完全读出。

EXPRESS 描述:

```
*)
ENTITY assembly_component_usage
  SUPERTYPE OF (ONE OF(next_assembly_usage_occurrence,
                       specified_higher_usage_occurrence,
                       promissory_usage_occurrence))
  SUBTYPE OF (product_definition_usage)
  reference_designator:OPTIONAL identifier;
END_ENTITY;
(*
```

属性定义:

SELF\product_definition_relationship. relating_product_definition:是一个部件,related_product_definition 是它的组成部分。

SELF\product_definition_relationship. related_product_definition:是一个组成部分,relating_product_definition 是它的父部件。

reference_designator(引用指示符),一种特殊的识别编码,它识别在结构图中、清单中、图表中或者在一件实际设备上,将 related_product_definition 作为 relating_product_definition 组件的使用方式。其属性赋值不必作硬性规定。

注 5:在使用或者专论本实体的加注的 EXPRESS 模式中,reference_designator 属性可为命令性或单一限定性,或者两种属性均具。

4.3.3 部件构件应用的代用件

assembly_component_usage_substitute(部件构件应用的代用件)规定在给定部件的环境中,一个组成部分可用作另一个组成部分的代用件。

注 1:装配的前后关系则要依据在后继 relating_product_definition 属性中参考同一 product_definition 的有关基础产品及其替代品属性的 assembly_component_usage 的实际情况来作规定。

代用件组成部分的实例不要求占有同样的空间关系或同样的数量。代用件组成部分也不要求与被代用的组成部分的形状、装配和功能是等价的。

本实体仅定义一种代用方法。在一给定的环境中,如果规定 A 为 B 的代用件,那么这不等于设定

B为A的代用件。

注2：assembly_component_usage_substitute 实体能够在一个较低层的组成部分建立新版本时用于避免所有较高层的部件的重标识。

EXPRESS 描述：

```
*)
ENTITY assembly_component_usage_substitute;
    name:label;
    definition:OPTIONAL text;
    base:assembly_component_usage;
    substitute:assembly_component_usage;
UNIQUE
    UR1:base,substitute;
WHERE
    WR1:base.relating_product_definition:=:
        substitute.relating_product_definition;
    WR2:base:<>:substitute;
END_ENTITY;
(*
```

属性定义：

name(名字)：识别 assembly_component_usage_substitute 的 label。

definition(描述)：表征 assembly_component_usage_substitute 的 text，该值不必硬性规定。

base(基本件)：是一个可以应用代用件的 assembly_component_usage。

substitute(代用件)：是可以用来替代基本件的 assembly_component_usage。

形式限制：

UR1：基本件与代用件属性的组合应是唯一的。

WR1：基础产品与替代产品属性的 relating_product_definition 属性均需参考同一种装配 product_definition。

WR2：基本件与代用件属性不应是同样的实例。

4.3.4 带级别的部件构建的代用件

assembly_component_usage_substitute_with_ranking(带级别的部件构建的代用件)是 assembly_component_usage_substitute 的子类，这种 assembly_component_usage_substitute 规定在给定的装配前后关系中的所有替代品中，其中一个替代品为取代另一替代品而使用这种特别组件的相对优先级值。

EXPRESS 描述：

```
*)
ENTITY assembly_component_usage_substitute_with_ranking
    SUBTYPE OF (assembly_component_usage_substitute);
    ranking:INTEGER;
    ranking_rationale:text;
END_ENTITY;
(*
```

属性定义：

ranking(级别)：是一个进行优先使用分级的整数，它表示在具有相同基础产品赋值的所有 assembly_component_usage_substitute_with_ranking 实例中，替代性 assembly_component_usage 的优先使

用级别。对于级别值这一整数，只有将它与具有相同的基本 assembly_component_usage 的 assembly_component_usage_substitute_with_ranking 对应值作比较时才有意义。它是一个相对级别数值，而不是一个绝对 ranking 数值。低级别数值表示对替代性 assembly_component_usage 具有更高的优先级，而高级别值则表示更低的优先级。

ranking_rationale(级别基本原理说明)：描述分级基本原理的文字。

示例：创造这些 ranking_rationale 实例，要耗费较高的成本和较长的提前期。

4.3.5 由应用选择制成

make_from_usage_option(由应用选择制成)是 product_definition_usage 的子类，其中，一个产品是对另一个产品进行加工的产物。

示例 1：加工、电镀以及弯曲成形是制作另一产品的工艺过程。

注 1：在某种情况下，一个产品是由另一个产品经过一系列工艺过程而制成的，这些中间成品将用 make_from_usage_option 实体关联起来。

注 2：一个要修改的产品可能是一个部件。通常，assembly_component_usage 不同于 make_from_usage_option，在那里，部件的组成部分不做任何修改地用于该部件。

注 3：product_definition 既可为多种 make_from_usage_option 关系的 relating_product_definition，也可为多种 make_from_usage_option 关系的 related_product_definition。而且，文中列举了多个 make_from_usage_option 实例，这些实例都参考 product_definition 的同一对 relating_product_definition 与 related_product_definition。

示例 2：考虑到由铸件或锻件加工而成的轴的情况。轴、铸件和锻件这三者都由单独的 product_definition 实例来表示。存在有 make_from_usage_option 实体的两个实例，一个位于 relating_product_definition 轴和 related_product_definition 锻件之间，另一个位于 relating_product_definition 轴和 related_product_definition 铸件之间。

EXPRESS 描述：

```
*)
ENTITY make_from_usage_option
    SUBTYPE OF (product_definition_usage);
    ranking:INTEGER;
    ranking_rationale:text;
    quantity:measure_with_unit;
WHERE
    WR1:(NOT ('NUMBER' IN TYPEOF(quantity.value_component)))
    OR (quantity.value_component > 0);
END_ENTITY;
(*
```

属性定义：

SELF\product_definition_relationship.relating_product_definition：由 related_product_definition 产品制成的一个 product_definition。

SELF\product_definition_relationship.related_product_definition：由它制成 relating_product_definition 的一个 product_definition。

ranking(级别)：是一个进行优先使用分级的整数，它表示在具有相同的后继 relating_product_definition 属性赋值的所有 make_from_usage_option 实例中，related_product_definition 的优先使用级别。对于级别值这一整数，只有将它与具有相同 relating_product_definition 的 make_from_usage_option 对应值作比较时才有意义。它是一个相对级别数值，而不是一个绝对 ranking 数值。低级别数值表示对 related_product_definition 具有更高的优先级，而高级别值则表示更低的优先级。

ranking_rationale(级别原理说明)：描述分级基本原理的文字。

示例 3：ranking_rationale 的例子如成本及研制周期的长短。

quantity(数量):能够从 related_product_definition 衍生出来的 relating_product_definition 的数量。

形式限制:

WR1:如果用数字表示组件数量,其值要大于零。

4.3.6 由应用选择组制成

make_from_usage_option_group(由应用选择组制成)是 make_from_usage_option 实例组成的集合,它们定义了将一些 product_definition 组合起来的一种可能性,这些 product_definition 能组成另一个单独的 product_definition.

注 1:make_from_usage_option_group 用于指明几个不同的产品可以由单一的产品制成。

为了表达在单一 make_from_usage_option_group 中的单一产品的约束,所有 make_from_usage_options 实例的 related_product_definition 应该是相同的。

示例 1:假设由 product_definition D 表示的一个棒材可以切割两次,使之产生三个 relating_product_definition 产品 X、Y 和 Z,那么,表示这种情况的 make_from_usage_option_group 应集合这三个 make_from_usage_option。如表 1 所示:

表 1 示例 1 的 make_from_usage_option_group

id	relating_product_definition	related_product_definition	quantity
1	X	D	1
2	Y	D	1
3	Z	D	1

注 2:使用一个产品去制造多于一个的其他产品组合是可能的。

示例 2:棒材 product_definition D 也可以切割产生两个 product_definition X 和一个 product_definition T。在这种情况下,相应的 make_from_usage_option_group 应集合示于表 2 中的 make_from_usage_option。

表 2 示例 2 的 make_from_usage_option_group

id	relating_product_definition	related_product_definition	quantity
2	X	D	2
1	T	D	1

注 3:一个单个的 make_from_usage_option 实例可以是多个 make_from_usage_option_group 的一部分。

EXPRESS 描述:

```
*)
ENTITY make_from_usage_option_group;
  members:SET [2:?] OF make_from_usage_option;
WHERE
  WR1:SIZEOF (QUERY (example <* members |
      example.related_product_definition
    :=:members[1].related_product_definition)) =SIZEOF(members);
END_ENTITY;
(*
```

属性定义:

members(成员):至少包含两个 make_from_usage_option 实例的一个集合,实例中的 relating_product_definition 实例可以由同一 related_product_definition 产生。

形式限制:

WR1:所有项集(members)中的实例在各自 related_product_definition 属性说明中都要引用同一 product_definition 实例。

4.3.7 邻接部件应用具体值

next_assembly_usage_occurrence(邻接部件应用具体值)是一种说明产品结构中子组件与其直接上一级装配件作业之间关系的 assembly_component_usage。

注 1：一个 next_assembly_usage_occurrence 实例代表在装配作业中某一组件的单次出现。同一个组件的每一特定用途都可由另一不同的 next_assembly_usage_occurrence 的实例来表达，以便指明该组件的属性信息，例如：组件的位置和方向等。属性信息不是由本部分内容中的实体提供，而是由 GB/T 16656.42[2]、GB/T 16656.43[3] 以及 GB/T 16656.41 中定义的指定性能来提供。对于在一次装配作业中某一组件出现一次的表示方法，可通过定义在 GB/T 16656.41 的 product_property_definition_schema 中的 property_definition 实体而与 GB/T 16656.42[2] 与 GB/T 16656.43[3] 中的机制联系起来。

示例：一次装配作业中某一组件的位置和方向信息可通过 GB/T 16656.43[3] 中 representation_schema 定义的 transformation 来进行计算。

注 2：通过对 next_assembly_usage_occurrence 实例结构的序贯式跟踪，应用算法便可获得一个按级缩进排列的(indented)产品部件清单。如果将 BOM 与 GB/T 16656.41、GB/T 16656.42[2]、GB/T 16656.43[3] 中定义的属性信息结构一起配合使用，则类似的算法可以用来计算每个组件在 BOM 中进行更高级别装配作业中的每次出现的位置与方向。

注 3：通过将 next_assembly_usage_occurrence 和 quantified_assembly_component_usage(见 4.3.11)复杂实例组合起来，可规定出部件中所用组成的数目。

EXPRESS 描述：

```
*)
ENTITY next_assembly_usage_occurrence
  SUBTYPE OF (assembly_component_usage);
END_ENTITY;
(*
```

属性定义：

SELF\product_definition_relationship. relation_product_definition：是一个部件，related_product_definition 是它的直接组成部分。

SELF\product_definition_relationship. related_product_definition：是一个组成部分，relating_product_definition 是它的上一级部件。

4.3.8 产品定义具体值关系

product_definition_occurrence_relationship(产品定义具体值关系)是 product_definition 与 assembly_component_usage 之间的一种结合，其中，由组件具体值的属性所引用的 product_definition 实际上是由 occurrence_usage 的 related_product_definition 属性所引用的组件 product_definition 的一个特殊实例，而这个 occurrence_usage 则在装配 product_definition 中由 relating_product_definition 属性所引用。

注：对于装配组件的特殊实例的识别可用 assembly_component_usage 实体的 reference_designator 属性来进行定义。

示例：在轿车的产品结构定义中，要对底盘和车轮作出 product_definition 实体的实例方面的定义。这样一来，就可以创建四个 assembly_component_usage 的实例来分别表达底盘上的四个车轮，其中 reference_designator 的赋值分别为"左前(left front)"、"右前(right front)"、"左后(left rear)"、"右后(right rear)"。为表达右后车轮的特定信息，则要创建一个能够与特定信息联系起来的右后车轮 product_definition。为确定这个 product_definition 表达了 assembly_component_usage 实例所说明的车轮(其中，assembly_component_usage 实例的 reference_designator 属性赋值为"右后(right rear)")，则要创建 product_concept_occurrence_relationship 以便将 product_definition 与 assembly_component_usage 联系起来。

EXPRESS 描述：

```
*)
ENTITY product_definition_occurrence_relationship;
    name:label;
    description:OPTIONAL text;
    occurrence:product_definition;
    occurrence_usage:assembly_component_usage;
WHERE
    WR1:occurrence_usage.relating_product_definition:<>:occurrence;
    WR2:occurrence_usage.related_product_definition:<>:occurrence;
    WR3:occurrence.formation:=:
        occurrence_usage.related_product_definition.formation;
END_ENTITY;
(*
```

属性定义：

name(名称)：标识 product_definition_occurrence_relationship 的 label。

description(描述)：表征 product_definition_occurrence_relationship 的 text。该值不必硬性规定。

occurrence(出现)：是 product_definition，它表达了产品特定实例。

occurrence_usage(出现用法)：是 assembly_component_usage，它表达了部件中组件的特定用法。

形式限制：

WR1：在由 occurrence_usage 属性引用的 assembly_component_usage 中，occurrence 属性引用的 product_definition 不应为部件 product_definition。

WR2：在由 occurrence_usage 属性引用的 assembly_component_usage 中，occurrence 属性引用的 product_definition 不应为组件 product_definition。

WR3：occurrence 属性引用的 product_definition 和表达 assembly_component_usage 的组成的 product_definition 应该是相同 product_definition_formation 的定义。

4.3.9 产品定义应用

product_definition_usage(产品定义应用)是一种规定两个 product_definitions 间定向联系的 product_definition_relationship，在这两个 product_definitions 中，将 related_product_definition 使用在 relating_product_definition 前后关系中。product_definition_usage 建立了一种阐明在相关产品的前后关系中使用被相关产品的关系。而这种用法要建立在描述两个产品的整个生命周期和前后关系应用中。

示例 1：由于在设计阶段期内，有时产品会包含比建立的装配树更多的中间级别，因此要创建多个装配树。在这种情况下，组件及包含组件的装配件的设计阶段关系可用生产期内的数个中间级别关系来替代。

示例 2：给定一个产品，可能用于对另一个产品起支持作用。可将螺丝刀确定为给定产品整个维护生命周期内的一种资源。在这种情况下，这种螺丝刀与产品之间被确定为维护活动的支持资源关系就得以说明。

EXPRESS 描述：

```
*)
ENTITY product_definition_usage
    SUPERTYPE OF (ONEOF (make_from_usage_option,
                         assembly_component_usage))
    SUBTYPE OF (product_definition_relationship);
UNIQUE
UR1:SELF\product_definition_relationship.id,
```

```
    SELF\product_definition_relationship.relating_product_definition,
    SELF\product_definition_relationship.related_product_definition;
WHERE
WR1:acyclic_product_definition_relationship
    (SELF,
    [SELF\product_definition_relationship.related_product_definition],
    'PRODUCT_STRUCTURE_SCHEMA.PRODUCT_DEFINITION_USAGE');
END_ENTITY;
(*
```

SELF\product_definition_relationship.id:是用于 product_definition 应用的标识符。它用于区分 product_definition_usage 一两个实例,其中一对 product_definition 属性是相同的。

示例 3:当应用四个相同的螺栓去连接两个平板时,为了某种目的可能需要标识一个特定的螺栓,它比其余的螺栓需要更大程度的扭转,则继承 id(标识符)属性可用来标识这个特定螺栓的要求,尽管这四个螺栓的 product_definition_usage 全部有同样的属性对 product_definition。

形式限制:

UR1:继承 id 组合、relating_product_definition、related_product_definition 的属性均为单一的。

WR1:如同 product_definition_usage 图中的 relating_product_definition 一样,每个 product_definition_usage 都不会将相同的 product_definition 的 relating_product_definition 实例与 related_product_definition 或者其任何参考对象形成的后继关系联系到一起。

注:此规则具有 GB/T 16656.41 中 product_definition_schema 定义的 acyclic_product_definition_relationship 的功用。

4.3.10 约定应用具体值

promissory_usage_occurrence(约定应用具体值)是一种 assembly_component_usage,其中 related_product_definition 存在于 relating_product_definition 的装配树中,不管它们之间有多少中间级别。

注:当产品结构定义不完全时,可以使用 promissory_usage_occurrence。在这种情况下,有可能会将约定应用具体值装配与组件联系在一起,从而达到在装配中使用组件的目的。

EXPRESS 描述:

```
*)
ENTITY promissory_usage_occurrence
   SUBTYPE OF (assembly_component_usage);
END_ENTITY;
(*
```

4.3.11 定量的部件构件应用

quantified_assembly_component_usage(定量的部件构件应用)是一种在需要规定装配中的子组件数量时确立装配与其一个组件之间关系的 assembly_component_usage。

注:通常,对生产计划或材料计划来说,一个组成部分的若干个具体值要合起来,并且要规定一个数量,以指明有若干个具体值。典型的例子是用于飞机结构连接的铆钉具体的规定及指示用于整架飞机的这种铆钉的个数。如果所使用的铆钉的每个具体值都要规定,则可以使用 next_assembly_usage_occurrence 实体。在这种情况下,铆钉具体值的个数将与 next_assembly_usage_occurence 的实例一样多。

EXPRESS 描述:

```
*)
ENTITY quantified_assembly_component_usage
    SUBTYPE OF (assembly_component_usage);
    quantity:measure_with_unit;
```

```
WHERE
    WR1:(NOT ('NUMBER' IN TYPEOF(quantity. value_component)))
            OR (quantity. value_component > 0);
END_ENTITY;
(*
```

属性定义：

SELF\product_definition_relationship. relating_product_definition：是一个部件，related_product_definition 是它的组成部分，并且在此边指定了该组成部分的数量。

SELF\product_definition_relationship. related_product_definition：是一个组成部分，relating_product_definition 是它的父部件，并且在此也指定了该组成部分的数量。

quantity(数量)：用于该部件的该组成部分个数或多少的度量。

形式限制：

WR1：如果用数字表示组件数量，其值要大于零。

4.3.12 给定的高层应用具体值

specified_higher_usage_occurrence(给定的高层应用具体值)是一个 assembly_component_usage，它规定一个组件和一个装配件之间的关系，如果装配件不是它的直接上层。

要规定的 specified_higher_usage_occurrence 的组成部分与部件间的关系应通过继承属性 relating_product_definition 和 related_product_definition 的关系来捕获。

在 specified_higher_usage_occurrence 的主实例中，两个属性(upper_usage(上层应用)和 next_usage(下层应用)将分别规定 next_assembly_usage_occurrence 和 assembly_component_usage，它们一起将提供规定 specified_higher_usage_occurrence 的从组成部分到该部件的路径的定义。为了保证 next_assembly_usage_occurrence 和 assembly_component_usage 一起构成 specified_higher_usage_occurrence 所要求的整个路径，要求由 upper_usage 引用的 assembly_component_usage 实体的 related_product_definition 属性的实例与由 next_usage 引用的 next_assembly_usage_occurrence 实体的 relating_product_definition 属性的实例是相同的。next_assembly_usage_occurrence 的 related_product_definition 属性应与要规定的 specified_higher_usage_occurrence 的 related_product_definition 属性的实例相同。由属性 upper_usage 引用的 assembly_component_usage 实体的 relating_product_definition 属性应与要规定的 specified_higher_usage_occurrence 的 relating_product_definition 属性的实例相同。

如果由 upper_usage 属性引用的 assembly_component_usage 不是一个 next_assembly_usage_occurrence，则它将是一个 specified_higher_usage_occurrence。这个 specified_higher_usage_occurrence 应具有如上一段描述所定义的 upper_usage 和 next_usage 属性，以规定主 specified_higher_usage_occurrence 的更进一步的路径。这个递归特性应继续到 upper_usage 属性引用是 next_assembly_usage_occurrence 的一个 assembly_component_usage 实体为止。此时，即利用其组成部分和部件关系及它们之间的整个路径两者完全地规定了主 specified_higher_usage_occurrence。

为了完整地规定一个 specified_higher_usage_occurrence，还应定义全部必要的 assembly_component_usage 实例。

specified_higher_usage_occurrence 实体支持零件表树结构的表示。典型地，它适用于定义零件表的一些部分，即在一个部件中包含与某些特性相联的特定组成部分。

注 1：specified_higher_usage_occurrence 用于定义在一个装配中包含了一个特殊组件的部件清单的某一部分，在清单中的这部分部件中，要将其某些特性进行组合，或者清单中的这部分用于不止一个装配结构中。

注 2：附录 E 含有该实体的例子及描述它与本模式其他实体间的关系的图。

EXPRESS 描述：

*)

```
ENTITY specified_higher_usage_occurrence
    SUBTYPE OF (assembly_component_usage);
    upper_usage:assembly_component_usage;
    next_usage:next_assembly_usage_occurrence;
UNIQUE
    UR1:upper_usage, next_usage;
WHERE
    WR1:SELF:<>:upper_usage;
    WR2:SELF\product_definition_relationship. relating_product_definition
        :=:upper_usage. relating_product_definition;
    WR3:SELF\product_definition_relationship. related_product_definition
        :=:next_usage. related_product_definition;
    WR4:(upper_usage. related_product_definition:=:
        next_usage. relating_product_definition) OR
        (SIZEOF (QUERY (pdr <* USEDIN
        (upper_usage. related_product_definition,
        ' PRODUCT_DEFINITION_SCHEMA. PRODUCT_DEFINITION_RELATION-
        SHIP. ' +'RELATED_PRODUCT_DEFINITION')
        pdr. relating_product_definition:=:
        next_usage. relating_product_definition))=1);
    WR5:SIZEOF (['PRODUCT_STRUCTURE_SCHEMA. NEXT_ASSEMBLY_USAGE_
        OCCURRENCE','PRODUCT_STRUCTURE_SCHEMA. SPECIFIED_HIGHER_
        USAGE_OCCURRENCE']
        * TYPEOF(upper_usage)) =1;
END_ENTITY;
(*
```

属性定义：

SELF\product_definition_relationship. relating_product_definition：specified_higher _usage_occurrence 的部件产品定义的继承属性。

SELF\product_definition_relationship. relating_product_definition：specified_higher _usage_occurrence 的组成部分产品定义的继承属性。

upper_usage(上层应用)：是该 specified_higher_usage_occurrence 与 relating_product_definition 属性实例相同的且由属性 next_usage 引用的 next_assembly_usage_occurrence 的 relating_product_definition 与 related_product_definition 属性实例相同的一个 assembly_component_usage。

next_usage(下层应用)：是该 specified_higher _usage_occurrence 与 relating_product_definition 属性实例相同的且由属性 upper_usage 的 related_product_definition 属性引用的产品定义与属性 relating_product_definition 引用的产品定义实例相同的一个 next_assembly_usage_occurrence。

注 3：说明这两个属性实例的原理见图 E.7。

形式限制：

UR1：upper_usage 与 next_usage 属性的组合应是唯一的。

WR1：specified_higher _usage_occurrence 的实例不应与 upper_usage 的实例相同。

WR2：此 specified_higher_usage_occurrence relating_product_definition 属性(如：装配)将参考 upper_usage 的 relating_product_definition(如：装配)的同一 product_definition 实例。

WR3:此 specified_higher_usage_occurrence related_product_definition 属性(如:组件)将参考 next_usage 的 related_product_definition 的同一 product_definition 实例。

WR4:upper_usage 的 related_product_definition(如:组件)将参考 next_usage 的 relating_product_definition(如:装配)的同一 product_definition 实例。

WR5:upper_usage 的属性类型或者为 next_assembly_usage_occurrence,或者为 specified_higher_usage_occurrence。

```
*)
END_SCHEMA;—— product_structure
(*
```

5 产品概念

下面的 EXPRESS 声明开始描述 product_concept_schema(产品概念模式),并标明了必要的外部引用。

EXPRESS 描述:

```
*)
SCHEMA product_concept_schema;
  REFERENCE FROM support_resource_schema
  (text,label,identifier);
  REFERENCE FROM application_context_schema
  (product_concept_context);
(*
```

注 1:上面所引用的模式可在 GB/T 16656 的下列部分中找到:

support_resource_schema	GB/T 16656.41(ISO 10303-41);
application_context_schema	GB/T 16656.41(ISO 10303-41)。

注 2:用 EXPRESS-G 符号表示的此模式的图解说明请参见附录 D。

注 3:本部分内容中说明的完整 EXPRESS 模式的清单,可从互联网上得到——参见附录 C,其中无任何注释或者其他解释性文字。

5.1 概述

product_concept_schema 的含义就是根据顾客需要来定义的产品理念,即:产品概念。一个产品概念可以在定义产品之前就存在。一个产品概念确定了一个独立的产品特征或性能的集合。一个产品概念也具有特别为其确定的产品特征。对于一个特定产品而言,可以规定其特征条件以便控制其相关性,并为特定产品概念定义有效的产品变量。

示例:一辆汽车可以具有两种类型的确定为产品特征的发动机。一个为低功率发动机;另一个为高功率发动机。对于同一辆汽车而言,空调装置也可以确定为产品特征。条件规定:如果存在空调装置,则需要高功率发动机。

5.2 基本概念与假设

以下概念与假设适用于本部分:

——一个产品概念确定一个由生产商定义的可交付产品以满足顾客需要。一个产品概念常常被用来确定对产品特征或者性能的选择。

——产品概念可以由几个配置项来标识。

——没有实际产品或者产品版本,产品概念仍可存在。

——产品概念要具有由生产商定义的产品特征以满足顾客要求。

——对产品特征所需要进行的相互依赖性组合要规定一套规则。

注:用本部分内容的实体来表示产品特征组合所采用的方式的有关例子与图解都包含在附录 E 中。

5.3 产品概念实体定义

5.3.1 概念特征运算符

concept_feature_operator(概念特征运算符)定义了约束两个 product_concept_feature 之间关系的一种运算。

示例:"与(AND)"、"非(NOT)"与"或(OR)"均为 concept_feature_operator 名称。

注 1:运算的含义与名称属性的许可值的清单可通过每种使用或者专用实体的加注的 EXPRESS 模式加以说明,或者通过共享此信息的各当事方达成的共同理解的基础上加以说明。

注 2:附录 E 中包含了该实体的例子以及描述这个实体与其他该模式实体之间关系的图形。

EXPRESS 描述:

```
*)
ENTITY concept_feature_operator ;
   name:label;
   description:OPTIONAL text;
END_ENTITY;
(*
```

属性定义:

name(名称):识别 concept_feature_operator 的 label。

注 3:名称指令操作。

description(描述):该文本以 concept_feature_operator 为特征。对属性赋值不必作硬性规定。

5.3.2 概念特征关系

concept_feature_relationship(概念特征关系)是两个 product_concept_feature 之间的一种组合。

注:该组合的含义可通过每种使用或者专用实体的加注的 EXPRESS 模式加以说明,或者通过共享此信息的各当事方达成的共同理解的基础上加以说明。

EXPRESS 描述:

```
*)
ENTITY concept_feature_relationship;
   name :label;
   description:OPTIONAL text;
   relating_product_concept_feature :product_concept_feature;
   related_product_concept_feature :product_concept_feature;
END_ENTITY;
(*
```

属性定义:

name(名称):识别 product_concept_feature_关系的 label。

description(描述):该文本以 product_concept_feature_关系为特征。对属性赋值不必作硬性规定。

relating_product_concept_feature(相关产品概念特征):作为组合一部分的 product_concept_feature 之一。

related_product_concept_feature(被相关产品概念特征):另一种 product_concept_feature 组合的一部分。如果在这种关系中,其中一个元素取决于另一种元素,则其属性为依赖性。

5.3.3 带条件的概念特征关系

concept_feature_relationship_with_condition(带条件的概念特征关系)是 concept_feature_relationship 的子类，其中，条件运算符表征 related_product_concept_feature 与 relating_product_concept_feature 之间的关系。

注 1：如果规定为 concept_feature_feature，则 concept_feature_relationship_with_condition 可对 product_concept_feature 的使用定义一个约束。通过运用 concept_feature_relationship_with_condition 来为 product_concept_feature 构建复杂条件，以便将各个 concept_feature_feature 彼此联系起来。

注 2：附录 E 中包含了该实体的例子以及描述这个实体与其他该模式实体之间关系的图形。

EXPRESS 描述：

```
*)
ENTITY concept_feature_relationship_with_condition
SUBTYPE OF (concept_feature_relationship);
conditional_operator:concept_feature_operator; END_ENTITY;
(*
```

属性定义：

conditional_operator(条件运算符)：用于 related_product_concept_feature 与 relating_product_concept_feature 之间的 concept_feature_operator。

5.3.4 条件概念特征

conditional_concept_feature(条件概念特征)是一个 product_concept_feature 它是被运算符所约束的两个 product_concept_feature 的组合。

注 1：product_concept_features 的复杂组合可使用 conditional_concept_feature 构造，作为 concept_feature_relationship_with_condition 的运算域。

注 2：附录 E 包含该实体和描述它和本模式的其他实体间关系的图的例子。

EXPRESS 描述：

```
*)
ENTITY conditional_concept_feature
   SUBTYPE OF (product_concept_feature);
   condition:concept_feature_relationship_with_condition;
END_ENTITY;
(*
```

属性定义：

condition：是为 conditional_concept_feature 创造条件的 concept_feature_relationship_with_condition。

5.3.5 产品概念

product_concept(产品概念)是如同 GB/T 16656.41—1999 中 3.3.4 所说明的产品的一个类型，该产品由生产商定义以满足潜在或者实际客户的要求。

注 1：product_concept 常常遵循由消费者组织制定的最高级别的条款。其主要特征就是具有由消费者确定或者源自消费者需求的一组产品特征。产品概念的定义通常来自市场和消费者需求以及趋势预测。

示例 1：如果一个组织制造汽车和汽车发动机，则这种汽车用 product_concept 实例来表示。如果另一个组织生产汽车发动机，则发动机在该组织中将作为 product_concept 来表示。

EXPRESS 描述：

```
*)
ENTITY product_concept;
    id:identifier;
    name:label;
    description:OPTIONAL text;
```

```
    market_context:product_concept_context;
UNIQUE
    UR1:id;
END_ENTITY;
(*
```

属性定义:

id(标识符): product_concept 实例的标识符。

示例 2:id 可以是一个销售模型号。

name(名称):标识 product_concept 的 label。

description(描述):表征 product_concept 的 text,该值不必硬性规定。

注 2: 这个属性可用于传递 product_concept 的用途、功能,及所选择的特点。

market_context(市场相关环境):在其中定义 product_concept 的市场环境。

注 3: product_concept 的参考框架不限于市场环境。为了和 GB/T 16656 规定的 product_concept 保持兼容,market_context 属性的名字没有变化。

注 4: market_context 属性的值能用带注释的 EXPRESS 模式约束,这些模式使用或特化该实体数据类型,或者在共享此信息的参与者间达成共识。

形式限制:

UR1:id 属性值应是唯一的。

5.3.6 产品概念特征

product_concept_feature(产品概念特征)要确定一个特征,从而可以区分属于一个或多个 product_concept 的产品间的变化。

示例:"豪华装备"就是一个区分标准价位、低价位和顶级轿车的特征。

注: product_concept_feature 的分类可通过 GB/T 16656.41 中定义的将产品数据收集成组的机制进行。

EXPRESS 描述:

```
*)
ENTITY product_concept_feature;
    id:identifier;
    name:label;
    description:OPTIONAL text;
END_ENTITY;
(*
```

属性定义:

id(标识符):此标识符可区别 product_concept_feature。

name(名称):识别 product_concept_feature 的标识符。

description(描述):表征 product_concept_feature 的文本。对属性赋值不必作硬性规定。

5.3.7 产品概念特征联系

product_concept_feature_association(产品概念特征联系)将 product_concept_feature 与 product_concept 联系起来。由于 product_concept_feature 与 product_concept 有关,所以它可以定义 configuration_item 的内容。

注: 该组合的含义可通过每种使用或者专用实体的加注的 EXPRESS 模式加以说明,或者通过共享此信息的各当事方达成的共同理解的基础上加以说明。

EXPRESS 描述:

```
*)
ENTITY product_concept_feature_association;
```

```
    name:label;
    description:OPTIONAL text;
    concept:product_concept;
    feature:product_concept_feature;
END_ENTITY;
(*
```

属性定义：

name(名称)：识别 product_concept_feature_association 的标识符。

description(描述)：该文本以 product_concept_feature_association 为特征。对属性赋值不必作硬性规定。

concept(概念)：进行组合的 product_concept。

feature(特征)：进行组合的 product_concept_feature。

5.3.8 产品概念关系

product_concept_relationship(产品概念关系)是两个 product_concept 之间的一种组合。

注：该组合的含义可通过每种使用或者专用实体的加注的 EXPRESS 模式加以说明，或者通过共享此信息的各当事方达成的共同理解的基础上加以说明。

EXPRESS 描述：

```
*)
ENTITY product_concept_relationship;
    name:label;
    description:OPTIONAL text;
    relating_product_concept:product_concept;
    related_product_concept:product_concept;
END_ENTITY;
(*
```

属性定义：

name(名称)：识别 product_concept_relationship 的标识符。

description(描述)：该文本以 product_concept_relationship 为特征。对属性赋值不必作硬性规定。

relating_product_concept_feature(相关产品概念特征)：作为组合一部分的 product_concept 之一。

related_product_concept_feature(被相关产品概念特征)：另一种 product_concept，组合的一部分。如果在这种关系中，其中一个元素取决于另一种元素，则其属性为依赖性。

```
*)
END_SCHEMA;—— product_concept_schema
(*
```

6 配置管理

下面的 EXPRESS 声明开始描述 configuration_management_schema(配置管理模式)，并标明了必要的外部引用。

EXPRESS 描述：

```
*)
SCHEMA configuration_management_schema;
```

```
REFERENCE FROM product_definition_schema
     (product_definition,
     product_definition_formation,
     product_definition_effectivity);

REFERENCE FROM product_structure_schema
     (product_definition_usage);

REFERENCE FROM product_concept_schema
     (product_concept,
     product_concept_feature_association);

REFERENCE FROM basic_attribute_schema
     (get_description_value,
     get_name_value);

REFERENCE FROM support_resource_schema
     (text,label,identifier,bag_to_set);
(*
```

注 1：上面所引用的模式可在 GB/T 16656 的下列部分中找到：

product_definition_schema	GB/T 16656.41(ISO 10303-41)；
product_property_reprentation_schema	GB/T 16656.41(ISO 10303-41)；
product_structure_schema	见第 4 章；
product_concept_schema	见第 5 章；
basic_attribute_schema	GB/T 16656.41(ISO 10303-41)；
support_resource_schema	GB/T 16656.41(ISO 10303-41)；

注 2：用 EXPRESS_G 标符表达的这种模式的图解说明请参见附录 D。

注 3：本部分规定的完整 EXPRESS 模式的清单，可从互联网上得到——参见附录 C，其中无任何注释或者其他解释性文字。

6.1 概述

configuration_management 主要内容包括项目识别以及需要进行管理的结构。需要管理的项目规定为 configuration_item。对进行配置管理的组织中的顾客而言，项目是直观的。如果管理的项目为一个产品，则这种模式会促进适当产品版本与 configuration_item 之间组合关系的建立。

本模式还提供记录所建立的联系的能力，致使联系的跟踪成为可能。

配置管理的功能用 configuration_item_configuration_design(配置设计)，及 configuration_effectivity(配置的有效性)来实现。

本部分的配置管理模式包括下述概念：

——配置项及由它们形成一个组成部分的有关 product_concept(产品概念)的标识。

——实现配置项的 product_definition 或者 product_definition_formation(产品定义生成)的标识。

——为建立一个 configuration_item 的产品适当版本的联系。这种联系称为 configuration_effectivity。

应用 configuration_effectivity 有三种方法，即：

——serial_numbered_effectivity(序号的有效性)，这种配置的有效性建立在所制造产品的编顺序号实例的基础上。

——dated_effectivity(日期的有效性),这种配置的有效性建立在所要制造产品的日期实例的基础上。

——lot_effectivity(批的有效性),这种配置的有效性建立在所制造产品的批实例的基础。

注:serial_numbered_effectivity,dated_effectivity 和 lot_effectivity 的定义在 GB/T 16656.41 中给出。

6.2 基本概念与假设

以下概念与假设适用于本部分:

——配置管理可用于要设计或者制造的产品或者产品部件。

——一个组织确定的那些产品在它的配置管理的控制之下,这些产品便成为该组织的配置项。这些配置项是作为低层组成部分有效性管理关键点的高层功能要素。

——产品概念可根据一套不变的配置项目确定对产品的客户视图,或者根据定义的客户挑选对象来配置。

6.3 配置管理类型定义:配置设计项

configuration_design_item(配置设计项)类型表示用于制造与 configuration_item 相联系的实际装置的候选设计方案。

```
*)
TYPE configuration_design_item=SELECT
    (product_definition,
    product_definition_formation);
END_TYPE;
(*
```

6.4 配置管理实体定义

6.4.1 可配置项

configurable_item(可配置项)是一种以一组为用于 product_concept 之中而已经确定的 product_concept_feature 为特征的 configuration_item。由 product_concept_feature_association 规定的 product_concept 可以为继承 item_concept 属性所参考的同一 product_concept,或者与继承 item_concept 属性所参考的 product_concept 有关。

示例:订购轿车的顾客规定所订购轿车的样式及其某些特征,如:颜色为"红"、装饰为"灰色皮革" 、"天窗"以及"铝边框"。订购的轿车可由 configuration_item 来表示。订购轿车的样式可由作为 item_concept 的 product_concept 来表示。订购轿车的每一个特征都可以由一个 product_concept_feature 来表示。

EXPRESS 描述:

```
*)
    ENTITY configurable_item
        SUBTYPE OF (configuration_item);
        item_concept_feature:SET[1:?] OF product_concept_feature_association;
END_ENTITY;
(*
```

属性定义:

item_concept_feature(项概念特征):与 configuration_item 相联系的 product_concept_feature_association 实例。

6.4.2 配置设计

configuration_design(配置设计)把一个配置项和试图实现该项的产品设计联系起来。因此,配置设计实体表示一个配置项与产品定义生成的联系,以规定一项设计是对应某个特定的配置项。

注 1：在任何实际单元计划之前及在任何设计细节建立之前，由组织建立这个联系。

EXPRESS 描述：

```
*)
ENTITY configuration_design;
    configuration:configuration_item;
    design:configuration_design_item;
DERIVE
    name:label:=get_name_value (SELF);
    description:text:=get_description_value (SELF);
UNIQUE
    UR1:configuration, design;
WHERE
    WR1:SIZEOF (USEDIN (SELF, 'BASIC_ATTRIBUTE_SCHEMA.' +
    'NAME_ATTRIBUTE.NAMED_ITEM')) <=1;
    WR2:SIZEOF (USEDIN (SELF, 'BASIC_ATTRIBUTE_SCHEMA.' +
    'DESCRIPTION_ATTRIBUTE.DESCRIBED_ITEM')) <=1;
END_ENTITY;
(*
```

属性定义：

configuration(配置项)：一个配置项，规定了与该配置项相关联的作为实际制造单元候选的一个 product_definition_formation。

design(设计)：表示一项设计的 product_definition_formation，它是与 configuration 属性相关联的、用于实际制造单元的候选者。

name(名称)：标识 configuration_design 的 label。

注 2：该属性附加于 configuration_design 并和 GB/T 16656.44 的规定保持向上兼容。

description(描述)：表征 configuration_design 的 text，该属性的值不必硬性规定。

注 3：该属性附加于 configuration_design 并和 GB/T 16656.44 的规定保持向上兼容。

形式限制：

UR1：configuration 属性与 design 属性的组合应是唯一的。

WR1：至少在一个 name_attribute 中，每个 configuration_design 都应为 named_item。

注 4：name_attribute 数据类型在 GB/T 16656.41 中的 basic_attribute_schema 中定义。

WR2：至少在一个 description_attribute 中，每个 configuration_design 都应为 described_item。

注 5：description_attribute 数据类型在 GB/T 16656.41 中的 basic_attribute_schema 中定义。

注 6：包含 basic_attribute_schema 中定义的全体实体数据类型的模板在 GB/T 16656.41 的附录 E 中描述。

6.4.3 配置的有效性

configuration_effectivity (配置的有效性)定义在配置控制下的项的公用有效性属性。一个组织使用 configuration_effectivity 实体去规定 product_definition_usage 的有效性。

示例：一个用户可能需要规定一个对 configuration_item 是有效的某个 product_definition_usage。一个 147.1 kw 的发动机从某个日期开始是有效的。在 configuration_effectivity 实体中，对 147.1 kw 发动机的这个信息的获得先于任何生成计划的实际存在。

注：在 GB/T 16656.41 中定义了 effectivity 的另一个子类型。这个实体的实例也可以是 serial_numered_effectivity，dated_effectivity 或 lot_effectivity 的实例。

使用 serial_numbered_effectivity 或 lot_effectivity 定义 product_definition_usage 的适用性的情况下，提供了序列号或批号相关环境的产品由 configuration_design 规定。

EXPRESS 描述：

```
*)
ENTITY configuration_effectivity
    SUBTYPE OF (product_definition_effectivity);
    configuration:configuration_design;
UNIQUE
    UR1:configuration,
        usage,
        id;
WHERE
    WR1:'PRODUCT_STRUCTURE_SCHEMA.PRODUCT_DEFINITION_USAGE' IN
        TYPEOF (SELF\product_definition_effectivity.usage);
END_ENTITY;
(*
```

属性定义：

configuration(配置)：对配置有效性的 configuration_design，configuration_effectivity 是有效的。

形式限制：

UR1：configuration 属性、usage 属性及 identification 属性的组合应是唯一的。

WR1：该 usage 应是一个 product_definition_usage.

非形式限制：

IP1：被 usage 引用的 product_definition_usage 的 relating_product_definition 应该是 product_definition 的同一个实例，因为，它被一个 configuration_design 的 design 属性引用，或者，它应该与 assembly_component_usage 实例树中实例相关。

6.4.4 配置项

configuration_item(配置项)是一个产品或一个产品具体组成部分的标识，它是为了配置管理而表明的，并且被视为配置管理过程中的单独单元。

注 1：一个 configuration_item 可由一个 product_concept，全部 product_concept 或者它的某些组成部分转变而来。

注 2：一个 configuration_item 的建立可能先于对应的 product_definition_formation 的存在。

注 3：configuration_item 与 product_definition_formation 间的联系用 configuration_design 来建立。

EXPRESS 描述：

```
*)
ENTITY configuration_item;
    id:identifier;
    name:label;
    description:OPTIONAL text;
    item_concept:product_concept;
    purpose:OPTIONAL label;
END_ENTITY;
(*
```

属性定义：

id(标识符)：配置项实例的标识符。

name(名称)：配置项的描述标识符。

description(描述)：配置项的正文描述。

注 4：典型正文描述标识配置项的说明或功能。

item_concept(项概念)：与配置项相关联的 product_concept。

Purpose(用途)：提供项概念建立理由的描述标签。

6.4.5 配置项关系

configuration_item_relationship(配置项关系)为两个 configuration_item 之间的一种关系。

注：该组合的含义可通过每种使用或者专用实体的注解 EXPRESS 模式加以说明，或者通过共享此信息的各当事方达成的共同理解的基础上加以说明。

EXPRESS specification：

```
*)
ENTITY configuration_item_relationship;
Name                                :label;
description                         :OPTIONAL text;
relating_configuration_item         :configuration_item;
related_configuration_item          :configuration_item;
END_ENTITY;
(*
```

属性定义：

name(名称)：识别 configuration_design_relationship 的标识符。

description(描述)：该文本以 configuration_design_relationship 为特征。对属性赋值不必作硬性规定。

relating_configuration_item(相关配置项)：作为组合一部分的 configuration_item 之一。

related_configuration_item(被相关配置项)：另一种 configuration_item，组合的一部分。如果在这种关系中，其中一个元素取决于另一种元素，则其属性为依赖性。

```
*)
END_SCHEMA;——configuration_management_schema
(*
```

附 录 A
(规范性附录)
实 体 短 名

表 A.1 提供了本部分中规定的实体的短名。使用短名的要求可在 GB/T 16656 所包括的实现方法中找到。

注：可从互联网上得到实体名。

<http://www.mel.nist.gov/div826/subject/apde/snr/>。

表 A.1 实体短名

实体名	短名
alternate_product_relationship	ALPRRL
assembly _component_usage	ASCMUS
assembly_component_usage_substitute	ACUS
assembly _component_usage_substitute_with_ranking	ACUSWR
concept_feature_operator	CNFTOP
concept_feature_relationship	CNFTRL
concept_feature_relationship_with_condition	CFRWC
conditional_concept_feature	CNCNFT
configurable_item	CNFO
configuration_design	CNFDSG
configuration_effectivity	CNFEFF
configuration_item	CNFITM
configuration_item_relationship	CNITRL
make_from_usage_option	MFUO
make_from_usage_option_group	MFUOG
next_assembly_usage_occurrence	NAUO
product_concept	PRDCNC
product_concept_feature	PRCNFT
product_concept_feature_association	PCFA
product_concept_relationship	PRCNRL
product_definition_occurrence_relationship	PRDFOR
product_definition_usage	PRDFUS
promissory_usage_occurrence	PRUSOC
quantified_assembly_component_usage	QACU
specified_higher_usage_occurrence	SHUO

附 录 B
（规范性附录）
信息对象注册

B.1 文件的标识

为了在开放系统中对信息对象提供无二义性的标识，分配给本部分的对象标识符为：

{ iso standard 10303 part(44) version(3) }

这个值的意义在 GB/T 16262.1 中定义，且在 GB/T 16656.1 中描述。

B.2 模式的标识

B.2.1 product _structure _schema 的标识

为了在开放的信息系统中对 product_structure_schema identification 提供无二义性的标识，分配给 product_structure_schema identification 模式（见第 4 章）的对象标识符为：

{ iso standard 10303 part(44) version(3) object(1) product-structure-schema(1) }

这个值的意义在 GB/T 16262.1 中定义，且在 GB/T 16656.1 中描述。

B.2.2 product _concept _schema 的标识

为了在开放的信息系统中对 product_concept_schema 提供无二义性的标识，分配给 product_concept_schema 模式（见第 5 章）的对象标识符为：

{ iso standard 10303 part(44) version(2) object(1) product-concept-schema(2) }

这个值的意义在 GB/T 16262.1 中定义，且在 GB/T 16656.1 中描述。

B.2.3 configuration _management _schema 的标识

为了在开放的信息系统中对 configuration_management_schema 提供无二义性的标识，分配给 configuration_management_schema 模式（见第 6 章）的对象标识符为：

{ iso standard 10303 part(44) version(3) object(1) configuration-management-schema(3) }

这个值的意义在 GB/T 16262.1 中定义，且在 GB/T 16656.1 中描述。

附 录 C
（资料性附录）
计算机可解释的清单

本附录引用了本部分规定 EXPRESS 实体名和相应短名的清单。本附录还引用了本部分规定的 EXPRESS 模式的清单，不包括注释或解释性正文。这些清单以计算机可识别的形式提供，并可从以下 URL 找到：

短名：http://www.mel.nist.gov/div826/subject/apde/snr/

EXPRESS 模式：http://www.mel.nist.gov/step/parts/part044e2/is/

如果访问这些站点有困难，可直接从 sc4sec@cme.nist.gov 联系 ISO 中央秘书处或 ISO TC 184/SC4 秘书处（sc4sec@cme.nist.gov）。

注：以上 URL 以计算机可识别的方式提供的信息是资料性的。本部分包含的信息是规范性的。

附 录 D
(资料性附录)
EXPRESS-G 图

本附录中的图 D.1～图 D.3 对应于本部分中的 EXPRESS 模式。该图对 EXPRESS 语言使用了 EXPRESS-G 的图形表示法。EXPRESS-G 在 GB/T 16656.11 的附录 D 中定义。

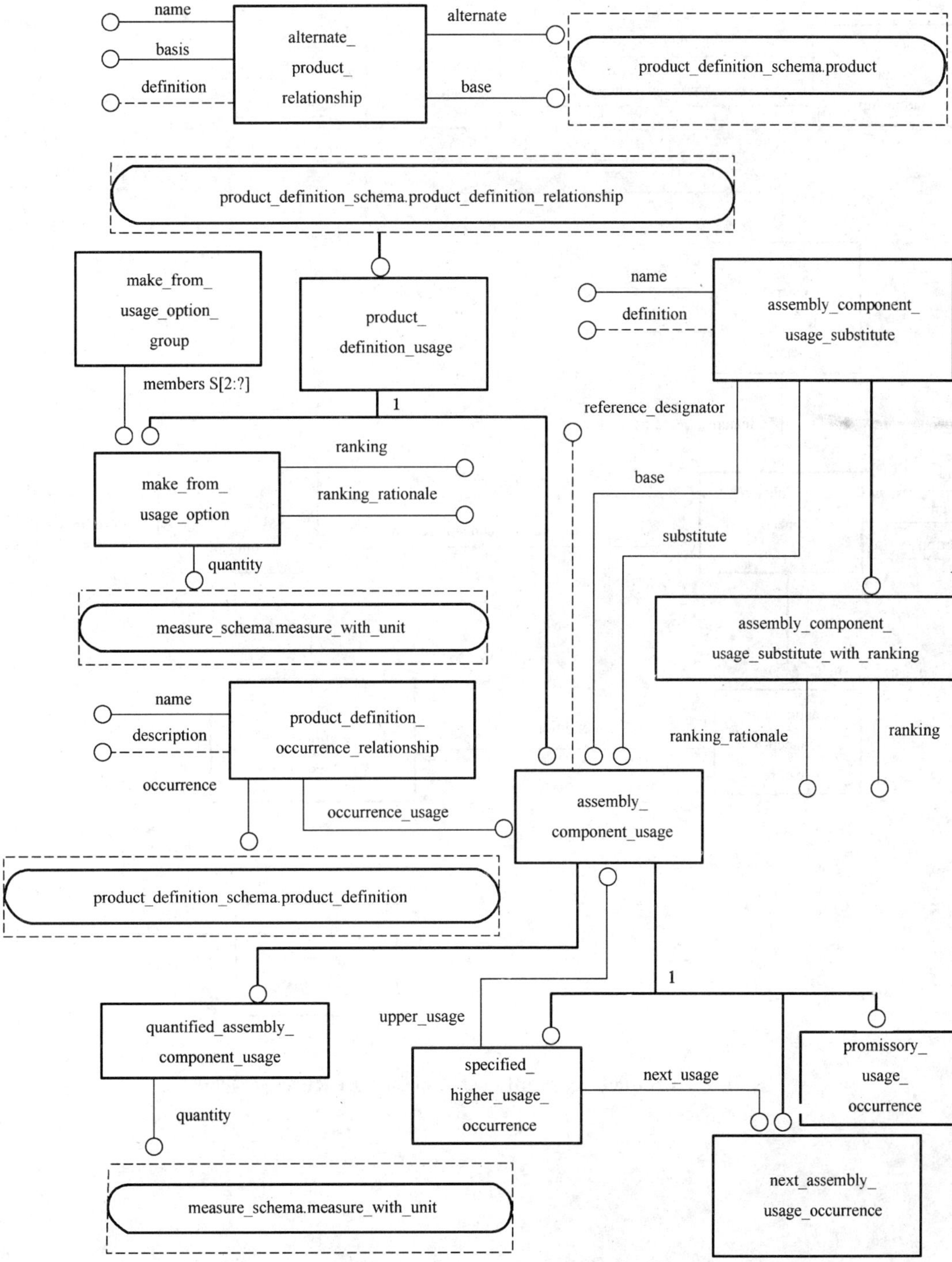

图 D.1 product_structure_schema 的 EXPRESS-G 图

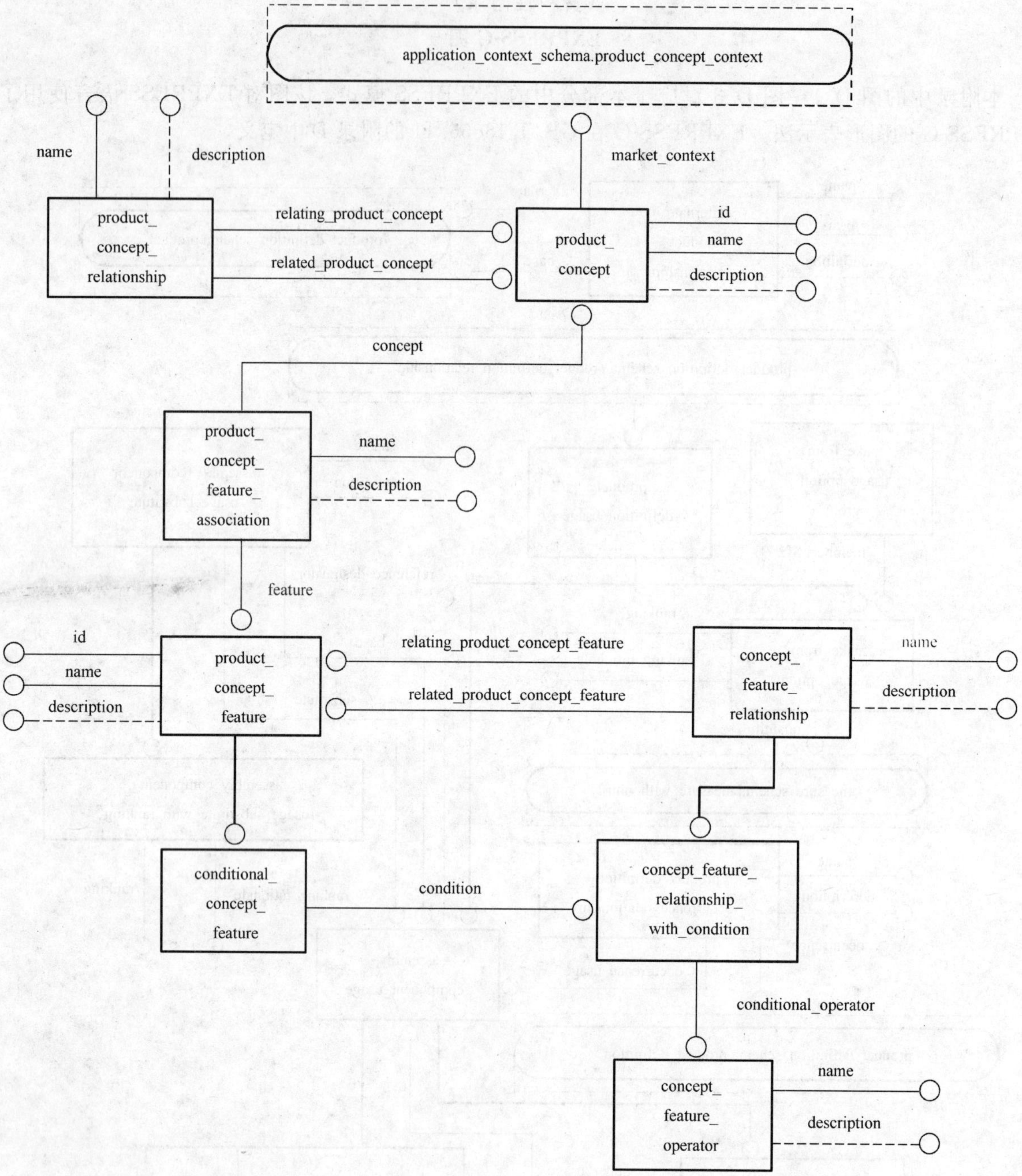

图 D.2 product _concept _schema 的 EXPRESS -G 图

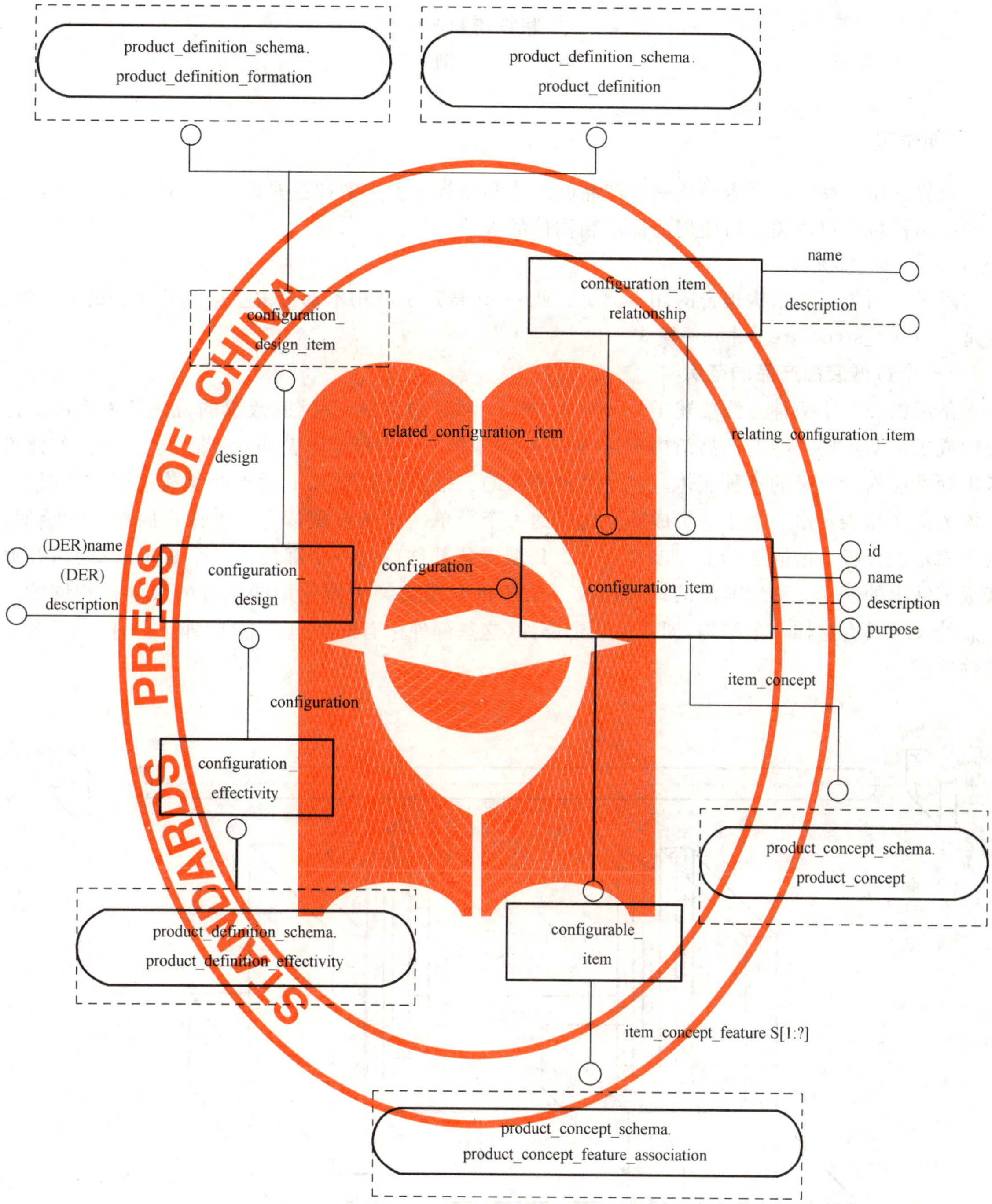

图 D.3 configuration _management _schema 的 EXPRESS -G 图(3/3)

附　录　E
（资料性附录）
范　　　例

E.1　产品结构

工业界常用产品结构报告描述一个产品的组成和结构。大多数产品是用一些部件和构件装配而成的。产品结构报告提供关于所使用的部件和构件的细节。

注：见第 3 章中的定义。

本附录给出了产品结构报告的几个例子。此外，还概述了利用本部分去生成这些报告的可能性，其重点是 product_structure_schema 模式。

E.1.1　一个机械装配产品的范例

本条用图和文字两种方法描述了一个称为"第 44 部分的范例产品"的假想的机械装配产品。这个装配构成了说明不同类型的产品结构报告（如下一段中的 BOM 和零件表）的基础。这个产品的建模使用了本标准前面所定义的各种实体。这个范例产品的三维图样见图 E.1，该产品结构的图示见图 E.2。

该范例产品表示由三个主要组成部分构成的一个简单的机械装配，即：一个作为底板的大金属板，及两个固定在底板上的同样的 L 型支架部件。L 型支架部件的每一个都使用三个螺母和螺杆，并通过在底板上钻出的三个孔固定两端的螺母构成。螺杆和 L 型支架中所使用的螺母的尺寸是相同的。这个产品的设计具有这样一个结构，即它由几个部件（这些部件中有的还包含部件，即子部件）以及若干单个零件构成。

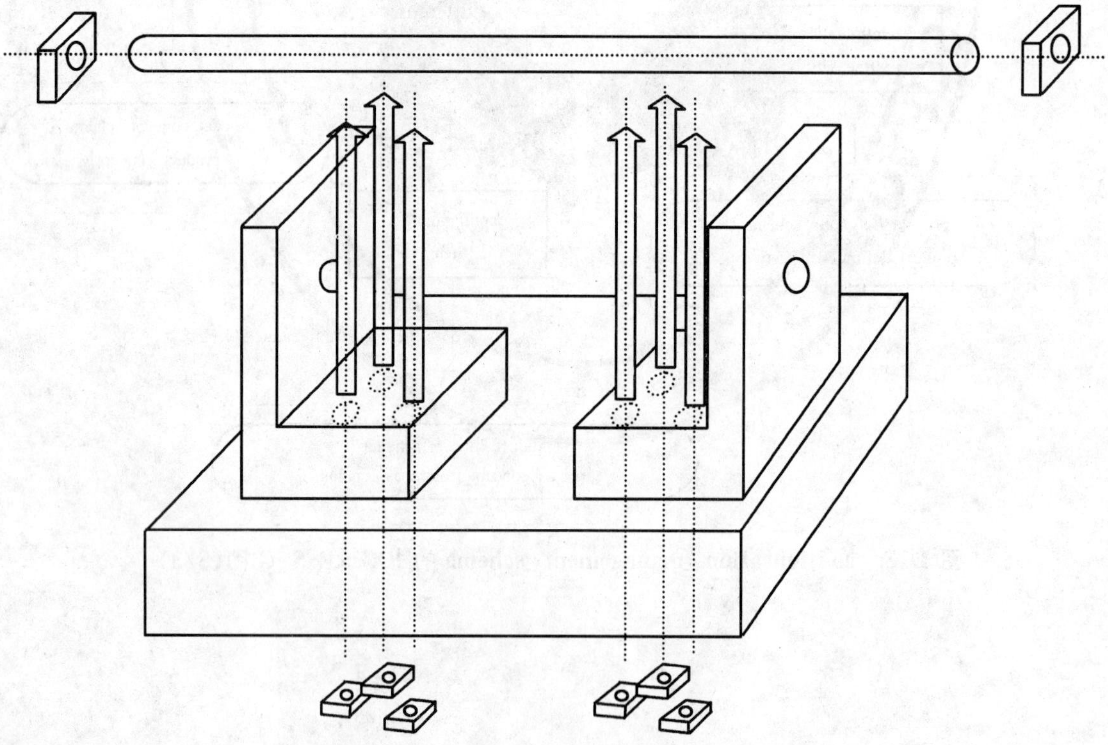

图 E.1　第 44 部分的范例产品

E.1.2 产品结构报告例子

产品结构报告可以把一个部件分解成多层细目。这些细目包括分解程度、所使用的子部件和构件的数量、子部件与构件的位置和方向，以及用于制成其他产品的产品。细目的各层包括：

——分解程度：

a) 单层：单个部件及其直接组成部分的子部件或构件；

b) 多层：一个或多个部件，其中至少有一个子部件被进一步分解。

——分解类型：

a) 扩展型定义：标识用于制造一个或多个构件的产品；

b) 爆炸型定义：对于一个给定的分解级别，要对每种组件和部件进行描述；而同一种组件或部件的多种用法则不必进行描述；

c) 展平型的：通过其构件来描述的一个部件；不描述其子部件；

d) 数值型的：对于一个给定的分解层，用其数量或总数仅一次来描述第一个子部件和构件；

e) 具体值型的定义：对于一个给定的分解层，用另一个部件或构件来描述它的每一个子部件和构件，尽管它们可能是相同的；

f) 标记具体值型的：这是一个具体值型的分解，其中每个子部件和构件都加了标记；

g) 定位型的：每一个组成部分都与相对于它的直接部件的坐标系的位置和方向联系起来；

h) 分解混合型的：对于一个给定的分解级别，每一个组件和部件都要进行描述；组件或部件可通过一个分解定义或分解事件来描述。

——分解格式：每一层分解都比前一层分解缩格排印。

现在，用“第 44 部分的范例产品”给出具有混合上面列举的特点的典型报告的例子。

E.1.2.1 例：数值、多层、缩排型产品结构报告

每一个部件、子部件和零件都放在新的一行上。可以给出指明组成部分数量或总数的数值。通过缩格排印指明的嵌套，同一层的组成部分的缩格数相同，这个报告指示“第 44 部分的范例产品”有两个 L 型支架部件，且每一个都包含三个螺母—螺杆部件，一个杆件包含两个螺母和一个螺杆。

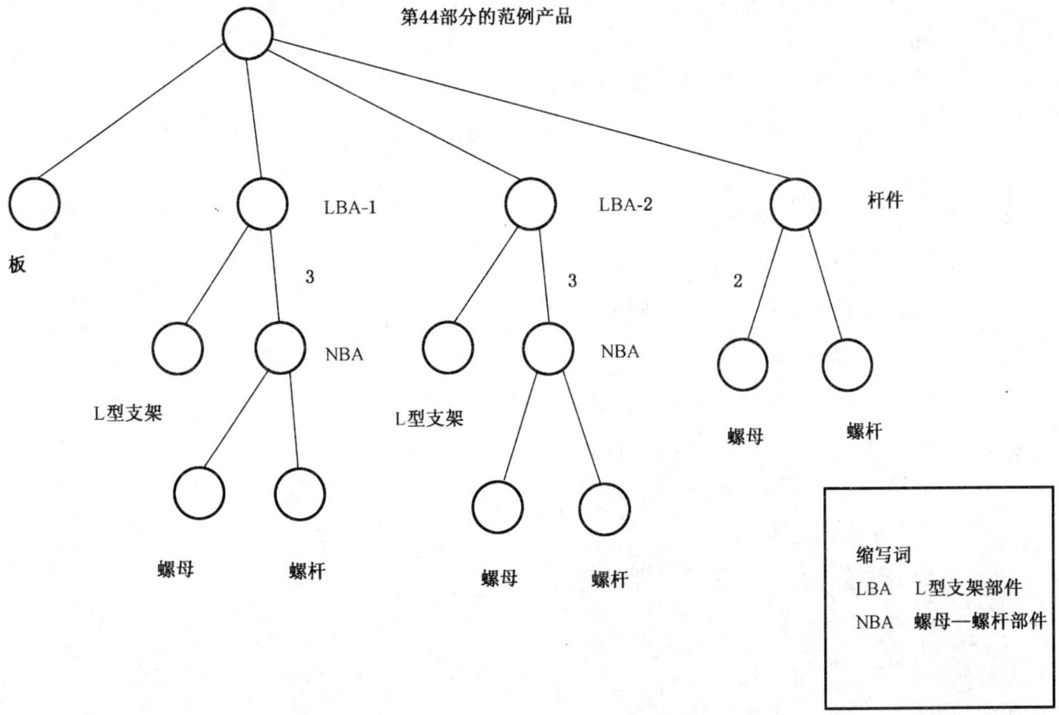

图 E.2 第 44 部分范例产品：图形产品结构

第 44 部分的范例产品

板

L 型支架部件 (2)

L 型支架

螺母—螺杆部件 (3)

螺母

螺杆

杆件

螺杆

螺母(2)

E.1.2.2 例:标记具体值、多层、缩排型产品结构报告

在这份报告中,把该产品结构分解到最底层,一个标号从上向下直到最低层地赋给每一个子部件和构件,例如螺母—1—1。利用这种形式,在完整的产品结构中能够调用螺母—2—1(第 2 个 L 型支架部件的第 1 个螺母)并且可以把它同螺母—螺杆—2(杆件的第 2 个螺母)区别开来。

第 44 部分的范例产品

板—1:板

L 型支架部件—1:L 型支架部件

L 型支架—1—1:L 型支架

螺母—螺杆部件—1—1:螺母—螺杆部件

螺母—1—1:螺母

螺杆—1—1:螺杆

螺母—螺杆部件—1—2:螺母—螺杆部件

螺母—1—2:螺母

螺杆—1—2:螺杆

螺母—螺杆部件—1—3:螺母—螺杆部件

螺母—1—3:螺母

螺杆—1—3:螺杆

L 型支架部件—2:L 型支架部件

L 型支架—2—1:L 型支架

螺母—螺杆部件—2—1:螺母—螺杆部件

螺母—2—1:螺母

螺杆—2—1:螺杆

螺母—螺杆部件—2—2:螺母—螺杆部件

螺母—2—2:螺母

螺杆—2—2:螺杆

螺母—螺杆部件—2—3:螺母—螺杆部件

螺母—2—3:螺母

螺母—2—3:螺杆

杆件—1:杆件

螺杆—1:螺杆

　　螺母—螺杆—1:螺母

　　螺母—螺杆—2:螺母

E.1.2.3　例:数值、多层、缩排、扩展型产品结构报告

这份报告包括每个组成部分的个数。这份报告是扩展型的,因为它引用了制成某些构件的产品,例如,底板用金属板制成。

第 44 部分的范例产品

板

　　金属板

L 型支架部件　　　　(2)

　　L 型支架

　　　　金属板

　　螺母—螺杆部件　　(3)

　　　　螺母

　　　　螺杆

　　杆件

　　　　螺杆

　　　　　　棒材

　　　　螺母　　　　(2)

E.1.3　BOM、零部件表以及混合数据结构

为了使一个允许的应用能生成上一节中各种产品结构报告所期望的正常信息,就需要这些信息按数据结构的表示进行物理存储。这个范例引进三种可用于表示其信息的数据结构,即在 E.1.3.1、E.1.3.2以及 E.1.3.3 定义的 BOM 数据结构、零件表数据结构以及混合数据结构。

E.1.3.1　BOM 数据结构

BOM 数据结构适用于表示部件的产品结构的情况,BOM 结构只对用于一次装配中的不同产品作规定,进而产生一个组建一次装配所需要的产品的清单。如同结构中定义的那样,这些产品中的每一个均为标准产品,并称为一个定义。在上面的范例产品中虽然规定使用 8 个螺母,但是在表示这个结构的 BOM 数据结构中仅有表示一个螺母的一个 product_definition 实体的实例,并且这个单一实体还表示了全部 8 个螺杆(见图 E.3)。

BOM 数据结构有助于对两个特殊定义之间的多种关系的表达。为了说明“第 44 部分的范例产品”中的三对螺母—螺杆的装配,数据结构只选取螺母—螺杆装配中的一个作为例子,但实际上有三种将其连接到父装配上的组合。

这种 BOM 数据结构有一个分歧,那就是对于每个装配中的组件,在包含该组件的所有装配中不可区分。因此,虽然 L 型支架装配中含有三组螺母—螺杆安装操作,每组都包含一个螺母和一个螺杆,但是没有办法区分 L 型支架装配中的任何一个螺杆或螺母个体,除非通过在装配中使用过程来进行区分。

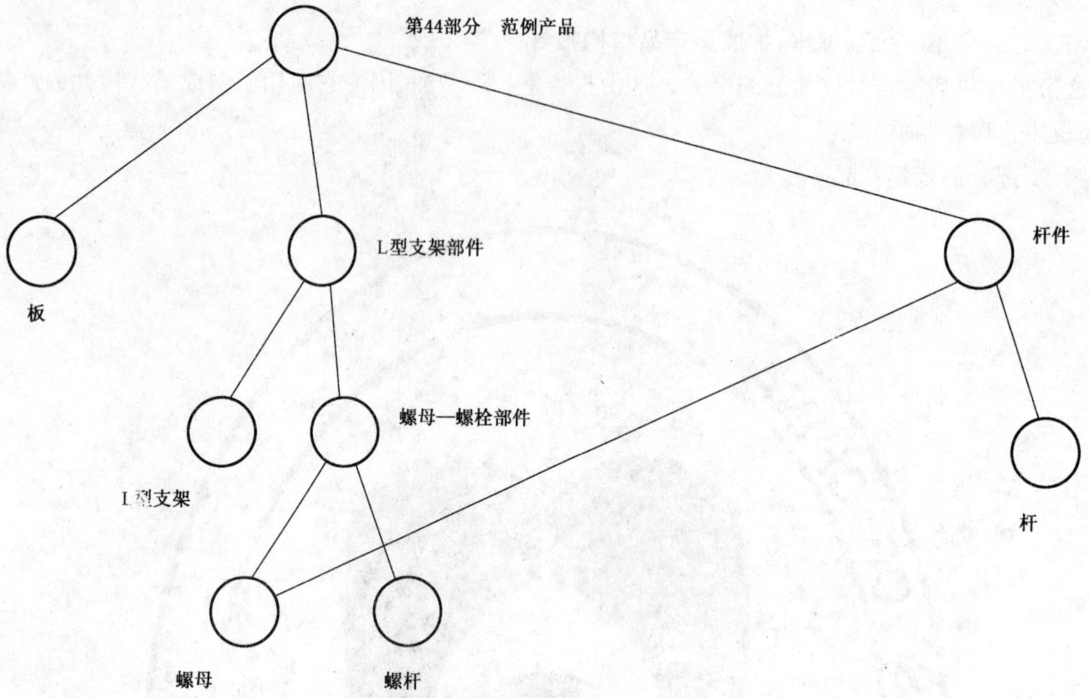

图 E.3　第 44 部分范例产品:BOM 数据结构

E.1.3.2　零件表数据结构

零件表数据结构可表现产品结构的较低层的各零件与其所包含的较高层各部件间关系的区别。

在单次数据结构中,这种数据结构多次使用同一个定义或标准产品。每使用一个特殊定义所进行的表达就称为一次事件。每次事件不必对其配对定义作出规定。在"第 44 部分的范例产品"中如果有两个 L 型支架装配事件,部件清单的数据结构将包含两个不同的 L 型支架事件,从而允许对所有"第 44 部分的范例产品"中的 L 型支架装配中的各组件进行单独识别。每一个 L 型支架装配事件都建立在一个标准的 L 型支架装配定义的基础上,这个标准的 L 型支架装配定义包含了所有其特征化的信息。在图 E.4 中可以看到这种部件清单数据结构,其中对 L 型支架装配和螺母—螺杆装配事件都逐一进行了表达。每个单独表达出的部件和装配均为这些部件或装配的一个定义事件。这样就清楚地说明了定义的关系。

E.1.3.3　混合数据结构

混合数据结构是一个 BOM 与部件清单数据结构的混合体。在这种混合体定义中,装配结构列出了其组件的所有使用事件。与之对应的是,一个使用事件都可以将其组件描述为具有多种组合的单个定义,从而也就描述了装配作业中组件定义的每一种特定用途。另外,构成装配作业中每个事件都可通过分解其组合定义来对其进行完全分解。

E.1.4　使用本部分实体对产品结构的数据结构的表达

将 BOM、部件清单以及混合数据结构映射到 product_definition 与 product_definition_relationship (或子型)实体的组合中。对于纯粹的 BOM 结构而言,由于低级别组件仅作为"黑匣子"用到父装配组件上,因此,仅需使用 product_definition_usage 的 quantified_assembly_component_usage、next_assembly_usage_occurrence 或者 make_from_usage_option 的子型即可。即使"第 44 部分的范例产品"中的确有两个 L 型支架装配,但是从 BOM 数据结构看来,这些 L 型支架装配均相同,并且不能够对其装配构件进行区分。对于部件清单结构而言,仅需使用 product_definition_usage 的 specified_higher_usage_occurrence 与 next_assembly_usage_occurrence 即可。在这种情况下,每个 L 型支架装配事件都将通过 product_definition 的单个实例来进行表达。对于混合结构而言,说明 BOM 与部件清单数据结构的所有实体都可使用。

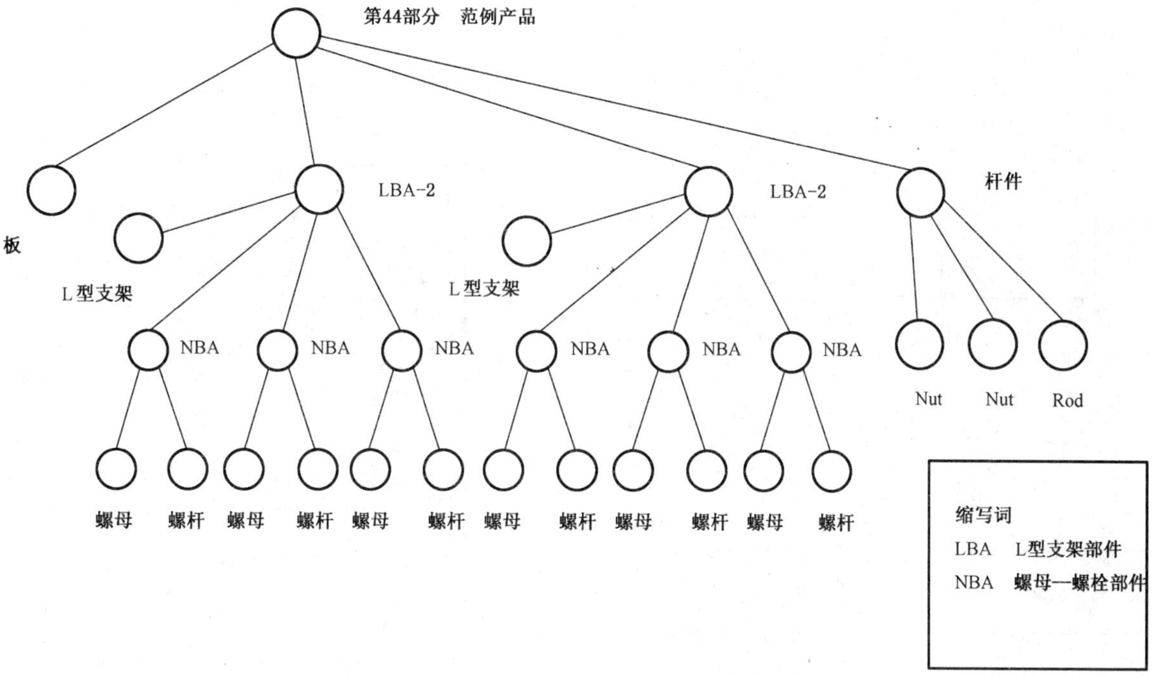

图 E.4 第 44 部分范例产品:零件列表数据结构

图 E.5、图 E.7 以及图 E.11 中都有本部分内容中实体的符号体系,这些符号体系在图 E.5 及后面各图形中都会用到。矩形代表 product_definition 的实例,圆圈代表 product_definition_relationship 实体或其一个子型的实例。圆圈或者标上具体子型的第一个字母,或者标上"D—O"字样以表示一个说明某事件与其配对定义之间关系的 product_definition_relationship。在图 E.5 中,列举了 product_definition_usage 的 next_assembly_usage_occurrence(标有"N")、quantified_assembly_component_usage(标有"Q")以及 make_from_usage_option(标有"M")子型的实例。

E.1.4.1 定义性 BOM 结构表达

为说明 BOM,可采用两种方式来表明一个装配事件中组件的数量。可用 product_definition_usage 的 quantified_assembly_component_usage 的子型来说明一次装配事件中要用到的组件的数量。图 E.5 中就含有一个 BOM 数据结构的子集。在该图中,"第 44 部分的范例产品"与 L 型支架装配之间只有单一的关系。

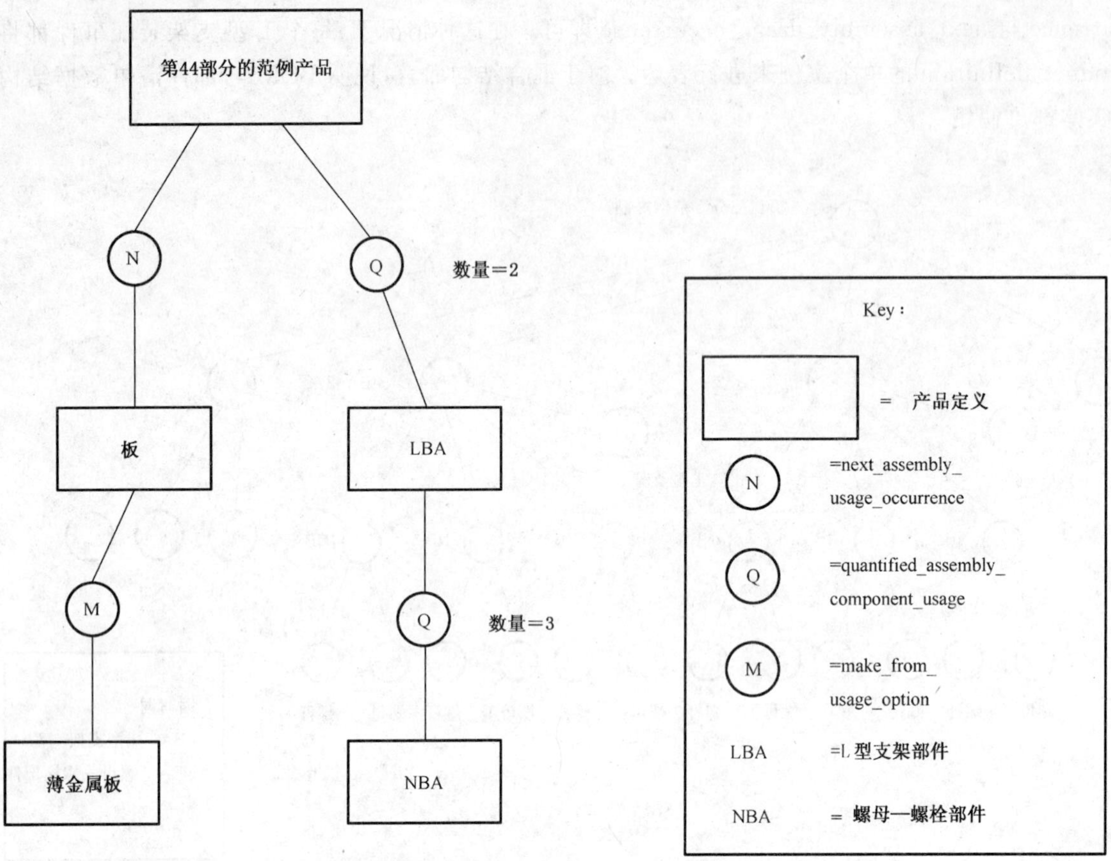

图 E.5　使用本部分实体的 BOM 数据结构

这种关系可用规定 L 型支架装配数量为 2 的 quantified_assembly_component_usage 来表示。类似地，L 型支架装配与螺母—螺杆安装之间也只有单一关系。quantified_assembly_component_usage 为螺母—螺杆安装事件的数量规定为 3。

说明 BOM 的第二种方法包括对组件与装配事件之间的每一种关系的识别。图 E.6 通过使用本部分内容展示了 BOM 数据结构中"第 44 部分的范例产品"的完整模式。需要注意的是：next_assembly_usage_occurrence 实体的各个实例表示一个部件在高级装配中的各次使用。各装配事件中的组件数量可通过计算 next_assembly_usage_occurrence 实例的数量来计算，而不是通过用于说明数量的 quantified_assembly_component_usage 的单个实例来计算。

E.1.4.2　定义性部件清单结构表达

如果只用定义性 product_definition 实例来说明部件清单，则要用到 product_definition_usage 的 specified_higher_usage_occurrence 以便明确一个特定的低级别组件在高级装配所有前后关系中的特殊用途。部件清单可清楚地识别一个低级装配的子部件，正如将其从另一个低级装配中的类似子部件区别开来一样。存在这种可能性是由于 product_definition_usage 的 specified_higher_usage_occurrence 的子型可以提供额外的前后关系信息的缘故。这种额外前后关系信息是通过规定特定直接父装配与特定顶级别装配来提供的。

在图 E.7 中，定义部件清单的额外信息由 product_definition_usage 的子型来表示，即 specified_higher_usage_occurrence 实体，其符号表示为标有"S"的圆圈。这里，specified_higher_usage_occurrence 实体仅可参考两个 L 型支架装配事件其中之一的一个特定螺母—螺杆安装。如同 next_assembly_usage_occurrence 实体表示 L 型支架装配事件一样，这种表示方法可通过将 next_assembly_usage_occurrence 实体与两次 L 型支架装配事件的仅仅一次联系起来即可达成。

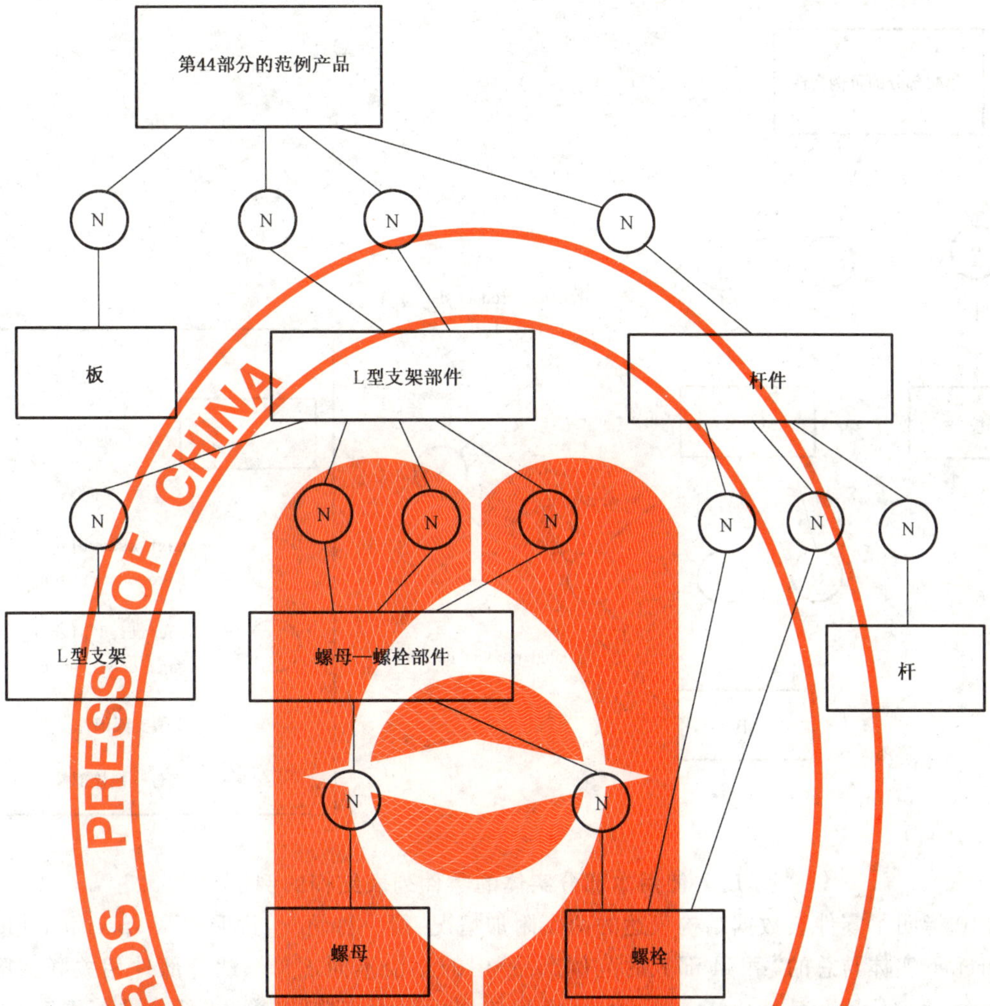

图 E.6 第 44 部分范例产品的 BOM 数据结构

注意,在本例中,即使按本部分内容的实体来完成部件清单,也不必设立低级别组件的个体实例。相反地,可通过中间的 specified_higher_usage_occurrence 和 next_assembly_usage_occurrence 实体来提供额外的识别信息。

在图 E.8、图 E.9 和图 E.10,以使用本标准实体的形式,在高层部件环境里给出了若干低层构件(螺母、螺杆、部件)的表示。在这三个图的每一图中都用一个大方框把原先的 BOM 数据结构框起来,支持这些例子的零件表方面所需的附加实体在大方框之外,并带有它们引用原先 BOM 的属性。

具体地说,图 E.8 强调 specified_higher_usage_occurrence 实体的应用,其表示在“第 44 部分的范例产品”中,更确切地说包括杆件实体中的杆如何使用。这是包含二层构件的一个例子,因此,specified_higher_usage_occurrence 实体的两个属性 upper 和 next 指的就是 BOM 结构的 next_assembly_usage_occurrence 构件。

图 E.9 中给出了两种不同的情况。一种情况包括两个位于上方的 specified_higher_usage_occurrence,其用来表示专用于“第 44 部分的范例产品”的杆件的两个螺母。注意,图中不包含到顶层“第 44 部分的范例产品”的定义和到底层螺母的定义的附加关系线,以避免图的混乱。另一种情况是用一个 specified_higher_usage_occurrence 实体去表示在一个 L 型支架部件的一个特定的螺母。另外,在这两种情况下都仅表示构件与部件间的一个二层关系,因此,中间的(product_definition_usage 实体都是 next_assembly_usage_occurrence。

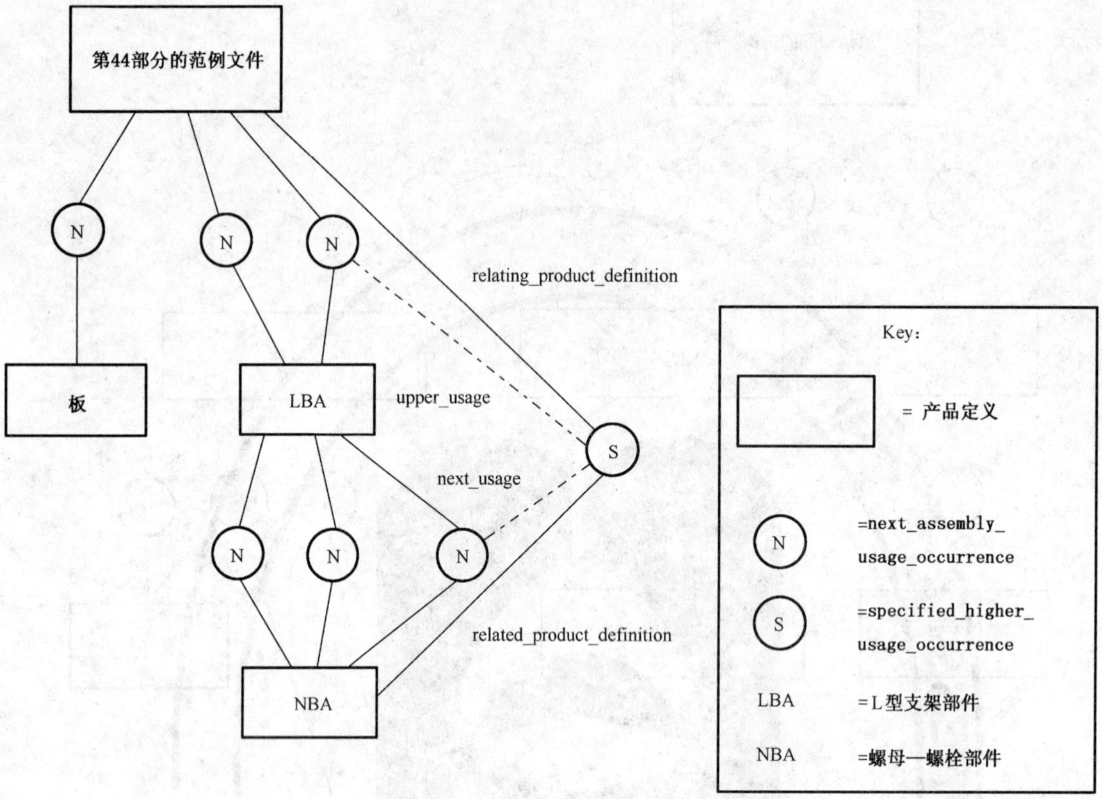

图 E.7 使用本部分实体的零件列表结构的例子

图 E.10 指明了零件表数据结构表达的两个附加情况:第一种情况,说明三个 specified_higher_usage_occurrence 实体与总的“第 44 部分的范例产品”中的三个不同螺母—螺杆部件相关联。第二种情况,说明一个 specified_higher_usage_occurrence 实体用于表示在总的“第 44 部分的范例产品”的一个特定的 L 型支架部件中的一个特定的螺母—螺杆部件的一个特定的螺母。后一种情形利用 specified_higher_usage_occurrence 实体建立了一个特定的螺母和总的产品间的三层结构关系模式。因此,相关联的 specified_higher_usage_occurrence 实体有其指向另一个的 specified_higher_usage_occurrence 实体,即标识一个具体的 L 型支架部件中的一个具体螺母—螺杆部件的实体的 next 属性。这就是允许我们去建立加标记的各个具体值的零件表数据结构特征模型的支持层。

部件清单表达渐增的复杂性反映了所要管理的数据结构中信息的复杂性。实际上,如图 E.7 中见到的那样,更完整的表达模式中所包含的 specified_higher_usage_occurrence 实体的递增数量就直接与穿越部件清单数据结构模型的预计路径数量成比例。通过对 BOM 数据结构的规范就剔除了各组件的个体实例,取而代之的是单个 specified_higher_usage_occurrence 实体,以便满足在一个组件与高级别装配作业之间建立多种互连的特殊联系要求。

E.1.4.3 安装部件清单结构表示方式

产品结构的一个完整部件清单的表示可用本部分内容的实体来进行说明。图 E.4 描述了一种捕捉产品结构中特殊定义的每一个事件的数据结构的表示方式。每一个圆圈表示一个标准部件的一个事件。每一个事件都通过 product_definition 实体的一个实例来表示。代表一个事件的每一个 product_definition 反过来都与代表作为一个事件的标准部件的定义性 product_definition 有关。

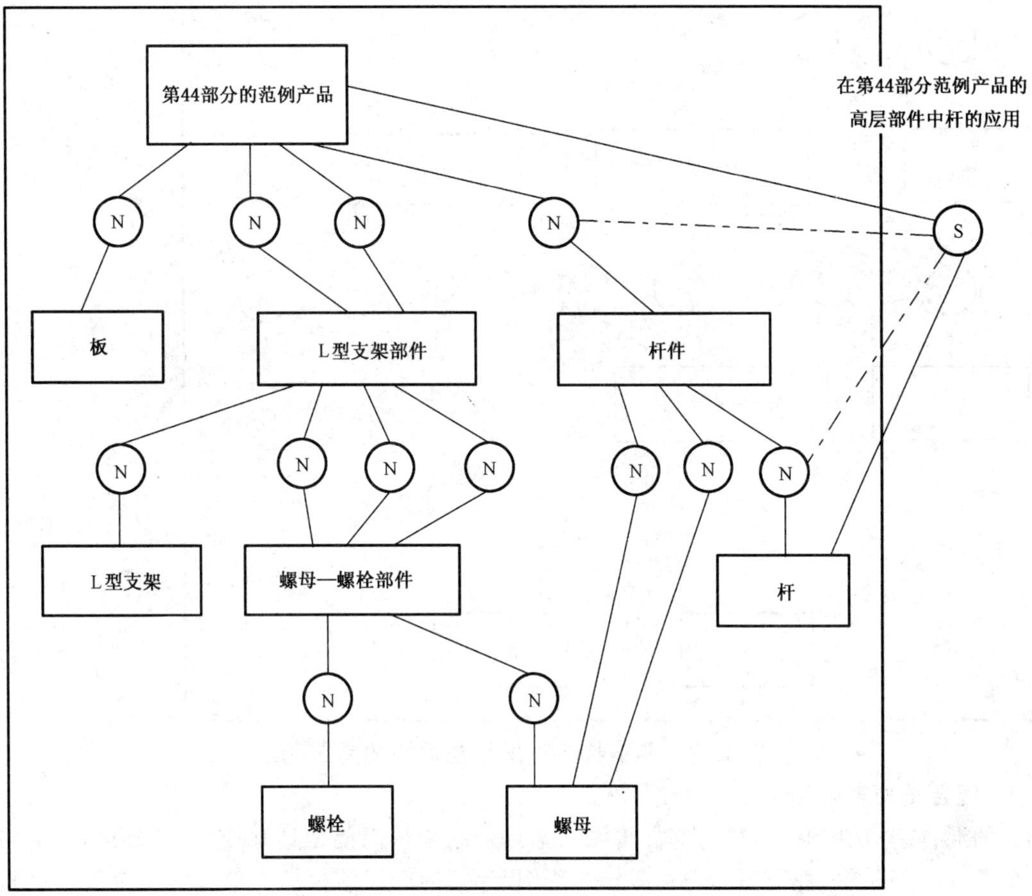

图 E.8 高层用法数值规定的例子

如果产品结构完全以这种方式表示，则它可能被横穿而到达产品结构中的任何特定事件。无 specified_higher_usage_occurrence 实例的需要，因为在任何级别，数据都可与在产品结构中表示产品特定事件的 product_definition 的单个实例联系起来。

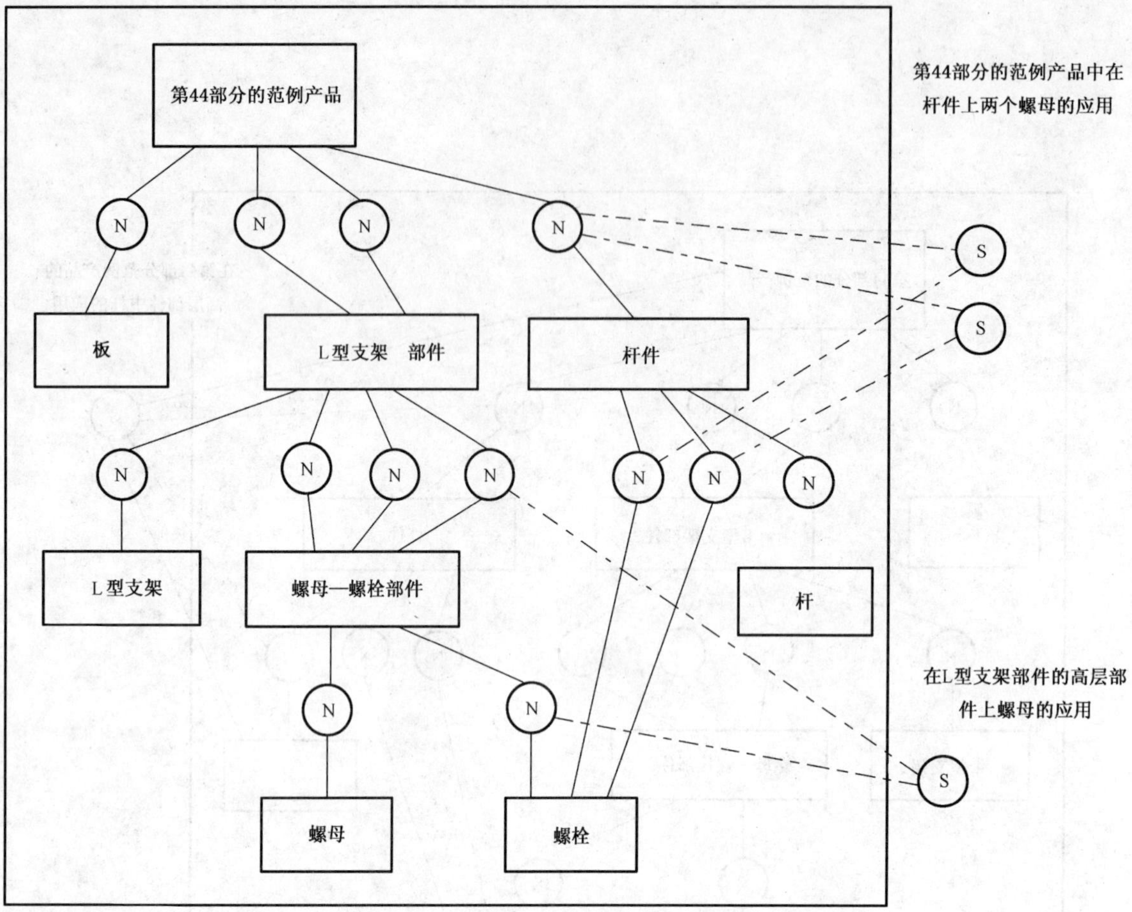

图 E.9　具备特定高层用法数值的特定用法

E.1.4.4　混合结构表达

创建的混合结构中，将 BOM 与部件清单表达混合起来从而使之具有按照要求说明定义与事件的功能。图 E.11 描述了一种采用"第 44 部分的范例产品"的产品结构的一部分的一个混合结构。每个定义与事件都由一个 product_definition 实例来说明。在图中，"第 44 部分的范例产品"的定义由 L 型支架装配的平板与两个事件的定义构成。L 型支架装配的每个事件都通过一个 product_definition_relationship 而与 L 型支架装配的单个 BOM 定义相关，其符号体系表示为标有"D—O"字样的圆圈，这种 BOM 定义将其定义为一个定义性事件。因而，L 型支架装配的定义就可以通过使用规定为三个装配事件的螺母—螺杆装配的以便部件清单结构来进行说明，并通过采用 next_assembly_usage_occurrence 而与 L 型支架装配事件相关。

因而，螺母—螺杆装配的每一个事件都逐一与此装配的定义联系起来，从而，在装配中每个事件又再次与将其规定为定义性事件的 product_definition_relationship 的实例一起联系起来。必要的情况下，要通过 next_assembly_usage_occurrence 的多个实例采用纯 BOM 表达方式来对每个装配事件进行定义。

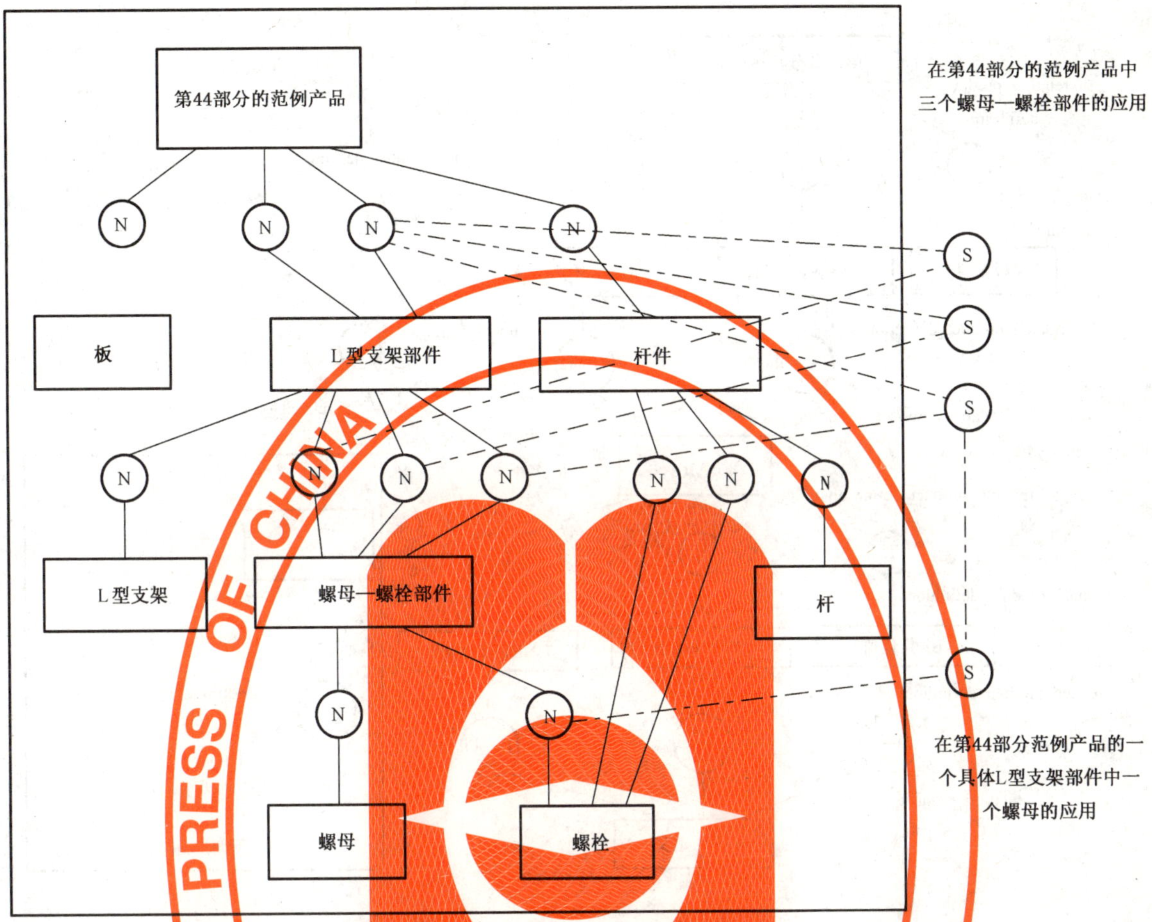

图 E.10　特定高层用法数值的复杂性

在"第 44 部分的范例产品"规定的前后关系中,对于螺母—螺杆配件的一个特殊用途而言,不能对混合结构中的特殊事件 product_definition 加以简单地说明。这里,specified_higher_usage_occurrence 需要作为产品结构中间级别定义的插入事件而出现。为了说明"第 44 部分的范例产品"中的第二个 L 型支架装配事件中的第三对螺母—螺杆安装,specified_higher_usage_occurrence 要指明在每一中间级别的装配中说明使用组件的两个 next_assembly_usage_occurrence。由于在混合结构情况下,定义与事件并不直接相关,因此,specified_higher_usage_occurrence 要在定义的产品结构中说明各个使用事件。

E.1.5　产品结构报告的生成

一旦使用本标准的实体表示了实际的产品结构,则生成本附录前面所述的各种产品结构报告便是可能的。该算法的要点是标识要生成报告的顶层产品,然而反复地通过它的组成部分子部件经 quantified_assembly_component_usage,next_assembly_usage_occurrence 或 make_from_usage_option 实体,并根据遍历这些实体时可利用的信息,调用数值及标志,实施适当的索格排印。众所周知,有用于向下通过该结构的若干层的树的遍历算法,其可提供必要的多层报告。此外,根据遍历的发生,通过 specified_higher_usage_occurrence 实体可利用的附加结构信息可被存取,并按需要可应用于所产生的报告。

这样,报告的生成就变成了使用由每一个这样的实体类所唯一提供的附加信息。在 product_definition 实体间的遍历。这个遍历经过 product_definition_usage 实体类型的各种子类型,即 make_from_usage_option、quantified_assembly_component_usage、next_assembly_usage_occurence 以及 specified_higher_usage_occurrence。

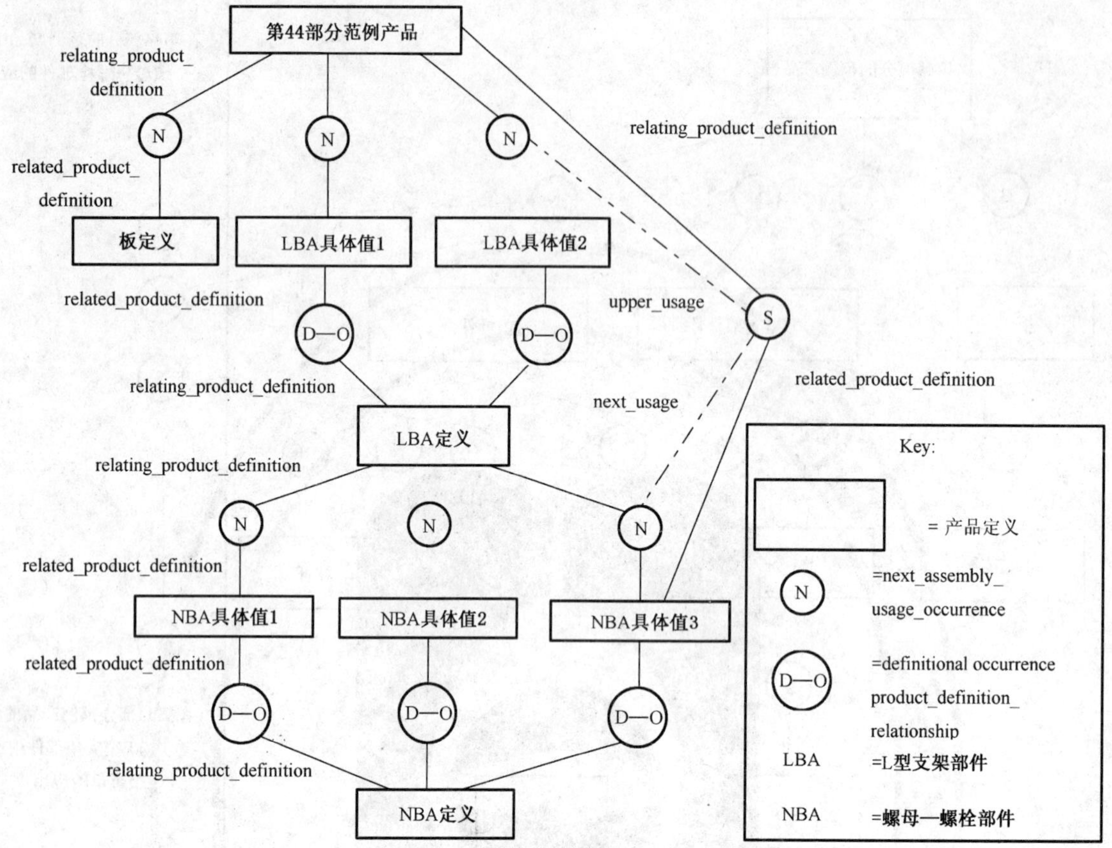

图 E.11 第44部分范例产品的混合结构

E.1.6 结束语

本附录给出了支持BOM数据结构及零件表数据结构的“第44部分的范例产品”的几种表达方法。恰当地应用这些表达法的每一种都能生成本附录其前面小节中所提供的各种产品结构报告。从几个例子来看，本标准所定义的实体的主要特点是它允许数据建模者用同样的原实体去建立各种类型或产品结构数据结构（例如BOM、零件表等），这样就简化了用户间有意义的信息交换，而不需要借助代价很高的数据模型映射工作。作为该特定特点的例子，它说明了仅增加specified_higher_usage_occurrence实体的实例，不需要改变任何已有的BOM数据结构的实现，本标准的实体就能够支持从纯BOM数据结构的实现到零件表数据结构的实现递增的演变。

E.2 产品特征与产品概念

根据为识别产品概念的不同特征而规定的依赖性与条件，允许一个产品概念具有数个有效的产品变化。在这个附录中，列举了不同类型的关于产品特征间的依赖性的例子，并采用本部分内容来表达这些依赖性。

由汽车公司制造的特殊模型可通过product_concept来表达。在制成的模型上，要安装上柴油发动机(DE)或者火花点火发动机(SI)。每一个这种发动机都可通过product_concept_feature的实例来表达。可用全球性条件“DE XOR SI”表达以保证在每一辆成品汽车中恰好只有这些发动机的一种。这种条件通过conditional_concept_feature引用一个带有condition_operator的concept_feature_relationship_with_condition 来表达，其中 conditional_operator 为一种具有"XOR"名称的 concept_feature_operator。对 concept_feature_relationship_with_condition 的说明将引用一个 product_concept_feature，并将 id "DE"作为其 relating_product_concept_feature 的 product_concept_feature，同时将 id "SI"作为其 related_product_concept_feature。

一个特定的汽车模型的特征包括空调系统(AC)和电动摇窗机(EW)。如果这些设备都被订购，则还需要一个电力更大的电池组(SB)。这些汽车特征中的每一种都可采用 product_concept_feature 的实例来表达。对于因空调和电动摇窗机都作订购而需要安装的电力更大的电池组这个条件，则可通过 concept_feature_feature 的实例来表达。可采用 concept_feature_operator 来定义不同的逻辑形态以便对这种条件进行说明。

图 E.12 表明了通过采用二进制操作符：与(AND)、或(OR)和否(NOT)来表达这种条件的一种方式。其布尔逻辑表达式为"(((AC AND EW)AND SB)OR(NOT(AC AND EW)))"。一个 concept_feature_relationship_with_condition 与一个具有"AND"名称的 concept_feature_operator 一起建立了这种对空调系统和电动摇窗机都作要求的关系。这种关系就是 concept_feature_feature 的条件。将 concept_feature_feature 与更大电力的电池组以及一个 AND 操作符联系起来，则就可以说所有三个特征都具备了。按照惯例，concept_feature_feature 也用于同它自己的关系之中，以便确立否定条件。最终的 concept_feature_feature 与一个 OR 操作符联系起来，就可以说要么具备了三个特征，要么空调系统与电动摇窗机这两个特征都不具备。

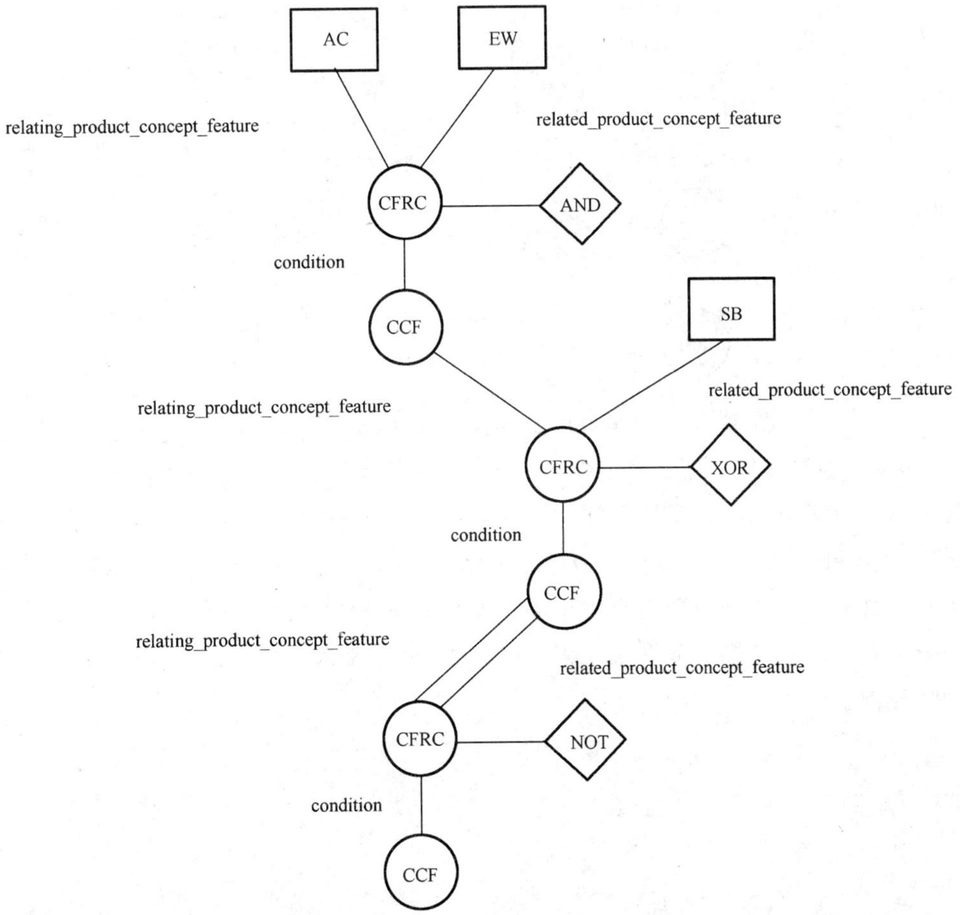

图 E.12 condition _concept _feature 的交替二元运算符

图 E.13 表明了在空调系统与电动摇窗机这两个特征都具备的条件下，将汽车中安装更大电力电池组与否作为额外约束的类似条件的一种表达方式。这种方式也采用二进制操作符：与(AND)、或(OR)和否(NOT)。其布尔逻辑表达式为"NOT((AC AND EW)XOR SB)"。一个 concept_feature_relationship_with_condition 与一个具有"AND"名称的 concept_feature_operator 一起建立了这种对空调系统和电动摇窗机都作要求的关系。这种关系就是 concept_feature_feature 的条件，将 concept_feature_feature 与更大电力的电池组以及一个 XOR 操作符联系起来，则就可以说要么空调系统与电动摇窗机的特征都具备，要么具备更大电力的电池组特征。按照惯例，concept_feature_feature 也用于同它自己的关系之中，以便确立否定条件，进而确立所需要的特征组合。

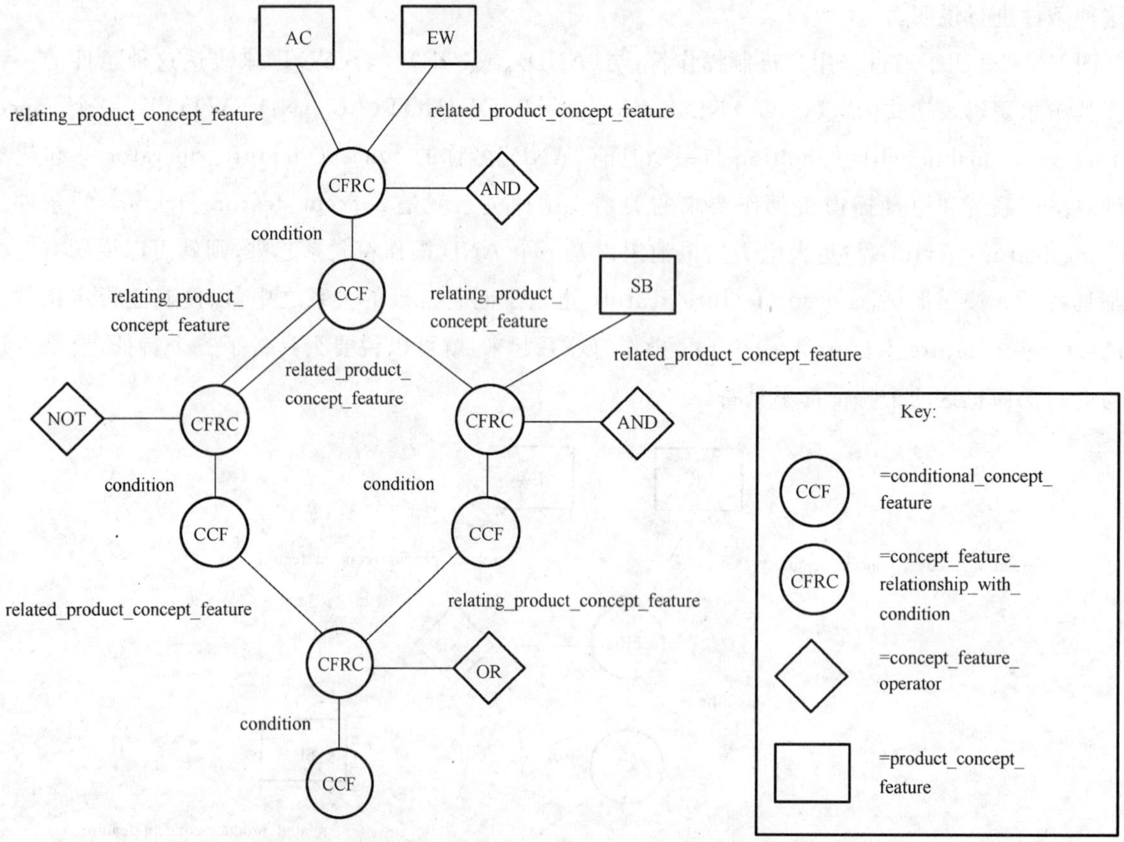

图 E.13 condition _concept _feature 的二元运算符

图 E.14 表明了通过使用二进制操作符 AND 并引入隐含操作的一个操作符来表达同样条件的一种方式。其表达式为"(AC AND EW)IMPLIES SB"。一个 concept_feature_relationship_with_condition 与一个具有"AND"名称的 concept_feature_operator 一起建立了这种对空调系统和电动摇窗机都作要求的关系。这种关系就是一个与更大电力电池组以及新引入的 IMPLIES 操作符联系在一起的 concept_feature_feature 的条件。这种关系确立了上述条件：要么三个特征都具备，要么空调系统与电动摇窗机的特征都不具备。

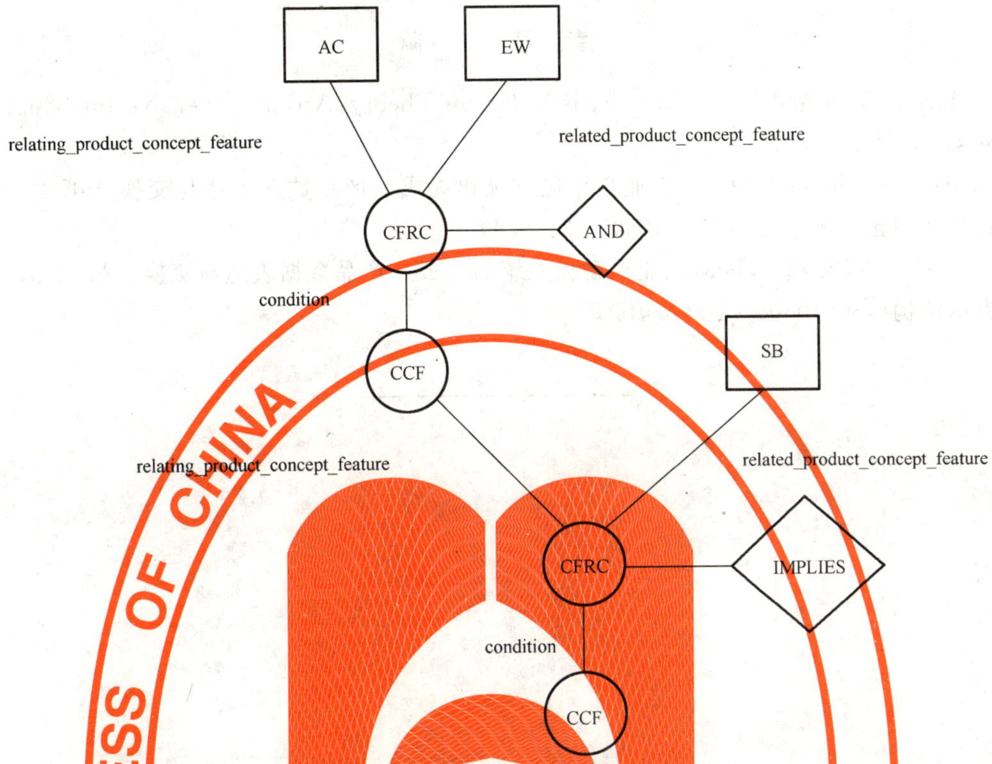

图 E.14 condition_concept_feature 的定义运算符

参 考 文 献

[1] Hartsfield N and Ringel G. Pearls in Graph Theory:A Comprehensive Introduction. Academic Press,Inc. San Diego,1990

[2] GB/T 16656.42—1998 工业自动化系统和集成 产品数据表达与交换 第42部分:集成通用资源:几何与拓扑表达(idt ISO 10303-42:1994)

[3] GB/T 16656.43—2008,工业自动化系统与集成 产品数据表达与交换 第43部分:集成通用资源:表达结构(ISO 10303-43:2000,IDT)

ICS 25.040.40
L 67

中华人民共和国国家标准

GB/T 16656.47—2008/ISO 10303-47:2000
代替 GB/T 16656.47—2001

工业自动化系统与集成 产品数据表达与交换 第47部分:集成通用资源:形状变化公差

Industrial automation systems and integration—Product data representation and exchange—Part 47:Integrated generic resources:Shape variation tolerances

(ISO 10303-47:2000,IDT)

2008-10-07 发布　　2009-04-01 实施

中华人民共和国国家质量监督检验检疫总局
中国国家标准化管理委员会　发布

前言

GB/T 16656《工业自动化系统与集成　产品数据表达与交换》是一个由多个部分组成的标准，各部分单独出版。GB/T 16656 的所属各部分又组成多个子系列，即：

——第 1 至第 19 部分规定了描述方法；
——第 20 至第 29 部分规定了实现方法；
——第 30 至第 39 部分规定了一致性测试方法与框架；
——第 40 至第 59 部分规定了集成通用资源；
——第 100 至第 199 部分规定了集成应用资源；
——第 200 至第 299 部分规定了应用协议；
——第 300 至第 399 部分规定了抽象测试套件；
——第 400 至第 499 部分规定了应用模块；
——第 500 至第 599 部分规定了应用解释构造；
——第 1000 至第 1999 部分规定了应用模块。

GB/T 16656《工业自动化系统与集成　产品数据表达与交换》现已发布了以下 26 个部分：

——第 1 部分：概述与基本原理；
——第 11 部分：描述方法：EXPRESS 语言参考手册；
——第 21 部分：实现方法：交换文件结构的纯正文编码；
——第 31 部分：一致性测试方法与框架：基本概念；
——第 32 部分：一致性测试方法与框架：对测试实验室和客户的要求；
——第 34 部分：一致性测试方法与框架：应用协议实现的抽象测试方法；
——第 41 部分：集成通用资源：产品描述与支持原理；
——第 42 部分：集成通用资源：几何与拓扑表达；
——第 43 部分：集成通用资源：表达结构；
——第 44 部分：集成通用资源：产品结构配置；
——第 45 部分：集成通用资源：材料；
——第 46 部分：集成通用资源：可视化显示；
——第 47 部分：集成通用资源：形状变化公差；
——第 49 部分：集成通用资源：工艺过程结构和特性；
——第 101 部分：集成应用资源：绘图；
——第 105 部分：集成应用资源：运动学；
——第 201 部分：应用协议：显式绘图；
——第 202 部分：应用协议：相关绘图；
——第 203 部分：应用协议：配置控制设计；
——第 501 部分：应用解释构造：基于边的线框；
——第 502 部分：应用解释构造：基于壳的线框；
——第 503 部分：应用解释构造：几何有界的二维线框；
——第 513 部分：应用解释构造：基本边界表达；
——第 520 部分：应用解释构造：相关绘图元素；
——第 1001 部分：应用模块：外观赋值；

——第1006部分:应用模块:基础表达。

本部分为GB/T 16656的第47部分。

本部分等同采用ISO 10303-47:2000《工业自动化系统与集成　产品数据表达与交换 第47部分:集成通用资源:形状变化公差》。

本部分在技术内容上与ISO 10303-47:2000保持一致,仅由于为将其转化为国家标准,根据我国国家标准的制定要求,作了如下编辑性改动:

对于带下划线的用于EXPRESS语言描述的各黑体英文实体名、属性名和函数名等,为了既要维护其英文原意又要便于了解其名称代表的意思,在本部分中,当其作为标题出现时,标出了其中文译名;但在正文中,以英文为主,仅在正文中第一次出现或必要时,才将中文译名括起来放在英文原名后。

本部分代替GB/T 16656.47—2001《工业自动化系统与集成　产品数据表达与交换　第47部分:集成通用资源:形状变化公差》。本部分与GB/T 16656.47—2001相比,主要技术差异为:

a) 修改了以下EXPRESS实体模式:

——datum;

——datum_target;

——datum_feature;

——derived_shape_aspect;

——center_of_symmetry;

——symmetric_shape_aspect;

——measure_schema;

——shape_dimension_representation;

——shape_tolerance_schema;

——tolerance_select;

——geometric_tolerance;

——geometric_tolerance_with_defined_unit;

——projected_zone_definition;

——tolerance_with_statistical_distribution;

——tolerance_value。

b) 修改了B.1中规定的文档对象标识符。

c) 修改了B.2.1中规定的实体对象标识符。

d) 修改了B.2.2中规定的实体对象标识符。

e) 修改了B.2.3中规定的实体对象标识符。

f) 修改了附录C中规定的实体短名和EXPRESS模式下载网址。

本部分的附录A、附录B为规范性附录,附录C、附录D为资料性附录。

本部分由中国机械工业联合会提出。

本部分由全国工业自动化系统与集成标准化技术委员会(SAC/TC 159)归口。

本部分主要起草单位:中国标准化研究院。

本部分主要起草人:洪岩、秦光里、王欣玲、史立武。

本部分所代替标准的历次版本发布情况为:

——GB/T 16656.47—2001。

引　言

GB/T 16656 是一个计算机可解释的用于产品信息表达和产品数据交换的技术标准。其目的是对产品全生命周期提供一种独立于任何特定系统、能够描述产品数据的中性机制。其描述功能不仅适合于中性文件的交换，而且也是实现和共享产品数据库及存档的基础。在 GB/T 16656.1 中对这些类别进行了说明。本部分属于集成资源类。

本部分中形状变化公差是指几何公差和轮廓公差。

本部分由以下方面组成：

——形状外观定义，它为用尺寸和公差表示形状提供了资源。

——形状尺寸，它为工程设计中尺寸大小和满足尺寸要求的相对位置的表示提供资源。

——形状公差，它为加工形状允许的变动极限的表示提供资源。

本部分支持现存所有有关技术制图的国际标准中定义的尺寸和公差注法。这些方法包括显示尺寸、关联尺寸、正负公差和几何公差。

工业自动化系统与集成　产品数据表达与交换　第47部分:集成通用资源:形状变化公差

1　范围

GB/T 16656 的本部分规定了表达产品形状的尺寸和公差的资源结构。尺寸表达了形状的大小和形状可确认部分的位置。公差规定了定义产品形状和尺寸的允许偏差。本部分给出的尺寸和公差表达适用于二维和三维零件几何模型。

以下内容属于本部分的范围:

——约束产品形状特征的公差;

——定义形状的公差规范;

——几何公差和正负公差的表达;

——公差值的表达;

——尺寸的表达;

——给形状赋予尺寸特征;

——给形状赋予方向和位置特征;

——基准和参照基准的规范;

——导出形状要素的标注,如中心线和交点;

——形状的约束和配合制。

以下内容不属于本部分的范围:

——公差和尺寸标注的基本原则、概念和术语的定义;

——公差和基准的数学定义;

——标注尺寸或公差的惯例的描述;

——尺寸检验方法的规范;

——公差的合成与分解;

——除形状以外的产品特征公差;

——工程制图中公差的表示;

——表面粗糙度的规范。

2　规范性引用文件

下列文件中的条款通过 GB/T 16656 的本部分的引用而成为本部分的条款。凡是注日期的引用文件,其随后所有的修改单(不包括勘误的内容)或修订版均不适用于本部分,然而,鼓励根据本部分达成协议的各方研究是否可使用这些文件的最新版本。凡是不注日期的引用文件,其最新版本适用于本部分。

GB/T 1182　产品几何技术规范(GPS)几何公差　形状、方向、位置和跳动公差标注(GB/T 1182—2008,ISO 1101:2004,IDT)

GB/T 1800.1　产品几何技术规范(GPS)极限与配合　第1部分:公差、偏差和配合的基础

GB/T 1800.2　产品几何技术规范(GPS)极限与配合　第2部分:标准公差等级和孔、轴极限偏差表

GB/T 4458.5　机械制图　尺寸公差与配合注法

GB/T 13319　产品几何量技术规范(GPS)几何公差　位置度公差注法(GB/T 13319—2003,ISO 5458:1998,IDT)

GB/T 16262.1　信息技术　抽象语法记法一(ASN.1)　第1部分:基本记法规范(GB/T 16262.1—2006,ISO/IEC 8824-1:2002,IDT)

GB/T 16656.1　工业自动化系统与集成　产品数据的表达与交换　第1部分:概述与基本原理(GB/T 16656.1—2008,ISO 10303-1:1994, MOD)

GB/T 16656.11　工业自动化系统与集成　产品数据的表达与交换　第11部分:描述方法:EXPRESS语言参考手册

GB/T 16656.41　工业自动化系统与集成　产品数据表达和交换　第41部分:集成通用资源:产品描述与支持原理(GB/T 16656.41—1999,idt ISO 10303-41:1994)

GB/T 16656.42　工业自动化系统与集成　产品数据表达与交换　第42部分:集成通用资源:几何与拓扑表达(GB/T 16656.42—1998,idt ISO 10303-42:1994)

GB/T 16656.43　工业自动化系统与集成　产品数据表达与交换　第43部分:集成通用资源:表达结构(GB/T 16656.43—2008,ISO 10303-43:2000,IDT)

GB/T 16671　产品几何技术规范(GPS)几何公差　最大实体要求、最小实体要求和可逆要求

GB/T 17773　形状和位置公差　延伸公差带及其表示法(GB/T 17773—1999,eqv ISO 10578:1992)

GB/T 17851　产品几何技术规范(GPS)几何公差　基准和基准体系

ISO 129:1985　技术制图　尺寸标注　基本原理、定义、方法和特殊表示

3　术语和定义

3.1　ISO 129 中定义的术语

本部分使用 ISO 129 中定义的下列术语:

尺寸　dimension

尺寸标注　dimensioning

特征　feature

3.2　GB/T 1800.1 中定义的术语

本部分使用 GB/T 1800.1 中定义的下列术语:

配合制　fit system

孔　hole

极限制　limit system

轴　shaft

标准公差　standard tolerance

标准公差等级　standard tolerance grade

3.3　GB/T 1182 中定义的术语

本部分使用 GB/T 1182 中定义的下列术语:

轴线　axis

几何公差　geometric tolerance

延伸公差带　projected tolerance zone

圆跳动公差　runout tolerance

对称度　symmetry

公差　tolerance

公差带　tolerance zone

全跳动公差　total runout tolerance

3.4　GB/T 16671 中定义的术语

本部分使用 GB/T 16671 中定义的下列术语：

最小实体要求　least material requirement

最大实体要求　maximum material requirement

3.5　GB/T 17851 中定义的术语

本部分使用 GB/T 17851 中定义的下列术语：

基准　datum

基准要素　datum feature

基准体系　datum system

基准目标　datum target

3.6　GB/T 17773 中定义的术语

本部分使用 GB/T 17773 中定义的下列术语：

延伸公差带　projected tolerance zone

3.7　GB/T 16656.1 中定义的术语

本部分使用 GB/T 16656.1 中定义的下列术语：

应用相关环境　application context

应用协议　application protocol

产品　product

资源构造　resource construct

结构　structure

3.8　其他术语和定义

下列术语和定义适用于本部分。

3.8.1

边界　boundary

围绕产品实际外形的封闭曲面。

3.8.2

形状公差　form tolerance

适用于特征或单个特征要素的几何公差，这种公差不需要参照基准。

3.8.3

轮廓公差　profile tolerance

应用于沿真实轮廓的统一边界上的几何公差，曲面元素必须落在理论轮廓之内。

3.8.4

正负公差　plus-minus tolerance

由两个值定义的公差，这两个值表示被测尺寸允许偏离的最小和最大极限。

3.8.5

带公差的特征　toleranced feature

带有一个或多个公差的产品形状的指定部分。

4　形状外观定义

shape_aspect_definition_schema（形状外观定义模式）以下列 EXPRESS 声明开始并标识必要的外部引用。

EXPRESS 描述：

```
*)
SCHEMA shape_aspect_definition_schema;
REFERENCE FROM product_property_definition_schema
    (shape_aspect,shape_aspect_relationship);
REFERENCE FROM measure_schema
    (measure_with_unit);
REFERENCE FROM support_resource_schema
    (bag_to_set,label,identifier);
(*
```

注：以上引用的模式可在 GB/T 16656 系列部分中查到：

product_property_definition_schema(产品特性定义模式)	GB/T 16656.41
measure_schema(测量模式)	GB/T 16656.41
support_resource_schema(支持资源模式)	GB/T 16656.41

4.1 引言

shape_aspect_definition_schema(形状外观定义模式）按尺寸和公差的要求给出了形状的空间特征定义。本模式给出了 derived_shape_aspect(被导出的形状外观）和 datum(基准)的表达。derived_shape_aspect 是从定义产品形状的 shape_aspect(形状外观)拓展而来的，但是它不要求定义产品形状。基准是一个 shape_aspect，它给出尺寸和公差的参考原点。derived_shape_aspect 和 datum 是对一个产品的大小、位置、方向、形状进行尺寸和公差标注所必需的形状要素。

4.2 基本概念和假设条件

产品形状是形状概念，它是表征产品的一个特性。几何模型和工程图样是表达产品形状的正式方法。尺寸和公差都是定义产品形状的要素，它们独立于表达该形状的方法。尺寸作为形状特征的一部分被显式标识，也可以被隐式包含在表达该形状的几何模型中，或被显式表示在二维图纸中。

shape_aspect 是产品形状的一个要素。它既可以为整个产品形状又可以为形状的某些部位规定尺寸。为了规定尺寸和公差的定义机制，这个模式增加了 shape_aspect 和 shape_aspect 之间的关系。shape_aspect，shape_aspect 要素间的关系，以及它们所规定的尺寸和公差总是定义在产品形状特性的相关环境中。这些尺寸和公差能够表达为几何模型或工程图样的要素。

为了标识尺寸和公差，本模式规定了导出 shape_aspect 概念。导出 shape_aspect 是一个基于特定方法定义的 shape_aspect，它与其他 shape_aspect 相关。使用导出的 shape_aspect 连同与它相关的 shape_aspect 要素一起规定尺寸和公差。特定的几何可表示导出 shape_aspect 但提供定义关系的 shape_aspect 不在本模式中给出。本模式涉及的几何、表达结构以及有关的尺寸和公差要素在 GB/T 16656.41、GB/T 16656.42 和 GB/T 16656.43 中定义。本部分只给出了导出 shape_aspect 的广义概念，应用协议给出了从 shape_aspect 而来的附加导出 shape_aspect 要素。

注：本模式中可被计算机理解的实体属性的有效值在应用协议中规定。

4.3 形状外观定义模式类型定义：极限条件

limit_condition(极限条件)类型表明公差可以有一个根据实体更改的条件。这种更改允许从一个特征上增加或减少实体。limit_condition 的使用仅适用于那些带公差的特征和带尺寸特征的基准要素。

例 1：孔径、轴径或槽宽是尺寸要素，它们可以有一个可应用的 limit_condition。

EXPRESS 描述：

```
*)
```

```
TYPE limit_condition=ENUMERATION OF
    (maximum_material_condition,
    least_material_condition,
    regardless_of_feature_size);
END_TYPE;
(*
```

枚举项定义：

maximum_material_condition(最大实体要求)：当特征包括的最大实体接近它的极限尺寸时，特征的状态。最大实体要求在 GB/T 16671 中定义。在 GB/T 16671 中描述的适用于基准和被测特征的 maximum_material_condition 的方法，将随后讨论。

注 1：对于一个内空的 shape_aspect，maximum_material_condition 是该特征尺寸的最小测量值，例如孔的最小直径。

least_material_condition(最小实体要求)：当特征包括的最小实体接近它的极限尺寸时，特征的状态。最小实体要求在 GB/T 16671 中定义。在 GB/T 16671 中描述的适用于基准和被测特征的 least_material_condition 的方法，将随后讨论。

注 2：对于一个内空的 shape_aspect，least_material_condition 是该特征尺寸的最大测量值，例如孔的最大直径。

Regardless_of_feature_size(与特征尺寸无关)：给定公差的要素或参照基准适用于特定的尺寸极限内任何尺寸增量时，特征的状态。

注 3：与 maximum_material_condition 和 least_material_condition 不同，regardless_ of_feature_size 不依赖特征所包含的实体量。regardless_of_feature_size 意味着为特征尺寸要素给定几何公差时，给定的公差独立于该尺寸要素的尺寸变动。无论特征尺寸处于给定公差的上偏差值、下偏差值或上下偏差值之间的任何值，指定的公差或基准可以正确应用。

注 4：regardless_of_feature_size 的原理在 ANSI Y14.5M[1] 的 2.8.1、4.4.3、5.3.1、5.3.4 中进行了解释。

4.4 形状外观定义模式实体定义：基准

4.4.1 基准

Datum(基准)是一个尺寸和公差所参照的 shape_aspect，shape_aspect 可能但不必与定义产品的边界重合。基准是由基准要素、一组基准目标或特征组建立的。

注：使用成组特征建立基准在 GB/T 17851 中定义。一组特征是通过使用 shape_aspect_definition 对象建立的。一组 Shape_aspect 要素的概念在 4.5.1 中定义。

EXPRESS 描述：

```
*)
ENTITY datum
    SUBTYPE OF(shape_aspect);
    Identification :identifier;
INVERSE
    established_by_relationships:SET [1:?]OF shape_aspect_relationship
                                          FOR related_shape_aspect;
WHERE
    WR1:SIZEOF(QUERY(x<* SELF\datum.established_by_relationships |
        SIZEOF(TYPEOF(x\shape_aspect_relationship.relating_shape_aspect) *
        ['SHAPE_ASPECT_DEFINITION_SCHEMA.DATUM_FEATURE',
        'SHAPE_ASPECT_DEFINITION_SCHEMA.DATUM_TARGET']) <> 1))=0;
```

```
END_ENTITY;
(*
```

属性定义:

identification(标识):被引作基准的名称。

established_by_relationships(由关系建立的):建立基准的 datum_target、datum_target 集合或导出的 shape_aspect 组。

形式限制:

WR1:datum 既可以由 datum_feature 又可以由 datum_target 建立。

4.4.2 基准要素

datum_feature(基准要素)是产品边界上的一个确定的 shape_aspect。每一个 datum_feature 都可用于建立单独的 datum。

EXPRESS 描述:

```
*)
ENTITY datum_feature
    SUBTYPE OF(shape_aspect);
INVERSE
    feature_basis_relationship:shape_aspect_relationship
                                    FOR relating_shape_aspect;
WHERE
    WR1:SIZEOF(QUERY(sar<* bag_to_set(USEDIN(SELF,
        'PRODUCT_PROPERTY_DEFINITION_SCHEMA.SHAPE_ASPECT_RELATION-
SHIP.'+
        'RELATING_SHAPE_ASPECT'))
        |NOT('SHAPE_ASPECT_DEFINITION_SCHEMA.DATUM' IN TYPEOF
        (sar.related_shape_aspect))))=0;
    WR2:SELF.product_definitional=TRUE;
END_ENTITY;
(*
```

属性定义:

SELF\shape_aspect.product_definition:在定义产品形状的物理边界上的 datum_feature 的标识符。

feature_basis_relationship(特征基本关系):与 datum_feature 定义的基准的关系,它可以通过 shape_aspect_relationship 获得。

形式限制:

WR1:datum_feature 与 datum 相关。

WR2:datum_feature 位于定义产品形状的物理边界上。

例 2:图 1 表示 datum_feature 的两个例子。datum_feature 是圆柱特征,它由标记为 A 的 datum 建立。datum 为圆

柱轴线。标识为 B 的 datum 是由产品平面 datum_feature 建立的。Datum 可以是但不一定是与 datum_feature 重合的平面。

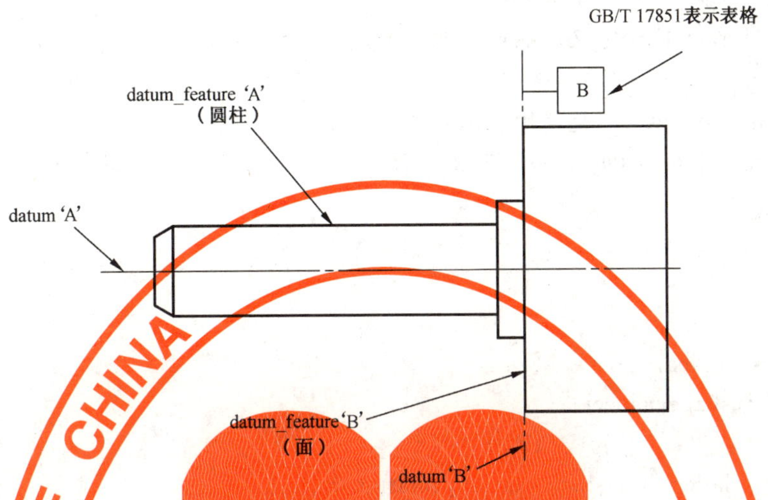

图 1　基准和基准要素的实例

4.4.3　基准目标

datum_target(基准目标)是一个 shape_aspect,它指示产品形状边界上的基准目标。这个 shape_aspect 可以是点、线或面。Datum_target 由定义产品形状的附加 shape_aspect 要素定义。

注：基准目标的使用和应用在 GB/T 17851 中描述。

EXPRESS 描述：

```
*)
ENTITY datum_target
    SUBTYPE OF(shape_aspect);
    target_id:identifier;
INVERSE
    target_basis_relationship:shape_aspect_relationship FOR
                    relating_shape_aspect;
WHERE
    WR1:SIZEOF(QUERY(sar<* bag_to_set(USEDIN(SELF,
          'PRODUCT_PROPERTY_DEFINITION_SCHEMA.SHAPE_ASPECT_RELATION-
SHIP.' +
          'RELATING_SHAPE_ASPECT'))
          | NOT('SHAPE_ASPECT_DEFINITION_SCHEMA.DATUM' IN TYPEOF
          (sar\shape_aspect_relationship.related_shape_aspect))))=0;
    WR2:SELF\shape_aspect.product_definitional=TRUE;
END_ENTITY;
(*
```

属性定义：

target_id(目标标识)：被引作基准目标号标识的名称。

target_basis_relationship(目标基本关系)：与 datum_target 定义的 datum 的关系；它可以通过 shape_aspect_relationship 获得。

形式限制：

WR1：datum_target 与一个基准相关。

WR2：datum_target 位于定义产品形状的物理边界上。

4.4.4 参照基准

datum_reference(参照基准)是使用 datum 的规范。

例 3：datum 可用于多个 datum 体系的定义。每一个 datum 都可用作参照 datum。datum 体系的概念在 GB/T 17851中描述。

EXPRESS 描述：

```
*)
ENTITY datum_reference;
    SUBTYPE OF(shape_aspect);
INVERSE
    feature_basis_relationship:shape_aspect_relationship;
                                    FOR relating_shape_aspect;
WHERE
    WR1:SIZEOF(QUERY(sar<*bag_to_set(USEDIN(SELF,
        'PRODUCT_PROPERTY_DEFINITION_SCHEMA.SHAPE_ASPECT_RELATION-
SHIP.'+
        'RELATING_SHAPE_ASPECT'))
        |NOT('SHAPE_ASPECT_DEFINITION_SCHEMA.DATUM' IN TYPEOF
        (sar\shape_aspect_relationship.related_shape_aspect))))=0;
    WR2:SELF\shape_aspect.product_definition=TRUE;
END_ENTITY;
(*
```

属性定义：

precedence(优先级)：为特殊使用赋予 datum 的优先级。

注：datum 可以有多个并有不同的用法，并且每种用法有不同的 precedence。

referenced_datum(被参照的基准)：规定产品特征几何公差的 datum。

形式限制：

WR1：precedence 的值大于零。

4.4.5 参照修正的基准

referenced_modified_datum(参照修正的基准)是一个 datum_reference，在给定的尺寸极限内参照基准可以变动。

注 1：如果 datum_feature 是由具有尺寸特征的产品特征形成的，那么 datum 是可以被修正的。

注 2：修正 datum 的用法和应用在 GB/T 16671 中进行了描述。

EXPRESS 描述：

```
*)
ENTITY referenced_modified_datum
    SUBTYPE OF(datum_reference);
    modifier:limit_condition;
```

END_ENTITY;
(*

属性定义：

modifier(修正)：为特定用途的基准赋予的 limit_condition(极限条件)。

4.5 形状外观定义模式实体定义：导出形状

4.5.1 组合的形状外观

composite_shape_aspect(组合的形状外观)是与产品形状外观相关联的 shape_aspect。

EXPRESS 描述：

```
*)
ENTITY composite_shape_aspect
   SUBTYPE OF(shape_aspect);
   INVERSE
      component_relationships:SET [2:?] OF shape_aspect_relationship
                              FOR relating_shape_aspect;
END_ENTITY;
(*
```

属性定义：

component_relationships(构件间关系)：形成 composite_shape_aspect(组合的形状外观)的各个 shape_aspect 的集合。relating_shape_aspect(关联的形状外观)是 composite_shape_aspect，而且 related_shape_aspect (受关联的形状外观)也是这个集合的成员。

例 4：datum_target_feature(基准目标特征)的集合关联在一起以建立 datum。

例 5：图 2 表示 composite_shape_aspect 的两个实例。第一，composite_shape_aspect 包含能表示多个孔式样的柱面部件，在孔的式样内有一个可用的控制定位的几何公差。螺栓孔式样是 composite_shape_aspect。第二，composite_shape_aspect 包含的连接面部件能表示轮廓组特征，因此可以采用单曲面轮廓几何公差。

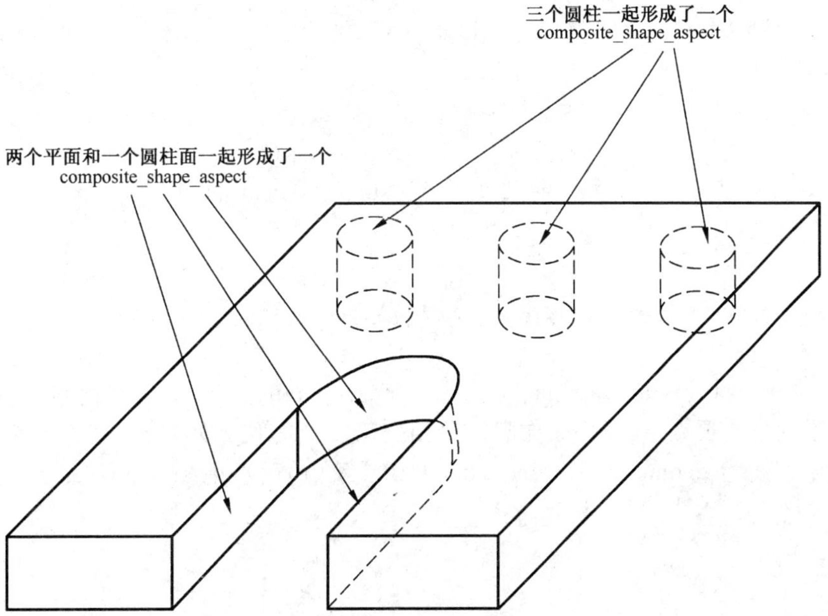

图 2 组合的形状外观

4.5.2 被导出的形状外观

derived_shape_aspect(被导出的形状外观)是由一个或多个特定形状定义的 shape_aspect。derived_shape_aspect 的存在依赖于其他 shape_aspect 并与之关联。

注：derived_shape_aspect 可能不在产品的物理边界上。其目的是把产品的尺寸和公差与 shape_aspect 或零件的特征关联。

例 6：考虑圆柱孔的 shape_aspect。孔对称于轴线并且这条轴线仅在孔存在时才存在。该轴线是 derived_shape_aspect。

EXPRESS 描述：

```
*)
ENTITY derived_shape_aspect
   SUPERTYPE OF(ONEOF (apex,
                        centre_of_symmetry,
                        geometric_alignment,
                        geometric_intersection,
                        parallel_offset,
                        perpendicular_to,
                        extension,
                        tangent))
   SUBTYPE OF(shape_aspect);
INVERSE
   deriving_relationships:SET[1:?] OF
      shape_aspect_relationship FOR relating_shape_aspect;
WHERE
   WR1:SIZEOF(QUERY(dr < *
      SELF\derived_shape_aspect.deriving_relationships |
      NOT('SHAPE_ASPECT_DEFINITION_SCHEMA.' +
         'SHAPE_ASPECT_DERIVING_RELATIONSHIP'
      IN TYPEOF(dr))))=0;
END_ENTITY;
(*
```

属性定义：

deriving_relationships(导出关系)：定义 derived_shape_aspect 的 shape_aspect_deriving_relationships 的标识。

形式限制：

WR1：deriving_relationships 是 shape_aspect_deriving_relationships。

4.5.3 顶点

apex (顶点)是一个 derived_shape_aspect，该 derived_shape_aspect 定义的点与一个或多个圆锥 shape_aspect 要素的公共顶点(处于平面与圆锥只相交于一点的位置)对应。三个平面、多个平面或两条曲线的公共交点将视为 geometric_intersection(几何交叉点)而不是 apex。

EXPRESS 描述：

```
*)
ENTITY apex
   SUBTYPE OF(derived_shape_aspect);
```

END_ENTITY;
(*

属性定义：

SELF\derived_shape_aspect. deriving_relationships：shape_aspect_deriving_relationship（形状外观的导出关系）定义了平截头锥从该 apex 导出。relating_shape_aspect 是 apex。related_shape_aspect 是平截头体圆锥面的 shape_aspect，顶点是从平截头体导出的。

4.5.4 对称中心

centre_of_symmetry（对称中心）是一个 derived_shape_aspect，它为一个或多个 symmetric_shape_aspect（对称形状外观）定义几何对称中心。

例 7：centre_of_symmetry 的几何表达类型可以是特征的轴线、球的中心或平面。在图 3a）中，两个平行相对面的中间面是 centre_of_symmetry。在图 3b）中，两个圆柱的轴线是 centre_of_symmetry。

EXPRESS 描述：

```
*)
ENTITY centre_of_symmetry
    SUBTYPE OF(derived_shape_aspect);
WHERE
    WR1:SIZEOF
        (QUERY(sadr< * SELF\derived_shape_aspect. deriving_relationships|
    NOT('SHAPE_ASPECT_DEFINITION_SCHEMA. SYMMETRIC_SHAPE_ASPECT'
      IN TYPEOF
        (sadr\shape_aspect_relationship. related_shape_aspect))))=0;
END_ENTITY;
(*
```

形式限制：

WR1：一个 centre_of_symmetry 应该至少有一个 symmetric_shape_aspect。

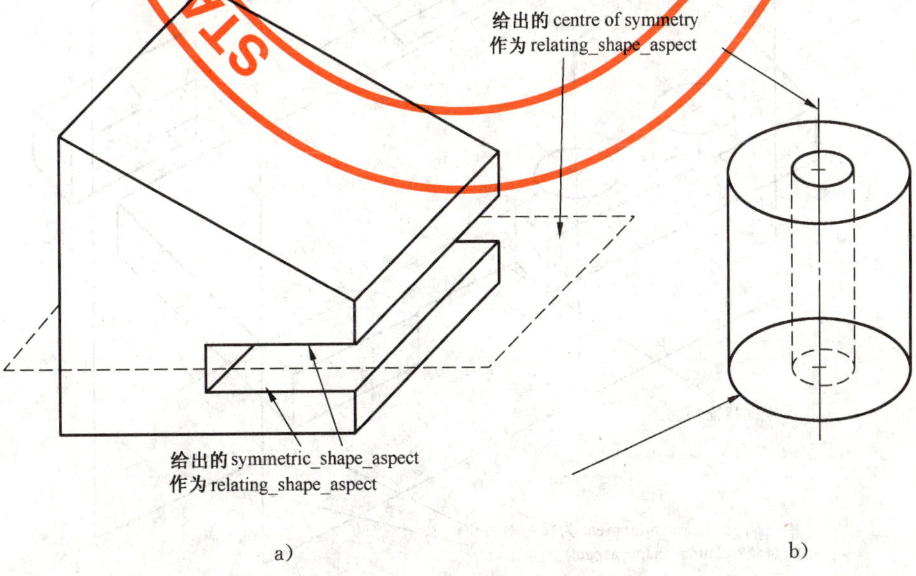

图 3　对称形状外观和对称中心

4.5.5 几何对齐

geometric_alignment(几何对齐)是一个 derived_shape_aspect,它定义一个平面或一个线性特征并要求两个或多个特征位于同一平面或沿同一条直线对齐。

EXPRESS 描述:

```
*)
ENTITY geometric_alignment
    SUBTYPE OF(derived_shape_aspect);
    WHERE
    WR1:SIZEOF(SELF\derived_shape_aspect.deriving_relationships)> 1;
END_ENTITY;
(*
```

属性定义:

SELF\derived_shape_aspect.deriving_relationships:shape_aspect_deriving_relationship 与对齐两个或多个 shape_aspect 要素的线性或平面 derived_shape_aspect 相关。relating_shape_aspect 是 geometric_alignment。related_shape_aspect 是被对齐的 shape_aspect 要素。

形式限制:

WR1:在 deriving_relationship 集合中应该有两个或两个以上的成员。

例 8:图 4 表示圆柱轴线是线性特征,切口面是平面特征。当两个或多个平行轴线用于标注尺寸时,将建立一个标注尺寸的平面,如图 4 所示。

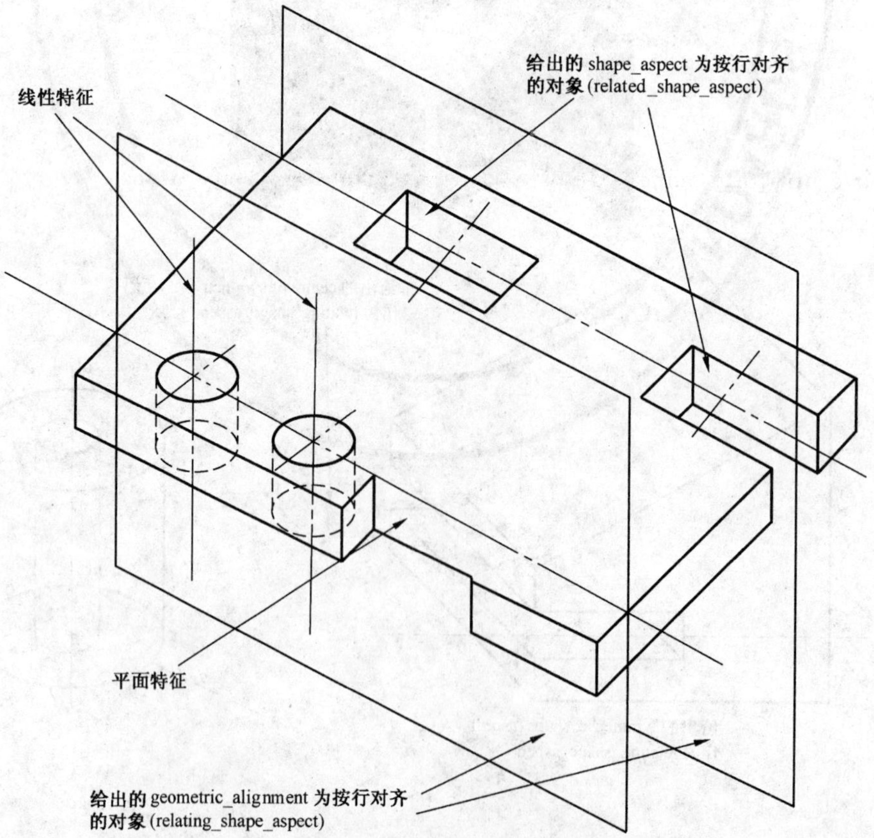

图 4 几何对齐

4.5.6 几何相交

geometric_intersection(几何相交)是一个 derived_shape_aspect，它是两个或两个以上的 shape_aspect 要素的共同交线。

注：由于 geometric_intersection 是一个导出的形状，因此这里使用的交线独立于任何特定的表达。

例 9：geometric_intersection 是由块的两个平面扩展而交的交线建立的。这个 geometric_intersection 可以在标注右侧面或底平面的位置时用作 shape_aspect 的一部分，如图 5 所示。

EXPRESS 描述：

```
*)
ENTITY geometric_intersection
    SUBTYPE OF(derived_shape_aspect);
    WHERE
    WR1:SIZEOF(SELF\derived_shape_aspect.deriving_relationships)> 1;
END_ENTITY;
(*
```

属性定义：

SELF\derived_shape_aspect.deriving_relationships：shape_aspect_deriving_relationship 定义了相交 shape_aspect 要素间的公共交线。relating_shape_aspect 是 geometric_intersection。related_shape_aspect 是公共交线的基础形状外观。

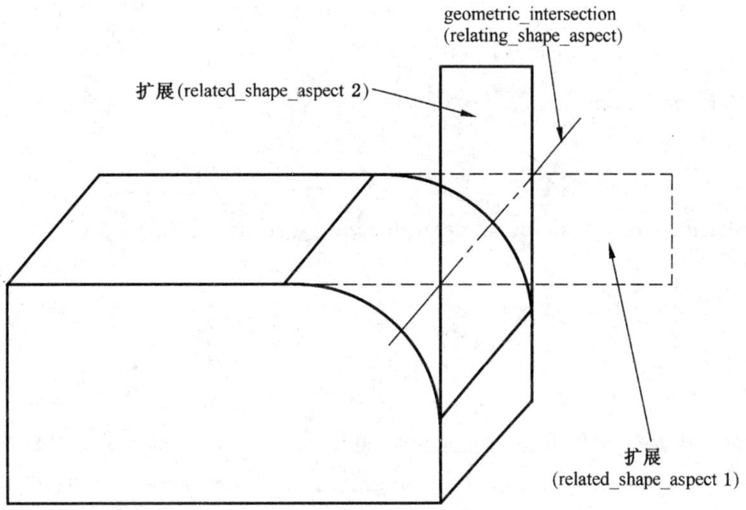

图 5 几何相交

形式限制：

WR1：在 deriving_relationship 集合中应该有两个或两个以上的成员。

非形式限制：

IP1：作为 relating_shape_aspect 参与的 shape_aspect 将相交。

4.5.7 平行偏移

parallel_offset(平行偏移)是一个 derived_shape_aspect，它处于与 related_shape_aspect 等距的位置上。如果基础形状外观是二维的，那么所有的关联 shape_aspect 要素(平行偏移和基础形状外观)都在一个公共平面上。如果基础形状外观是曲面，那么所有的 shape_aspect 都处于三维空间。

注：把曲面的基础形状外观所处的空间分成两个半空间。

parallel_offset 是由基础形状外观上的每个点按垂直于基础形状外观的方向偏移一等距距离形成的(见图 6)。

例 10：图 6 是零件的局部视图，没有画出全部细节。对于 parallel_offset 而言，shape_aspect 是基础 related_shape_aspect。offset(偏移量)是 parallel_offset 从它的基础形状外观的位置偏移的距离。

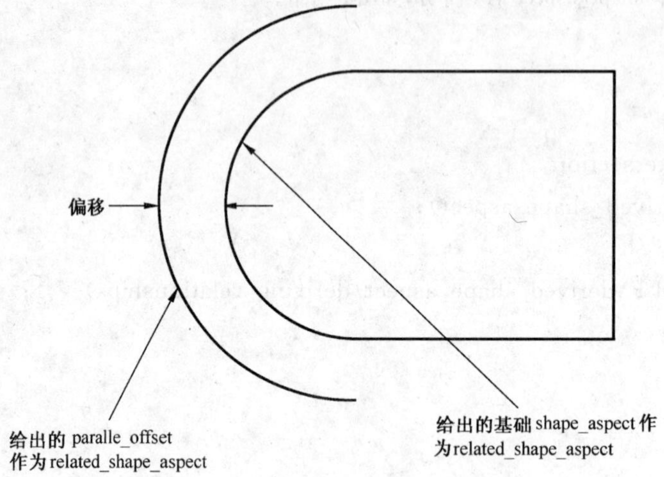

图 6　平行偏移

EXPRESS 描述：

```
*)
ENTITY parallel_offset
    SUBTYPE OF(derived_shape_aspect);
    offset:measure_with_unit;
    WHERE
    WR1:SIZEOF(SELF\derived_shape_aspect.deriving_relationships)=1;
END_ENTITY;
(*
```

属性定义：

offset(偏移量)：parallel_offset 和 shape_aspect 间的距离。parallel_offset 与 shape_aspect 平行。

SELF\derived_shape_aspect.deriving_relationships：与 shape_aspect 关联的 shape_aspect_relationship 是平行于另一个 shape_aspect。parallel_offset 有一个 deriving_relationship。relating_shape_aspect 是 parallel_offset。related_shape_aspect 是定义 parallel_offset 的基础。

形式限制：

WR1：在 deriving_relationship 集合中应该至少有一个成员。

4.5.8　垂直于

perpendicular_to(垂直于)是一个 derived_shape_aspect，它与另一个 shape_aspect 在方向上垂直。

注：perpendicular_to 不一定与所建立的 shape_aspect 相交。

EXPRESS 描述：

```
*)
```

```
ENTITY perpendicular_to
    SUBTYPE OF(derived_shape_aspect);
    WHERE
    WR1:SIZEOF(SELF\derived_shape_aspect.deriving_relationships)=1;
END_ENTITY;
(*
```

属性定义：

SELF\derived_shape_aspect.deriving_relationships：与 shape_aspect 关联的 shape_aspect_relationship 垂直于另一个 shape_aspect。relating_shape_aspect 是 perpendicular_to。related_shape_aspect 是导出 perpendicular_to 的 shape_aspect。

形式限制：

WR1：在 deriving_relationships 集合中应该至少有一个成员。

4.5.9 扩展

extension(扩展)是一个 derived_shape_aspect，它与曲线或曲面 shape_aspect 要素的扩展相对应。

例 11：考虑图 5 中块的圆弧面。为了定义圆弧面对应的直角，与它相邻的两个面都进行了延伸，直到相交。这两个面都是扩展。

EXPRESS 描述：

```
*)
ENTITY extension
    SUBTYPE OF(derived_shape_aspect);
    WHERE
    WR1:SIZEOF(SELF\derived_shape_aspect.deriving_relationships)=1;
END_ENTITY;
(*
```

属性定义：

SELF\derived_shape_aspect.deriving_relationships：shape_aspect_relationship(形状外观关系)与从其他 shape_aspect 延伸而来的 shape_aspect 关联。relating_shape_aspect 是 extension(扩展)，related_shape_aspect 是 extension 的基础形状外观。

形式限制：

WR1：在 deriving_relationships 集合中应该至少有一个成员。

4.5.10 相切

tangent(相切)是与曲线或曲面 shape_aspect 接触在一个点或一条线上的 derived_shape_aspect。

EXPRESS 描述：

```
*)
ENTITY tangent
    SUBTYPE OF(derived_shape_aspect);
    WHERE
    WR1:SIZEOF(SELF\derived_shape_aspect.deriving_relationships)=1;
```

```
END_ENTITY;
(*
```

属性定义：

SELF\derived_shape_aspect.deriving_relationships：shape_aspect_relationship 与相切于其他 shape_aspect 的 shape_aspect 相关。relating_shape_aspect 是 tangent。related_shape_aspect 是相切的 shape_aspect。

形式限制：

WR1：在 deriving_relationships 集合中应该至少有一个 tangent 成员。

4.5.11 形状外观的导出关系

shape_aspect_deriving_relationship(形状外观的导出关系)是另一个 shape_aspect_relationship，它定义了一个 derived_shape_aspect 与另一个或多个 shape_aspect 之间的特定联系。

注：relating_shape_aspect 是 derived_shape_aspect。related_shape_aspect 是其他的 shape_aspect，这些 shape_aspect 是 derived_shape_aspect 的基础 shape_aspect。

EXPRESS 描述：

```
*)
ENTITY shape_aspect_deriving_relationship
   SUBTYPE OF(shape_aspect_relationship);
   WHERE
   WR1:'SHAPE_ASPECT_DEFINITION_SCHEMA.DERIVED_SHAPE_ASPECT' IN TYPEOF
   (SELF\SHAPE_ASPECT_RELATIONSHIP.RELATING_SHAPE_ASPECT);
END_ENTITY;
(*
```

形式限制：

WR1：shape_aspect_deriving_relationship 的 relating_shape_aspect 应该是一个 derived_shape_aspect。

4.5.12 对称形状外观

symmetric_shape_aspect(对称形状外观)是一个产品的 shape_aspect，它对称于一个几何要素。它还可能是由产品标识的 shape_aspect 组定义的 shape_aspect，并具有对称性。

例 12：圆柱对称于轴线。螺栓孔式样是 composite_shape_aspect，它对称于公共圆柱轴线，公共圆柱轴线过每个孔的中心。如图 7 所示。

注：图 7 表示的四个圆柱的螺栓孔是 composite_shape_aspect。同时，螺栓孔式样还是一个有绕公共圆柱轴 centre_of_symmetry 的 symmetric_shape_aspect，它过每个孔的中心。此外，当螺栓孔式样必须得到与孔的 centre_of_symmetry 的关系时，每个孔可以是一个 symmetric_shape_aspect。

EXPRESS 描述：

```
*)
ENTITY symmetric_shape_aspect
   SUBTYPE OF(shape_aspect);
```

```
INVERSE
    basis_relationships:SET [1:?] OF shape_aspect_relationship
                        FOR relating_shape_aspect;
WHERE
    WR1:SIZEOF(QUERY(x<*SELF\symmetric_shape_aspect.basis_relationships |
        'SHAPE_ASPECT_DEFINITION_SCHEMA.CENTRE_OF_SYMMETRY' IN TYPEOF
        (x\shape_aspect_relationship.related_shape_aspect)))>=1;
END_ENTITY;
(*
```

属性定义：

basis_relationships(基础关系)：与对称中心对称的一个或多个特征的给定关系。例如点、轴线或中间面。related_shape_aspect 是一个 centre_of_symmetry。relating_shape_aspect 是 symmetric_shape_aspect。

形式限制：

WR1：symmetric_shape_aspect(对称形状外观)至少应该有一个 centre_of_symmetry(对称中心)。

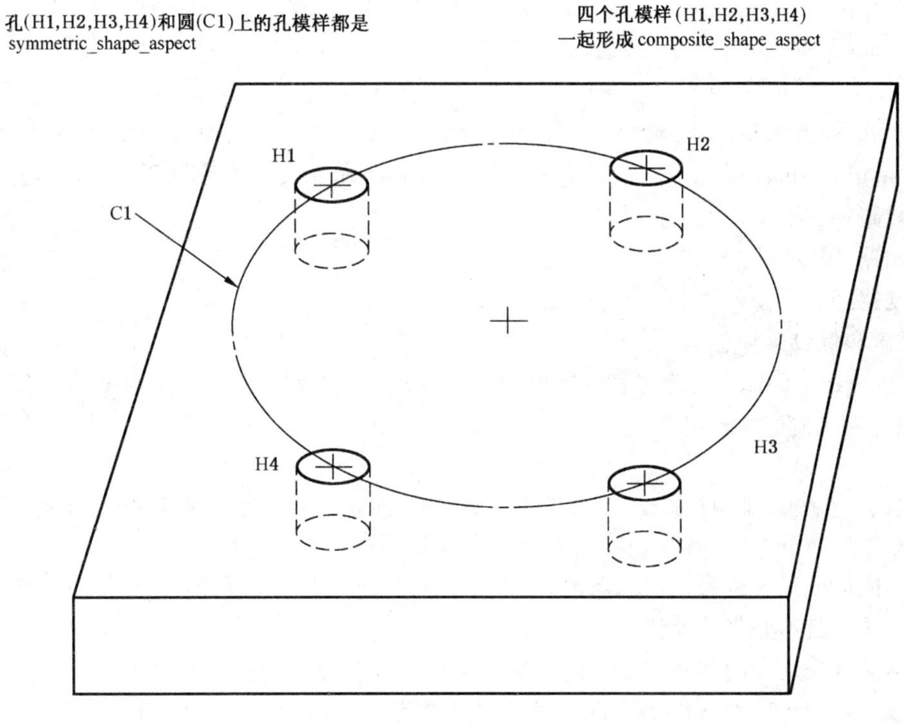

图7　对称形状外观和组合的形状外观

5　形状尺寸

shape_dimension_schema(形状尺寸模式)以下列 EXPRESS 声明开始并标识必要的外部引用。

EXPRESS 描述：

```
*)
SCHEMA shape_dimension_schema;
    REFERENCE FROM measure_schema
```

```
    (measure_with_unit);
  REFERENCE FROM representation_schema
    (representation);
  REFERENCE FROM qualified_measure_schema
    (measure_representation_item,qualified_representation_item);
  REFERENCE FROM product_property_representation_schema
    (shape_representation);
  REFERENCE FROM product_property_definition_schema
    (shape_aspect,shape_aspect_relationship);
  REFERENCE FROM support_resource_schema
    (label,text);
(*
```

注：以上引用的模式可在 GB/T 16656 下列部分中查到：

measure_schema(测量模式)	GB/T 16656.41
representation_schema(表达模式)	GB/T 16656.43
qualified_measure_schema(限定测量模式)	GB/T 16656.45
Product_property_representation_schema(产品特性表达模式)	GB/T 16656.41
Product_property_definition_schema(产品特性定义模式)	GB/T 16656.41
Support_resource_schema(支持资源模式)	GB/T 16656.41

5.1 引言

shape_dimension_schema(形状尺寸模式)给出了尺寸位置和大小的表示。尺寸的测量既可以赋值又可以从 shape_aspect 要素导出。shape_dimension_schema 支持的应用于尺寸的测量路线类型有：

——直线路径；

——曲线路径；

——角度路径。

5.2 基本概念和假设条件

尺寸是从 shape_aspect 的几何表示导出的并被隐式定义。尺寸在 shape_aspect 上给出，它不必与几何表示关联，因此被显式地定义。对于给定的 shape_aspect，尺寸大小或位置既可以隐式定义又可以显式定义。

注 1：当极限尺寸的上限值是隐式或显式尺寸时，极限尺寸的下限可以由显式尺寸或赋值的尺寸表示。

注 2：本模式中可被计算机理解的实体属性的有效值在应用协议中规定。

本部分不能区分尺寸或公差的意向值(如设计值)和实际值(如测量值)。几何公差和正负公差可应用于尺寸。尺寸本身不必带公差值。

本部分不能区分尺寸的用法。尺寸的用法定义在本部分使用的应用协议中。

例 13：用于定义设计产品形状的尺寸规范和用于描述制作产品形状的尺寸规范是尺寸的两种用法。

本部分给出的尺寸表达方式独立于任何图纸表示的要求。

注 3：基本尺寸或参照尺寸的应用和使用都在应用协议中进行了规定。

尺寸位置确认两个 shape_aspect 要素空间约束的关系，它在对两个 shape_aspect 要素进行的物理平移、变换和旋转中保持不变。这种关系或是从原始 shape_aspect 指向或是以目标 shape_aspect 为基准或是无方向。本部分只讨论无方向的尺寸位置。

注 4：尺寸位置是否有方向在应用协议中进行了规定。

shape_aspect 的尺寸大小给出了该 shape_aspect 边界与其对称轴线或该 shape_aspect 另一边界相对位置的约束。尺寸的大小不受 shape_aspect 的平移或旋转的影响。

尺寸沿特定的测量路线标注。当测量路线非显式标识时，尺寸沿隐式路线标注。隐式测量路线的定义依赖于使用的相关环境并在应用协议中规定。

5.3 形状定义模式类型定义

5.3.1 角度描述

angle_relator(角度描述)类型是角标识符。该角是由下列一组角中的一个形成的：

——两个 shape_aspect 要素的交线；

——两个 shape_aspect 要素延伸而形成的虚拟交线；

——单一角 shape_aspect 的边界。

EXPRESS 描述：

```
*)
TYPE angle_relator=ENUMERATION OF
    (equal,large,small);
END_TYPE;
(*
```

枚举项定义：

equal(等于)：角度的测量值等于两个 shape_aspect 要素在交点间的角度值。

large(大的)：在两个 shape_aspect 要素交叉点间选择角的绝对值较大的。

Small(小的)：在两个 shape_aspect 要素交叉点间选择角的绝对值较小的。

例 14：图 8 表示单一角 shape_aspect 类型。图 9 表示多个 shape_aspect 的相交类型。

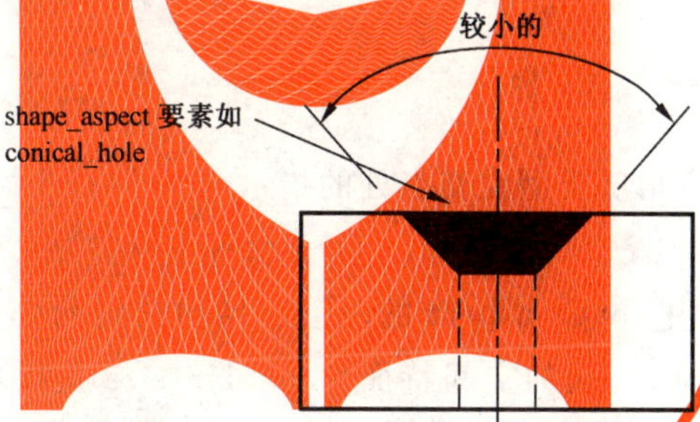

图 8 单一角形状外观

5.3.2 尺寸标志

dimensional_characteristic(尺寸标志)是应用于公差或显式测量值的尺寸类型选择。

EXPRESS 描述：

```
*)
TYPE dimensional_characteristic=SELECT(dimensional_location,dimensional_size);
END_TYPE;
(*
```

5.4 形状尺寸模式实体定义

5.4.1 角的位置

angular_location(角的位置)规定了两个相交或投影相交的 shape_aspect 要素的空间约束。angular_location 是由两个 shape_aspect 要素和它们的公共交线或投影交线定义的角度量。

注：图 9 表示 angular_location 的例子。图 9 还表示两个 shape_aspect 要素(a)和(b)相交类型和由两个 derived_shape_aspect(c)和(d)形成的虚拟交线。

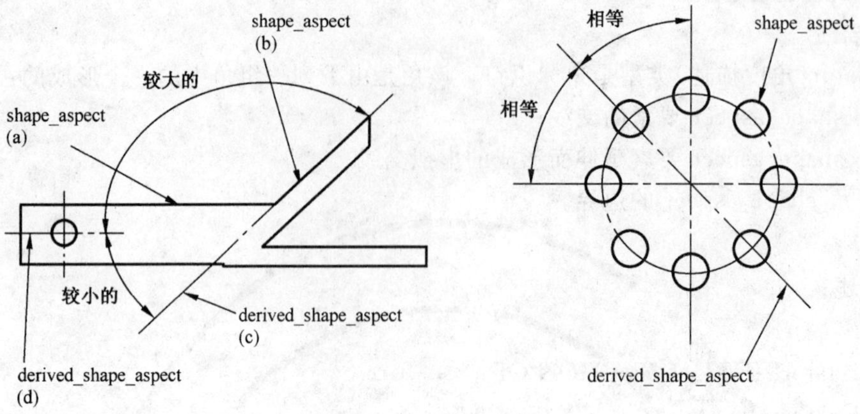

图 9　角的位置

EXPRESS 描述：

```
*)
ENTITY angular_location
    SUBTYPE OF(dimensional_location);
    angle_selection:angle_relator;
END_ENTITY;
(*
```

属性定义：

angle_selection(角的选择)：特定角度类型在交点处的指示。

5.4.2　角度大小

angular_size(角度大小)是由 shape_aspect 的两个边界和它们的公共交线或投影交线形成的角度值。angular_size 定义 shape_aspect 角的空间特征。angular_size 是由单量值表示的，它与 shape_aspect 在产品上或产品内的位置无关。

注：angular_size 的例子如图 10 所示。

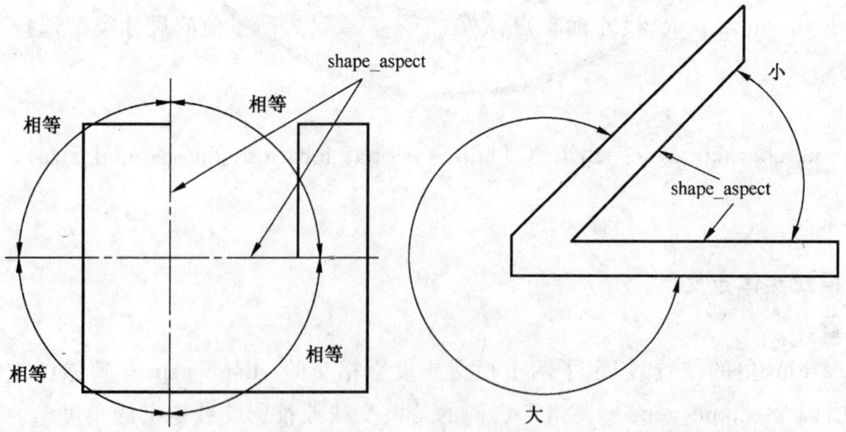

图 10　角的大小

EXPRESS 描述:

```
*)
ENTITY angular_size
    SUBTYPE OF(dimensional_size);
    angle_selection:angle_relator;
END_ENTITY;
(*
```

属性定义:

angle_selection(角选择):在交点处特定角度类型的指示。

5.4.3 尺寸标志表示

dimensional_characteristic_representation(尺寸标志表示)把隐式尺寸与显式非几何表达联系在一起。

注:shape_aspect 的尺寸可以显式地表达为确定值、比例值、精确相关值或是规定上下尺寸极限的一对值。dimensional_characteristic_representation 把上述值中的一种与从 shape_aspect 几何表示中导出的隐式尺寸值相关联。

EXPRESS 描述:

```
*)
ENTITY dimensional_characteristic_representation;
    dimension:dimensional_characteristic;
    representation:shape_dimension_representation;
END_ENTITY;
(*
```

属性定义:

dimension(尺寸):为隐式度量定义了显式非几何表达。

representation(表达):赋给尺寸的显式非几何表达。

5.4.4 尺寸的位置

dimensional_location(尺寸的位置)规定两个 shape_aspect 要素间的空间约束,两个 shape_aspect 要素表示为沿测量路线的无方向测量。

EXPRESS 描述:

```
*)
ENTITY dimensional_location
    SUPERTYPE OF(ONEOF(angular_location,
    dimensional_location_with_path))
    SUBTYPE OF(shape_aspect_relationship);
END_ENTITY;
(*
```

注 1:dimensional_location 关系中的 shape_aspect 表示通过关联或被关联 shape_aspect 给 dimensional_location 蕴涵了一个测量方向。这个方向的含义在应用协议中规定。

注 2:dimensional_location 和 dimensional_size 的应用如图 11 所示。

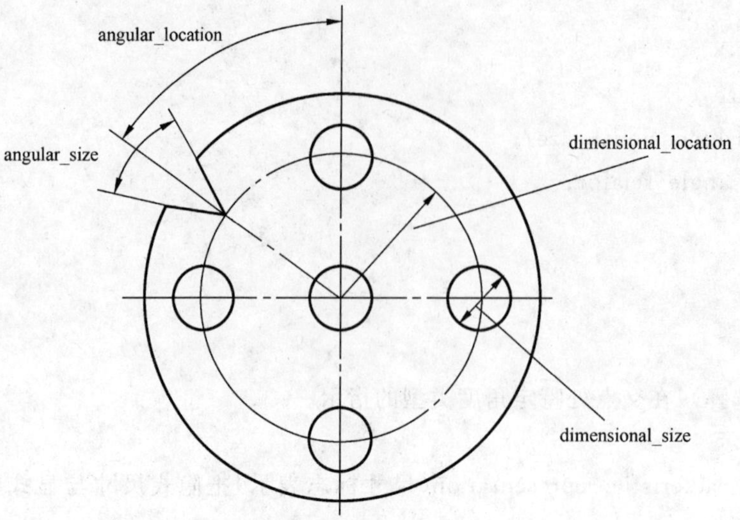

图 11　尺寸位置和尺寸大小

5.4.5　带路径的尺寸位置

dimensional_location_with_path(带路径的尺寸位置)规定了两个 shape_aspect 要素间沿显式路径的空间约束。dimensional_location_with_path 是一个沿着两个 shape_aspect 要素间定义的显式路径应用的 dimensional_location。

例 15：见图 12。孔 H2 到孔 H1 的位置既可以用 X1 和 Y1 定义又可以使用 dimensional_location_with_path D1 定义。dimensional_locations X1 和 Y1 使用由产品所在的坐标系定义的隐式测量路径。dimensional_location_with_path 使用过两个孔中心的直线定义的显式测量路径。

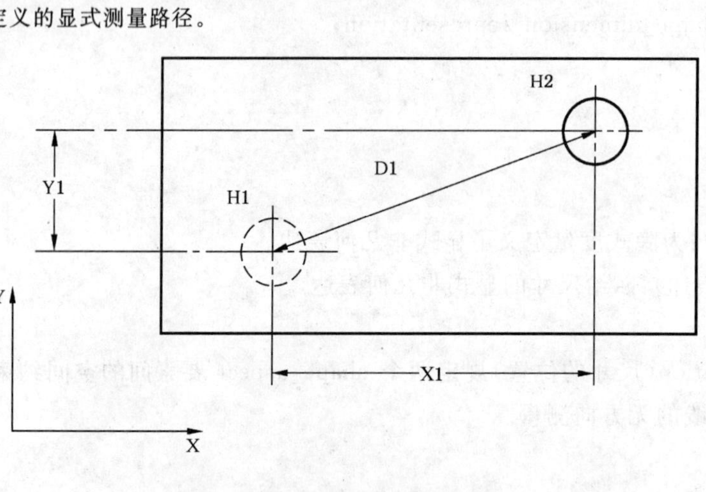

图 12　带路径的尺寸位置

EXPRESS 描述：

```
*)
ENTITY dimensional_location_with_path
    SUBTYPE OF(dimensional_location);
    path:shape_aspect;
END_ENTITY;
(*
```

属性定义：

path(路径)：shape_aspect 定义尺寸的测量路线。

5.4.6 **尺寸的大小**

dimensional_size(尺寸的大小)定义了一个由测量值表示的 shape_aspect 的空间特征。这个量值与 shape_aspect 在产品上或产品内的位置无关。

EXPRESS 描述:

```
*)
ENTITY dimensional_size
    SUPERTYPE OF(ONEOF(angular_size,dimensional_size_with_path));
    applies_to:shape_aspect;
    name:label;
    WHERE
        WR1:applies_to.product_definitional=TRUE;
END_ENTITY;
(*
```

属性定义:

applies_to(应用于):标注了尺寸的 shape_aspect。

name(名称):尺寸使用的应用标识。

例 16:尺寸特性可以是半径、直径、长度约束、角约束、曲线 shape_aspect、轴对称 shape_aspect 或圆 shape_aspect。使用带"radius"值的名称属性阐明了这个尺寸的应用。

形式限制:

WR1:dimensional_size 应该位于定义产品形状的物理边界上。

5.4.7 **带路径尺寸的大小**

dimensional_size_with_path(带路径尺寸的大小)定义 shape_aspect 的空间特征。dimensional_size_with_path 是由单量值表示的并与 shape_aspect 位于产品上或产品内无关。它是沿两个 shape_aspect 边界定义的显式曲线路径导出的无方向量。

EXPRESS 描述:

```
*)
ENTITY dimensional_size_with_path
    SUBTYPE OF(dimensional_size);
    path:shape_aspect;
END_ENTITY;
(*
```

属性定义:

path(路径):定义尺寸测量路线的 shape_aspect。

5.4.8 **形状尺寸表示**

shape_dimension_representation(形状尺寸表示)既可以是 dimensional_location 的表示也可以是 dimensional_size 的表示。它使用一个值或一个取值范围显式地描述 shape_aspect 的尺寸。

注:独立的公差原则定义在 ISO 8015[4],用一个符号标识公差尺寸的范围要求。范围要求可使用 shape_dimension_representation 的名称属性传递。

例 17:圆柱 shape_aspect 的直径为 10 cm。直径 10 cm 是一个 shape_dimension_representation,它定义不需要几何表示的 shape_aspect 的特征尺寸。

一个 shape_representation 可以有许多 representation_item,但其中两个将定义一个特定的 shape_dimension_representation。这就是尺寸极限的上下限。尺寸极限在 GB/T 4458.5 中定义。

例 18:规定孔的直径允许在 2.00 cm~2.01 cm 之间变动的物理实例。在产品描述中,孔的上下允许直径用 2.00 cm 表示,用 2.01 cm 表示几何圆柱和其他的表示项。

EXPRESS 描述:

```
*)
ENTITY shape_dimension_representation
                SUBTYPE OF(shape_representation);
WHERE
   WR1:SIZEOF(QUERY(temp <* SELF\representation.items |
       NOT('QUALIFIED_MEASURE_SCHEMA.MEASURE_REPRESENTATION_ITEM'
          IN TYPEOF(temp))))=0;
   WR2:SIZEOF(SELF\ representation.items) <=3;
   WR3:SIZEOF(QUERY(pos_mri <* QUERY(real_mri <*
       SELF\ representation.items |'REAL' IN TYPEOF
       (real_mri\measure_with_unit.value_component)) |
     NOT(pos_mri\measure_with_unit.value_component> 0.0)))=0;
END_ENTITY;
(*
```

形式限制:

WR1:在 shape_dimension_representation 项集合中的 representation_item 应该是 measure_representation_item 类型。

WR2:对于 shape_dimension_representation 而言,在项目集合中至多有两个 representation_item。

WR3:对于 shape_dimension_representation 而言,在项目集合中 representation_item 的 value_component 应是正实数。

```
*)
END_SCHEMA;——shape_dimension_schema
(*
```

6 形状公差

shape_tolerance_schema(形状公差模式)以下列 EXPRESS 声明开始并标识必要的外部引用。

EXPRESS 描述:

```
*)
SCHEMA shape_tolerance_schema;
REFERENCE FROM product_property_definition_schema
          (shape_aspect,shape_aspect_relationship);
REFERENCE FROM measure_schema
```

```
        (derive_dimensional_exponents,
        dimensional_exponents,
        measure_with_unit,
        measure_value);
REFERENCE FROM representation_schema
        (representation);
REFERENCE FROM support_resource_schema
        (label,text);
REFERENCE FROM shape_aspect_definition_schema
        (datum_reference, limit_condition);
REFERENCE FROM shape_dimension_schema
        (dimensional_characteristic, dimensional_location);
(*
```

注:上面引用的模式可在 GB/T 16656 下列部分中查到:

product_property_definition_schema(产品特性定义模式)	GB/T 16656.41
measure_schema(测量模式)	GB/T 16656.41
support_resource_schema(支持资源模式)	GB/T 16656.41
representation_schema(表达模式)	GB/T 16656.43
shape_aspect_definition_schema(形状外观定义模式)	本部分第 4 章
shape_dimension_schema(形状尺寸模式)	本部分第 5 章

6.1 引言

shape_tolerance_schema(形状公差模式)给出了适用于尺寸和 shape_aspect 要素的描述公差的结构。这个模式包括两类公差:正负公差和几何公差。正负公差给出了构造特定公差的下列两种方式:

——规定尺寸允许变动的上下极限;

——在 GB/T 1800.1 和 GB/T 1800.2 中规定的极限和配合。

统计公差的表示可以与直接规定正负公差的上下极限或几何公差相关联。

几何公差给出了把公差带应用于 shape_aspect 要素的结构。公差带定义了一个区域或一个面积,shape_aspect 可在这个区域或面积内变动,这个区域或面积由一组公差带要素界定。该结构支持 shape_aspect 的形状、方向、位置、轮廓和跳动公差。公差带可以由特定的几何表示并适用于各种标注公差的方法。

6.2 基本概念和假设条件

标注公差的尺寸是带正负公差的准确尺寸。正负公差限定了产品尺寸的变动极限。正负公差范围不是由定义尺寸上下极限的值限定,就是由 GB/T 1800.1 和 GB/T 1800.2 规定的标准公差限定。带统计分布的公差给出了尺寸变动的附加规范,它既可以用于正负公差又可以用于几何公差。

几何公差约束了产品形状几何特性的变动。这些特性是形状、位置、方向、轮廓和跳动。GB/T 1182给出了形状、位置、方向、轮廓和跳动公差。GB/T 13319—2003 规定了位置公差。GB/T 16671规定了修正几何公差的限定条件,如 shape_aspect 的尺寸可以增大或减小。几何公差有一个定义 shape_aspect 变动极限的公差带。公差带要素定义了几何公差带的边界。对于单一的 shape_aspect,公差带可以定义为按定义单位连续递增的区域,或由长度或面积定义的区域。公差带的大小由公差的大小定义。GB/T 1182 和 GB/T 13319—2003 规定了几何公差的公差带。

几何公差可参照包括一个或一个以上基准的基准系。基准系定义了几何特性的原点。

注 1:当公差带不是完全界定时,可假设公差带无界定范围地扩展到无限大。

注 2:本模式中可被计算机理解的实体属性的有效值在应用协议中规定。

例 19:平面的平面度公差带由两个距离为公差值的平行的无限平面界定。

6.3 形状公差模式类型定义

6.3.1 公差方法定义

tolerance_method_definition(公差方法定义)类型是用于生成公差值的方法标识。

EXPRESS 描述:

```
*)
TYPE tolerance_method_definition=SELECT
    (tolerance_value,limits_and_fits);
END_TYPE;
(*
```

6.3.2 形状公差选择

shape_tolerance_select(形状公差选择)类型表示公差既可以是 geometric_tolerance 又可以是 plus_minus_tolerance。

EXPRESS 描述:

```
*)
TYPE shape_tolerance_select =SELECT
    (geometric_tolerance,
    plus_minus_tolerance);
END_TYPE;
(*
```

6.4 形状公差模式实体定义:几何公差

6.4.1 尺寸关联的公差带要素

dimension_related_tolerance_zone_element(尺寸关联的公差带要素)是一个与定位尺寸关联的公差带定义。

例 20:平行于 Z 轴的方孔可以在 X、Y 轴方向给出不同的位置度公差。每个给定的位置度公差是由两个平行平面的 tolerance_zone_definition 确定的。方孔中心平面 X 轴上的定位尺寸也规定了在该轴上定义位置度公差的两个平行平面的位置。dimension_related_tolerance_zone_element 把尺寸、related_dimension 与公差带定义、两个平行平面联系在一起。

注:尺寸与公差带要素间的关系在 GB/T 13319—2003 中进行了描述。

EXPRESS 描述:

```
*)
ENTITY dimension_related_tolerance_zone_element;
    related_dimension:dimensional_location;
    related_element:tolerance_zone_definition;
END_ENTITY;
(*
```

属性定义:

related_dimension(受关联尺寸):确定 tolerance_zone_definition 位置的尺寸。

related_element(受关联元素):用指定位置定义的 tolerance_zone_definition。

6.4.2 几何公差

geometric_tolerance(几何公差)是产品几何特性允许变动范围的描述。

EXPRESS 描述：

```
*)
ENTITY geometric_tolerance;
    name:label;
    description:text;
    magnitude:measure_with_unit;
    toleranced_shape_aspect:shape_aspect;
WHERE
    WR1:('NUMBER' IN TYPEOF
        (magnitude\measure_with_unit.value_component)) AND
        (magnitude\measure_with_unit.value_component>=0.0);
END_ENTITY;
(*
```

属性定义：

name(名称)：几何公差类型的标识。

注：当用于表示标准几何公差时，标识是 GB/T 1182 中规定的一种几何公差类型。

例 21：位置度、直线度、同轴度、平行度、圆跳动等都是几何公差类型的名称。

description(描述)：用于说明与几何公差关联的附加要求的补充注释。

注：这个描述能说明影响 geometric_tolerance 特殊应用的要求。

magnitude(幅值)：公差的大小。

toleranced_shape_aspect(带公差的形状外观)：给出公差的 shape_aspect。

形式限制：

WR1：公差值应大于或等于 0.0。

6.4.3 几何公差关系

geometric_tolerance_relationship(几何公差关系)是两个 geometric_tolerance 之间的相关性。

EXPRESS 描述：

```
*)
ENTITY geometric_tolerance_relationship;
    name:label;
    description:text;
    relating_geometric_tolerance:geometric_tolerance;
    related_geometric_tolerance:geometric_tolerance;
END_ENTITY;
(*
```

属性定义：

name(名称)：被引作几何公差关系的词或一组词。

Description(描述):描述关系的文本。

relating_geometric_tolerance(关联的几何公差):参与到关系中的一个 geometric_tolerance。

related_geometric_tolerance(受关联的几何公差):参与到关系中的另一个 geometric_tolerance。如果两个 geometric_tolerance 中的一个依赖另一个 geometric_tolerance,则这个 geometric_tolerance 的属性是依赖另一个。

6.4.4 具有参照基准的几何公差

对于给定 shape_aspect 的公差条件而言,geometric_with_datum_reference(具有参照基准的几何公差)是参照一个或多个 datum 的 geometric_tolerance。

EXPRESS 描述:

```
*)
ENTITY geometric_tolerance_with_datum_reference
    SUBTYPE OF(geometric_tolerance);
    datum_system:SET [1:?] OF datum_reference;
END_ENTITY;
(*
```

属性定义:

datum_system(基准体系):基准或基准组合定义了 geometric_tolerance 的参照系。

注:这个属性不等同 GB/T 13319—2003 定义的基准系。

6.4.5 带定义单位的几何公差

geometric_tolerance_with_defined_unit(带定义单位的几何公差)规定单位 shape_aspect 上的 geometric_tolerance。

注:单位形状外观的使用和应用在 GB/T 1182 中进行了描述。

例 22:直线度公差定义在单位长度上产品特征的允许弯曲量。平面度公差定义在单位平方面积上曲面的允许卷曲量。

EXPRESS 描述:

```
*)
ENTITY geometric_tolerance_with_defined_unit
    SUBTYPE OF(geometric_tolerance);
    unit_size:measure_with_unit;
WHERE
    WR1:('NUMBER' IN TYPEOF
        (unit_size\measure_with_unit.value_component)) AND
        (unit_size\measure_with_unit.value_component>=0.0);
END_ENTITY;
(*
```

属性定义:

unit_size(尺寸单位):公差使用的测量单位。

形式限制:

WR1:单位长度或单位面积上的公差应该由正值定义。

6.4.6 修正的几何公差

modified_geometric_tolerance(修正的几何公差)是一个带实体极限条件的 geometric_tolerance,这个实体极限条件应用于带公差的 shape_aspect。

注:详见 GB/T 16671,这个极限条件修正带公差的 shape_aspect 的公差值。

EXPRESS 描述:

```
*)
ENTITY modified_geometric_tolerance
    SUBTYPE OF(geometric_tolerance);
    modifier:limit_condition;
END_ENTITY;
(*
```

属性定义:

modifier(修正):分配给几何公差的 limit_condition。

非形式限制:

IP1:SELF\toleranced_shape_aspect 是一个 shape_aspect,该 shape_aspect 定义具有尺寸特性的产品特征。

6.4.7 延伸公差带定义

projected_zone_definition(延伸公差带定义)是一个从产品特征延伸而来的 tolerance_zone_definition。由特征的一端向特征外延伸至给定的长度。延伸公差带在 GB/T 17773—1999 中定义。

EXPRESS 描述:

```
*)
ENTITY projected_zone_definition
    SUBTYPE OF(tolerance_zone_definition);
    projection_end:shape_aspect;
    projected_length:measure_with_unit;
WHERE
    WR1:('NUMBER' IN TYPEOF
          (projected_length\measure_with_unit.value_component)) AND
          (projected_length\measure_with_unit.value_component> 0.0);
    WR2:(derive_dimension_exponents
          (projected_length\measure_with_unit.value_component)) =
          dimensional_exponents(1,0,0,0,0,0,0));
END_ENTITY;
(*
```

属性定义:

projection_end(延伸端):延伸公差带的起始 shape_aspect。

projected_length(延伸长度):给定公差的特征延伸的距离。

形式限制:

WR1:延伸长度值应大于 0.0。

WR2:延伸长度的 dimensional_exponents(维指数)应该指定单位长度。

6.4.8 跳动公差带定义

runout_zone_definition(跳动公差带定义)是一个 tolerance_zone_element,它由被测 shape_aspect 到 datum_feature 的 centre_of_symmetry 的测量方向定义。

例 23:图 13 表示一个 runout_zone_definition。

EXPRESS 描述:

```
*)
ENTITY runout_zone_definition
    SUBTYPE OF(tolerance_zone_definition);
    orientation:runout_zone_orientation;
END_ENTITY;
(*
```

属性定义:

orientation(方向):被测 shape_aspect 相对于 datum_feature 的对称中心的方向。

6.4.9 跳动公差带方向

runout_zone_orientation(跳动公差带方向)是跳动公差要素到一个 datum_feature 对称中心的方向描述。

例 24:图 13 表示 runout_zone_orientation 的角度。规定怎样测量角度的规则在应用协议中定义。

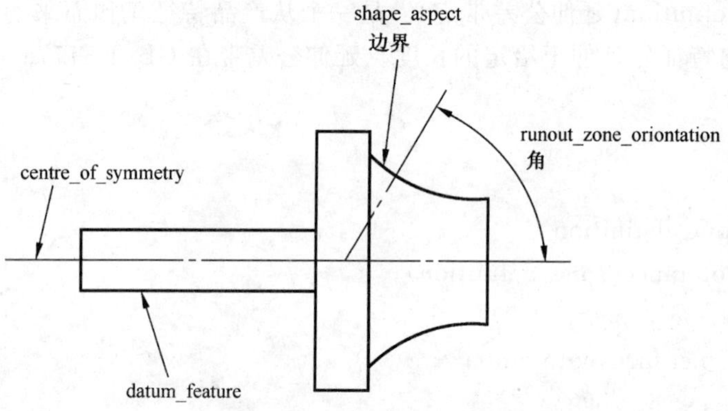

图 13 跳动公差带定义

EXPRESS 描述:

```
*)
ENTITY runout_zone_orientation;
    angle:measure_with_unit;
END_ENTITY;
(*
```

属性定义:

angle(角):从基准要素的对称中心到给定的跳动公差带方向的角度值,或垂直于给定跳动公差的 shape_aspect 曲面的特定值。

注:如果值不是要求的数值,那么角度是一个 descriptive_measure。

例 25:由一个 descriptive_value(描述角)定义角度的例子可以是"法线"。

非形式限制：

IP1：如果角为平面角，那么角度值的范围是 0°～90°。

6.4.10 跳动公差带指向参照方向

runout_zone_orientation_reference_direction（跳动公差带指向参照方向）是对角的方向规定参照方向的 runout_zone_orientation（跳动公差带指向）类型。

EXPRESS 描述：

```
*)
ENTITY runout_zone_orientation_reference_direction
    SUBTYPE OF(runout_zone_orientation);
    orientation_defining_relationship:shape_aspect_relationship;
END_ENTITY;
(*
```

属性定义：

orientation_defining_relationship（指向定义关系）：shape_aspect_relationship 规定了从 relating_shape_aspect 到 related_shape_aspect 的指向关系。为了定义参照方向，在 shape_aspect_relationship 中角是有方向的。

6.4.11 公差的统计分布

statistical_distribution_for_tolerance（公差的统计分布）是一种表示类型，它由提供分布参数集的一组 measure_representation_item 定义。每个分布参数由名称和 measure_with_unit（带单位的测量）定义。

EXPRESS 描述：

```
*)
ENTITY statistical_distribution_for_tolerance
    SUBTYPE OF(representation);
    WHERE
    WR1:SIZEOF(QUERY(item <* SELF\representation.items |
    NOT('QUALIFIED_MEASURE_SCHEMA.MEASURE_REPRESENTATION_ITEM'
    IN TYPEOF(item))))=0;
END_ENTITY;
(*
```

属性定义：

SELF\representation.name：被引作 statistical_distribution_for_tolerance 的名称。

例 26：标准正态，对数或瑞利是统计分布的名称。

例 27：平均偏差和标准偏差是定义标准正态分布的特征参数。

形式限制：

WR1：在 statistical_distribution_for_tolerence（公差统计分布）集合中的所有 representation_item 都是 measure_representation_item 类型。

非形式限制：

IP1：与 statistical_distribution_for_tolerance 有关的每个参数名都规定在 representation_item 的

名字属性中。

6.4.12 统计分布公差

tolerance_with_statistical_distribution(统计分布公差)按可能的分布定义了公差值。statistical_distribution_for_tolerance 可以与 geometric_tolerance 的公差值或 plus_minus_tolerance 的公差范围值一起使用。

例 28:轴的直径公差由 plus_minus_tolerance 给出。每个 plus_minus_tolerance 规定了直径可以变动的范围。与这个 plus_minus_tolerance 关联的 statistical_distribution_for_tolerance 规定在公差范围内,实际直径值应该与统计分布一致。

EXPRESS 描述:

```
*)
ENTITY tolerance_with_statistical_distribution;
    associated_tolerance:shape_tolerance_select;
    tolerance_allocation:statistical_distribution_for_tolerance;
END_ENTITY;
(*
```

属性定义:

associated_tolerance(受关联的公差):统计分布规定的公差。

tolerance_allocation(公差分配):应用于公差的统计分布。

6.4.13 公差带

tolerance_zone(公差带)是定义带公差的特征的区域。区域特性由带公差特征的测量方式规定。

例 29:适用于孔的几何位置公差定义了可以描述为圆柱面的 tolerance_zone_form。

EXPRESS 描述:

```
*)
ENTITY tolerance_zone
    SUBTYPE OF(shape_aspect);
    defining_tolerance:SET [1:?] OF geometric_tolerance;
    form:tolerance_zone_form;
END_ENTITY;
(*
```

属性定义:

defining_tolerance(定义公差):给 shape_aspect 定义 tolerance_zone 的所有的几何公差。

form(形状):用 tolerance_zone 限定给定公差的形状表达。

6.4.14 公差带形状

tolerance_zone_form(公差带形状)是 tolerance_zone 的形状描述。

例 30:"圆柱形"、"球形"、"平行六面体"和"圆锥形"都是描述公差带形状的例子。

EXPRESS 描述:

```
*)
ENTITY tolerance_zone_form;
```

```
    name:label;
END_ENTITY;
(*
```

属性定义：

name(名称)：一个公差带形状的描述。

6.4.15 公差带定义

tolerance_zone_definition(公差带定义)规定了公差带的定义边界。

注：指定为单个 tolerance_zone_definition 的一对边界既可构成部分公差带又可构成整个公差带。

EXPRESS 描述：

```
*)
ENTITY tolerance_zone_definition
    SUPERTYPE OF(ONEOF(projected_zone_definition, runout_zone_definition));
    zone:tolerance_zone;
    boundaries:SET [1:?] OF shape_aspect;
END_ENTITY;
(*
```

属性定义：

zone(带)：被定义的 tolerance_zone。

boundaries(边界)：一组 shape_aspect 定义了 tolerance_zone 边界。

例 31：适用于孔的几何位置公差被定义为圆柱形区域，孔的轴线可以在这个区域内变动。圆柱形区域对称其轴线。这个公差带的两个定义边界是圆柱面及其轴线。对于由两个平行平面(或直线)定义的 tolerance_zone，每个平面(或直线)定义了 tolerance_zone_definition 的边界。

6.5 形状公差模式实体定义：范围

6.5.1 极限与配合

limits_and_fits(极限与配合)为互配的产品特征的装配规定一个公差预定义体系。

注：极限与装配的应用见 GB/T 1800.1 和 GB/T 1800.2。

EXPRESS 描述：

```
*)
ENTITY limits_and_fits;
    form_variance:label;
    zone_variance:label;
    grade:label;
    source:text;
END_ENTITY;
(*
```

属性定义：

form_variance(形状偏差)：尺寸和相应基本尺寸的代数差。

zone_variance(带偏差)：选用公差等级的名称。

grade(等级):标准公差的名称。

source(资源):该公差的附加信息和要求的描述。

6.5.2 正负公差

plus_minus_tolerance(正负公差)是尺寸值变动极限的描述。plus_minus_tolerance 既可以由 tolerance_value 也可以由 limits_and_fits 确定其范围。

EXPRESS 描述:

```
*)
ENTITY plus_minus_tolerance;
range:tolerance_method_definition;
toleranced_dimension:dimensional_characteristic;
UNIQUE
UR1:toleranced_dimension;
END_ENTITY;
(*
```

属性定义:

range(范围):当应用于尺寸值时,范围定义了尺寸允许变动的极限。

toleranced_dimension(标注公差的尺寸):给出正负公差的尺寸。

形式限制:

UR1:一个尺寸只有一个正负公差。

6.5.3 公差值

tolerance_value(公差值)是尺寸正负公差的表示。tolerance_value 确定了一个 shape_aspect 基本尺寸的变动数值。

尺寸值的 lower_bound(下偏差)和 upper_bound(上偏差)用于确定测量值的可接受范围。tolerance_value 既可以由用户规定也可以通过查 GB/T 1800.1 和 GB/T 1800.2 确定。

例 32:因为对属性值的唯一约束是上界大于下界,因此使用一个 plus_minus_tolerance 的描述(如 10.0 +0.10 +0.05)是允许的。在这种情况下,基本尺寸 10.0,并不由与它相关联的公差带界定。

EXPRESS 描述:

```
*)
ENTITY tolerance_value;
  lower_bound:measure_with_unit;
  upper_bound:measure_with_unit;
WHERE
  WR1:upper_bound\measure_with_unit.value_component>
        lower_bound\measure_with_unit.value_component;
WR2:upper_bound\measure_with_unit.unit_component=
        lower_bound\measure_with_unit.unit_component;
END_ENTITY;
(*
```

属性定义：

lower_bound(下偏差)：加到基本尺寸值上的公差值，用于确定从带公差的边界到基本尺寸的最小偏差。

upper_bound(上偏差)：加到基本尺寸值上的公差值，用于确定从带公差的边界到基本尺寸的最大偏差。

形式限制：

WR1：上偏差应大于下偏差。

WR2：上偏差和下偏差应使用同一单位。

EXPRESS 描述：

*)

END_SCHEMA；——End of shape_tolerance_schema

(*

附 录 A
（规范性附录）
实体短名

表 A.1 给出了在 GB/T 16656 本部分规定的实体短名。使用短名的要求见 GB/T 16656 的实现方法。

表 A.1 实体短名

实 体 名	实 体 短 名
ANGULAR_LOCATION	ANGULCT
ANGULAR_SIZE	ANGSZ
APEX	APEX
CENTRE_OF_SYMMETRY	CNOFSY
COMPOSITE_SHAPE_ASPECT	CMSHAS
DATUM	DATUM
DATUM_FEATURE	DTMRER
DATUM_TARGET	DTMTRG
DERIVED_SHAPE_ASPECT	DRSHAS
DIMENSIONAL_CHARACTERRISTIC_REPRESENTATION	DMCHRP
DIMENSIONAL_LOCATION	DMNLCT
DIMENSIONAL_LOCATION_WITH_PATH	DLWP
DIMENSIONAL_SIZE	DMNSZ
DIMENSIONAL_SIZE_WITH_PATH	DSWP
DIMENSION_RELATED_TOLERANCE_ZONE_ELEMENT	DRTZR
EXTENSION	EXTNSN
GEOMETRIC_ALIGNMENT	GMTALG
GEOMETRIC_INTERSECTION	GMTINT
GEOMETRIC_TOLERANCE	GMTILR
GEOMETRIC_TOLERANCE_RELATION	GMTLRL
GEOMETRIC_TOLERANCE_WITH_DATUM_REFERENCE	GTWDR
GEOMETRIC_TOLERANCE_WITH_DEFINED_UNIT	GTWDU
LIMIT_AND_FITS	LMANFT
MODIFIED_GEOMETRIC_TOLERANCE	MDGMTL
PARALLEL_OFFSET	PRLOFF
PERPENDICULAR_TO	PRPT
PLUS_MINUS_TOLERANCE	PLMNTL
PROJECTED_ZONE_DEFINITION	PRZNDF
REFERENCED_MODIFIED_DATUM	RFMDDT

表 A.1（续）

实 体 名	实 体 短 名
RUNOUT_ZONE_DEFINITION	RNZNDF
RUNOUT_ZONE_ORIENTATION	RNZNOR
RUNOUT_ZONE_ORIENTATION_REFERENCE_DIRECTION	RZORD
SHAPE_ASPECT_DERIVING_RELATIONSHIP	SADR
SHAPE_DIMENSION_REPRESENTATION	SHDMRP
SYMMETRIC_SHAPE_ASPECT	SYSHAS
TANGENT	TNGNT
TOLERANCE_WITH_STATISTICAL_DISTRIBUTION	TWSD
TOLERANCE_ZONE	TLRZN
TOLERANCE_ZONE_DEFINITION	TLZNDF
TOLERANCE_ZONE_FROM	TLZNFR

附 录 B
（规范性附录）
信息对象注册

B.1 文档标识

为了给一个开放系统中的信息对象提供明确的标识，对象标识符{iso standard 10303 part(47) version(2)}被赋予本部分。其值的含义定义在GB/T 16262.1中，并在GB/T 16656.1中进行描述。

B.2 模式标识

B.2.1 形状外观定义模式的标识

为了给一个开放信息系统中的shape_aspect_definition_schema提供明确的标识，对象标识符{ iso standard 10303 part(47) version(2) object(1) shape_aspect_definition_schema(1) }被赋予shape-aspect-definition-schema 模式（见本部分第4章）。其值的含义定义在GB/T 16262.1中，并在GB/T 16656.1中进行描述。

B.2.2 形状尺寸模式的标识

为了给一个开放信息系统中的shape_aspect_definition_schema提供不含混的标识，对象标识符{ iso standard 10303 part(47) version(2) object(1) shape-dimension-schema(2) }被赋予shape_dimension_schema模式（见本部分第5章）。其值的含义定义在GB/T 16262.1中，并在GB/T 16656.1中进行描述。

B.2.3 形状公差模式的标识

为了给一个开放信息系统中的shape_tolerance_schema提供不含混的标识，对象标识符{ iso standard 10303 part(47) version(2) object(1) shape-tolerance-schema(3) }被赋予shape_dimension_schema模式（见本部分第6章）。其值的含义定义在GB/T 16262.1中，并在GB/T 16656.1中进行描述。

附 录 C
（资料性附录）
EXPRESS 列表

本附录给出了本部分规定的 EXPRESS 实体名列表和相应的短名列表。本附录还给出了本部分规定的完整 EXPRESS 模式，其中不包括注释和其他说明文本。本附录仅以计算机可识别的形式提供，并可通过以下 URL 地址找到：

短名：http://www.mel.nist.gov/div826/subject/apde/snr/

EXPRESS：http://www.mel.nist.gov/step/parts/part047/is/tcl

如果不能登录这些网站，可以和 ISO 中心秘书处联系，也可以通过 email：sc4sec@cme.nist.gov 直接和 ISO TC 184/SC 4 秘书处联系。

注：通过上述 URL，以计算机可识别的格式提供的信息是资料性的，标准的文本包含在本部分的正文中。

附 录 D
(资料性附录)
EXPRESS-G 图

图 D.1～图 D.7 与附录 C 给出的 EXPRESS 清单一致。这些图使用 EXPRESS 语言的 EXPRESS-G 图标记。EXPRESS-G 定义在 GB/T 16656.11 的附录 A 中。

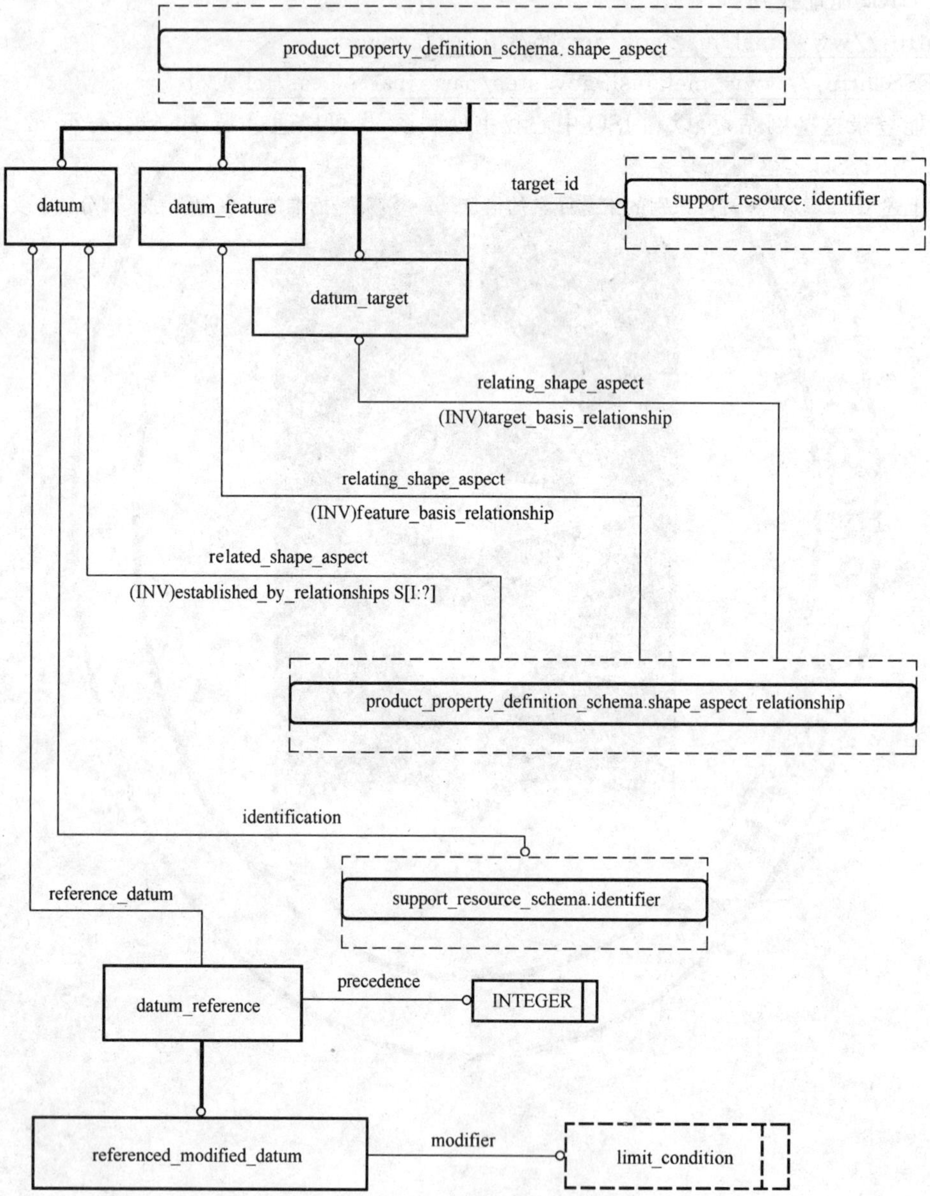

注：shape_aspect_relationship 只有一个属性命名为 relating_shepe_aspect。在显示 datum_feature 和 datum_target 的逆向关系时，relating_shape_aspect 被显示两次。

图 D.1 形状外观定义模式(参见图 D.2)

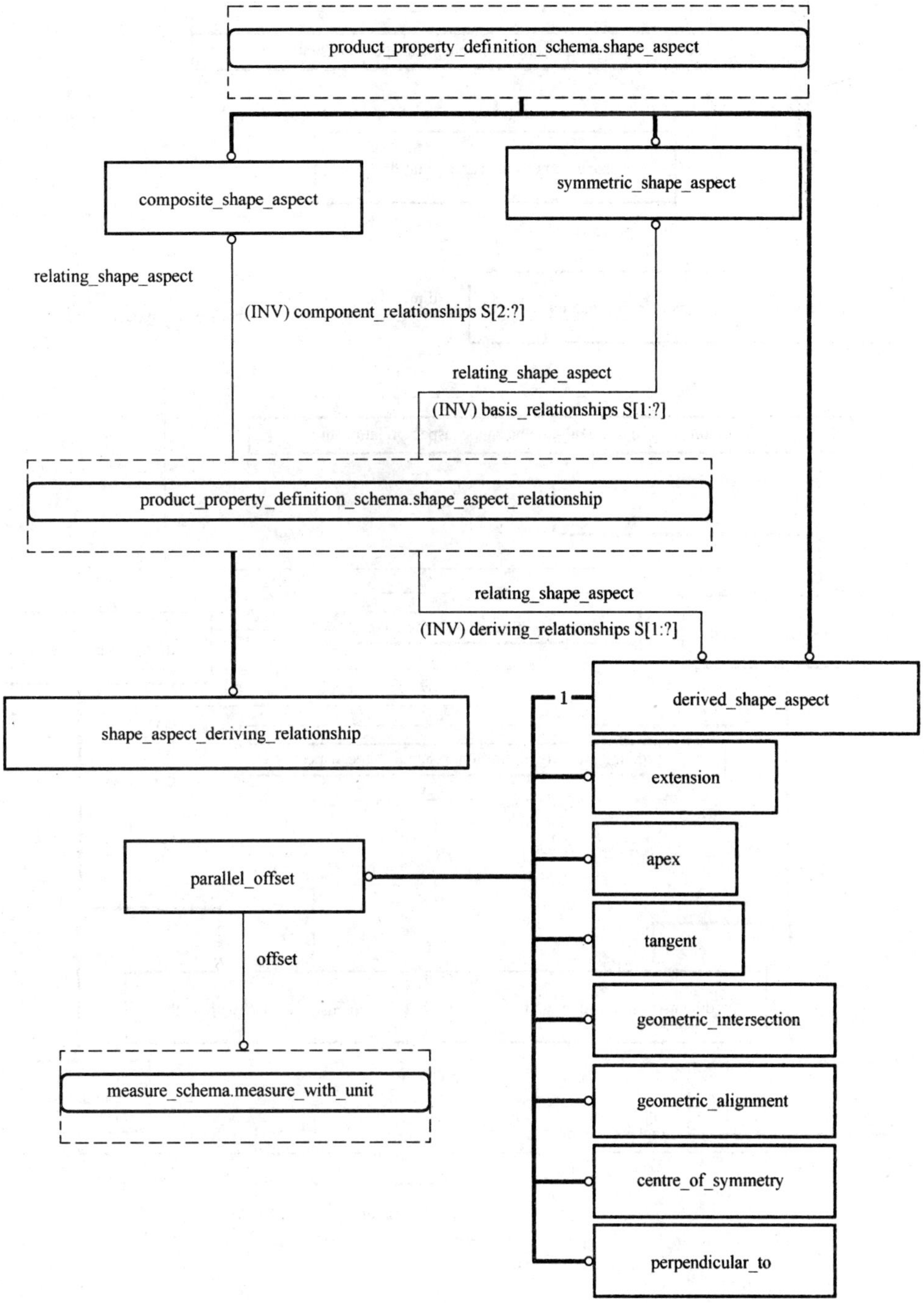

注:shape_aspect_relationship 有一个属性命名为 relating_shape_aspect。在显示 composite_shape_aspect、derived_shape_aspect 和 symmetric_shape_aspect 的逆向关系时,relating_shape_aspect 被显示两次。

图 D.2 形状外观定义模式(参见图 D.1)

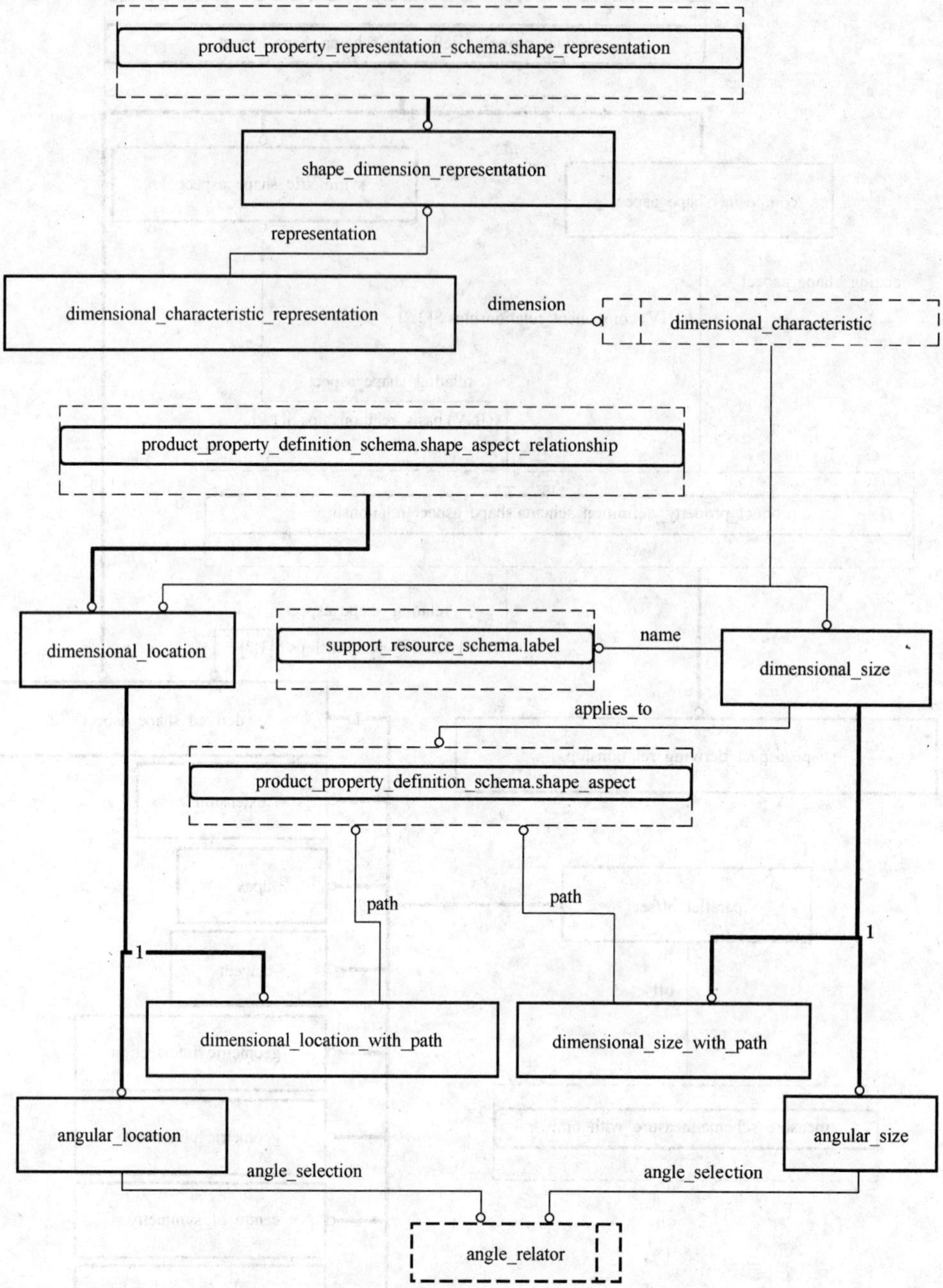

product_property_representation_schema.shape_representation
shape_dimension_representation
representation
dimensional_characteristic_representation
dimension
dimensional_characteristic
product_property_definition_schema.shape_aspect_relationship
dimensional_location
support_resource_schema.label
name
dimensional_size
applies_to
product_property_definition_schema.shape_aspect
path
path
1
1
dimensional_location_with_path
dimensional_size_with_path
angular_location
angular_size
angle_selection
angle_selection
angle_relator

图 D.3　形状尺寸模式

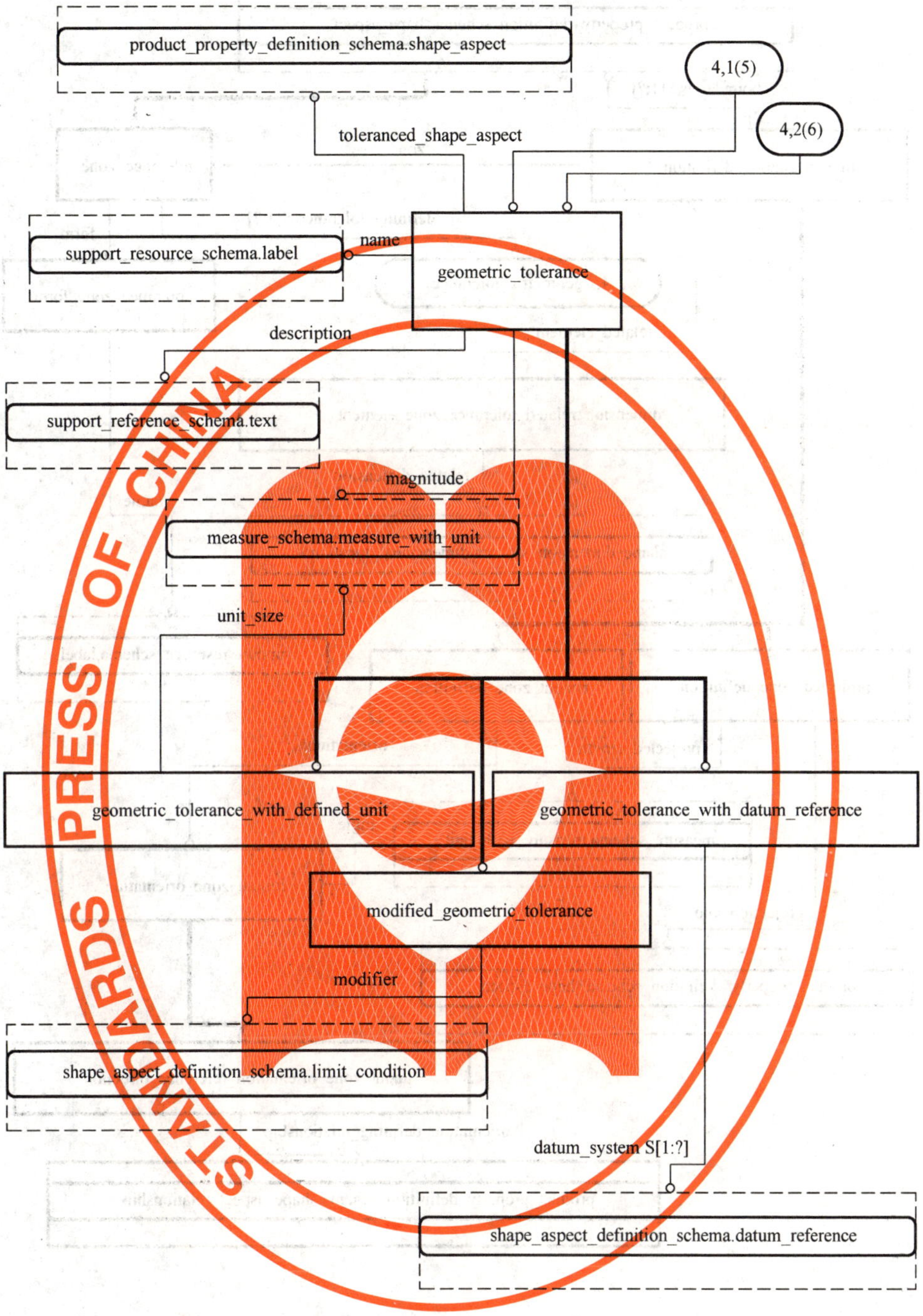

图 D.4　形状公差模式(参见图 D.5 和图 D.6)

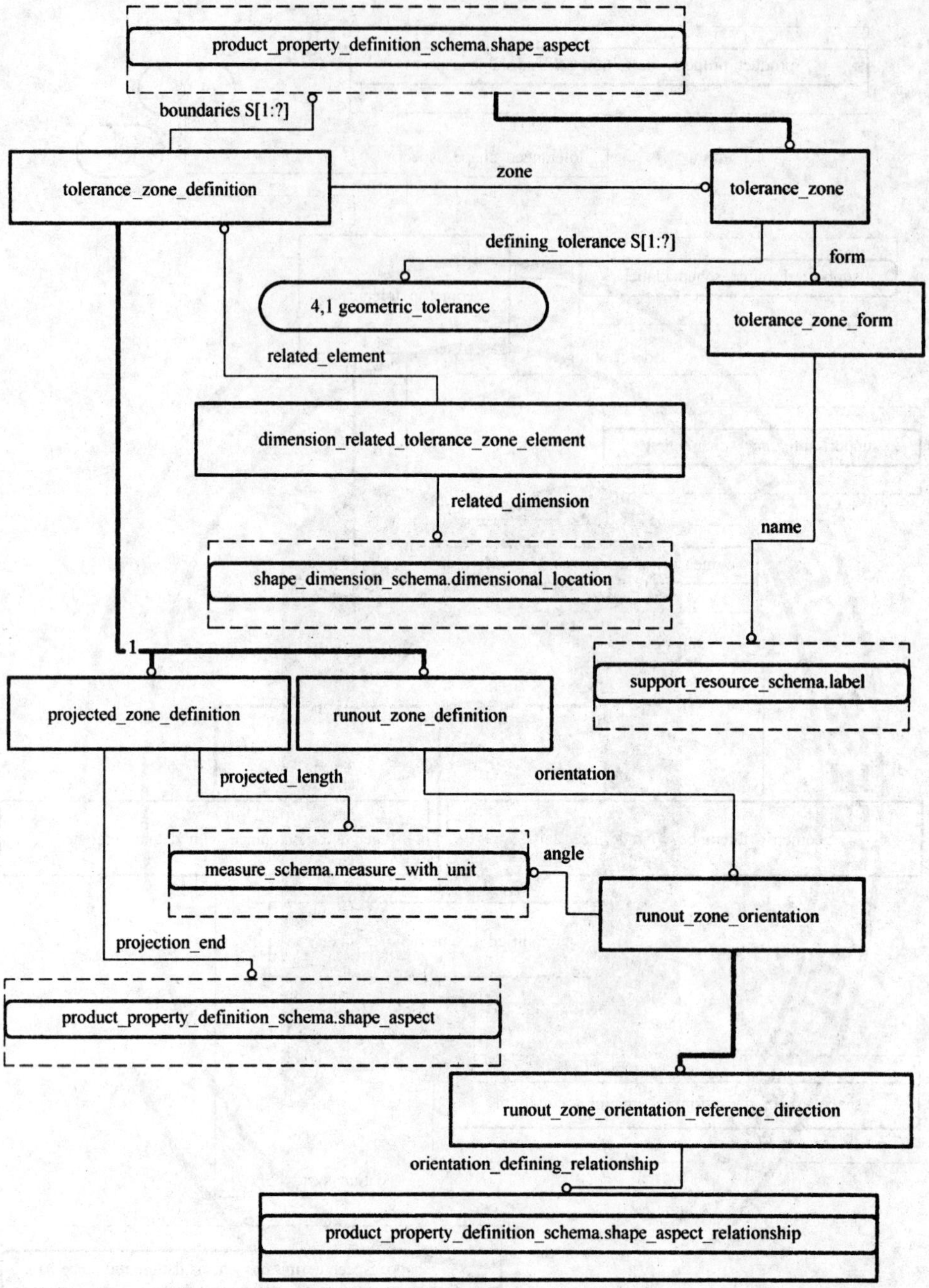

图 D.5　形状公差模式(参见图 D.4 和图 D.6)

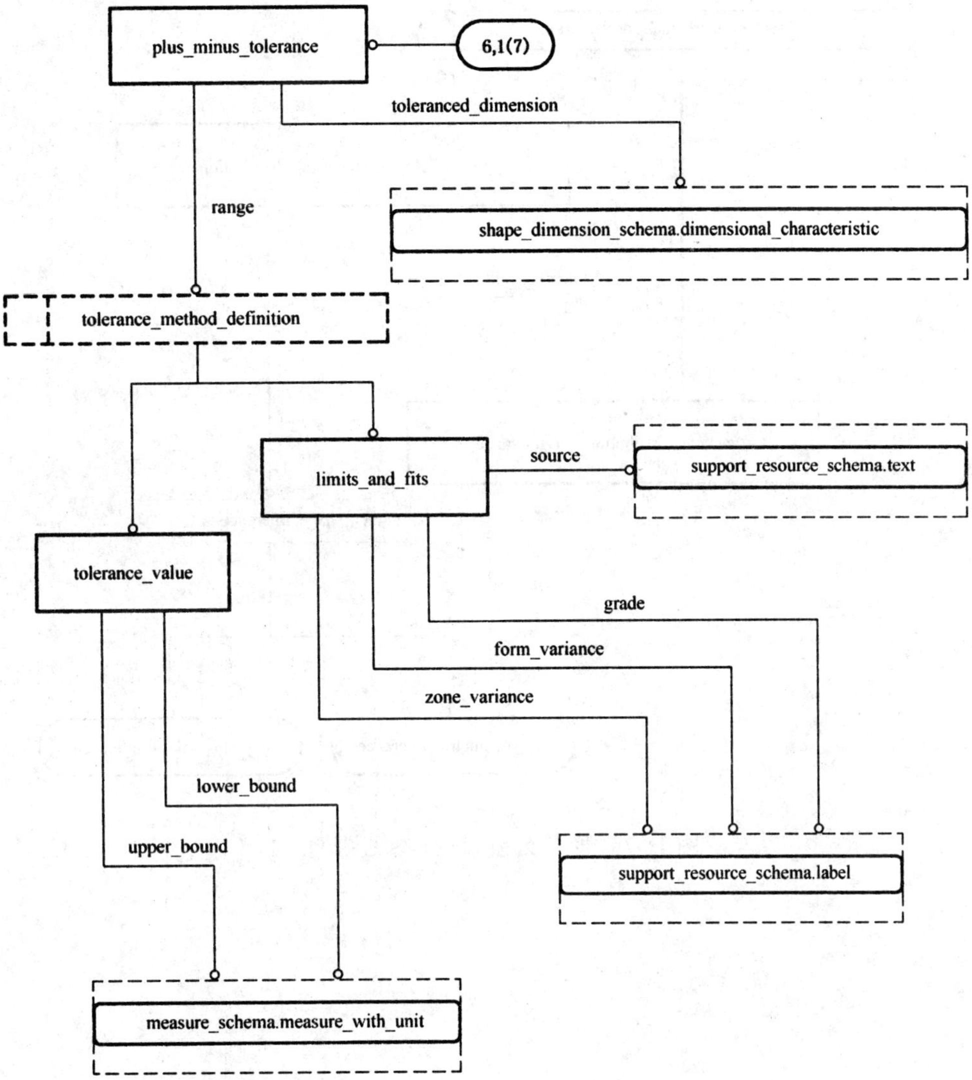

图 D.6　形状公差模式(参见图 D.4)

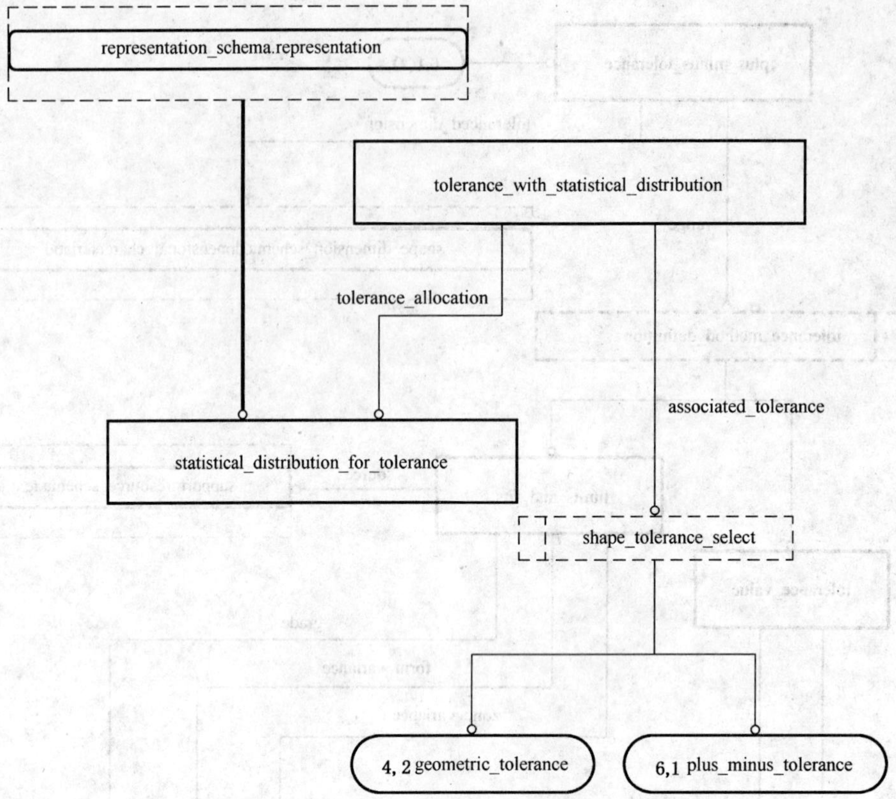

图 D.7 形状公差模式(参见图 D.5)

参 考 文 献

［1］ Dimensioning and Tolerancing; The American Society of Mechanical Engineers, New York, N. Y.; ANSI Y 14.5M, 1982.

［2］ ISO 1660:1987 Technical drawings　Dimensioning and tolerancing of profiles; International Organization for Standardization.

［3］ ISO/TR 5460 Technical Drawing　Geometrical tolerancing　Tolerancing of form, orientation, location and run-out　Verification principles and methods　Guideline; International Organization for Standardization.

［4］ ISO 8015:1985 Technical drawings　Fundamental tolerancining principles.